TOXINAS Y OTROS COMPUESTOS NOCIVOS EN LOS ALIMENTOS

Coordinación de la traducción:

Prof. Dr. José Fernández-Salguero Carretero

Traducción a cargo de:

Prof. Dr. José Fernández-Salguero Carretero
Universidad de Córdoba
Prólogos, Editores, Colaboradores y Capítulos 1, 6, 7, 9 y 15

Prof. Dr. Francisco Javier Carballo García
Universidad de Vigo
Capítulos 2 y 4

Prof. Dr. Miguel Ángel Asensio Pérez
Universidad de Extremadura
Capítulos 3 y 5

Prof. Dr. Juan Antonio Ordóñez Pereda
Universidad Complutense de Madrid
Capítulos 8 y 11

Prof. Dr. Félix Núñez Breña
Universidad de Extremadura
Capítulo 10

Prof. Dra. Esther Sanjuán Velázquez
Universidad de Las Palmas de Gran Canaria
Capítulos 12 y 14

Prof. Dr. Juan José Córdoba Ramos
Universidad de Extremadura
Capítulo 13

Prof. Dr. Rafael Gómez Díaz
Universidad de Córdoba
Capítulos 16 y 17

Prof. Dr. Antonio Valero Ramos
Universidad de Córdoba
Capítulos 18 y 19

Toxinas y otros compuestos nocivos en los alimentos

Editado por

Agata Witczak
Zdzisław E. Sikorski

Editorial ACRIBIA, S.A.
ZARAGOZA (España)

Título original: *Toxins and Other Harmful Compounds in Foods*

Editores: *Agata Witczak - Zdzisław E. Sikorski*

Editorial: CRC Press
Taylor & Francis Group
6000 Broken Sound Parkway NW, Suite 300
Boca Raton, FL 33487-2742

«Authorized translation from English language edition published by CRC Press, part of Taylor & Francis Group LLC.»

I.S.B.N.: 978-84-200-1248-3

www.editorialacribia.com

IMPRESO EN ESPAÑA PRINTED IN SPAIN

Depósito legal: Z-239-2021 Editorial ACRIBIA S.A.- Royo, 21 - 50006 Zaragoza (España)

Imprime: PODIPRINT 2021

Índice de contenido

Prefacio a la serie CRC

La obra *Toxinas y otros compuestos nocivos en los alimentos* constituye el vigésimo volumen de la serie CRC sobre propiedades químicas y funcionales de los componentes de los alimentos. El objetivo de esta serie es presentar el estado actual del conocimiento sobre la composición, la química y la funcionalidad de los principales constituyentes de los alimentos, sobre los métodos de análisis, así como sobre los efectos de las interacciones de los componentes en diversas condiciones de procesado y almacenamiento en las propiedades sensoriales y biológicas de los productos alimenticios. Estos volúmenes están dedicados a los componentes individuales tales como proteínas, lípidos, hidratos de carbono, colorantes y compuestos del flavor, a los efectos de las distintas condiciones ambientales y de producción en la calidad de las materias primas (p. ej., carne y pescado), a los factores que afectan a la inocuidad de los alimentos y al papel fundamental que tienen las reacciones enzimáticas y químicas que ocurren durante la manipulación, procesado y almacenamiento de alimentos (p. ej., hidrólisis, entrecruzamiento, polimerización u oxidación). Los libros han sido editados por científicos de renombre según unas normas estrictamente marcadas. De acuerdo a la experiencia investigadora personal y de docencia así como a la evaluación crítica de la bibliografía actual, los capítulos individuales han sido escritos por especialistas de África, Australia, Asia, Europa y América del Norte. Por la dedicación de los autores, los capítulos tardaron varios meses en escribirse y presentan resultados reales de investigación.

Al igual que otros libros de esta serie, la obra *Toxinas y otros compuestos nocivos en los alimentos* aborda algunos de los problemas más apremiantes relacionados con la economía y la calidad de los alimentos. Trata de la existencia de factores químicos y biológicos nocivos naturales en las distintas materias primas, describe los procesos tecnológicos encaminados a evitar las situaciones y las reacciones que inducen a la generación de compuestos tóxicos, así como de las adecuadas medidas legislativas y de control necesarias para producir alimentos seguros de alta calidad sensorial.

Zdzisław E. Sikorski

Prefacio

Las plantas y los animales no se han creado exclusivamente para satisfacer las necesidades nutritivas humanas. Por lo tanto, muchos de ellos contienen no solo proteínas, lípidos, carbohidratos, vitaminas, otros compuestos orgánicos y componentes minerales valiosos para la nutrición del hombre, sino también distintas sustancias químicas que cumplen diferentes funciones en las plantas o en los animales vivos que por otra parte pueden ser tóxicos o perjudiciales para la salud humana. Además de estas sustancias, pueden representar un peligro para la salud de los consumidores los microorganismos patógenos, los parásitos, los compuestos generados durante el procesado, los aditivos utilizados ilegalmente y los contaminantes ambientales que se producen en las materias primas y en los productos alimenticios. De ahí que la investigación sobre la presencia y las propiedades de estos componentes/contaminantes dañinos está orientada a minimizar el peligro para la salud. Estos peligros pueden eliminarse limitando el contenido máximo tolerable de los elementos y compuestos nocivos, así como estableciendo altos estándares de higiene y adecuados parámetros de procesado. Los métodos disponibles en la actualidad permiten analizar con precisión la composición de las materias primas y de los productos alimenticios, permiten conocer la situación de cualquier componente en particular en la estructura de los tejidos, determinan la concentración en el orden de pg/g de los contaminantes y el mecanismo de control efectivo de la inocuidad de los alimentos. La información que se presenta en este volumen debería ayudar al lector a comprender los peligros reales relacionados con la presencia y la toxicidad de compuestos nocivos en las materias primas y en los productos alimenticios. Un conocimiento sólido sobre la presencia y los efectos de las toxinas y de otros compuestos nocivos puede ayudar a todos los involucrados en la producción, procesado y distribución de alimentos a disminuir los incidentes de intoxicaciones alimentarias y a ayudar a los consumidores educados a seleccionar racionalmente en el mercado sus productos alimenticios.

La idea principal de este libro ha sido presentar un conocimiento actualizado de la presencia, estructura y propiedades de los componentes nocivos de los alimentos, del mecanismo de acción de estos compuestos en el organismo humano, de las posibilidades de detectarlos y de los procedimientos aplicados para eliminar los peligros para la salud causados por las toxinas y otros componentes nocivos de los alimentos. Los capítulos han sido escritos por reconocidos especialistas en química de alimentos, toxicología y microbiología. La información disponible en la literatura mundial actual ha sido evaluada críticamente y presentada en una forma muy concisa y fácil de entender. En la mayoría de los capítulos, solo se han citado las fuentes bibliográficas pertinentes, aunque el gran número de nuevos avances en algunas áreas de investigación ha dificultado que la lista de las referencias sea realmente corta.

El primer capítulo presenta los factores que afectan a los peligros para la salud producidos por las toxinas alimentarias y otros compuestos nocivos. Los Capítulos 2 a 4 tratan de la presencia y de los efectos de las toxinas naturales de origen vegetal y de las ficotoxinas marinas. El Capítulo 5 describe los peligros para la salud causados por las aminas biogénicas que se encuentran predominantemente en el pescado y en los productos fermentados. Las micotoxinas y las toxinas bacterianas se analizan en los Capítulos 6 y 7. La contaminación de los alimentos como resultado de las actividades humanas y los efectos ambientales se presenta en los Capítulos 8, 9, 11, 12, 14 y 17. En los Capítulos 10, 13 y 15 se tratan el papel de los fitoestrógenos y de los alérgenos, así como el impacto epidemiológico y médico de la contaminación por transmisión de virus a través de alimentos y agua. Los riesgos y beneficios del procesado se presentan en el Capítulo 16. En los Capítulos 18 y 19 se presentan los métodos de detección de los compuestos nocivos y las legislaciones internacionales pertinentes para controlar la contaminación de dichos compuestos.

Como editores de este volumen, agradecemos las valiosas contribuciones de los autores. Nuestro agradecimiento se debe especialmente a aquellos colegas que prepararon sus capítulos con anticipación, lo que les da a los editores la oportunidad de revisar el material a fondo.

Dedicamos este volumen a todas las personas que trabajan en toda la cadena alimentaria cuyos esfuerzos sirven para aumentar la seguridad alimentaria.

AgataWitczak y Zdzisław E. Sikorski
Szczecin y *Gdańsk, Polonia*

Editores

AgataWitczak, PhD, DSc, obtuvo su BS y MS en la Universidad Técnica, Szczecin, Polonia, su PhD en la Universidad Agrícola (Szczecin) y su DSc en la Universidad Tecnológica de Pomerania Occidental (ZUT), Szczecin. Desempeña el cargo de vicedecana para la calidad de la educación y para el estudio de la gestión de la inocuidad y calidad de los alimentos en la Facultad de Ciencias de la Alimentación y la Pesca, ZUT. Es miembro de la American Chemical Society y de la Sociedad Polaca de Tecnólogos de Alimentos, y experta en el Centro Sectorial de la Competencia para la Industria Alimentaria del Centro Regional de Innovación y Transferencia de Tecnología, ZUT. Como química y toxicóloga investiga los contaminantes orgánicos persistentes (COP) en estudios ambientales y de seguridad alimentaria. La doctora Witczak participa en la evaluación de riesgos de la distribución y transferencia de xenobióticos en el medio ambiente. Evalúa los efectos de los procesos tecnológicos, incluido el procesado culinario, sobre el contenido de los COP en los alimentos. Es autora/coautora de más de 70 artículos en revistas polacas e internacionales y coautora de una serie de trabajos inéditos realizados para entidades industriales y unidades de protección ambiental. También es revisora de artículos para prestigiosas revistas. La Dra. Witczak es miembro del Comité de Química Analítica de la Academia de Ciencias de Polonia.

Zdzisław E. Sikorski, PhD, DSc, obtuvo su BS, MS, PhD y DSc en la Universidad Tecnológica de Gdańsk (GUT) y es *Dr honoris causa* en la Universidad Agrícola, Szczecin, Polonia. Es miembro de la Academia Internacional de Ciencia y Tecnología de Alimentos y profesor honorario emérito de GUT. Adquirió experiencia industrial en cervecerías, plantas de procesado de pescado, de carne y de hortalizas y en un barco de pesca de alta mar. Fue el fundador, profesor y jefe del Departamento de Química y Tecnología de Alimentos (GUT), sirviendo 5 años como decano de la Facultad de Química. Fue presidente del Comité de Tecnología de Alimentos y Química de la Academia de Ciencias de Polonia, presidió la junta científica del Instituto de Pesca del Mar en Gdynia y fue miembro electo del Consejo Principal de Ciencia y Educación Superior de Polonia. También trabajó durante varios años como postdoctorado/investigador/profesor en la Ohio State University, Columbus; en el CSIRO en Hobart, Australia; en el DSIR en Auckland, Nueva Zelanda; y en la National Taiwan Ocean University, Keelung, Taiwán. Su investigación se ha centrado principalmente en el ahumado y congelación de alimentos y en las propiedades funcionales de las proteínas alimentarias. Es autor/coautor de 210 artículos en revistas científicas, ha publicado 19 libros y es autor de 18 capítulos de libros sobre ciencia de alimentos marinos y química de alimentos y posee varias patentes.

Colaboradores

Hassan Abdel-Gawad
Chemical Industries Division
National Research Centre
Giza, Egypt

Joanna Bober
Department of Medical Chemistry
Pomeranian Medical University in Szczecin
Szczecin, Poland

Perng-Kuang Chang
USDA-ARS
Southern Regional Research Center
New Orleans, Louisiana, EE.UU.

Daniel Cook
USDA Agricultural Research Service Poisonous Plant Research Laboratory
Logan, Utah, EE.UU.

Waldemar Dąbrowski
Department of Applied Microbiology and Biotechnology
West Pomeranian University of Technology
Szczecin, Poland

Stefaan De Henauw
Ghent University
Department of Public Health
Ghent, Belgium

Shilpi Gupta Dixit
All India Institute of Medical Sciences
Jodhpur, Rajasthan, India

Alicja Dłubała
Department of Applied Microbiology and Biotechnology
West Pomeranian University of Technology
Szczecin, Poland

Tine Fierens
Unit of Environmental Risk and Health
Flemish Institute for Technological Research (VITO NV)
Belgium

Grażyna Gałęzowska
Department of Environmental Toxicology
Medical University of Gdańsk
Gdańsk, Poland

Benedict T. Green
USDA Agricultural Research Service Poisonous Plant Research Laboratory
Logan, Utah, EE.UU.

Gustaaf M. Hallegraeff
Institute for Marine and Antarctic Studies (IMAS)
University of Tasmania
Hobart, Australia

Izabela Helak
Department of Applied Microbiology and Biotechnology
West Pomeranian University of Technology
Szczecin, Poland

Sui-Sheng T. Hua
USDA-ARS
Western Regional Research Center
Albany, New York

Sevim Köse
Faculty of Marine Sciences
Karadeniz Technical University
Trabzon, Turkey

Roman Kotłowski
Department of Microbiology
Gdańsk University of Technology
Gdańsk, Poland

Elżbieta Kucharska
Department of Human Nutrition
West Pomeranian University of Technology
Szczecin, Poland

Błażej Kudłak
Department of Analytical Chemistry
Gdańsk University of Technology
Gdańsk, Poland

Stephen T. Lee
USDA Agricultural Research Service Poisonous Plant Research Laboratory
Logan, Utah

Jacek Namieśnik
Department of Analytical Chemistry
Gdańsk University of Technology
Gdańsk, Poland

Jeffrey Palumbo
USDA-ARS
Western Regional Research Center
Albany, New York

Kip E. Panter
USDA Agricultural Research Service Poisonous Plant Research Laboratory
Logan, Utah

Mikołaj Protasowicki
West Pomeranian University of Technology
Szczecin, Poland

Zdzisław E. Sikorski
Department of Food Chemistry, Technology, and Biotechnology
Gdańsk University of Technology
Gdańsk, Poland

Isabelle Sioen
Ghent University
Ghent, Belgium

Stefan S. Smoczyński
University of Warmia and Mazury in Olsztyn
Olsztyn, Poland

Arnout Standaert
Unit of Environmental Risk and Health
Flemish Institute for Technological Research (VITO NV)
Belgium

Hanna Staroszczyk
Department of Chemistry, Technology, and Food Biotechnology
Gdańsk University of Technology
Gdańsk, Poland

Maciej Tankiewicz
Department of Environmental Toxicology
Medical University of Gdańsk
Gdańsk, Poland

Mirja Van Holderbeke
Unit of Environmental Risk and Health
Flemish Institute for Technological Research (VITO NV)
Belgium

Kevin D. Welch
USDA Agricultural Research Service Poisonous Plant Research Laboratory
Logan, Utah

Monika Wieczerzak
Department of Food Chemistry, Technology, and Biotechnology
Gdańsk University of Technology
Gdańsk, Poland

Agata Witczak
Department of Toxicology
West Pomeranian University of Technology
Szczecin, Poland

Lidia Wolska
Department of Environmental Toxicology
Medical University of Gdańsk
Gdańsk, Poland

Barbara Wróblewska
Polish Academy of Sciences
Olsztyn, Poland

1 Problemas relacionados con la inocuidad de los alimentos

Waldemar Dąbrowski y Agata Witczak

CONTENIDO

1.1 INTRODUCCIÓN

Los consumidores informados esperan no solo una alta calidad sensorial de los alimentos, sino que también necesitan no correr riesgos, frecuentemente peligrosos, de contaminación microbiana, biológica y química. La contaminación microbiana se debe a negligencias durante las etapas de transporte, almacenamiento y producción, así como a la variabilidad genética y a la flexibilidad metabólica de los microorganismos como ocurre con la bacteria *Escherichia coli*. Estos microorganismos se caracterizaron hace muchos años como comensales humanos y animales o como patógenos, categorizándose en 6 grupos y 190 serotipos. En 2011, apareció una nueva cepa de *E. coli* en Alemania: una cepa enteroagregativa altamente patogénica del serotipo O104:H4 que causó un brote de intoxicación que afectó a 3.842 personas y que causó 51 muertes. La enfermedad se produjo a consecuencia del consumo de brotes de fenogreco (o alholva) contaminados (Beutin y Martin, 2012), cuyas semillas probablemente se importaron de Egipto. De las personas infectadas más de 800 tuvieron síntomas del síndrome urémico hemolítico, lo que puede conllevar a la pérdida de las funciones renales. Entre los infectados había, aparte de alemanes, residentes de otros países, especialmente de Francia, Dinamarca y Suecia. Las principales causas del brote fueron la globalización de las materias primas, la falta de normas higiénicas adecuadas en su producción y la migración internacional de personas.

La contaminación química también puede deberse a negligencias durante la producción, pero su causa principal es la amplia quimicalización del entorno natural y humano. Las mejoras en los métodos analíticos y de diagnóstico, que incluyen meta-análisis, estudios de cohortes y la aleatorización, permiten la detección de peligros anteriormente desconocidos y las causas de los trastornos para la salud humana. La detección de compuestos que no eran detectables por métodos analíticos convencionales se puede hacer ahora con métodos analíticos avanzados como la cromatografía líquida y de gases de alta resolución, sobre todo acoplada con la espectrometría de masas. Así en alimentos que se consideraban como muy saludables se han encontrado compuestos peligrosos como el 3-monocloropropano-1,2-diol en salsas de soja o los carbamatos en encurtidos.

Hoy en día, la mayoría de los productos químicos peligrosos ingresan en el organismo humano a través del consumo de alimentos. Y además, a la nutrición inadecuada se le considera entre los principales factores de riesgo para la salud.

1.2 CAMBIOS EN LA PRODUCCIÓN DE ALIMENTOS Y EN LA NUTRICIÓN

Los cambios en la producción de alimentos tienen las implicaciones siguientes:

- Concentración de la producción en industrias de alta capacidad de procesado.
- Cambios en los métodos de producción.
- Mayor número de productos alimenticios y más variados.
- Mayor número y más tipos de alimentos no convencionales (procedentes de otras regiones del mundo).

El aumento de la eficiencia de la industria alimentaria contribuye al aumento de la producción de alimentos, lo que aumenta significativamente el número de posibles consumidores y, por lo tanto, incrementa el riesgo de cualquier negligencia durante la elaboración. Como ejemplo puede citarse la consolidación de las plantas lácteas en Polonia (industria mantequera y quesera) que pueden abastecer a cerca de 250.000 consumidores.

Los cambios en los métodos de producción se refieren a varios aspectos, por ejemplo, la nueva metodología de esterilización, donde en lugar de la clásica esterilización térmica se ha introducido tecnologías de alta presión, pulsos eléctricos de alto voltaje o pulsos de luz. Otro ejemplo de amenaza asociada con cambios en los métodos de producción es la producción hidropónica de brotes. En 1996, 6.000 niños de Sakai, Japón, se infectaron después de comer brotes de rábano contaminados por *E. coli* enterohemorrágico del serotipo O157:H7. También en Alemania se produjo en 2011 una intoxicación similar provocada por brotes contaminados por *E. coli* del serotipo O104:H4. Según Meathead Goldwyn, «los brotes crudos pueden ser el alimento con más riesgo del mundo» (http://amazingribs.com/blog/raw_sprout_are_risky.html).

Los productos alimenticios listos para el consumo están creciendo en número y variedad. Tales alimentos generalmente requieren calentamiento antes de servir. En el caso de las albóndigas, el procedimiento más apropiado es la cocción en agua hirviendo, sin embargo, los consumidores generalmente prefieren el calentamiento con microondas, que no previene completamente el riesgo de infección con algunos tipos de patógenos (Szymczak y Dąbrowski, 2015).

Cada vez hay en el mercado más productos alimenticios de todo el mundo. El consumo de palitos de cangrejo o el sushi japonés se ha generalizado por todo sitio. Su producción en los mercados asiáticos generalmente se combina con una tradición de siglos. Sin embargo, comenzar su producción en masa en países alejados de esta tradición puede ser peligroso. En Europa apareció, hace poco tiempo, un arroz rojo, también llamado «koji rojo», «arroz rojo chino» o «arroz de moho rojo» que durante siglos se ha producido en China utilizando mohos *Monascus purpureus*. Ya en el siglo XV, la farmacopea china describió las propiedades promotoras de la salud de este arroz, ya que debido a la presencia de monacolina (un precursor de las estatinas) regula el metabolismo de los lípidos. Sin embargo, algunas cepas de *Monascus* producen citrinina, una hepatonefrotoxina extremadamente dañina, que, cuando el control de la importación es inadecuado, puede producir efectos dramáticos en la salud de los consumidores.

1.3 LA GLOBALIZACIÓN DE LA PRODUCCIÓN DE ALIMENTOS

La globalización es un proceso de cambios en las sociedades y economías, que conduce a una creciente interrelación e integración de países, sociedades, economías y culturas. Esta integración se aplica de forma particular a cuestiones económicas que en Europa se inició en 1960 mediante el establecimiento de la Asociación Europea de Libre Comercio (EFTA). En 1968 se formó un área de libre comercio entre los estados miembros de la EFTA y en 1992 la Comunidad Económica Europea (CEE) y la EFTA llegaron a un acuerdo y formaron un área común de libre comercio para todos los bienes. Este acuerdo entró en vigor el 1 de enero de 1994 y se estableció el Espacio Económico Europeo. En 1980, se firmó en Viena la Convención de las Naciones Unidas sobre los Contratos de Compraventa Internacional de Mercancías (CISG), que es un tratado internacional multilateral sobre las normas de venta internacional de mercancías. Hasta 2010, la convención había sido ratificada por 77 estados. Estos acuerdos promueven, entre otros, el comercio internacional de alimentos, que también se ve facilitado por las fronteras abiertas en la Unión Europea (UE), la Unión Aduanera que elimina los aranceles aduaneros dentro de la UE y el rápido desarrollo del transporte por carretera, marítimo y aéreo. Todo esto influye de forma importante en el desarrollo de la industria alimentaria y de la seguridad alimentaria implicada, así como en los flujos transfronterizos cada vez más complejos de materias primas y productos terminados (Hawkes, 2006). Las áreas previamente libres de algunos peligros están actualmente expuestas a la importación de alimentos, a menudo de diferentes zonas climáticas, contaminados por tipos desconocidos de microorganismos. Esto plantea un riesgo adicional, especialmente para los niños, por ejemplo, con la aparición de diarrea viral de origen desconocido. También se presta mayor atención a las condiciones adecuadas de transporte y almacenamiento, especialmente teniendo en cuenta las largas cadenas logísticas. Un ejemplo clásico de producción y transporte inadecuados fue el caso de los más de 100.000 pavos que murieron en granjas avícolas inglesas en 1960 a consecuencia de la intoxicación del pienso contaminado con una aflatoxina presente en cacahuetes importados.

1.4 CAMBIOS EN LA SALUD PÚBLICA Y EN LOS HÁBITOS DIETÉTICOS

La salud de una sociedad es proporcional a su riqueza, de forma que mientras más rica más valora la salud y la vida humana (http://www.who.int/health-accounts/ghed/en/). Estas tesis se basan no solo en datos sobre los gastos de los países individuales en prevención y tratamiento de enfermedades, sino también en la comparación de la mortalidad infantil y la esperanza promedio de vida. Esto estimula el desarrollo de medicamentos y contribuye a la introducción continua de nuevos medicamentos, pero sus efectos no solo son positivos, sino también negativos. Entre los negativos, está la inmunodepresión de pacientes sometidos a fármacos anticancerígenos e inmunosupresores, utilizados con profusión en terapias contra el cáncer, enfermedades autoinmunes y alergias, así como en pacientes trasplantados. Como resultado de la farmacoterapia, hay un número creciente de personas inmunodeprimidas, por lo que una infección incluso con microorganismos triviales puede ser mortal. De este modo, incluso los microorganismos de baja patogenicidad que estén presentes en los alimentos pueden presentar un riesgo para la salud. Además, el progreso de la civilización hace aumentar el número de personas alérgicas. Anteriormente, la selección natural eliminaba a una gran parte de la población con esta predisposición genética, así los niños asmáticos generalmente morían como resultado de una neumonía secundaria. Actualmente, alcanzan la edad reproductiva y cuando ambos padres son alérgicos la probabilidad de tener un hijo alérgico aumenta entre un 20% y un 30%. Las alergias alimentarias afectan del 4% al 6% de los niños y del 2% al 3% de los adultos (Sicherer y Samson, 2014). Para estas personas, incluso pequeñas cantidades de alérgenos en los alimentos pueden tener consecuencias dramáticas. De hecho se está imponiendo, a los fabricantes de alimentos, estándares de «higiene alérgica» cada vez más rigurosos que finalmente ha desembocado en el establecimiento de un sistema de análisis de peligros de alergenicidad alimentaria y puntos de control críticos (APPCC).

El mayor riesgo para la salud humana por el consumo de alimentos también se asocia con cambios en los estilos de vida, en los patrones de consumo y en los hábitos alimenticios. Vivimos más rápido y de forma diferente, lo que hace que muchas personas coman fuera de casa a consecuencia de la duración del tiempo de trabajo y, a veces, también del tiempo de traslado al puesto de trabajo. También en los domicilios, una gran cantidad de familias han realizado cambios drásticos en sus hábitos alimenticios. Se consumen cantidades excesivas de patatas fritas, patatas chips y otros alimentos basura y bebidas excesivamente edulcoradas con jarabe de glucosa-fructosa. Como resultado de todo esto, se ha producido un aumento enorme de la obesidad entre las personas de los países desarrollados, seguido de un aumento de la diabetes y las enfermedades cardiovasculares. Durante la hidrogenación parcial de los aceites vegetales, para darle mayor consistencia, se forman ácidos grasos trans. Estas grasas trans duplican el riesgo de cáncer de mama y aumentan el nivel de colesterol malo, la lipoproteína de baja densidad (LDL), que se traduce en un mayor riesgo de enfermedades ateroscleróticas. Así, en un intento de aportar solución a este problema, países como Dinamarca y Canadá exigen que los fabricantes de alimentos informen en las etiquetas sobre el contenido de grasas trans en sus productos y que reduzcan su cantidad.

1.5 XENOBIÓTICOS EN EL MEDIO AMBIENTE Y EN LOS ALIMENTOS

La inocuidad alimentaria debe garantizar que no se produzcan efectos adversos en el cuerpo humano después de la ingestión de los alimentos. A lo largo de los siglos, el hombre ha aprendido a evitar ciertas especies de plantas y animales reconocidas como no comestibles o incluso venenosas (Wilcock *et al.*, 2004). Los contaminantes potenciales de los alimentos pueden ser de origen natural (p. ej., toxinas bacterianas y fúngicas, amigdalina y solanina) o pueden contaminarse desde el medio ambiente (p. ej., nitratos (V), nitratos (III), metales pesados: plomo, cadmio, mercurio, residuos de fertilizantes y plaguicidas, dioxinas, ftalatos y residuos de medicamentos veterinarios). Los contaminantes que se acumulan en los organismos se consideran los más peligrosos. El uso generalizado de antibióticos en la cría de animales también se ha convertido en un problema grave, ya que ha contribuido a la transferencia de la resistencia a los antibióticos de los animales a los humanos. Las fuentes de contaminación de los alimentos también incluyen a las sustancias formadas durante el procesado tecnológico y el almacenamiento como es el caso de micotoxinas, nitrosaminas, acroleína, epóxidos y otros compuestos.

Otro grupo de contaminantes alimentarios lo constituyen las sustancias extrañas introducidas en los productos alimenticios durante el procesado, tales como agentes de limpieza, conservantes, edulcorantes, revestimientos y contaminantes químicos que migran desde el envase o del equipo de producción a los alimentos.

La mayoría de los contaminantes químicos detectados en los alimentos son difíciles o incluso imposibles de evitar, e incluyen ciertos metales, nitratos, compuestos *N*-nitrosos, plaguicidas, dioxinas, dibenzofuranos, hidrocarburos aromáticos policíclicos (HAP) y otros compuestos aromáticos policíclicos polihalogenados. Un grupo importante de contaminantes lo constituyen los hidrocarburos aromáticos halogenados clasificados como contaminantes orgánicos persistentes (COPs).

Algunas de las sustancias mencionadas anteriormente (residuos de plaguicidas, dioxinas, bifenilos policlorados y otros COPs) se han detectado desde hace muchos años en el medio ambiente acuático y terrestre de todo el mundo, lo que indica su presencia constante, aunque gradualmente decreciente, en los alimentos.

1.6 CONCLUSIONES

La inocuidad de los alimentos, según la Organización de las Naciones Unidas para la Agricultura y la Alimentación (FAO), es un componente importante de la seguridad alimentaria de que toda persona tenga acceso físico y económico (disponibilidad) a los alimentos. Garantizar la inocuidad alimentaria está estrechamente relacionado con minimizar el riesgo de cualquier efecto secundario en el cuerpo humano.

La seguridad alimentaria es un área de creciente interés global debido a su impacto directo en la salud humana. Los alimentos seguros son alimentos que provienen de un entorno natural limpio y no contaminado. Desde 1960, los peligros para la salud se han considerado no solo en términos de contaminación microbiológica, sino también de contaminación química de los alimentos. Actualmente, la calidad sanitaria y la inocuidad de los alimentos se encuentran entre los criterios más importantes para la evaluación de los mismos por parte de los consumidores. Por esta razón, la evaluación de la calidad de los alimentos cubre no solo aspectos funcionales, sensoriales, estéticos e higiénicos, sino también el contenido de productos químicos extraños (xenobióticos) que pueden poner en peligro la salud humana.

Como se muestra en numerosos estudios, el procesado culinario o tecnológico incorrecto o el almacenamiento inadecuado pueden dar como resultado la formación de compuestos tóxicos en los alimentos, tales como acroleína, nitrosaminas y micotoxinas.

Los riesgos más peligrosos asociados con la mayoría de los xenobióticos son su carcinogenicidad, teratogenicidad y actividad disruptora endocrina.

Entre los numerosos productos químicos peligrosos para la salud humana, los principales son algunas de las sustancias naturales, por ejemplo, las micotoxinas, así como los compuestos antropogénicos, que son contaminantes ambientales o productos químicos utilizados deliberadamente, o subproductos de diversos procesos, como por ejemplo, dioxinas, dibenzofuranos, pesticidas, bifenilos policlorados, nitratos y metales pesados.

En la actualidad, el problema de la contaminación de los alimentos se ha convertido en un tema importante para las industrias alimentarias que se refleja en la introducción del concepto «de la granja a la mesa», que permite el control del producto desde el momento mismo de la obtención de las materias primas y posteriormente en todas las etapas de producción. Debido al fenómeno de la globalización y de la producción de alimentos en etapas múltiples, como por ejemplo, los alimentos de conveniencia, la producción moderna de alimentos también presenta inconvenientes como el mayor recorrido que experimentan las materias primas desde su obtención hasta los productos comerciales finales.

Cabe destacar el hecho de que la presencia de algunos grupos de compuestos tóxicos (productos farmacéuticos, plaguicidas, aditivos y conservantes) en los alimentos puede evitarse o reducirse hasta un nivel aceptable, siempre que los sistemas de seguridad alimentaria (p. ej., APPCC, buenas prácticas de fabricación y buenas prácticas de higiene) se implementen y utilicen adecuadamente. Una mayor preocupación por la inocuidad alimentaria también se refleja en el hecho de que se introduzcan normas cada vez más estrictas sobre los niveles aceptables de productos químicos tóxicos en los distintos tipos de alimentos.

En la actualidad, hay cierto riesgo con el uso indiscriminado de plaguicidas. Sobre todo en lo que se refiere a las malas prácticas en la protección de cultivos, que generalmente resultan de no tener en cuenta las recomendaciones para un uso adecuado de los mismos, lo que representa un riesgo para la salud de los humanos y los animales. El tamaño de la población expuesta a los plaguicidas es difícil de cuantificar.

Los efectos más frecuentes de la contaminación con plaguicidas incluyen disfunciones gastrointestinales, como pérdida de apetito, náuseas, disgeusia y vómitos, y también trastornos neurológicos, como dolores de cabeza, mareos, alteración del equilibrio e hiperactividad (Gilden *et al.*, 2010). La exposición prenatal a los plaguicidas organofosforados también puede contribuir significativamente a reducir el peso al nacimiento y a la disminución del tiempo de gestación (Rauch *et al.*, 2012).

De acuerdo con Sanghi *et al.* (2003), incluso las exposiciones, durante el embarazo e inmediatamente después del nacimiento, a dosis bajas de clorpirifós pueden inhibir la síntesis de ADN y reducir la cantidad de células neuronales en ciertas partes del cerebro. Se sospecha que incluso la exposición temprana a bajos niveles de clorpirifós en los primeros años de vida puede afectar posteriormente de forma negativa a la función del sistema nervioso.

La educación del consumidor y la información fiable sobre la composición de los alimentos son muy importantes debido a los peligros potenciales que pueden ocurrir tanto en las materias primas como en los productos alimenticios procesados.

BIBLIOGRAFÍA

Beutin, L. and A. Martin. 2012. Outbreak of Shiga Toxin-Producing *Escherichia coli* (STEC) O104:H4 Infection in Germany Causes a Paradigm Shift with Regard to Human Pathogenicity of STEC Strains. *Journal of Food Proteins* 75(2): 408–418.

Gilden, R.C., K. Huffling, and B. Sattler. 2010. Pesticides and Health Risks. *Journal of Obstetric, Gynecologic, & Neonatal Nursing* 39(1): 103–110.

Hawkes, C. 2006. Uneven Dietary Development: Linking the Policies and Processes of Globalization with the Nutrition Transition, Obesity and Diet-Related Chronic Diseases. *Globalization and Health* 2: 4.

Rauch, S.A., J.M. Braun, D.B. Barr, A.M. Calafat, J. Khoury, M.A. Montesano, K. Yolton, and B. Weight. 2012. Associations of Prenatal Exposure to Organophosphate Pesticide Metabolites with Gestational Age and Birth Weight. *Environmental Health Perspectives* 120(7): 1055–1060.

Sanghi, R., M.K.K. Pillai, T.R. Jayalekshmi, and A. Nair. 2003. Organochlorine and Organophosphorus Pesticide Residues in Breast Milk from Bhopal, Madhya Pradesh, India. *Human & Experimental Toxicology* 22(2): 73–76.

Sicherer, S.H. and H.A. Sampson. 2014. Food Allergy: Epidemiology, Pathogenesis, Diagnosis, and Treatment. *Journal of Allergy and Clinical Immunology* 133(2): 291–307.

Szymczak B. and W. Dąbrowski. 2015. Effect of Filling Type and Heating Method on Prevalence of *Listeria species* and *L. monocytogenes* in dumplings produced in Poland. *Journal of Food Science* 80(5): M1060–M1065.

Wilcock, A., M. Pun, J. Khanona, and M. Aung. 2004. Consumer Attitudes, Knowledge and Behaviour: A Review of Food Safety Issues. *Trends in Food Science & Technology* 15: 56–66.

2 Toxinas naturales de origen vegetal (fitotoxinas)

Kevin D. Welch, Stephen T. Lee, Daniel Cook, Benedict T. Green y Kip E. Panter

CONTENIDO

2.1 INTRODUCCIÓN

Las toxinas naturales, y en concreto las producidas por plantas, tienen funciones múltiples y diversas que pueden ser tanto perjudiciales como beneficiosas, bien para los animales o para el hombre. Durante décadas se ha argumentado que muchos de estos compuestos sirven como un mecanismo de defensa de las plantas para protegerse frente a los animales herbívoros, la depredación o las enfermedades (tema revisado por Wink, 1999). Los compuestos secundarios pueden proteger a una planta de modos diversos, impartiendo amargor o provocando molestias o algún otro efecto negativo que disuade a los herbívoros de su consumo, o pueden ser abiertamente tóxicos causando la muerte del depredador, debilitándolo o provocando una aversión inherente a la planta.

Los compuestos secundarios de las plantas pueden tener otros significados para su supervivencia tales como constituir señales para atraer insectos, pájaros u otros animales para favorecer la polinización y/o la dispersión de las semillas. Además de cualquier otra función potencial, los compuestos secundarios pueden cumplir de un modo concomitante una función fisiológica tal como la protección frente a la luz UV o las heladas, o cumplir una función de transporte y almacenamiento del nitrógeno. En varios casos, los compuestos pueden cumplir funciones múltiples en la misma planta. Las antocianinas o monoterpenos pueden actuar como atrayentes para los insectos en las flores, pero al mismo tiempo son insecticidas y antimicrobianos en las hojas (Wink, 1999). Del mismo modo, los insectos y otros organismos han evolucionado con las plantas utilizando el mecanismo protector de la planta. Por ejemplo, una relación tal entre una planta y un insecto es la que se ha demostrado entre los algodoncillos y la mariposa Monarca (Harborne, 1993). Las larvas de la mariposa Monarca se alimentan de los algodoncillos y acumulan cardenólidos. Los pájaros que comen las orugas, pupas o ejemplares adultos de la mariposa vomitan por efecto de estos compuestos y consecuentemente desarrollan aversión y evitan a las mariposas Monarca. Existen numerosos otros ejemplos en los cuales las plantas, los insectos, los grandes herbívoros y otros organismos juegan un papel entrelazado en el balance de la naturaleza. Las funciones múltiples son típicas de los compuestos vegetales y no contradicen en modo alguno su papel principal como compuestos de defensa química y de inducción de señales. Si un rasgo cumple múltiples funciones en una determinada planta o animal, es más probable que sobreviva a los rigores de la selección natural.

En general, las partes de la planta que son importantes para su supervivencia y reproducción, tales como las flores y las semillas, son las que concentran compuestos de naturaleza defensiva. Como consecuencia, los compuestos pueden ser sintetizados o almacenados más rápidamente en ciertas etapas críticas en el crecimiento, es decir, brotes, tejidos jóvenes o plántulas. Muchas de estas especies de plantas dependen de compuestos secundarios durante la fase de crecimiento inicial o la fase de siembra, pero las etapas vegetativa y madura están protegidas por adaptaciones mecánicas o morfológicas. Aunque las plantas tienen una capacidad limitada para reponer o regenerar las partes que han sido comidas, que enferman o que han resultado dañadas, los compuestos secundarios tienen gran importancia para asegurar la supervivencia. La capacidad de crecimiento abierto y regeneración que es prominente en las plantas perennes permite un margen de tolerancia frente a los herbívoros y los microbios. Mientras que el papel de los compuestos secundarios en la evolución de las plantas es significativo para la supervivencia, el impacto sobre la salud y bienestar del hombre y los animales puede ser beneficioso o perjudicial.

Han sido identificados más de 100.000 compuestos secundarios que incluyen alcaloides, glucósidos, proteínas, polipéptidos, aminas y aminoácidos no proteicos, ácidos orgánicos, alcoholes, poliacetilenos, toxinas resinosas y toxinas minerales. Durante miles de años, el hombre ha utilizados algunos de estos compuestos como condimentos, tintes, fragancias, insecticidas, alucinógenos, suplementos nutricionales, venenos para animales o humanos, y agentes terapéuticos/farmacéuticos. Se han escrito diversos libros sobre las toxinas naturales de las plantas. Mientras que el impacto negativo de las toxinas vegetales sobre el hombre y el ganado ha sido el aspecto más difundido, la diversidad de estas toxinas y su potencial como nuevos agentes farmacéuticos para el tratamiento de enfermedades en el hombre y los animales ha suscitado gran interés en la sociedad moderna. Los científicos están cribando de un modo activo plantas provenientes de todas las regiones del mundo para investigar su bioactividad y la presencia en ellas de moléculas de potencial interés farmacéutico para el tratamiento o prevención de muchas enfermedades. Este capítulo se centrará en las plantas y sus toxinas que se han investigado en el Laboratorio de Investigación sobre Plantas Venenosas (PPRL) del Servicio de Investigación de Agricultura del USDA, sito en Logan (Utah), haciendo mención eventual de otras toxinas relevantes que afectan a los animales y al hombre.

2.2 ALCALOIDES

2.2.1 INTRODUCCIÓN

Un alcaloide es un compuesto básico que contiene nitrógeno y que está presente en general en las plantas superiores. Pelletier (1983) sugirió que un alcaloide es un compuesto cíclico que contiene nitrógeno en un estado de oxidación negativo, que es una forma de distribución limitada en los organismos vivos. La definición de Pelletier incluye a los alcaloides con nitrógeno formando parte de un sistema heterocíclico y nitrógeno extracíclico unido.

En las plantas se han identificado y caracterizado varios miles de alcaloides. Más de un 20% de las familias de plantas superiores contienen alcaloides, por lo que los alcaloides son la clase más omnipresente y significativa de toxinas vegetales (Blackwell, 1990). Aunque se ha sugerido que los alcaloides son subproductos de desecho del metabolismo de las plantas, pueden jugar un papel en la fijación del nitrógeno iónico que necesitan las plántulas. Los alcaloides se asociaron inicialmente con miembros del reino vegetal, pero cada vez se están descubriendo más y más compuestos alcaloides en microorganismos, hongos, invertebrados marinos, insectos y animales superiores (Roberts y Wink, 1998). Muchos de estos alcaloides han llevado al descubrimiento de nuevos fármacos y al tratamiento de enfermedades en el hombre y animales.

Los alcaloides amargos pueden haber desarrollado un papel universal en la defensa química de las plantas como disuasorios en la alimentación. La quinina, estricnina y brucina son alcaloides extremadamente amargos. Sin embargo, existen pocos datos sobre las relaciones animal/planta que demuestren que el amargor sea el único factor de control en la prevención de la ingestión de plantas venenosas por parte de los herbívoros. Hay muchos ejemplos de animales que comen plantas que, como podríamos decir, «amargan como la hiel». Wink *et al.* (1993) refutaron parcialmente esta teoría del amargor en una prueba de alimentación con gansos en la cual los animales rechazaron aceites esenciales pero toleraron alcaloides amargos.

2.2.2 Alcaloides piperidínicos

Los alcaloides piperidínicos se encuentran ampliamente distribuidos en la naturaleza, principalmente en plantas, pero también en animales inferiores tales como los gusanos nemertinos. De los centenares de alcaloides piperidínicos conocidos, la mayoría provienen de una de las tres rutas biosintéticas de las plantas que utilizan como precursores las moléculas de lisina, acetato o mevalonato (tema revisado por Panter y Keeler, 1989). El núcleo común de todos los alcaloides piperidínicos es el anillo de la piperidina (Fig. 2.1). Algunas de las piperidinas de estructura más simple provienen de rutas que parten de la lisina y del acetato, mientras que las más complejas provienen del mevalonato. Los alcaloides piperidínicos derivados del acetato son comunes en la naturaleza en las plantas y en los animales inferiores. Por ejemplo, las piperidinas simples presentes en la cicuta, la gamma-coniceína y la coniína, son derivados de la ruta del acetato. Igualmente, la anabaseína, un conocido alcaloide del tabaco también derivado de la ruta del acetato, ha sido identificado como un producto venenoso de las glándulas de las hormigas *Aphaenogaster* y varios alcaloides 2,6-bisustituidos de la piperidina se han aislado en la hormiga de fuego (*Solenopsis saevissima*), donde estos alcaloides actúan como atrayentes (Roberts y Wink, 1998). Se han aislado de ranas neotropicales de la familia *Dendrobatidae* más de 100 alcaloides diferentes (muchos de ellos piperidinas), y otros se han identificado en numerosos microrganismos.

Los alcaloides piperidínicos son significativos históricamente debido a la práctica en la antigua Grecia de ejecutar a los criminales con una infusión de cicuta. La literatura antigua se refiere al envenenamiento humano con más frecuencia que al animal. Incluso hoy, tienen lugar envenenamientos humanos accidentales de un modo ocasional; sin embargo, la mayoría de las descripciones actuales se refieren a la ingesta de venenos por especies de ganado. Frank *et al.* (1995) describieron un incidente humano en el cual un niño de seis años y su padre fueron tratados con éxito de un envenenamiento accidental por cicuta. Tras ingerir hojas jóvenes de cicuta, el niño perdió la sensibilidad y fue hospitalizado. Tras la identificación de la planta y la instauración de

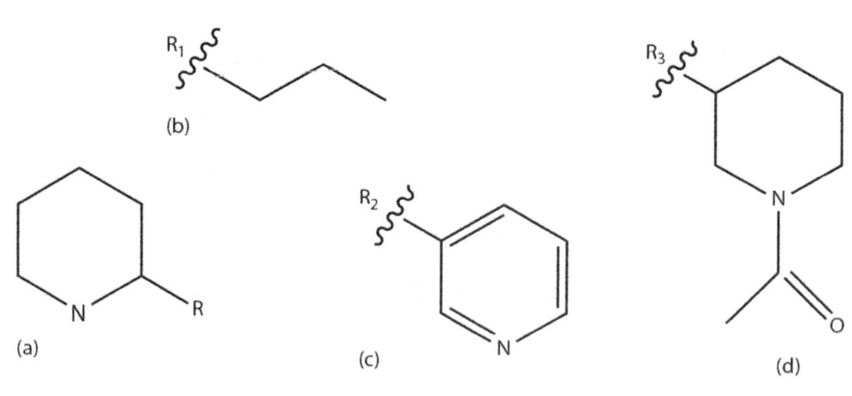

FIGURA 2.1 Anillo de la piperidina (a) y tres funciones, de tres carbonos o de tamaño mayor, que confieren actividad teratogénica, es decir, coniína (R_1), anabasina (R_2) y ammodendrina (R_3), respectivamente (b), (c) y (d).

un tratamiento hospitalario adecuado, el niño se recuperó totalmente. Uno de los relatos históricos más famosos relacionados con la cicuta es la ejecución del filósofo Sócrates, quien fue sentenciado a muerte bebiendo una infusión de cicuta tras haber sido condenado por introducir nuevas divinidades en el pensamiento imperante. Daugherty (1995) publicó un relato histórico de la muerte de Sócrates.

En la antigüedad, la semilla de *Conium* se recolectaba verde, se secaba y se almacenaba para usarla en medicina como sedante. Las hojas o el jugo deshidratados de *Conium maculatum* aparecían incluidos en las farmacopeas de Londres y Edimburgo desde 1864 hasta 1898, y el último registro oficial apareció en Gran Bretaña en el British Pharmaceutical Codex del año 1934. El interés por el valor médico de la cicuta disminuyó debido al carácter impredecible de sus efectos. Tal impredicibilidad se entiende y justifica hoy en día en base al perfil de toxinas, y al hecho de que la concentración en la planta y en la semilla fresca puede variar amplísimamente con factores relacionados con el medio, e incluso existe una variación diurna. La cicuta también tiene una significación histórica para los investigadores puesto que la coniína fue el primer alcaloide descubierto en 1827 y el primero que se sintetizó en 1886 (Landenburg, 1886; tema revisado por Panter y Keeler, 1989).

La cicuta contiene tres alcaloides mayoritarios y cinco minoritarios. Se han comparado la toxicidad y los efectos teratogénicos de los tres alcaloides mayoritarios de la cicuta (Fig. 2.2). La gamma-coniceína normalmente predomina en los estados vegetativos tempranos del crecimiento de la planta, mientras que la coniína y la *N*-metil coniína generalmente son predominantes en la semilla y en la planta madura. La gamma-coniceína es el precursor de todos los demás alcaloides de la cicuta. En un bioensayo en mamíferos, la gamma-coniceína se muestra 7-8 veces más tóxica que la coniína, la cual a su vez es 1,5-2 veces más tóxica que la *N*-metil coniína (Fig. 2.2). La actividad farmacológica es similar entre estos alcaloides, pero varía en la potencia debido a sus diferencias estructurales. Estudios farmacológicos realizados con los alcaloides de *Conium* han demostrado que estos compuestos actúan como agonistas del receptor estereoselectivo nicotínico de acetilcolina (Lee *et al.*, 2013). Las acciones periféricas sobre la musculatura lisa se inician por estimulación de los ganglios y posterior desensibilización de los receptores, lo cual explica algunos de los signos clínicos tempranos de estimulación del sistema gastrointestinal (GI) y urinario. Más tarde se bloquean los reflejos espinales, un hecho que ha sido atribuido al aumento de la permeabilidad de la membrana a los iones potasio. Farmacológicamente, las propiedades de los tres alcaloides son muy similares, excepto en que la gamma-coniceína es más estimulante de los ganglios autónomos y la *N*-metil coniína tiene un mayor efecto desensibilizante (Fodor y Colasanti, 1985).

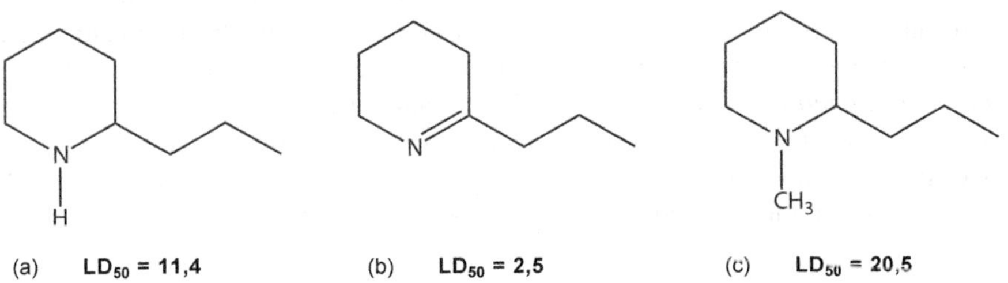

FIGURA 2.2 Tres alcaloides piperidínicos teratogénicos de *Conium maculatum* (cicuta) con sus respectivos valores DL_{50} determinados en un bioensayo en ratón: coniína (a), gamma-coniceína (b) y *N*-metil coniína (c).

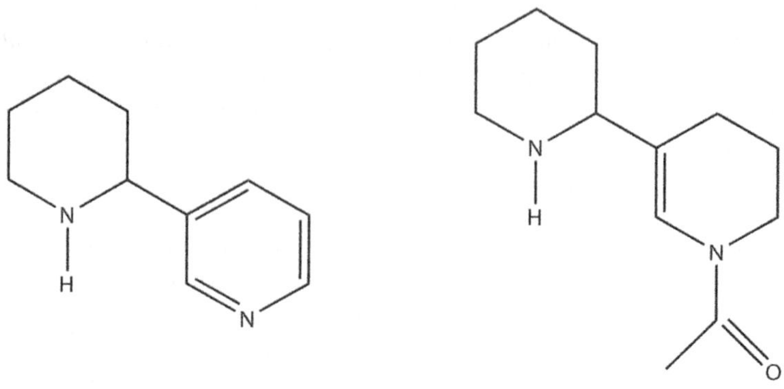

(a) LD_{50} = 1,6 (b) LD_{50} = 134,4

FIGURA 2.3 Teratogénicos piperidínicos de *Nicotiana glauca* (anabasina [a]) y *Lupinus formosus* (ammodendrina [b]).

Los efectos teratogénicos de la cicuta son bien conocidos y han sido descritos en el ganado vacuno, ovejas, cabras y cerdos (Panter *et al.*, 1999; Green *et al.*, 2013a). Se han descrito numerosos casos de campo de envenenamiento y subsiguientes malformaciones. El mecanismo de acción, las etapas de susceptibilidad durante la preñez y las descripciones detalladas de los efectos teratogénicos han sido revisados por Panter *et al.* (2013b) y Green *et al.* (2013a, 2013b).

Además de los alcaloides de la cicuta, las especies del género *Nicotiana* y algunas especies del género *Lupinus* también contienen alcaloides piperidínicos que son tóxicos y teratogénicos potentes (Fig. 2.3). Todos los alcaloides piperidínicos teratogénicos tienen ciertas características estructurales que resultan necesarias para la inducción de defectos en el recién nacido. La estructura molecular incluye un anillo de piperidina con una cadena lateral de al menos tres átomos de carbono, o más grande, unida al anillo en la posición adyacente al átomo de nitrógeno (Fig. 2.1). Las características estructurales fueron propuestas inicialmente por Keeler y Balls (1978), y todos los experimentos realizados desde entonces han apoyado esta teoría. Se cree que existe el requisito estructural para la teratogenicidad porque los alcaloides se unen a los receptores nicotínicos de acetilcolina de la unión neuromuscular. Los efectos clínicos sobre el feto incluyen una reducción significativa del movimiento fetal durante etapas críticas de la gestación. Al igual que el movimiento fetal ayuda a prevenir las malformaciones del esqueleto por contractura, el movimiento fetal es fundamental en la prevención del paladar hendido. El tipo de malformación que se manifiesta está relacionado con la etapa de la gestación en la que el feto resulta expuesto a los alcaloides. Las malformaciones son las mismas y el mecanismo de acción es el mismo para todos los alcaloides piperidínicos que poseen las características estructurales como se ha discutido anteriormente.

Además de *Lupinus* spp., la cicuta y *Nicotiana* spp., otras especies de plantas de los géneros *Genista*, *Prosopis*, *Lobelia*, *Cytisus*, *Sophora*, *Pinus*, *Punica*, *Duboisia*, *Sedum*, *Withania*, *Carica*, *Hydrangea*, *Dichroa*, *Cassia*, *Ammondendron*, *Liparia* y *Colidium* contienen alcaloides piperidínicos potencialmente tóxicos y teratogénicos. Muchas especies o variedades de plantas de estos géneros pueden incluirse en las dietas animales y humanas (Keeler y Crowe, 1984).

2.2.3 Alcaloides Quinolizidínicos

Los alcaloides quinolizidínicos se encuentran principalmente en los géneros de la familia *Fabaceae* (Leguminosas), una familia amplia e importante comercialmente que contiene centenares de alca-

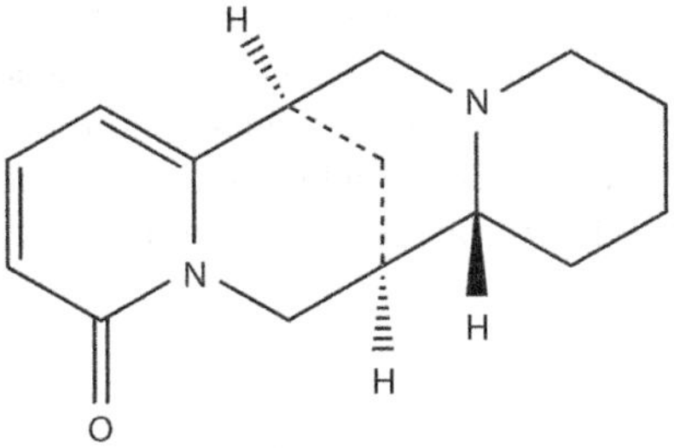

FIGURA 2.4 Alcaloide quinolizidínico teratogénico, anagirina, de *Lupinus* spp.

loides quinolizidínicos. Solo en *Lupinus*, se han identificado y caracterizado estructuralmente más de 150 alcaloides quinolizidínicos (Kinghorn y Balandrin, 1984). Géneros significativos en cuanto a la presencia de alcaloides quinolizidínicos incluyen *Lupinus*, *Laburnum*, *Cytisus*, *Thermopsis*, y *Sophora*. La mayoría de estos géneros contienen el teratógeno anagirina (Fig. 2.4).

La característica estructural común de los alcaloides quinolizidínicos es un sistema de anillo de decalina con un átomo de nitrógeno en un vértice. A menudo, se incorpora un segundo o tercer átomo de nitrógeno en anillos adicionales de seis átomos de carbono. Se han caracterizado alcaloides bicíclicos, tricíclicos, tetracíclicos e incluso más complejos con 5-10 anillos (Keeler, 1989).

Lupinus spp. (los lupinos) contienen alcaloides tanto quinolizidínicos como piperidínicos que son tóxicos y teratogénicos. Se ha observado que dieciocho especies de lupinos del oeste de USA contienen el teratógeno anagirina (Fig. 2.4), presentando 14 de ellas niveles teratogénicos de esta sustancia (Davis y Stout, 1986). Dos especies, *L. formosus* y *L. arbustus*, contienen niveles teratogénicos del alcaloide piperidínico ammodendrina (Fig. 2.4; Panter *et al.*, 1998). Los alcaloides de los lupinos se producen en los cloroplastos de las hojas y se transportan por el floema y se almacenan en las células de la epidermis y en las semillas (Wink *et al.*, 1995).

El perfil y los contenidos de alcaloides quinolizidínicos varían entre las especies de lupinos y dentro de las plantas individuales en función de las condiciones ambientales, estación del año y etapa del crecimiento de la planta (Wink y Carey, 1994). El contenido de alcaloides (por gramo de planta) puede ser más alto durante las etapas tempranas del crecimiento, disminuyendo a lo largo de la etapa de formación de las yemas y concentrándose en las flores y en las semillas maduras. Las vainas de las semillas contienen altos niveles de proteínas y altas concentraciones de alcaloides.

Los efectos del lugar y de la altitud sobre el contenido de alcaloides han sido descritos por Carey y Wink (1994). El contenido total de alcaloides disminuye a medida que aumenta la altitud y se ha observado que es seis veces mayor en plantas crecidas a 2.700 metros en relación con las recolectadas a 3.500 metros. Este fenómeno persistió incluso cuando las plántulas procedentes de las altitudes más altas y más bajas se cultivaron en condiciones de invernadero idénticas, lo que sugiere la existencia de diferencias genéticas evolutivas.

2.2.3.1 Mecanismo de acción

El mecanismo de acción propuesto para las malformaciones y el paladar hendido inducidos por los lupinos en el ganado ha sido dilucidado utilizando cabras como modelo. Utilizando imagen de ultrasonido, Panter *et al.* (1990) formularon la hipótesis de que el mecanismo para inducir defectos en el esqueleto y paladar hendido implica una reducción del movimiento fetal inducida químicamente tan intensa como la que sería esperable lograr con un sedante, un agente bloqueante neuromuscular o un anestésico. El mecanismo de acción propuesto se apoyó en experimentos utilizando radio ultrasonidos y en los que se observó una relación directa entre la reducción de la actividad fetal y la severidad de los defectos en el esqueleto y del defecto de paladar hendido en ovejas y cabras (Panter *et al.*, 1990; Weinzweig *et al.*, 2008). Investigaciones adicionales sugieren que esta inhibición del movimiento fetal debe durar un periodo prolongado de tiempo durante etapas específicas de la gestación.

2.2.3.2 Aplicación biomédica

El establecimiento de modelos animales adecuados para las aplicaciones biomédicas es esencial para la aplicación de nuevas técnicas y procedimientos en el hombre. El síndrome del paladar hendido y de malformaciones esqueléticas inducido por plantas en el ganado (síndrome del ternero torcido) es el mismo con independencia de que sea inducido por *Lupinus*, *Conium* o *Nicotiana* spp. Igualmente, las malformaciones se han descrito como las mismas en ganado vacuno, ovino, caprino y porcino. Inicialmente se ha desarrollado un modelo de un pequeño rumiante (la cabra) para estudiar el mecanismo de acción del «síndrome del ternero torcido». Sin embargo, el interés en el paladar hendido congénito inducido y el modelo de la cabra llevó a explorar aplicaciones biomédicas (Panter *et al.*, 2000a; Weinzweig *et al.*, 2006).

Los paladares hendidos inducidos por plantas tóxicas en el modelo de la cabra imitan de cerca el paladar hendido humano (Weinzweig *et al.*, 1999a, 1999b). Este modelo también es útil para la comparación histológica del paladar hendido reparado prenatal y postnatal y para la comparación del crecimiento y desarrollo craneofacial. Por lo tanto, el modelo de la cabra proporciona un modelo congénito ideal para estudiar la etiología del paladar hendido en humanos, para el desarrollo de técnicas quirúrgicas aplicadas al feto *in utero* y para comparar la histología del paladar tras reparación prenatal o postnatal. La aplicación biomédica de estas plantas y el modelo animal específico seleccionado han evolucionado con el tiempo y esta evolución se produjo debido al descubrimiento de ciertos efectos biológicos específicos en la cabra y su relación con condiciones similares en humanos (Panter *et al.*, 2000b; Weinzweig *et al.*, 2008).

Las investigaciones recientes se han centrado en el establecimiento del periodo privilegiado de la cicatrización fetal sin secuelas físicas y el desarrollo de procedimientos quirúrgicos en el útero para reparar los paladares hendidos humanos al inicio de la gestación. Para destacar el significado de esta investigación, Jeff Weinzweig dijo que «Los niños que nacen con paladar hendido a menudo se someten a una serie de operaciones para corregir las deformidades resultantes, y únicamente la primera de ellas es la reparación real del paladar a la edad de 6 a 12 meses. Para muchos niños, el habla sigue siendo un problema importante, así como el desarrollo craneofacial. Nuestro objetivo, por supuesto, es eliminar la necesidad de cualquiera de estos procedimientos reconstructivos realizando la reparación del paladar hendido *in utero*. Nunca más que ahora, en la cirugía en la edad fetal, esto ha sido una posibilidad real. A pesar de esto, lo que es realmente emocionante es que ahora contamos con un modelo de cabra congénita de paladar hendido, así como el modelo de reparación de la hendidura «*in utero*». Por lo tanto, el valor biomédico del modelo de la cabra utilizando la planta *N. glauca* o extractos ricos en anabasina para inducir paladares hendidos se ha aplicado en medicina humana (Weinzweig *et al.*, 2008).

Si bien se ha demostrado la utilidad de la intervención quirúrgica fetal en circunstancias que ponen en peligro la vida, el papel de la intervención (cirugía) fetal en el tratamiento de anomalías congénitas que no amenazan la vida sigue siendo motivo de mucho debate. Recientemente, Weinzweig *et al.* (2002) describió y caracterizó un modelo congénito para el paladar hendido en la cabra, presentó la metodología y técnicas usadas para reparar con éxito los paladares hendidos congénitos *in utero* y demostró éxito en la cicatrización y desarrollo palatales sin cicatrices después de la reparación. Este modelo simula con mucha aproximación la etiopatogenia de la anomalía humana. Así pues, es posible la reparación *in utero* del paladar hendido en las etapas tempranas de la gestación (antes o en el día 85 en la cabra) y da como resultado una cicatrización sin secuelas (cicatrices) de los paladares blando y duro. Además, este modelo de cabra con paladar hendido congénito es altamente reproducible, con poca variación, lo que supone un modelo animal ideal.

En resumen, esta investigación tiene consecuencias significativas en la gestión de los paladares hendidos humanos y tiene aplicación en el estudio de la etiología y el tratamiento. El conocimiento de los periodos de susceptibilidad fetal, la elucidación de las plantas teratogénicas y las toxinas presentes en ellas, y la comprensión de los mecanismos de acción proporcionarán información para limitar los efectos adversos de estas toxinas vegetales.

2.2.4 Alcaloides Esteroideos y Glucoalcaloides Esteroideos

Los alcaloides esteroideos y los glucoalcaloides esteroideos son toxinas comunes que se encuentran en las familias Liliaceae y Solanaceae, respectivamente. *Veratrum* spp. (falso eléboro) y *Zigadenus* spp. (camas de la muerte) de la familia Liliaceae, y *Solanum* spp. (solanáceas salvajes, patata, berenjena y cereza de Jerusalén) y *Lycopersicon* (tomate) de la familia Solanaceae han sido descritos como tóxicos y algunos son teratogénicos (Gaffield y Keeler, 1994). Se han caracterizado más de 1.100 alcaloides esteroideos y se tiene información acerca de la toxicidad de muchos de ellos. Estos alcaloides generalmente se dividen en las clases solanum y veratrum o jerveratrum en base a sus características estructurales y actividad biológica. La Tabla 2.1 ilustra la potencia relativa de 13 de estos alcaloides en un ensayo biológico realizado con hámster (Gaffield y Keeler, 1994).

TABLA 2.1
Alcaloides esteroideos encontrados en *Veratrum* spp. y *Solanum* spp., con su potencia teratogénica relativa, determinada en un ensayo en hámster.

Alcaloide	Teratogenicidad
Tomatidina	0
Tomatina	1
5α,6-Dihidrosolasodina	4
Solasodina	6
5α,6-Dihidrosolanidina	10
α-Solanina	35
Solanidina	35
Ciclopamina	35
5α,6,12β,13α-Tetrahidrojervina	40
22*S*,25*R*-Solanidanos	50
α-Chaconina	50
12β,13α-Dihidrojervina	60
Jervina	100

Fuente: Gaffield, W. y R.F. Keeler, *Pure Appl. Chem.*, 66, 2407–2410, 1994.

2.2.4.1 Glucoalcaloides de *Solanum*

Las *Solanum* spp., están distribuidas por todo el mundo y han sido responsables de numerosos envenenamientos en animales y en el hombre. Debido a su importancia como plantas utilizadas en la alimentación, particularmente la patata, se han realizado numerosos estudios para evaluar la distribución y concentración de los glucoalcaloides en las diferentes partes de la planta.

La química de la patata, incluyendo los tubérculos, tallos y brotes, ha sido descrita por Sharma y Salunkhe (1989). Por ejemplo, la pulpa del tubérculo es la que presenta un contenido menor de glucoalcaloides totales (12-50 μg/g), seguida por las pieles (300-600 μg/g), las hojas (400-1.000 μg/g) y los brotes y flores (2.000-5.000 μg/g). Como sería esperable, las partes fotosintetizadoras tienen las concentraciones más elevadas de glucoalcaloides, y, por esta razón, los tallos y las patatas verdes y germinadas generalmente se desechan para la alimentación humana. Sin embargo, estas patatas verdosas escogidas, y ocasionalmente los tallos, se le suministran como alimento al ganado, especialmente cuando los alimentos locales escasean. A veces esta práctica ha causado envenenamientos severos y muertes.

Las características estructurales de los alcaloides de *Solanum* se basan en dos configuraciones principales de los esqueletos: (1) solanidano, con o sin funciones glucósido, tal como presentan los alcaloides esteroideos tóxicos y teratogénicos α-chaconina y α-solanina con el anillo indolizidina del tipo E-F (Fig. 2.5a) o (2) la configuración espirosolano representada por los alcaloides no teratogénicos tomatina y tomatidina con anillos E y F espirofusados (Gaffield y Keeler, 1994; Fig. 2.5b).

Ambas clases están representadas por alcaloides con o sin función glucósido. Diversas *Solanum* spp., han provocado envenenamientos en ganado. *Solanum fastigiatum*, *S. kwebense* y *S. dimidiatum* han inducido degeneración del cerebelo en el ganado, incluyendo degeneración progresiva y vacuolización de las células de Purkinje (Cheeke, 1998). Las lesiones aparecen como una enfermedad por almacenamiento lisosomal similar a las causadas por el locoísmo. Estas

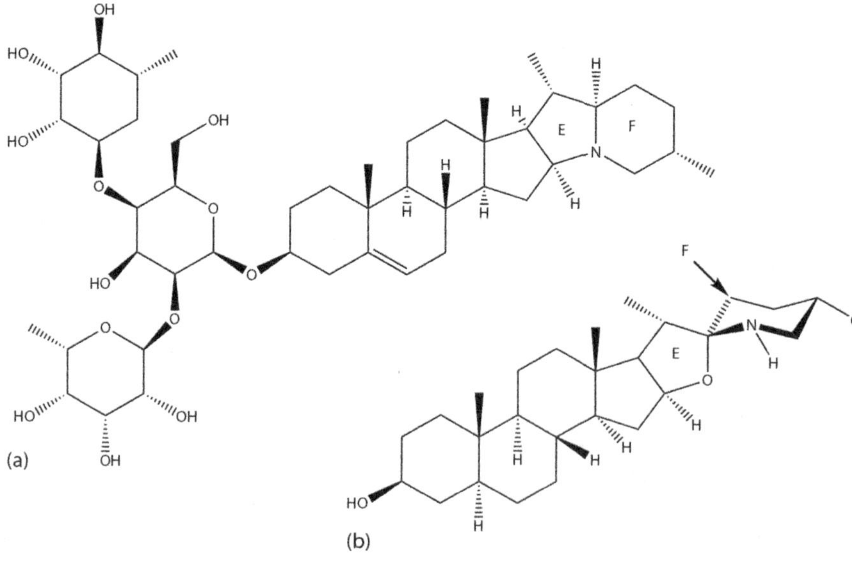

FIGURA 2.5 Dos alcaloides esteroideos de *Solanum* spp., uno con actividad teratogénica (α-chaconina [a]) y el alcaloide no teratogénico tomatidina (b).

plantas contienen alcaloides del tipo de la solanidina con la configuración indolizidina de los anillos E-F como los encontrados en las plantas productoras de locoísmo (Fig. 2.5b; ver la sección de la indozilidina).

Se dispone de datos escasos sobre los perfiles y concentraciones de alcaloides de las especies de *Solanum* salvajes (belladonas). Se han descrito envenenamientos del ganado causados por la hierba mora (*S. nigrum*), la dulcamara (*S. dulcamara*) y la solanácea de hoja plateada (*S. eleagnifolium*). Los efectos clínicos derivados de la ingestión de estas especies incluyen trastornos gastrointestinales y problemas asociados tales como diarrea y reducción del consumo de alimentos. También se ha descrito un efecto neurológico derivado de la inhibición de la acetilcolinesterasa (revisado por Beasley, 1997).

Otras plantas de la familia de las solanáceas salvajes, tales son la *Atropa belladonna* (belladona), *Hyoscyamus niger* (beleño negro) y *Datura stramonium* (estramonio, hierba de Jimson), contienen toxinas similares a la atropina y son anticolinérgicas y bloquean los receptores muscarínicos. La atropina y los alcaloides similares a ella se discuten más adelante en una sección de este capítulo.

2.2.4.2 Alcaloides de *Veratrum* y *Zigadenus*

Los alcaloides esteroideos encontrados en la familia Liliaceae, principalmente *Veratrum* y *Zigadenus*, han sido responsables de grandes pérdidas económicas en el ganado. Han tenido lugar muertes humanas y de ganado causadas por ingestión accidental de camas de la muerte (Panter *et al.*, 1987). Miles de corderos han muerto o han tenido que ser desechados debido a malformaciones inducidas por *Veratrum*, sobre todo por un defecto craneofacial denominado ciclopía (Binns *et al.*, 1965; James, 1999). También son comunes la estenosis traqueal, las malformaciones esqueléticas y la muerte precoz de los embriones (Keeler y Young, 1986), así como

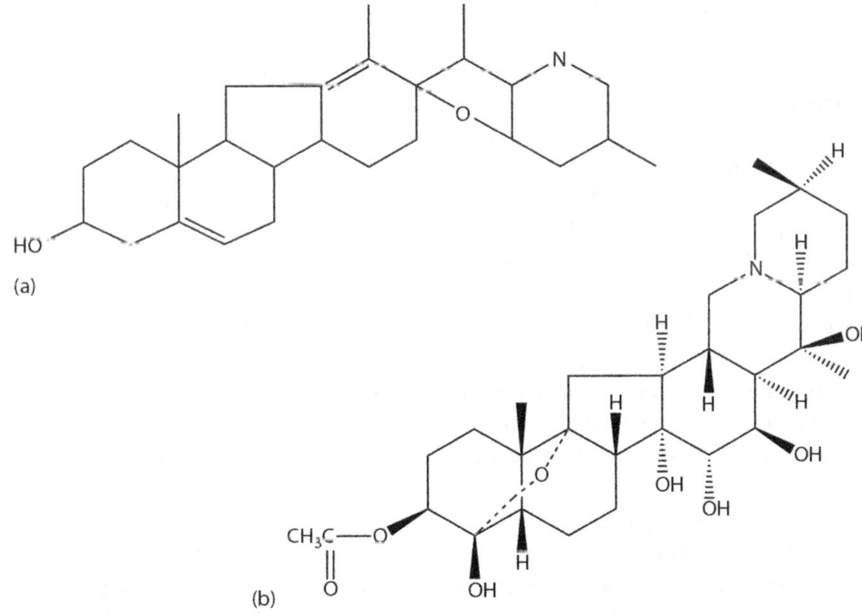

FIGURA 2.6 El alcaloide esteroideo teratógeno ciclopamina (a) de *Veratrum* spp. y el alcaloide no teratógeno zigacina (b) de *Zigadenus* spp.

anomalías en la placentación (Welch *et al.*, 2012b). *Zigadenus* ha provocado claramente envenenamiento en ovejas y vacas, aunque no se han descrito efectos teratogénicos debidos a plantas de este género.

Los alcaloides esteroideos de *Veratrum* y *Zigadenus* se dividen en dos clases, los tipos jerveratrum y ceveratrum (Fig. 2.6a,b). Estos alcaloides tienen una estructura de anillo ciclopentanoperhidrofenantreno modificado (esqueleto esteroide) con C-nor-D-homo con un anillo C contraído y un anillo D expandido (Gaffield, 2000). Los alcaloides jerveratrum tienen alcaminas con uno, dos o tres átomos de oxígeno y pueden encontrarse como tales o como monoglucósidos. Los alcaloides ceveratrum tienen siete, ocho o nueve átomos de oxígeno y se encuentran como alcaminas libres o como ésteres de ácidos alifáticos o aromáticos simples; no se encuentran como glucósidos. En la planta se encuentran diversas variaciones estructurales alrededor de la porción nitrogenada de los alcaloides de veratrum representadas por la jervina y la ciclopamina, dos teratógenos muy activos, y por la cicloposina, un glucósido que contiene glucosa.

2.2.4.2.1 Alcaloides de Veratrum

Los alcaloides jerveratrum han sido responsables de múltiples defectos congénitos en corderos cuando las ovejas preñadas pastaban plantas de *Veratrum* durante etapas específicas de la gestación (Keeler, 1986; Welch *et al.*, 2009). Debido a las anomalías inducidas por *Veratrum* y su relación con las condiciones humanas, los alcaloides esteroideos se han convertido en herramientas o sondas importantes para estudiar los procesos de desarrollo que involucran la morfogénesis craneofacial, de extremidades y de los primeros tramos del tubo gastrointestinal. Durante la gastrulación, el embrión experimenta varios acontecimientos morfogenéticos que conducen a la diferenciación de las tres capas germinales primarias: el endodermo (que da lugar al intestino), el mesodermo (a partir del que se originan los músculos, huesos y tejido conjuntivo) y el ectodermo (origen de la piel y del tejido nervioso) (revisado por Gaffield, 2000).

El gen Sonic hedgehog y la familia de proteínas secretadas Hedgehog (Hh) juegan un papel clave en los procesos de desarrollo que van desde la morfogénesis ósea hasta la diferenciación neurológica (revisado por Gaffield, 2000). El gen Sonic hedgehog dirige las señales intercelulares que se emiten entre las capas germinales en el momento de la diferenciación y se demostró que es responsable de la inducción de la malformación ciclópica en las ovejas afectadas por *Veratrum*. El vínculo entre la ciclopía inducida por *Veratrum* en la oveja y la inhibición de la ruta del gen Sonic hedgehog fue establecido mediante investigaciones realizadas en embriones de ratón que carecían de copias funcionales del gen Sonic hedgehog, lo que causaba varias formas de holoprosencefalia (Chiang *et al.*, 1996; Maity *et al.*, 2005). Con posterioridad, se demostró que la ciclopamina y la jervina inhibían específicamente la ruta del gen Sonic hedgehog provocando las diversas formas de holoprosencefalia (Cooper *et al.*, 1998). El gen Sonic hedgehog también regula otros procesos controlados por genes en etapas posteriores del desarrollo embrionario y está íntimamente involucrado en el desarrollo de las extremidades, piel, ojos, pulmones, dientes y sistema nervioso y en la diferenciación del esperma y del cartílago (Hammerschmidt *et al.*, 1997).

2.2.4.2.2 Alcaloides de Zigadenus

Zigadenus spp. (camas de la muerte) contiene varios alcaloides esteroideos del tipo ceveratrum (con 7, 8 o 9 átomos de oxígeno, y el nitrógeno incorporado en el anillo quinozilidina; Fig. 2.6b). Los alcaloides más conocidos son la zigacina y la zigadenina (Welch *et al.*, 2011). Si bien estos alcaloides tienen una estructura similar a la de los alcaloides de *Veratrum*, no se tiene noticia de que sean teratogénicos y producen una toxicosis con una clínica diferente. Todas las partes de la planta son tóxicas, especialmente el bulbo. Los alcaloides disminuyen la presión arterial, enlentecen el ritmo cardíaco y pueden causar congestión pulmonar antes de provocar la muerte (Welch *et al.*, 2013). El envenenamiento tiene lugar generalmente en ovejas, pero también se han descrito envenenamientos en vacas, caballos y cerdos, así como en humanos (Panter *et al.*, 1987).

2.2.4.2.3 Aplicaciones biomédicas potenciales de la ciclopamina

Son diversas las enfermedades y los desórdenes clínicos que tienen su origen en mutaciones del gen humano Sonic hedgehog y sus rutas asociadas. Se sabe que el gen Sonic hedgehog regula otros genes que actúan con posterioridad denominados Patched, Smoothened o Gli (Hammerschmidt *et al.*, 1997; Rimkus *et al.*, 2016). Puesto que la ciclopamina inhibe de modo selectivo la ruta hedgehog, tiene mucho sentido que los alcaloides de *Veratrum* (ciclopamina) puedan proporcionar herramientas o sondas para investigar las enfermedades asociadas a la ruta hedgehog en los humanos. Entre estas enfermedades asociadas se encuentran no solo la holoprosencefalia y varios tumores, sino también varias formas de polidactilia derivadas de defectos genéticos en la red de genes hedgehog. El síndrome de la holoprosencefalia en humanos es relativamente común en la embriogénesis temprana y se encuentra en uno de cada 250 abortos espontáneos y en uno de cada 16.000 nacidos vivos (Matsunaga y Shiota, 1977). La capacidad que tiene la ciclopamina tanto de inducir holoprosencefalia en animales experimentales como de inhibir fuertemente la señal de traducción del gen Sonic edgehog ofrece la posibilidad de aumentar el conocimiento del desarrollo del cerebro y la médula espinal a niveles celular y molecular (Gaffield y Keeler, 1996). Se han asociado otros desórdenes genéticos con el gen hedgehog y con genes que actúan con posterioridad a él (Patched, Smoothened o Gli) que están regulados positiva o negativamente por las proteínas hedgehog (revisado por Gaffield *et al.*, 2000). Por ejemplo, Patched, Smoothened y Gli han sido implicados en el síndrome nervioso de células basales, rabdomiosarcoma, meduloblastomas y tumores neuroectodérmicos primitivos. Estos genes están regulados en etapas posteriores al gen Sonic hedgehog. Además, se han identificado mutaciones del gen Patched en el carcinoma de mama, un meningioma, carcinoma escamoso de esófago y tricoepitelioma. Las mutaciones activadoras en el gen Smoothened a menudo se encuentran en carcinomas esporádicos de células basales y tumores neuroectodérmicos primitivos. La ciclopamina o sus derivados, debido a su capacidad para regular los genes hedgehog, se han propuesto como posibles agentes terapéuticos basados en mecanismos para el tratamiento de tumores que surgen de la interrupción de componentes de la ruta hedgehog. Los inhibidores de hedgehog tales como la ciclopamina podrían ser efectivos para controlar la aparición o progresión de ciertas lesiones o estados de enfermedad en persona adultas no embarazadas debido a la baja toxicidad de los niveles de droga que resultan efectivos para bloquear el gen Sonic hedgehog (Taipale *et al.*, 2000). Son varias las compañías farmacéuticas que han investigado el potencial de la ciclopamina, o de otros inhibidores de la ruta Sonic hedgehog, como agentes terapéuticos para varios tipos de cáncer. La FDA de los EE.UU. ha aprobado dos inhibidores de la vía de señalización de Sonic hedgehog para el tratamiento de adultos con carcinoma basocelular metastásico, o con carcinoma basocelular localmente avanzado que ha recidivado después de la cirugía o que no son candidatos para la cirugía, y que no son candidatos para la radiación (Rimkus *et al.*, 2016), con resultados iniciales prometedores (Basset-Seguin *et al.*, 2015).

La ciclopamina también interfiere con el metabolismo del colesterol dando como resultado un descenso de la síntesis del colesterol y la acumulación de los últimos intermediarios de su biosíntesis. La ciclopamina se ha evaluado como inhibidor de la resistencia multifármaco en las células tumorales. La resistencia intrínseca o adquirida de las células tumorales frente a los fármacos citotóxicos es una causa importante del fracaso de la quimioterapia. Tanto la ciclopamina como el alcaloide espirosolano tomatidina proveniente del tomate actúan como quimiosensibilizadores potentes y eficaces en células resistentes a múltiples fármacos (Lavie *et al.*, 2001). Por lo tanto, los alcaloides esteroideos vegetales tales como la ciclopamina y la tomatidina, o sus análogos, puede servir como quimiosensibilizadores en combinación con la quimioterapia y los fármacos citotóxicos convencionales para tratar cánceres resistentes a múltiples fármacos.

El desarrollo del páncreas en el embrión se incrementa tras una exposición a la ciclopamina. La inhibición por la ciclopamina de las señales del gen Sonic hedgehog permite aparentemente la expansión de las regiones del endodermo correspondientes con las partes anteriores del tubo digestivo donde no tiene lugar señalización por el gen Sonic hedhehog, lo que da como resultado la diferenciación en páncreas de un área más grande del endodermo que da lugar a las partes anteriores del tubo digestivo (Kim y Melton, 1998), proporcionando así un instrumento para el tratamiento de las enfermedades del páncreas y para el desarrollo de terapias de sustitución celular o de un páncreas artificial.

2.2.4.3 Alcaloides norditerpenoides

Se han descrito más de 40 alcaloides norditerpenoides en especies de espuela de caballero; los datos de toxicidad en mamíferos de 25 de estos compuestos han sido descritos por el PPRL (revisado por Panter *et al.*, 2002). El elemento común entre todas las especies salvajes de espuela de caballero es la presencia de alcaloides norditerpenoides. Estas toxinas alcaloides pertenecen a tres clases diferentes en base a sus características químicas estructurales: (1) el tipo licoctonina; (2) los tipos 7,8-metileno-dioxilicoctonina (MDL) (deltalina); y (3) los tipos *N*-(metilsuccinimido)-antranoillicoctonina (MSAL) (MLA) (Fig. 2.7a-c). Estas distintas características estructurales se han correlacionado con su actividad tóxica. Los alcaloides del tipo MSAL (Fig. 2.7c), y en particular la metillicaconitina (MLA), la nudicaulina (NUD) y la 14-deacetilnudicaulina (14-DAN) son los alcaloides tóxicos responsables de la mayoría de envenenamientos causados por espuelas de caballero (Welch *et al.*, 2015a). La deltalina (Fig. 2.7b) del tipo MDL, aunque menos tóxica, es prevalente en la mayoría de las poblaciones de espuelas de caballero y, cuando está presente en concentraciones suficientemente altas, potencia los efectos tóxicos de los alcaloides MSAL (Welch *et al.*, 2012a). La deltalina por sí sola no sería una amenaza significativa para el ganado, a menos que haya niveles tóxicos de alcaloides MSAL (Cook *et al.*, 2011). Los alcaloides del tipo

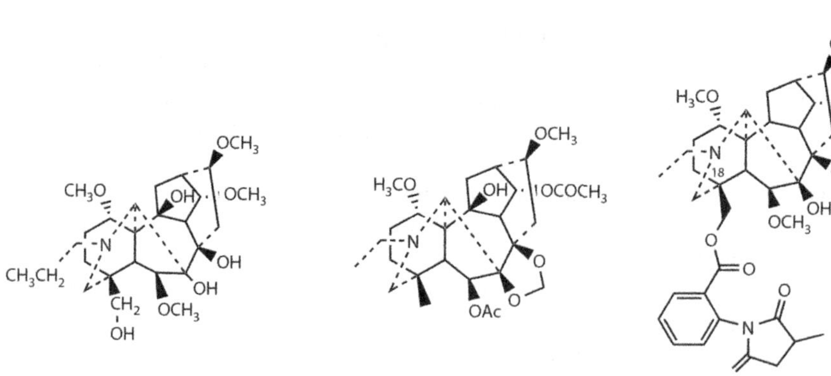

(a) LD_{50} = 435 (b) LD_{50} = 132 (c) LD_{50} = 4,5

FIGURA 2.7 Alcaloides norditerpenoides de las espuelas de caballero: (a) licoctonina (del tipo licoctonina), (b) deltalina (del tipo MDL) y (c) metillicaconitina (del tipo MSAL) con sus DL_{50} correspondientes.

licoctonina (Fig. 2.7a) son los menos tóxicos y se encuentran en concentraciones variables en las espuelas de caballero.

Los alcaloides norditerpenoides son venenos neuromusculares potentes en los mamíferos, actuando en la unión neuromuscular postsináptica. Los signos clínicos de envenenamiento por espuela de caballero en ganado vacuno incluyen depresión respiratoria, tremores en los músculos locomotores, fallo de la coordinación muscular voluntaria y colapso (Green *et al.*, 2009). Las variaciones en las características estructurales de cada alcaloide norditerpenoide pueden exacerbar o reducir su toxicidad. Si bien el mecanismo de acción de los alcaloides norditerpenoides implica el bloqueo de la transmisión neuromuscular en los receptores nicotínicos de acetilcolina, se observa que la toxicidad relativa de los alcaloides individuales cambia con las variaciones en las características estructurales de los alcaloides (Dobelis *et al.*, 1999). En comparación con la licoctonina y los alcaloides del tipo MDL, la elevada toxicidad de los tres alcaloides del tipo MSAL (NUD, 14-DAN y MLA) puede asociarse con la presencia de un éster metilsuccinilantranoil en el carbono C18 (Fig. 2.7c). La eliminación de la función éster de la molécula de MLA, formándose así licoctonina (Fig. 2.7a), hace que desaparezca la actividad neuromuscular.

Las especies de espuelas de caballero se dividen generalmente en tres categorías: (1) espuelas de caballero altas (*Delphinium barbeyi*, *D. occidentale*, *D. glaucescens*, *D. brownii*, y *D. glaucum*), de 1-2 metros de altura, crecen generalmente en hábitats húmedos de alta montaña por encima de los 2.400 metros de altitud; (2) espuelas de caballero intermedias (*D. geyeri*; espuela de caballero de las llanuras), de 0,6-1 metros de altura y presente en las praderas de hierba corta de los estados americanos de Wyoming, Colorado y Nebraska; y (3) espuelas de caballero bajas (*D. andersonii* y *D. nuttallianum*) que crecen generalmente en zonas desérticas o semidesérticas, estribaciones o cordilleras bajas y tienen una altura inferior a los 0,6 metros (Nielsen y Ralphs, 1987; Majak *et al.*, 2000). Sin embargo, el riesgo que suponen las espuelas de caballero puede variar ampliamente entre las diferentes poblaciones de la misma especie debido a diferencias en su perfil de alcaloides norditerpenoides (Cook *et al.*, 2009a).

2.2.4.4 Alcaloides pirrolizidínicos

Los alcaloides pirrolizidínicos (AP) son comunes en tres familias de plantas: Fabaceae (*Crotalaria* spp.), Asteraceae (*Senecio* spp.) y Boraginaceae (*Amsinckia*, *Borago*, *Cynoglossum*, *Echium*, *Heliotropium* y *Symphytum*). Existen por todo el mundo más de 1.200 especies de *Senecio* y muchas de ellas contienen APs tóxicos (Cheeke, 1998). Más de 250 especies de *Senecio* son endémicas de Sudáfrica (Kellerman *et al.*, 1988), 128 de Brasil (Habermehl *et al.*, 1988) y más de 200 de Chile (Smith y Culvenor, 1981). El envenenamiento por APs es un problema mundial en el hombre y animales y constituye un impedimento significativo para el comercio internacional debido a la presencia de alimentos humanos y para animales contaminados o potencialmente contaminados (Huxtable y Cooper, 2000; Edgar y Smith, 2000). Los APs pueden entrar en la cadena alimentaria humana a través de granos, leche, miel, huevos y otros alimentos o productos a base de hierbas contaminados. En 1992, la Oficina de Salud de la República Federal Alemana estableció límites de ingesta para los APs. Las regulaciones especificaban que la cantidad diaria máxima de APs hepatotóxicos y sus *N*-óxidos tomados a partir de plantas herbales o extractos de plantas debía ser de 0,1 microgramos. La prescripción de productos de hierbas con APs a mujeres embarazadas o lactantes está estrictamente prohibida. Las limitaciones a la ingesta y las restricciones de uso han creado restricciones comerciales con varios países.

Los envenenamientos de humanos han sido comunes por todo el mundo y se han descrito numerosos casos (Huxtable y Cooper, 2000). Estos casos son generalmente de enfermedad venooclusiva, que se manifiesta como distensión abdominal debido al líquido ascítico. También se han descrito enfermedad pulmonar, vértigo y vómitos. Los casos humanos que involucran a 1 o 2 o hasta 50 o 60 individuos son comunes, pero también se han descrito casos con un número de muertes mayor, como más de 3.900 en Tayikistán en 1993 y 7.200 en Afganistán en 1976 por *Heliotropium*, varios cientos en las Indias Occidentales por *Crotalaria* y *Senecio* en 1954, y más de 200 en Uzbekistán en 1950 por *Trichodesma*. Algunos APs y los pirroles son carcinogénicos (Brown *et al.*, 2015).

Una investigación reciente realizada en el PPRL proporcionó los perfiles químicos de tres plantas con impacto significativo en el hombre (Colegate *et al.*, 2005; 2012; 2014b). La consuelda (*Symphytum officianale*) es una hierba común usada por la gente, el cáñamo del sol (*Crotalaria juncea*) se usa cada vez más como abono verde en las rotaciones de cultivos y *Echium plantagineum* es una especie nociva con impacto en la calidad de la miel. Un estudio reciente realizado en el PPRL comparó la toxicidad de un extracto de alcaloides de un producto comercial de consuelda con la de dos alcaloides puros, licopsamina e intermedina, en un modelo constituido por pollos (Brown *et al.*, 2015; Colegate *et al.*, 2014a). El extracto de alcaloides fue más tóxico que la licopsamina y que la intermedina, lo que sugiere que el uso de este producto de consuelda comporta riesgos inaceptables. La exposición a los DHPAs (alcaloides dehidropirrolizidínicos) puede ser intencionada tal como por el uso de productos de la consuelda, o puede ser no intencionada debido a la contaminación de pan, pasteles, cereales, productos de miel, huevos, leche u otros productos alimenticios. Como parte de este enfoque de investigación general, Brown *et al.* (2014) demostraron la utilidad de un modelo de ratón knockout heterocigótico p53 para el cribado de la carcinogénesis de los DHPA. El grupo de Brown utilizó ridelliína como patrón de DHPA y administró dosis a ratones p53 en diferentes cantidades y durante diversos períodos de tiempo que variaron desde los 14 días hasta los 12 meses. La neoplasia más común fue el hemangiosarcoma hepático y los tumores se desarrollaron de forma dependiente del tiempo y la dosis administrada. Otra lesión común observada fue la angiectasia.

Desde el punto de vista estructural, los APs contienen dos anillos de cinco carbonos fusionados con un nitrógeno en uno de los vértices (base necina; Fig. 2.8a) y uno o más ácidos carboxílicos ramificados unidos como ésteres a uno o dos grupos hidroxílicos de la necina (Fig. 2.8a-c). Los APs de las plantas tóxicas son de tres clases generales: monoésteres, diésteres no cíclicos y diésteres cíclicos. La mayoría de los APs hepatotóxicos son ésteres de la base retronecina o eliotridina, y diastereómeros entre sí con una configuración opuesta en la posición C7 del núcleo de pirrolizidina (Fig. 2.8b). Los diésteres cíclicos (Fig. 2.8c) son los más tóxicos, los diésteres no cíclicos son de toxicidad intermedia y los monoésteres son menos tóxicos (Cheeke, 1998). Los ésteres de heliotridina son más reactivos que los ésteres de retronecina.

Son necesarias ciertas características estructurales para que los APs sean tóxicos; tales son un doble enlace en la posición 1,2 del núcleo del AP y una ramificación en el grupo éster. Los APs

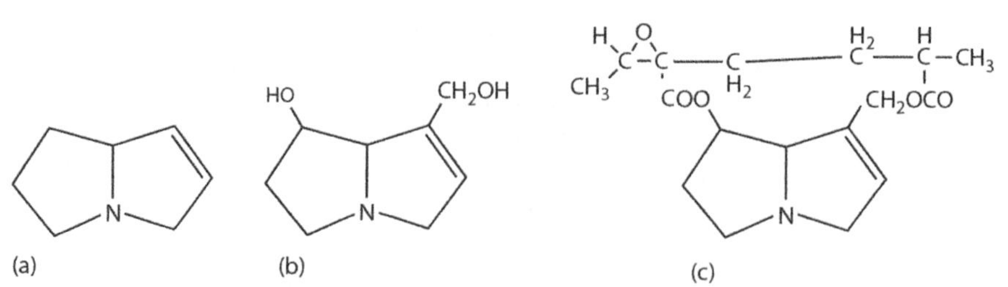

FIGURA 2.8 Toxinas alcaloides pirrolizidínicas: (a) núcleo de la pirrolizidina, (b) monoéster menos tóxico, (c) diéster cíclico altamente tóxico.

que resultan más fácilmente hidrolizados por las esterasas producen pirroles menos tóxicos tras la activación en el hígado. Sin embargo, los APs con más ramificación en las cadenas laterales producen pirroles más tóxicos debido a que la hidrólisis resulta obstaculizada, lo que permite a los AP llegar al hígado donde tiene lugar la activación de la toxicidad. Estos pirroles tóxicos son agentes alquilantes poderosos y reaccionan con diversos tejidos. Pequeñas cantidades de pirroles pueden escapar de la circulación hepática y pueden causar lesiones en los pulmones, corazón, riñones, tracto gastrointestinal o cerebro. La activación tóxica mínima de algunos AP puede ocurrir en estos tejidos, aunque el nivel de actividad enzimática microsómica en estos tejidos no se conoce completamente. El daño causado por los AP encontrados en *Senecio*, *Heliotropium* y *Echium* generalmente se limita al hígado, mientras que la intoxicación por *Crotalaria* induce lesiones pulmonares significativas.

Un caso reciente de envenenamiento de ganado vacuno por *Amsinckia* en Arizona estimuló la evaluación analítica de las plantas implicadas y la realización de una encuesta de seguimiento de especímenes de herbario (Colegate *et al.*, 2013; 2014b). Diez especímenes de herbario recolectados entre 1889 y 2013 y dos ejemplares de *Amsinckia* procedentes de la colección del PPRL, uno procedente del caso de envenenamiento en Arizona y el otro de pastizales del estado de Washington donde no se describieron envenenamientos, se evaluaron en cuanto a su contenido en alcaloides dehidropirrolizidínicos (DHPA) y sus *N*-óxidos. En resumen, se detectaron DHPAs en todos los especímenes analizados, variando sus contenidos entre 1 y 4.000 µg/g de planta. Las plantas de Arizona presentaban niveles mucho más elevados de DHAPs en comparación con las plantas de estado de Washington, lo que explicaría, al menos de modo parcial, la diferencia de toxicidad entre las dos poblaciones.

El elemento hepatotóxico de la toxicosis por AP en ganado vacuno a menudo presenta un periodo de latencia entre la ingestión y la manifestación de la enfermedad. El AP que se encuentra

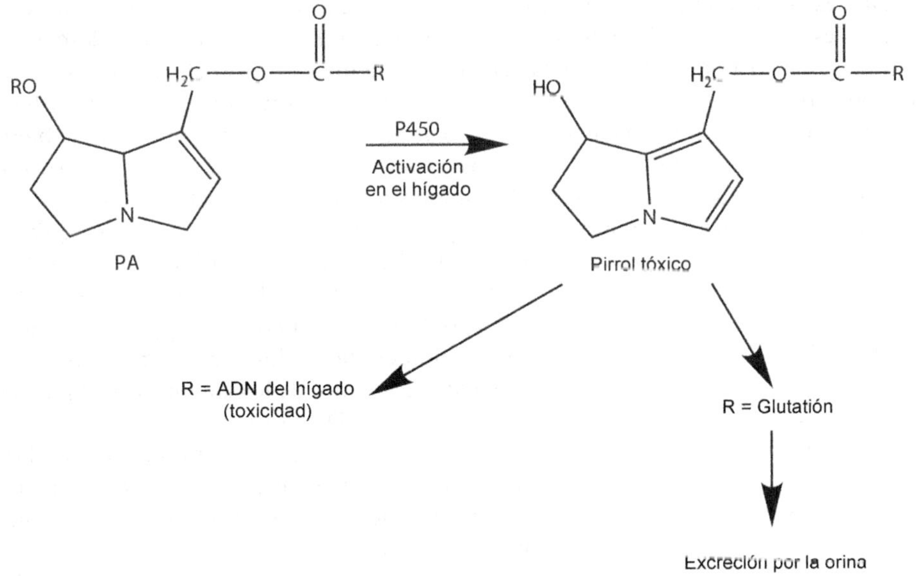

FIGURA 2.9 Activación metabólica en el hígado del alcaloide pirrolizidínico hasta el pirrol tóxico que puede unirse al hígado (resulta altamente tóxico) o conjugarse con el glutatión (formando un metabolito de excreción).

en la planta generalmente no es tóxico y precisa una activación metabólica en el hígado por enzimas microsomales hasta los pirroles o dehidroalcaloides pirrólicos (DHAs; Fig. 2.9) reactivos. Una vez se ha formado el pirrol tóxico, se une al ADN (enlaces cruzados) y se cree que permanecen en el hígado o en la circulación hepática, exacerbando la enfermedad hepática. El metabolismo y la toxicidad de los APs fueron revisados por Huxtable y Cooper (2000). Aunque los APs son principalmente toxinas hepáticas, existen APs que actúan y provocan patologías fuera del hígado. Se ha descrito daño pulmonar, neurológico y en otros órganos, pero no está claro si es el resultado del metabolismo del tóxico en esos tejidos o del efecto de los pirroles tóxicos circulantes que abandonaron la circulación hepática tras su activación. Se han descrito envenenamientos agudos en casos experimentales en los que se administraron dosis únicas relativamente altas. Las intoxicaciones agudas no son del tipo hepático, sino que afectan a la función pulmonar y a la función neurológica que rara vez se ven afectadas en el campo o en la intoxicación crónica. Ocasionalmente se ha diagnosticado intoxicación aguda en humanos tras ingestión de alimentos muy contaminados o cuando las mujeres embarazadas beben infusiones de consuelda con niveles elevados de APs.

La ingestión diaria durante semanas o meses de cantidades relativamente bajas de APs a menudo no da lugar a signos clínicos externos de intoxicación. Sin embargo, desde un punto de vista patológico, los hepatocitos se agrandan de modo gradual, los conductos biliares proliferan y se produce atrofia lobular. Las venas centrales y sublobulares a menudo están ocluidas por tejido fibroso. Los hepatocitos grandes (megalocitosis) son generalmente patognomónicos para la intoxicación por APs. El agrandamiento de los hepatocitos se acompaña generalmente de una ausencia de división celular (actividad antimitótica). El envenenamiento por APs sigue siendo un problema significativo en USA y en todo el mundo.

2.2.4.5 Alcaloides indolizidínicos y polihidroxi alcaloides

Los alcaloides indolizidínicos vienen definidos por un sistema de anillos indano con nitrógeno en un vértice y están representados por la toxina swainsonina (Fig. 2.10). Desde el descubrimiento de la swainsonina a finales de los años setenta y principios de los ochenta del pasado siglo, primero por Colegate *et al.* (1979) en el guisante Darling (*Swainsona*) en Australia y luego por Molyneux y James (1982) en las hierbas locas *Astragalus* y *Oxytropis*, se han descubierto muchos otros alcaloides inhibidores de la glucosidasa (Molyneux *et al.*, 2002). En Australia un envenenamiento por guisante Darling se denominó síndrome «peastruck» y en USA una enfermedad similar denominada «locoísmo» ha sido provocada por la ingestión de *Astragalus* spp., y *Oxytropis* spp. Representada inicialmente solo por la swainsonina, la amplia clase de compuestos denominados «polihidroxi alcaloides» incluye en la actualidad a los alcaloides indolizidínicos, pirrolizidínicos y del tropano, y a algunos de los análogos de la pirrolidina y de la piperidina. Debido a que presentan una actividad biológica y unas características químicas similares (todos contienen múltiples grupos hidroxilo), estos alcaloides a menudo se abordan de modo conjunto como polihidroxi alcaloides.

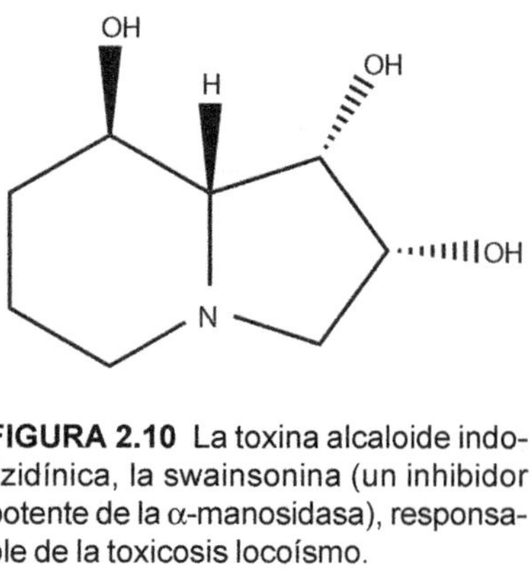

FIGURA 2.10 La toxina alcaloide indolizidínica, la swainsonina (un inhibidor potente de la α-manosidasa), responsable de la toxicosis locoísmo.

El interés por la swainsonina fue grande desde el principio, ya que la inhibición potente y específica de la α-manosidasa que provoca fue clave para explicar el mecanismo de acción de ciertos desórdenes genéticos y el locoísmo inducido por las plantas en el ganado. Desde su descubrimiento, la swainsonina se ha usado como un instrumento bioquímico para estudiar numerosos procesos bioquímicos celulares tales como la síntesis y procesado de las glicoproteínas, la modificación y almacenamiento de las glicoproteínas, desórdenes específicos ligados a las glicoproteínas, función de los linfocitos T y metástasis de los cánceres (revisado por James *et al.,* 2004).

De un modo similar, se han descubierto otros alcaloides indolizidínicos polihidroxilados poseedores de propiedades inhibitorias de la glucosidasa tales como la castanospermina, la lentiginosina y sus derivados (Molyneux *et al.,* 1991). La castanospermina, el alcaloide mayoritario del castaño Moreton Bay (*Castanospermum australe*), también ha sido asociada con envenenamientos en el ganado. La castanospermina es un inhibidor competitivo potente de la β-glucocerebrosidasa y de la α-glucosidasa lisosomal y, al igual que la swainsonina, interfiere con el procesado de las glicoproteínas, aunque de un modo diferente. El interés por la castanospermina se intensificó cuando se descubrió que era capaz de inhibir el crecimiento tumoral, la replicación viral y la formación de sincitios en la infección por el virus de la inmunodeficiencia humana (VIH) (revisado por Roitman y Panter, 1995). Un epímero de la castanospermina, la 6-epicastanospermina, es un potente inhibidor de la amiloglucosidasa, pero no inhibe a la β-glucosidasa ni a las α o β-manosidasa. Estos alcaloides muestran un elevado grado de especificidad por las enzimas individuales, aunque difieren solo ligeramente en la estructura química.

Se aisló de las hierbas locas un segundo par de alcaloides dehidroxiindolizidínicos (también epímeros uno del otro). La lentiginosina es un potente inhibidor de la amiloglucosidasa, pero el epímero 2-epilentiginosina no lo es, demostrando esto de nuevo la especificidad única de estos compuestos para inhibir solo enzimas específicas. La lentiginosina y su epímero están presentes como componentes minoritarios en algunas hierbas locas, pero son inhibidores potentes de la función enzimática celular y muy probablemente contribuyen a la condición emaciada de los animales que sufren envenenamiento severo con hierbas locas.

Solo son verdaderas hierbas locas las especies de *Astragalus* y de *Oxytropis* que contienen swainsonina. Desde el descubrimiento de la swainsonina como la toxina de las hierbas locas en 1982, se han confirmado como hierbas locas muchas especies de *Astragalus* y de *Oxytropis* en USA, Sudáfrica y China (Molyneux *et al.,* 1994). Recientemente, la swainsonina se ha aislado de un miembro de la familia de la gloria de la mañana (*Ipomoea carnea*) que ha sido responsable de un síndrome similar al producido por las hierbas locas en ovejas y cabras en Australia y Sudáfrica. Además de swainsonina, *A. lentiginosus* contiene cantidades menores del *N*-óxido derivado y lentiginosina y 2-epilentiginosina, dos dihidroxi alcaloides relacionados estructuralmente que sin duda contribuyen a la toxicosis descrita.

La swainsonina no es un metabolito secundario derivado de las plantas, sino que es producido por un endófito asociado a todas las especies de *Astragalus*, *Oxytropis* y *Swainsona* que contienen swainsonina investigadas hasta ahora (Baucom *et al.,* 2012; Grum *et al.,* 2013). Los endófitos asociados a las leguminosas que contienen swainsonina pertenecen a *Alternaria* spp., sección *Undifilum* (Pryor *et al.,* 2009; Lawrence *et al.,* 2016). Las concentraciones de swainsonina difieren entre especies, poblaciones e individuos dentro de una población (Ralphs *et al.,* 2008; Cook *et al.,* 2009b). Para una revisión exhaustiva de la relación entre la swainsonina y el endófito en los diversos taxones vegetales, consúltese Cook *et al.* (2014).

El aislamiento de swainsonina a partir de las especies de *Swainsona* fue el resultado de la observación de que el envenenamiento inducido en el ganado por estas plantas era bioquímica, morfológica y clínicamente similar a la enfermedad genética denominada «manosidosis», la cual, al igual que el locoísmo, es el resultado de una insuficiencia de la enzima α-manosidasa. Por lo tanto, se emitió la hipótesis de que la toxina era un inhibidor de la α-manosidasa. Esta enzima se utilizó como sonda para evaluar la bioactividad y, en última instancia, para la separación y purificación del compuesto activo (Dorling *et al.*, 1978; Colegate *et al.*, 1979). La estructura química de la swainsonina no es compleja y tiene muchas similitudes con el azúcar sencillo manosa al cual imita. Suprime la acción de la α-manosidasa que resulta esencial para un funcionamiento apropiado de todas las células animales. La enzima recorta las moléculas de azúcar de moléculas complejas, pero anormales, conocidas como glicoproteínas dentro de la célula. Una vez que se ha recortado la cantidad correcta de azúcares, las moléculas más pequeñas pueden ser seleccionadas para otras funciones. El fracaso del proceso de recorte desemboca en una acumulación de moléculas complejas dentro de la célula, lo que provoca la vacuolización. Una vez que han resultado dañadas un número suficiente de células por sobreacumulación de estos compuestos, aparecen los signos de envenenamiento. Puesto que todas las células dependen del funcionamiento correcto de la α-manosidasa, pueden resultar dañados muchos órganos diferentes, incluyendo el cerebro, corazón, hígado, páncreas, glándula tiroides y aparato reproductor (Stegelmeier *et al.*, 1999).

Al igual que los azúcares sencillos, la swainsonina es hidrosoluble y por lo tanto se distribuye por muchas partes del cuerpo. Se excreta rápidamente, sobre todo por la orina, pero en los animales lactantes una parte pasa a la leche (James y Hartley, 1977). Esta velocidad de excreción rápida sugiere que el consumo ocasional de hierbas locas durante cortos periodos de tiempo es poco probable que tenga efectos graves, pero el consumo continuo, incluso a niveles bajos, produce intoxicación.

Al reconocer la swainsonina como un inhibidor de la α-manosidasa y su capacidad de interaccionar con los sitios receptores para el sustrato manosa presentes en la enzima, se propuso que otros alcaloides estructuralmente similares poseían propiedades parecidas. Uno de estos alcaloides, la castanospermina, fue aislada de las semillas del castaño Moreton Bay (*Castanospermum australe*), un árbol de la selva australiana. Las semillas leguminosas, que ensucian el suelo debajo de los árboles, son tóxicas para el ganado. Cuando fue ensayada, se observó que la castanospermina era un potente inhibidor de la α- y β-glucosidasa, enzimas esenciales para el procesado de las glicoproteínas, especialmente durante la digestión. El descubrimiento de la actividad bioquímica de este alcaloide sugirió una fuerte analogía con el envenenamiento con las hierbas locas, aunque los signos de envenenamiento son diferentes con trastornos gastrointestinales pronunciados y ausencia de daño neurológico discernible.

Un análisis químico de las semillas de *C. australe* dio como resultado la identificación de varios alcaloides indolizidínicos relacionados estructuralmente, difiriendo de la castanospermina solo en la orientación de grupos hidroxilo concretos alrededor del anillo. Estos alcaloides indolizidínicos incluyen algunos alcaloides pirrolizidínicos que fueron denominados australinas. Estos alcaloides inhibían las α- y β-glucosidasas en mayor o menor medida, pero estaban presentes en niveles significativamente inferiores que los de la castanospermina. La identificación de la swainsonina, castanospermina y asutralina, conjuntamente con isómeros que diferían en su estereoquímica, sugiere que podrían existir en la naturaleza, actuando como inhibidores de la glucosidasa, otros compuestos similares capaces de imitar a los azúcares (Molyneux *et al.*, 1994).

Se produce un síndrome en el ganado relacionado con las especies de *Ipomoea*, que se ha observado que envenenan a las ovejas en Australia y a las cabras en África (Molyneux *et al.*, 1995). El análisis de *I. calobra* e *I. polpha* procedentes de Queensland mostró que estas plantas contenían no solo calisteginas B2 y C1, sino también swainsonina. Se detectó un patrón análogo de alcaloides en *I. cornea* procedente de Mozambique (de Balogh *et al.*, 1999). Las especies de *Ipomoea* también se asocian con un endófito fúngico perteneciente al orden Chaetothyriales que produce swainsonina pero no las calisteginas (Cook *et al.*, 2013). La toxicidad de estas plantas es el resultado del efecto de las toxinas sobre al menos tres enzimas diferentes, y muchos de los síntomas (neurológicos) se han correlacionado con el locoísmo inducido por la inhibición de la α-manosidasa y con la disfunción gastrointestinal exacerbada por la inhibición de la α-galactosidasa y la β-glucosidasa.

La función celular fundamental del procesado de las glicoproteínas consiste en que afecta a las glicoproteínas que están involucradas en numerosas funciones fisiológicas esenciales, especialmente las reacciones de reconocimiento célula-célula críticas para la patogénesis, inflamación, parasitismo, desarrollo, adhesión celular y simbiosis. Los polihidroxialcaloides presentan diversos efectos biológicos, que incluyen actividades insecticidas, herbicidas, antimicrobianas y terapéuticas. El descubrimiento y aislamiento de muchos de los alcaloides han sido el resultado de las observaciones de los efectos clínicos últimos consecuencia del consumo por parte de los animales de plantas que contenían estos compuestos bioactivos.

2.2.4.5.1 Aplicaciones biomédicas

Existen enfermedades genéticas en el hombre y animales que tienen lugar como resultado de la inhibición de enzimas que intervienen en el procesado de las glicoproteínas (revisado por James *et al.*, 2004). Estas enfermedades se conocen colectivamente como enfermedades del almacenamiento lisosomal. Las enfermedades animales, de origen genético o inducidas, tienen sus homólogas correspondientes en el hombre. Por ejemplo, (1) la enfermedad de Pompe es una glucogenosis generalizada causada por una deficiencia de la enzima lisosomal α-1,4-glucosidasa lo que resulta en un almacenamiento anormal de glucógeno en los músculos esqueléticos, corazón, hígado y otros órganos; (2) la enfermedad de Gaucher es una deficiencia familiar crónica de una enzima que retira glucocerebrósidos, que trae como resultado un almacenamiento anormal de cerebrósidos en las células reticuloendoteliales y se caracteriza por esplenomegalia, hepatomegalia, pigmentación de la piel, pinguécula de las escleras y lesiones óseas; (3) la enfermedad de Fabry (*angiokeratoma corporis diffusum universale*) es un desorden hereditario del metabolismo de los glucolípidos debido a una deficiencia de una enzima de rotura ceramida trihexosidasa; (4) la manosidosis genética se ha descrito en el hombre y en el ganado vacuno de las razas Angus y Murray Gray y se caracteriza por una deficiencia de α-manosidasa, lo que conduce al almacenamiento de un exceso de oligosacáridos ricos en manosa en los lisosomas. Desde el punto de vista patológico, hay una vacuolización de las células reticuloendoteliales en el hígado y nódulos linfáticos, células pancreáticas exocrinas y neuronas. El ganado vacuno afectado aparece atáxico, descoordinado, no se desarrolla y muere en el primer año de vida. El envenenamiento por hierbas locas se asemeja con exactitud a la manosidosis genética. Por lo tanto, la disponibilidad de inhibidores específicos (toxinas vegetales) de estas enzimas proporciona un mecanismo para la inducción de fenocopias de estas enfermedades genéticas en modelos animales. Como ejemplo, los experimentos de alimentación de ratas con castanospermina dieron como resultado vacuolización de los hepatocitos y de los miocitos del tejido muscular esquelético y acumulación de glucógeno, lo que resulta coherente con los signos de la enfermedad de Pompe. Las ratas jóvenes tratadas con swainsonina desarrollaron distrofia axonal en el sistema nervioso central como consecuencia del almacenamiento lisosomal de manósidos procesados de una manera incompleta, lo cual presenta un paralelismo con la manosidosis genética y el envenenamiento por hierbas locas. Los experimentos descritos realizados utilizando los alcaloides indolizidínicos y otros alcaloides tienen el potencial de proporcionar información útil para el diagnóstico precoz y desarrollo de posibles métodos de intervención para interrumpir el desarrollo de tales enfermedades.

Aunque la toxicidad de los alcaloides polihidroxílicos en los mamíferos es una preocupación obvia y superior con respecto a sus implicaciones medicinales, su capacidad de interrumpir la función celular general de procesamiento de glucoproteínas conduce a la expectativa de que estos compuestos deberían tener potencial terapéutico para el tratamiento de varios estados de enfermedad. Aunque muchas de estas sustancias candidatas a fármaco tienen una toxicidad significativa, es bien sabido que a menudo se puede lograr una relación dosis-respuesta apropiada, lo que minimiza los efectos secundarios nocivos. Además, los efectos adversos tales como el daño neurológico causado por la swainsonina a menudo se desarrollan de un modo bastante lento y parecen ser reversibles si se detiene la ingestión del alcaloide, lo que viene a ocurrir con la mayoría de los tratamientos con fármacos. La investigación de estos alcaloides en su potencial terapéutico hasta ahora se ha concentrado en cuatro enfermedades principales, a saber, el tratamiento del cáncer, la inhibición de las metástasis, los tratamientos antivirales y la terapia antiparasitaria. Los compuestos relacionados estructuralmente también se han investigado como fármacos antidiabéticos.

La swainsonina ha sido objeto de una atención especial como agente antimetástasis, y este efecto se ha observado que es debido al aumento del efecto asesino de las células T frente a las células cancerosas. Los experimentos *in vivo* realizados con ratones han demostrado que los animales a los que se les proporcionaba agua de bebida con 3 μg/mL de swainsonina durante las 24 horas anteriores a la inyección de células del melanoma murino B16-F10 presentaban un 80% de reducción en la colonización pulmonar. Estudios farmacocinéticos indican que los niveles de alcaloide y el periodo de administración serían insuficientes para producir daño neurológico. Se ha sugerido que las metástasis postoperatorias de células tumorales en humanos podrían suprimirse mediante la administración intravenosa del alcaloide antes y después de la cirugía. La administración de swainsonina en pruebas clínicas en humanos con enfermedades cancerosas avanzadas demostró que se inhibían las α-manosidasas lisosomales y la manosidasa II del aparato de Golgi y tenía lugar una mejoría de su estado clínico.

La castanospermina suprime la infectividad de diversos retrovirus, incluido el virus VIH responsable del SIDA. Este efecto es una consecuencia directa de la inhibición del procesado de las glicoproteínas que tiene como resultado cambios en la estructura de la capa de glicoproteínas del virus. Se evita así el reconocimiento celular del hospedador y se suprime la formación de sincitios. A pesar de este efecto, el alcaloide adolece de la desventaja de que es muy hidrosoluble y por lo tanto se excreta rápidamente. Esta limitación se ha paliado parcialmente mediante la obtención de un derivado lipofílico optimizado. Este compuesto se ha sometido a ensayos clínicos contra el SIDA en humanos, bien sea en solitario o en combinación con AZT, con el único efecto secundario significativo de las alteraciones gastrointestinales, como podría predecirse (Dennis *et al.,* 1993).

La capacidad de los alcaloides polihidroxilados inhibidores de la glicosidasa para prevenir el reconocimiento celular ha desembocado en su uso en estudios de situaciones clínicas donde sería deseable la supresión de una respuesta inmune, o en su uso contra enfermedades parasitarias. Experimentos *in vivo* han demostrado que la castanospermina puede usarse como fármaco inmunosupresor promoviendo la supervivencia del aloinjerto renal y cardíaco en ratas. Las enfermedades parasitarias también pueden controlarse mediante alteración de los procesos de reconocimiento celular. Se ha demostrado que la swainsonina inhibe la asociación de *Trypanosoma cruzi* (el agente etiológico de la enfermedad de Chagas) con la célula hospedadora a través de la formación de oligosacáridos defectuosos ricos en manosa en la superficie de la célula. La castanospermina proporciona protección frente a la malaria cerebral impidiendo la adhesión de *Plasmodium falciparum* a los eritrocitos a infectar. Los polihidroxi alcaloides tienen un potencial considerable para el tratamiento de enfermedades diversas en el hombre y animales. El reto a superar para poder usarlos como fármacos comerciales es minimizar su toxicidad y aumentar la especificidad de sus efectos beneficiosos.

2.2.4.6 Alcaloides del tropano

Los alcaloides del tropano se encuentran principalmente en la familia *Solanaceae* incluyendo la hierba de Jimson (*Datura stramonium*), beleño (*Hyoscyamus niger*), mandrágora (*Mandragora*), belladona (*Atropa belladonna*), *Brugmansia* spp. y *Solandra* spp. También aparecen en otras familias de plantas tales como Convolvulaceae, Brassicaceae, Protaceae, Euphorbiaceae, Moraceae, Oleaceae, Rhizophoraceae y Erythroxylaceae. *Brugmansia* spp., son nativas de las montañas de los Andes y son muy similares a *Datura* spp.; en un momento dado, ambos géneros se incluyeron en el género *Datura* y tienen en común el nombre que reciben de «trompeta de ángel» debido a las flores grandes, colgantes, en forma de trompeta, de cinco dientes. La hierba de Jimson, al igual que la mayoría de las plantas que contienen alcaloides del tropano, es de sabor desagradable para los animales, aunque en la literatura se han descrito envenenamientos en la mayoría de las especies de ganado y en el hombre (Kingsbury, 1964; Burrows y Tyrl, 2013). La toxicosis se ha producido por la ingesta de plantas frescas, heno o ensilado contaminado o semillas. Los signos clínicos en el hombre y animales incluyen sed intensa, inquietud, dilatación pupilar, aumento de la frecuencia cardíaca, disnea, membranas mucosas secas, comportamiento anómalo y muerte. Puede aparecer hinchazón de la panza en el ganado vacuno y cólico en los caballos.

Las especies de *Datura* e *Hyoscyamus* y de otros géneros que contienen tropano presentan mayor riesgo para el hombre que para los animales. Estas plantas y sus semillas han sido usadas para funciones religiosas o sociales con énfasis ritualista. Se han descrito en las personas numerosos casos de comportamiento extraño y a menudo agresivo tras el consumo de semillas o de infusiones de estas plantas (Burrows y Tyrl, 2013). En octubre de 2003, apareció en la página *CNN.com* una información sobre cuatro adolescentes que comieron semillas de hierba de Jimson. Todos sufrieron alucinaciones y tuvieron que ser hospitalizados. Dos de ellos fueron sedados y

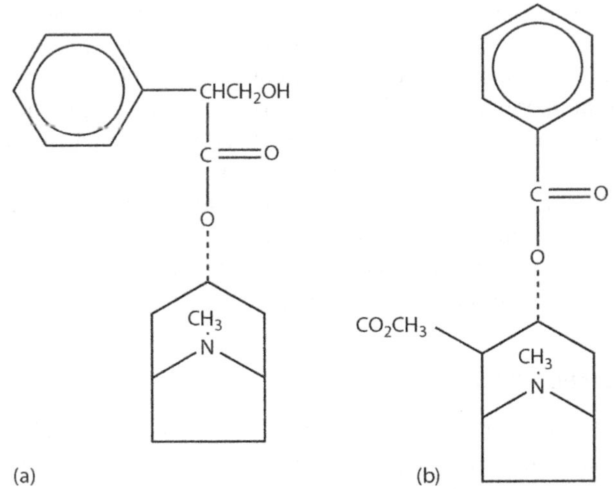

FIGURA 2.11 Dos alcaloides del tropano comunes en *Solanum* spp.: (a) la atropina (*Datura*) y (b) la cocaína (*Erythroxylon coca*).

colocados en situación de soporte vital para evitar peligro para ellos y para los demás. Este mismo comunicado de prensa informó que los Centros para el Control de Enfermedades y Prevención registraron en el año 2002 1.072 envenenamientos, incluida una muerte, provocados por la hierba de Jimson y plantas similares.

Los alcaloides del tropano se dividen en dos grupos principales (Fig. 2.11a,b): los alcaloides del tropano de las Solanáceas que incluyen la atropina (Fig. 2.11a), escopolamina, hiosciamina y norhiosciamina, y los alcaloides del tropano de la coca que incluyen la cocaína (Fig. 2.11b), cinamoil cocaína, ecgonina y otros derivados de la coca (Harborne y Baxter, 1996). Las calisteginas son una clase de alcaloides del tropano que han sido objeto de interés reciente debido a que son inhibidores enzimáticos potentes, como se discutió en la sección de alcaloides indolizidínicos de este capítulo.

La calistegina B2 se aisló inicialmente de *Calystegia sepium*, de ahí el nombre que se le dio. También se ha aislado de la enredadera de campo (*Convolvulus arvensis*). Las calisteginas se parecen a los alcaloides indolizidínicos swainsonina y castanospermina y son inhibidores potentes de las enzimas que actúan sobre las glicoproteínas (Molyneux *et al.,* 1993). La calistegina C1 es un inhibidor potente y específico de la β-glucosidasa; las calisteginas B1 y B2 inhiben la α-galactosidasa y la β-glucosidasa. Aún no se ha determinado por completo si las calisteginas son toxinas importantes para el hombre y los animales, pero un estado patológico en los caballos caracterizado por cólico, pérdida de peso, engrosamiento intestinal y fibrosis, y esclerosis vascular se ha relacionado con alcaloides de tropano presentes en la enredadera de campo (*C. arvensis*; Knight y Walter, 2001).

2.3 GLUCÓSIDOS

2.3.1 Introducción

Los glucósidos son el segundo grupo de toxinas vegetales más ubicuo e importante tras los alcaloides (véanse las revisiones de Cheeke, 1998; Knight y Walter, 2001; Burrows y Tyrl, 2013). Los glucósidos se caracterizan por poseer moléculas con dos partes, una parte o mitad de naturaleza no hidrocarbonada (aglicona) unida por un enlace éter a un carbohidrato tal como la D-glucosa. La porción no azúcar del glucósido (aglicona) a menudo es la porción activa que imparte toxicidad y resulta liberada por acción enzimática cuando el tejido de la planta resulta dañado. Los glucósidos son relativamente no tóxicos cuando las dos partes de la molécula se hallan unidas; sin embargo, la hidrólisis en el tracto gastrointestinal de los animales, especialmente de los rumiantes, libera la aglicona generando toxicidad. Hay muchas clases diferentes de glucósidos: cianogénicos, esteroideos, nitropropanol, calcinogénicos, estrogénicos, cumarina, goitrogénicos, etc. También son glucósidos la vicina de las alubias, el carboxiatractilósido del berberecho y las antraquinonas de sen y de *Aloe* spp.

2.3.2 Glucósidos Cianogénicos

Los glucósidos cianogénicos están presentes en muchos géneros y especies de plantas que incluyen *Prunus* (cereza silvestre), *Hydrangea*, *Sambucus* (saúco), *Linum* (lino), *Sorghum* (sorgo, pasto de Sudán y pasto Johnson), *Manihot* (yuca), y *Bambusa* (bambú). La aglicona es cianuro o cianuro de hidrógeno (HCN), denominado ácido prúsico. El cianuro es citotóxico y bloquea la actividad de enzimas específicas (citocromo oxidasa) en la etapa final de la ruta respiratoria celular (Cheeke, 1998; Knight y Walter, 2001). Cuando se bloquea la actividad citocromo oxidasa, se detiene la producción de ATP, los orgánulos celulares de los tejidos dejan de funcionar y la muerte se produce de modo rápido. Los efectos clínicos son respiración dificultosa (disnea), excitación, jadeo, tambaleo, convulsiones y coma. Las membranas mucosas y la sangre van tomando un color rojo cereza brillante a medida que los tejidos se van viendo incapaces de utilizar el oxígeno, a pesar de que este les es suministrado por el aparato respiratorio. La sangre de color rojo cereza es un signo para el diagnóstico de envenenamiento por cianuro.

El cianuro se separa fácilmente del azúcar en rumiantes o en plantas que han resultado dañadas por marchitez, heladas, pisoteo, estrujamiento, sequía o masticación. El daño celular en la planta hace que el glucósido no tóxico entre en contacto con las enzimas citosólicas (glucosidasas y liasas) que provocan una escisión y producción rápida de HCN libre. Los microrganismos presentes en el rumen de los rumiantes también contienen estas enzimas y la reacción es óptima a pH neutro. Por esta razón, los rumiantes son más sensibles que los no rumiantes al envenenamiento con glucósidos cianogénicos debido a la rápida generación de cianuro libre. Esta potente toxina celular actúa de un modo muy rápido y, si se han ingerido dosis suficientemente altas, la muerte ocurre rápidamente por cianosis y asfixia.

Existe una forma crónica de envenenamiento por cianuro que se manifiesta en el hombre como una enfermedad neurológica denominada neuropatía atáxica tropical. Se ha descrito en los trópicos del este de África donde la yuca es un alimento básico. Los efectos clínicos son el resultado de una desmielinización de los nervios óptico, auditivo y periféricos. Con frecuencia se describe también bocio como resultado de la interferencia en el transporte de yodo que provoca el tiocianato que se forma como producto de detoxificación. En los animales, la ingesta crónica de cianuro también causa degeneración de los nervios, lo que provoca ataxia, incontinencia urinaria y cistitis, y puede causar defectos (artrogriposis) en los fetos y en los recién nacidos, por tanto. La incontinencia urinaria y la cistitis (síndrome de cistitis-ataxia producido por el sorgo en caballos) son comunes en caballos alimentados con heno elaborado con pasto de Sudán o con forraje de sorgo durante periodos de tiempo prolongados. El síndrome de la cistitis-ataxia es el resultado de la desmielinización de los nervios periféricos provocada por el latirógeno, T-glutamil β-cianoalanina, un metabolito procedente de la conversión del glucósido que contiene cianuro. El latirógeno interfiere con la actividad neurotransmisora en los nervios periféricos y en el sistema nervioso central. Los animales afectados pueden recuperarse lentamente si se suprime de la alimentación la fuente del aminonitrilo tóxico antes de que el daño en los nervios sea demasiado severo (Knight y Walter, 2001).

El cianuro se destoxifica fácilmente en el animal, ya que todos los tejidos animales contienen la enzima tiosulfato sulfurotransferasa denominada rodanasa. La rodanasa convierte fácilmente el cianuro en tiocianato, que se excreta en la orina.

$$\underset{\text{Tiosulfato}}{S_2O_3^{2-}} + CN^- \xrightarrow{\text{rodanasa}} SO_3^{2-} + \underset{\text{Tiocianato}}{SCN}$$

El envenenamiento agudo solo ocurre cuando el mecanismo de detoxificación se ve sobrepasado. Esta reacción se ve aumentada por el suministro de tiosulfato sódico y nitrato sódico en forma de soluciones al 20% en una relación 3:1 por vía intravenosa y este tratamiento es un antídoto recomendado para el envenenamiento agudo con cianuro. El metabolito tiocianato es el que causa la enfermedad crónica cuando se ingiere un forraje con cianuro durante un periodo de tiempo prolongado.

2.3.3 Glucósidos Esteroideos/Triterpenoides

2.3.3.1 Glucósidos cardíacos

Los glucósidos tóxicos cardíacos se encuentran en 11 familias y en más de 34 géneros de plantas (Knight y Walter, 2001). Hay dos grupos de glucósidos en las plantas –cardenólidos y bufadienólidos– y ambos afectan a la función cardíaca. Los cardenólidos son los mejor conocidos de los dos y engloban toxinas que contienen los glucósidos parentales de digitalis como son la digoxina y la digitoxina. Los bufadienólidos son similares a los cardenólidos, pero difieren en la función que se localiza en el C-17 del anillo D. Los bufadienólidos son prevalentes en especies de plantas de Sudáfrica y son más importantes en envenenamientos del ganado por plantas que los cardenólidos (Botha *et al.,* 1998). Se encuentran en tres géneros de la familia Crassulaceae (*Cotyledon, Tylecodon* y *Kalanchoe*). Las especies de *Kalanchoe* son variedades populares de plantas domésticas y de jardín y pueden suponer un peligro significativo para niños y mascotas.

La familia dogbana (Apocynaceae) engloba 180-200 géneros, entre ellos *Apocynum, Strophanthus, Nerium, Pentalinon* y otros más, dentro de los cuales hay más de 1.500 especies que contienen glucósidos cardíacos. Hay tres tipos generales de intoxicación causada por miembros de la familia Apocynaceae: irritación gastrointestinal, neurotoxicidad y cardiotoxicosis. Las especies más tóxicas son la que producen cardenólidos. Estos glucósidos, como los glucósidos en general, están compuestos por una aglicona, la porción cardiotóxica, y uno o más azúcares. Aunque los azúcares no causan toxicidad, pueden alterar la potencia de la toxicidad dependiendo cual sea el azúcar que está presente que puede aumentar la absorción y el metabolismo del glucósido.

Algunos de los cardenólidos mejor conocidos incluyen a la digitoxina procedente de *Digitalis purpurea* (dedalera), la convalarina de *Convallaria* (lirio de los valles), la ouabaína de *Strophanthus* y *Acokanthera*, muchos cardenólidos similares a la digitoxina procedentes de *Asclepias* (algodoncillos) y geninas cardiotóxicas de *Nerium* (adelfa) (Knight y Walter, 2001).

La actividad cardiotóxica de los glucósidos es debida a la inhibición del transporte de la ATPasa y al aumento de la contractilidad del miocardio, actuando del mismo modo que los fármacos digitálicos. Los glucósidos cardíacos administrados en dosis terapéuticas pueden aumentar la contractilidad del músculo cardíaco y disminuir la frecuencia cardíaca, regulando así el gasto cardíaco en pacientes con insuficiencia cardíaca aguda o congestiva. Las dosis tóxicas (a menudo solo ligeramente superiores a las terapéuticas) pueden causar depresión, salivación excesiva, vómitos, diarrea, debilidad, bradicardia, arritmia cardíaca y paro cardíaco y muerte.

2.3.3.2 Glucósidos sapogénicos

Las plantas de la familia Liliaceae son fuentes comunes de saponinas esteroideas. Los glucósidos sapogénicos no son tan tóxicos como los cardenólidos. Las saponinas contienen una sapogenina policíclica o aglicona (esteroide o triterpenoide) y una cadena lateral de azúcares unida mediante un enlace éter. La ingestión de saponinas a menudo provoca irritación gástrica y malestar gastrointestinal. Las saponinas son sustancias similares a los jabones que producen abundante espuma, generando una espuma estable, con una estructura característica similar a un panal de colmena, cuando se agita en una solución acuosa. Esta acción causa hinchazón de la panza en los rumiantes. Las saponinas están ampliamente distribuidas en las plantas y son particularmente importantes en nutrición animal y especialmente prevalentes en los forrajes de leguminosas. Son compuestos amargos y pueden disminuir la palatabilidad y la ingesta de alimento, por ejemplo, mostrando por ello propiedades depresoras del crecimiento en aves y cerdos. Las saponinas no se absorben fácilmente hacia el torrente sanguíneo, pero una vez que se absorbe la aglicona puede producirse hemólisis. Algunas saponinas, como las de *Yucca schidigera*, tienen efectos beneficiosos en animales y se usan como aditivos para piensos (Cheeke, 1998).

2.3.4 Glucósidos del Nitropropanol

Muchas especies de *Astragalus*, como la arveja de leche de madera (*Astragalus miser*, de ahí el nombre de miserotoxina), la arveja de leche de Emory (*A. emoryanus*) y la arveja de corona (*Coronilla* spp.), son tóxicas debido a los glucósidos del nitropropanol, del 3-nitro-1-propanol (3-NPOH) y del ácido 3-nitropropiónico (3-NPA) (Majak y Pass, 1989). Estos compuestos, especialmente los del 3-NPOH, son tóxicos agudos produciendo metahemoglobinemia. Los glucósidos del 3-NPOH tienen mayor importancia toxicológica en el ganado que los del 3-NPA. Se sabe que *A. canadensis* y *A. falcatus* contienen niveles elevados de 3-NPA y son muy tóxicas. El ganado vacuno es más sensible al nitro envenenamiento por *Astragalus* que el ovino. La miserotoxina, que es el β-D-glucósido del 3-nitro-1-propanol, es el más importante de los glucósidos del tipo 3-NPOH. Los derivados del 3-NPA incluyen a la cibariana, corolina, coronariana, coronilina y caraquina. Estos compuestos parentales se hidrolizan hasta las agliconas libres 3-NPA y 3-NPOH por acción de esterasas y β-glucosidasas en el rumen o en el intestino de los herbívoros. Los dos compuestos se absorben fácilmente; el 3-NPOH se absorbe más fácilmente que el 3-NPA y es también más tóxico. El 3-NPA tiene menor importancia toxicológica debido a que se degrada con más facilidad en el tracto digestivo antes de su absorción.

2.3.5 Glucósidos Calcinogénicos

Las plantas que contienen glucósidos calcinogénicos incluyen las especies *Cestrum diurnum*, *Solanum malacoxylon* y *Trisetum flavescens* (Knight y Walker, 2001). La toxina es un glucósido del 1,25-dihidroxicolecalciferol que resulta hidrolizado hasta la vitamina D_3 activa. El consumo de estas plantas por el ganado vacuno y los caballos trae como consecuencia una absorción excesiva de calcio y la calcificación de tejidos blandos tales como los tendones, arterias y riñones. Hay alrededor de 30.000 UI de vitamina D_3 por kg de materia vegetal, lo que conlleva el aumento de la absorción de calcio y el aumento de la proteína ligadora de calcio. El glucósido de *C. diurnum* es menos hidrosoluble que el de *S. malacoxylon* y, por lo tanto, provoca una calcificación menos extensa de los tejidos blandos. La calcificación distrófica resultante es especialmente perceptible en el caballo y se manifiesta con prominencias en los huesos de las piernas, la cara, etc., músculos abdominales tensos, rigidez con un paso corto notable, renuencia a moverse y eventual recumbencia y muerte. Puede manifestarse dolor a la palpación en tendones y ligamentos. *Cestrum* spp. y *S. malacoxylon* también contienen cardenólidos que pueden inducir una cardiotoxicidad similar a la de la ouabaína. En algunas de estas especies hay otros glucósidos que incluyen la carboxiparquina y la parquina, que producen necrosis hepática. Estas sustancias están fuertemente relacionadas con los carboxi-atractilósidos que se hallan en las plántulas de la bardana menor.

2.3.6 Glucósidos Estrogénicos (Isoflavonas, Coumestanos)

Los glucósidos estrogénicos incluyen a las isoflavonas y los coumestanos, y están presentes en plantas que muestran actividad estrogénica. Muchos de estos fitoestrógenos son también compuestos fenólicos. Estos fitoestrógenos provocan disfunción reproductiva en animales que los ingieren en el pasto durante periodos largos de tiempo. Los fitoestrógenos son particularmente importantes en el trébol subterráneo (*Trifolium subterraneum*) y en el trébol rojo (*T. pratense*), con antecedentes de causar infertilidad en las ovejas (enfermedad del trébol; Cheeke, 1998). Las ovejas que pastan trébol subterráneo no muestran ciclos normales de cría estacional ni ciclos estrales y desarrollan ovarios quísticos. Los carneros castrados muestran agrandamiento de los pezones cuando se exponen crónicamente a los fitoestrógenos. La fertilidad vuelve a la normalidad una vez se retiran las ovejas de los pastos de trébol, aunque se ha descrito una reducción de la fertilidad mantenida en el tiempo en los rebaños afectados de modo repetido estación tras estación. Los fitoestrógenos (isoflavonas) contienen un núcleo flavona. Ejemplos de isoflavonas son la genisteína, formononetina y coumestrol, todas ellas con actividad estrogénica potente. Las isoflavonas de la soja son objeto de atención en nutrición humana debido a sus efectos estrogénicos beneficiosos.

2.3.7 Glucósidos de la Cumarina

Los glucósidos de la cumarina se encuentran en todo el reino vegetal (Burrows y Tyrl, 2013). Las semillas de *Aesculus glabra* (falso castaño de Ohio) contienen la cumarina esculina, que es una neurotoxina suave. Los tréboles dulces (*Melilotus* spp.) contienen cumarinas que se consideran inofensivas, a no ser que existan condiciones favorables para el crecimiento de mohos, en las que la actividad fúngica produce la doble cumarina dicumarol. El dicumarol es un anticoagulante potente que causa hemorragias internas y fue responsable de grandes pérdidas en el ganado en la década de 1920 en el Medio Oeste de USA y en Canadá. En medicina humana, no obstante, las medicaciones con dicumarol (Coumadin7, warfarina sódica, etc.) son beneficiosas y se usan para reducir la densidad de la sangre y controlar la coagulación en pacientes con enfermedad cardiovascular. Un derivado de la warfarina (dicumarol) es el ingrediente principal en algunos rodenticidas utilizados como venenos para ratas y ratones (DeconJ). Otros compuestos relacionados con la cumarina incluyen los furanos que se encuentran en las batatas enmohecidas y los complejos de cumarinas y furano (furanocumarinas) que se hallan en las hojas de pastinaca (psoralenos). Son compuestos fotorreactivos (fotosensibilizadores primarios) que exacerban las quemaduras solares en la piel expuesta al psoraleno.

2.3.8 Glucósidos Goitrogénicos

Los goitrógenos disminuyen la producción de hormonas tiroideas mediante la inhibición de su síntesis por la glándula tiroides. Como consecuencia, la glándula tiroides se agranda para compensar la baja producción de tiroxina y se produce el bocio. Estos compuestos se denominan colectivamente glucosinolatos y se encuentran generalmente en las *Brassica* spp., tales como el brócoli, la berza, el repollo, la coliflor y la colza (Cheeke, 1998). Los glucosinolatos se hidrolizan por enzimas glucosinolasas hasta β-D-glucosa y derivados de la aglicona que incluyen isotiocianatos, nitrilos y tiocianatos. Las enzimas que degradan los glucosinolatos se liberan a partir de las plantas durante la masticación y por la actividad de la microflora del rumen. Los glucosinolatos (glucósidos del aceite de mostaza) son comunes en el género *Brassica* y se comportan como irritantes suaves del aparato digestivo si se ingieren en cantidades excesivas. Los tiocianatos e isotiocianatos pueden interferir en el metabolismo del yodo y contribuyen al agrandamiento de la glándula tiroides (agentes bociógenos). La investigación reciente ha mostrado que los glucosinolatos presentes en las plantas crucíferas se degradan hasta isotiocianatos con fuertes propiedades inhibidoras de las enzimas de la fase I e inductoras de las enzimas de la fase II con un fuerte potencial como agentes quimiopreventivos del cáncer (Zhang y Talalay, 1998).

2.3.9 Otros glucósidos

Los glucósidos de la antraquinona encontrados en el sen (*Cassia fistulosa*) y *Aloe* spp., han sido incluidos en algunos catárticos comerciales. La vicina es un glucósido presente en las habas (*Vicia faba*) y causa anemia hemolítica en personas que tienen una deficiencia genética de la actividad glucosa-6-fosfato deshidrogenasa en sus células sanguíneas. Las habas se cultivan como un suplemento proteico para el ganado. Se ha identificado como tóxico un glucósido denominado carboxiatractilósido en la bardana común (*Xanthium strumarium*). La toxina se encuentra en concentraciones elevadas en las semillas y cotiledones, pero disminuye rápidamente a medida que se desarrollan las hojas. El carboxiatractilósido produce lesiones hepáticas, convulsiones e hipoglucemia severa que se cree que es el resultado del desacoplamiento de la fosforilación oxidativa. En USA, los cerdos parecen ser el ganado que resulta envenenado con más frecuencia. Los signos de intoxicación incluyen depresión, renuencia a moverse, náuseas, vómitos, debilidad y postración, disnea, movimientos de remo con las extremidades, convulsiones, coma y muerte. La hipoglucemia severa aparece cuando los niveles de glucosa normales en la sangre disminuyen 10 veces, causando muerte súbita (Cheeke, 1998).

2.4 COMPUESTOS PROTEINÁCEOS, POLIPÉPTIDOS Y AMINAS

2.4.1 Compuestos proteináceos

Generalmente no se considera que las proteínas sean abiertamente tóxicas, sino que se consideran un grupo beneficioso de compuestos que son componentes esenciales para la construcción de las células y para el desarrollo de las funciones celulares en plantas y animales. Sin embargo, existen numerosos ejemplos en la naturaleza de toxinas de naturaleza proteica perjudiciales, tales como toxinas bacterianas, venenos de insectos y serpientes, y toxinas de sapos y peces. El número de sustancias proteináceas perjudiciales o tóxicas presentes de modo natural en las plantas es relativamente pequeño, especialmente si se compara con el número de sustancias encuadradas en el grupo de los alcaloides o de los glucósidos. Sin embargo, hay toxinas vegetales proteináceas con significación debido a su potente toxicidad celular y por su potencial de ser investigadas en el campo de la «neurocirugía molecular». Estas lectinas tóxicas incluyen a la ricina de *Ricinus communis* (ricino), la abrina de *Abrus precatorius* (guisante del rosario o judía de precaución), la modeccina de *Adenia digitata*, la volkensina de *Adenia volkensii* y la saporina de *Saponaria officinalis*. Estas lectinas son citotoxinas potentes que actúan como enzimas proteolíticas e impidiendo, por tanto, la síntesis proteica a nivel celular (ribosomas) (Wiley, 2000). La ricina y la abrina son extremadamente tóxicas cuando se ingieren y unas pocas semillas que se mastiquen e ingieran pueden resultar fatales. Ambas toxinas son más tóxicas cuando se inyectan. La dosis letal mínima de ricina es del 0,00000001% del peso corporal. Estas toxinas vegetales se han utilizado para provocar lesiones neurológicas muy selectivas en modelos animales con la finalidad de estudiar enfermedades neurodegenerativas tales como las enfermedades de Alzheimer y de Parkinson (Wiley, 2000).

2.4.2 Polipéptidos

Se han encontrado polipéptidos tóxicos en varias especies de hongos pertenecientes al género *Amanita* (Powell, 1990). *Amanita phalloides* (gorro de la muerte) y las especies íntimamente relacionadas con ellas contienen los ciclopéptidos amatoxina, falotoxina y faloidina. Estas toxinas interfieren con la RNA-polimerasa, inhibiendo de este modo la síntesis proteica. Como consecuencia, tiene lugar una degeneración celular en los intestinos, hígado, riñones y corazón. El género *Amanita* es el género de hongos involucrado con más frecuencia en envenenamientos fatales por setas en el hombre. Las algas verde-azuladas (cianobacter) también contienen ciclopéptidos que causan malestar en el tracto gastrointestinal y daño hepático en el ganado. Este es un problema común en el ganado a finales del verano o principios del otoño después de una importante proliferación de algas (Beasley, 1997).

2.4.3 Aminas

Las aminas tóxicas son comunes en el género *Lathyrus* (arvejas y guisantes de olor), en las bayas de muérdago (*Phorandendron* spp.) y en *Leucaena* spp. Las aminas tóxicas de *Lathyrus* causan degeneración de los segmentos motores de la médula espinal, lo que provoca parálisis e incluso la muerte. El proceso llamado latirismo era común en ciertas poblaciones humanas antes del descubrimiento de la causa y de la identificación de las toxinas. Las toxinas son derivados del aminopropionitrilo. En el muérdago, las toxinas son la feniletilamina y la tiramina. Los signos clínicos de envenenamiento incluyen inflamación aguda del tracto gastrointestinal, descenso de la presión sanguínea y colapso cardiovascular. Las *Leucaena* spp., contienen mimosina, la cual es degradada hasta 3-hidroxi-4(1H)-piridona (3,4-DHP; véase la sección próxima para más detalles). Las *Leucaena*, aunque tóxicas para los rumiantes no adaptados, son una buena fuente de proteína y minerales para muchas especies de ganado en algunos países. Sin embargo, cuando la ingesta de *Leucaena* supone el 50% de la dieta o más se ralentiza el crecimiento, causa pérdida de pelo y reduce el rendimiento reproductivo. La mimosina es una toxina a la que pueden adaptarse los animales, y la adaptación ruminal puede transferirse de un animal a otro, lo que sugiere que un grupo específico de los microorganismos ruminales es capaz de detoxificar esta amina.

2.5 AMINOÁCIDOS NO PROTEICOS

Se han aislado o identificado en las plantas casi 300 aminoácidos no proteicos. De estos, alrededor de 20 se han implicado en toxicosis en el hombre y animales (Hegarty, 1978; Cheeke, 1998). La hipoglicina A del fruto de *Blighia sapida*, un árbol que crece en Jamaica y África, causa hipoglucemia y vómitos en los animales y en el hombre. Se han descrito desenlaces fatales, lo cual ha sido atribuido a un descenso repentino de la cantidad de azúcar en sangre. Los aminoácidos latirogénicos incluyen el β-N-(γ-L-glutamil) aminopropionitrilo de los guisantes de olor (*Lathyrus odoratus*) y los ácidos α-amino-β-oxialilaminopropiónico, diaminobutírico y oxalil diaminopropiónico del guisante plano (*Lathyrus sylvestris*). Los aminoácidos latirogénicos son responsables de un complejo de enfermedades denominado latirismo. El complejo se ha dividido en dos enfermedades con etiología diferente: (1) osteolatirismo, caracterizado por anormalidades en el esqueleto y (2) neurolatirismo, caracterizado como una enfermedad neurológica que afecta al hombre, caballo y ganado vacuno.

La mimosina es un aminoácido tóxico, similar estructuralmente a la tirosina, que se encuentra en *Mimosa pudica* y *Leucaena leucocephala*, ambas leguminosas. La *Leucaena* es una leguminosa arbustiva pantropical y una importante planta de pasto en los trópicos y subtrópicos. En Santa Cruz (Islas Vírgenes, USA), la *Leucaena* es una planta de pasto significativa para las ovejas y ganado vacuno de la región (comunicación personal, 2001). Es una planta vigorosa, de crecimiento rápido, tolerante a la sequía, de buen sabor y que ofrece un rendimiento elevado; sus hojas contienen entre un 25% y un 35% de proteína bruta. Se han descrito pocas o ninguna toxicosis en los animales por su consumo una vez que se han adaptado a la planta. Esta adaptación se produce a través de organismos ruminales que pueden degradar la mimosina y los metabolitos derivados de ella, el 3,4-DHP (3-hidroxi-4(1H)-piridona y el 2,3-DHP (2,3-dihidroxipiridina) hasta productos no tóxicos. La microflora capaz de degradar la mimosina se ha transferido de modo artificial desde cabras resistentes hasta ganado vacuno sensible, adquiriendo el ganado vacuno la capacidad de degradar la mimosina. Los no rumiantes son más sensibles a la mimosina, aparentemente debido a la falta de microflora que la degrade (Cheeke, 1998).

Las toxicosis por mimosina incluyen pérdida de pelo en caballos, ganado vacuno y animales de laboratorio, y pérdida de lana en las ovejas. También se han descrito cataratas y problemas reproductivos en roedores de laboratorio. La ingestión prolongada de *Leucaena* por el ganado vacuno en el norte de Australia se tradujo en ganancias de peso bajas, pérdida de pelo y bocio. Los efectos de la leucaena y de la mimosina en los no rumiantes se pueden reducir en alguna medida suplementando la dieta con sulfato ferroso. La mimosina forma un complejo con el hierro que se excreta por las heces. La suplementación con zinc redujo la toxicidad en ganado vacuno y se cree que los iones de cobre y zinc se unen más fuertemente a la mimosina que a la mayoría del resto de aminoácidos.

2.6 TOXINAS QUE SON ÁCIDOS ORGÁNICOS

Esta clase de compuestos es relativamente rara en las plantas, pero su presencia resulta significativa cuando se consideran los envenenamientos del ganado. El ejemplo más común es el del ácido oxálico y sus sales solubles, el oxalato sódico y el oxalato potásico ácido. Las plantas que se sabe contienen niveles tóxicos de oxalato incluyen a *Halogeton glomeratus*, una planta de pasto introducida en Nevada, Idaho y Utah que ha sido responsable de pérdidas cuantiosas en ovejas en las áreas desérticas de estos estados a mediados del siglo XX (James, 1978; Young *et al.*, 1999). También contienen oxalatos solubles otras plantas de los géneros *Atriplex*, *Bassia*, *Chenopodium*, *Salsola*, *Rumex*, *Oxalis* y *Spinacia*, aunque generalmente en concentraciones que no son consideradas tóxicas. Los signos clínicos de envenenamiento están asociados con hipocalcemia, puesto que generalmente el oxalato quela el calcio sanguíneo. Esto puede traer como consecuencia la presencia de cristales de oxalato cálcico en las paredes del intestino, vasos sanguíneos y ciertos órganos como los riñones. Otras plantas, como el gato en el púlpito, la difenbaquia y el caladio contienen cristales de oxalato en forma sólida en sus tejidos. Estas plantas domésticas pueden causar daño tisular e inflamación en la boca, lengua y labios si se comen y se consideran peligrosas para los niños y las mascotas (Beasley, 1997).

2.7 ALCOHOLES/POLIACETILENOS

Aunque en las plantas se encuentran de modo natural pocas toxinas de naturaleza alcohólica, existen dos grupos de importancia significativa para el hombre y los animales. El primero son los compuestos similares a la cicutoxina (dioles de cadena larga) que se encuentran en la cicuta de agua (*Cicuta* spp.; cicutoxina) de Norteamérica y en *Oenanthe* spp. (enantotoxina) de Europa (King *et al.*, 1985). El segundo son las toxinas de la clase de la benzofurano cetona (tremetona) que se hallan en la raíz de la serpiente blanca (*Ageratina altissima*) del medio oeste de USA y en

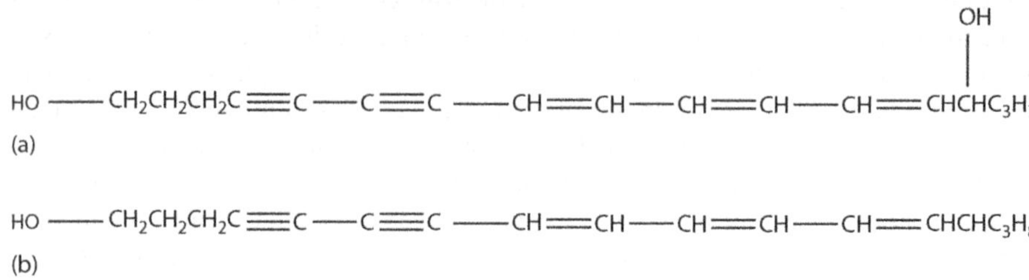

FIGURA 2.12 Dos toxinas carentes de nitrógeno de *Cicuta* spp., que son la cicutoxina (a) altamente tóxica y el cicutol (b) menos tóxico.

la vara de oro sin rayos (*Isocoma pluriflora*) del sudoeste de USA (Cheeke, 1998). Ambas son muy tóxicos tanto para el hombre como para los animales y han provocado numerosos envenenamientos.

Los compuestos similares a la cicutoxina se conocen por su toxicidad extrema y violenta. Hay otras especies de plantas que contienen este tipo de compuestos poliacetilénicos; sin embargo, ninguno de ellos es tan tóxico como la cicutoxina o la enantotoxina. Estas especies incluyen a *Falcaria vulgaris*, *Sium sisarum*, *Carum carvi*, *Aegopodium podagraria* y *Daucus carota*. *Daucus carota* es la zanahoria común y contiene un compuesto similar a la cicutoxina, la caratotoxina, pero que es menos tóxica que la cicutoxina. La caratotoxina se encuentra en las zanahorias en pequeñas cantidades y no se considera un problema para la salud humana (Crosby y Aharonson, 1967).

Los dioles (cicutoxina y enantotoxina, $C_{17}H_{22}O_2$) son estructuras lineales complejas de 17 átomos de carbono que contienen dos trienos y tres dienos en diferentes órdenes y son los más tóxicos, mientras que los derivados alcoholes ($C_{17}H_{22}O$) son relativamente no tóxicos (Fig. 2.12a,b). En *Cicuta virosa* en Europa se han descrito once compuestos poliacetilénicos similares. Aunque no se ha determinado la toxicidad de cada uno de estos compuestos, se cree que los dioles son los más peligrosos. Los dioles tóxicos son inestables cuando se exponen al aire, lo que hace difícil su detección con fines diagnósticos en las muestras de tejidos. Estos compuestos se encuentran en toda la planta, pero con mayores concentraciones en semillas y tubérculos verdes inmaduros (Panter *et al.*, 2011).

Desde el punto de vista clínico, la cicutoxina provoca convulsiones tónico-clónicas y muerte en sus víctimas. El mecanismo de acción se produce a nivel del sistema nervioso central, provocando convulsiones que se parecen a las inducidas por la picrotoxina del arbusto de las Indias Orientales *Anamirta coculus*. La acción farmacológica de la picrotoxina consiste en el antagonismo no competitivo de los receptores $GABA_A$ (Green *et al.*, 2015). En el sistema nervioso central de los mamíferos, los receptores GABA y $GABA_A$ proporcionan un tono neural inhibitorio en el sistema nervioso central. El bloqueo por la cicutoxina de los receptores $GABA_A$ inhibe el tono del sistema nervioso central provocado por el GABA, causando convulsiones que se observan en personas y animales envenenados (Schep *et al.*, 2009). No se observa un efecto apreciable hasta que la dosis es suficientemente elevada para inducir convulsiones (umbral estrecho). Los signos de envenenamiento por cicutoxina son similares. En un cultivo modelo de células, el midazolam, una benzodiacepina, revirtió los efectos de un extracto acuoso de cicuta de agua, lo que sugiere que puede ser efectivo en la prevención de las convulsiones y la muerte provocadas por el envenenamiento por cicuta de agua (Green *et al.*, 2015).

Durante muchos años, se creyó que los tubérculos y las plantas inmaduras que acababan de crecer de la cicuta de agua eran los más tóxicos. Sin embargo, más recientemente el PPRL describió un caso de muertes en ganado vacuno después de ingerir semillas verdes de *Cicuta douglasii* (Panter *et al.*, 2011). Una investigación posterior confirmó la toxicidad en un modelo de roedores y de hecho determinó que las semillas verdes eran tan tóxicas como los tubérculos cuando la toxicidad se expresaba sobre extracto seco; los compuestos más prevalentes en las semillas fueron dos sustancias similares al cicutol y se creyó que eran las toxinas responsables de la toxicidad (Panter *et al.*, 2011).

Las lesiones patológicas son daños en la musculatura esquelética y cardíaca, acompañados de una elevación de las enzimas séricas. Las lesiones proceden de las fuertes contracciones musculares que se producen durante las repetidas convulsiones. La instauración de una terapia con pentobarbital antes o durante las convulsiones puede prevenir las convulsiones tónico-clónicas, los cambios patológicos y la muerte. La acción potente y rápida de la cicutoxina requiere de una actuación rápida para evitar la muerte. Incluso a dosis letales, el tratamiento con anticonvulsivos, especialmente barbituratos, puede ser muy exitoso. Para evitar la muerte se requiere que el tratamiento se realice en unos minutos tras el envenenamiento.

La segunda toxina de naturaleza alcohólica con significación es el tremetol, la toxina que se encuentra en la raíz de la serpiente blanca en todo el medio oeste de USA y en la vara de oro sin rayos en el sudoeste de USA. El tremetol es un extracto oleoso de la planta y fue inicialmente asociado con los efectos tóxicos y nombrado apropiadamente por Couch en el año 1927. El tremetol es una mezcla de derivados de la benzofurano metilcetona que incluye tremetona, dehidrotremetona e hidroxitremetona (Beier y Norman, 1990).

Las enfermedades denominadas «temblores» en el ganado vacuno y «enfermedad de la leche» en el hombre tienen un interés histórico significativo debido a las grandes pérdidas en el ganado y en vidas humanas que se producían a medida que los colonos se mudaron al Medio Oeste de USA durante el siglo XIX (revisado por Burrows y Tyrl, 2013). La enfermedad fue especialmente severa en los valles de los ríos Mississippi y Ohio, y en los estados de Indiana, Illinois, Kentucky, Carolina del Norte, Ohio y Tennessee. En áreas de Indiana y Ohio entre una cuarta parte y la mitad de todas las muertes ocurridas a principios del siglo XIX fueron atribuidas a la enfermedad de la leche. La madre de Abraham Lincoln (Nancy Hanks Lincoln) y muchos de sus parientes y vecinos y sus animales murieron durante una epidemia de enfermedad de la leche ocurrida en 1818 en Pigeon Creek, Indiana. Hindustan Falls, un próspero asentamiento en el río Blanco del sur de Indiana, fue víctima de lo que en ese momento se denominó una enfermedad misteriosa. Gran parte del ganado y una parte sustancial de la población humana murió a causa de lo que ahora se conoce como envenenamiento por serpiente blanca. El asentamiento fue abandonado, aunque en ese momento aún se desconocía la causa de las muertes. Si bien hasta 1910 no se confirmó que la serpiente blanca (*A. altissima*) era el origen del problema, Anna Pierce y John Rowe lo sugirieron en la década de 1830, pero fueron ignorados.

2.8 COMPUESTOS RESINOSOS Y FENÓLICOS

2.8.1 Compuestos Fenólicos

En general, estos compuestos son diversos y a menudo no están químicamente relacionados entre sí. Sus efectos sobre los mamíferos cuando se ingieren, o cuando se entra en contacto físico con ellos, son tan diversos como lo es su naturaleza química. Uno de los compuestos fenólicos más familiares es el tetrahidrocannabinol (THC), el componente activo de la marihuana (*Cannabis sativa*). Se han aislado más de 60 compuestos cannabinoides a partir de *C. sativa* (Knight y Walter, 2001). Aunque inicialmente su cultivo se introdujo en los EE.UU. como una planta productora de fibra para confeccionar cuerdas, esta práctica terminó en la década de 1950. Debido al efecto euforizante que produce esta planta cuando las personas fuman las hojas y su valor en la calle determinado por el mercado ilícito de drogas, se han seleccionado biotipos de cannabis más potentes en los países tropicales para su importación a los EE.UU. Los tipos de marihuana cultivados en otras partes del mundo tienen una alta potencia, y las partes femeninas de las flores del cannabis árabe se conocen específicamente como hachís. Aunque todavía se está debatiendo la legalización de la marihuana en USA, los usos medicinales para tratar diversas enfermedades tales como el glaucoma o las náuseas provocadas por la quimioterapia durante el tratamiento del cáncer, y los efectos antibacterianos, están bien documentados (Physician's Desk Reference (PDR) for Herbal Medicines, 2000).

Los taninos son toxinas polihidroxifenólicas presentes en la familia de los robles (*Quercus*) (Cheeke, 1998; Knight y Walter, 2001). En América del Norte crecen alrededor de 60 especies de robles en una amplia variedad de hábitats. El roble achaparrado (*Quercus gambelii*) y el roble brillante (*Q. havardii*) son dos especies comunes del Oeste de USA asociadas con envenenamientos del ganado. Estas especies contienen galotaninos que son hidrolizados en el rumen del ganado vacuno hasta compuestos activos más pequeños entre los que se encuentran el ácido gálico, el pirogalol y el resorcinol. Se producen lesiones muy severas en los riñones, hígado y tracto gastrointestinal. La microflora del rumen puede detoxificar los taninos si estos se encuentran en cantidades pequeñas y solo tiene lugar el envenenamiento cuando este mecanismo de detoxificación se ve sobrepasado. Las cabras y los rumiantes salvajes son capaces de detoxificar el ácido tánico debido a que poseen en la saliva una proteína que forma un complejo con el ácido tánico y evita la toxicosis. Las cabras se han utilizado de un modo eficaz para el control de maleza y disminuir la propagación del roble. El roble es venenoso en todas las fases del crecimiento, pero los brotes, las plántulas y las bellotas verdes son especialmente tóxicos. Son susceptibles de envenenamiento por roble el ganado vacuno, las ovejas, los cerdos y los caballos. Los signos clínicos de envenenamiento varían en función de la cantidad ingerida. Los signos comienzan por depresión, inapetencia y estasis intestinal, progresando a dolor abdominal, deshidratación, diarrea o estreñimiento y muerte entre 5 y 7 días más tarde. Desde el punto de vista patológico, se producen necrosis hepática, necrosis renal, gastroenteritis hemorrágica y una elevación marcada de las enzimas hepáticas en el suero.

Otros compuestos fenólicos de la resina significativos incluyen la mezcla de variantes del urushiol, compuestos inmunogénicos que causan dermatitis severa por *Rhus* spp. (hiedra venenosa, roble venenoso y zumaque venenoso). La hipericina de la hierba de San Juan es otro compuesto fenólico con múltiples anillos y múltiples dobles enlaces. Este compuesto absorbe fácilmente la luz ultravioleta y es un agente fotosensibilizador primario que provoca quemaduras solares graves en especies que ingieren la planta o entran en contacto con el polvo de la planta o los extractos de sus hojas.

El gosipol es un compuesto fenólico que se encuentra en las glándulas pigmentarias de la semilla del algodón (*Gossypium* spp.) (Yu *et al.,* 1993). En la semilla del algodón hay otros 15 compuestos fenólicos además del gosipol. La semilla del algodón se usa para la producción de aceite y como subproducto en la alimentación del ganado. Durante el proceso de extracción del aceite, los procesadores hacen que la mayor parte del gosipol quede en los subproductos mediante un tratamiento térmico, lo que provoca que el gosipol se una a los subproductos que más tarde van a ser utilizados como alimento para el ganado. En la alimentación animal el mayor problema lo plantea el gosipol libre, ya que el gosipol unido es inactivo fisiológicamente. Estudios de investigación concluyeron que las dietas a base de harina de semilla de algodón que contienen 200 μg/g o menos de gosipol libre eran seguras para los terneros de raza Holstein. Cuando la concentración era de 400 μg/g había un incremento de las lesiones cardiovasculares y de pulmón que provocaba un aumento de las muertes de terneros. El ganado vacuno adulto de carne se puede alimentar de forma segura con harina de semilla de algodón como suplemento proteico completo, ya que generalmente este suplemento se mantiene en proporciones relativamente bajas en la dieta; las vacas lecheras no deben recibir más de 3,6 kg por cabeza y por día (revisado por Cheeke, 1998). Los rumiantes son más tolerantes al gosipol que los no rumiantes debido a que, con posterioridad a su ingestión, lo unen a proteínas en el rumen. Los efectos biológicos del gosipol son acumulativos y la toxicosis se manifiesta de una manera abrupta tras una alimentación prolongada de los no rumiantes, especialmente el cerdo, con semilla de algodón. El gosipol reacciona con los minerales, especialmente el hierro. Si se alimentan gallinas ponedoras, la yema de los huevos se vuelve de color verde debido a la presencia del complejo gosipol/hierro que se transfiere a los huevos. Uno de los signos clínicos del envenenamiento es la anemia debida a la deficiencia de hierro como consecuencia del secuestro del hierro por el gosipol. Las lesiones provocadas por el gosipol incluyen edema, daño hepático, ascitis, lesiones cardiovasculares y daño renal. El gosipol se ha vuelto interesante en la sociedad como anticonceptivo masculino debido a sus propiedades de producir infertilidad, pero no reduce la libido. Los recuentos de espermatozoides se reducen y los espermatozoides se vuelven inmóviles. Se ha observado que provoca un daño extenso en el epitelio germinal en toros y carneros, por lo que la harina de semilla de algodón solo debe suministrarse a niveles bajos, o suprimirse, durante la temporada de cubriciones. Los niveles de testosterona en los toros en crecimiento no se ven afectados por el gosipol, pero se producen cambios en la morfología testicular.

Entre otros compuestos fenólicos de importancia comercial se encuentran los terpenoides, incluyendo los mono, di, tri y sesquiterpenos. Aunque la mayoría de ellos se usan como aceites esenciales, fragancias y aromatizantes en varios productos, se comportan como toxinas en ciertas especies. Por ejemplo, las lactonas sesquiterpénicas de las especies de *Centaurea* provocan en caballos una anomalía irreversible parecida a la enfermedad de Parkinson que se denomina encefalomalacia nigropálida. Se trata de un estado letal y el pronóstico es grave, con malas perspectivas de recuperación; en la mayoría de los casos los caballos afectados deben ser sometidos a eutanasia antes de llegar a las fases terminales del proceso.

2.8.2 Aborto Causado por Agujas de Pino

En el pino, enebro y otras especies relacionadas se ha identificado un grupo significativo de compuestos de la resina (ácidos de labdano de la resina) con actividad biológica en el ganado vacuno. Se sabe que las vacas que pastan agujas de pino ponderosa, agujas de pino americano (pino Lodgepole), de ciprés de Monterrey y de especies de enebro abortan, especialmente cuando pastan estas agujas en el último trimestre de la preñez (Gardner y James, 1999), pero sin efecto aparente sobre el estro (Welch *et al.,* 2015b). El ácido de labdano de la resina, ácido isocuprésico (ICA), se aisló de las agujas del pino ponderosa y se determinó que es el supuesto abortivo en el ganado (Fig. 2.13a) (Gardner *et al.,* 1994). Actualmente se han identificado otros derivados y metabolitos con actividad abortiva conocida (Fig. 2.13b,c). La investigación ha demostrado que hay una variación en la concentración de ácidos de labdano entre las diferentes localizaciones geográficas, tanto en los pinos ponderosa como en los enebros occidentales (Cook *et al.,* 2010; Welch *et al.,* 2015c).

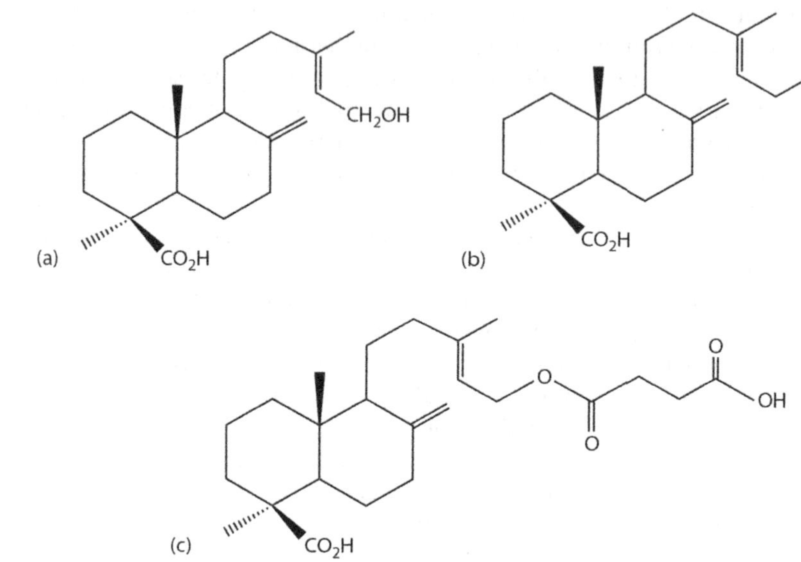

FIGURA 2.13 Tres compuestos ácidos de labdano de la resina (ácido isocuprésico (a) y sus derivados acetil (b) y succinil (c)) que se encuentran en ciertos pinos, enebros y cipreses y que son abortivos en vacas en estado avanzado de preñez.

Se analizó el contenido de ICA en 23 especies diferentes de árboles y arbustos presentes en los estados del oeste y sur de USA (Gardner y James, 1999). Se detectaron niveles significativos (>0,5% de la materia seca de las agujas) en *Pinus jefferyi* (pino de Jeffrey), *P. contorta* (pino Lodgepole), *Juniperus scopulorum* (enebro de las Montañas Rocosas) y *J. communis* (enebro común), y en *Cupressus macrocarpa* (ciprés de Monterrey) de Nueva Zelanda y Australia.

Las toxicosis provocadas por agujas de pino se han descrito en casos de campo, pero son raras y solo ocurren en vacas preñadas. Aparte del aborto en vacas, no se ha demostrado ninguna otra manifestación de toxicidad del ICA o de sus derivados. Sin embargo, los ácidos de resina del tipo abietano presentes en las agujas del pino ponderosa (y que se concentra en las agujas jóvenes en estado de crecimiento) se han mostrado tóxicos pero no abortivos a dosis elevadas cuando se suministraron por vía oral al ganado vacuno, cabras y hámsteres. La evaluación anatomopatológica de los animales intoxicados permitió observar nefrosis, edema del sistema nervioso central, mionecrosis y gastroenteritis (Stegelmeier *et al.,* 1996). Aunque los ácidos de resina del tipo abietano pueden contribuir a las toxicosis ocasionales descritas en el campo, no provocan abortos.

2.9 TOXINAS MINERALES

Las toxinas minerales son bastante excepcionales y probablemente no están relacionadas con las teorías de protección de las plantas descritas en la introducción de este capítulo. Se trata de minerales o de metales que la planta generalmente incorpora debido a las condiciones del suelo, permaneciendo estos elementos en concentraciones elevadas en la zona de las raíces de las plantas. De modo ocasional, las plantas pueden incorporar cantidades letales de toxinas minerales como el selenio. Aunque el selenio es un micronutriente esencial, en exceso resulta tóxico, provocando una serie de enfermedades crónicas y agudas. El envenenamiento crónico y agudo puede producirse cuando el ganado o los animales salvajes ingieren plantas que contienen desde unos pocos hasta muchos miles de µg de selenio/g. El ganado y los animales salvajes pueden estar expuestos al consumo de forrajes con concentraciones altas de selenio en las zonas donde existen altas concentraciones de este elemento en el suelo de una manera natural o bien como consecuencia de la actividad humana. Aunque el envenenamiento agudo por selenio procedente de las plantas es raro, lo cierto es que puede ocurrir y, de hecho, recientemente fue la causa de grandes pérdidas de ganado ovino en zonas de recuperación minera. Aunque la mayoría de los envenenamientos agudos por selenio han sido atribuidos a plantas indicadoras tales como *Astragalus* y algunas del género *Aster*, existen ciertas especies que se sabe incorporan selenio en niveles tóxicos cuando este elemento se halla disponible en el suelo. Se sabe que especies de las familias Brassicaceae, Asteraceae y de leguminosas acumulan grandes cantidades de selenio. Estas especies también actúan como bombas de selenio que extraen selenio de las capas inferiores del suelo hasta la superficie, donde los pastos y otras hierbas de raíces poco profundas pueden adquirir niveles de selenio que son tóxicos. Entre las especies de plantas que incorporan grandes cantidades de selenio se encuentran *Medicago* (alfalfa; 1.100 µg/g), *Grindelia nana* (hierba de goma; > 6.000 µg/g), *Aster eatonii* (aster; > 4.000 µg/g) y *Symphyotrichum* spp. (> 6.500 µg/g) (Hall, J., datos no publicados, 2003). Se observó que cantidades tan pequeñas como 30-60 g de planta de aster fresco que contenía más de 4.000 µg/g de selenio eran suficientes para resultar letales para ovejas en pastoreo en el área afectada. También se observó que las ovejas preferían el aster y la hierba de goma frente a la alfalfa.

Curiosamente, la forma de pastar es muy diferente en las distintas especies de ganado y de fauna salvaje. Por ejemplo, el envenenamiento agudo y las muertes en ovejas y vacas tuvieron lugar en zonas de recuperación minera en las que se emplearon suelos con altos contenidos de selenio en proyectos de recuperación. Las muertes de ovejas tuvieron lugar de modo agudo cuando las ovejas hambrientas fueron descargadas cerca de un lugar de recuperación y pastaron plantas jóvenes de aster en crecimiento. Las plantas de aster contenían miles de µg/g de selenio (Davis *et al.,* 2013a). El ganado vacuno es menos propenso a pastar hierbas de pequeño tamaño como hacen las ovejas y en las vacas es esperable una intoxicación aguda con menos frecuencia; de hecho, ese fue el caso. Sin embargo, recientemente se describió un caso inusual de envenenamiento agudo y muertes en ganado vacuno en el que el ganado pastó plantas adultas de aster que contenían miles de µg/g de selenio (Davis *et al.,* 2012).

El envenenamiento crónico por selenio es más común y se describe con frecuencia en ganado vacuno y caballo. Los caballos son muy sensibles al exceso de selenio en la dieta y pierden pelo y desarrollan lesiones severas en los cascos. La forma en la que se halla el selenio ingerido es importante, puesto que las formas orgánicas son más biodisponibles que las inorgánicas, que también son tóxicas (Davis *et al.,* 2013a; 2013b). Las ovejas son más tolerantes y en esta especie se ha descrito un menor número de casos de envenenamiento crónico. Aunque se desconoce cómo inciden en las especies salvajes los forrajes con un elevado contenido de selenio, un estudio reciente realizado en alce demostró que este animal puede distinguir entre los pellets de alfalfa que contienen niveles diferentes de selenio (Pfister *et al.,* 2015). Curiosamente, el alce siempre seleccionó los pellets con la menor cantidad de selenio cuando se ofrecieron múltiples concentraciones en un ensayo. Las ovejas y las vacas mostraron una capacidad de discriminación menor y solo cuando las vacas enfermaron con los pellets dejaron de consumir los pellets con selenio. Los efectos clínicos incluyen pérdida de pelo en el cuerpo, crin y cola, anomalías en el crecimiento de los cascos y problemas reproductivos en algunas especies. Davis *et al.* (2014)

describieron un método que utiliza pelos de las crines y colas del caballo para evaluar la exposición prolongada al selenio en caballos que pastan en lugares con altos contenidos de selenio en el suelo. Brevemente, la cola de un caballo tiene aproximadamente unos 90 cm de largo y crece aproximadamente unos 2,5 cm por mes. Davis cortó los pelos de la cola en segmentos progresivos de una pulgada y analizó la concentración de selenio en cada segmento. Curiosamente, se pudo evaluar la exposición al selenio durante un periodo de tres años y se pudo determinar de forma retrospectiva la localización precisa donde pastaron los caballos durante ese tiempo. Los resultados analíticos de este estudio mostraron niveles de selenio en el pelo de la cola del caballo con un patrón de onda sinusoidal durante el período de tres años y determinaron con precisión cuándo los caballos estuvieron expuestos a un alto contenido de selenio en el alimento o el agua y cuándo los animales fueron retirados de esos pastos (Davis *et al.,* 2014).

Otros ejemplos llamativos de plantas que toman minerales o metales pesados se pueden encontrar en plantas que crecen en lugares similares con relaves de actividad minera. Por ejemplo, la festuca de las ovejas (*Festuca ovina*) y la agóstride común (*Agrostis tenuis*) colonizaron rápidamente los relaves de minería con metales pesados (Harborne, 1988). *Agrostis* spp., puede crecer de modo exitoso en suelos que contienen un 1% de plomo. Las plantas tienen la capacidad de adaptarse rápidamente a suelos con diferentes condiciones; sin embargo, el mecanismo de adaptación no se conoce totalmente. En la década de 1980 se descubrieron las fitoquelatinas. Aunque no se conoce totalmente el papel exacto de estas fitoquelatinas en la detoxificación de los metales pesados en las plantas, el hecho es que estas quelatinas proporcionan a la planta un mecanismo por el cual los metales ingresan en el sistema radicular y son transportados a las porciones vegetativas de la planta. *Deschampsia caespitosa* acumula zinc; *Hybanthus floribundus* acumula níquel y es una planta indicadora del níquel existente en el suelo y puede acumular en forma de níquel hasta el 22% de sus cenizas. *Eriogonum ovalifolium* es un indicador de depósitos de plata en el estado de Montana, y ciertas especies de *Astragalus* son indicadoras de selenio y uranio en los estados occidentales. *Phacelia sericea* acumula oro en forma de derivado de cianuro en cantidades de hasta 21 ng de oro/g en las hojas. *Leptospermum scoparium* es un acumulador de cromo y *Anthoxanthum odoratum* acumula plomo. Si bien se han descrito casos frecuentes de envenenamiento por selenio debido a la incorporación de este mineral por las plantas a partir del suelo, no se han documentado casos de envenenamientos causados por plata, plomo, oro o cromo (Harborne, 1988). La concentración de molibdeno puede ser anormalmente elevada en los forrajes que crecen sobre suelos donde existe una concentración natural elevada de este elemento. Las relaciones molibdeno/cobre (1:2) son importantes para la salud animal, especialmente en la oveja. Se ha descrito que las toxicosis por molibdeno en ganado vacuno causadas por la ingestión de plantas provocan despigmentación del pelo, anemia, disminución del crecimiento y trastornos óseos. Aunque las plantas pueden adaptarse a los suelos que contienen niveles altos de metales y crecer sobre ellos, la acumulación de tales metales en las partes vegetativas de las plantas las hacen potencialmente tóxicas.

2.10 CONCLUSIÓN

Se dice que Paracelso afirmó que todas las sustancias son venenosas, solo la dosis es la que diferencia entre un veneno y un remedio. Lo mismo podríamos decir acerca de las toxinas que se hallan de modo natural en los alimentos humanos. El consumo de una cantidad excesiva de cualquier alimento, unido a sus toxinas naturales, puede resultar perjudicial. En este capítulo hemos tratado algunas de las toxinas naturales más perceptibles. Sin embargo, las toxinas naturales que se discutieron en este capítulo son solo unas pocas en comparación con todas las que se encuentran en la naturaleza y han sido descritas en la literatura. A cada clase individual de compuestos se han dedicado volúmenes completos (Kingsbury, 1964; Cheeke, 1998; Knight y Walter, 2001; Burrows y Tyrl, 2013). Muchos laboratorios de universidades y centros oficiales distribuidos por todo el mundo están llevando a cabo tareas de investigación sobre plantas venenosas. La investigación proporciona información nueva y dota de instrumentos para organizar mejor los sistemas de pastoreo del ganado, reduciendo las muertes y aumentado la calidad de las producciones animales. La investigación sobre plantas venenosas tiene también efectos beneficiosos indirectos adicionales entre los que se encuentran el desarrollo de modelos animales para el estudio de enfermedades humanas, el desarrollo de nuevas técnicas y tecnologías para el diagnóstico y tratamiento del envenenamiento del ganado, el desarrollo de instrumentos de diagnóstico basados en anticuerpos (ELISAs), nuevos tratamientos (agentes quimioterapéuticos), el descubrimiento de nuevos compuestos bioactivos, y la puesta a punto de estrategias mejoradas de manejo del ganado para incrementar la salud animal y humana.

AGRADECIMIENTOS

Los autores agradecen a la Sra. Terrie Wierenga su asistencia técnica y editorial durante la preparación del manuscrito de este capítulo.

BIBLIOGRAFÍA

Baucom, D., M. Romero, R. Belfon, and R. Creamer. 2012. Two new species of *Undifilum*, the swainsonine producing fungal endophyte, from *Astragalus* species of locoweed in the United States. *Botany* 90:866–875.

Basset-Seguin, N., A. Hauschild, J.J. Grob, R. Kunstfeld, B. Dréno, L. Mortier et al. 2015. Vismodegib in patients with advanced basal cell carcinoma (STEVIE): A pre-planned interim analysis of an international, open-label trial. *The Lancet Oncology* 16, 729–736.

Blackwell, W.H. 1990. *Poisonous and Medicinal Plants*. Englewood Cliffs, NJ: Prentice Hall.

Beasley, V. 1997. A systems affected approach to veterinary toxicology. Reference notes for toxicology. Champaign, IL: University of Illinois Press.

Beier, R.C. and J.O. Norman. 1990. The toxic factor in white snakeroot: Identity, analysis and prevention. *Human Vet. Toxicol.* 32:81–88.

Binns, W., J.L. Shupe, R.F. Keeler, and L.F. James. 1965. Chronological evaluation of teratogenicity in sheep fed *Veratrum californicum*. *J. Am. Vet. Med. Assoc.* 147:839–842.

Botha, C.J., J.J. Van der Lugt, G.L. Erasmus, T.S. Kellerman, R.A. Schultz, and R. Vleggaar. 1998. Krimpsiekte, a paretic condition of small stock poisoned by bufadienolide-containing plants of the Crassulaceae in South Africa. In *Toxic Plants and Other Natural Toxicants*, eds. T. Garland and A.C. Barr, pp. 407–412. Wallingford, CT: CAB International.

Brown, A.W., B.L. Stegelmeier, S.M. Colegate et al. 2015. The comparative toxicity of a reduced, crude comfrey (*Symphytum officinale*) alkaloid extract and the pure, comfrey-derived pyrrolizidine alkaloids, lycopsamine and intermedine in chicks (*Gallus gallus domesticus*). doi:10.1002/jat.3205.

Brown, A.W., B.L. Stegelmeier, S.M. Colegate, K.E. Panter, E.L. Knoppel, and J.O. Hall. 2014. Heterozygous p53 knockout mouse model for dehydropyrrolizidine alkaloid-induced carcinogenesis. *J. Appl. Toxicol.* doi:10.1002/jat.3120.

Burrows, G.E. and R.J. Tyrl. 2013 *Toxic Plants of North America*, 2nd ed. Hoboken, NJ: Wiley-Blackwell.

Carey, D.B. and M. Wink. 1994. Elevational variation of quinolizidine alkaloid contents in a lupine (*Lupinus argenteus*) of the Rocky Mountains. *J. Chem. Ecol.* 20: 849–857.

Cheeke, P.R. 1998. *Natural Toxicants in Feeds, Forages, and Poisonous Plants.* Danville, IL: Interstate Publishers.

Chiang, C., Y. Litingtung, E. Lee et al. 1996. Cyclopia and defective axial patterning in mice lacking sonic hedgehog gene function. *Nature* 383: 407–413.

Colegate, S.M., J.A. Edgar, A.M. Knill, and S.T. Lee. 2005. Solid Phase extraction and LCMS profiling of pyrrolizidine alkaloids and their N-oxides: A case study of *Echium Plantagineum*. *Pytochemical Anal.* 16: 108–119.

Colegate, S.M., P.R. Dorling, and C.R. Huxtable. 1979. A spectroscopic investigation of swainsonine: An α-mannosidase inhibitor isolated from *Swainsona canescens*. *Aust. J. Chem.* 32: 2257–2264.

Colegate, S.M., D.R. Gardner, J.M. Betz, and K.E. Panter. 2014a. Semi-automated separation of the epimeric dehydropyrrolizidine alkaloids lycopsamine and intermedine: Preparation of the *N*-oxides and NMR comparison with rinderine and echinatine. *Phytochem. Anal.* 25:429–438.

Colegate, S.M., D.R. Gardner, R.J. Joy, J.M. Betz, and K.E. Panter. 2012. Dehydropyrrolizidine alkaloids, including monoesters with an unusual esterifying acid, from cultivated *Crotalaria juncea* Sun Hemp CV. 'Tropic Sun'. *J. Agric. Food Chem.* 60: 3541–3550.

Colegate, S.M., D.R. Gardner, T.Z. Davis, S.L. Welsh, J.M. Betz, and K.E. Panter. 2013. Identification of a lycopsamine-N-oxide chemotype of *Amsinckia intermedia*. *Biochem. Syst. Ecol.* 48: 132–135.

Colegate, S.M., S.L. Welsh, D.R. Gardner, J.M. Betz, and K.E. Panter. 2014b. Profiling of dehydropyrrolizidine alkaloids and their N-oxides in herbarium-preserved specimens of *Amsinckia* species using HPLC-esi(+) MS. *J. Agric. Food Chem.* 62: 7382–7392.

Cook, D., D.R. Gardner, J.A. Pfister et al. 2009a. The biogeographical distribution of duncecap larkspur (*delphinium occidentale*) chemotypes and their potential toxicity. *J. Chem. Ecol.* 35: 643–652.

Cook, D., D.R. Gardner, J.A. Pfister et al. 2010. Differences in ponderosa pine isocupressic acid concentrations across space and time. *Rangelands* 32: 14–17.

Cook, D., B.T. Green, K.D. Welch et al. 2011. Comparison of the toxic effects of two duncecap larkspur (*delphinium occidentale*) chemotypes in mice and cattle. *Amer. J. Vet. Res.* 72: 706–714.

Cook, D., W.T. Beaulieu, I.W. Mott et al. 2013. Production of the alkaloid swainsonine by a fungal endosymbiont of the Ascomycete order Chaetothyriales in the host *Ipomoea carnea*. *J. Agric. Food Chem.* 61: 3797–3803.

Cook, D., D.R. Gardner, and J.A. Pfister. 2014. Swainsonine-containing plants and their relationship to endophytic fungi. *J. Agric. Food Chem.* 62: 7326–7334.

Cook, D., D.R. Gardner, M.H. Ralphs, J.A. Pfister, K.D. Welch, and B.T. Green. 2009b. Swainsonine concentrations and endophyte amounts of *Undifilum oxytropis* in different plant parts of *Oxytropis sericea*. *J. Chem. Ecol.* 35: 1272–1278.

Cooper, M.K., J.A. Porter, K.E. Young et al. 1998. Teratogen-mediated inhibition of target tissue response to shh signaling. *Science* 280: 1603–1607.

Crosby, D.G. and N. Aharonson. 1967. The structure of carotatoxin, a natural toxicant from carrot. *Tetrahedron* 23: 465–472.

Daugherty, C.G. 1995. The death of Socrates and the toxicology of hemlock. *J. Med. Biography* 3: 178–182.

Davis, A.M. and D.M. Stout. 1986. Anagyrine in western American lupines. *J. Range Manage.* 39: 29–30.

Davis, T.Z., B.L. Stegelmeier, B.T. Green et al. 2013a. Evaluation of the respiratory elimination kinetics of selenate and se-methylselenocysteine after oral administration in lambs. *Res. Vet. Sci.* 95: 1163–1168.

Davis, T.Z., B.L. Stegelmeier, K.D. Welch et al. 2013b. Comparative oral dose toxicokinetics of selenium compounds commonly found in selenium accumulator plants. *J. Anim. Sci.* 91: 4501–4509.

Davis, T.Z., B.L. Stegelmeier, and J.O. Hall. 2014. Analysis in horse hair as a means of evaluating selenium toxicoses and long-term exposures. *J. Agric. Food Chem.* 62: 7393–7397.

Davis, T.Z., B.L. Stegelmeier, K.E. Panter et al. 2012. Toxicokinetics and pathology of plant-associated acute selenium toxicosis in steers. *J. Vet. Diagn. Invest.* 24: 319–327.

de Balogh, K.K.I.M., A.P. Dimande, J.J. vander Lugt, R.J. Molyneux, T.W. Naude, and W.G. Welmans. 1999. A lysosomal storage disease induced by *Ipomoea carnea* in goats in Mozambique. *J. Vet. Diagn. Invest.* 11: 266–273.

Dennis, J.W., S.L. White, A.M. Freer, and D. Dime. 1993. Carbonoyloxy analogs of the anitmetastatic drug swainsonine. Activation in tumor cells by esterases. *Biochem. Pharmacol.* 46: 1459–1466.

Dobelis, P., J.E. Madl, J.A. Pfister, G.D. Manners, and J.P. Walrond. 1999. Effects of *Delphinium* alkaloids on neuromuscular transmission. *J. Pharmacol. Exp. Ther.* 291: 538–546.

Dorling, P.R., C.R. Huxtable, and P. Vogel. 1978. Lysosomal storage in *Swainsona* spp. toxicosis: An induced mannosidosis. *Neuropathol. Appl. Neurobiol.* 4: 285–295.

Edgar, J.A. and L.W. Smith. 2000. Transfer of pyrrolizidine alkaloids into eggs: Food safety implications. In *Natural and Selected Synthetic Toxins: Biological Implications*, eds. A.T. Tu and W. Gaffield, pp. 118–128. Washington, DC: American Chemical Society.

Fodor, G.B. and B. Colasanti. 1985. The pyridine and piperidine alkaloids: Chemistry and pharmacology. In *Alkaloids: Chemical and Biological Perspectives*, vol. 3, ed. S. Pelletier, 3–91. New York: John Wiley and Sons.

Frank, B.S., W.B. Michelson, K.E. Panter, and D.R. Gardner. 1995. Ingestion of poison-hemlock (*Conium maculatum*). *West. J. Med.* 163: 573–574.

Gaffield, W. 2000. The *Veratrum* alkaloids: Natural tools for studying embryonic development. In *Studies in Natural Products Chemistry,* vol. 23, ed. Atta-ur-Rahman, pp. 563–589. Amsterdam, the Netherlands: Elsevier Science.

Gaffield, W., J.P. Incardona, R.P. Kapur, and H. Roelink. 2000. Mechanistic investigation of *Veratrum* alkaloid-induced mammalian teratogenesis. In *Natural and Selected Synthetic Toxins: Biological Implications*, eds. A.T. Tu and W. Gaffield, pp. 173–187. Washington, DC: American Chemical Society.

Gaffield, W. and R.F. Keeler. 1994. Structure-activity relations of teratogenic natural products. *Pure and Appl. Chem.* 66: 2407–2410.

Gaffield, W. and R.F. Keeler. 1996. Steroidal alkaloid teratogens: Molecular probes for investigation of craniofacial malformations. *J. Toxicol. Toxin Rev.* 15: 303–326.

Gardner, D.R. and L.F. James. 1999. Pine needle abortion in cattle: Analysis of isocupressic acid in North American Gymnosperms. *Phytochem. Anal.* 10: 1–5.

Gardner, D.R., R.J. Molyneux, L.F. James, K.E. Panter, and B.L. Stegelmeier. 1994. Ponderosa pine needle-induced abortion in beef cattle: Identification of isocupressic acid as the principal active compound. *J. Agric. Food Chem.* 42: 756–761.

Green, B.T., J.A. Pfister, D. Cook et al. 2009. Effects of larkspur (*Delphinium barbeyi*) on heart rate and electrically evoked electromyographic response of the external anal sphincter in cattle. *Amer. J. Vet. Res.* 70: 539–546.

Green, B.T., C. Goulart, K.D. Welch et al. 2015. The non-competitive blockade of gabaa receptors by an aqueous extract of water hemlock (*Cicuta douglasii*) tubers. *Toxicon* 108: 11–14.

Green, B.T., S.T. Lee, K.D. Welch, and K.E. Panter. 2013a. Plant alkaloids that cause developmental defects through the disruption of cholinergic neurotransmission. *Birth Defects Res.earch Part C* 99: 235–246.

Green, B.T., K.D. Welch, K.E. Panter, and S.T. Lee. 2013b. Plant toxins that affect nicotinic acetylcholine receptors: A review. *Chem. Res. Toxicol.* 26: 1129–1138.

Grum, D.S., D. Cook, D. Baucom et al. 2013. Production of the alkaloid swainsonine by a fungal endophyte in the host *Swainsona canescens*. *J. Nat. Prod.* 76: 1984–1988.

Habermehl, G.G., W. Martz, C.H. Tokarnia, J. Dobereiner, and M.C. Mendez. 1988. Livestock poisoning in South America by species of the *Senecio* plant. *Toxicon* 26: 275–286.

Hammerschmidt, M., A. Brook, and A.P. McMahon. 1997. The world according to hedgehog. *Trends Genet.* 13: 14–21.

Harborne, J.B. 1988. *Introduction to Ecological Biochemistry*, 3rd ed. London: Academic Press.

Harborne, J.B. 1993. *Introduction to Ecological Biochemistry*, 4th ed. London: Academic Press.

Harborne, J.B. and H. Baxter. 1996 *Dictionary of Plant Toxins*. New York: John Wiley and Sons.

Hegarty, M.P. 1978. Toxic amino acids of plant origin. In *Effects of Poisonous Plants on Livestock*, eds. R.F. Keeler, K.R. VanKampen, and L.F. James, pp. 575–585. New York: Academic Press.

Huxtable, R.J. and R.A. Cooper. 2000. Pyrrolizidine alkaloids: Physicochemical correlates of metabolism and toxicity. In *Natural and Selected Synthetic Toxins: Biological Implications*, eds. A.T. Tu and W. Gaffield, pp. 100–117. Washington, DC: American Chemical Society.

James, L.F. 1978. Oxalate poisoning in livestock. In *Effects of Poisonous Plants on LivestockI*, eds. R.F. Keeler, K.R. Van Kampen, and L.F. James, pp. 139–145. New York: Academic Press.

James, L.F. 1999. Teratological research at the USDA-ARS Poisonous Plant Research Laboratory. *J. Nat. Toxins* 8: 63–80.

James, L.F. and W.J. Hartley. 1977. Effects of milk from animals fed locoweed in kittens, calves, and lambs. *Amer. J. Vet. Res.* 38: 1263–1265.

James, L.F., K.E. Panter, W. Gaffield, and R.J. Molyneux. 2004. Biomedical applications of poisonous plant research. *J. Agric. Food Chem.* 52: 3211–3230.

Keeler, R.F. 1986. Teratology of steroidal alkaloids. In *Alkaloids: Chemical and Biological Perspectives*, ed. S.W. Pelletier, pp. 389–425. New York: John Wiley and Sons.

Keeler, R.F. 1989. Quinolizidine alkaloids in range and grain lupins. In *Toxicants of Plant Origin, Vol I Alkaloids*, ed. P.R. Cheeke, pp. 133–168. Boca Raton, FL: CRC Press.

Keeler, R.F. and L.D. Balls. 1978. Teratogenic effects in cattle of *Conium maculatum* and conium alkaloids and analogs. *Clin. Toxicol.* 12: 49–64.

Keeler, R.F. and M.W. Crowe. 1984. Teratogenicity and toxicity of wild tree tobacco, *Nicotiana glauca* in sheep. *Cornell Vet.* 74: 50–59.

Keeler, R.F. and S. Young. 1986. When ewes ingest poisonous plants: The teratogenic effects. *Vet. Med. Food Anim. Pract.* May: 449–454.

Kellerman, T.S., J.A.W. Coetzer, and T.W. Naude. 1988. *Plant Poisonings and Mycotoxicoses of Livestock in Southern Africa.* Cape Town: Oxford University Press.

Kim, S.K. and D.A. Melton. 1998. Pancreas development is promoted by cyclopamine, a hedgehog signaling inhibitor. *Proc. Natl. Acad. Sci.* 95: 13036–13041.

King, L.A., M.J. Lewis, D. Parry, P.J. Twitchett, and E.A. Kilner. 1985. Identification of oenanthotoxin and related compounds in hemlock water dropwort poisoning. *Human Toxicol.* 4: 355–364.

Kinghorn, A.D. and M.F. Balandrin. 1984. Quinolizidine alkaloids of the Leguminosae: Structural types, analysis, chemotaxonomy and biological activities. In *Alkaloids: Chemical and Biological Perspectives*, ed. S.W. Pelletier, pp. 105–148. New York: John Wiley and Sons.

Kingsbury, J.M. 1964. *Poisonous Plants of the United States and Canada*. Englewood Cliffs, NJ: Prentice Hall.

Knight, A.P. and R.G. Walter. 2001. *A Guide to Plant Poisoning of Animals in North America*. Jackson: Teton NewMedia.

Landenburg, H. 1886. Research with the synthesis of coniine. *Chem. Ber.* 19: 439–441.

Lavie, Y., T. Harel-Orbital, W. Gaffield, and M. Liscovitch. 2001. Inhibitory effect of steroidal alkaloids on drug transport and multidrug resistance in human breast cancer cells. *Anticancer Res.* 21: 1189–1194.

Lawrence, D.P., F. Rotondo, and P.B. Gannibal. 2016. Biodiversity and taxonomy of the pleomorphic genus *Alternaria*. *Mycol. Prog.* 15: 1–22.

Lee, S.T., B.T. Green, K.D. Welch, G.T. Jordan, Q. Zhang, K.E. Panter et al. 2013. Stereoselective potencies and relative toxicities of gamma-coniceine and N-methylconiine enantiomers. *Chem. Res. Toxicol.* 26: 616–621.

Maity, T., N. Fuse, and P. A. Beachy. 2005. Molecular mechanisms of sonic hedgehog mutant effects in holoprosencephaly. *Proc. Natl. Acad. Sci. USA* 102: 17026–17031.

Majak, W., R.E. McDiarmid, J.W. Hall, and W. Willms. 2000. Alkaloid levels of a tall larkspur species in southwestern Alberta. *J. Range Manage.* 53: 207–210.

Majak, W. and M.A. Pass. 1989. Aliphatic nitrocompounds. In *Toxicants of Plant Origin. II. Glycosides*, ed. P.R. Cheeke, pp. 143–159. Boca Raton, FL: CRC Press.

Matsunaga, E. and K. Shiota. 1977. Holoprosencephaly in human embryos: Epidemiologic studies of 150 cases. *Teratology* 16: 261–272.

Molyneux, R.J., D.R. Gardner, L.F. James, and S.M. Colegate. 2002. Polyhydroxy alkaloids: Chromatographic analysis. *J. Chromatogr. Anal.* 967: 57–74.

Molyneux, R.J. and L.F. James. 1982. Loco Intoxication: Indolizidine alkaloids of spotted locoweed (*Astragalus lentiginosus*). *Science* 216: 190–191.

Molyneux, R.J., L.F. James, K.E. Panter, and M.H. Ralphs. 1991. Analysis and distribution of swainsonine and related polyhydroxyindolizidine alkaloids by thin layer chromatography. *Phytochem. Anal.* 2: 125–129.

Molyneux, R.J., L.F. James, M.H. Ralphs, J.A. Pfister, K.E. Panter, and R.J. Nash. 1994. Polyhydroxy alkaloid glycosidase inhibitors from poisonous plants of global distribution: Analysis and identification. In *Plant-Associated Toxins: Agricultural, Phytochemical and Ecological Aspects*, eds. S.M. Colegate and P.R. Dorling, pp. 107–112. Wallingford, CT: CAB International.

Molyneux, R.J., R.A. McKenzie, B.M. O'Sullivan, and A.D. Elbein. 1995. Identification of the glycosidase inhibitors swainsonine and calystegine B_2 in Weir vine (*Ipomoea* sp. Q6 [aff. calobra]) and correlation with toxicity. *J. Nat. Prod.* 58: 878–886.

Nielsen, D.B. and M.H. Ralphs. 1987. Larkspur economic considerations. In *Ecology and Economic Considerations of Poisonous Plants*, eds. L.F. James, M.H. Ralphs, and D.B. Nielsen, pp. 119–129. Boulder, CO: Westview Press.

Panter, K.E., T.D. Bunch, R.F. Keeler, D.V. Sisson, and R.J. Callan. 1990. Multiple congenital contractures (MCC) and cleft palate induced in goats by ingestion of piperidine alkaloid-containing plants: Reduction in fetal movement as the probable cause. *Clin. Toxicol.* 28: 69–83.

Panter, K.E., D.R. Gardner, L.F. James, B.L. Stegelmeier, and R.J. Molyneux. 2000a. Natural toxins from poisonous plants affecting reproductive function in livestock. In *Natural and Selected Synthetic Toxins: Biological Implications*, eds. A.T. Tu and W. Gaffield, pp. 154–172. ACS Symposium Series 745, Washington, DC: American Chemical Society.

Panter, K.E., D.R. Gardner, and R.J. Molyneux. 1998. Teratogenic and fetotoxic effects of two piperidine alkaloid-containing lupines (*L. formosus* and *L. arbustus*) in cows. *J. Nat. Toxins* 7: 131–140.

Panter, K.E., D.R. Gardner, B.L. Stegelmeier, K.D. Welch, and D. Holstege. 2011. Water hemlock poisoning in cattle: Ingestion of immature Cicuta maculata seed as the probable cause. *Toxicon* 57: 157–161.

Panter, K.E., C.C. Gay, R. Clinesmith, and T.E. Platt. 2013a. Management practices to reduce lupine-induced crooked calf syndrome in the Northwest. *Rangelands* 35: 12–16.

Panter, K.E., L.F. James, and D.R. Gardner. 1999. Lupines, poison-hemlock and *Nicotiana* spp: Toxicity and teratogenicity in livestock. *J. Nat. Toxins* 8: 117–134.

Panter, K.E. and R.F. Keeler. 1989. Piperidine alkaloids of poison hemlock (*Conium maculatum*). In *Toxicants of Plant Origin, Vol I Alkaloids*, ed. P.R. Cheeke, 109–132. Boca Raton, FL: CRC Press.

Panter, K.E., G.D. Manners, B.L. Stegelmeier et al. 2002. Larkspur poisoning: Toxicology and alkaloid structure-activity relationships. *Biochem. Syst.ematics Ecol*. 30: 113–128.

Panter, K.E., M.H. Ralphs, R.A. Smart, and B. Duelke. 1987. Death camas poisoning in sheep: A case report. *Vet. Human Toxicol*. 29: 45–48.

Panter, K.E., J. Weinzweig, D.R. Gardner, B.L. Stegelmeier, and L.F. James. 2000b. Comparison of cleft palate induction by *Nicotiana glauca* in goats and sheep. *Teratology* 61: 203–210.

Panter, K.E., K.D. Welch, D.R. Gardner, and B.T. Green. 2013b. Poisonous plants: Effects on embryo and fetal development. *Birth Defects Research Part C* 99: 223–234.

Pelletier, S.W. 1983. The nature and definition of an alkaloid. In *Alkaloids: Chemical and Biological Perspectives,* vol. 1, ed. S.W. Pelletier, pp. 1–31. New York: Wiley.

Pfister, J.A., T.Z. Davis, J.O. Hall et al. 2015. Elk (*Cervus canadensis*) preference for feeds varying in selenium concentration. *J. Anim. Sci.* 93: 3690–3697.

Powell, M.J. 1990. Poisonous and medicinal fungi. In *Poisonous and Medicinal Plants*, ed. W.H. Blackwell, pp. 71–110. Englewood Cliffs, NJ: Prentice Hall.

Pryor, B.M., R. Creamer, R.A. Shoemaker, J. McClain-Romero, and S. Hambleton. 2009. *Undifilum*, a new genus for endophytic *Embellisia oxytropis* and parasitic *Helminthosporium bornmuelleri* on legumes. *Botany* 87: 178–194.

Ralphs, M.H., R. Creamer, D. Baucom et al. 2008. Relationship between the endophyte *Embellisia* spp. and the toxic alkaloid swainsonine in major locoweed species (*Astragalus* and *Oxytropis*). *J. Chem. Ecol.* 34: 32–38.

Rimkus, T.K., R.L. Carpenter, S. Qasem et al. 2016. Targeting the sonic hedgehog signaling pathway: Review of smoothened and gli inhibitors. *Cancers* 8. doi:10.3390/cancers8020022.

Roberts, M.F. and M. Wink. 1998. *Alkaloids: Biochemistry, Ecology, and Medicinal Applications*. New York: Plenum Press.

Roitman, J.N. and K.E. Panter. 1995. Livestock poisoning caused by plant alkaloids. In *The Toxic Action of Marine and Terrestrial Alkaloids*, ed. M.S. Blum, pp. 53–124. Fort Collins, CO: Alaken.

Schep, L.J., R.J. Slaughter, G. Becket, and D.M. Beasley. 2009. Poisoning due to water hemlock. *Clin. Toxicol. (Phila.* 47: 270–278.

Sharma, R.P. and D.K. Salunkhe. 1989. Solanum glycoalkaloids. In *Toxicants of Plant Origin, Vol I Alkaloids*, ed. P.R. Cheeke, pp. 179–236. Boca Raton, FL: CRC Press.

Smith, L.W. and C.C.J. Culvenor. 1981. Plant sources of hepatotoxic pyrrolizidine alkaloids. *J. Nat. Prod.* 44: 129–152.

Stegelmeier, B.L., D.R. Gardner, L.F. James, K.E. Panter, and R.J. Molyneux. 1996. The toxic and abortifacient effects of Ponderosa pine. *Vet. Pathol.* 33: 22–28.

Stegelmeier, B.L., L.F. James, K.E. Panter et al. 1999. The pathogenesis and toxicokinetics of locoweed (*Astragalus* and *Oxytropis* spp.) poisoning in livestock. *J. Nat. Toxins* 8: 35–45.

Taipale, J., J.K. Chen, M.K. Cooper et al. 2000. Effects of oncogenic mutations in Smoothened and Patched can be reversed by cyclopamine. *Nature* 406: 1005–1009.

Weinzweig, J., K.E. Panter, M. Pantaloni et al. 1999a. The fetal cleft palate: I. Characterization of a congenital model. *Plast. Reconstr. Surg.* 103: 419–428.

Weinzweig, J., K.E. Panter, M. Pantaloni et al. 1999b. The fetal cleft palate: II. Scarless healing after *in utero* repair of a congenital model. *Plast. Reconstr. Surg.* 104: 1356–1364.

Weinzweig, J, K.E. Panter, J. Patel, D.M. Smith, A. Spangenberger, and M.B. Greeman. 2008. The fetal cleft palate: V. Elucidation of the mechanism of palatal clefting in the congenital caprine model. *Plast. Reconstr. Surg.* 121(4): 1328–1334.

Weinzweig, J., K.E. Panter, J. Seki, M. Panteloni, A. Spangenberger, and J.S. Harper. 2006. The fetal cleft palate: IV. Midfacial growth and bony palatal development following in utero and neonatal repair of the congenital caprine model. *Plast. Reconstr. Surg.* 118(1): 81–93.

Weinzweig, J., K.E. Panter, A. Spangenberger, J.S. Harper, R. McRae, and L.E. Edstrom. 2002. The fetal cleft palate: III. Ultrastructural and functional analysis of palatal development following *in utero* repair of the congenital model. *Plast. Reconstr. Surg.* 104: 2355–2362.

Welch, K.D., B.T. Green, D.R. Gardner et al. 2015a. The effect of administering multiple doses of tall larkspur (delphinium barbeyi) to cattle. *J. Anim. Sci.* 93(8): 4181–4188.

Welch, K.D., B.T. Green, D.R. Gardner et al. 2012a. The effect of 7, 8–methylenedioxylycoctonine-type diterpenoid alkaloids on the toxicity of tall larkspur (*Delphinium* spp.) in cattle. *J. Anim. Sci.* 90: 2394–2401.

Welch, K.D., B.T. Green, D.R. Gardner et al. 2013. The effect of low larkspur (*Delphinium* spp.) co-administration on the acute toxicity of death camas (*Zigadenus* spp.) in sheep. *Toxicon* 76C: 50–58.

Welch, K.D., K.E. Panter, D.R. Gardner et al. 2011. The acute toxicity of the death camas (*zigadenus* species) alkaloid zygacine in mice, including the effect of methyllycaconitine coadministration on zygacine toxicity. *J. Anim. Sci.* 89: 1650–1657.

Welch, K.D., K.E. Panter, S.T. Lee et al. 2009. Cyclopamine-induced synophthalmia in sheep: Defining a critical window and toxicokinetic evaluation. *J. Appl. Toxicol.* 29: 414–421.

Welch, K.D., K.E. Panter, B.L. Stegelmeier et al. 2012b. Veratrum-induced placental dysplasia in sheep. *Int. J. Poisonous Plant Res.* 2: 54–62.

Welch, K.D., C. Parsons, D.R. Gardner et al. 2015b. Evaluation of the seasonal and annual abortifacient risk of western juniper trees on oregon rangelands. *Rangelands* 37: 139–143.

Welch, K.D., C.A. Stonecipher, D.R. Gardner et al. 2015c. The effect of western juniper on the estrous cycle in beef cattle. *Res. Vet. Sci.* 98: 16–18.

Wiley, R.G. 2000. Molecular neurosurgery: Using plant toxins to make highly selective neural lesions. In *Natural and Selected Synthetic Toxins: Biological Implications*, eds. A.T. Tu and W. Gaffield, pp. 194–203. Washington, DC: American Chemical Society.

Wink, M. 1999. *Functions of Secondary Metabolites and Their Exploitation in Biotechnology: Annual Plant Reviews*, vol. 3. Boca Raton, FL: CRC Press.

Wink, M. and D.B. Carey. 1994. Variability of quinolizidine alkaloid profiles of *Lupinus argenteus* (Fabaceae) from North America. *Biochem. Syst. Ecol.* 22: 663–669.

Wink, M., M.A. Hofer, M. Bilfinger, E. Englert, M. Martin, and D. Schneider. 1993. Geese and plant dietary allelochemicals-food palatability and geophagy. *Chemoecology* 4:93–107.

Wink, M., C. Meibner, and L. Witte. 1995. Patterns of quinolizidine alkaloids in 56 species of the genus Lupinus. *Phytochemistry* 38: 139–153.

Young, J.A., P.C. Martinelli, R.E. Eckert, and R.A. Evans. 1999. *Halogeton: A history of mid-20th Century range conservation in the Intermountain Area.* USDA-ARS Publication Number 1553.

Yu, F., T.N. Barry, P.J. Moughan, and G.F. Wilson. 1993. Condensed tannin and gossypol concentrations in cottonseed and in processed cottonseed meal. *J. Sci. Food Agric.* 63: 7–15.

Zhang, Y. and P. Talalay. 1998. Mechanism of differential potencies of isothiocyanates as inducers of anticarcinogenic phase 2 enzymes. *Cancer Res.* 58: 4632–4639.

3 Toxinas de setas

Roman Kotłowski

CONTENIDO

3.1 INTRODUCCIÓN

La importancia y el valor nutritivo de las setas comestibles suele ser objeto de debate público. Hay personas partidarias de las setas, a las que valoran por su sabor y valor nutritivo. También hay quienes se oponen, argumentando que el consumo de setas puede ocasionar trastornos digestivos, alergias y otros efectos nocivos para la salud. No es un secreto que a pesar del hecho de que se conocen setas en todo el mundo y que su recolección es una forma popular de pasatiempo, las setas representan un peligro que amenaza la salud e incluso la vida de las personas. En la mayoría de las ocasiones esto se debe a errores en la identificación por recolectores no expertos, lo que origina problemas graves.

La síntesis de las toxinas en las setas tóxicas tiene lugar en los ribosomas o en rutas bioquímicas. En el primer caso, las toxinas ciclopeptídicas, como las amatoxinas, las falotoxinas y muy probablemente las virotoxinas (Hallen *et al.*, 2007), se producen y sufren una modificación enzimática post-traduccional. En el segundo tipo de síntesis, diversas enzimas son responsables de la biosíntesis de toxinas a través de rutas bioquímicas. La oronja mortal (*Amanita phalloides*) y sus variantes blancas provocan, con mucha frecuencia, intoxicaciones mortales en los recolectores de setas, debido a la presencia de ciclopéptidos como amatoxinas y falotoxinas. Las amatoxinas

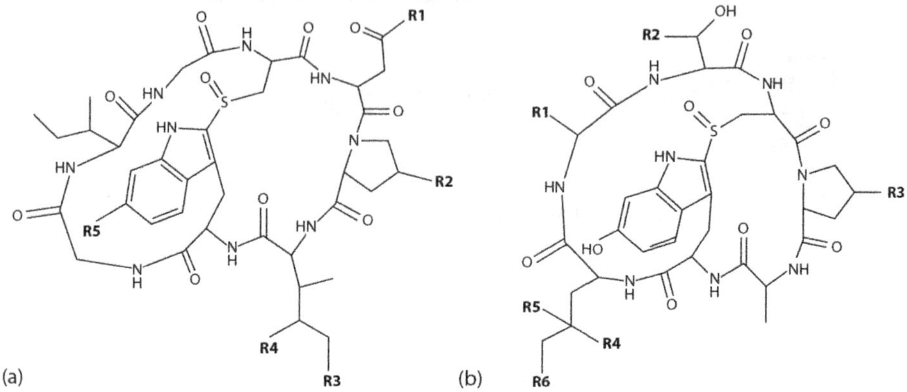

Compuesto	R1	R2	R3	R4	R5	Compuesto	R1	R2	R3	R4	R5	R6
α-Amanitina	NH_2	OH	OH	OH	OH	Falisina	CH_3	CH_3	OH	OH	OH	OH
Amaninamida	NH_2	OH	OH	OH	H	Faloidina	CH_3	CH_3	OH	H	OH	OH
γ-Amanitina	NH_2	OH	OH	H	OH	Faloína	CH_3	CH_3	OH	H	OH	H
Amanulina	NH_2	OH	H	H	OH	Profaloína	CH_3	CH_3	H	H	OH	H
Proamanulina	NH_2	H	H	H	OH	Falisacina	$CH(CH_3)_2$	COOH	OH	OH	OH	OH
β-Amanitina	OH	OH	OH	OH	OH	Falacidina	$CH(CH_3)_2$	COOH	OH	H	OH	OH
Amanina	OH	OH	OH	OH	H	Falacina	$CH(CH_3)_2$	COOH	OH	H	OH	H
ε-Amanitina	OH	OH	OH	H	OH							
Ácido amanulínico	OH	OH	H	H	OH							

Sgambelluri *et al.*, 2014

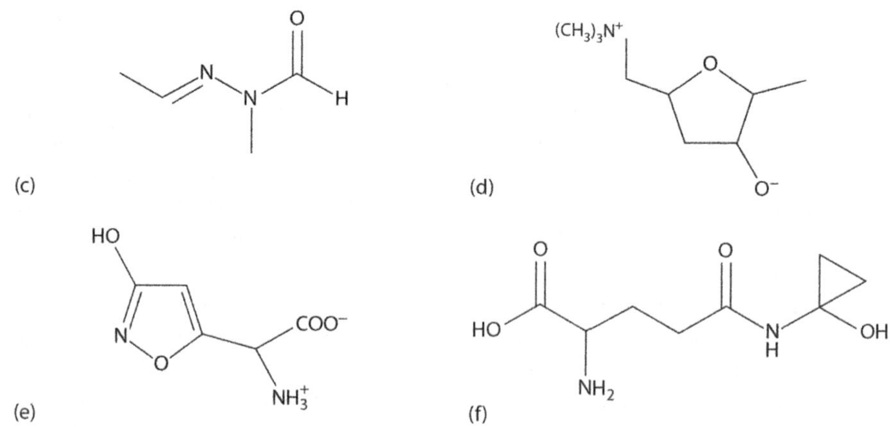

FIGURA 3.1 Estructuras de (a) α-amanitina, (b) faloidina, (c) giromitrina, (d) muscarina, (e) ácido iboténico, (f) coprina.

(*continúa*)

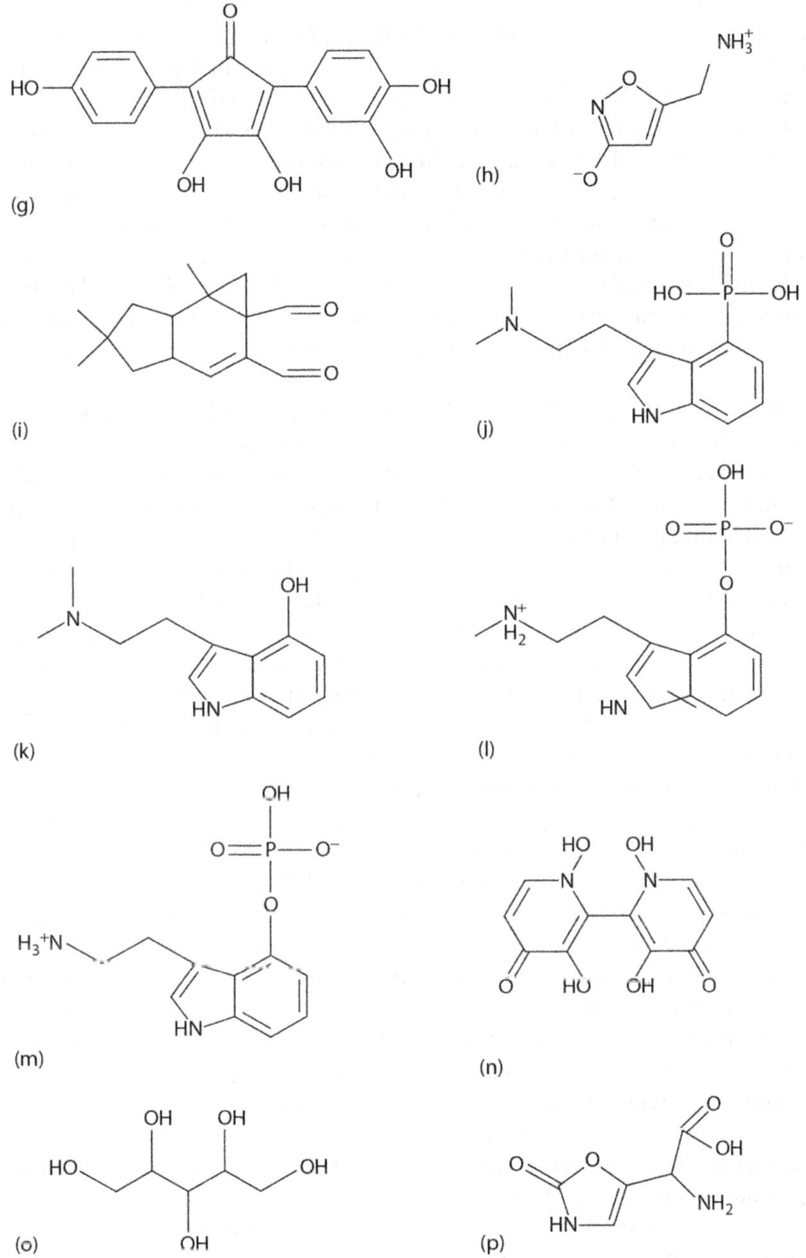

FIGURA 3.1 (*Continuación*) Estructuras de (g) involutina, (h) musimol, (i) isovelleral, (j) psilocibina, (k) psilocina, (l) baeocistina, (m) norbaeocistina, (n) orellanina, (o) arabitol y (p) muscazona.

son unas 10-20 veces más tóxicas que las falotoxinas. La estructura de las amatoxinas incluye secuencias de aminoácidos Ile-Trp-Gly-Ile-Gly-Cys-Asn-Pro (α-amanitina) o Ile-Trp-Gly-Ile-Gly-Cys-Asp-Pro (β-amanitina), formando un anillo mediante enlaces peptídicos «de cabeza a cola» y la unión entre residuos de Trp y de Cys. La diferenciación adicional entre amatoxinas (α-, γ-, β-, ε-amanitina, amanina, amanulina, ácido amanulínico, proamanulina y amaninamida –que solo se encuentra en *Amanita virosa*–) corresponde a las diversas distribuciones de determinados sustituyentes: -H, -OH y $-NH_2$. Los péptidos sufren un proceso de ciclado postraduccional (Luo *et al.,* 2014) para formar las toxinas biológicamente activas (Fig. 3.1) presentes en las setas (Sgambelluri *et al*., 2014). El modo de acción de la α-amanitina radica en la gran afinidad por el centro catalítico de la ARN polimerasa II (Bushnell *et al*., 2002). Las falotoxinas incluyen toxinas como faloína, faloidina (la más tóxica), falisina, falacina, falacidina y falisacina. Otro compuesto aislado, la profaloína, es aparentemente inocuo. Estos compuestos, similares a las amatoxinas, difieren en la distribución de los siguientes sustituyentes: -H, -OH, $-CH_3$, $-CH(CH_3)_2$ y -COOH. Están emparentados estructuralmente con las amatoxinas, aunque son un residuo de aminoácido más cortos. Las toxinas ciclopeptídicas originan lesiones irreversibles en el hígado y en otros órganos.

Las especies comestibles más parecidas a la oronja mortal son la seta de los caballeros (*Tricholoma equestre*) y el gorro verde (*Russula virescens*). La oronja limón (*Amanita citrina*) se considera una especie no comestible o ligeramente tóxica. Sin embargo, se parece mucho a la oronja mortal, y su variedad blanca no es adecuada para el consumo. Una especie muy tóxica de *Amanita* es la amanita pantera (*Amanita pantherina*). Incluye toxinas como el ácido iboténico y el muscimol (Chilton y Ott, 1976), que actúan sobre el sistema nervioso provocando alucinaciones. La ingestión de este hongo también ocasiona diarrea y vómitos.

Otra especie tóxica de setas es la galerina rebordeada (*Galerina marginata*), que a veces se confunde con la foliota cambiante (*Kuehneromyces mutabilis*), que crece formando colonias sobre la madera de árboles muertos. Esta especie también produce amatoxinas (Enjalbert *et al.,* 2004). *Inocybe rubescens* es una especie que produce muscarina, que puede originar náuseas, vómitos, lagrimeo, diarrea y alteración de la respiración. *Gyromitra esculenta* se confunde a veces con la colmenilla comestible (*Morchella esculenta*). Esta especie es tóxica porque contiene giromitrina (List y Luft, 1968), que provoca trastornos gastrointestinales y alteraciones en el hígado, bazo, riñones y ojos. Otra seta tóxica es el cortinario de montaña (*Cortinarius orellanus*), una especie mortal que produce orellanina (Grzymala y Fiksinski, 1960), que ataca a los riñones. La toxicidad del paxilo enrollado (*Paxillus involutus*) se manifiesta cuando el cuerpo comienza a producir anticuerpos frente a su propios glóbulos rojos. Como consecuencia, puede desencadenar una alteración del flujo sanguíneo en los órganos vitales. Una seta que se identifica erróneamente es la rúsula emética (*Russula emetica*), que se confunde con la comestible *Russula paludosa*. No se trata de una seta muy tóxica, pero tras la ingestión, incluso de cantidades pequeñas, provoca dolor abdominal, náuseas y vómitos. La intoxicación por el boleto de Satanás (*Boletus satanas*) es muy poco frecuente. Esta especie se encuentra en régimen de protección especial. Su consumo, especialmente en crudo, provoca síntomas gastrointestinales graves. La toxicidad de esta especie probablemente se debe a la presencia de bolesantina, una glicoproteína (Kretz *et al*., 1991). El popular coprino entintado (*Coprinopsis atramentaria*) es perjudicial para el organismo humano solo si se consume con alcohol. La coprina que produce esta especie bloquea el metabolismo del etanol, originando una intoxicación por acetaldehído. El principal compuesto tóxico de la matamoscas o falsa oronja (*Amanita muscaria*) es el ácido iboténico. La ingestión de esta seta puede ocasionar diarrea, vómito, dificultad respiratoria y pulso lento.

En los últimos años ha aumentado el interés por las setas alucinógenas –las llamadas «setas mágicas»– que contienen estupefacientes. Por ahora se han descrito unas 80 especies de setas que contienen sustancias con propiedades estupefacientes. Hay principalmente especies pertenecientes a los géneros *Psilocybe, Panaeolus* y *Gymnopilus*, así como algunas especies de los géneros *Inocybe, Conocybe, Stropharia* y *Pluteus*, y varias especies de amanitas, incluyendo la matamoscas (*Amanita muscaria*) y la pantera (*Amanita pantherina*). Su popularidad radica en el hecho de que en muchos países es relativamente sencillo conseguir hongos alucinógenos. Otra «ventaja» es su bajo precio. Según la legislación, la posesión y comercio de setas que contengan estupefacientes es un delito. Por lo tanto, la identificación precisa de las especies de setas que contengan sustancias tóxicas, así como las ilegales, resulta trascendental para los objetivos de los procesos legales y médicos.

3.2 NÚMERO DE CASOS DE INTOXICACIÓN POR SETAS

Los datos mejor documentados de las intoxicaciones por setas proceden de los Estados Unidos de América. Como se muestra en la gráfica de la Figura 3.2, el promedio de casos registrados de intoxicaciones por setas alucinógenas en los Estados Unidos de América está en torno a 715 ± 138. Sin embargo, la cifra anual de intoxicaciones con setas alucinógenas va disminuyendo en los últimos años. Por el contrario, el número de casos de intoxicación registrados por setas que producen toxinas ciclopeptídicas se mantiene a un nivel ligeramente por debajo de los 50 por año. Las estadísticas muestran que el número de intoxicaciones por setas sin especificar los tipos de toxina que se producen en Polonia en el mismo periodo de 1999 a 2015 oscila en torno a los 200 ± 160 casos. Polonia representa a los países europeos donde la recolección de setas es una práctica popular y en los que se registra una mayor prevalencia de intoxicaciones por setas en comparación con los países de Europa Occidental.

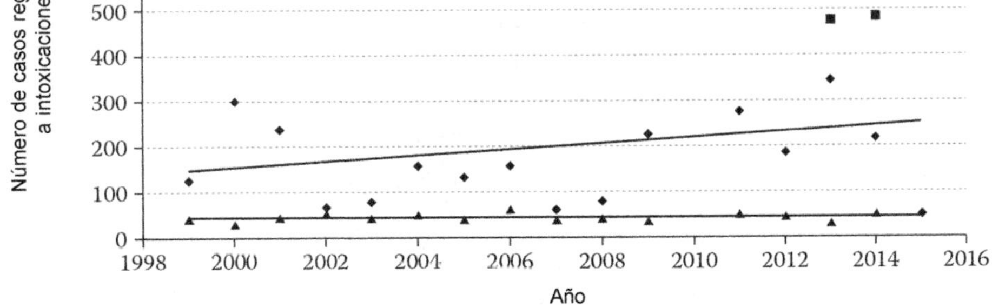

FIGURA 3.2 Número anual de casos registrados de intoxicaciones por setas alucinógenas y que producen ciclopéptidos tóxicos en EE.UU., y número de intoxicaciones por setas sin especificar los tipos de toxina en Polonia.

3.3 MORFOLOGÍA

Para una adecuada elección del tratamiento, deben identificarse rápidamente las especies de setas tóxicas ingeridas por un paciente. Sin embargo, el cocinado y la digestión en el organismo modifican el aspecto original de la seta. Incluso un micólogo experimentado puede tener problemas para realizar un análisis morfológico de tales muestras. Los problemas con la identificación pueden deberse a la gran similitud de las esporas de diferentes especies. El método estándar para la identificación de especies de setas es el análisis morfológico, que incluye pruebas macroscópicas y microscópicas. El análisis macroscópico consiste en determinar el color, tamaño y estructura característicos de las setas. El análisis microscópico, que es lento y laborioso, se basa inicialmente en una comparación del aspecto de las esporas y en la medida de su longitud y anchura, lo que no siempre ofrece resultados satisfactorios. Normalmente la identificación se ve dificultada por el número demasiado bajo de esporas en el contenido gástrico, por la intensa degradación del material o por la presencia de gotas de grasa que pueden confundirse fácilmente con esporas de la oronja mortal. Dadas las dificultades que surgen en el análisis morfológico, es preciso encontrar un nuevo método mejorado para la identificación de especies, independiente de la morfología. Parece que la detección de material genético en las muestras enviadas para el análisis representa la base más fiable para el diagnóstico.

3.4 ANÁLISIS FILOGENÉTICO

Los estudios taxonómicos ofrecen una mejor comprensión de las relaciones filogenéticas entre los basidomicetos. La proximidad filogenética entre especies de setas tóxicas, en lo relativo a las

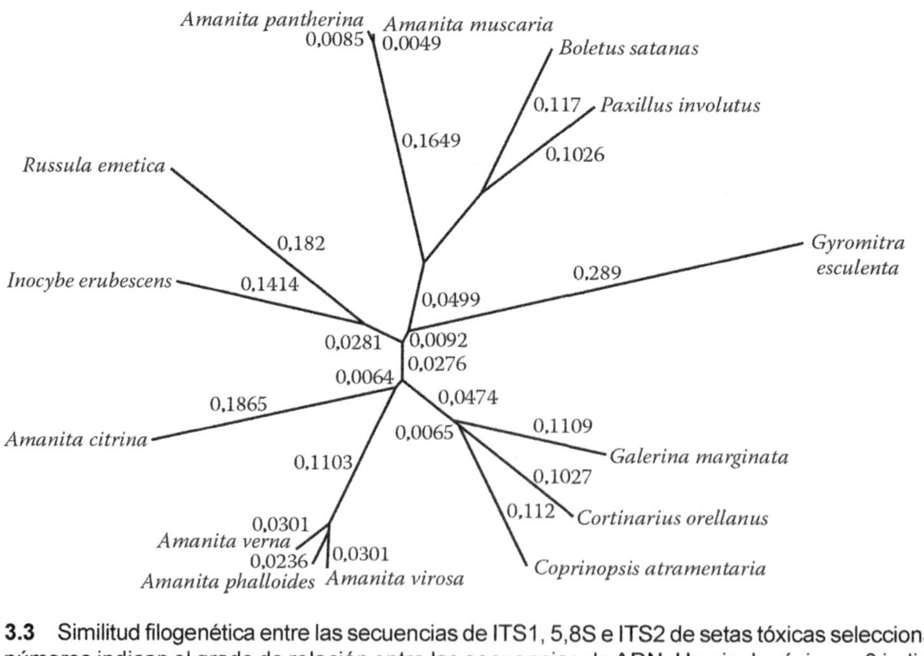

FIGURA 3.3 Similitud filogenética entre las secuencias de ITS1, 5,8S e ITS2 de setas tóxicas seleccionadas. Los números indican el grado de relación entre las secuencias de ADN. Un nivel próximo a 0 indica secuencias de ADN casi idénticas, y un valor total próximo a 1 revela secuencias de ADN no relacionadas.

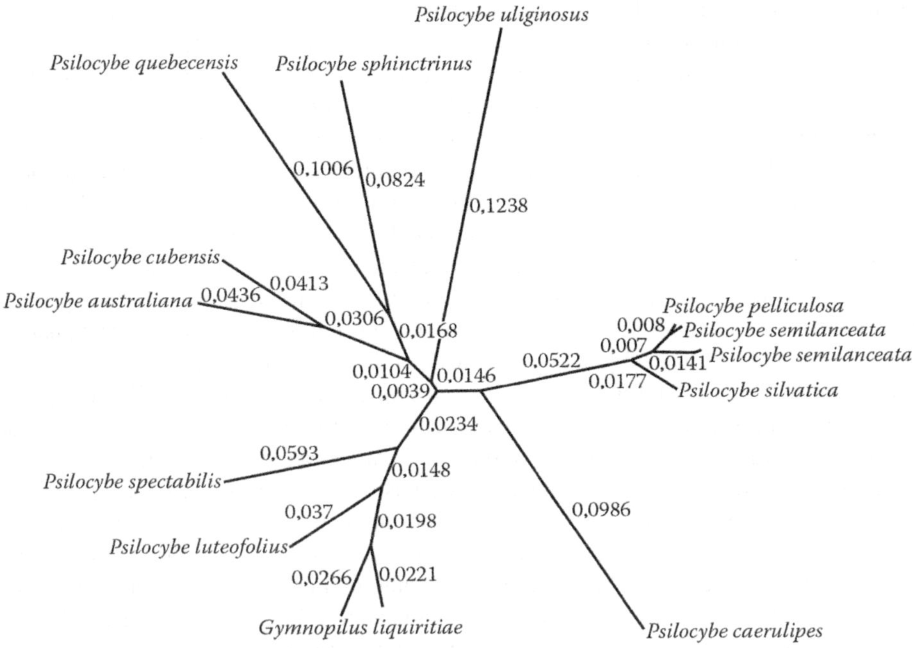

FIGURA 3.4 Similitud filogenética en la secuencia ITS1 de setas alucinógenas (Nugent *et al.*, 2004).

secuencias ITS1, 5,8S e ITS2, se muestran en la Figura 3.3. Las especies de setas tóxicas más peligrosas y las que se confunden con mayor frecuencia son la oronja mortal (*Amanita phalloides*), sus variedades blancas la amanita maloliente (*Amanita virosa*) y la oronja blanca (*Amanita verna*), la galerina rebordeada (*Galerina marginata*), la inocibe pudorosa (*Inocybe rubescens*), la falsa colmenilla (*Gyromitra esculenta*), el cortinario asesino (*Cortinarius orellanus*), el paxilo enrollado (*Paxillus involutus*), el coprino entintado (*Coprinopsis atramentaria*), la matamoscas (*Amanita muscaria*), la amanita pantera (*Amanita pantherina*), la oronja limón (*Amanita citrina*), la rúsula emética (*Russula emetica*) y el boleto de Satanás (*Boletus satanas*).

La taxonomía actual de setas alucinógenas no está plenamente clarificada. Como se muestra en la Figura 3.4, las especies *Psilocybe semilaceata* y *Psilocybe pelliculosa* se clasifican ambiguamente a pesar del alto potencial de diferenciación del ADN en la región ITS1. Puede que sea una clasificación errónea de las especies que se realiza basándose en características morfológicas.

3.5 MÉTODOS DE DETECCIÓN DE SETAS ALUCINÓGENAS Y TÓXICAS

3.5.1 Aislamiento de Muestras de ADN Puro

El creciente conocimiento profundo de los genomas de las setas comporta muchos beneficios. Puede ayudar a los médicos a alcanzar un diagnóstico rápido y contribuye a mejorar el tratamiento. Además, nuevas pruebas genéticas pueden contribuir a la detección de delitos relacionados con setas alucinógenas. La identificación de las especies de setas puede llevarse a cabo mediante el análisis de ADN, de ARN y de las características morfológicas de las setas. Las dianas moleculares más comunes son las secuencias de los ITS1 e ITS2 (Separadores Internos que se Transcriben), que se encuentran entre las secuencias del ADN que codifican las subunidades 18S, 5,8S y 28S del ARN ribosómico (White *et al.*, 1990) y la secuencia del fragmento del gen que codifica la *gpd*-gliceraldehído 3-fosfato deshidrogenasa (Kotłowski *et al.*, 2000). Para una identificación correcta de las especies de setas, a partir de muestras recogidas con fines taxonómicos o de muestras clínicas que requieren una identificación rápida, es importante utilizar métodos eficientes para obtener el ADN lo más puro posible para la amplificación por PCR y la secuenciación. Wołoszyn (2015) ha descrito lo que puede considerarse un método universal de aislamiento de ADN. Se puede utilizar para muestras de setas tanto frescas como procesadas. En el primer paso, la muestra se tritura y después se calienta en tampón TE (10 mM Tris, 1 mM EDTA) para desnaturalizar las proteínas. El paso siguiente consiste en la lisis de la célula fúngica con cloroformo y dodecil sulfato sódico (SDS). La congelación de las muestras permite intensificar el proceso de lisis de las células fúngicas al formar cristales punzantes de hielo. En un paso posterior, la adición de cloruro de guanidinio tiene como objetivo licuar la muestra mediante la desnaturalización de las proteínas unidas a los ácidos nucleicos. Este paso permite la separación eficiente de los ácidos nucleicos del resto de la muestra que fluye por un lecho de sílice. Los ácidos nucleicos se unen específicamente al lecho de sílice, mientras que el resto de la muestra con las proteínas y otros componentes fluyen a través del lecho. El lavado con etanol permite purificar los ácidos nucleicos unidos al lecho de sílice, y su posterior elución del lecho con el tampón TE (10 mM Tris, 1 mM EDTA) hace que sea posible obtener ADN con un alto grado de pureza, adecuado para la amplificación por PCR.

Lo mejor para estudiar la especie a partir de los ácidos nucleicos de las setas tóxicas y alucinógenas es utilizar cebadores con secuencias complementarias a las regiones variables ITS1 e ITS2 localizadas en el operón *rrn*. Debido a la presencia de varias copias del operón *rrn* en el genoma de las setas, este método tiene mayor sensibilidad que los análisis de dianas moleculares que solo presentan una copia. Sin embargo, el análisis de la secuencia de los ITS1 e ITS2 revela que las especies de setas estrechamente relacionadas *Amanita muscaria* y *Amanita pantherina* presentan secuencias casi idénticas, dificultando la identificación de especies con la prueba de la PCR, que detecta la presencia o ausencia de una determinada especie de hongo. Además, la oronja mortal y sus variedades blancas presentan una alta homología entre las secuencias de los ITS, lo que complica el diseño de sondas específicas de especie para la detección de cada una de las especies. Con esta finalidad, son más adecuadas las secuencias del intrón del gen *gpd*, que presentan mayor variabilidad que las secuencias del operón *rrn*.

3.5.2 Detección por PCR de los Genes que Codifican las Toxinas

A diferencia de otros péptidos cíclicos conocidos que presentan las setas, las amatoxinas y las falotoxinas se sintetizan en los ribosomas y, en consecuencia, se clasifican como péptidos sintetizados en los ribosomas y modificados posttraduccionalmente (RiPPs) (Hallen *et al.*, 2007). Las secuencias que se conocen actualmente de genes que codifican amatoxinas y falotoxinas en ocho especies diferentes de setas han permitido diseñar cebadores de PCR específicos para estas toxinas, independientemente de la especie de setas. Por ejemplo, la detección de alfa y beta amanitinas puede llevarse a cabo utilizando los cebadores AMAF 5´-GCDACBCGTCTTCCCATCTGGGG y AMAR 5´-GCYTCGCCACGAGTGAGGA, y para las detecciones de falotoxinas utilizando los cebadores FALF 5´-GCBACBCGTCTTCCYGCYTGGCT y FALR 5´-CTCGCCACGAGTGAGGAGRCGGT (Wołoszyn, 2015).

3.6 CONSIDERACIONES FINALES

En los últimos años se ha demostrado que las setas contienen muchos compuestos beneficiosos. Pueden ser una fuente rica en compuestos antioxidantes, antibacterianos y antivíricos. Las setas también pueden contribuir al tratamiento de enfermedades cardiovasculares e incluso del cáncer. Además, como saprofitos, incorporan nutrientes a partir de organismos muertos y sustratos orgánicos, liberando elementos que pueden ser incorporados de nuevo en los ciclos bioquímicos. Por todo ello, las setas desempeñan un importante papel en el ecosistema. La recolección y el consumo de setas silvestres es un pasatiempo popular en muchos países, representado un elemento importante en la cultura alimentaria en algunos países. Sin embargo, la carencia del conocimiento básico de las características morfológicas de las setas comestibles y tóxicas es una causa frecuente de intoxicación de individuos, y a veces de familias enteras. Estos desafortunados incidentes son especialmente frecuentes en otoño y verano. Los recolectores de setas menos experimentados a menudo aplican criterios totalmente inadecuados para reconocer setas tóxicas. Suelen atribuir solo unas pocas características menores a las setas tóxicas, como el sabor amargo, el ennegrecimiento de cucharas de plata, el enrojecimiento o el amarilleamiento de la carne de la seta tras el salado. Hay muchas otras técnicas comunes que se aplican para distinguir setas tóxicas, pero por lo general son fundamentalmente erróneas, y su aceptación generalizada es una de las principales causas del número constantemente alto de intoxicaciones. Otros factores que contribuyen a la incidencia de las intoxicaciones por setas son la recolección de setas por niños, la recogida de formas juveniles que no han desarrollado sus características morfológicas, la costumbre de cortar las setas recogidas justo por debajo del sombrerillo y recolectar setas en bosques con abundante vegetación o con escasa luz natural. Un problema adicional es la gran similitud entre muchas especies: existen muchas setas tóxicas parecidas a las comestibles. Las intoxicaciones por setas normalmente se caracterizan por síntomas clínicos graves, con frecuencia requieren trasplante hepático y a veces son mortales. En los últimos años también ha aumentado el interés por las setas alucinógenas. Según la legislación, la posesión y el comercio de setas que contengan estupefacientes constituye un delito. Por lo tanto, la identificación precisa de las especies de setas que contienen sustancias tóxicas, así como las ilegales, resulta trascendental para los objetivos de los procesos legales y médicos. Las estadísticas muestran la necesidad de mejorar el tratamiento de las intoxicaciones por setas. En muchos países todavía es insuficiente el número de personas cualificadas para asegurar la implementación de las técnicas de tratamiento más modernas como, entre otras, la diálisis con albúmina o el trasplante de hígado. Con el fin de reducir las graves consecuencias de la intoxicación, al igual que su frecuencia, es importante concienciar a la población en este sentido, así como preparar los servicios médicos para que funcionen adecuadamente en cada fase del tratamiento. En ese sentido, resulta muy importante que el diagnóstico sea eficaz y preciso.

BIBLIOGRAFÍA

Bushnell, D.A., P. Cramer, and R.D. Kornberg. 2002. Structural basis of transcription: α-Amanitin RNA polymerase II cocrystal at 2.8 Å resolution. *Proc Natl Acad Sci USA* 99(3): 1218–1222.

Chilton, W.S. and J. Ott. 1976. Toxic metabolites of Amanita pantherina, A. cothurnata, A. muscaria and other Amanita species. *Lloydia* 39(2–3): 150–157.

Enjalbert, F., G. Cassanas, S. Rapior, C. Renault, and J.P. Chaumont. 2004. Amatoxins in wood-rotting Galerina marginata. *Mycologia* 96(4): 720–729.

Grzymala, S. and R. Fiksinski. 1960. Use of micro-electrofiltration in the precipitation of thermal decomposition products of orellanine in the volatile phase. *Postepy Hig Med Dosw.* 14: 699–702. [in Polish].

Hallen, H.E., H. Luo, J.S. Scott-Craig, and J.D. Walton. 2007. Gene family encoding the major toxins of lethal Amanita mushrooms. *Proc Natl Acad Sci USA* 104(48): 19097–19101.

Kretz, O.H., E.E. Creppy, and G. Dirheimer. 1991. Characterization of bolesatine and toxic proteins from the mushroom Boletus satanas Lenz and its effects on kidney cells. *Toxicology* 66(2): 213–24.

Kotłowski R., P. Myjak, and J. Kur. 2000. Specific detection of Amanita phalloides mycelium and spores by PCR amplification of the gpd (glyceraldehyde-3-phosphate dehydrogenase) gene fragment. *J Food Biochem* 24: 201–212.

List, P.H. and P. Luft. 1968. Gyromitrin, the poison of Gyromitra esculenta. 16. On the fungi contents. *Arch Pharm Ber Dtsch Pharm Ges* 301(4): 294–305. [in German].

Luo, H., S.Y. Hong, R.M. Sgambelluri, E. Angelos, X. Li, and J.D. Walton. 2014. Peptide macrocyclization catalyzed by a prolyl oligopeptidase involved in α-amanitin biosynthesis. *Chem Biol* 21(12): 1610–1617.

Nugent, K.G. and B.J. Saville. 2004. Forensic analysis of hallucinogenic mushrooms: A DNA-based approach. *Forensic Sci Int* 140: 147–157.

Sgambelluri, R.M., S. Epis, D. Sassera, H. Luo, E.R. Angelos, and J.D. Walton. 2014. Profiling of amatoxins and phallotoxins in the genus Lepiota by liquid chromatography combined with UV absorbance and mass spectrometry. *Toxins (Basel)* 6(8): 2336–2347.

White, T.J., T. Bruns, S. Lee, and J.W. Taylor. 1990. Amplification and direct sequencing of fungal ribosomal RNA genes for phylogenetics. Pp. 315–322 In: PCR Protocols: A Guide to Methods and Applications, eds. Innis, MA, Gelfand DH, JJ Sninský, and TJ White. Academic Press, New York.

Wołoszyn, A. 2015. Master's Thesis entitled: Discovering of new gpd gene fragment sequences of poisonous mushrooms Amanita pantherina and Tricholoma equestre and development of new detection method for amanitin and phallotoxin independently from mushroom species. Gdansk University of Technology, Department of Molecular Biotechnology and Microbiology. Gdansk, Poland.

4 Ficotoxinas marinas y seguridad de los pescados y mariscos

Gustaaf M. Hallegraeff

CONTENIDO

4.1 INTRODUCCIÓN

Las algas microscópicas unicelulares marinas forman un componente importante de la dieta de plancton de los mariscos tales como mejillones, ostras y vieiras, así como de las larvas de crustáceos y peces. En condiciones ambientales favorables de luz, temperatura, salinidad, estabilidad de la columna de agua y nutrientes, las poblaciones de algas de solo unas pocas células pueden multiplicarse rápidamente hasta proliferaciones densas que contienen millones de células por dm^3 que a veces pueden mudar la coloración del agua del mar. La mayoría de las proliferaciones de algas parecen ser eventos inofensivos, pero en condiciones excepcionales pueden alcanzar una concentración tan elevada que agotan el oxígeno del agua. Esto puede causar la muerte indiscriminada de peces e invertebrados en bahías resguardadas. Otras especies de algas pueden matar a los peces al dañar sus membranas branquiales sensibles, ya sea mecánicamente o mediante la liberación de ictiotoxinas que generalmente son inofensivas para los humanos.

Un fenómeno esencialmente diferente es la producción por ciertas especies de dinoflagelados, diatomeas y cianobacterias de toxinas neurológicas potentes que pueden llegar al hombre a través de pescados y mariscos. Cuando los humanos comen marisco contaminado por estas microalgas, pueden sufrir diferentes enfermedades gastrointestinales y neurológicas. Estos síndromes de envenenamiento incluyen la Intoxicación Paralizante por Mariscos (PSP) que en casos extremos puede provocar la muerte por parálisis respiratoria, la Intoxicación Diarreica por Mariscos (DSP) que causa problemas gastrointestinales severos y puede provocar tumores de estómago, el Envenenamiento Neurotóxico por Mariscos (NSP) que también puede causar dificultades respiratorias a través de toxinas en aerosoles y el Envenenamiento Amnésico por Mariscos (ASP) que puede llevar a un daño cerebral permanente (pérdida de memoria a corto plazo) (Tabla 4.1). Los problemas causados por toxinas cianobacterianas incluyen daño hepático causado por péptidos hepatotóxicos o PSP producida por alcaloides neurotóxicos. Las proliferaciones de cianobacterias tóxicas se limitan principalmente a ambientes de agua dulce y salobre, pero cada vez con más frecuencia pueden producirse en ambientes costeros y también contaminar los mariscos. La ciguatera es esencialmente un síndrome de intoxicación alimentaria por consumo de peces tropicales bien conocido en las áreas de arrecifes de coral. Los humanos que consumen pescado contaminado pueden sufrir enfermedad gastrointestinal y neurológica y, en casos extremos, pueden fallecer por fallo respiratorio.

Aunque las proliferaciones de algas tóxicas son en un sentido estricto fenómenos totalmente naturales que tuvieron lugar en la historia desde que tenemos registros, en las pasadas cuatro décadas el impacto de tales eventos sobre la salud pública y sobre la economía se ha incrementado en frecuencia, intensidad y distribución geográfica (Hallegraeff, 1993).

El cambio climático global está añadiendo un nuevo nivel de incertidumbre a muchos programas de seguimiento de la seguridad de los mariscos (Hallegraeff, 2010), al igual que el incremento de las zonas de proliferación de las especies de algas dañinas por el transporte de agua de lastre en barcos y el aumento de la temperatura de la superficie del mar. Los mayores problemas para la sociedad humana vendrán provocados por no estar preparados para afrontar el problema en extensiones significativas o por el aumento de problemas de biotoxinas de algas en áreas actualmente mal controladas. Por lo tanto, se recomienda un aumento de la vigilancia en los programas de seguimiento de las toxinas de los mariscos.

4.2 TOXINAS PARALIZANTES DE LOS MARISCOS

4.2.1 Síntomas y Organismos Causales

Uno de los primeros casos fatales registrados de PSP humana tras ingestión de marisco contaminado con toxinas de dinoflagelados ocurrió en 1793 cuando el Capitán George Vancouver y su

TABLA 4.1
Síntomas clínicos de varios tipos de envenenamiento causados por consumo de pescado y marisco.

Intoxicación paralizante por consumo de marisco (PSP)	Intoxicación diarreica por consumo de marisco (DSP)	Envenenamiento amnésico por consumo de marisco (ASP)	Envenenamiento neurotóxico por consumo de marisco (NSP)	Envenenamiento por azaspirácidos presentes en marisco (AZP)	Intoxicación por ciguatera del pescado (CFP)
Toxina causante					
Saxitoxinas, gonyautoxinas sulfocarbomoil saxitoxinas	Ácido okadaico, toxinas de *Dinophysis*	Ácido domoico y sus isómeros	Brevetoxina	Azaspirácido	Ciguatoxina
Síntomas					
Caso leve En los primeros 30 min: sensación de hormigueo o entumecimiento alrededor de los labios, extendiéndose gradualmente a la cara y cuello; sensación espinosa en la punta de los dedos de las manos y en los dedos de los pies; dolor de cabeza, mareos, náuseas, vómitos, diarrea	Desde después de 30 minutos hasta unas pocas horas (rara vez más de 12 h): diarrea, náuseas, vómitos, dolor abdominal	Después de 3-5 h: náuseas, vómitos, diarrea, calambres abdominales	Después de 3 a 6 h: escalofríos, dolor de cabeza, diarrea; debilidad muscular, dolor en los músculos y articulaciones; náuseas y vómitos	Similar a la DSP. Náuseas, vómitos, diarrea severa, calambres en el estómago	Los síntomas se desarrollan a las 12-24 horas después de haber consumido el pescado. Síntomas gastrointestinales: diarrea, dolor abdominal, náuseas, vómitos

(continúa)

TABLA 4.1 (*Continuación*)
Síntomas clínicos de varios tipos de envenenamiento causados por consumo de pescado y marisco.

Intoxicación paralizante por consumo de marisco (PSP)	Intoxicación diarreica por consumo de marisco (DSP)	Envenenamiento amnésico por consumo de marisco (ASP)	Envenenamiento neurotóxico por consumo de marisco (NSP)	Envenenamiento por azaspirácidos presentes en marisco (AZP)	Intoxicación por ciguatera del pescado (CFP)
Caso grave					
Parálisis muscular; dificultad respiratoria pronunciada; sensación de shock; la muerte por parálisis respiratoria puede ocurrir entre las 2 y las 24 horas tras la ingestión	La exposición crónica puede provocar la formación de tumores en el aparato digestivo	Disminución de la reacción al dolor profundo; mareos, alucinaciones, confusión; pérdida de la memoria a corto plazo; convulsiones	Parestesia; percepción del calor y del frío alterada; dificultad para respirar, visión doble, dificultad para hablar y para tragar		Síntomas neurológicos: entumecimiento y hormigueo en manos y pies; los objetos fríos se sienten calientes al tacto; dificultad para mantener el equilibrio; bajo ritmo cardíaco y baja presión sanguínea; erupciones. En casos extremos, muerte por fallo respiratorio
Tratamiento					
Al paciente se le hace un lavado de estómago y se le pone respiración asistida. Sin efectos duraderos	Recuperación tras 3 días con independencia de que se ponga un tratamiento médico				No se dispone de *antitoxina* ni de un tratamiento específico. Los síntomas neurológicos pueden permanecer durante meses o años. El suministro de calcio y manitol puede ayudar a aliviar los síntomas

tripulación desembarcaron en la Columbia Británica, en un área ahora conocida como Poison Cove. Constató que para las tribus de indios locales estaba absolutamente prohibido comer marisco cuando el agua del mar se tornaba bioluminiscente debido a proliferaciones de dinoflagelados (Dale y Yentsch, 1978).

El dinoflagelado causante (las especies del complejo *Alexandrium tamarense/catenella*, inicialmente clasificadas como *Gonyaulax*, *Protogonyaulax* o *Gessnerium*) fue identificado por primera vez en la década de 1930 en California, pero hasta la década de 1970 solo se conocía en las aguas templadas de Europa, América del Norte y Japón. Las toxinas de naturaleza alcaloide causantes del proceso (saxitoxinas) fueron caracterizadas químicamente por primera vez en la década de 1960, pero en la de 1990 la PSP se había documentado correctamente en todo el hemisferio sur. En la actualidad se han implicado también ampliamente en el problema otras especies del género de dinoflagelados *Alexandrium*, tales como *A. minutum*, así como los dinoflagelados no relacionados filogenéticamente *Gymnodinium catenatum* y la especie tropical *Pyrodinium bahamense*. A nivel mundial, esta es la toxina de los mariscos más ampliamente distribuida. Las toxinas paralizantes de los mariscos (PSTs) bloquean los canales para el sodio de las membranas excitables del sistema nervioso y de los músculos asociados, inhibiendo los potenciales de acción y la transmisión de los impulsos nerviosos. En los vertebrados se ve particularmente afectado el sistema nervioso periférico. Los síntomas típicos de envenenamiento incluyen hormigueo y entumecimiento de las extremidades, que progresa hasta una falta de coordinación muscular, dificultad respiratoria y parálisis muscular, lo que lleva en casos extremos a la muerte por asfixia.

4.2.2 Química de las Toxinas y Umbrales de Intervención

La primera toxina que se caracterizó desde el punto de vista químico fue denominada saxitoxina, pues se aisló de la almeja de la mantequilla *Saxidomus*. Desde entonces, se han identificado al menos otras 20 fracciones de toxina diferentes a partir del plancton y de mariscos. Todas estas toxinas se parecen a la molécula de la toxina parental saxitoxina pero difieren en el tipo y la localización de la modificación (Fig. 4.1a). Las PSTs se pueden agrupar por conveniencia en toxinas de carbamato (saxitoxina STX, neosaxitoxina NEOSTX, gonyautoxinas GTX 1-4), toxinas de sulfamato (gonyautoxinas 5 y 6; fracciones C_1-C_4) y decarbamoil gonyautoxinas. Los mariscos australianos contaminados con *G. catenatum* contenían predominantemente fracciones C_1-C_4 (Oshima *et al.*, 1987), pero cuando estaban contaminados con *A. tamarense* contenían STX, GTX2,3, NEOSTX y GTX1,4, mientras que cuando lo estaban con *A. minutum* tenían gonyautoxinas 1-4 (Oshima *et al.*, 1989a). También se han encontrado bajas concentraciones de PST en el sistema digestivo de las langostas de roca y del abulón de Tasmania (Dowsett *et al.*, 2011). Estas fracciones diferentes de PST muestran potencias tóxicas muy distintas cuando se inyectan por vía intraperitoneal en ratón, variando desde 2.045 MU (Unidades Ratón)/µmol (saxitoxina) hasta 16 MU/µmol (C_1), siendo una MU (Unidad Ratón) la cantidad de toxina necesaria para matar a un ratón de 20 g de peso en 15 minutos tras la inyección intraperitoneal. En la actualidad los bioensayos en ratones se están eliminando progresivamente y la aplicabilidad de los factores de equivalencia tóxicos (TEFs) basados en la potencia intraperitoneal en el ratón se cuestiona cada vez más y se espera que sea reemplazada en el futuro por factores de potencia oral en el ratón (Munday *et al.*, 2013). Este enfoque aumentaría de modo significativo la potencia de la neosaxitoxina, por ejemplo.

La toxicidad final de los mariscos para el hombre depende no solo de la abundancia y potencia tóxica de los dinoflagelados que se filtran y retienen en el marisco, sino también de las transfor-

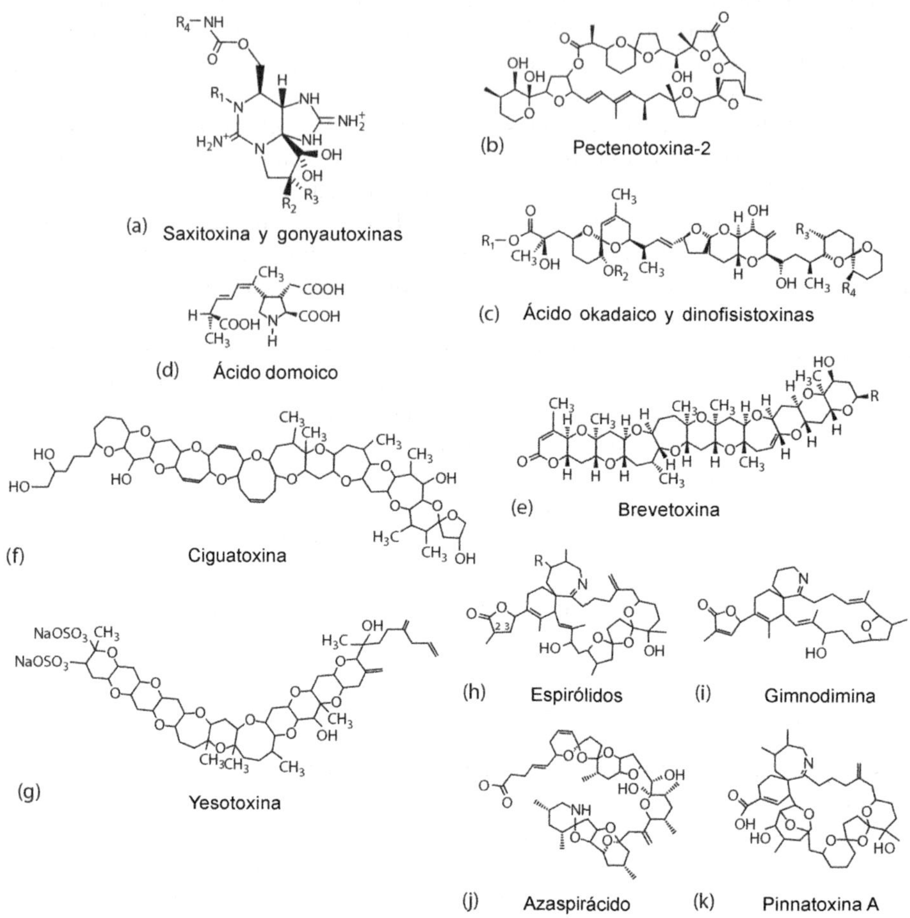

FIGURA 4.1 Estructuras químicas de las toxinas clave de algas marinas transmitidas por los mariscos. (Modificado a partir de Cembella, A.D., *Phycologia*, 42, 420-447, 2003).

maciones químicas de las diversas toxinas, ya sea por los propios mariscos o durante el almacenamiento de los alimentos, por las operaciones de procesado de los alimentos o durante la digestión de los alimentos por el consumidor. En el hombre, 120-180 µg de PST pueden producir síntomas moderados, 400-1.060 µg pueden producir la muerte, pero 2.000-10.000 µg es la dosis letal más probable, siendo el peso corporal del paciente intoxicado una variable muy importante. Aunque el predominio de toxinas del sulfamato en el marisco de Tasmania contaminado con *G. catenatum* sugiere un riesgo bajo para la salud del hombre, estas fracciones del sulfamato pueden transformarse fácilmente bajo condiciones de acidez suave en las toxinas del carbamato correspondientes. Así pues, la fracción C_1 se transforma en GTX_2, la C_2 en GTX_3, la C_3 en GTX_1 y la C_4 en GTX_4, con un incremento concomitante de la toxicidad de entre 10 y 100 veces. Por esta razón, las toxinas C_{1-4} a veces se denominan PST crípticas. Aunque estas transformaciones se realizan fácilmente *in vitro* en el laboratorio, todavía no se conoce bajo qué condiciones pueden ocurrir también estas conversiones *in vivo* en el estómago humano. En tanto en cuanto se pueda determinar el destino preciso de estas toxinas, internacionalmente se ha adoptado el nivel regulador de toxinas más conservador (0,8 mg de equivalente de STX por kg de carne de marisco). Esto se basa en un nivel letal observado en adultos humanos de 10.000 µg, con síntomas moderados que aparecen a 1.000 µg (que puede ser el resultado de comer, por ejemplo, 12 almejas que pesen 100 g con niveles de toxina de 0,8 mg/kg). Este nivel de cuarentena de la Administración de Alimentos y Medicamentos de los Estados Unidos (FDA) ha sido adoptado internacionalmente. Cuando los mariscos alcanzan este nivel, el área afectada debe ser cerrada para la recogida de marisco, tanto con fines recreativos como comerciales, y no debe ser abierta de nuevo hasta que no desciendan los niveles. Solo en Filipinas, *Pyrodinium* ha sido responsable hasta ahora de más de 2.000 brotes y de 100 muertes humanas como resultado del consumo de mariscos contaminados, así como de sardinas y anchoas (Hallegraeff y MacLean, 1989). Debido a su mayor potencial tóxico, en algunos países del sudeste asiático se emplea un nivel de alerta más bajo, de 40 µg de PST/100 g de marisco.

4.2.3 Detección de las PST

Históricamente, el bioensayo en ratón de la AOAC (AOAC, 1990) fue el único método aceptado legalmente a nivel internacional para las toxinas PST. En este bioensayo, 100 g de carne de marisco se maceran en un mortero y se hierve suavemente durante 5 minutos con 100 cm^3 de HCl 0,1 N, tras de lo cual se inyecta 1 cm^3 del extracto clarificado (con el valor del pH ajustado a 2,0-4,0) por vía intraperitoneal en un ratón de prueba de 20 g de peso corporal. La toxicidad de la solución se establece midiendo el tiempo que transcurre entre la inyección y el momento en que el ratón expira definitivamente, utilizando una tabla que establece una relación entre dosis y tiempo de muerte y efectuando una corrección con el peso preciso del animal sobre el que se realizó el test. Cuando los tiempos de muerte son muy cortos o muy largos pueden cometerse errores sustanciales en la estimación de la dosis y, por lo tanto, los extractos de las muestras han de ser diluidos en cada ensayo para obtener tiempos de muerte en el rango de los 5-7 minutos. Los resultados del test pueden calibrarse frente al resultado obtenido con la saxitoxina pura y expresarse como mg de equivalentes de STX por kg de carne de marisco. El método es relativamente fácil de realizar y no exige un equipamiento especial. La mayor desventaja es su escasa precisión (±20%) y su falta de sensibilidad (el límite de detección es 0,5 mg de saxitoxina/kg).

En las últimas décadas, la adopción de estándares éticos más estrictos para la experimentación animal en la mayoría de los países, conjuntamente con los inconvenientes inherentes al bioensayo en ratón, han llevado al desarrollo de ensayos químicos alternativos. Los métodos más exitosos implican la oxidación alcalina de las PST hasta derivados fluorescentes usando ácido peryódico en un tampón fosfato sódico, su separación por técnicas de cromatografía líquida de alta resolución (HPLC) y su detección por fluorometría. Los primeros métodos de HPLC desarrollados por Sullivan *et al.* (1985) y por Oshima *et al.* (1989b) tuvieron un seguimiento generalizado. El primero de los métodos utiliza una columna del polímero PRP y un gradiente de elución para separar las 10 PST más comunes en una sola carrera de 20 minutos de duración. El segundo método emplea una columna C8 de gel de sílice y una elución isocrática para separar las más o menos 20 fracciones de PST que se conocen en tres carreras cromatográficas separadas para las toxinas del sulfamato, las gonyautoxinas y las saxitoxinas, respectivamente. Los mariscos con perfiles de toxinas simples (p. ej., los contaminados con *A. minutum*) pueden analizarse adecuadamente con el método de Sullivan, mientras que los que presentan perfiles de toxinas complejos (p. ej., los portadores de *G. catenatum*) solo pueden resolverse de un modo adecuado con el método de Oshima. Los métodos de HPLC ofrecen más sensibilidad (0,1-0,2 mg/kg) y más precisión (5-10%) en comparación con el método de bioensayo en ratón y pueden operar de modo continuo con sistemas de inyección automática en los equipos de cromatografía. Lawrence *et al.* (2005) introdujo un avance importante en el método de HPLC utilizando una fase de oxidación en una precolumna. En este caso, la oxidación tiene lugar inmediatamente después de la extracción de la muestra y antes del análisis por HPLC, de modo que la separación por HPLC es de los productos de oxidación en oposición a la separación de las toxinas en sí mismas como se hace en el método postcolumna. La modificación del método HPLC/FLD (detección de fluorescencia)/MS (detección por espectrometría de masas) mediante adicción de una combinación de intercambiadores fuertes de aniones y cationes hizo posible la separación por cromatografía de intercambio iónico de todas las toxinas PST en una sola carrera cromatográfica (Jaime *et al.*, 2001). Otra mejora reciente es la aplicación de cromatografía líquida de interacción hidrofílica (HILIC) HPLC-MS/MS en el análisis de las PST (Boundy *et al.*, 2015). Estos métodos químicos todavía necesitan su validación internacional para que los resultados puedan aceptarse legalmente. La empresa Jellett Biotek Ltd (llamada en la actualidad Scotia) desarrolló un kit de un inmunotest rápido semicuantitativo para las toxinas PST (Jellet *et al.*, 2002), comercializándose sucesivas mejoras por Abraxis™, Neogen™ y Europroxima™. Las diferentes mezclas y las reactividades cruzadas de los anticuerpos usados en los kits de estos test proporcionan resultados variables frente a los diferentes perfiles de SXT (De Grasse *et al.*, 2014; Jawaid *et al.*, 2015; Turner *et al.*, 2015). También se han desarrollado ensayos de unión a radiorreceptores para PST (Doucette *et al.*, 1991) y un método basado en la utilización de la saxifilina, una proteína que se une a la saxitoxina (Negri y Llewellyn, 1998). La capacidad de determinar de manera fiable si el total de toxinas PST presentes está por debajo o por encima del nivel de 0,8 mg/kg que se establece en la regulación es el criterio final para elegir un método analítico particular.

4.3 TOXINAS DIARREICAS DE LOS MARISCOS

4.3.1 Síntomas y Organismos Causales

Los síntomas severos de vómitos, náuseas y diarrea en consumidores de marisco se registraron inicialmente en los Países Bajos en la década se los años 1960 (Kat, 1985), pero el término DSP (intoxicación diarreica por mariscos) se acuñó por primera vez en 1976 en Japón, donde causó problemas a la industria pesquera de la vieira (Yasumoto *et al.*, 1980). El primer dinoflagelado implicado fue *Dinophysis fortii* (en Japón), seguido de *D. acuminata* (en Europa), *D. acuta* y *D. norvegica* (en Escandinavia) y del dinoflagelado bentónico *Prorocentrum lima*. Entre 1976 y 1982 se describieron en Japón unos 1.300 casos de DSP, en 1981 más de 5.000 casos en España y en 1983 más de 3.300 casos en Francia. En 1984 en Suecia, los problemas de DSP causaron el cierre de la industria del mejillón durante casi un año. También se han observado problemas crecientes de contaminación de los mariscos con pectenotoxinas (no reguladas) (Burgess y Shaw, 2001). La distribución global de la DSP que se conoce en la actualidad incluye a Japón, Europa, Chile, Tailandia, Canadá, Australia, Nueva Zelanda y, más recientemente, USA. Los síntomas clínicos de la DSP a menudo pueden haber sido confundidos con los de las infecciones gástricas de etiología bacteriana y el problema puede hallarse más extendido de lo que se piensa actualmente. En contra de lo que ocurre con la PSP, no se han descrito muertes humanas y los pacientes habitualmente se recuperan en los 3 días siguientes. Sin embargo, algunas de las toxinas implicadas podrían actuar como promotoras de tumores gástricos y producir, por lo tanto, problemas crónicos en los consumidores de marisco (Sagamura *et al.*, 1988).

4.3.2 Química de las Toxinas y Umbrales de Intervención

Las toxinas que causan la DST son compuestos poliéteres liposolubles (Fig. 4.1b,c). La primera toxina que se caracterizó desde el punto de vista químico fue el ácido okadaico (OA) aislado originalmente a partir de la esponja *Halichondria okadai*, pero ahora se cree que proviene del dinoflagelado bentónico asociado *P. lima*. La investigación posterior reveló la presencia en el marisco de derivados del ácido okadaico denominados toxinas de *Dinophysis* (DTX), pectenotoxinas (PTX, del género de la vieira *Pecten*) (Lee *et al.*, 1989), DTX2 y un isómero en mejillones irlandeses, la pectenotoxina 2 de *D. fortii* en el Mar Adriático, y muchos otros análogos. Los efectos de producción de diarrea solo se han probado en el OA y en las DTX1 y DTX3, mientras que las PTX1-4 provocan necrosis del hígado. Algunas toxinas diarreogénicas (OA y DTX1) son inhibidores potentes de las proteínas fosfatasas y este modo de acción puede estar relacionado con la diarrea observada, con los cambios degenerativos en el epitelio de absorción del intestino delgado y con la promoción de tumores.

Como consecuencia de la diversidad de las toxinas involucradas, en comparación con otras toxinas de los mariscos tales como la PST y AST, el nivel normativo de toxinas DST fijado por los organismos reguladores varía de un modo considerable de un país a otro. Japón tiene 0,05 MU/g = 50 MU/kg de tejido comestible (1 MU = 4 μg OA) teniendo en cuenta la proporción del peso que la glándula digestiva representa en relación con los tejidos totales del marisco, mientras que Canadá utiliza 1 μg de equivalente OA por g de glándula digestiva, pero no tiene en cuenta la variación en el porcentaje del peso total correspondiente a la glándula digestiva. En la actualidad, se conocen los niveles normativos satisfactorios solo para la serie OA (incluidas OA, DTX1,2 y el complejo DTX3), que son todos inhibidores de la fosfatasa y de acción diarreica. En la Unión Europea los análogos de OA/DTX están regulados en base al nivel de cuarentena para la suma de ambos grupos de toxinas en bivalvos y fijado en 0,16 mg/kg, mientras que 0,2 mg de equivalente OA/kg es el umbral de intervención actualmente adoptado por las Normas Alimentarias de Australia y Nueva Zelanda.

4.3.3 Detección de DST

Se demostró que un procedimiento de bioensayo intraperitoneal en ratón desarrollado por el Ministerio Japonés de Salud y Bienestar (1981) es susceptible de producir resultados falsos positivos debido a la presencia de ácidos grasos libres contaminantes en las glándulas digestivas (DGs) de los maricos en ciertos momentos del año. Este método está ahora generalmente en desuso y también en Japón ha sido reemplazado desde el año 2015 por técnicas de LC-MS. En los Países Bajos se usó con éxito un método de alimentación de ratas blancas (Kat, 1985), pero desde entonces se ha utilizado de un modo discontinuo. Mientras que el bioensayo intraperitoneal en ratón estima la toxicidad total debida a una gama de compuestos lipofílicos, el bioensayo de suministro oral a ratas evalúa el efecto diarreico de únicamente ciertas toxinas DST. A raíz de la decisión en la Unión Europea de cesar el uso de los bioensayos en ratones y ratas para detectar toxinas lipofílicas, se han ido aplicando progresivamente métodos químicos analíticos fiables. Un método de HPLC desarrollado inicialmente por Lee *et al.* (1987) para separar las toxinas DST hizo avanzar este campo de la investigación de un modo considerable. Las DGs de los mariscos se homogenizan y extraen con una disolución al 80% de metanol en agua, las toxinas DSP se esterifican hasta ésteres fluorescentes con 9-antrildiazometano (ADAM) y a continuación se separan las toxinas por HPLC y se detectan por fluorometría. Existen problemas para la implementación de este método que derivan de la baja estabilidad del reactivo ADAM y de la presencia de sustancias que se coextraen de los tejidos del marisco, lo que hace necesario habilitar una fase de limpieza en una columna de sílice tras la fase de derivatización (Quilliam, 1995). Se dispone de kits para hacer test de inmunoensayo semicuantitativo para la detección rápida de OA y/o DTX1 (p. ej., kits de Abraxis, UBE Industries y Tokyo DSP Check™). Aunque estas técnicas químicas e inmunológicas representan un importante paso adelante en este campo, todavía no son lo suficientemente fiables como método de rutina para detectar de un modo preciso el amplio rango de toxinas implicadas. La OA y la DTX1 se han identificado como inhibidores de la proteína fosfatasa y esta propiedad se ha explorado en ensayos radiactivos y colorimétricos para su detección (Tubaro *et al.,* 1996). Las toxinas primarias producidas por los dinoflagelados son DTX4 o sus derivados que son hidrosolubles, con lo cual no se pueden detectar por procedimientos ADAM LC, pero probablemente no contribuyen de modo significativo a la contaminación con DST de los mariscos. Además, el descubrimiento de una esterasa en la pared externa de los dinoflagelados llevó al reconocimiento de que la hidrólisis producida por esta enzima durante el manejo y la extracción de mariscos y plancton puede conducir a resultados erráticos (Quilliam, 1998). La técnica de cromatografía líquida-espectrometría de masas (LC-MS) es en la actualidad la única opción eficiente y exhaustiva para el análisis de las toxinas DST lipofílicas. El criterio final para elegir un método analítico particular es la capacidad de determinar de manera fiable si la serie OA de toxinas DST está presente por debajo o por encima del nivel regulatorio de 0,2 mg de equivalente OA/kg.

4.4 VENENOS AMNÉSICOS DE LOS MARISCOS

4.4.1 Síntomas y Organismos Causales

El envenenamiento amnésico por marisco (ASP) fue reconocido por primera vez en 1987 en la isla de Prince Edward (Canadá) donde provocó 3 muertes y 105 casos de envenenamiento humano agudo tras el consumo de mejillones azules (Bates *et al.,* 1989). La pérdida de la memoria provocada por los casos graves de intoxicación en el hombre es lo que llevó a denominar al síndrome ASP. Finalmente se demostró que este problema estaba provocado por la diatomea formadora de cadenas *Pseudo-nitzschia multiseries* (Bates *et al.,* 1989; Wright *et al.,* 1989). Hasta que se realizó este descubrimiento, las algas diatomeas no se consideraban fuentes de toxinas. Desde entonces, otras especies de *Pseudo-nitzschia* como *P. australis*, *P. brasiliana*, *P. calliantha*, *P. cuspidata*, *P. delicatissima*, *P. fraudulenta*, *P. galaxiae*, *P. granii*, *P. multistriata*, *P. pseudo-delicatissima*, *P. pungens*, *P. seriata* y *P. turgidula* han demostrado ser tóxicas (Trainer *et al.,* 2012). Hasta la fecha, las descripciones de ácido domoico en mariscos se han restringido sobre todo a Norteamérica (USA y Canadá), mientras que en otras partes del mundo tales como Europa, Australia, Japón y Nueva Zelanda se han detectado solo concentraciones insignificantes. Un problema añadido lo constituye la producción de ácido domoico por las diatomeas no relacionadas *Nitzschia navis-varingica* de los estanques acuícolas de camarones tropicales y *N. bizertensis* de Túnez (Lundholm y Moestrup, 2000; Smida *et al.,* 2014).

4.4.2 Química de la Toxina y Umbrales de Intervención

El compuesto químico causante del problema, el ácido domoico (Fig. 4.1d) es un aminoácido excitante que actúa como antagonista del glutamato sobre los receptores de kainato del sistema nervioso central. Las personas que resultaron afectadas en Canadá habían consumido mejillones que contenían 300-1.200 mg de ácido domoico/kg. En California y México se ha relacionado la mortalidad de aves marinas con el consumo de pescado contaminado con ácido domoico. Además de otros moluscos bivalvos, también se han encontrado contaminadas navajas, así como el hepatopáncreas y las vísceras del cangrejo Dungeness (USA). El nivel regulatorio propuesto en Canadá de 20 mg/kg de tejido (AOAC, 1991) ha sido también adoptado por otros países para detectar la toxina. Esta cifra está basada en la observación de un efecto sobre ciertos consumidores a una concentración estimada de ácido domoico de 200 mg/kg de peso fresco, y después se aplicó un factor de 0,1 como margen de seguridad. Se reconoce que también existen isómeros del ácido domoico y que posiblemente puedan contribuir a la toxicidad.

4.4.3 Detección de AST

Durante los primeros días del problema surgido en Canadá, el ácido domoico se extrajo de los mariscos utilizando el método de extracción estándar para bioensayo en ratón de las toxinas PST (Lawrence *et al.,* 1989), pero con tiempos de observación mayores (de hasta 4 horas). A niveles de ácido domoico de >40 mg/kg, los ratones muestran síntomas característicos de prurito (se rascaban), pero este método de bioensayo se considera en la actualidad que no es lo suficientemente sensible como para estimar con precisión el nivel de cuarentena propuesto en Canadá de 20 mg/kg de tejido (AOAC, 1991). La HPLC es en la actualidad la técnica analítica preferida para la determinación de ácido domoico en mariscos. Para monitorizar el ácido domoico en matrices marinas tales como el agua de mar y el fitoplancton, se ha desarrollado un procedimiento muy sensible basado en la reacción con 9-fluorenilmetilcloroformato para formar el derivado fluorenilmetoxicarbonil y el análisis por HPLC con detección de fluorescencia (Pocklington *et al.,* 1990). El límite de detección en agua de mar es tan bajo como 15 picogramos de ácido domoico/cm^3 de agua. Este procedimiento se ha adaptado a los extractos tisulares de los mariscos (Quilliam *et al.,* 1989, 1995). El ácido domoico se extrae de los tejidos del marisco mediante una homogeneización con una disolución metanol:agua (1:1, v/v). La concentración de ácido domoico se determina por HPLC con detección de absorción ultravioleta. Los extractos de la muestra se inyectan después de la dilución y filtración de los extractos crudos o después de su limpieza en cartuchos de extracción de intercambio de aniones fuertes en fase sólida. Esta limpieza permite el aislamiento selectivo del ácido domoico y los compuestos relacionados, separándolo de las sustancias que podrían interferir en su determinación tales como el triptófano, a la vez que permite su preconcentración para facilitar la detección de cantidades traza. Para confirmar la presencia de ácido domoico puede usarse un detector de fotodiodo array en el examen de los espectros UV, pero esta opción puede no estar siempre disponible. El límite de detección es 20-30 ng/g. Se ha desarrollado un ensayo de unión de neurorreceptores para AST basado en la unión al receptor de kainato-glutamato en sinaptosomas cerebrales de rata, utilizando ácido 3H-kaínico como patrón (Van Dolah *et al.,* 1994). También se dispone de kits de test inmunológicos para ASP (p. ej., Biosense Labotarories, Abraxis y Neogen).

4.5 VENENOS NEUROTÓXICOS DE LOS MARISCOS

4.5.1 Síntomas

Hasta 1993, el envenenamiento neurotóxico por marisco (NSP) causado por las brevetoxinas de naturaleza poliéter producidas por el dinoflagelado desarmado *Karenia brevis* se consideraba endémico en el Golfo de México y la costa este de Florida, donde ya se habían descrito «mareas rojas» en el año 1844. Un raro carácter de este organismo es la formación por acción de las olas de aerosoles tóxicos que pueden provocar síntomas similares al asma respiratoria en humanos. De modo inesperado, a principios de 1993 en Nueva Zelanda se describió el envenenamiento de más de 180 personas por consumo de marisco, causado supuestamente por una proliferación mixta de *K. mikimotoi* y especies relacionadas (Haywood *et al.,* 2004). Las afirmaciones anteriores de que las proliferaciones de rafidofitas (*Chattonella*), y de posiblemente los géneros relacionados *Fibrocapsa* y Heterosigma, podían producir compuestos similares a la brevetoxina habían sido rechazadas (McNabb *et al.,* 2006). En las personas, los síntomas de NSP incluyen dificultades para respirar, así como irritación de las membranas mucosas oculares y nasales, causadas principalmente por la exposición a aerosoles del mar y por contacto directo con proliferaciones de algas tóxicas al estar nadando. Nunca se han escrito muertes humanas por envenenamiento con brevetoxinas. Las toxinas implicadas en el envenenamiento neurotóxico por marisco son consideradas principalmente ictiotoxinas (toxinas que matan a los peces), pero también se sabe que se acumulan en los mariscos.

4.5.2 Química de las Toxinas y Umbrales de Intervención

Las brevetoxinas son toxinas de poliéteres en escalera. Se han caracterizado muchos de estos compuestos poliéteres cíclicos liposolubles, pero, debido a la labilidad química de las brevetoxinas, al análisis de estos compuestos continúa siendo problemático (Yasumoto *et al.,* 1989). Las toxinas del marisco de Nueva Zelanda (codificadas de modo tentativo como TX1, TX2 y TX3; Satake *et al.,* 1996) son diferentes de las toxinas de Florida bien caracterizadas del dinoflagelado *K. brevis* (PbTx1-8) bien en la cadena lateral, en el esqueleto de éteres cíclicos o en ambos caracteres (Fig. 4.1e). Las brevetoxinas y sus derivados ejercen su efecto tóxico al unirse específicamente al sitio 5 de los canales de sodio voltaje-dependientes. En Florida y Carolina del Norte, la recolección de marisco se suspende cuando la concentración de *K. brevis* excede de 5.000 células/dm^3 o cuando la concentración de toxinas en el marisco sobrepasa las 200 MU/kg. Este último nivel regulatorio también ha sido adoptado por Nueva Zelanda. Los problemas respiratorios en el hombre tienen lugar a niveles de alrededor de 10^5-10^6 células/dm^3, mientras que las muertes de peces solo se producen a >10^6 células/dm^3. Los niveles de toxinas NST durante el brote por consumo de marisco ocurrido en 1993 en Nueva Zelanda alcanzaron 5.920 MU/kg (Trusewich *et al.,* 1996).

4.5.3 Detección de NST

El método aceptado actualmente para la determinación de NST es el procedimiento de la Asociación Americana de Salud Pública (APHA) (APHA, 1985) basado en una extracción de los tejidos de los mariscos con éter dietílico seguida de un bioensayo en ratón. El protocolo de la APHA se usa de manera generalizada en USA, donde el problema de la NSP es más agudo. Tras la detección de NST en Nueva Zelanda en 1993, la Autoridad Regulatoria del Ministerio de Agricultura y Pesca mejoró el método de extracción de las muestras utilizando una extracción con acetona de los compuestos lipofílicos seguida de un fraccionamiento con diclorometano (Hannah *et al.,* 1985). Los extractos de la muestra se preparan y se inyectan en ratón y los resultados del bioensayo se expresan en unidades ratón (MU). El procedimiento de Hannah es muy efectivo para la extracción de toxinas liposolubles desconocidas a partir de marisco portador de toxinas NSP y el método presenta ciertas ventajas cuando se compara con el protocolo de la APHA. Sin embargo, el descubrimiento posterior de un nuevo compuesto bioactivo (la gimnodimina; Fig. 4.1i; MacKenzie *et al.*, 1996; Seki *et al.*, 1996) producido por el dinoflagelado *Karenia selliformis*, una especie común en las aguas de Nueva Zelanda durante los eventos neurotóxicos, forzó a las autoridades sanitarias locales a volver al procedimiento de extracción de la APHA con éter dietílico. La gimnodimina no es extraíble por el éter dietílico pero causa una muerte muy rápida de los ratones cuando se usa el procedimiento del diclorometano aunque este compuesto se considera que no presenta riesgos para la salud humana. Un ensayo sensible de radiorreceptores para brevetoxina se basa en la unión al sitio 5 en el canal de sodio voltaje-dependiente en los sinaptosomas cerebrales de la rata, usando $^{3}H\text{-}PbTx_3$ para la cuantificación (Trainer *et al.*, 1995). En la actualidad el método de elección es la HPLC-MS (McNabb *et al.*, 2006).

4.6 INTOXICACIÓN POR LA CIGUATERA DEL PESCADO

4.6.1 Síntomas y Organismos Causales

La intoxicación por la ciguatera del pescado (CFP) es una enfermedad humana debilitante causada por el consumo de pescado tropical contaminado con ciguatoxinas (CTX). La ciguatera se describe desde hace mucho tiempo en toda la zona del Caribe [«cigua» era una voz española que quería decir «envenenado por caracoles»], las islas de Hawái, la Polinesia Francesa, la Australia tropical y subtropical (Kohli *et al.*, 2014), sudeste asiático y Océano Índico. Más recientemente, están apareciendo informes en ubicaciones que antes no tenían ciguatera, como las Islas Canarias, el Mediterráneo, el Golfo de México, el Océano Atlántico frente a Carolina del Norte, USA (34,7°N), Angola y Camerún (África) y Pakistán. La ciguatera se está extendiendo con la aparición del organismo causal y la producción de toxinas en nuevas regiones, así como por el comercio globalizado de productos de la pesca que exporta el riesgo de ciguatera de unas naciones a otras. La ciguatera hace que los mercados de pescado prohíban en ocasiones la venta de productos en función de las especies, el tamaño y la ubicación geográfica, afectando a veces esta prohibición a estuarios completos (p. ej., Platypus Bay, Australia). Los humanos que consumen especies de pescado contaminado como la lubina roja, el pez chino, la morena y la cola de paleta pueden sufrir enfermedades gastrointestinales y neurológicas y, en casos extremos, pueden morir por insuficiencia respiratoria. La ciguatera rara vez es letal para los consumidores humanos de peces de arrecifes de coral tropicales, pero puede infligir daños significativos en la salud a través de problemas neurológicos persistentes causados por el hecho de que las toxinas se acumulan en el cuerpo humano. Los peces más comunes asociados con la CFP son los meros, las barracudas, el pez cerdo, los pargos, el carang, la vieja esposa, el pez rey, el pez loro y el pez cirujano pequeño. El consumo de peces de estas especies diana procedentes de áreas donde se sabe de la presencia de ciguatera está totalmente desaconsejado y a veces prohibido y se recomienda la captura de peces pequeños debido a que los peces grandes pueden haber acumulado demasiada toxina. El rastrear el origen del pescado con ciguatoxina en el mercado plantea un gran desafío debido a la movilidad del pescado. Las diferencias regionales en los perfiles de toxinas de ciguatera en los Océanos Pacífico e Índico y en el Mar Caribe puede explicar las variaciones en los síntomas clínicos. Los síntomas gastrointestinales son más fuertes en el Mar Caribe, mientras que los síntomas neurológicos dominan en el Océano Pacífico. De modo similar, el tratamiento con manitol tiene utilidad clínica en el Pacífico, pero se ha visto que es ineficaz en el Caribe. No se desarrolla inmunidad; las toxinas son acumulativas y persistentes y los síntomas de debilitamiento con frecuencia se repiten. La enfermedad a menudo queda sin denunciar por las víctimas o es diagnosticada erróneamente por el personal médico o paramédico. En algunos casos, las víctimas de ciguatera han emprendido acciones legales buscado una compensación económica (p. ej., el mercado de pescado de Sydney, Australia), lo que aumenta significativamente los costos económicos de cualquier evento de ciguatera y extiende el período de tiempo en el que un evento puede afectar a una comunidad, ya que los procesos judiciales pueden tardar en resolverse.

Los organismos causantes son los dinoflagelados bentónicos del género *Gambierdiscus* que viven en asociación epifítica con algas tupidas de color rojo, marrón y verde (pueden alcanzar hasta 200.000 células/100 g de algas) y también se encuentran libres en sedimentos y escombros de coral. Estos dinoflagelados producen las potentes neurotoxinas gambiertoxina y maitotoxina que se acumulan en la cadena alimentaria, desde los peces pequeños que se alimentan en los arrecifes de coral hasta los órganos de los peces más grandes que se alimentan de los pequeños (la principal fracción de toxina en los peces es la ciguatoxina). Aunque en sentido estricto se trata de un fenómeno totalmente natural, lo cierto es que la ciguatera ha pasado de ser una enfermedad ciertamente rara hace doscientos años a alcanzar en la actualidad proporciones epidémicas en la Polinesia Francesa. En el periodo de 1960-1984 se describieron más de 24.000 pacientes afectados en esta área, lo que supone más de seis veces el número medio de casos observados globalmente en el Pacífico (Skinner *et al.*, 2011). Se están acumulando evidencias de que la perturbación de los arrecifes por huracanes, maniobras militares y desarrollos turísticos, así como el blanqueamiento de los corales (relacionado con el calentamiento global) y tal vez en el futuro el aumento del daño a los corales debido a la acidificación de los océanos, están aumentando el riesgo de ciguatera. La aclaración por medio de herramientas moleculares de que lo que alguna vez se pensó que era un único dinoflagelado causante ahora se considera un complejo de especies de 11 morfoespecies diferentes (Litaker *et al.*, 2009) ha supuesto un cambio reciente en el panorama. Al menos cuatro especies de *Gambierdiscus* (*G. belizeanus*, *G. caribaeus*, *G. carolinianus* y *G. carpenteri*) se distribuyen a nivel mundial, mientras que las otras siete se encuentran solo en los Océanos Pacífico (*G. australes*, *G. pacificus*, *G. polynesiensis*, *G. yasumotoi*), Índico (*G. toxicus*) o Atlántico (*G. ruetzleri*, *G. excentricus*). Este hallazgo arroja nueva luz sobre la variación de toxicidad de >100 veces ya reconocida con anterioridad, pero también sugiere un rango mucho más amplio de tolerancias ambientales. De las especies descritas, actualmente se sabe que *G. polynesiensis*, *G. australes*, *G. belizeanus*, *G. pacificus* y *G. excentricus* son ciguatóxicas.

4.6.2 Química de las Toxinas

Las CTX son compuestos poliéteres liposolubles constituidos por 13 o 14 anillos fusionados por enlaces éter dando lugar a una estructura tipo escalera más rígida (Fig. 4.1e). Son moléculas relativamente estables frente al calor que conservan su toxicidad tras la cocción o tras la exposición a condiciones ambientales de acidez o alcalinidad suave. Las CTX se transfieren con facilidad a través de la cadena alimentaria desde los dinoflagelados hasta los peces herbívoros, después hasta los peces carnívoros y finalmente hasta el hombre. De acuerdo con la evidencia actual, las CTX presentes en los peces son el resultado tanto de la acumulación de CTXs como de la biotransformación de gambiertoxinas (GTXs), mientras que la bioacumulación de maitotoxina soluble en agua (MTX) sigue sin dilucidarse. Las CTX son las toxinas de los canales de sodio más potentes que se conocen, causan toxicidad a concentraciones extremadamente bajas y que (junto con los efectos de la matriz) desafían los niveles de detección alcanzados con los métodos analíticos existentes.

4.6.3 Detección de CTX

La ciguatoxina (CTX) en peces carnívoros plantea un riesgo para la salud a niveles extremadamente bajos de 0,1 μg/g, lo que, junto con la necesidad de procedimientos de descontaminación química de la carne de pescado, plantea importantes desafíos analíticos. Los ensayos basados en anticuerpos y los ensayos de unión a canales de sodio son muy prometedores como métodos de criba rentables para detectar peces ciguatéricos antes del consumo, pero, hasta que se hallen disponibles anticuerpos de alta afinidad para las CTXs, el bioensayo intraperitoneal de ratones sigue siendo el método principal de detección para muchos laboratorios. También se han explorado ensayos en modelos animales alternativos como pollo, gato, mangosta, camarones de la salmuera, mosquitos y larvas de mosca. Las CTXs no poseen un cromóforo UV distintivo para su monitoreo mediante cromatografía líquida, pero puede detectarse fácilmente como aductos de sodio o amonio mediante espectrometría de masas. Las CTXs del Pacífico (P-CTX-1) y del Caribe (C-CTX-1) presentan ligeras diferencias estructurales (Lewis *et al.,* 1998). No existen patrones analíticos de CTX disponibles al público, y el único test de detección que existe, el Cigua-Check™, ya no está disponible debido a las proporciones inaceptables que arroja de resultados falsos negativos y falsos positivos.

4.7 TOXINAS CIANOBACTERIANAS

4.7.1 Síntomas y Organismos Causales

Las toxinas cianobacterianas pueden matar a los animales domésticos y salvajes que beben en las orillas de los estanques eutróficos, lagos y embalses, y contaminar el agua de bebida humana con sustancias teratogénicas y promotoras de tumores, pero también se pueden acumular en el sistema digestivo de los mariscos de agua dulce (Negri y Jones, 1995) y de agua salobre (Falconer, 1993, 2013; Falconer *et al.,* 1992). La nodularina también se ha detectado en peces y langostinos de los lagos Gippsland. Son diversas las especies de cianobacterias de agua dulce y de agua salobre (algas vede-azuladas) que pueden producir péptidos hepatotóxicos que dañan el hígado (*Nodularia spumigena, Microcystis aeruginosa*), alcaloides hepatotóxicos (*Cylindrospermopsis raciborskii*) y alcaloides neurotóxicos (*Anabaena circinalis*). La especie de agua salobre *N. spumigena* produce proliferaciones y brotes tóxicos recurrentes en el Mar Báltico. La especie de agua dulce *A. circinalis* produjo una proliferación que se extendió 1.000 km en el río Darling, Australia, en noviembre-diciembre de 1991. El incremento de la frecuencia, intensidad y distribución geográfica de las proliferaciones de las cianobacterias tóxicas plantea una amenaza creciente para las industrias de mariscos establecidas en los estuarios en los que descargan estos sistemas fluviales.

4.7.2 Umbrales de Intervención

Aún no se han acordado niveles regulatorios adecuados para las toxinas de cianobacterias en los mariscos, pero se han sugerido valores de referencia de 83 μg de microcistina/kg de moluscos, 39 μg de microcistina/kg de langostinos y 39 μg de microcistina/kg de peces (Falconer, 2013). En comparación, las concentraciones seguras para las toxinas peptídicas en el agua potable adoptadas por la OMS son <1 μg/dm^3 (Falconer, 1993). Quedan por descubrir nuevos grupos de toxinas de cianobacterias de agua dulce.

4.8 OTRAS FICOTOXINAS

El aumento de la conciencia social sobre la seguridad de los mariscos y el aumento de la vigilancia mediante métodos analíticos cada vez más sofisticados están trayendo continuamente a la luz nuevos compuestos de importancia potencial para la salud pública, como las toxinas lipofílicas de acción rápida. Estas abarcan los espirólidos del dinoflagelado *Alexandrium ostenfeldii*, el prorocentrólido del dinoflagelado *Prorocentrum maculosum*, la gimnodimina del dinoflagelado *Karenia selliformis* y la pinnatoxina del dinoflagelado *Vulcanodinium rugosum*. Aunque estas toxinas causan la muerte rápida en ratones tras la inyección intraperitoneal de los extractos lipofílicos, todavía no se ha establecido su vínculo con envenenamientos en el hombre. Los azaspirácidos son otro grupo de toxinas de los peces identificado recientemente producido por el dinoflagelado *Azadinium* y responsable del envenenamiento por azaspirácidos (AZP), que ahora está regulado (Satake *et al.*, 1998).

El síndrome de envenenamiento por azaspirácidos presentes en los mariscos se observó y denominó por primera vez en 1998 a raíz de intoxicaciones similares a la DSP humana después del consumo en los Países Bajos de mejillones irlandeses, pero el dinoflagelado causal *Azadinium spinosum* no se identificó hasta 2009 (Tillmann *et al.*, 2009). Este taxón y cuatro especies no tóxicas relacionadas *A. obesum*, *A. poporum*, *Amphidoma caudatum* y *A. languida* se conocen en la actualidad en el Atlántico Norte, Mediterráneo, Mar Negro, México, Argentina, Océano Índico, Corea y China. Los azaspirácidos (AZA) causantes del problema presentan en su molécula conjuntos únicos de espiro-anillos (Fig. 4.1j; Satake *et al.*, 1998) y una amina cíclica en lugar de una imina cíclica como se encuentra en toxinas de dinoflagelados tales como los espirólidos, la pinnatoxina, la gimnodimina y los prorocentrólidos. A diferencia de las toxinas poliéteres DST, las toxinas AZP se pueden distribuir a través de todos los tejidos de los mariscos y, por lo tanto, el ensayo convencional para DSP en ratón que utiliza solo el hepatopáncreas para las pruebas puede subestimar seriamente las cantidades presentes. Solo los métodos LC-MS y LC-MS-MS pueden detectar la toxina AZP sin ambigüedades. La Unión Europea ha establecido en la actualidad un límite regulatorio de 0,16 mg AZA/kg de carne de todo el cuerpo del marisco, pero todavía no se ha acordado un límite por el organismo Normas Alimentarias de Australia y Nueva Zelanda (FSANZ en sus siglas en inglés).

Una nueva clase de toxinas lipofílicas de acción rápida que ha estado recibiendo una atención creciente abarca los espirólidos (Fig. 4.1h) del dinoflagelado *A. ostenfeldii* y la yesotoxina y sus análogos (YTX, Fig. 4.1g; llamada así por la vieira *Patinopecten yessoensis*) de los dinoflagelados gonyaulacoides *Lingulodinium polyedrum*, *Protoceratium reticulatum* y algunas cepas de *Gonyaulax spinifera*; tienen una alta toxicidad intraperitoneal, pero su potencia oral es muy baja. Las pinnatoxinas (Fig. 4.1k) producidas por el dinoflagelado *V. rugosum* son novedosos macrociclos de poliéteres anfóteros, conocidas por las navajas chinas (*Pinna*) y las ostras del sur de Australia y Nueva Zelanda (Rhodes *et al.*, 2011). Todas estas iminas cíclicas exhiben una elevada potencia en ratón, tanto cuando se administran intraperitoneal como oralmente, pero la potencia en el hombre al ser ingeridas aún no se ha demostrado de manera convincente y estos compuestos no están regulados (EFSA, 2010).

Es desconcertante que la sociedad humana todavía se enfrente a nuevos fenómenos HAB (Harmful Algal Blooms) (proliferaciones de algas nocivas). El dinoflagelado bentónico *Ostreopsis ovata*, conocido en el Mediterráneo desde hace más de dos décadas, saltó a la actualidad en 2005 en la costa de Génova en Italia (Ciminiello *et al.*, 2006). Más de 200 personas fueron hospitalizadas con irritación de la piel y problemas respiratorios; sin embargo, paradójicamente, aún no se ha encontrado evidencia de la presencia de palitoxina o sus congéneres, que se sabe son producidas por esta especie, en los aerosoles examinados. La palitoxina puede quedar retenida en peces y cangrejos (considerada responsable de la clupeotoxicidad), pero aún no se ha demostrado su bioacumulación en mariscos.

4.9 ENFOQUES REGULATORIOS

Los problemas de salud pública y los perjuicios económicos derivados de las reducciones del consumo local y de la exportación de maricos pueden ser considerables si no se toman precauciones. Los mariscos tóxicos no tienen un aspecto ni un sabor distintos de los mariscos no contaminados y la cocción y otros tratamientos del marisco no destruyen las toxinas. Por lo tanto, las industrias marisqueras que manejan marisco potencialmente contaminado por especies de algas tóxicas necesitan ejecutar costosos programas de seguimiento para verificar si hay algas tóxicas en el agua y, siempre que estén presentes, se deben realizar ensayos periódicos de toxinas en los productos pesqueros asociados. Mientras que algunas especies de algas tóxicas (p. ej., *G. catenatum* y *P. bahamense*) pueden reconocerse fácilmente al microscopio en las redes de fitoplancton incluso utilizando pocos aumentos, muchas otras (p. ej., *Alexandrium*, *Azadinium* y *Pseudo-nitzschia*) necesitan una luz específica y/o microscopía electrónica o la aplicación de sondas moleculares sofisticadas. Muchas industrias marisqueras utilizan estudios preliminares del fitoplancton como un sistema de alerta temprana y como lanzadera antes de iniciar pruebas más costosas de detección de toxinas en los mariscos. Los métodos de cribado amplio de toxinas a menudo utilizan bioensayos en ratón que ahora se están suprimiendo progresivamente en muchos países debido a que imperan estándares éticos más estrictos para los experimentos con animales. Una vez estén bien definidos los riesgos de toxinas de mariscos de una industria local, se pueden usar kits de prueba rápida de detección de toxinas para determinar de manera fiable si las toxinas están presentes en o por debajo del nivel regulatorio. Solo en este último caso, se aplican métodos químicos decisivos y a menudo costosos como la LC-MS (Hess, 2008) y en base a los resultados de estas pruebas se toma la decisión final sobre el cierre de las capturas de mariscos. Se hace cada vez más hincapié en las pruebas de toxinas de algas sobre el terreno (DeGrasse *et al.,* 2014), por ejemplo, en vieiras a bordo del barco, evitando así el costoso riesgo de que una captura deba ser confiscada y destruida al llegar a los muelles. La justificación para el escrutinio de ficotoxinas en los productos pesqueros es prevenir efectos significativos en la salud, pérdidas económicas y desventajas comerciales. Aunque tales efectos pueden ser el resultado de una amenaza tóxica real, también pueden resultar del llamado «efecto halo» por el cual la mala publicidad afecta a la venta de todos los productos del mar, incluidos los que no contienen toxinas. El uso de métodos de detección inapropiados (que producen resultados falsos positivos o falsos negativos) o la elección de umbrales de intervención (niveles máximos establecidos en la regulación a partir de los cuales los maricos deben ser confiscados, las zonas de captura deben ser cerradas, etc.) de toxinas inapropiados puede confundir seriamente la imagen pública de la seguridad de los mariscos.

La competencia de las autoridades reguladoras también tiene un papel crítico. A nivel internacional, los departamentos de salud o de pesca tienden a asumir el control de los problemas de seguridad de los mariscos. Ejemplos de los primeros son la Administración de Alimentos y Medicamentos (FDA) de los Estados Unidos o el Ministerio de Salud de Japón, mientras que un ejemplo de los últimos es el Ministerio de Agricultura y Pesca de Nueva Zelanda (MAF). En Canadá existe una responsabilidad compartida del Departamento de Pesca y Océanos y del Departamento de Salud y Bienestar. Las autoridades sanitarias han establecido casi invariablemente límites regulatorios que son aceptados internacionalmente (también llamados «niveles de cuarentena» o «umbrales de intervención» o «niveles de alerta»). Por ejemplo, el límite regulatorio de PST fue creado por la Administración de Alimentos y Medicamentos de los Estados Unidos, el límite regulatorio de AST por el Departamento de Salud y Bienestar de Canadá, y el límite regulatorio de DST por el Ministerio de Salud de Japón. En general, lo más apropiado sería que el control de las toxinas de los mariscos se llevase a cabo por los departamentos de pesca (que aplicarían los mismos límites reglamentarios) antes de que los mariscos llegasen a los consumidores.

BIBLIOGRAFÍA

American Public Health Association (APHA). 1985. Method for *Ptychodiscus brevis* toxins. In: *Laboratory Procedures for the Examination of Seawater and Shellfish*, 5th edition, American Public Health Association, Washington, DC, pp. 64–80.

Association of Official Analytical Chemists (AOAC). 1990. Paralytic shellfish poison. Biological method. Final action. sec 959.08. In: K. Hellrich (ed), *Official Methods of Analysis*, 15th edition. Association of Official Analytical Chemists, Arlington, VA, pp. 881–882.

Association of Official Analytical Chemists (AOAC). 1991. Domoic acid in mussels, liquid chromatographic method, first action 1991. Official Methods of Analysis. Association of Official Analytical Chemists, secs 991.26, Arlington, VA.

Bates, S.S., C.J. Bird, A.S.W. de Freitas, R. Foxall, M. Gilgan, L.A. Hanic et al. 1989. Pennate diatom *Nitzschia pungens* as the primary source of domoic acid, a toxin in shellfish from Eastern Prince Edward Island, Canada. *Can. J. Fish Aquatic Sci.* 46(7): 1203–1215.

Burgess, V. and G. Shaw. 2001. Pectenotoxins–An issue for public health. A review of their comparative toxicology and metabolism. *Environ. Int.* 27: 275–283.

Boundy, M.J., A.I. Selwood, D.T. Harwood, P.S. McNabb, and A.D. Turner. 2015. Development of a sensitive liquid chromatography-mass spectrometry method for high throughput analysis of paralytic shellfish toxins using graphitised carbon solid phase extraction. *J. Chromatogr. A* 1387: 1–12.

Cembella, A.D. 2003. Chemical ecology of eukaryotic microalgae in marine ecosystems. *Phycologia* 42(4): 420–447.

Ciminiello, P., C. Dell'Aversano, E. Fattorusso, M. Forino, G.S. Magno, L. Tartaglione et al. 2006. The Genoa 2005 outbreak, determination of putative palytoxin in Mediterranean *Ostreopsis ovata* by new liquid chromatography tandem mass spectrometry method. *Anal. Chem.* 78: 6153–6159.

Dale, B. and C.M. Yentsch. 1978. Red tide and paralytic shellfish poisoning. *Oceanus* 21(3): 41–49.

De Grasse, S., S. Conrad, P. DiStefano, C. Vanegas, D. Wallace, P. Jensen et al. 2014. Onboard screening dockside testing as a new means of managing paralytic shellfish poisoning risks in federally closed waters. *Deep Sea Res. Part II Top Stud. Oceanogr.* 103: 288–300.

Dowsett, N., G. Hallegraeff, P. van Ruth, R. van Ginkel, P. McNabb, B. Hay et al. 2011. Uptake, distribution and depuration of Paralytic Shellfish Toxins from *Alexandrium minutum* in Australian greenlip abalone, *Haliotis laevigata*. *Toxicon* 58: 101–111.

Doucette, G.J., M.M. Logan, J.S. Ramsdell, and F.M. van Dolah. 1991. Development and preliminary validation of a microtiter plate-based receptor binding assay for paralytic shellfish poisoning toxins. *Toxicon* 35: 625–636.

EFSA. 2010. Scientific opinion on marine biotoxins in shellfish-Cyclic imines (spirolides, gymnodimines, pinnatoxins and pteriatoxins). *EFSA J.* 8(6): 1626.

Falconer, I.R. (ed). 1993. *Algal Toxins in Seafood and Drinking Water*. Academic Press, New York, 211 pp.

Falconer, I.R. 2013. Cyanobacterial toxin accumulation in shellfish, finfish and crustaceans: Guidelines for consumer safety. In: C. McLeod et al. (eds), *Proceedings of the 9th International Conference on Molluscan Shellfish Safety*, March 17–22, 2013. Sydney, Australia, pp. 122–125.

Falconer, I.R., A. Choice, and W. Hosja. 1992. Toxicity of edible mussels (*Mytilus edulis*) growing naturally in an estuary during a water bloom of the blue-green alga *Nodularia spumigena*. *Environ. Toxicol. Water Qual.* 7: 119–123.

Hallegraeff, G.M. 1993. A review of harmful algal blooms and their apparent global increase. *Phycologia* 32: 79–99.

Hallegraeff, G.M. 2010. Ocean climate change, phytoplankton community responses and harmful algal blooms: A formidable predictive challenge. *Journal of Phycology* 46: 220–235.

Hallegraeff, G.M. and J.L Maclean. (eds). 1989. Biology, Epidemiology and Management of *Pyrodinium* Red Tides. ICLARM Conference Proceedings 21, Manilla, Phillipines, 286 p.

Hannah, D.J., D.G. Till, T. Deverall, P.D. Jones, and M. Fry. 1995. Extraction of lipid-soluble marine biotoxins. *J. AOAC Int.* 78: 480–483.

Hess, P. 2008. What's new in toxins? In: Ø. Moestrup et al. (eds), *Proceedings of the 12th International Conference on Harmful Algae*, IOC-UNESCO, Copenhagen, pp. 360–370.

Haywood, A.J., K.A. Steidinger, E.W. Truby, P.R. Bergquist, J. Adamson, and L. Mackenzie. 2004. Comparative morphology and molecular phylogenetic analysis of three new species of the genus *Karenia* (Dinophyceae) from New Zealand. *J. Phycol.* 40: 165–179.

Jaime, E., C. Hummert, P. Hess, and B. Luckas. 2001. Determination of paralytic shellfish poisoning toxins by high-performance ion-exchange chromatography. *J. Chromatogr.* A929(1–2): 43–49.

Jawaid, W., K. Campbell, K. Melville, S.J. Holmes, J. Rice, and C.T. Elliott. 2015. Development and validation of a novel lateral flow immunoassay (LFIA) for the rapid screening of paralytic shellfish toxins (PSTs) from shellfish extracts. *Anal. Chem.* 87: 5324–5332.

Japanese Ministry of Health and Welfare. 1981. Method of testing for diarrhetic shellfish toxin. *Food Sanitation Res.* 7: 60–65.

Jellett, J.F., R.L. Roberts, M.V. Laycock, M.A. Quilliam, and R.E. Barrett. 2002. Detection of paralytic shellfish poisoning (PSP) toxins in shellfish tissue using MIST Alert, a new rapid test, in parallel with the regulatory AOAC mouse bioassay. *Toxicon* 40: 1407–1425.

Kat, M. 1985. *Dinophysis acuminata* blooms, the distinct cause of Dutch mussel poisoning. In: D.M. Anderson, A.W. White, and D.G. Baden (eds), *Toxic Dinoflagellates*, Elsevier, Amsterdam, the Netherlands, pp. 73–77.

Kohli, G.S., S.A. Murray, B.A. Neilan, L.L. Rhodes, T. Harwood, K.F. Smith et al. 2014. High abundance of the potentially maitotoxic dinoflagellate *Gambierdiscus carpenteri* in temperate waters of New South Wales, Australia. *Harmful Algae* 39: 134–145.

Lawrence, J.F., C.F. Charbonneau, C. Menard, M.A. Quilliam, and P.G. Sim. 1989. Liquid chromatographic determination of domoic acid in shellfish products using the paralytic shellfish poison extraction procedure of the association of official analytical chemists. *J. Chromatogr.* 462: 349–356.

Lawrence, J.F., B. Niedzwiadek, and C. Menard. 2005. Quantitative determination of paralytic shellfish poisoning toxins in shellfish using prechromatographic oxidation and liquid chromatography with fluorescence detection: Collaborative study. *J. AOAC Int.* 88(6): 1714–1732.

Lee, J.S., T. Yanagi, R. Kenma, and T. Yasumoto. 1987. Fluorometric determination of diarrhetic shellfish toxins by high-performance liquid chromatography. *Agric. Biol. Chem.* 51(3): 877–881.

Lee, J.S., M. Murata, and T. Yasumoto. 1989. Analytical methods for determination of diarrhetic shellfish toxins. In: S. Natori, K. Hashimoto, and Y. Ueno (eds), *Mycotoxins and Phycotoxins*, Elsevier, Amsterdam, the Netherlands, pp. 327–334.

Lewis, R.J., J.P. Vernoux, and I.M. Brereton. 1998. Structure of Caribbean ciguatoxin isolated from *Caranx latus*. *J. Am. Chem. Soc*. 120: 5914–5920.

Litaker, R.W., M.W. Vandersea, M.A. Faust, S.R. Kibler, M. Chinain, M.J. Holmes et al. 2009. Taxonomy of *Gambierdiscus* including four new species, *Gambierdiscus caribaeus*, *Gambierdiscus carolinianus*, *Gambierdiscus carpenteri* and *Gambierdiscus ruetzleri* (Gonyaulacales, Dinophyceae). *Phycologia* 48(5): 344–390.

Lundholm, N. and Ø.J. Moestrup. 2000. Morphology of the marine diatom *Nitzschia navis-varingica,* sp. nov. (Bacillariophyceae), another producer of the neurotoxin domoic acid. *J. Phycol.* 36(6): 1162–1174.

MacKenzie, L., A. Haywood, J. Adamson, P. Truman, D. Till, T. Seki et al. 1996. Gymnodimine contamination of shellfish in New Zealand. In: T. Yasumoto, Y. Oshima, and Y. Fukuyo (ed). *Harmful and Toxic Algal Blooms*, Intergovernmental Oceanographic Commission of UNESCO, Paris, France, pp. 97–100.

McNabb, P., L. Rhodes, J. Adamson, and P. Holland. 2006. Brevetoxin—An elusive toxin in New Zealand waters. *Afr. J. Marine Sci.* 28: 375–377.

Munday, R., K. Thomas, R. Gibbs, C. Murphy, and M.A. Quilliam. 2013. Acute toxicities of saxitoxin, neosaxitoxin, decarbamoyl saxitoxin and gonyautoxins 1&4 and 2&3 to mice by various routes of administration. *Toxicon* 76: 77–83.

Negri, A. and L. Llewellyn. 1998. Comparative analyses by HPLC and the sodium channel and saxiphilin ^{3}H-saxitoxin receptor assays for paralytic shellfish toxins in crustaceans and molluscs from tropical North West Australia. *Toxicon* 36: 283–298.

Negri, A.P. and G.J. Jones. 1995. Bioaccumulation of paralytic shellfish poisoning (PSP) toxins from the cyanobacterium *Anabaena circinalis* by the freshwater mussel *Alathyria condola*. *Toxicon* 33: 667–678.

Oshima, Y., K. Hasegawa, T. Yasumoto, G.M. Hallegraeff, and S.I. Blackburn. 1987. Dinoflagellate *Gymnodinium catenatum* as the source of paralytic shellfish toxins in Tasmanian shellfish. *Toxicon* 25: 1105–1111.

Oshima, Y., M. Hirota, T. Yasumoto, G.M. Hallegraeff, S.I. Blackburn, and D.A. Steffensen. 1989a. Production of paralytic shellfish toxins by the dinoflagellate *Alexandrium minutum* Halim from Australia. *Bull. Jap. Soc. Sc. Fish.* 55: 925.

Oshima, Y., K. Sugino, and T. Yasumoto. 1989b. Latest advances in HPLC analysis of paralytic shellfish toxins. In: S. Natori, K. Hashimoto, and Y. Ueno (eds), *Mycotoxins and Phycotoxins'88*, Elsevier, Amsterdam, the Netherlands, pp. 319–326.

Pocklington, R., J.E. Milley, S.S. Bates, C.J. Bird, A.S.W. Frejtas, and M.A. Quilliam. 1990. Trace determination of domoic acid in seawater and phytoplankton by high-performance liquid chromatography of the fluorenylmethoxycarbonyl (FMOC) derivative. *Int. J. Environ. Anal. Chem.* 38(3): 351–368.

Quilliam, M.A. 1995. Analysis of diarrhetic shellfish poisoning toxins in shellfish tissue by liquid chromatography with fluorometric and mass spectrometric detection. *J. AOAC Int.* 78: 555–570.

Quilliam, M.A. 1998. AOAC General Referee Report 1997, Committee on Natural Toxins: Phycotoxins. *J. AOAC Int.* 82: 773–781.

Quilliam, M.A., P.G. Sim, A.W. McCulloch, and A.G. McInnes. 1989. High performance liquid chromatography of domoic acid, a marine neurotoxin, with application to shellfish and plankton. *Int. J. Environ. Anal. Chem.* 36: 139–154.

Quilliam, M.A., M. Xie, and W.R. Hardstaff. 1995. A rapid extraction and cleanup procedure for the liquid chromatographic determination of domoic acid in unsalted seafood. *J. AOAC Int.* 78(2): 543–554.

Rhodes, L., K. Smith, A. Selwood, P. McNabb, R. Munday, S. Suda et al. 2011. Dinoflagellate *Vulcanodinium rugosum* identified as the causative organism of pinnatoxins in Australia, New Zealand and Japan. *Phycologia* 50: 624–628.

Satake, M., A. Morohashi, K. Murata, H.F. Kaspar, and Y. Yasumoto. 1996. Chemical studies on the NSP toxins in the green shell mussels from New Zealand. In: T. Yasumoto, Y. Oshima, and Y. Fukuyo (eds), *Harmful and Toxic Algal Blooms, The Proceedings of the Seventh International Conference on Toxic Phytoplankton*, July 12–16, 1995, Sendai, Japan. International Oceanographic Commission of UNESCO, Paris, France, pp. 487–490.

Satake, M., K. Ofuji, H. Naoki, K.J. James, A. Furey, T. McMahon et al. 1998. Azaspiracid, a new marine toxin having unique spiro ring assemblies, isolated from Irish mussels, *Mytilus edulis*. *J. Am. Chem. Soc.* 120: 9967–9968.

Seki, T., M. Satake, L. MacKenzie, H.F. Kaspar, and T. Yasumoto. 1996. Gymnodimine, a novel toxic imine isolated from the oveaux strait oysters and *Gymnodinium* sp. In: T. Yasumoto, Y. Oshima, and Y. Fukuyo (eds), Harmful and Toxic Algal Blooms. Intergovernmental Oceanographic Commission of UNESCO, Paris, France, pp. 495–498.

Skinner, M.P., T.D. Brewer, R. Johnstone, L.E. Fleming, and R.J. Lewis. 2011. Ciguatera fish poisoning in the Pacific Islands (1998 to 2008). *PLOS Negl. Trop. Dis*. 5(12): 1–7.

Smida, D.B., N. Lundholm, W.H.C.F. Kooistra, I. Sahraoui, M.V. Ruggiero, Y. Kotaki et al. 2014. Morphology and molecular phylogeny of *Nitzschia bizertensis* sp.nov.-a new domoic acid producer. *Harmful Algae* 32: 49–63.

Suganuma, M., H. Fujiki, H., Suguri, S. Yoshizawa, M. Hirota, M. Nakayasu et al. 1988. Okadaic acid: An additional non- phorbol-12-tetradecanoate 13-acetate-type tumor promoter. *Proc. Nat. Acad. Sci. USA* 85: 1768–1771.

Sullivan, J.J., J. Jonas-Davies, and L.L. Kentala. 1985. The determination of PSP toxins by HPLC and autoanalyzer. In: D.M. Anderson, A. White, and D.G. Baden (eds), *Toxic Dinoflagellates*. Elsevier, London, pp. 275–280.

Tillmann, U., M. Elbrächter, B. Krock, U. John, and A. Cembella. 2009. *Azadinium spinosum* gen. et sp.nov. (Dinophyceae) identified as a primary producer of azaspiracid toxins. *Europ. J. Phycol*. 44: 63–79.

Trainer, V.L., D.G. Baden, and W.A. Catterall. 1995. Detection of marine toxins using reconstituted sodium channels. *J. AOAC Int.* 78: 570–573.

Trainer, V.L., S.S. Bates, N. Lundholm, A.E. Thessen, W.P. Cochlan, N.G. Adams et al. 2012. *Pseudo-nitzschia* physiological ecology, phylogeny, toxicity, monitoring and impacts on ecosystem health. *Harmful Algae* 14: 271–300.

Trusewich, B., J. Sim, P. Busby, and C. Hughes. 1996. Management of marine biotoxins in New Zealand. In: T. Yasumoto, Y. Oshima, and Y. Fukuyo (eds), *Harmful and Toxic Algal Blooms, Proceedings of the VII International Conference on Toxic Phytoplankton*, July 1995, Sendai, Japan. IOC/UNESCO, pp. 27–30.

Tubaro, A., C. Florio, E. Luxich, S. Sosa, R.D. Loggia, and T. Yasumoto. 1996. A protein phosphatase 2A inhibition assay for a fast and sensitive assessment of okadaic acid contamination in mussels. *Toxicon* 34: 743–752.

Turner, A.D., S. Tarnovius, S. Johnson, W.A. Higman, and M. Algoet. 2015. Testing and application of a refined rapid detection method for paralytic shellfish poisoning toxins in UK shellfish. *Toxicon* 100: 32–41.

Van Dolah, F.M., E.L. Finley, B.L. Haynes, G.J. Doucette, P.D. Moeller, and Dr J.S. Ramsdell. 1994. Development of rapid and sensitive high throughput pharmacological assays for marine phycotoxins. *Natural Toxins* 2: 189–196.

Wright, J.L.C., R.K. Boyd, A.S.W. Defreitas, M. Falk, R.A. Foxall, W.D. Jamieson et al. 1989. Identification of domoic acid, a neuroexcitatory amino acid, in toxic mussels from eastern P.E.I. *Can. J. Chem*. 67: 481–490.

Yasumoto, T., Y. Oshima, W. Sugawara, Y. Fukuyo, H. Oguri, T. Igarashi et al. 1980. Identification of *Dinophysis fortii* as the causitive organism of diarrhetic shellfish poisoning. *Bull. Jpn. Soc. Sci. Fish*. 46: 1405–1411.

Yasumoto, T., M. Murata, J.S. Lee, and K. Torigoe. 1989. Polyether toxins produced by dinoflagellates. In: S. Natori, K. Hashimoto, and Y. Ueno (eds), *Mycotoxins and Phycotoxins '88, Bioactive Molecules*, vol. 10, Elsevier, Amsterdam, the Netherlands, pp. 375–382.

5 Aminas biógenas

Sevim Köse

CONTENIDO

5.1 INTRODUCCIÓN

Las aminas biógenas (ABs) se definen como compuestos nitrogenados básicos de bajo peso molecular que poseen actividad biológica. Son bases orgánicas que pueden dividirse en varios grupos según su estructura química –alifáticas (p. ej., cadaverina, putrescina, espermina y espermidina), aromáticas (p. ej., feniletilamina y tiramina) y heterocíclicas (p. ej., histamina y triptamina)–, o en relación al número de grupos amino en monoaminas (feniletilamina y tiramina) y diaminas (histamina, cadaverina y putrescina). Además, varios autores también clasifican la cadaverina, putrescina, espermina y espermidina entre las poliaminas. Las ABs también se pueden agrupar en volátiles, como la feniletilamina, y no volátiles (p. ej., histamina, cadaverina, putrescina, espermina, agmatina y triptamina). La Figura 5.1 muestra las estructuras químicas de las aminas más importantes en lo que respecta a la inocuidad y la calidad alimentaria.

Diversas ABs, como serotonina, histamina y tiramina, desempeñan papeles importantes en muchas funciones fisiológicas humanas y animales, así como en plantas. Son fuente de nitrógeno y precursoras en la síntesis de hormonas, alcaloides, ácidos nucleicos y proteínas. También pueden influir en diversos procesos fisiológicos en el organismo, como la regulación de la tempe-

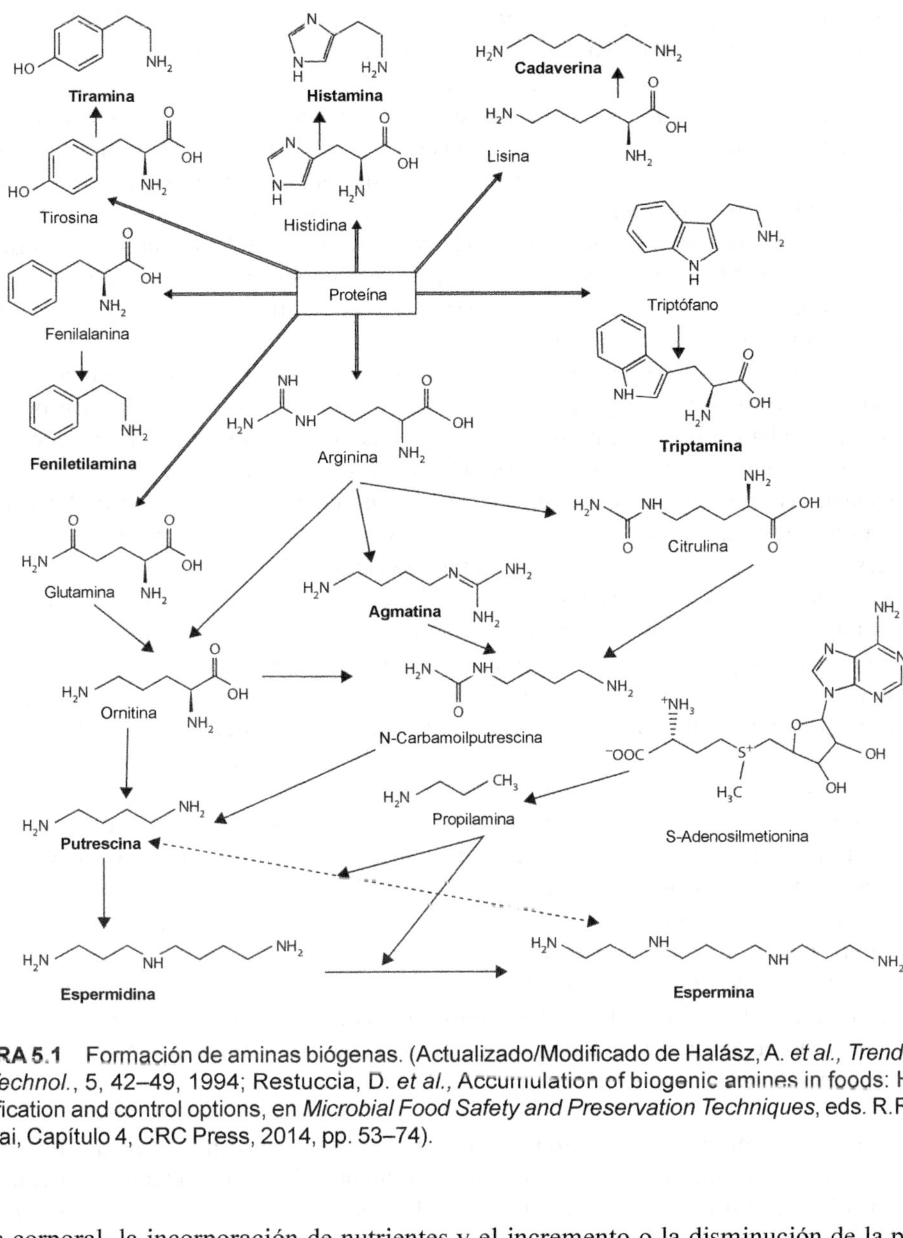

FIGURA 5.1 Formación de aminas biógenas. (Actualizado/Modificado de Halász, A. *et al.*, *Trends Food Sci. Technol.*, 5, 42–49, 1994; Restuccia, D. *et al.*, Accumulation of biogenic amines in foods: Hazard identification and control options, en *Microbial Food Safety and Preservation Techniques*, eds. R.R. Rai y J.A. Bai, Capítulo 4, CRC Press, 2014, pp. 53–74).

ratura corporal, la incorporación de nutrientes y el incremento o la disminución de la presión sanguínea. Por ejemplo, en las plantas, la putrescina, la espermidina y la espermina participan en la división celular, la floración, el desarrollo del fruto, la respuesta al estrés y la senescencia; mientras que en los animales y en las personas, las poliaminas son importantes para el crecimiento, la renovación y el metabolismo de cada órgano del cuerpo, y son esenciales para mantener la elevada actividad metabólica del funcionamiento normal y el sistema inmunológico del intestino. Entre las contribuciones beneficiosas de algunas ABs, está su aportación al sabor y aroma de los alimentos. Aunque las ABs desempeñan papeles esenciales en beneficio de los organismos vivos, las cantidades necesarias para las funciones fisiológicas corporales son limitadas. De ahí que concentraciones excesivas, normalmente incorporadas a través de la ingestión de alimentos, causen efectos tóxicos en los organismos. Los efectos tóxicos de las ABs pueden estudiarse en dos categorías: la intoxicación alimentaria y el cáncer.

El efecto más común de las ABs en la salud es la intoxicación alimentaria en la que se ven implicados diversos alimentos, particularmente el pescado. La histamina es la principal responsable de la intoxicación alimentaria abarcando la mayoría de los casos de intoxicaciones declarados (Hungerford, 2010), mientras que a algunas de las otras ABs se las atribuye que potencian la intoxicación alimentaria por histamina (IAH) (Karovičová y Kohajdová, 2005). Además, se ha descrito que ciertas ABs que se forman durante la descomposición de los alimentos (p. ej., putrescina y cadaverina) o durante el procesado (p. ej., tiramina) tienen capacidad para originar la enfermedad, incluso en ausencia de histamina.

El segundo tipo de efecto toxicológico de las ABs está vinculado a su papel en la formación de compuestos *N*-nitroso carcinógenos. Entre las ABs, la agmatina, la putrescina, la espermina y la espermidina se han descrito como precursoras potenciales para la formación de compuestos *N*-nitroso cancerígenos en presencia de nitrito (NO_2^-). También está ampliamente reconocida la importancia de la putrescina, la espermidina y la espermina en el crecimiento tumoral; y la inhibición de la biosíntesis de poliaminas en individuos que padecen tumores constituye uno de los principales objetivos de la investigación en la terapia del cáncer (Karovičová y Kohajdová, 2005). Las ABs también son una preocupación para la calidad alimentaria debido a su formación durante la descomposición de los alimentos, particularmente del pescado. Por lo tanto, diferentes estudios han evaluado su papel tanto en la alteración como en la inocuidad alimentaria. Aunque se han propuesto algunos índices de ABs útiles, sin embargo, por ahora ninguno ha resultado adecuado para estimar la alteración alimentaria y el riesgo para la inocuidad alimentaria (Koral y Köse, 2012).

En numerosos artículos de revisión se resumen los estudios realizados sobre la formación, medidas preventivas y presencia de estas aminas en diversos tipos de alimentos; los métodos analíticos, así como los efectos tóxicos para las personas y los animales; y la epidemiología de los casos de intoxicación alimentaria asociados a las ABs. Los estudios de estas aminas, en particular de la histamina, todavía tienen interés tanto para las autoridades sanitarias como para los científicos de alimentos y los químicos analíticos, debido a que están implicadas en varios casos/brotes recientes de intoxicación alimentaria, a pesar de las estrictas medidas de control que se aplican en todo el mundo. Por lo tanto, los estudios recientes normalmente se concentran en las medidas preventivas para diversos alimentos. Estos estudios se pueden clasificar en cuatro grupos principalmente:

1. Estudios de innovación relacionados con las medidas preventivas para ABs, que investigan la formación de ABs en diversos alimentos, incluyendo nuevos productos obtenidos con diferentes procesados y condiciones de almacenamiento, destacando las medidas preventivas.
2. Investigación de la degradación de ABs previamente formadas en los alimentos.
3. Medida rápida y precisa de ABs en alimentos que conduzcan al desarrollo de una variedad de nuevos métodos analíticos.
4. Estudios epidemiológicos.

Por lo tanto, el objetivo de este capítulo es abordar los avances recientes en el control del riesgo para la salud por ABs en los alimentos, incluyendo la epidemiología, la metodología y las medidas preventivas en distintos alimentos.

5.2 FORMACIÓN DE LAS AMINAS BIÓGENAS

5.2.1 Introducción

Las ABs se forman en los alimentos principalmente por decarboxilación de aminoácidos o por aminación y transaminación de aldehídos y cetonas. La eliminación del grupo carboxilo α de los aminoácidos de las proteínas produce la correspondiente AB. Estas aminas se forman como parte del metabolismo microbiano, vegetal y animal. La decarboxilación de aminoácidos tiene lugar en alimentos y bebidas como consecuencia bien del resultado de la actividad decarboxilasa endógena de las materias primas o bien por el desarrollo de microorganismos decarboxilasa positivos en condiciones favorables a la actividad enzimática. Sin embargo, se sabe que algunas de las aminas alifáticas se pueden formar *in vivo* por aminación de los correspondientes aldehídos (Silla Santos, 1996). La formación de aminas se ha asociado a los mecanismos protectores de los microorganismos frente a un entorno ácido para proporcionar energía metabólica alternativa cuando las células bacterianas están expuestas a condiciones subóptimas en los sustratos (Anli y Bayram, 2008). Se ha propuesto que la presencia de ABs podría servir como un indicador útil de alteración de alimentos debido a la posibilidad de que aumente la producción de decarboxilasas durante la alteración microbiana de los alimentos (Halász *et al.*, 1994).

Los precursores de las principales ABs implicadas en la intoxicación alimentaria y sus rutas metabólicas se pueden ver en la Figura 5.1. La putrescina, un producto catabólico de las rutas de la ornitina o de la arginina, se puede convertir en espermidina, la cual puede formar espermina. Los prerrequisitos para la formación de ABs durante el procesado y el almacenamiento de los alimentos son (i) disponibilidad de aminoácidos libres (FAAs); (ii) la existencia de microorganismos decarboxilasa positivos; y (iii) la presencia de condiciones previas adecuadas que permitan el desarrollo, la síntesis de decarboxilasas y la actividad de esos microorganismos. En el conjunto de rutas metabólicas que degradan aminoácidos en unidades más pequeñas también se describen varias reacciones, como decarboxilación, transaminación, desaminación y desazufrado (Anli y Bayram, 2008; Restuccia *et al.*, 2014). Los factores que tienen impacto en la producción de aminoácidos libres, las enzimas decarboxilasas y también su nivel de actividad afectan al tipo y la cantidad de ABs presentes en los alimentos. Los factores relacionados con las materias primas (composición del alimento, pH o condiciones de obtención como el origen del sustrato y el medio de reacción) afectan directamente a la disponibilidad de aminoácidos libres, mientras que la presencia de enzimas está íntimamente relacionada con los aspectos microbiológicos (especies y cepas bacterianas, crecimiento bacteriano). Estos factores son obviamente interdependientes y a su vez se ven influidos por los procesos tecnológicos asociados a los tipos de producto alimentario y por las condiciones de conservación. La acción combinada de estos factores es lo que determina fundamentalmente la concentración final de ABs, dado que directa o indirectamente determina la presencia y la actividad del sustrato y la enzima.

5.2.2 Disponibilidad de Aminoácidos Libres

Los aminoácidos libres desempeñan un papel fundamental en la formación de ABs en los alimentos, ya que son los precursores de las aminas y, más importante aún, constituyen el sustrato para el desarrollo microbiano. Están presentes como tal en los alimentos o se pueden liberar por proteólisis. Las cepas microbianas con alta actividad proteolítica también contribuyen a aumentar la disponibilidad de estos aminoácidos.

Aunque los aminoácidos precursores de las ABs normalmente se encuentran en muchos alimentos ricos en proteínas, como el queso y el pescado, algunas especies de peces presentan contenidos bajos de histidina. Por lo tanto, estas especies no están relacionadas con la IAH. Dado que la IAH se debe con frecuencia al pescado y los productos de pescado, la presencia de histamina en estos productos se encuentra regulada estrictamente por las autoridades sanitarias. En consecuencia, los estudios sobre la histamina y la histidina en alimentos se han centrado mayoritariamente en estos productos. La histidina libre se encuentra normalmente en grandes cantidades en el músculo de especies de pescado graso de músculo rojo, activas y migratorias, a diferencia de las que se encuentran en especies de músculo blanco y menos activas. Por lo tanto, la formación de histamina está primeramente relacionada con especies de pescado marino y no constituye un peligro potencial cuando se utilizan peces de agua dulce como materia prima. En la Tabla 5.1 se muestra la lista de especies de pescado que representan un peligro potencial para la salud debido a la IAH (FAO-OMS, 2013).

Algunos métodos de procesado de alimentos, particularmente la fermentación, son importantes debido a que aumentan los aminoácidos libres en la matriz alimentaria que ulteriormente conduce a la formación de ABs. Este suele ser el caso para el pescado y el queso. Durante los procesos de maduración por fermentación, las enzimas proteolíticas pueden degradar las proteínas de los alimentos hasta aminoácidos libres, que son los precursores de las ABs. Por lo tanto, con frecuencia se describen altos contenidos de ABs en diversos pescados fermentados y en quesos.

Muchos compuestos que contribuyen al sabor de los quesos derivan de los aminoácidos. Durante la maduración del queso, la actividad de las proteasas libera péptidos que a continuación son catabolizados por aminopeptidasas que producen aminoácidos libres o péptidos pequeños, que a su vez pueden ser metabolizados por las bacterias. Sin embargo, las bacterias con actividad decarboxilasa pueden utilizar algunos aminoácidos para formar ABs indeseables que representan un riesgo para la salud humana. En los alimentos fermentados se describen cantidades relativamente altas de histamina, especialmente en pescados y en quesos (Restuccia *et al.*, 2014). Después del pescado, el queso es el siguiente alimento que más habitualmente se ve implicado en la intoxicación alimentaria; el primer caso registrado tuvo lugar en 1967 en los Países Bajos y el producto implicado fue queso Gouda (Silla Santos, 1996).

5.2.3 Presencia de Microorganismos Decarboxilasa Positivos

Muchos microorganismos con enzimas decarboxilasas son capaces de producir aminas. Por lo tanto, la cantidad y tipo de aminas que se forman en un alimento no solo dependen de la naturaleza del producto, sino también de los microorganismos presentes. Se han descrito muchas especies de bacterias capaces de decarboxilar uno o más aminoácidos. Estas bacterias pertenecen a diversos géneros, tales como *Bacillus, Citrobacter, Clostridium, Escherichia, Klebsiella, Proteus, Pseudomonas, Photobacterium, Shigella* y las bacterias ácido lácticas (BAL) como *Lactobacillus, Pediococcus* y *Streptococcus* (Silla Santos, 1996). Los estudios de la actividad decarboxilasa de microorganismos, en lo que respecta a la formación de ABs en diferentes alimentos, generalmente se basan en la combinación de tres aproximaciones diferentes, que son las siguientes:

1. Determinación presuntiva de microorganismos que producen ABs aislados de alimentos con valores altos de ABs o que se han visto involucrados en incidentes de intoxicación por ABs. El método más antiguo para determinar el papel de los microorganis-

TABLA 5.1
Especies de pescado que normalmente son responsables de la intoxicación alimentaria por histamina o que representan un riesgo para la salud por histamina debido a los altos niveles de histidina.

Familia	Nombre común	Género y especie[a]	Niveles de histidina mg/kg
Ammodytidae	Aguacioso	*Ammodytes tobianus* (aguacioso)	
Arripidae	Salmón australiano	*Arripis* spp., *A. trutta* (salmón australiano)	12.420
Belonidae	Aguja	*Belone belone*	6.084-6.685
Carangidae	Medregal, serviola	*Seriola* spp.	
		Seriola lalandi (medregal o serviola)	7.320, 5.500-15.800
		S. quinqueradiata (japonés)	2.470-11.600
		S. dumerili (pez limón)	2.860
	Jurel, chicharro jurel saltador	*Caranx* spp., *Oligoplites saurus, Selene* spp., *Seriola rivoliana* (medregal), *Urapsis secunda, Carangoides bartholomaei, C. crysos* (jurel azul), *Nematistius pectoralis* (papagallo), *Alectis indica, Trachurus* spp., *T. capensis* (del Cabo), *T. truchurus* (del Atlántico), *T. murphyi* (chileno)	
		Caranx georgianus	1.800-6.300
		Elagatis bipinnulata (macarela salmón)	7.090
		T. novaezelandiae	2.720
		T. japonicus (jurel japonés)	172-3.680
		Decapterus koheru (medregal)	2.300-2.700
		Scomberoides spp., *S. commersonnianus*	
Chanidae	Sabalote	*Chanos chanos*	4.410-5.340, 25.070
Clupeidae	Arenque, sábalo	*Alosa* spp., *Dorosoma* spp. (sábalo molleja), *Ethmalosa fimbriata Nematalosa vlaminghi* (sábalo australiano), *Tenualosa ilisha* (sábalo hilsa), *A. pseudoharengus, Etrumeus teres, Ilisha* spp., *Opisthopterus tardoore* (sardineta del Pacífico), *Pellona ditchela, Clupea* spp. (parrocha y huevas), *Opisthonema* spp. (sardineta), *C. bentincki* (machuelo araucano), *C. pallasii pallasii* (arenque del Pacífico), *Harengula* spp., *H. thrissina* (sardinita plumilla), *Spratelloides gracilis* (arenquillo)	
		Clupea harengus (del Atlántico)	1.230–2.950

(continúa)

TABLA 5.1 (*Continuación*)
Especies de pescado que normalmente son responsables de la intoxicación alimentaria por histamina o que representan un riesgo para la salud por histamina debido a los altos niveles de histidina.

Familia	Nombre común	Género y especie[a]	Niveles de histidina mg/kg
Clupeidae	Sábalo	*Brevoortia* spp., *B. patronus* (lacha escamosa), *Ethmidium maculatum* (machete)	
		B. tyrannus (sábalo atlántico)	1.860-2.790
	Sardinela	*Sardinella* spp., *Amblygaster sirm* (sardinela manchada), *S. aurita* (alacha), *S. longiceps* (sardinela de la India o aceitera), *S. gibbosa* (sardinela dorada), *S. maderensis* (machuelo)	
		Sardina pilchardus (sardina)	2.888
		Sardinops sagax (sardina japonesa)	1.227–7.626
	Espadín	*Sprattus* spp., *Sprattus antipodum*	3.900
Coryphaenidae	Lampuga	*Coryphaena hippurus* (pez delfín)	1.829-9.370
Engraulidae	Anchoa	*Anchoa* spp., *Anchoviella* spp., *Cetengraulis mysticetus* (bocona), *Engraulis ringens* (anchoveta), *E. capensis* (de África Austral), *Stolephorus* spp.	
		Engraulis encrasicolus (boquerón, anchoa)	6.200
		Engraulis japonicus (anchoa japonesa)	4.810
Hexagrammidae	Caballa, lorcha	*Pleurogrammus monopterygius* (lorcha de Atka), *P. azonus*	2.500
Hemiramphidae	Aguja de Nueva Zelanda	*Hyporhamphus* spp.	3.200
Istiophoridae	Aguja blanca, pez vela, marlín	*Tetrapturus* spp., *Istiophorus albicans*, *I. platypterus*, *Makaira* spp.	
		Makaira mazara (aguja azul o marlín azul)	7.630
		M. mitsukurii (marlín rayado)	8.310-13.200
Lutjanidae	Pargo boquidulce, pargo verde	*Aphareus* spp., *Aprion virescens*, *Pristipomoides* spp.	
Mugilidae	Mugil	*Mugil cephalus*	2.060-7.600
		Mugil curema	1.333[b]
Pomatomidae	Anjova	*Pomatomus saltatrix*	
Pristigasteridae	Sardineta índica	*Ilisha* spp., *Pellona ditchela*	
		Salmo salar (salmón atlántico)	130-300
		Oncorhynchus tshawytscha (salmón real)	70-288
		O. keta (salmón keta)	70-670
		O. kisutch (salmón plateado)	219-970
		O. macrostomus (salmón japonés)	188-441
		O. masou (salmón japonés)	387-2.362
		O. nerka (salmón rojo)	240-590
		O. gorbuscha (salmón rosado)	408-1.557

(continúa)

TABLA 5.1 (*Continuación*)
Especies de pescado que normalmente son responsables de la intoxicación alimentaria por histamina o que representan un riesgo para la salud por histamina debido a los altos niveles de histidina.

Familia	Nombre común	Género y especie[a]	Niveles de histidina mg/kg
Scombridae	Atún	*Thunnus* spp., *Allothunnus fallai* (atún lanzón), *Auxis* spp., *Euthynnus* spp., *Katsuwonus pelamis, T. thynnus* (de aleta azul), *T. atlanticus* (de aleta negra)	
		E. affinis (bacoreta oriental)	10.900
		Katsuwonus pelamis (listado)	13.400-20.000
		Thunnus tonggol (atún tongol)	11.540
		Thunnus alalunga (atún blanco, albacora),	4.600-6.790
		T. albacares (atún de aleta amarilla, rabil)	2.123-12.200
		T. maccoyii (atún del sur)	6.670
		T. obesus (atún de ojo grande, patudo)	7.450
		T. orientalis (atún del Pacífico)	6.850-7.110
	Bonito	*Cybiosarda elegans* (bonito saltador), *Sarda* spp., *Sarda sarda* (bonito)	
		Auxis thazard,	4.330-10.100
		Gymnosarda unicolor (casarte ojón),	669
		Orcynopsis unicolor (tasarte)	759
		Sarda spp.	62.215
	Caballa	*Gasterochisma melampus* (atún chauchera), *Grammatorcynus* spp., *Rastrelliger brachysoma* (caballa rechoncha), *R. kanagurta* (c. de la India), *Scomberomorus* spp. (carite) *S. commerson* (carite estirado), *S. cavalla* (carite lucio)	
		Auxis tapeinocephalus (melva)	14.600
		Pneumatophorus diego	5.193-5.999
		Scomber scombrus (caballa)	2.000-4.500
		S. japonicus (estornino)	1.063-8.020
		S. australasicus (caballa austral)	2.600
		S. niphonius	1.990-2.180
	Peto	*Acanthocybium solandri*	
Scomberesocidae	Paparda	*Cololabis saira, Scomberesox saurus saurus*	16.100
Xiphiidae	Pez espada	*Xiphias gladius*	

Fuente: FDA, Fish and fishery products hazards and controls guidance. 4ª ed. 2011; Köse, S., *Turkish J. Fish. Aquatic Sci.*, 10, 139–160, 2010; FAO-WHO, Joint FAO/WHO Expert Meeting on the Public Health Risks of Histamine and Other Biogenic Amines from Fish and Fishery Products, 2013.

[a] El paréntesis indica el nombre común específico de la especie.

[b] Millán *et al.*, *Revista Científica*. 13, 339–346, 2003.

mos en la formación de ABs se basaba en la estimación presuntiva del crecimiento de microorganismos en presencia de precursores de aminas. Este método se utilizaba para la determinación cuantitativa de bacterias que forman histamina utilizando un medio diferencial en placa que contiene L-histidina (Niven *et al.*, 1981) y un indicador de pH. Posteriormente, este método se modificó y se aplicó a diversos alimentos. Los resultados presuntivos correspondientes a los microorganismos aislados de los medios selectivos se verifican posteriormente utilizando caldos de aminoácido decarboxilasa como medios de confirmación que contienen los aminoácidos precursores. En algunos estudios también se incluye la determinación de ABs en medios de cultivo.

2. Más tarde, los estudios incluyeron la determinación de la actividad decarboxilasa de los microorganismos seleccionados, habitualmente bacterias, frente a aminoácidos precursores de determinadas ABs. Se utilizan caldos de cultivo que contienen estos aminoácidos para el crecimiento de determinadas bacterias, y seguidamente se realiza la determinación de la ABs en el cultivo. Los resultados de estos estudios generalmente se confirman posteriormente en alimentos reales o en medios elaborados con el alimento para comprobar la capacidad para formar las ABs.
3. Los estudios recientes se han centrado en la identificación del gen responsable de la decarboxilación en determinadas cepas de bacterias, y posteriormente se confirma su capacidad para la formación de ABs utilizando caldos de cultivo y medios elaborados con el alimento.

Aunque se han descrito numerosas bacterias que poseen actividad aminoácido decarboxilasa, solo determinadas especies que se encuentran en los alimentos se han visto implicadas en la formación de niveles significativos de ABs, suficientes para provocar el efecto toxicológico. Se han obtenido amplias variaciones en la formación de histamina, incluso entre cepas de la misma especie (Halász *et al.*, 1994). Por ejemplo, Gardini *et al.* (2012) demostraron que *Streptococcus thermophilus* PRI60 puede producir altos niveles de histamina en queso, mientras que la cepa PRI40 de la misma especie está descrita como no productora de histamina. Además, Kučerová *et al.* (2009) observaron que la mayoría de las cepas de *Enterococcus faecium* aisladas de diferentes muestras de queso y leche mostraban actividad tirosina decarboxilasa positiva, mientras que para la histidina se obtuvieron tanto actividades positivas como negativas. La variación en la actividad decarboxilasa podría atribuirse a las condiciones del alimento que afectan al crecimiento bacteriano. Se sabe que *Morganella morganii*, *Klebsiella pneumoniae*, *Proteus vulgaris* y *Hafnia alvei* son responsables de intoxicaciones alimentarias por histamina en pescado.

La mayoría de las aminoácido decarboxilasas requieren piridoxal 5-1-fosfato (piridoxal-P o PLP) como coenzima esencial. Las decarboxilasas responsables de procesos biodegradativos no muestran una especificidad estricta por los sustratos y, cuando no está presente el aminoácido que primariamente es el sustrato, pueden decarboxilar aminoácidos similares estructuralmente para formar ABs y conseguir la homeostasis del pH. En la ruta del catabolismo de aminoácidos, la acción combinada de las decarboxilasas y de un intercambiador transmembrana de sustrato funcional/producto generalmente tiene como resultado una fuerza motriz protónica que genera la alcalinización del citoplasma (Restuccia *et al.*, 2014). Una decarboxilasa específica para un determinado aminoácido está junto a un intercambiador también específico para el aminoácido/amina biógena, tal como se ha descrito para los sistemas de decarboxilación histidina/histamina, tirosina/tiramina, aspartato/alanina, ornitina/putrescina y glutamato/γ-aminobutirato (Restuccia *et al.*, 2014). La ruta de la arginina deiminasa es el otro tipo en el que la arginina se convierte en ornitina (Fig. 5.1). Una ruta muy similar consiste en un paso de transporte, y se ha descrito la actividad secuencial de tres enzimas para agmatina, que es el producto de decarboxilación de la arginina, y que se transforma en putrescina (Halász *et al.*, 1994; Restuccia *et al.*, 2014). En esta ruta, el transportador es responsable conjuntamente de la incorporación del sustrato y de la excreción del producto; es decir, del intercambio arginina/agmatina y ornitina/putrescina (Restuccia *et al.*, 2014).

La Tabla 5.2 presenta los microorganismos comúnmente asociados a la formación de ABs en distintos productos. Tanto bacterias gram-positivas y gram-negativas como algunas levaduras han demostrado su capacidad para formar ABs, y también se han aislado de diversos alimentos que contenían niveles altos de diferentes ABs. Múltiples estudios han demostrado que la capacidad de los microorganismos para formar ABs *in vitro* no refleja la producción real en alimentos, dado que los parámetros ambientales (temperatura, actividad de agua, pH y disponibilidad de precursores), los factores microbiológicos (competición microbiana o presencia de organismos que degradan las aminas) y la actividad óptima de la decarboxilasa pueden influir en la producción de aminas (Restuccia *et al.*, 2014). Se ha propuesto que los altos niveles de ciertas ABs, incluyendo putrescina, espermidina, espermina y cadaverina, son indicativos de una actividad microbiana no deseable en los alimentos (Shalaby, 1996; Restuccia *et al.*, 2014). Sin embargo, la

TABLA 5.2
Microorganismos formadores de aminas biógenas que se aíslan habitualmente de diversos alimentos.

Alimento	Aminas biógenas	Microorganismo con actividad decarboxilasa	Referencia
Pescado	Histamina	*Enterobacteriaceae, Morganella morganii, M. psychrotolerans, Klebsiella pneumoniae, Hafnia alvei, Proteus* spp. (*P. mirabilis, P. vulgaris*), *Enterobacter* spp. (*E. clocae, E. aerogenes*), *Serratia* spp. (*S. fonticola, S. liquefaciens*), *Citrobacter freundii, Clostridium* spp., *Pseudomonas* spp. (*P. fluorescens, P. putida*), *Aeromonas* spp., *Plesiomonas shigelloides, Photobacterium* spp. (*P. phosphoreum*)	Emborg *et al.* (2005), Dalgaard *et al.* (2008), Ladero *et al.* (2010), Restuccia *et al.* (2014)
	Putrescina	*Enterobacteriaceae, Pseudomonaceae*	
	Cadaverina	*Enterobacteriaceae, Pseudomonaceae, Lactobacillus, Enterococcus,* y *Staphylococcus*	
	Tiramina	*Lactobacillus* spp. (*L. brevis, L. hilgardii, L. plantarum*), *Enterococcus* spp. (*E. faecium*)	
Queso	Histamina	*Lactobacillus* spp. (*L. buchneri, L. curvatus*), *Enterococcus* spp. (*E. faecium*), *Enterobacteriaceae, Streptococcus thermophilus PRI60*	Kučerová *et al.* (2009), Gardini *et al.* (2012), Ladero *et al.* (2010), Restuccia *et al.* (2014)
	Putrescina	*Enterobacteriaceae* (*Enterobacter, Serratia, Escherichia, Salmonella, Hafnia, Citrobacter, Klebsiella*), *Lactobacillus* spp. (*L. brevis, L. hilgardii, L. buchneri, L. plantarum, L. zeae*), *Enterococcus* spp. (*E. faecium, E. faecalis*), *Leuconostoc mesenteroides, Oenococcus oeni*	

(continúa)

TABLA 5.2 (***Continuación***)
Microorganismos formadores de aminas biógenas que se aíslan habitualmente de diversos alimentos.

Alimento	Aminas biógenas	Microorganismo con actividad decarboxilasa	Referencia
	Tiramina	*Enterococcus* spp. (*E. faecalis, E. faecium, E. durans, E. hirae*), *Lactobacillus* spp. (*L. brevis, L. lactis, L. curvatus, L. hilgardii, L. plantarum*), *Leuconostoc* spp. (*L. mesenteroides*), *Carnobacterium* spp., *Staphylococcus* spp.	
Vino	Histamina	*Lactobacillus* (*L. hilgardii, L. parabuchneri, L. rossiae*), *Oenococcus oeni, Pediococcus* spp. (*P. cerevisiae, P. parvulus*), *Leuconostoc mesenteroides*	Ladero *et al.* (2010), Restuccia *et al.* (2014)
	Putrescina	*Lactobacillus* spp. (*L. buchneri, L. hilgardii, L. brevis, L. plantarum*), *Leuconostoc mesenteroides, Oenococcus oeni*	
	Cadaverina	*Enterobacteriaceae, Bacillus, Clostridium, Listeria, Staphylococcus*	
	Tiramina	*Lactobacillus* spp. (*L. hilgardii, L. brevis, L. plantarum*), *Leuconostoc* spp. (*L. mesenteroides*), *Enterococcus faecium*	
	Feniletilamina	*Lactobacillus* spp. (*L. hilgardii, L. brevis*)	
Cerveza	Histamina	*L. buchneri*	Kalač *et al.* (2002)
Carne	Histamina	*Enterobacteriaceae, Staphylococcus capitis*	Ladero *et al.* (2010), Restuccia *et al.* (2014)
	Tiramina	*Staphylococcus* spp. (*S. carnosus, S. xylosus, S. epidermidis, S. saprophyticus*), *Lactobacillus* spp. (*L. brevis, L. bavaricus, L. curvatus, L. plantarum, L. sakei*), *Carnobacterium* spp. (*Carnobacterium divergens, C. piscicola*)	Ercan *et al.* (2013), Ladero *et al.* (2010), Restuccia *et al.* (2014), Karovičová y Kohajdová (2005)
	Putrescina	*Enterobacteriaceae, Enterococcus* spp., *Enterobacter cloacae, Morganella morganii, Pseudomonas, Serratia liquefaciens, Pseudomonas* spp.	
	Cadaverina	*Enterobacteriaceae, Pseudomonas* spp.	
	Putrescina	*Leuconostoc mesenteroides, Lactobacillus* spp.	
	Tiramina	*Lactobacillus* spp.	

Fuente: Actualizado a partir de Restuccia, D., U.G. Spizzirri, F. Puoci, I.O. Parisi, M. Curcio, y N. Picci. 2014. Accumulation of biogenic amines in foods: Hazard identification and Control options. En: R.R. Rai y J.A. Bai (eds) *Microbial Food Safety and Preservation Techniques*. Boca Ratón, FL: CRC Press, pp. 53–74, Capítulo 4.

capacidad de los microorganismos para formar ABs generalmente se considera una característica específica de la cepa, más que una propiedad de la especie. Por lo tanto, normalmente es difícil encontrar correlaciones precisas entre los contenidos de ABs y los recuentos microbianos, dado que también se han obtenido de diversos estudios y en alimentos diferentes (Halász *et al.*, 1994; Restuccia *et al.*, 2014).

Los microorganismos con actividad aminoácido decarboxilasa pueden estar presentes de manera natural en los alimentos o se pueden incorporar por contaminación antes, durante o después del procesado, e incluso durante el almacenamiento. En pescado es muy probable que las bacterias productoras de ABs estén presentes en las agallas, en la piel o en el tracto gastrointestinal. La transferencia de estas bacterias a la musculatura del pescado, donde se encuentran los aminoácidos libres, lleva a la formación de ABs. La transferencia a partir del tracto gastrointestinal puede tener lugar tras la captura o por la rotura o derrame del contenido gástrico durante la evisceración. Los microorganismos también pueden ser transferidos desde la piel o la agallas durante el fileteado o al quitar la piel. En el caso de bebidas y alimentos fermentados, los cultivos iniciadores añadidos también pueden afectar a la producción de ABs (Halász *et al.*, 1994). En los alimentos fermentados, las BAL pueden contribuir a la formación de ABs, ya que están presentes en las materias primas, forman parte de los cultivos iniciadores o contaminan el producto durante el procesado. En este sentido, varios autores han sugerido que la capacidad para producir ABs es una característica negativa cuando se selecciona un cultivo iniciador, secundario o adjunto para elaborar productos fermentados. Diversas cepas de BAL (Tabla 5.2) son capaces de decarboxilar aminoácidos en varios alimentos, incluyendo queso, derivados cárnicos fermentados, hortalizas y bebidas (Russo *et al.*, 2010; Restuccia *et al.*, 2014). Algunas *Enterobacteriaceae* normalmente se asocian a la producción de altas cantidades de putrescina, cadaverina e histamina en alimentos alterados, como productos a base de pescado o de carne (Tabla 5.2). Estudios recientes han demostrado la capacidad de ciertas cepas de BAL (*L. brevis* obtenido de vino, y *L. curvatus* y *E. faecalis* aislados de queso) para producir putrescina por desaminación de la agmatina en lugar de por la ruta de la decarboxilación de la ornitina; aunque la síntesis de putrescina se relacionó inicialmente con bacterias Gram negativas, en particular de la familia *Enterobacteriaceae*.

De hecho, las BAL son las principales bacterias responsables de la producción de putrescina en vino. En este mismo sentido, se ha descrito recientemente que algunas cepas de BAL producen histamina en vino a pesar de que la principal bacteria responsable de este proceso sea *Oenococcus oeni*. La actividad decarboxilasa también se observó en algunas especies pertenecientes a los géneros *Micrococcus* y *Staphylococcus* en embutidos fermentados (Restuccia *et al.*, 2014).

5.2.4 Condiciones para la Formación de las Aminas Biógenas

Las condiciones para la formación de ABs están relacionadas mayoritariamente con los factores que afectan al crecimiento de los microorganismos que tienen actividad decarboxilasa y a la capacidad de las enzimas para llevar a cabo las reacciones de decarboxilación. Estos factores incluyen principalmente pH, contenido de oxígeno, temperatura y el contenido en sal y en azúcar de los alimentos.

5.2.4.1 pH

La actividad de decarboxilación de aminoácidos es más intensa en un entorno ácido. En los estudios iniciales se sugirió un pH óptimo para la actividad decarboxilasa en el rango de 2,5-6,5 (Halász *et al.*, 1994), pero posteriormente se limitó a 4,0-5,5 (Marcobal *et al.*, 2006). Se han descrito dos mecanismos fundamentales que actúan simultáneamente en relación al efecto del pH en la formación de ABs. Uno de ellos afecta al crecimiento microbiano inhibiendo su desarrollo, mientras que el otro influye en la producción y la actividad de la enzima. En entornos con un pH bajo, las bacterias se ven más estimuladas a producir la decarboxilasa como parte de sus mecanismos de defensa frente a la acidez. El pH de los alimentos varía conforme a los cambios durante el procesado y el almacenamiento. Dado que los músculos del pescado contienen relativamente bajas cantidades de glucógeno comparado con los músculos de mamíferos, el pH final *post mortem* es consecuentemente más alto, haciendo que la carne del pescado sea más susceptible al ataque microbiano. Sin embargo, el nivel de pH en esta etapa no es lo suficientemente bajo como para acelerar la actividad decarboxilasa de las enzimas bacterianas, tal como se ha mencionado anteriormente. Por lo tanto, otros factores, como la temperatura, influyen en el crecimiento bacteriano aumentando la formación de ABs en el pescado.

Las condiciones ácidas de los marinados hacen que las catepsinas tisulares sean más activas, lo que provoca la degradación de algunas proteínas musculares a péptidos y aminoácidos, que son los precursores de las ABs. Karovičová y Kohajdová (2005) describieron la influencia de la glucono δ-lactona (GDL) en la reducción del pH en embutidos madurados. El pH bajo en los embutidos puede llegar a incrementar la actividad decarboxilasa de las bacterias.

5.2.4.2 Oxígeno (O_2)

La disponibilidad de oxígeno también parece que tiene un efecto significativo en la biosíntesis de ABs. *E. cloacae* produce en anaerobiosis alrededor de la mitad de la cantidad de putrescina que produce en condiciones aeróbicas y *K. pneumoniae* sintetiza significativamente menos cadaverina en condiciones anaerobias, pero adquiere la capacidad para producir putrescina (Halász *et al.*, 1994; Restuccia *et al.*, 2014). Hay diferentes métodos de procesado y envasado que establecen condiciones anaeróbicas en los alimentos para prolongar la vida comercial y evitar o retrasar la oxidación y la alteración microbiana. En esas condiciones se puede ver afectado el desarrollo de algunas cepas de microorganismos con actividad decarboxilasa. Sin embargo, el éxito de la inhibición depende en gran parte del tipo de microbiota, de las condiciones ambientales como la temperatura, y también de la mezcla de gases utilizada en el caso de envasado en atmósfera modificada (MAP), aunque el efecto también puede variar para las diferentes aminas (Naila *et al.*, 2010). El potencial redox del medio también influye en la producción de ABs. En condiciones de un potencial redox bajo se estimula la producción de histamina, y en presencia de oxígeno parece que se inactiva o se destruye la actividad histidina decarboxilasa (Restuccia *et al.*, 2014).

5.2.4.3 Temperatura

La cantidad de ABs producidas suele describirse en función del tiempo y de la temperatura (TT). La tasa de producción de amina normalmente crece con el aumento de temperatura hasta un cierto nivel, mientras que la producción es mínima a bajas temperaturas debido a la inhibición del desarrollo microbiano y a la disminución de la actividad enzimática. Se ha propuesto que la temperatura óptima para la formación de aminas biógenas por bacterias mesófilas se encuentra entre 20°C y 37°C, mientras que la producción de ABs disminuye por debajo de los 5°C o por encima de los 40°C (Restuccia *et al.*, 2014). La influencia de las bacterias en la formación de aminas normalmente depende de las diferentes aminas. Por ejemplo, *E. cloacae* produjo 2 mg/mL de putrescina tras 24 h de incubación a 20°C, pero no pudo sintetizar la amina a 10°C, mientras que *K. pneumoniae* no fue sensible a la temperatura, pero su gran producción de cadaverina fue menor a 10°C que a 20°C (Halász *et al.*, 1994). En la Tabla 5.3 se muestra el efecto de la temperatura en la formación de ABs en distintos alimentos.

La histamina se forma normalmente como resultado de la alteración a temperatura alta, más que en la alteración a largo plazo a temperaturas relativamente bajas. Sin embargo, hay numerosas oportunidades para que se forme histamina en condiciones de abuso moderado de temperatura.

TABLA 5.3
Formación de las aminas biógenas importantes en diversos productos de pescado y otros alimentos a ciertas temperaturas.

		(mg/kg para alimentos sólidos, mg/L para líquidos)				
Tipo de alimento	**Temp/Tiempo**	**HIS**	**PUT**	**CAD**	**TYR**	**Referencias**
Sardina (*Sardina pilchardus*)	4°C/15 días	203	114	100	16,0	Özogul y Özogul (2006)
	22°C/12 h	577	420	<l.d	16,0	Prester *et al.* (2009)
	24°C/24 h	620				Visciano *et al.* (2007)
Anchoa (*E. encrasicolus*)	0°C/5 días	0,46	3,09	5,26	2,8	Pons-Sánchez-Cascado *et al.* (2006)
	10°C/24 h	11,0				Rossano *et al.* (2006)
	20°C/24 h	750				Rossano *et al.* (2006)
Caballa (*S. scombrus*)	22°C/12 h	40	56	<l.d	47,0	Prester *et al.* (2009)
Caballa de la India (*Rastrelliger kanagurta*)	3 ± 1°C/6 días	26,2	18,1	14,9		Zare *et al.* (2013)
	10°C/3 días	422,3	56,8	93,8		
Estornino (*S. japonicus*)	20-23°C/24 h	1.500	80	200		Mendes (1999)
Lampuga (*C. hippurus*)	32°C/24 h	2.500				Baranowski *et al.* (1990)
Listado (*K. pelamis*)	21°C/2 días	1.533	65	649		Rossi *et al.* (2002)
Atún de aleta amarilla (*T. albacares*)	4°C/5 días	25,6	1,7	<l.d		Due *et al.* (2002)
	25°C/10 h	7,1	1,9	7,2		Staruszkiewicz *et al.* (2004)
	31°C/10,5 h	131	6,7	19		Staruszkiewicz *et al.* (2004)
Arenque (*C. harengus*)	10°C/2 días	236	10	147	17,0	Mackie *et al.* (1997)
Bonito (*S. sarda*)	4°C/7 días	113,8	24,6	101,3	33,6	Koral y Köse (2012)
Salsa de pescado	20°C, 30 días	2.800				Kuda *et al.* (2012)
Carne de cerdo	5°C/8 días	4,0	16,9	38,6		Halász *et al.* (1994)
	5°C/15 días	9,9	18,9	43,0		
	–20°C/8 días	0,5	4,4	27,5		
	–20°C/15 días	0,5	11,2	41,2		
Queso	–18°C/180 días	27,8	31,7	43,7	157,2	Andiç *et al.* (2009)
	4°C/180 días	219,6	525,2	1.166,9	643,3	
Cerveza	21°C/4 días	1,2	5,1	1,4	6,0	Kalač *et al.* (2002)
	21°C/8 días	2,0	5,8	1,5	16,6	

Fuente: Actualizado a partir de Prester, L., *Food Addit. Contamm. Part A.* 28, 1547–1560, 2011. l.d.: límite de detección; HIS: *histamina*; PUT: *putrescina*; CAD: *cadaverina*; TYR: *tiramina*.

La IAH también puede deberse a bacterias psicrotolerantes (*M. psychrotolerans* y *Photobacterium phosphoreum*) debido a su capacidad para producir concentraciones tóxicas de histamina a temperaturas de tan solo 2°C (Emborg *et al.*, 2005). Dalgaard *et al.* (2008) también indicaron que ambas bacterias pueden producir niveles tóxicos de histamina a 0°C-5°C. Por lo tanto, no debe descartarse la formación de histamina durante el almacenamiento prolongado de pescado a baja temperatura (Köse, 2010).

5.2.4.4 Cloruro sódico (NaCl) y azúcares

El cloruro sódico y el azúcar se añaden a los alimentos bien como conservantes o bien para mejorar su sabor. Estos ingredientes se utilizan frecuentemente juntos en los alimentos fermentados y también son elementos importantes en la formación de ABs durante la fermentación. Su efecto parece depender de diversos factores (concentración, condiciones de procesado y otros). En particular, el NaCl desempeña un papel importante en el crecimiento microbiano y, como consecuencia, influye en la actividad de las aminoácido decarboxilasas. Muchos estudios han demostrado un descenso acusado en la formación de ABs al aumentar la concentración de NaCl. Se ha descrito que la concentración de NaCl en un rango del 3,5% al 5,5% podría inhibir la formación de histamina (Suzzi y Gardini, 2003). Por ejemplo, la habilidad de *L. buchneri* para formar histamina se ve inhibida parcialmente con un contenido en sal del 3,5%, y su formación se detiene al 5%. La influencia de la sal puede atribuirse al menor rendimiento celular que se obtiene en presencia de altas concentraciones de NaCl y a la alteración progresiva de la membrana en la que se encuentran las decarboxilasas microbianas (Restuccia *et al.*, 2014). Sin embargo, la presencia de NaCl activa la actividad tirosina decarboxilasa e inhibe la actividad histidina decarboxilasa (Silla Santos, 1996). En consecuencia, se puede asumir que el efecto del NaCl inhibiendo o estimulando la producción de ABs es específico de la cepa microbiana.

La presencia de carbohidratos fermentables como la glucosa puede incrementar tanto el crecimiento como las aminoácido decarboxilasas de las bacterias. Se ha demostrado que la acidificación originada por los azúcares durante el proceso de fermentación influye en la formación de ABs. La concentración óptima de glucosa para la formación de enzimas decarboxilasas es de 0,5%-2,0%, mientras que los niveles por encima del 3,0% inhiben la formación de enzimas. Esto está relacionado con el efecto del pH bajo en el crecimiento microbiano y en la actividad de los sistemas enzimáticos (Restuccia *et al.*, 2014).

5.3 TOXICIDAD DE LAS ABs

5.3.1 Introducción

El cuerpo humano normalmente tolera bajas concentraciones de ABs, que son rápidamente metabolizadas a productos de degradación con menos actividad fisiológica mediante enzimas específicas en el tracto grastrointestinal de las personas sanas. Sin embargo, estas aminas pueden tener efectos adversos cuando están presentes en concentraciones altas y representan un riesgo para la salud de las personas sensibles (Prester, 2011). Por lo tanto, las ABs no representan normalmente un peligro para la salud de los consumidores, salvo que se ingieran grandes cantidades o el mecanismo natural para el catabolismo de las aminas esté inhibido o presente deficiencias genéticas (Halász *et al.*, 1994).

Hay enzimas específicas en el tracto intestinal de los mamíferos que tienen una función de detoxificación en la metabolización de las ABs tras su ingestión normal con la dieta. La principal vía para la detoxificación de las ABs tras la ingestión es la oxidación mediante amino oxidasas a nivel del intestino (Hungerford, 2010). Las poliaminas de la dieta como putrescina, espermidina y espermina son catabolizadas por diversas enzimas: poliamina oxidasa (PAO, EC 1.5.3.11), diamina oxidasas (DAO, EC 1.4.3.6), espermidina/espermina acetiltransferasa y posiblemente otras oxidasas presentes en el intestino y en el hígado, como la histamina *N*-metiltransferasa (HNMT) (Prester, 2011). La monoamino oxidasa (MAO)-A predomina en el estómago, intestino y placenta, y los sustratos preferentes son las aminas aromáticas polares. La MAO-B predomina en el cerebro y desamina de manera selectiva aminas aromáticas no polares. La tiramina sirve de sustrato para ambas formas de MAO (EC 1.4.3.4); la MAO-A es responsable del metabolismo intestinal de la tiramina, previniendo por tanto su absorción sistémica. La DAO es la principal enzima responsable de la catabolización de histamina en las personas. Además, se ha descrito la detoxificación de tiramina, histamina y feniletilamina mediante *N*-metiltransferasas o acetilación (Hungerford, 2010; Prester, 2011).

Sin embargo, tras la ingestión de altas cantidades de ABs con los alimentos, este sistema de detoxificación es incapaz de eliminar suficientemente las ABs, lo que provoca la intoxicación. Además, en el caso de que la actividad DAO sea insuficiente debido a diversos factores como predisposición genética, enfermedades gastrointestinales o inhibición de la actividad DAO por los efectos secundarios de medicamentos o alcohol, no se pueden metabolizar eficazmente incluso bajas cantidades de ABs (Anli y Bayram, 2008; Pester, 2011). Las personas con problemas gastrointestinales (gastritis, síndrome del intestino irritable, enfermedad de Crohn, úlceras de estómago y de colon) están en riesgo porque la actividad de las oxidasas en sus intestinos es generalmente menor que la de personas sanas. En las mujeres se produce una disminución premenstrual de la actividad de la MAO tipo B. Los pacientes que están tomando medicamentos que inhiben el efecto de la MAO y la DAO, como los antihistamínicos, agentes antimalaria y psicofármacos, podrían tener alterado el metabolismo de la ABs, lo que puede conducir a una inhibición o disminución de la actividad detoxificante. Las lesiones de la mucosa intestinal también pueden reducir la función de las enzimas que detoxifican las ABs (Karovičova y Kohajdová, 2005).

En el caso de la toxicidad de la histamina, el efecto potenciador de otras ABs presentes en los alimentos, como tiramina, putrescina y cadaverina, se atribuye a su competición por las enzimas que metabolizan la histamina (Halász *et al.*, 1994; Shalaby, 1996; Prester, 2011). Por esta razón, incluso una baja ingestión de histamina con la dieta puede ocasionar signos clínicos de intolerancia alimentaria (Hungerford, 2010; Prester, 2011). Por lo tanto, la presencia de otras ABs en alimentos es importante para estimar la toxicidad de la histamina ingerida con los alimentos. Halász *et al.* (1994) demostraron que determinar con precisión el umbral de toxicidad de las ABs en las personas es extremadamente difícil debido a que la dosis tóxica depende en gran medida de la eficiencia de los mecanismos de detoxificación en los diferentes individuos. La aminoguanidina, la anserina, la carnosina, la agmatina y la tiramina inhiben la DAO, y la fenilalanina, la triptamina y la octopamina muestran un efecto inhibidor de la *N*-metiltransferasa (Karovičova y Kohajdová, 2005).

Se han descrito diversos niveles de ABs que resultan tóxicos para las personas y los animales (Halász *et al.*, 1994; Shalaby, 1996; Prester, 2011). Una ingestión de 5-10 mg de histidina puede considerarse un problema para personas sensibles, 10 mg se considera el límite tolerable, 100 mg inducen una toxicidad media y 1.000 mg resultan altamente tóxicos. Se han descrito dosis tóxicas en alimentos de aproximadamente 100-800 mg/kg de tiramina y 30 mg/kg de fenilalanina (Halász *et al.*, 1994). El consumo de alimentos que contienen niveles altos de ABs causa algunos efectos adversos, como dolor de cabeza, hipo o hipertensión, náuseas, palpitación cardíaca e intoxicación renal (Tabla 5.4) y, en casos graves, hemorragia intracerebral e incluso la muerte (Anli y Bayram, 2008). Los síntomas más comunes son sarpullido, diarrea, rubor y dolor de cabeza (Halász *et al.*, 1994). Algunas migrañas alimentarias están relacionadas con las ABs, particularmente por tiramina y feniletilamina (EFSA, 2011).

Los signos clínicos de la intoxicación por ABs normalmente aparecen de 30 minutos a unas pocas horas tras la ingestión de las ABs y desaparecen en 24 horas. La gravedad de los síntomas clínicos depende del tipo y la cantidad de ABs ingeridas, y del correcto funcionamiento del sistema de detoxificación que puede verse influido por varios factores. Por lo tanto, se pueden esperar alteraciones en la relación dosis-respuesta en la toxicidad de las ABs. Respecto a la susceptibilidad de las personas, es claramente evidente que ciertos estados fisiológicos/patológicos pueden modificar la sensibilidad frente a las ABs. Por ejemplo, durante la gestación hay un incremento fisiológico de la producción de DAO (hasta 500 veces), lo que explicaría la remisión de las intolerancias alimentarias, mientras que los individuos que padecen gastritis, síndrome del intestino irritable, enfermedad de Crohn, etc., son más sensibles debido a una menor actividad oxidasa. Además, varios estudios han demostrado que diversos medicamentos inhiben enzimas implicadas en el proceso de detoxificación, como los fármacos antidepresivos, que pueden inhibir la actividad MAO originando un incremento de la sensibilidad a la tiramina de hasta 13 veces dependiendo del fármaco utilizado. Por lo tanto, a las personas que toman medicamentos inhibidores de la MAO (IMAO) no selectivos se les recomienda evitar el consumo de alimentos ricos en tiramina (pescado fermentado, queso, salami, embutidos, salsa de soja, etc.) (Restuccia *et al.,* 2014).

Algunos estudios han aportado evidencias de que el humo del tabaco junto a otros componentes presentes en los cigarrillos reducen los niveles de MAO hasta el 40% (Restuccia *et al.,* 2014). Otro factor de riesgo importante es la cantidad de alimentos ricos en ABs en una comida, lo que dificulta la predicción del fenómeno de acumulación de ABs. Además, los alimentos ricos en ABs como el queso se consumen frecuentemente con bebidas alcohólicas fermentadas como cerveza o vino, lo que incrementa la permeabilidad de las células epiteliales del intestino a las ABs, potenciando su efecto tóxico (Silla Santos, 1996). A este fenómeno se le conoce como el efecto sinérgico de las ABs y puede explicar la razón por la que el queso madurado resulta más tóxico que la administración de la cantidad equivalente de histamina en solución acuosa (Restuccia *et al.,* 2014).

5.3.2 Toxicidad de la Histamina

La toxicidad de la histamina se puso de manifiesto inicialmente con pescado del grupo de los escómbridos, como atún, bonito o caballa. Por ello, originalmente se conocía como «intoxicación escombroide». Posteriormente, se relacionó con otros alimentos, por lo que se denominó «intoxicación alimentaria por histamina» (Köse, 2010). La IAH con frecuencia se diagnostica erróneamente debido a que los síntomas típicos son muy similares a los de la alergia (Köse, 1993; Restuccia *et al.,* 2014). La intoxicación por histamina se caracteriza por su sintomatología, que consiste fundamentalmente en dolor de cabeza, vértigo, náuseas y vómitos, aumento de la secreción de la mucosa gástrica, calambres gastrointestinales, dolor de estómago, diarrea, hipotensión, taquicardia, extrasístoles y prurito (Tabla 5.4; Restuccia *et al.,* 2014).

La histamina está presente en los mastocitos y en los basófilos, y sus efectos se observan habitualmente cuando se liberan en grandes cantidades al desarrollarse la alergia u otras reacciones. La histamina ejerce sus efectos tóxicos interactuando con cuatro tipos de receptores (H_1, H_2, H_3, H_4) en las membranas de las células humanas y de otras especies (Silla Santos, 1996; Restuccia *et al.,* 2014). Provoca la dilatación de los vasos sanguíneos periféricos, capilares y arterias, provocando hipotensión, rubor y dolor de cabeza (EFSA, 2011). Los receptores H_1 son responsables de la contracción del músculo liso intestinal inducida por la histamina y que provoca calambres abdominales, diarrea y vómito, mientras que los receptores H_2 localizados en las células parietales participan en la secreción de ácido gástrico. También se ha afirmado que el dolor y el prurito asociado a las lesiones de urticaria pueden deberse a la estimulación de neuronas sensoriales y motoras a través de los receptores H_1 (Karovičova y Kohajdová, 2005). El papel del receptor H_4 es menos conocido, pero está implicado en la toxicidad de la histamina (Hungerford, 2010; EFSA, 2011).

TABLA 5.4
Efectos toxicológicos de las aminas biógenas.

Aminas biógenas	Niveles	Efectos farmacológicos	Síntomas: Intoxicación leve/moderada	Síntomas: Intoxicación grave
Histamina	5-10 mg son tóxicos para algunas personas sensibles 10 mg límite tolerable 100 mg induce una toxicidad media 1.000 mg son muy tóxicos	Libera adrenalina y noradrenalina, estimula la musculatura lisa del útero, intestino y tracto respiratorio, estimula neuronas tanto sensoriales como motoras, controla la secreción de ácido gástrico	En la piel: prurito, hinchazón, rubor, sarpullido, urticaria Neurológicos: dolor de cabeza, mareo, tremor Gastrointestinal: náuseas, calambres abdominales, diarrea, vómitos Otros: rinitis, boca con sensación de ardor, hormigueo, sabor metálico, amargo o picante, hinchazón de la lengua, boca seca, disnea	Broncoespasmo, dificultades respiratorias, hipotensión o hipertensión, taquicardia Rara vez sibilancias o pérdida de consciencia por la hipotensión Edema pulmonar agudo, exacerbación del asma Infarto de miocardio e incluso insuficiencia cardíaca refractaria que requiere asistencia ventricular mecánica
Tiramina	100-800 mg/kg	Vasoconstricción periférica, aumento del gasto cardíaco, lagrimeo y salivación, aumento del ritmo respiratorio, aumento del nivel de glucemia, liberación de noradrenalina del sistema nervioso simpático	Provoca migraña, dolor de cabeza, alteraciones neurológicas, náuseas, vómitos, alteraciones respiratorias, hipertensión, mareo y malestar	
Putrescina y cadaverina		Aumento del gasto cardíaco, potencian la toxicidad de otras aminas	Hipotensión, bradicardia, paresia en las extremidades, taquicardia, efecto cancerígeno Hipotensión	
Feniletilamina	30 mg/kg	Aumenta la presión sanguínea, libera noradrenalina del sistema nervioso simpático	Causa migraña	
Triptamina		Aumenta la presión sanguínea		

Fuente: Actualizado a partir de Anli, R.E., y M. Bayram, *Food Rev. Int.*, 25, 86–102, 2008.

Debido a la variabilidad de la alteración en la relación dosis-respuesta a la histamina en el hombre, los primeros investigadores sugirieron que otros compuestos a modo de «degranulador de mastocitos», como el ácido cis urocánico, podrían ser responsables de la toxicidad de la histamina. Posteriormente se confirmó la toxicidad de la histamina de los alimentos en diversos estudios clínicos (Prester, 2011; Feng *et al.*, 2016).

Es posible tratar los efectos tóxicos de la histamina con fármacos antihistamínicos (Karovičova y Kohajdová, 2005; EFSA, 2011; FAO-OMS, 2013). Se han utilizado antagonistas del receptor H_1 para el tratamiento del cuadro alérgico, mientras que los antagonistas de receptor H_2 se han utilizado para el tratamiento de úlceras gástricas. El receptor H_3 se utilizó para el tratamiento de alteraciones del sistema nervioso central. El papel de los receptores H_3 en el aprendizaje y la memoria indica que los antagonistas del receptor H_3 podrán desempeñar un papel en el tratamiento de alteraciones de la memoria como la enfermedad de Alzheimer (Karovičova y Kohajdová, 2005; EFSA, 2011). La histamina también se convierte en el intestino en acetilhistamina inactiva, presuntamente por enzimas bacterianas. El riñón humano tiene una capacidad considerable para eliminar histamina de la sangre. Cuando se perfunde histamina vía intravenosa en personas sanas, una gran proporción se metila en el riñón y se excreta con la orina, y una proporción menor se excreta inalterada en la orina (Karovičova y Kohajdová, 2005; EFSA, 2011).

5.3.3 Toxicidad de la Tiramina

La tiramina, la triptamina y la β-feniletilamina son aminas vasoactivas. La toxicología de la tiramina describe su contribución a la descarga de catecolaminas del sistema nervioso simpático y de la médula adrenal y puede provocar un aumento de la presión arterial media y del ritmo cardíaco por vasoconstricción periférica, conduciendo a una crisis de hipertensión. La tiramina también dilata las pupilas y el tejido palpebral, provoca lagrimeo y salivación, acelera la respiración y aumenta el contenido de azúcar en sangre (Russo *et al.,* 2010).

La toxicidad de la tiramina se describe con frecuencia como «la reacción al queso» debido a que frecuentemente se encuentra asociada al queso. Es un estado patológico asociado habitualmente a la interacción adversa entre IMAOs, una clase de fármacos antidepresivos, y altas cantidades de tiramina en los alimentos (Russo *et al.,* 2010). Un efecto perjudicial de los IMAOs (que se utilizan para alterar la ruta catabólica de la serotonina para aliviar las crisis depresivas de los pacientes) consiste en el consiguiente fallo para inactivar a la tiramina, y su potente actividad vasopresora. Las reacciones de hipertensión que se originan en los casos más graves pueden llegar a provocar el shock y la muerte por hemorragia cerebral (Karovičová y Kohajdová, 2005; Kantaria y Gokani, 2011). Al igual que en los casos de intoxicación por histamina, la relación dosis-respuesta en la toxicidad de la tiramina varía con el alimento, aunque se requiere la ingestión de 125 mg/kg de tiramina para que se produzca la intoxicación (Restuccia *et al.,* 2014). Se cree que la presencia de 6 mg en una o dos raciones de comida normales es suficiente para provocar una reacción adversa leve, mientras que 10-25 mg producen una reacción adversa grave en aquellos que tomen medicación con IMAOs. En los adultos no medicados se necesitan 200-800 mg de tiramina en los alimentos para provocar una subida leve de la presión sanguínea. Aunque se considera que las poliaminas como la putrescina y la cadaverina no son peligrosas para la salud humana, se sabe que contribuyen con un peligroso efecto sinérgico a la toxicidad de la histamina o de la tiramina inhibiendo la MAO, la DAO y la hidroximetil transferasa (Kantaria y Gokani, 2011; Karovičová y Kohajdová, 2005; Restuccia *et al.,* 2014).

El primer caso de intoxicación por tiramina asociado al queso lo describió un neurólogo que se percató de que su esposa, que recibía tratamiento con IMAO, tenía dolores de cabeza intensos (causados por la vasoconstricción cerebral seguida de dilatación) y migrañas cuando consumía queso. Rara vez el incremento de la presión sanguínea origina una crisis de hipertensión en algún individuo. Esta situación puede originar lesiones en el órgano afectado, como el corazón o el sistema nervioso central. Los niveles altos de tiramina en el cerebro se han asociado a alteraciones neurológicas como la esquizofrenia, la enfermedad de Parkinson, la depresión y el síndrome de Reyes (Kantaria y Gokani, 2011).

La mayor parte de la tiramina y otras aminas vasoactivas ingerida con la dieta viene del queso y algunos alimentos fermentados. Como en el caso del pescado, las ABs con frecuencia se distribuyen irregularmente en el queso dependiendo de las diversas condiciones de elaboración. La proteólisis es un factor crucial, porque permite una elevada formación de aminoácidos libres, que proporcionan un sustrato rico para la formación de ABs. Se ha descrito que en condiciones que aceleran o potencian la proteólisis durante la maduración del queso se incrementan drásticamente las ABs. Se obtienen niveles más altos de ABs en quesos madurados que en quesos frescos (Novella-Rodríguez *et al.*, 2002). Otra cuestión crítica es la incidencia de microbiota capaz de transformar los aminoácidos libres en la correspondiente AB. En el queso, los principales microorganismos con actividad decarboxilasa pertenecen a los géneros *Enterococcus* y *Lactobacillus*. En concreto, se considera que determinadas cepas de *Enterococcus faecalis*, *E. faecium* y *E. durans* son grandes productoras de tiramina. Por lo tanto, aunque la tiramina es la AB que con mayor frecuencia se encuentra en queso, alcanzando niveles superiores a 1.000 mg/kg, es difícil correlacionar la concentración de ABs con la carga microbiana (Russo *et al.*, 2010).

5.3.4 Relación de las ABs con el Cáncer

Las poliaminas están relacionadas con el crecimiento de células neoplásicas (Prester, 2011). Como consecuencia, se han desarrollado diversos estudios sobre dietas con un bajo contenido en poliaminas y se han propuesto tales dietas como parte de la terapia nutricional para pacientes con cáncer de próstata. Sin embargo, el potencial terapéutico de una dieta libre de poliaminas frente al crecimiento neoplásico todavía es objeto de nuevas investigaciones. Debido a la importancia de las poliaminas de la dieta en la terapia frente al cáncer, tiene interés estudiar el contenido de las distintas poliaminas en los alimentos. Estudios iniciales revelaron que alimentos alterados como el pescado fermentado contienen niveles de poliaminas mayores que los alimentos frescos, indicando la importancia que tiene para los pacientes de cáncer no consumir alimentos alterados o madurados (Prester, 2011; Restuccia *et al.*, 2014).

La acumulación de ABs en determinados alimentos, concretamente en pescados o en derivados cárnicos fermentados, también va ligada a la formación de nitrosaminas (NAs) cancerígenas. Se trata de compuestos *N*-nitroso que se forman generalmente mediante la reacción de un agente nitrosante, derivado bien de nitritos o de óxido de nitrógeno, con una sustancia que tenga un grupo amino. El uso de la sal en bruto (con impurezas) y el calentamiento potencian la formación de NAs en los alimentos (Silla Santos, 1996; Al Bulushi *et al.*, 2009; Prester, 2011). Estos compuestos también pueden formarse endógenamente en el cuerpo humano, especialmente en el estómago. La Figura 5.2 muestra la nitrosación de aminas (Prester, 2011).

La Agencia Internacional para la Investigación del Cáncer (IARC) clasificó en 1978 diversas NAs respecto al riesgo de cáncer para el hombre. La IARC considera a la *N*-nitrosodimetilamina (NDMA) y la *N*-nitrosodietilamina (NDEA) en el grupo de probables cancerígenos para el hombre, y a la *N*-nitrosodibutilamina (NDBA), *N*-nitrosopiperidina (NPIP) y *N*-nitrosopirrolidina (NPYR) en el grupo de los posibles cancerígenos para el hombre. De todas estas NAs, la NDMA es la NA volátil que se encuentra con mayor frecuencia en alimentos (Yurchenko y Mölder, 2006). Los Estados Unidos de América han establecido en 10 μg/kg el límite máximo permitido de NPYR en beicon (Al Bulushi *et al.*, 2009), mientras que muchos países, incluyendo la Comisión de la Unión Europea (UE), no han aprobado normas para las NAs que se forman en los alimentos. El gobierno de Estonia permite una concentración máxima de 3 μg/kg de la suma de dos NAs (NDMA y NDEA) en pescado fresco y ahumado (Yurchenko y Mölder, 2006). Los reglamentos de la UE (UE, 1993) hacen referencia a la cesión de *N*-nitrosaminas y de sustancias *N*-nitrosables por tetinas y chupetes de elastómeros o caucho (Köse, 2010).

Aunque se han descrito diversas causas implicadas en la formación de NAs en alimentos, los mecanismos de la formación de NAs en alimentos y los factores que influyen en su formación no se han dilucidado plenamente (Köse, 2010). Las aminas secundarias nitrosables, tales como la dimetilamina (DMA), agmatina, espermina, espermidina y demás, pueden formar NAs por reacción con nitrito (NO_2^-), mientras que las aminas terciarias producen varios productos *N*-nitroso lábiles (Karovičová y Kohajdová, 2005). Se han descrito diversos factores que afectan a la formación de NAs en alimentos. El nitrito es el principal agente precursor de la formación de NAs en alimentos, junto a otras aminas (Fig. 5.2).

El nitrito se aplica habitualmente en forma de nitrito sódico ($NaNO_2$) por el color, como aromatizante y conservante alimentario (Prester, 2011). El $NaNO_2$ se añade a los productos cárnicos y de origen marino como agente conservante y también para desarrollar y fijar el típico color rosa brillante asociado al curado y ahumado de las carnes. El nitrito también lo pueden formar bacterias nitrificantes en presencia de niveles altos de nitrato (NO_3^-) en los alimentos. De hecho, el nitrato sódico ($NaNO_3$) se utiliza fundamentalmente en el curado de alimentos como los embutidos fermentados y las carnes curadas que requieren un tiempo prolongado de maduración. En estos alimentos, el $NaNO_3$ actúa como reservorio para la producción de $NaNO_2$, mediante la reducción bacteriana del $NaNO_3$. El nitrito inhibe el crecimiento de patógenos, incluido *Clostridium botulinum* y algunas bacterias que alteran la carne (Epley *et al.,* 1992). También se ha demostrado la actividad antimicrobiana del $NaNO_2$ frente a otros patógenos de origen alimentario, incluyendo *Listeria monocytogenes*, y su actividad se potencia junto al NaCl, pH, temperatura y a_w (Nyachuba *et al.*, 2007).

La DMA es el precursor nitrosable más abundante en el pescado curado con nitrito (Yurchenko y Mölder, 2006). Esta amina se forma a partir de trimetilamina (TMA), que es un compuesto

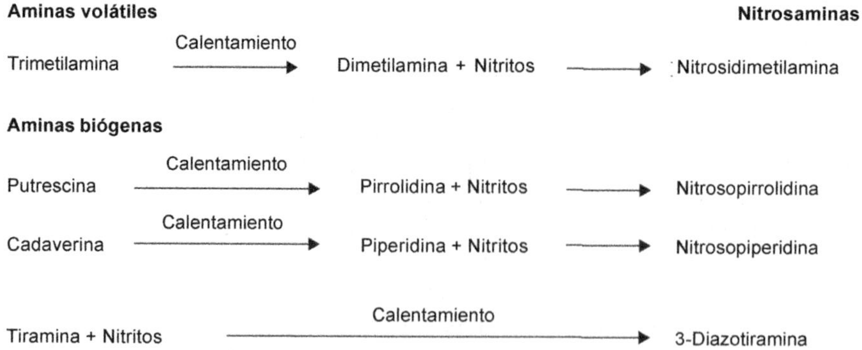

FIGURA 5.2 Nitrosación de aminas en pescado. (Redibujado a partir de Prester, L., *Food Addit. Contamm. Part A.*, 28, 1547–1560, 2011).

resultante de la alteración de peces de origen marino. Sin embargo, las ABs que se calientan también pueden formar aminas nitrosables. La putrescina y la cadaverina, que se encuentran normalmente en pescado y marisco alterado, pueden generar NAs como NPYR y NPIP (Fig. 5.2; Yurchenko y Mölder, 2006; Al Bulushi *et al.*, 2009). Además, se ha descrito que la tiramina de los alimentos, tras el tratamiento con nitrito en condiciones ácidas, se convierte a un compuesto mutágeno, el 3-diazotiramina (3-DT), que indujo cáncer de la cavidad oral en ratas (Ochiai *et al.*, 1984; Prester, 2011).

Los estudios de las NAs en los alimentos se centran fundamentalmente en los factores que influyen en la formación de estas aminas y su acumulación en diferentes productos. Hay pocos estudios en los que también se describan avances en los métodos de detección de NAs en alimentos, lo que es importante para estimar sus niveles correctamente. Hay muchas variables que influyen en los niveles de NAs: cantidad de nitrito añadida durante el procesado, concentraciones de aminas en la carne, tipo y cantidades de otros ingredientes que se utilizan en el procesado, condiciones concretas de procesado, duración del almacenamiento, temperaturas de conservación y métodos de cocinado (Epley *et al.*, 1992). Se obtuvieron niveles bajos de NAs en pescado fresco, mientras que los niveles de estos compuestos en productos de pescado y en pescado frito fueron considerablemente altos e incluso superaban el límite de tolerancia de 3 μg/kg (Yurchenko y Mölder, 2006; Al Bulushi *et al.*, 2009). Estudios previos destacaban las concentraciones relativamente altas de NAs en productos artesanales de pescado fermentado (FFP) (Ahn *et al.*, 2003).

La ingestión de nitrito también se sabe que produce riesgos para la salud. La ingestión de 8-15 g de nitrito puede causar una gastroenteritis grave con dolor abdominal, sangre en heces y orina, debilidad y desfallecimiento. La ingestión crónica de cantidades más pequeñas puede provocar dispepsia, depresión y dolor de cabeza. Dado que el riesgo para la salud se debe tanto al consumo de nitrito como a su participación en la formación de NAs, la cantidad que se puede añadir a los alimentos también está regulada por la mayoría de las autoridades sanitarias. La adición de $NaNO_3$ y de $NaNO_2$ a las carnes está regulada por el Departamento de Agricultura/Servicio de Inspección y Seguridad Alimentaria de los Estados Unidos de América (USDA/FSIS), permitiendo entre 100 y 200 mg/kg de $NaNO_2$ y ≤ 500 mg/kg de $NaNO_3$ en carnes curadas (Nyachuba *et al.*, 2007). La utilización de estos agentes también está permitida en algunos tipos de pescado ahumado (p. ej., salmón ahumado). No obstante, el uso de $NaNO_3$ y de $NaNO_2$ en pescado ahumado está regulado por la Administración para Alimentos y Medicamentos (FDA) de los Estados Unidos de América (Nyachuba *et al.*, 2007). En la fabricación de queso en Brasil se permite añadir 20 g de nitrato/100 L de leche durante la elaboración de ciertos tipos de quesos, mientras que en los Países Bajos y en Canadá también se permite añadir respectivamente 15 y 20 g de nitrato/100 L de leche en la elaboración de determinados quesos (Oliveira *et al.*, 1995).

Se han realizado diversos estudios de los efectos de diferentes factores en la formación de NAs. Pensabene *et al.* (1974) estudiaron la influencia del calentamiento a alta temperatura en el cocinado del beicon. Los resultados mostraron que friendo beicon a 176,6°C durante 6 minutos y a 204,4°C durante 4 y 10 minutos se obtuvieron niveles de NPYR de 10, 17 y 19 μg/kg respectivamente. En consecuencia, los autores concluyeron que el beicon bien hecho o quemado probablemente representa un mayor peligro potencial que el beicon menos hecho. También destacaron que el beicon cocinado con microondas tiene menos NAs que el beicon frito. Por lo tanto, recomendaron a los consumidores cocinar adecuadamente el beicon (Epley *et al.*, 1992). Huang *et al.* (1981) también estudiaron el efecto del calor en la formación de NAs en pescado salado. Detectaron NDMA en todas las muestras tanto cocinadas como no cocinadas, mientras que la NDEA se detectó en más lotes de pescado cocido al vapor que en los de pescado sin cocinar o frito. Se detectó *N*-nitrosodi-n-propilamina (NDPA) tanto en muestras cocidas como en las fritas y NDBA solo en las muestras fritas, pero ninguna de ellas se detectó en las muestras sin cocinar. Sin embargo, se detectó *N*-nitrosomorfolina (NMOR) en las muestras sin cocinar. Por lo tanto, concluyeron que durante el cocinado solo se forman determinadas NAs a partir de los precursores. También se ha descrito que se puede formar NPYR a partir de putrescina o espermidina en alimentos grasos a altas temperaturas y en presencia de agua (Karovičová y Kohajdová, 2005).

5.3.5 Histamina, gizerosina y la erosión de la molleja en pollos

Los efectos tóxicos de las ABs, particularmente de la histamina en los pollos se llama erosión de la molleja y se caracteriza principalmente por una disminución en la eficiencia de la dieta y un aumento del proventrículo que lleva a una disminución de la ganancia de peso y del consumo de pienso, e incluso en casos graves a la muerte del pollo. La erosión de la molleja también se conoce como «vómito negro» debido a la presencia de un contenido negro en la molleja de los pollos afectados (Harry *et al.,* 1975). Desde la década de 1970 se ha descrito la toxicidad de la histamina en pollos alimentados con piensos que contienen altos niveles de ABs, y en particular de histamina. Las aminas restantes, como la putrescina o la cadaverina, que al igual que la histamina también se encuentran a niveles elevados en harina de pescado sobrecalentada, también producen los cambios clínicos en la morfología gástrica de los pollos y pueden potenciar los efectos de la histamina *in vivo* al inhibir las enzimas intestinales que catabolizan la histamina (Köse, 1993; Fairgrieve *et al.,* 1994). También se han descrito otros factores, incluyendo micotoxinas, adenovirus, inanición y deficiencia de aminoácidos azufrados, que causan la enfermedad de la molleja en pollos. En 1993 científicos japoneses aislaron otra sustancia llamada gizerosina[1] que origina la enfermedad de la molleja. Se trata del ácido 2-amino-9-(4-imidazolil)-7-azanonanoico (Fig. 5.3), que se forma por reacción de la histamina o de la histidina con lisina durante el sobrecalentamiento de la harina de pescado oscura (Köse, 1993).

Aunque algunos autores han cuestionado el papel de las ABs en la erosión de la molleja, varios investigadores han demostrado que las ABs, específicamente la histamina, pueden causar la erosión de la molleja en pollos de engorde. Barnes *et al.* (2001) realizaron dos estudios para determinar los efectos de la histamina y la cadaverina en el crecimiento de pollos y en la incidencia de patologías asociadas al proventrículo. Observaron que 1 y 2 g/kg de histamina o la combinación de histamina y cadaverina (1 g/kg de cada una) redujeron el peso corporal y la conversión de pienso a los 21 días de edad. También observaron que la histamina y la cadaverina aumentaron el número total de casos y la gravedad de la erosión de la molleja y de las úlceras de proventrículo.

Se dispone de un número escaso de estudios sobre los efectos tóxicos de las harinas de pescado que contienen gizerosina, histamina u otras ABs en otros animales. Algunos estudios con ensayos de alimentación en pescado y gambas no obtuvieron resultados concluyentes (Fairgrieve *et al.,* 1994; Opstvedt *et al.,* 2000; Tapia-Salazar *et al.,* 2001). Fairgrieve *et al.* (1994) realizaron un ensayo de alimentación en trucha arco iris suplementando con histamina (2 g/kg) y combinada con putrescina y cadaverina (0,5 g/kg de cada una). No observaron disminución alguna del consumo de pienso, del crecimiento o de la conversión del pienso, ni se obtuvieron signos de toxicidad aguda o mortalidad en las 16 semanas del estudio, aunque sí observaron el síndrome de la dilatación gástrica.

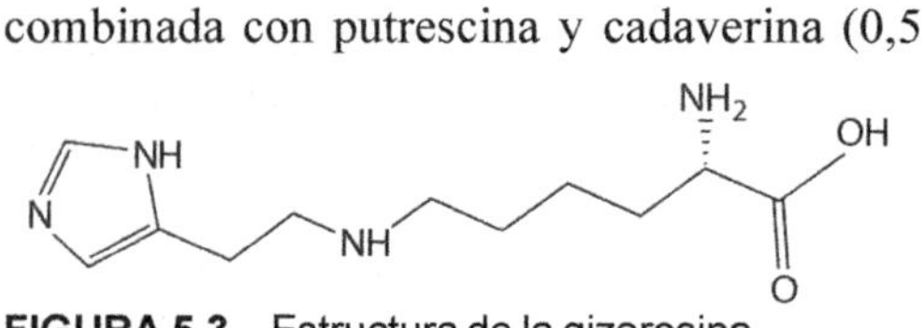

FIGURA 5.3 Estructura de la gizerosina.

La FAO (FAO-OMS, 2013) informó que la respuesta toxicológica de los animales a la

[1] N. del T.: También conocida como mollerosina.

histamina depende del método de administración y que los efectos toxicológicos difieren entre especies. La administración oral de histamina, sola o junto con atún alterado, produjo emesis en cerdos y también en perro (Blonz y Olcott, 1978). La administración intraduodenal de histamina produjo solo una hipotensión pasajera en perros y gatos, mientras que un extracto de levadura que contenía histamina produjo una mayor variedad de efectos en los gatos, incluyendo un incremento del volumen y la acidez del ácido del estómago, aumento del hematocrito y del volumen de las extremidades, y también potencia la actividad electromiográfica (FAO-OMS, 2013). Los ensayos de alimentación para evaluar los efectos toxicológicos de la NAs y la gizerosina se han abandonado desde finales de los 2000 y la investigación relativa a la enfermedad de la molleja de los pollos normalmente se dirige a otras causas (Opstvedt *et al.*, 2000; Tapia-Salazar *et al.*, 2001).

5.4 EPIDEMIOLOGÍA DE LA INTOXICACIÓN POR ABs

Aunque se producen casos/brotes de intoxicación alimentaria por ABs en todo el mundo, no se cuenta aún con un sistema de información a este respecto. En algunos países ni siquiera se notifica la enfermedad incluso porque las personas afectadas no siempre buscan atención médica y los médicos fácilmente pueden diagnosticar erróneamente los casos. Muchos países no dedican el esfuerzo suficiente para recopilar y distribuir la información de los casos de esta enfermedad. Como consecuencia, no se dispone de estadísticas realistas de esta enfermedad.

Los casos/brotes descritos corresponden fundamentalmente a IAH, previamente conocida como «intoxicación escombroide» debido a su relación con las especies de pescado de los escómbridos. La IAH es habitual y se da en todo el mundo. Dalgaard *et al.* (2008) describió que la IAH representaba el 32% de todos los incidentes de enfermedades originadas por productos marinos en Inglaterra y Gales durante la década de 1990 y el 38% de todos los brotes asociados a productos de origen marino en los Estados Unidos de América. Tan solo se declaran casos esporádicos por otras ABs, como por tiramina en queso. Los estudios epidemiológicos normalmente se llevan a cabo en países desarrollados, como Japón, Estados Unidos y Reino Unido. La enfermedad se describió por primera vez en 1799 en Gran Bretaña y resurgió en la bibliografía médica en la década de 1950, cuando se describieron brotes en Japón. En los Estados Unidos el primer caso se documentó en 1968. Desde entonces se han descrito casos en distintos lugares, incluyendo restaurantes, cafeterías, colegios, cuarteles del ejército y congresos de medicina (Feng *et al.*, 2016). El brote más grande que se ha notificado afectó a 2.656 personas en Japón en 1973 (Feng *et al.*, 2016). En Estados Unidos se notificaron oficialmente 145 brotes de IAH que afectaron a 811 personas en al menos 20 estados entre 1988 y 1997. Entre 1998 y 2008 se declararon oficialmente 333 brotes que afectaron a 1.383 personas, con 59 pacientes hospitalizados (Feng *et al.*, 2016). Sin embargo, es bien conocido que aún no se declaran todos los casos de IAH debido a errores en el diagnóstico y a las barreras inherentes a la declaración de casos a los organismos de salud pública. Datos recientes de los Centros para el Control y la Prevención de Enfermedades de los Estados Unidos (CDC, 2014) informan de 40 brotes entre 2009 y 2012 que afectaron a 136 personas con una de ellas hospitalizada (Feng *et al.*, 2016). Además de en los Estados Unidos, la IAH se notifica con mayor frecuencia en Japón, Nueva Zelanda y Reino Unido. De 1998 a 2008 se han notificado en Japón 89 incidentes de intoxicación por histamina en pescado que afectaron a 1.577 personas (sin ningún fallecido), resultando una media de unos 8 incidentes con 150 pacientes por año. En estos incidentes se analizó la histamina en los restos de los alimentos y las concentraciones variaron desde valores inferiores al límite de detección hasta 1.267 mg/100 g de muestra, conteniendo el 8% <100 mg/kg y el 12% <200 mg/kg (FAO-OMS, 2013). Fletcher (2010) revisó los datos de las IAH de 2000 a 2009 en Nueva Zelanda y obtuvo 31 brotes originados mayoritariamente por pescado ahumado, particularmente por salmón de Australia ahumado. Durante ese periodo hubo principalmente dos ocasiones en las que se retiró del mercado salmón de Australia ahumado en caliente elaborado en la misma empresa. Se han documentado casos en otros países. Solo se ha registrado una muerte en todo el mundo (Feng *et al.*, 2016).

El diagnóstico de la IAH es a veces difícil dado que ciertos tipos de síntomas de esta enfermedad se sabe que son característicos de otras enfermedades de origen alimentario. Solo los síntomas cutáneos como el prurito y la urticaria, que no ocurren en todos los casos, se pueden utilizar para distinguir la IAH de otras intoxicaciones alimentarias. El hecho de que con frecuencia las IAH se confundan con alergias alimentarias se atribuye a que muchos médicos no conocen el posible diagnóstico alternativo (Köse, 1993). Las tres posibles vías que se han sugerido para distinguir las IAH de otros casos de alergia alimentaria son:

1. La ausencia de un historial previo de reacciones alérgicas frente al alimento implicado.
2. La elevada tasa de afectados en el grupo de personas afectadas por el brote.
3. La detección de altos niveles de histamina en el alimento implicado.

Las autoridades deben confirmar los casos sospechosos de IAH utilizando métodos de vigilancia eficaces que conlleven el análisis rápido de histamina en el alimento implicado. La mayoría de los países carecen de métodos eficaces para confirmar y notificar los casos de IAH. La Tabla 5.5 muestra algunos incidentes de IAH asociados a productos de pescado declarados en diversos países desde 2000.

Los mejores programas y directrices de vigilancia se han elaborado en países desarrollados como Estados Unidos, Reino Unido, Japón y Nueva Zelanda. Por lo tanto, los incidentes se notifican normalmente en estos países. Los informes de estos países normalmente se confirman mediante programas de vigilancia eficaces. Los países como el de la autora carecen de programas de comunicación adecuados para este propósito, confiando habitualmente en que las víctimas afectadas llamen a los «Centros para la Notificación de Enfermedades» o en los informes de los médicos que tratan a las personas afectadas. Como consecuencia, los informes no corresponden a resultados contrastados. También se han publicado informes de científicos de diferentes países a lo largo de los años. En estos informes generalmente se analizan los contenidos en histamina de los productos implicados (Tsai *et al.*, 2005; 2007a, 2007b). Los Centros para el Control y la Prevención de Enfermedades de los Estados Unidos han elaborado una guía para confirmar los brotes de enfermedades de origen alimentario en la que se incluye la intoxicación por histamina (URL-1). Según esta guía, los pacientes a los que se les ha diagnosticado una intoxicación empiezan a mostrar síntomas en 1 minuto-3 horas; normalmente duran 1 hora y presentan rubor, mareo, ardor en boca y garganta, dolor de cabeza, síntomas gastrointestinales, urticaria y prurito generalizado. Los efectos farmacológicos y los síntomas de la intoxicación alimentaria por diferentes aminas biógenas se muestran en la Tabla 5.4.

5.5 ASPECTOS NORMATIVOS

Se ha sugerido un nivel de histamina peligroso para la salud humana de 500 mg/kg, aunque se han descrito niveles bajos, de 50 mg/kg, en intoxicaciones por histamina (Köse, 2010; FDA, 2011).

TABLA 5.5
Tipo de pescado involucrado en la intoxicación por histamina en pescado en diversos países desde 2000.

Especie	Nombre científico	País	Año	Número de casos	Nivel de histamina (mg/kg)	Referencias
Atún		Senegal	2010	71	4.900	FAO-OMS (2013)
Atún		Escocia	2009	4		James *et al.* (2013)
Medregal grande		Nueva Zelanda	2009	3		Fletcher (2010)
Marlín trompa	*Tetrapturus angustirostris*	Taiwán	2007	347	>400	Chen *et al.* (2010)
Atún fermentado frito		Tailandia	2007	91	4.460	FAO-OMS (2013)
Atún		Israel	2005-2007	46		Lavon *et al.* (2008)
Atún		EE.UU.	2006	11	>500	CDC (2007)
Sabalote desecado	*Chanos chanos*	Taiwán	2006	3	616	Tsai *et al.* (2007b)
Albóndigas de atún		Taiwán, China	2006	7	1.608	Chen *et al.* (2008)
Marlín		Japón	2006	32		FAO-OMS (2013)
Salmón de Australia ahumado		Nueva Zelanda	2004	11		Fletcher (2010)
Medregal	*Seriola lalandi*	Sudáfrica	2004	19		Auerswald *et al.* (2006)
Aguja azul frita	*Makaira nigricans*	Taiwán	2004	59	>1.500	Tsai *et al.* (2007a)
Pez espada	*Xiphias gladius*	Taiwán	2004	43	859-2.937	Chang *et al.* (2008)
Salmón de Australia ahumado		Nueva Zelanda	2003	25		Fletcher (2010)
Paparda del Pacífico		Japón	2003	8	320	Miki *et al.* (2005)
Atún de aleta amarilla	*Thunnus albacares*	Australia	2003	6	470-490	Hall (2003)
Escolar		EE.UU.	2003	42	2.000-3.800	Feldman *et al.* (2005)
Atún		Escocia	2002	3		James *et al.* (2013)
Salmón de Australia ahumado		Nueva Zelanda	2002	20		Fletcher (2010)
Sardina desecada		Japón	2002	1	1.700	Kanki *et al.* (2004)
Atún y filete de atún		Escocia	2001	14		James *et al.* (2013)
Caballa enlatada		Taiwán	2001	3	500-1.539	Tsai *et al.* (2005)
Aguja	*Belone belone*	Dinamarca	2001	13	1.000-2.000	Dalgaard *et al.* (2006)

Fuente: Actualizado a partir de Prester, L., *Food Addit. Contamm. Part A.* 28, 1547–1560, 2011.

Basándose en los casos notificados, Shalaby (1996) propuso los siguientes niveles de referencia para el contenido de histamina en pescado respecto al peligro para la salud: (i) <50 mg/kg (seguro para el consumo), (ii) 50-200 mg/kg (posiblemente tóxico), (iii) 200-1.000 mg/kg (probablemente tóxico), (iv) >1.000 mg/kg (tóxico y peligroso para el consumo humano). Sin embargo, los niveles en los que se ve implicado el pescado se encuentran en la mayoría de los casos por encima de 200 mg/kg, y con frecuencia por encima de 500 mg/kg (Lehane y Olley, 2000; Hungerford, 2010). Las razones de la variabilidad en la relación dosis-respuesta para la toxicidad de la histamina se explican en las secciones previas. Excepto para la tiramina, actualmente no se han propuesto recomendaciones respecto a los niveles de otras ABs para el hombre. Para los adultos se han descrito dosis tóxicas en alimentos de 100-800 mg/kg para la ingestión de tiramina y de 30 mg/kg para la ingestión de feniletilamina. Sin embargo, en individuos que tomen fármacos IMAO la ingestión de 60 mg/kg de tiramina puede originar migraña, mientras que 100-250 mg/kg producen una crisis de hipertensión (Silla Santos, 1996).

Inicialmente se propusieron límites superiores de 100 mg de histamina/kg en alimentos, de 2 mg de histamina/L en bebidas alcohólicas y de 100-800 mg/kg de tiramina y 30 mg/kg de β-feniletilamina en alimentos (Halász *et al.,* 1994). Actualmente, la regulación de las ABs normalmente se fija para la histamina en pescado y productos de pescado, pero rara vez en otros alimentos. Las cantidades de tiramina en queso y en bebidas, así como las de NAs en los alimentos, también están reguladas en diversos países.

La Directiva de la Unión Europea (EC, 2007; Directiva nº 1441/2007) regula la histamina en pescado de las siguientes familias: *Scombridae*, *Clupeidae*, *Engraulidae*, *Coryfenidae* (*Coryphaenidae*), *Pomatomidae* y *Scomberesocidae*. Según este reglamento se deben tomar nueve muestras de cada lote de especies de pescado y estas deben cumplir los siguientes requisitos:

- Los valores medios no deben superar los 100 mg/kg.
- Dos muestras pueden tener un valor de más de 100 mg/kg pero menos de 200 mg/kg.
- Ninguna muestra puede tener un valor que supere 200 mg/kg.

Sin embargo, la reglamentación de la UE establece niveles críticos mayores para la histamina en «los productos de la pesca sometidos a tratamiento de maduración enzimática en salmuera, fabricados a partir de especies de pescados asociados a un alto contenido de histidina» (EC, 2007). Según este reglamento,

- Dos muestras pueden tener un valor de más de 20 mg/100 g pero menos de 40 mg/100 g.
- Ninguna muestra puede tener un valor que supere 40 mg/100 g.

La histamina normalmente no se distribuye uniformemente en alimentos sólidos alterados como pescado, carne y quesos. Por esta razón la FDA (2011) considera que si se encuentran 50 mg/kg en una parte del pescado, es posible que otras partes superen los 500 mg/kg, que se considera el nivel tóxico para el hombre. Por lo tanto, la FDA establece valores aceptables para histamina más estrictos para el pescado (especificadas en las directrices de la FDA) basándose en los datos recopilados en numerosos brotes. El límite superior permitido para histamina se establece en 50 mg/kg de pescado y productos de pescado (FDA, 2011). El Codex Nutricional de la República Eslovaca determina que el límite máximo tolerable para la histamina en cerveza y en pescado es de 20 y 200 mg/kg, respectivamente, y para la tiramina en queso es de 200 mg/kg. El Instituto Holandés de Investigación en Productos Lácteos y la República Checa han recomendado un límite superior para la histamina, de 100-200 mg/kg, en productos cárnicos (Karovičova y Kohajdová, 2005).

La legislación de determinados países permite el rechazo de vinos con contenidos de histamina superiores a los límites legales. Los límites superiores para histamina en vino en algunos países europeos son: 2 mg/L en Alemania, 3 mg/L en Países Bajos, 5 mg/L en Finlandia, 5-6 mg/L en Bélgica, 8 mg/L en Francia y 10 mg/L en Suiza y Austria (Russo *et al.*, 2010). Los estándares del Códex para la salsa de pescado exigen menos de 400 mg de histamina/kg de salsa de pescado en cualquier unidad de muestra analizada (FAO-OMS, 2013). La Agencia Canadiense de Inspección de Pescado establece el límite máximo para histamina en salsa de pescado en 200 mg/L, mientras que la FDA lo establece en 500 mg/L (Brillantes y Samosorn, 2001).

Dado que la intolerancia a la histamina y la tiramina se ha convertido en un problema creciente a lo largo de las últimas décadas, la industria alimentaria ha estudiado la elaboración de alimentos con niveles de histamina y tiramina lo más bajos posibles (Bodmer *et al.*, 1999). Debido al potente efecto tóxico de estos compuestos para las personas susceptibles como los que siguen tratamiento médico, sería de gran interés certificar que algunos pescados como la merluza están libres de histamina o como bajos en histamina (Baixas-Nogueras *et al.*, 2001).

Aunque no se ha establecido ninguna regulación para la histamina en harina de pescado para consumo animal, la harina de pescado con poca histamina, por debajo de 500 mg/kg, se acepta como un producto de alta calidad por los comerciantes y se paga un 25% más por tonelada que los productos normales de baja calidad que contienen más de 1.000 mg/kg (Com. pers. productores de harina de pescado de la región turca del Mar Negro).

El uso de nitritos o nitratos se describe para derivados cárnicos más que para productos de pescado. Por lo tanto, normalmente el riesgo para la salud se espera de los productos cárnicos. Los Estados Unidos han establecido en 10 mg/kg el límite máximo permitido para NPYR en beicon (Al Bulushi *et al.*, 2009), pero no muchos países, incluyendo la UE, regulan las NAs de origen alimentario (Köse, 2010). El gobierno estonio ha dispuesto una concentración máxima permitida para la suma de dos NAs (NDMA y NDEA) en pescado fresco y ahumado de 3 µg/kg (Yurchenko y Mölder, 2006). La reglamentación de la UE se refiere a la liberación de *N*-nitrosaminas y compuestos *N*-nitrosables a partir de tetinas y chupetes de elastómero o de caucho (UE, 1993). Sin embargo, como se necesita nitrito en la ruta química de formación de NAs, los organismos reguladores se preocupan más por controlar la cantidad de nitrito añadido al alimento durante el procesado. Por ejemplo, el gobierno de los EE.UU. permite 100-200 mg/kg de nitrito para pescado ahumado en frío envasado al vacío (VP), mientras que la UE no permite nitritos en estos alimentos (FDA, 2011).

5.6 CONTENIDO DE ABs EN LOS ALIMENTOS

5.6.1 Pescado Fresco

5.6.1.1 Introducción

En alimentos no fermentados se considera la presencia de ABs por encima de un cierto límite como un indicador de actividad microbiana indeseable. En consecuencia, el nivel de aminas podría utilizarse como un indicador de la alteración microbiana. Sin embargo, como indica Silla Santos (1996), la presencia de ABs en alimentos no se correlaciona necesariamente con el crecimiento de organismos alterantes porque no todos ellos son decarboxilasa positivos. Los niveles de histamina, putrescina y cadaverina aumentan normalmente durante la alteración del pescado y de la carne, mientras que los niveles de espermina y espermidina disminuyen durante este proceso.

En esta sección se utiliza la denominación «pescado crudo» para referirse al «pescado fresco» con el fin de evitar la confusión con las acepciones de la palabra «fresco» como producto sin procesar y «fresco» como indicador de calidad (es decir, capturado recientemente y de buena calidad). Por lo tanto, preferimos el término «pescado crudo» para hacer referencia al que se comercializa sin procesar o a la materia prima antes de procesado.

La formación de ABs se ve limitada en el pescado crudo que se mantiene en condiciones de refrigeración o de congelación, dado que estas condiciones retrasan el crecimiento bacteriano y la actividad enzimática. Como consecuencia, en la mayoría de los primeros estudios se obtenían niveles muy bajos de ABs en pescado muy fresco, mientras que en pescado alterado se obtenían contenidos altos (Prester, 2011; FAO-OMS, 2013). De hecho, la historia de los brotes/casos de intoxicación por histamina se relaciona frecuentemente con pescado que se mantuvo en condiciones de abuso de TT (Hungerford, 2010; Köse, 2010). Los estudios con diferentes especies de pescado que contienen grandes cantidades de los aminoácidos precursores demostraron que el pescado conservado a temperaturas elevadas durante un tiempo prolongado presenta altos niveles de ABs (Tabla 5.4).

5.6.1.2 Pescado rico en histidina

Las bacterias que decarboxilan la histidina pueden formar parte de la microbiota natural en la piel, agallas e intestino del pescado recién capturado (FAO-OMS, 2013). La actividad bacteriana puede empezar tras la captura del pescado, normalmente en la etapa *post mortem*. Estas bacterias pueden multiplicarse rápidamente en las condiciones necesarias de temperatura y formar histamina, incluso antes de que se produzca la proteólisis *post mortem*. Por tanto, la histamina puede alcanzar altos niveles antes de que se desarrollen los indicadores de la alteración sensorial. Cuando ya ha tenido lugar la multiplicación bacteriana y se han producido las histidina-decarboxilasas, la actividad enzimática puede continuar lentamente a temperatura de refrigeración, incluso después de cesar el crecimiento bacteriano. También es esperable la formación de histamina en condiciones de refrigeración durante periodos de conservación más largos, si bien el almacenamiento refrigerado es una de las medidas preventivas para controlar la formación de ABs en alimentos.

Se han descrito unas 20 familias de pescado que abarcan más de 100 especies de peces que representan un riesgo para la salud por IAH (Tabla 5.1). Estas especies de peces contienen altos niveles de histidina libre, que van de 2.600 a 25.070 mg/kg. Algunas especies se han incluido en este grupo no por el contenido en histidina libre, sino por estar implicados en casos de intoxicación por histamina. Se han descrito niveles de histamina libre de la familia *Salmonidae* entre los 70 y los 2.362 mg/kg. Sin embargo, solo especies de seis familias se han regulado en la UE y en el Códex, que son *Scombridae*, *Clupeidae*, *Engraulidae*, *Coryphaenidae*, *Pomatomidae* y *Scomberesocidae*. En otros peces y especies marinas o de agua dulce se pueden formar otras ABs peligrosas, como la cadaverina y la putrescina (FAO-OMS, 2013).

Los contenidos de ABs en la materia prima de piscifactorías tienen interés debido al peligro para la salud descrito previamente, por lo que es necesario incluir la monitorización de los niveles de ABs, particularmente de histamina, en el plan de Análisis de Peligros y Puntos de Control Crítico (APPCC) de cualquier planta de procesado de productos de origen marino. Normalmente se buscan niveles bajos de histamina a nivel de materia prima antes del procesado y durante el almacenamiento en fresco, porque la cantidad puede aumentar a niveles peligrosos con el tiempo. Desde la década de 1980, cientos de estudios han descrito niveles diferentes de ABs en muchos tipos de pescado de agua dulce y marino, u otros productos de origen marino, especialmente para las especies consideradas peligrosas por el riesgo para la salud por histamina (FAO-OMS, 2013). Se ha observado que el porcentaje de muestras de pescado fresco con histamina por encima del límite de seguridad de 100 mg/kg es bajo, mientras que en muestras de pescado fermentado o alterado el porcentaje a niveles incluso por encima de 500 mg/kg es alto (FAO-OMS, 2013).

Prester (2011) observó que, en la mayoría de los estudios con pescados ricos en histidina, la acumulación de histamina seguía una tendencia similar durante el almacenamiento (Tabla 5.3). Trabajos realizados en el laboratorio de la autora también apoyan estas observaciones (Koral y Köse, 2012, 2015). El contenido de histamina en sardina y caballa tras 12 horas a 22°C alcanzó un nivel de 50 mg/kg, por lo que se consideraron peligrosas para el consumo humano (Prester, 2011). Según la experiencia de la autora, el pescado capturado en el mar habitualmente llega al mercado en 1 a 12 horas, dependiendo de los diferentes factores como distancia del mercado, capacidad de carga, etc. Por lo tanto, es de gran importancia controlar la formación de ABs, especialmente durante el almacenamiento refrigerado. El riesgo para la salud por histamina se debe con frecuencia a que el pescado se mantiene a temperaturas elevadas. En anchoas, sardinas y caballa conservadas a 20-25°C y en lampuga a 32°C se alcanzan los niveles tóxicos de histamina (>500 mg/kg) en 24 horas (Baranowski *et al.*, 1990; Rossano *et al.*, 2006; Prester *et al.*, 2009; Prester, 2011).

Las ABs que se hallan con mayor frecuencia en productos de origen marino crudos son histamina, putrescina, cadaverina, tiramina, espermina y espermidina. Estas aminas se encuentran normalmente en especies de pescado como anchoa, bonito, caballa, arenque, atún y sardinas. La formación de otras ABs en pescado alterado de especies ricas en histidina es considerablemente menor que la de histamina en condiciones similares (Prester, 2011). No obstante, se recomienda la cuantificación de otras ABs correlacionadas con la alteración del pescado (Prester, 2011). Por esta razón diversos estudios intentaron relacionar los niveles de diferentes ABs con la alteración del pescado (Mietz y Karmas, 1977; Veciana-Nogués *et al.*, 1997; Özogul y Özogul, 2006). Se han descrito dos índices diferentes de ABs: el Índice de Calidad (IC) y el Índice de Aminas Biógenas (IAB) con las siguientes fórmulas:

$$\text{IC} = (\text{histamina} + \text{putrescina} + \text{cadaverina}) / (1 + \text{espermidina} + \text{espermina})$$

$$\text{IAB} = (\text{histamina} + \text{putrescina} + \text{cadaverina} + \text{tiramina})$$

El IAB se correlaciona bien con la calidad sensorial del atún y las sardinas (Veciana-Nogués *et al.*, 1977; Özogul y Özogul, 2006). Sin embargo, diversos estudios sugirieron diferentes niveles de IAB para distintos pescados en unas condiciones determinadas (Veciana-Nogués *et al.*, 1997; Özogul y Özogul, 2006; Koral y Köse, 2012, 2015). Además, estudios previos también demostraron que los niveles de aminas utilizados en la fórmula pueden variar en gran medida dependiendo de diversos factores (Köse, 2010; Prester, 2011). Por lo tanto, la utilidad de estos índices para estimar la alteración del pescado es más bien cuestionable. El tipo y la cantidad de bacterias con actividad amino decarboxilasa que estén presentes en diferentes lotes de una misma especie de pescado pueden conducir a distintos niveles de diferentes aminas. Sin embargo, determinadas condiciones de conservación que supriman la actividad bacteriana pueden contribuir a estabilizar o limitar el inconveniente de la formación de aminas. Estudios recientes realizados en el laboratorio de la autora han demostrado que cuando se alcanzan niveles peligrosos de histamina en anchoa, bonito del Atlántico y alosa, conservados en diferentes condiciones de refrigeración, ya se habían clasificado como no adecuados para el consumo humano por un panel de evaluación sensorial (Koral y Köse, 2012, 2015). Los valores de otras ABs en estas muestras resultaron inferiores a 100 mg/kg con algunas excepciones (Koral y Köse, 2012; 2015). Aunque estos resultados podrían sugerir que la evaluación sensorial del pescado refrigerado podría contribuir a evitar las ABs en estas especies de pescado, se precisan estudios adicionales con diferentes lotes en las mismas condiciones para extraer una conclusión. Curiosamente, Koral y Köse (2012) encontraron aproximadamente 163 mg/kg de espermidina en bonito fresco, pero disminuyó durante el almacenamiento en refrigeración.

5.6.1.3 Pescado con bajo contenido en histidina

Diversos estudios han demostrado que la formación de histamina en pescado de músculo blanco está muy por debajo de los límites legales establecidos para especies de pescado por la FDA y la UE. De hecho, hasta ahora no se han declarado casos de intoxicación por histamina debidos al consumo de pescado con bajo contenido en histidina (Baixas-Nogueras *et al.,* 2005; Prester, 2011). La putrescina y la cadaverina son las principales aminas que se forman en pescado bajo en histidina, como la merluza y la trucha. Por lo tanto, estas aminas se han utilizado principalmente como indicadores de calidad para pescado bajo en histidina (Prester, 2011).

En cefalópodos, crustáceos y bivalvos normalmente se forman niveles bajos de histamina. Sin embargo, en estas especies se han descrito valores altos de otras ABs como putrescina, cadaverina y tiramina. Hu *et al.* (2012) demostraron que los niveles de putrescina, cadaverina y tiramina aumentaron durante el almacenamiento tanto a temperatura ambiente como en refrigeración, aunque en pequeñas cantidades en las muestras frescas. Se ha propuesto la agmatina como un indicador de frescura para la sepia (*Sepia officinalis*) y otras especies de calamares conservadas en hielo (Zhao *et al.,* 2007; Prester, 2011). Aunque no se conoce bien el posible papel de la agmatina en la intoxicación por ABs, puede actuar como un potenciador de la toxicidad de otras ABs como histamina y tiramina (Halász *et al.,* 1994). Los datos de los niveles de ABs en otros cefalópodos son escasos (Prester, 2011). También se ha propuesto utilizar la presencia de otras ABs como cadaverina y putrescina para identificar la alteración en crustáceos. De estas aminas, se ha sugerido que la putrescina es el mejor indicador de la alteración del langostino jumbo y de la cigala (*Nephrops norvegicus*) conservado en un amplio rango de temperaturas, aunque la producción de cadaverina siguió un patrón similar al de la putrescina en varias especies de crustáceos (Zhao *et al.,* 2007; Prester, 2011). Según las observaciones de Prester (2011) no se ha detectado histamina ni tiramina durante la conservación de las cigalas. Por lo tanto, se ha sugerido que las especies de crustáceos son un alimento adecuado para las personas que requieran una dieta baja en histamina. Diversos estudios han descrito también cantidades menores de histamina y tiramina en bivalvos que en pescado (Prester, 2011). Sin embargo, los niveles globales de poliaminas en algunos moluscos bivalvos son relativamente altos (4.300 mg/kg), lo que es importante debido a su papel en la salud y en algunas enfermedades. Se ha observado una gran variación en los niveles de diversas especies de bivalvos, de 150 mg/kg para putrescina, 65 mg/kg para espermidina y 80 mg/kg para cadaverina (Prester, 2011).

5.6.2 Frutas y Hortalizas

Halász *et al.* (1994) describió diferentes factores asociados a la acumulación de algunas ABs en plantas. La formación de agmatina y putrescina en plantas está relacionada con condiciones de deficiencia de potasio y magnesio, y con altas concentraciones de amonio. También se producen variaciones considerables en el contenido estimado de aminas en función del diferente grado de maduración de las plantas, por lo que se han publicado concentraciones de aminas muy diferentes para el mismo tipo de fruta. Se han obtenido niveles altos de aminas en zumo de naranja (noradrenalina, triptamina), así como en tomate (tiramina, triptamina e histamina), plátano (tiramina, noradrenalina, triptamina y serotonina), ciruela (tiramina, noradrenalina) y en espinacas (histamina) (Halász *et al.*, 1944). Se ha descrito que la feniletilamina del chocolate deriva del tostado del grano de cacao, y su concentración en el producto final varía considerablemente. También se han encontrado valores altos de feniletilamina en determinadas especies de setas. Se han detectado histamina y cadaverina en carragenano de algas (Silla Santos, 1996). Los estudios del estado higiénico de las hortalizas de hoja indican una asociación entre los altos recuentos microbianos y la presencia de ABs, tanto en productos frescos como envasados. Los principales grupos dominantes son *Pseudomonadaceae* y *Enterobacteriaceae* (Halász *et al.*, 1994).

5.6.3 Carne fresca

La carne de cerdo fresca o procesada contiene niveles altos de adrenalina, espermidina y espermina, pero niveles bajos de noradrenalina, putrescina, histamina, cadaverina y tiramina. Se han identificado diversas ABs en carne de vacuno y de cerdo picada, tanto cruda como cocinada. Las cantidades altas de cadaverina obtenidas en carne de vacuno se han asociado a una contaminación intensa por *Enterobacteriaceae* (Halász *et al.*, 1994; Karovičová y Kohajdová, 2005).

Las ABs más prevalentes en carne y productos cárnicos son tiramina, cadaverina, putrescina y también histamina. Las únicas aminas presentes a niveles significativos en la carne fresca son espermidina y espermina. En la carne y los productos cárnicos de animales homeotermos son normales contenidos altos de espermina, generalmente entre 20 y 60 mg/kg, mientras que la espermidina rara vez supera los 10 mg/kg (Ruiz-Capillas y Jiménez Colmenero, 2004). Por lo tanto, es típica la relación inversa entre los contenidos de la espermidina y la espermina en alimentos de origen animal respecto a los productos de plantas. Algunas aminas como tiramina, putrescina y cadaverina se pueden formar durante el almacenamiento de la carne. Dado que la concentración más alta de tiramina en la carne almacenada se encuentra en la superficie de la carne, se puede reducir eficazmente mediante el lavado (Stadnik y Dolatowski, 2010). Un almacenamiento prolongado en productos envasados al vacío, incluso en condiciones de refrigeración, aumenta los niveles de algunas aminas, particularmente de espermina, tiramina y cadaverina (Ruiz-Capillas y Jiménez Colmenero, 2004; Stadnik y Dolatowski, 2010).

5.6.4 Procesados

5.6.4.1 Introducción

Algunas bacterias que forman aminas son halotolerantes o halófilas. Sin embargo, es poco probable que los procesos de salado y secado correctos de diversos alimentos, como el pescado salado, permitan que estas bacterias crezcan, debido a la baja a_w (Köse, 2010). En la mayoría de productos de pescado salados y desecados, ya sean comerciales, caseros o hechos en laboratorio, la a_w y el contenido en sal se encuentran respectivamente por debajo de 0,77 y 15% de sal en la fase acuosa, tanto a temperatura ambiente como en refrigeración (Koral *et al.*, 2013). Estas condiciones son suficientemente eficaces para evitar la formación de ABs y el crecimiento bacteriano durante la maduración y la consiguiente conservación, ya sean a temperatura ambiente o en refrigeración (Köse, 2010). Se pueden aislar algunas de las bacterias que forman histamina incluso de productos de pescado salados o en salmuera (Köse, 2010), por lo que debe tenerse cuidado tras el desalado. Veciana-Nogués *et al.* (1997) indicaron que la formación de ABs puede aumentar rápidamente en productos salados durante el periodo de desalado y envasado en aceite como se aplica en España. Se pueden obtener altos niveles de ABs en productos de pescado desecados salados o en salmuera comerciales. La principal razón está estrechamente relacionada con las ABs formadas previamente y con las decarboxilasas en la materia prima de baja calidad. Según las observaciones de la autora, es una práctica habitual que los productores a pequeña escala, cuando no pueden vender el pescado fresco en el mismo día, normalmente lo procesan mediante salado en seco o en salmuera, si bien actualmente algunos han empezado a congelar el pescado para su exposición para la venta en los días siguientes. Estudios realizados en el laboratorio de la autora también demuestran que la maduración de los productos de pescado en salmuera a temperatura ambiente supone un riesgo para la salud por histamina y otras ABs, como cadaverina, putrescina y tiramina, si la salmuera se prepara con concentraciones de sal inferiores al 25% (Koral *et al.*, 2013; Köse *et al.*, 2015). Se han descrito niveles altos de histamina y de otras ABs en productos de pescado en salmuera que se mantuvieron a temperaturas altas. Por lo tanto, salvo que se utilice una salmuera muy concentrada (<25%), se recomiendan condiciones de almacenamiento en frío durante la maduración y el almacenamiento (Köse, 2010). Aunque la conservación en frío y la salmuera (sal) juntas son muy eficaces para controlar la formación de histamina en productos de pescado, la prevención solo es eficaz durante un determinado periodo de tiempo. Normalmente los productos son inocuos mientras mantengan las características sensoriales, especialmente para pescado de pequeño tamaño, como la anchoa (Köse *et al.*, 2015).

Los estudios con otros tipos de alimentos salados también demuestran el efecto de la concentración de sal en la formación de ABs, obteniéndose normalmente bajos niveles en productos salados con altas concentraciones de sal (Chong *et al.*, 2011). Las enterobacterias se describen con frecuencia como las responsables de la actividad histidina-decarboxilasa para producir histamina (Bover-Cid *et al.*, 2009). En pasta de soja salada fermentada se obtuvieron niveles de ABs más bajos con una concentración alta de sal (12%) que con menor cantidad de sal (6% y 8% de sal) (Kim *et al.*, 2005). Diversos estudios también han comprobado que un contenido alto de sal puede controlar la formación de ABs en diferentes alimentos salados, como el queso Feta (Bover-Cid *et al.*, 2009; Chong *et al.*, 2011).

5.6.4.2 Productos marinados

En los primeros estudios se obtuvieron bajos niveles de histamina y de otras ABs en diferentes tipos de productos de pescado marinados comerciales conservados en condiciones de refrigeración (0-4°C), con algunas excepciones (Köse *et al.*, 2012). Sin embargo, se detectaron altos niveles de ABs, particularmente de histamina, en productos de pescado marinados que maduraron y se conservaron a temperatura ambiente (Gökoğlu, 2003). Se recomienda utilizar materias primas poco saladas para obtener un producto de buena calidad en el caso de marinados preparados a partir de materia prima previamente salada. En estas condiciones, las temperaturas altas pueden permitir la formación de histamina durante un periodo largo de maduración o de almacenamiento (Köse, 2010). Gökoğlu (2003) demostró que los niveles de ABs, particularmente de histamina, en dos procesados diferentes de sardinas marinadas alcanzaban niveles peligrosos en un día durante la maduración a temperatura ambiente (25 ± 2°C).

5.6.4.3 Productos ahumados y desecados

Los primeros trabajos mostraban altos contenidos de histamina en diversos productos de pescado ahumados, que superaban los niveles permitidos tanto por la FDA como en la UE (Lehane y Olley, 2000; Köse *et al.*, 2012; Koral *et al.*, 2013). Sin embargo, el ahumado en caliente es un método seguro para prevenir la formación de ABs debido a que el intenso calor prácticamente esteriliza el producto y desnaturaliza enzimas, ofreciendo un cierto grado de conservación, aunque no destruye la histamina previamente formada (Lehane y Olley, 2000). Por lo tanto, los niveles altos de ABs en pescado ahumado normalmente se asocian a una manipulación deficiente y a abusos de TT de la materia prima. Dado que los productos de pescado ahumados en caliente contienen niveles de sal más bajos que los ahumados en frío y otros productos de pescado salados, la recontaminación con bacterias y el almacenamiento en condiciones de temperatura alta pueden provocar la formación de ABs. Emborg *et al.* (2005) describieron una alta concentración de histamina de >7.000 mg en atún envasado al vacío, que provocó una intoxicación por histamina, y relacionaron la alta concentración con el crecimiento de bacterias psicrotolerantes similares a *M. morganii* o de *Photobacterium phosphoreum* en pescado envasado al vacío. Algunas bacterias que forman histamina son anaerobias facultativas y pueden crecer en ambientes con poco oxígeno (Tsai *et al.*, 2007b; Mah y Hwang, 2009).

Algunos métodos de secado también incluyen el salado antes del secado. Al igual que en el salado, la disminución de la a_w es el factor de conservación tanto para los productos de pescado desecados como para otros alimentos desecados. Dado que los bajos valores de a_w afectan directamente a la actividad bacteriana, estos productos representan un riesgo bajo para la salud debido a las ABs. Sin embargo, la histamina formada previamente u otras ABs presentes en la materia prima pueden ser las responsables de la presencia de cantidades altas en los productos desecados, lo que explicaría la implicación de los productos de pescado desecados en la IAH, en los que se encontraron valores altos de histamina en la comida de las personas afectadas (Tabla 5.5; Tsai *et al.*, 2007b).

5.6.4.4 Productos de pescado enlatado

El tratamiento a altas temperaturas del enlatado mata a las bacterias y destruye las enzimas pero no es capaz de destruir niveles altos de histamina, que es un compuesto resistente al calor (Köse, 1993). Además, los productos enlatados cerrados adecuadamente no permiten la contaminación bacteriana, salvo que haya defectos en el sellado, como los originados por impactos durante el transporte. Como consecuencia, en los productos de pescado u otros alimentos enlatados se esperan niveles bajos de ABs, siempre que las ABs también se encuentren en cantidades bajas en las materias primas antes del envasado y procesado. Estudios recientes también apoyan el hecho de que se obtienen cantidades bajas de ABs en productos de pescado de buena calidad enlatados (Prester, 2011). Sin embargo, se detectaron niveles altos de histamina de hasta 520 mg/kg en muchas muestras de pescado enlatado en Corea, México y Brasil, lo que indica una manipulación y conservación inadecuada de las materias primas utilizadas. El porcentaje de muestras de pescado enlatado inaceptable en Taiwán fue del 4,2% (Tsai *et al.*, 2005; Prester, 2011). También se ha indicado que la acumulación de histamina tiene lugar a menudo cuando el pescado rico en histidina se descongela y se mantiene durante un tiempo prolongado a temperatura ambiente antes de seguir su procesado (Tsai *et al.*, 2005; Prester, 2011). Karovičová y Kohajdová (2005) indicaron que la cuantificación de histamina en productos enlatados revela la termoestabilidad de la molécula. Los olores que normalmente indican la descomposición en un análisis sensorial se pueden modificar, reducir o eliminar mediante un tratamiento térmico, por lo que la histamina es un indicador útil de la alteración en algunos productos de pescado enlatados.

5.6.4.5 ABs en productos de origen marino envasados

La incorporación de dióxido de carbono (CO_2) puede inhibir el crecimiento y aumentar la fase de latencia de los microorganismos con actividad aminoácido-decarboxilasa. Diversos estudios describen el éxito en la inhibición de las ABs en pescado y carne de pollo envasados en atmósfera modificada, siendo su efecto inhibidor mejor que con el envasado al vacío (Chong *et al.*, 2011).

Emborg *et al.* (2005) encontraron que la histamina alcanzaba un nivel tóxico en filetes de atún refrigerados y envasados al vacío a 2°C, mientras que el envasado con 40% CO_2/60% O_2 inhibía la formación de histamina. Se estudió la eficacia de las atmósferas modificadas para retrasar la producción de ABs en diferentes pescados frescos como sardina, arenque, aguja y merluza. Gallas *et al.* (2010) también demostraron que en carne de pollo se obtenían concentraciones significativamente más bajas de ABs con una concentración alta de oxígeno (75% O_2, 25% CO_2) que en atmósfera modificada con 75% N_2 y 25% CO_2. Recientemente se ha descubierto que el mejor efecto inhibidor de la formación de histamina en filetes de bonito se obtiene con el envasado en película de quitosano, seguido de la atmósfera modificada, envasado al vacío y film transparente (Alak *et al.*, 2011).

5.6.5 Contenido de ABs en Alimentos Fermentados

5.6.5.1 Introducción

El uso de diversas cepas microbianas y condiciones de fermentación, incluyendo diferentes microorganismos, sustratos, temperaturas, tiempo de fermentación y avances en la ingeniería química, nos permite elaborar cientos de tipos de productos lácteos (quesos, leches fermentadas), hortalizas (chucrut, encurtidos, aceitunas), productos cárnicos y de pescado (p. ej., embutidos y salsa de pescado), bebidas alcohólicas (vino, cerveza, sidra), pan, vinagre y otros alimentos ácidos. A pesar de la amplia variedad de estos productos, sabores y texturas, en la mayoría de los casos solo se siguen dos tipos de fermentaciones: láctica y etílica. El objetivo en ambas es cambiar las condiciones para que los microorganismos alterantes o patógenos no crezcan y alteren el alimento. La razón principal de la alta cantidad de ABs en alimentos fermentados se explicó por la presencia de aminoácidos libres en la fracción de nitrógeno no proteico, ya que son los principales precursores de las ABs, y aumentan durante la fermentación. La concentración de aminoácidos libres en los productos fermentados depende de la actividad de enzimas endógenas, la cual a su vez se ve favorecida por la desnaturalización de proteínas como consecuencia del aumento de acidez, la deshidratación y el efecto del NaCl (Suzzi y Gardini, 2003). La temperatura es otro de los factores que afectan significativamente a la formación de ABs. Los procesos de fermentación normalmente entre 7 y 28°C suelen incrementar la formación de ABs (Ercan *et al.*, 2013). Además, los microorganismos responsables de la fermentación pueden contribuir a la acumulación de ABs (Stadnik y Dolatowski, 2010; Latorre-Moratalla *et al.*, 2014). Sin embargo, la concentración de ABs puede variar en productos fermentados que presenten una microbiota similar, lo que indica que la compleja interacción entre los factores también influye en la producción de ABs. Además, las diferencias en la cantidad de los aminoácidos precursores en los alimentos pueden originar variaciones en las concentraciones y en los tipos de ABs en los productos fermentados. El método de procesado también es un factor importante en la variación de los niveles de aminas, ya que determinadas condiciones de procesado, como el secado, el cocinado y la aplicación de sal y otros aditivos, pueden tanto suprimir como favorecer la actividad microbiana y enzimática durante el proceso de fermentación o de maduración de estos productos. A continuación se tratan los contenidos de ABs de los alimentos fermentados, agrupados en los diferentes tipos según tengan efectos similares en la formación de ABs.

5.6.5.2 Contenido de ABs en productos cárnicos fermentados

Los estafilococos están estrechamente involucrados en los procesos proteolíticos durante la fermentación de la carne, aunque la mayoría de las BAL, principalmente los lactobacilos, también muestran una actividad proteolítica o aminopeptidasa sobre las proteínas cárnicas para obtener aminoácidos libres esenciales. De hecho, las especies de lactobacilos predominantes en embutidos madurados, como *Lactobacillus sakei* o *Lactobacillus curvatus,* participan en la hidrólisis de las proteínas de la carne y en la generación de aminoácidos libres. Al mismo tiempo, algunos de estos microorganismos usan los aminoácidos libres como sustrato para reacciones metabólicas ulteriores (desaminación, deshidrogenación y transaminación), muchas de las cuales están relacionadas con el desarrollo de aromas y sabores que caracterizan los productos cárnicos fermentados y madurados. Por el contrario, a diferencia de las reacciones mencionadas, la decarboxilación microbiana de ciertos aminoácidos libres conduce a la formación no deseable de ABs. La formación de aminas en los embutidos madurados se debe a una actividad enzimática que depende de la cepa de la microbiota fermentadora presente con fines tecnológicos, pero también de los microorganismos contaminantes no deseados. Por lo tanto, los embutidos madurados reúnen todos los requisitos para acumular ABs: la presencia de microorganismos, la disponibilidad de los aminoácidos libres precursores y las condiciones ambientales favorables para el crecimiento bacteriano y la actividad decarboxilasa (Latorre-Moratalla *et al.,* 2014).

Las ABs más prevalentes en carne y productos cárnicos son tiramina, cadaverina, putrescina e histamina (Jairath *et al.,* 2015). Los contenidos de estas aminas tienden a variar en función de los diferentes tipos de producto, pero los productos cárnicos fermentados presentan (FMPs) una cantidad considerablemente más alta de ABs (Ruiz-Capillas y Jiménez-Colmenero, 2004; Stadnik y Dolatowski, 2010). Diversos autores también han descrito niveles bajos de ABs en diferentes productos cárnicos fermentados, como 17 mg/kg de triptamina en salami y 2,6, 0,9 y 9,6 mg/kg de putrescina, tiramina y espermidina en salami tipo pepperoni (Kim *et al.,* 2005). Sin embargo, se detectaron niveles muy altos de hasta 1.000 mg/kg en muchos productos cárnicos fermentados del mundo (Ruiz-Capillas y Jiménez-Colmenero, 2004). Recientemente, Papavergou *et al.* (2012) midieron los niveles de ABs en productos cárnicos fermentados a nivel del comercio minorista en Grecia y obtuvieron que las concentraciones de tiramina, putrescina, histamina y cadaverina se encontraban respectivamente en el rango de 0-510, 0-505, 0-515 y 0-690 mg/kg. Eerola *et al.* (1998) encontraron niveles de histamina, tiramina, putrescina y cadaverina de hasta 200, 320, 580 y 790 mg/kg respectivamente en embutidos madurados finlandeses. Por lo tanto, estas aminas se utilizan habitualmente para estimar la calidad de la carne, y diversos investigadores han propuesto distintas fórmulas para el índice de aminas biógenas. La cadaverina y la putrescina son las que se utilizan con mayor frecuencia en estos índices para diversos productos cárnicos madurados. La histamina y la tiramina también se incluyen en algunas de las fórmulas que se aplican para diferentes productos, como hamburguesas y embutidos madurados (Ruiz-Capillas y Jiménez-Colmenero, 2004).

El contenido y el perfil de aminas pueden variar durante el procesado de los productos cárnicos madurados dependiendo de diversos factores extrínsecos e intrínsecos, como el pH, potencial redox, temperatura y NaCl. Se sabe que la calidad higiénica de las materias primas es uno de los factores extrínsecos que afectan a la concentración de ABs. Sin embargo, la misma materia prima puede llegar a niveles de aminas muy diferentes en el producto final dependiendo de la presencia de microorganismos con actividad decarboxilasa, ya sean procedentes de la contaminación ambiental o de cultivos iniciadores, y de las condiciones que favorecen su crecimiento y actividad. Entre los factores extrínsecos, se ha estudiado el efecto de las condiciones de conservación de los productos cárnicos madurados en la formación de aminas, y la investigación realizada concluyó que los niveles de aminas en los productos cárnicos se ven afectados por las condiciones de conservación, mientras que el cocinado no afecta a las concentraciones, con la excepción del descenso de espermina y espermidina durante el calentamiento. Se estudiaron las posibles fuentes bacterianas de la putrescina y la cadaverina en carne de vacuno envasada al vacío conservada en refrigeración. Los resultados mostraron que el contenido de putrescina y cadaverina aumenta durante la conservación, mientras que el de espermidina y espermina disminuye (Halász *et al.,* 1994). Este fenómeno se atribuyó a las diferencias en la velocidad de reacción de la síntesis de la amina y de la desaminación. Los niveles de putrescina, cadaverina, espermidina y espermina cambiaban menos durante el almacenamiento a –20°C que a 5°C. Se han realizado diversos ensayos con el fin de determinar si los niveles de una determinada amina en ciertos alimentos se pueden correlacionar con la carga bacteriana (Halász *et al.,* 1994). Algunos estudios encontraron actividad decarboxilasa de BAL en diversos alimentos fermentados, incluyendo productos cárnicos. *Carnobacterium divergens* era el responsable de la formación de tiramina en carne envasada al vacío, mientras que la formación de putrescina y cadaverina se debía a *Enterobacteriaceae* o a cepas de *Pseudomonas* spp. (Halász *et al.,* 1994).

Se utilizaron los contenidos de algunas ABs para estimar la calidad bacteriana de diferentes alimentos como carne, queso y vino. En carne de vacuno picada se propuso la putrescina para su uso potencial como índice bacteriano. También se apreciaron ciertos niveles de correlación entre ABs y los recuentos de bacterias, como la putrescina con el recuento de aerobios mesófilos y la cadaverina con el recuento de coliformes. Las cepas de *Pseudomonas,* que son los microorganismos dominantes en carnes refrigeradas, producen principalmente putrescina, mientras que las cepas de *Enterobacteriaceae* forman preferentemente cadaverina (Halász *et al.,* 1994). La formación de ABs en embutidos fermentados puede derivar de la materia prima contaminada o del propio proceso de fermentación.

5.6.5.3 Contenido de ABs en pescado fermentado

Existen numerosos productos de pescado fermentado (FFPs) en el mundo y los tipos que se consumen más habitualmente son originarios del sudeste de Asia. El término «pescado fermentado» tradicionalmente abarca tanto los productos hidrolizados con enzimas como por microorganismos. Sin embargo, no existe una distinción clara entre estos productos (Köse, 2010). La mayoría de los productos de pescado fermentado también incluyen salado y ocasionalmente ahumado, marinado y desecado. Los productos de pescado fermentado se agrupan en tres categorías:

1. Productos preparados normalmente con pescado entero añadiendo sal para reducir la a_w para prevenir la alteración microbiana (p. ej., pasta de pescado y salsa de pescado). Las enzimas para el proceso de fermentación vienen parcialmente del aparato digestivo del pescado y, en parte, de las bacterias que se encuentran presentes de forma natural en el pescado y en la sal.
2. Productos preparados con diferentes tipos de pescado añadiendo carbohidratos como sustrato y sal. La fermentación la llevan a cabo los microorganismos que se encuentran presentes de forma natural.
3. Productos similares al segundo tipo salvo porque se añaden cultivos iniciadores para la fermentación.

El proceso de fermentación del pescado puede reunir las condiciones necesarias para una abundante formación de ABs, como la disponibilidad de aminoácidos libres, la presencia de microorganismos decarboxilasa positivos y las condiciones que permiten el crecimiento microbiano, que implican la síntesis de decarboxilasas y la actividad decarboxilasa (Köse, 2010). Se han encontrado niveles muy altos de histamina en productos de pescado fermentado, especialmente de origen asiático. Los niveles más altos se registraron en diferentes variedades de salsas de pescado, como los 200-600 mg/L en salsa de pescado de Tailandia, los 430 mg/L en *nampla*[2] o los 1.380 mg/L en salsa de anchoas coreana (Brillantes y Samosorn, 2001). También en estudios recientes se han

---

[2]N. del T.: Salsa tailandesa de anchoas.

obtenido niveles altos de histamina en salsa de pescado. En Japón, Kuda *et al.* (2012) obtuvieron valores muy altos de histamina de 383-1.172 mg/L en salsa de pescado *nukazuke* de sardinas y de 408 mg/L en la de caballa, aunque también obtuvieron niveles bajos para los mismos tipos de productos de diferentes empresas, lo que indica una alta variación en los factores que influyen en la formación de ABs en este tipo de productos. La pasta de pescado es otro tipo de producto de pescado fermentado, aunque a veces en diferentes publicaciones se incluye en otro grupo independiente de productos de pescado salado. También se han obtenido niveles altos de histamina y otras ABs en este producto en diferentes estudios. En el laboratorio de la autora se analizaron las ABs de diez productos diferentes de pasta de pescado procedentes de Turquía y de países de la UE (Köse *et al.*, 2012). Solo tres muestras contenían niveles inaceptables de histamina, siendo la cantidad más alta de 1.544 mg/kg en pasta de anchoas procedente de Grecia, y de 166 y 192 mg/kg en muestras elaboradas en Turquía a partir de anchoa y de sardina respectivamente. Los niveles bajos para otras pastas de pescado se encontraban por debajo de 5 mg/kg, excepto en una muestra de Italia. Debido a las restricciones de la UE, estos productos normalmente se elaboran y se conservan en condiciones de refrigeración en los países de la UE.

Aunque se han atribuido pocos brotes de intoxicación alimentaria a los productos de pescado fermentado, varios investigadores han detectado niveles altos de histamina y de otras ABs, lo que sugiere que hay casos sin notificar (Köse, 2010). Otra posible razón puede ser que algunos de estos productos, especialmente la salsa de pescado, se consumen en pequeñas cantidades como ingrediente o acompañamiento de otros platos, lo que probablemente reduce el riesgo. Por lo tanto, el nivel permitido por diversas autoridades sanitarias es más alto en productos de pescado fermentado que en pescado no fermentado (EC, 2005).

Se han aislado diferentes especies de microorganismos a partir de productos de pescado fermentado, incluyendo BAL, levaduras y *Enterobacteriaceae*. Algunas de estas bacterias son fermentadoras que se utilizan frecuentemente como cultivos iniciadores. Como consecuencia, esta situación origina un problema importante en la prevención de la formación de ABs en estos productos. El otro factor importante es la temperatura a la que se desarrolla la fermentación. Muchas técnicas de procesado que se emplean en productos de pescado fermentado se desarrollan en condiciones ambientales. Debido a la dificultad para prevenir la formación de histamina en la mayoría de los productos de pescado fermentado del sudeste asiático, especialmente en la salsa de pescado, diversos estudios se han centrado en reducir los niveles de histamina aprovechando el efecto inhibidor de aditivos o utilizando otros compuestos para degradarla, como enzimas (Tapingkae *et al.*, 2010; Köse, 2010).

5.6.5.4 Contenido de ABs en queso

El queso es un alimento fermentado tradicional y se conocen diferentes variedades en todo el mundo, muchos específicos de una determinada región debido a los métodos de elaboración tradicionales y a las cepas específicas de microorganismos implicados durante el tiempo de maduración. Según Montel *et al.* (2014) en la leche cruda se han detectado más de 400 microorganismos, incluyendo BAL, levaduras y mohos. Esta biodiversidad se reduce en el interior del queso, donde un reducido número de especies de BAL se convierten en las dominantes, aunque también persisten en la superficie del queso. La diversidad en los quesos se debe especialmente a las grandes variaciones en la dinámica de las mismas especies microbianas entre los diferentes quesos.

Aunque la leche fresca normalmente contiene niveles muy bajos de histamina (<0,3 mg/kg), la leche pasterizada o tratada a temperatura ultra alta (UHT) disponible en el comercio ya muestra un contenido ligeramente mayor de histamina. En la fermentación de la leche suele producirse un incremento considerable del contenido de histamina, llegando hasta 7 mg/kg de histamina en nata ácida e incluso niveles ligeramente superiores en yogur. Finalmente, en la producción del queso se produce con frecuencia un incremento bastante drástico del contenido de histamina, llegándose a niveles máximos de histamina de hasta 2.500 mg/kg en queso madurado (Bodmer *et al.,* 1999). Aunque en diferentes tipos de queso se han descrito niveles altos de ABs, particularmente de histamina y tiramina, también se han obtenido valores bajos. Las cantidades grandes de ABs en queso pueden indicar un fallo, desde el punto de vista higiénico, en la leche utilizada o durante la elaboración del queso (Karovičová y Kohajdová, 2005; Spizzirri *et al.,* 2013).

Los aumentos en los contenidos de ABs del queso pueden deberse a la actividad decarboxilasa de diversos microorganismos, entre los que se encuentran especies de BAL de los cultivos iniciadores, BAL no iniciadores y otras de la microbiota espontánea (Halász *et al.,* 1994). Sin embargo, es difícil encontrar una correlación directa entre los recuentos microbianos y el contenido de ABs en queso porque la capacidad productora de aminas varía ampliamente entre las diferentes cepas de las diversas bacterias (Spizzirri *et al.,* 2013). Además, también hay varios factores extrínsecos que pueden jugar un papel importante en la formación de ABs. Estos son la pasterización de la leche, el pH, el nivel de sal en la fase acuosa y la temperatura de maduración. El pH del queso se encuentra entre 5,0 y 6,5, que es el óptimo para la actividad de la mayoría de las decarboxilasas. Además, la formación de ABs se acelera aún más por las altas temperaturas durante la elaboración del queso y por una larga maduración (Gardini *et al.,* 2012; Spizzirri *et al.,* 2013).

5.6.5.5 Contenido de ABs en bebidas alcohólicas y no alcohólicas

Como el alcohol no inhibe las MAOs, es bastante importante para la salud del consumidor controlar las ABs en bebidas fermentadas. Las ABs del vino también pueden originar problemas en el comercio de importación y exportación. Karovičová y Kohajdová (2005) describieron tres posibles orígenes de las ABs en los vinos. Pueden estar presentes en el mosto, las pueden formar las levaduras durante la fermentación maloláctica o formarse por la acción de bacterias que participan en la fermentación maloláctica. La maceración del hollejo de la uva durante la vinificación promueve la extracción de componentes de la uva como los compuestos fenólicos, proteínas, aminoácidos y polisacáridos. Entre los procedimientos para la maceración del hollejo que normalmente se lleva a cabo durante la elaboración del vino tinto se incluye la maceración en frío. Habitualmente se añaden pectinasas al mosto para aumentar el rendimiento de zumo, clarificar el mosto, extraer compuestos del hollejo y facilitar el prensado y la filtración. La maceración carbónica y la maceración en caliente son métodos menos convencionales de extracción del hollejo que se pueden aplicar durante la vinificación (Smit *et al.,* 2013).

Se han identificado muchas ABs diferentes en diversas cantidades y de distinta composición en cerveza y vino. Las ABs detectadas con mayor frecuencia en vino han sido histamina, tiramina, putrescina, isopentilamina y feniletilamina (Bodmer *et al.,* 1999). Putrescina, cadaverina y tiramina son las más representativas en cerveza. Aunque el contenido en histamina en el zumo de uva fresco y de buena calidad es muy bajo y casi despreciable, el vino obtenido a partir de ese mosto puede tener niveles considerables de histamina, incluso inaceptables. Se sabe que el alcohol reduce la actividad DAO. Por lo tanto, conseguir niveles extremadamente bajos de histamina y otras ABs en las bebidas alcohólicas resulta de crucial importancia y de especial interés para el consumidor (Bodmer *et al.,* 1999). Por esta razón algunos productores de vino desarrollaron nuevos métodos para elaborar vinos de alta calidad y vinos espumosos aplicando planes de APPCC eficaces. Estudios posteriores con vinos obtenidos en Europa revelaron que los vinos espumosos y el de cereza elaborados siguiendo un método convencional contienen valores de histamina más altos que el vino obtenido con los métodos modificados (Bodmer *et al.,* 1999). La legislación de determinados países permite rechazar vinos con un contenido superior al límite legal. El límite máximo para histamina en vino varía según los países entre 2 y 10 mg/L.

5.6.6 Contenido de ABs en Otros Tipos de Alimentos

Según Karovičová y Kohajdová (2005) la elaboración de chucrut se realiza en tres etapas que se caracterizan por microorganismos activos, de los cuales los productores de ABs son *Leuconostoc mesenteroides* que produce putrescina en torno a 250 mg/kg, *Lactobacillus* spp., que produce putrescina y tiramina, y *Pediococcus cerevisiae* que produce histamina en torno a 200 mg/kg. Las ABs, especialmente la putrescina, se acumulan en la salmuera del chucrut. Estos autores también detectaban con frecuencia cadaverina, histamina, putrescina, espermidina y tiramina en cantidades que van de 1 a 15 mg/kg en hortalizas como zanahorias y remolacha con una fermentación láctica.

5.7 METODOLOGÍA PARA LAS ABs

5.7.1 Introducción

La detección de ABs en alimentos tiene un papel importante en las medidas preventivas para la seguridad alimentaria. Los métodos de análisis se utilizan normalmente en la investigación de posibles casos de intoxicación alimentaria, para verificar los procesos de elaboración de alimentos (incluyendo el APPCC), así como para medir la calidad (frescura) tanto de materias primas como del producto final (EFSA, 2011; Restuccia *et al.*, 2014). La mayoría de los compuestos se pueden analizar con distintos niveles de precisión. Los factores que pueden influir en la elección del método empleado son: la necesidad real de precisión, el tiempo necesario, las capacidades técnicas necesarias, el coste y la disponibilidad de reactivos o equipamiento que se utilicen (Köse, 1993). Los primeros métodos que se utilizaron para detectar histamina eran bioensayos, que eran métodos cualitativos basados en la prueba de contracción del íleon de cobaya o utilizaban sistemas biológicos (Köse, 1993). Posteriormente se ha desarrollado un gran número de pruebas incluyendo tanto métodos cualitativos como cuantitativos de distinta precisión. Dado que la histamina ha sido la principal amina regulada en el pescado y los productos de pescado durante muchos años, la mayoría de los avances en la metodología a este respecto normalmente se han aplicado al análisis de histamina en pescado. Sin embargo, poco después de los incidentes de IAH asociados a otros tipos de alimentos y de que se reconociese el papel de otras ABs en la intoxicación alimentaria y en la calidad, también se han modificado o desarrollado las técnicas analíticas para el análisis de todas las ABs en diferentes tipos de alimentos.

5.7.2 Selección de Métodos

La elección de la metodología se ve limitada por las tres principales aplicaciones, que son: (i) análisis de ABs en las plantas de elaboración, principalmente en los puntos de control crítico (PCCs) establecidos y en la verificación de los planes de APPCC y de gestión de la calidad para cuestiones de seguridad alimentaria y de calidad; (ii) controles de ABs por la autoridades sanitarias con fines de monitorización y evaluación del riesgo; (iii) trabajos de investigación en temas de seguridad alimentaria y calidad.

La detección de histamina se incluye normalmente en los planes de APPCC de los programas de control de los fabricantes de alimentos y del gobierno debido a la legislación existente para la histamina en alimentos. Por lo tanto, algunos métodos se orientan específicamente al análisis de histamina, concretamente en pescado y productos de pescado. Los métodos analíticos específicos para el análisis de histamina incluyen el ampliamente aceptado método fluorométrico de la

Asociación Oficial de Químicos Agrícolas (AOAC 977.13) (Hungerford, 2010), el método espectrofluorométrico, la prueba enzimática colorimétrica y el análisis inmunoenzimático (EIA), y los métodos enzimáticos (Hungerford, 2010; FAO-OMS, 2013). Los métodos cromatográficos que se han desarrollado con diversas aproximaciones nos permiten determinar todas las ABs, incluida la histamina, en alimentos. Estos métodos van desde la simple y económica cromatografía en capa fina (TLC) a la más potente cromatografía líquida-espectrometría de masas (LC-MS) (Hungerford, 2010). Diversos autores han revisado y discutido estas técnicas en los últimos años (Lehane y Olley, 2000; Dalgaard *et al.,* 2008; Hungerford, 2010; Erim, 2013).

Cada método tiene fortalezas y limitaciones, y varían en cuanto al coste relativo, experiencia del operario, tiempo de análisis por muestra, portabilidad, etc. Es difícil encontrar un método para el análisis de ABs que sea simple, rápido y barato, y aun así muy preciso. Los métodos cualitativos se utilizan principalmente para el análisis de histamina. Normalmente son simples, baratos y rápidos, pero no muy sensibles. Por lo tanto, se usan preferiblemente para el cribado rápido de histamina en PCCs en la aplicación del APPCC a alimentos de origen vegetal y posiblemente para obtener un resultado rápido en puntos de control oficial durante la comercialización. Estos métodos normalmente se presentan como kits comerciales portátiles. Los kits de análisis suelen estar ajustados a 50 ppm, que es el límite más alto permitido por la FDA, y si se obtienen resultados positivos, se realizan pruebas adicionales utilizando un método cuantitativo adecuado para la confirmación. Las normas del Códex proponen el uso del método fluorométrico (AOAC 997.13) u otros métodos equivalentes validados científicamente para este fin (FAO-OMS, 2013). Sin embargo, la cromatografía líquida de alta resolución (HPLC) es la técnica más ampliamente utilizada para determinar ABs en diferentes tipos de alimentos. La Comisión Europea también exige utilizar un método de HPLC desde 2005 para el análisis de histamina en productos de la pesca (EC, 2005). El método propuesto se basa en el método utilizado por Eerola *et al.* (1993) con pequeñas diferencias. Posteriormente otros autores (Köse *et al.,* 2011) publicaron una modificación de este procedimiento.

5.7.3 Procedimientos de Extracción

En un método analítico para alimentos se debe considerar en primer lugar el procedimiento adecuado de extracción. Se han aplicado procedimientos muy similares para extracción de aminas a partir de diferentes matrices alimentarias antes del análisis cromatográfico. En los procedimientos de HPLC las muestras sólidas se extraen con diversos ácidos (p. ej., ácidos tricloroacético, clorhídrico, perclórico, tiodipropiónico o metanosulfónico), solventes (principalmente éter de petróleo, cloroformo y metanol) y se filtran (Erim, 2013; Restuccia *et al.,* 2014). Se han utilizado principalmente tres tipos de solventes para la extracción de ABs a concentraciones de 0,6 M para el ácido perclórico, 5-10% para el ácido tricloroacético y 0,1 M para el HCl (Karovičova y Kohajdová, 2005). El tratamiento con ácido también elimina las proteínas de los extractos. Las muestras de vino se utilizan directamente o tras un simple tratamiento con polivinilpolipirrolidona (PVPP) seguido de filtración para retirar los compuestos fenólicos (Erim, 2013). Se ha sugerido que el metanol es un solvente adecuado para extraer ABs de productos lácteos a temperaturas altas (60°C) (Karovičova y Kohajdová, 2005). Algunos autores sugieren la extracción con butanol o con butanol-cloroformo a pH alcalino para la limpieza de las muestras. Se ha descrito que determinados parámetros influyen significativamente en la extracción y recuperación de las ABs (p. ej., el pH) (Karovičova y Kohajdová, 2005; Erim, 2013). La autora de este capítulo también tuvo problemas de filtración con el ácido fórmico para pescado en aceite. La eficacia relativa de la extracción con estos solventes depende del tipo y naturaleza de las ABs, así como del alimento del que se están extrayendo. La extracción en fase sólida (SPE) ha proporcionado una elección más eficiente que la extracción líquida clásica en virtud de la amplia disponibilidad de materiales absorbentes y de que se evita la necesidad de deshacerse de los solventes orgánicos (Karovičova y Kohajdová, 2005).

5.7.4 Técnicas de Separación para Eliminar Compuestos que Interfieren

Hay dos problemas principales que tienen que resolver los procedimientos analíticos diseñados tanto para detectar únicamente la histamina como para todas las ABs. Uno es la necesidad de la separación de las ABs y de eliminar otros compuestos de la matriz alimentaria que interfieren, como la histidina. En los procedimientos que se emplean para detectar únicamente la histamina, también es preciso eliminar otras ABs que puedan estar presentes. El segundo, dado que muchas aminas no absorben ni UV ni fluorescencia, la mayoría de los métodos de cromatografía líquida requieren la obtención de derivados de las aminas antes de la detección (Spizzirri *et al.,* 2013). Por lo tanto, la gran mayoría de los ensayos utilizan la detección fluorométrica o UV con técnicas de derivatización precolumna o poscolumna (Erim, 2013; FAO-OMS, 2013).

Se han empleado diferentes tipos de reactivos para formar derivados, incluyendo en los métodos un paso de derivatización con ninhidrina u o-ftalaldehído como reactivo de derivatización postcolumna, o bien con cloruro de dansilo o de dabsilo, cloruro de benzoilo, fluoresceína o cloroformiato de 9-fluorenilmetilo para la derivatización precolumna (Köse, 1993; Erim, 2013). Erim (2013) ha discutido en profundidad las ventajas y desventajas de utilizar diferentes reactivos de derivatización y los diferentes métodos, que también ha experimentado la autora. Paleologos *et al.* (2003) indicaron que en casi todas las aproximaciones, las aminas derivatizadas deben someterse a extracción con un solvente orgánico adecuado, evaporación a sequedad y redisolución antes de su inyección en el sistema de HPLC. Por lo tanto, se introduce el riesgo de pérdida de muestra y de contaminación, junto al aumento en el tiempo de análisis. Además, las condiciones cromatográficas hacen que o bien la separación sea insuficiente o que se prolongue el análisis, lo que puede requerir más de una hora. Por lo tanto, se necesitan métodos analíticos cuantitativos más rápidos y simples, sin pasos de derivatización, especialmente para el control de los productos de la pesca.

La mayoría de los métodos de separación aplicados a las ABs en materias primas y productos derivados utilizan HPLC de fase inversa con procedimientos de detección basados en derivatización precolumna o postcolumna para obtener productos fluorescentes o cromóforos potentes (Hungerford, 2010; Erim, 2013). También se ha sugerido que los métodos tradicionales de HPLC presentan diversos inconvenientes, tales como una laboriosa preparación de la muestra, problemas de estabilidad de los productos marcados, interferencia de subproductos, instrumentación compleja, operarios especialistas y el prolongado tiempo de análisis. Otros métodos muy utilizados basados en la separación incluyen la cromatografía iónica[3] (IC) desarrollada por Cinquina *et al.* (2004), electroforesis capilar descrita por Sato *et al.* (2006) y la cromatografía de gas-MS (GC-MS) (Hungerford, 2010). Se han desarrollado algunos métodos nuevos de LC combinados con la detección con espectrómetro de masas (LC-MS) y nuevas aproximaciones de derivatización precolumna (Hungerford, 2010; Sagratini *et al.,* 2012; Erim, 2013).

5.7.5 Métodos Cuantitativos con Detección Directa de ABs

También se dispone en la bibliografía de métodos de LC o GC que no requieren derivatización, como la microextracción en fase sólida GC-MS (Erim, 2013), HPLC con MS en tándem (HPLC-MS/MS) (Sagratini *et al.,* 2012), HPLc-MS/MS utilizando cromatografía líquida de interacción hidrofílica

[3]N. del T.: También denominada cromatografía de intercambio iónico (IEC).

TABLA 5.6
Métodos avanzados recientes sin derivatización para detectar aminas biógenas en alimentos.

Alimento	Analitos	Tratamiento muestra	Método de separación	Detección	LOD y LOQ	Referencias
Pescado	PUT, CAD, HIS, PHE, SPM, TYR, TRP	5% TCA, SPE	HPLC, columna C18, (250 × 4,0 mm, 5 µm). A: formiato amónico, ácido fórmico, agua, pH 3,3; B: metanol	MS/MS	LOD: 0,02-0,25 mg/kg LOQ: 0,07-0,75 mg/kg	Sagratini *et al.* (2012)
Pescado	PUT, CAD, HIS, TYR, 3 aminas volátiles	0,6 M $HClO_4$	UHPLC, columna BEHC18, 1.002,1 mm, 1,7 µm A: metanol, B: solución de ácido fórmico	MS/MS	LOQ: 25 µg/kg para todas, 60 µg/kg para trimetilamina	Romero-Gonzáles *et al.* (2012)
Pescado y productos de pescado	AGM, CAD, PHE, HIS, PUT, TYR, TRP, URO	Dispersión de la matriz en fase sólida, sorbente CN-sílice, eluyente formiato de amonio/acetonitrilo	UHPLC-HILIC, columna BEH-HILIC, (150 × 2,1 mm, 1,7 µm) A: buffer formiato amónico B: acetonitrilo	Espectrómetro de masas Orbitrap	LOD: 0,0237-2,58 ppm LOQ: 0,0791-8,61 ppm	Self *et al.* (2011)
Queso	HIS, SPM, SPMD, TYR, PUT, PHE	0,1M HCl, SPE	HPLC, columna intercambio catiónico RP, 5 µm, A: acetonitrilo/agua, ácido trifluoroacético (0,05%) B: acetonitrilo/agua, ácido trifluoroacético (0,35%)	Detector evaporativo de dispersión de luz	LOD: 1,4-3,6 mg/L LOQ: 3,6-9,3 mg/L	Restuccia *et al.* (2011)
Queso	HIS, SPD, SPE, TYR, PUT, CAD, AGM, PHE	0,1M HCl, SPE	LC, columna intercambio catiónico RP, A: acetonitrilo/agua 5/95 (v/v) con ácido trifluoroacético (0,06%, v/v); B: acetonitrilo/agua 5/95 (v/v) con ácido trifluoroacético (0,45%, v/v),	Detector evaporativo de dispersión de luz	LOD: 1,0-3,2 mg/L (0,8-2,6 mg/kg)	Spizzirri *et al.* (2013)

Cerveza, infusiones, lácteos, bebidas, vinagre	SPM, SPMD, PHE, HIS, AGM, TRP, TRP, CAD, PUT, OCT, SER, DOP, CAM, ALA		LC de par iónico, columna sílice-fenilo-hexilo (150 × 2 mm, 3 µm) ácidos carboxílicos perfluorados como par iónico reactivos A: ácido nonafluoropentanoico (NFPA) en agua, B: NFPA en metanol	Detector de nitrógeno por quimio-luminiscencia	LOD: 0,1-0,4 µg/mL	Sun *et al.* (2011)
Cerveza	Etanolamina, TRP, triptófano		Electroforesis capilar con microchip, chip microcanal de vidrio, longitud efectiva: 75 mm, buffer fosfato 20 mM (pH 2,5)	Amperométrica, con electrodos de carbón vitrificado recubiertos con rutenio	LOD: 1,4-6,8 mg/L	Dossi *et al.* (2011)
Vino	HIS, PHE, TRP		CITP-CZE, columna ITP 140 mm, 800 µm, columna CZE: 160 mm, 300 µm, ITP: electrolito guía: Potasio, pH: 6; electrolito terminal: ácido γ-aminocaproico pH: 4,3; CZE: electrolito de fondo: ácido γ-aminobutírico (GABA), HEC; pH: 4,1	UV-280 nm	LOD: 0,33-0,37 mg/L LOQ: 0,49-0,55 mg/L	Ginterová *et al.* (2012)
Carne (vacuno, pollo, cordero, conejo)	HIS, PUT, CAD, PHE, SER, SPM, SPMD, TRP, TRP, AGM	5%TCA, SPE cartuchos STRATA	RP-80A columna analítica (250 × 4,6 mm I.D., tamaño de partícula 4 µm) formiato amónico 5 mM y ácido fórmico pH: 3,3 y metanol	MS/MS	LOD: 0,002-0,1 mg/L LOQ: 0,008-0,5 mg/L	Sirocchi *et al.* (2014)

Fuente: Actualizado a partir de Erim, F.B., *Trends Anal. Chem.*, 52, 239–247, 2013.

Aminas biógenas: HIS: histamina; TYR: tiramina; TRP: triptamina; SPMD: espermidina; SPM: espermina; PUT: putrescina; CAD: cadaverina; PHE: feniletilamina; AGM: agmatina; OCT: octopamina, SER: serotonina, DOP: dopamina, CAM: ácido γ-aminobutírico, ALA: β-alanina. MS/MS: espectrómetro de masas con cuadrupolo en tándem; Q-TOFMS: espectrómeto de masas de tiempo de vuelo con cuadrupolo; LOD: límite de detección; LOQ: límite de cuantificación; UHPLC: cromatografía líquida de ultra alto rendimiento; HPLC: cromatografía líquida de alto rendimiento; SPE: extracción en fase sólida; LC: cromatografía líquida; RP: fase inversa; TCA: ácido tricloroacético; HEC: hidroxietilcelulosa; URO: ácido urocánico; ITP: isotacoforesis; CITP-CZE: electroforesis capilar en zona con isotacoforesis.

(HILIC) con una fase estacionaria polar (Gosetti *et al.*, 2007), dispersión de la matriz en fase sólida con HPLC-MS/MS (Gianotti *et al.*, 2008) y HPLC con detector evaporativo de dispersión de luz (ELSD) (Restuccia *et al.*, 2011). Sin embargo, se ha descrito que la polaridad de las ABs es un inconveniente para la HPLC convencional en lo que respecta a la separación del analito, ya que con frecuencia provoca la coelución de las ABs (Sirocchi *et al.*, 2014). Por lo tanto, la IC se está convirtiendo en una estrategia más adecuada que permite una separación sencilla, ya que a pH bajo todos los analitos se encuentran en la forma ionizada, mientras que para lograr una buena separación mediante HPLC se requiere un control estricto del pH. También se ha indicado que las impurezas en los eluyentes convencionales para HPLC (acetonitrilo, metanol) también pueden tener un efecto negativo en la detección mediante MS (Song *et al.*, 2004). Al contrario que para la HPLC, en la IC las impurezas neutras eluyen en el volumen muerto, lo cual nos permite eliminarlas completamente del sistema, y esto no siempre es posible en HPLC. Sustituyendo la HPLC por la separación por IC resuelve los problemas mencionados, dado que las columnas de IC están diseñadas específicamente para la separación de ABs y se pueden conseguir fácilmente en el mercado (Pompe, 2016, Com. pers.). La Tabla 5.6 recoge algunas de las técnicas de análisis de ABs más recientes que se aplican a diversos alimentos utilizando la detección por MS sin el paso de derivatización.

Para evitar los pasos de derivatización, los métodos de LC se combinan con la detección amperométrica de pulsos (PAD) o la PAD integrada (IPAD) utilizando electrodos de metales nobles en medios alcalinos (Saccani *et al.*, 2005). Sin embargo, estos métodos presentan desventajas como la necesidad de añadir un modificador de pH postcolumna. Sin embargo, las técnicas de detección de conductividad suprimida o de MS no necesitan ninguna modificación precolumna o postcolumna. Cinquina *et al.* (2004) propusieron un método de conductividad suprimida para determinar histamina en atún. Este método solo se probó con cuatro ABs. Posteriormente Saccani *et al.* (2005) compararon la IC-MS/MS con los métodos de conductividad suprimida para analizar diversas ABs en carne y derivados cárnicos. Aunque obtuvieron una separación similar con seis ABs (histamina, cadaverina, putrescina, agmatina, feniletilamina y espermina), la tiramina no se pudo detectar mediante MS si se utilizaba la detección de conductividad suprimida porque el supresor elimina la tiramina. Esto podría ser un problema especialmente cuando se procesan muestras de queso, donde la tiramina es una de las principales ABs presentes. Se ha indicado que la tiramina se puede detectar mediante MS únicamente si la columna separadora se conecta directamente al detector de masas. Sin embargo, estos investigadores también destacaron que el ácido metanosulfónico no es un eluyente compatible con el detector de espectrometría de masas. Saccani *et al.* (2005) realizaron una prueba con ácido compatible con la MS, como el ácido fórmico, que permitió detectar histamina. Sin embargo, con este eluyente no consiguieron una separación completa de todas las aminas restantes e indicaron que se requieren concentraciones relativamente altas de ácido fórmico para que eluya la tiramina.

Restuccia *et al.* (2011) han desarrollado un nuevo método de LC con detector evaporativo de dispersión de luz y lo validaron para la determinación de ABs en queso. El ELSD es más económico que el espectrómetro de masas y también es compatible con una amplia variedad de solventes y de gradientes de elución. Aunque este método presenta la ventaja de eliminar los inconvenientes del proceso de derivatización, en el queso se ha descrito un efecto intenso de la matriz (Spizzirri *et al.*, 2013).

5.7.6 Kits Comerciales para el Análisis de Histamina

El interés por métodos «portátiles» para análisis de campo capaces de una evaluación rápida, especialmente de productos de la pesca a su llegada al puerto, ha llevado al desarrollo de kits comerciales propuestos para aplicaciones en los planes de APPCC (Rogers y Staruszkiewicz, 2000). Varios tipos comerciales de pruebas en kit disponibles en el mercado se basan en sus propiedades cuantitativas, como los métodos semicuantitativos (o cualitativos) y los cuantitativos (Köse *et al.*, 2011). Los test comerciales en forma de kit para el análisis de histamina que se basan principalmente en métodos de inmunoensayo se han hecho populares por su facilidad de uso y por el poco tiempo necesario comparado con las técnicas analíticas convencionales. Sin embargo, se ven afectados fácilmente por la matriz de la muestra y otras condiciones de aplicación. Por lo tanto, evaluar la compatibilidad de las pruebas en forma de kit frente a los métodos cuantitativos oficiales tiene interés tanto para las empresas productoras de los kits como para los científicos. Además, por lo general algunas empresas como Labour Diagnostica Nord (LDN) de Alemania participan en programas de aseguramiento de la calidad externos como el CHEK de Países Bajos y el programa de evaluación del rendimiento de análisis de alimentos (Food Analysis Performance Assessment Scheme) para demostrar la fiabilidad de sus métodos en su política comercial. Las empresas declaran que sus resultados normalmente son satisfactorios (URL-2) y utilizan esta información para modificar los métodos existentes (LDN, 2011, Com. pers.). Hasta el momento la AOAC ha aprobado dos pruebas en kit utilizando «*Performance Testing*[4]». El primer método comercial de análisis por inmunoensayo aprobado por la AOAC fue Veratox de Neogen Cooperations con el número de aprobación AOAC-RI 070703. Es un ELISA competitivo directo diseñado para el análisis cuantitativo de histamina en pescado, como atún, anjova o lampuga, y en harina de pescado. El segundo método que se ha aprobado más recientemente es HistaSure Elisa Fast Track de LDN con el número de aprobación AOAC-021402. También es una técnica de ELISA competitivo diseñada para la determinación cuantitativa de histamina en atún de aleta amarilla fresco/congelado, trozos de atún listado en agua enlatado, lampuga fresca/congelada, sardinas en aceite enlatadas y harina de pescado. La empresa LDN también produce otras pruebas para histamina en kit que ha comercializado durante muchos años. Estos son HistaSure™ ELISA High Sensitive (un ELISA cuantitativo) diseñado para cualquier tipo de alimento, HistaSure™ Dipstik (anticuerpos marcados con oro coloidal) para el cribado de cualquier tipo de pescado, HisQuick™ (una prueba colorimétrica) para la determinación cuantitativa de histamina únicamente en harina de pescado. En distintas publicaciones (Hungerford, 2010; Köse *et al.*, 2011) se revisan otras pruebas comerciales en kit basadas en inmunoensayos o de otros tipos. Los que más se citan normalmente son ALERT Histamine de Neogen, Estados Unidos de América; HISTAMARINE de Immunotech, Francia; EIA para histamina en extracto de pescado, K1-HTM y K3-HTM en pescado crudo y enlatado por Immuno-Tech., Estados Unidos; HistaMeter de Biomedix, Estados Unidos de América; y Transia Tube Histamine como métodos semicualitativo y cuantitativo de Diffchamb, Suecia. Algunas pruebas en kit reciben diferentes nombres en las empresas asociadas a LDN, como RIDASCREEN, siguiendo su política comercial, aunque sea el mismo kit, tal como declara el propietario de LDN (Manz B., 2008, Alemania, Com. pers.).

Se han realizado varios estudios sobre la evaluación de diferentes tipos de pruebas en kit comparándolos con los métodos cuantitativos ampliamente aceptados, principalmente HPLC. Estos estudios los han revisado y discutido Rogers y Staruszkiewicz (2000), Köse *et al.* (2011) y Hungerford y Wu (2012). Entre estos estudios, la HPLC se aplica principalmente para la evaluación de pruebas en kit para pescado y sus productos derivados debido al requisito establecido en la legislación de la UE (EC, 2005). Sin embargo, el método fluorométrico lo exige oficialmente la FDA para el análisis de histamina en productos de la pesca y, por lo tanto, también se evaluó este método para las pruebas comerciales en kit (Rogers y Staruszkiewicz, 2000). Los resultados de estudios previos indicaban que el rendimiento de las pruebas en kit puede variar con el tipo de producto utilizado, así como con el método que se utiliza para la evaluación (Köse *et al.*, 2011). La

[4] N. del T.: Sistema para evaluar la calidad de los resultados en unas condiciones de trabajo determinadas.

mayor parte de los kits existentes se han evaluado en el laboratorio de la autora, obteniéndose que los kits Food EIA e HistaSure de LDN y Veratox de Neogen se correlacionan bien con el método de HPLC (Köse *et al.,* 2011). La principal ventaja del kit HistaSure es que aunque este método está ajustado para un valor de 50 ppm de histamina (que es el nivel permitido por la FDA), se puede ajustar a diferentes niveles de corte entre 5-200 ppm ajustando el volumen de extracción. El tiempo total de análisis incluyendo la preparación de la muestra también es muy corto, requiriendo entre 20 y 30 minutos. Sin embargo, la mayoría de los kits utilizan agua para la extracción de la histamina del alimento, lo que podría ser una desventaja para una determinación cuantitativa precisa. Los estudios futuros probablemente se centrarán en este aspecto, además de en otros inconvenientes. HistaSure Fast Track, que es también una versión modificada de HistaSure, asegura que es de amplia aplicación en la industria alimentaria.

En los últimos años han surgido aproximaciones novedosas para la determinación de ABs en diferentes alimentos. Algunos consisten en biosensores, medidas voltamétricas y espectrometría de movilidad iónica (IMS). Erim (2013) discute adecuadamente estas técnicas, destacando que a pesar de permitir la detección de límites relativamente bajos y de la suficiente repetibilidad, son relativamente complejos y no permiten determinar todas las ABs que se consideran importantes en el campo de la seguridad alimentaria. El desarrollo de nuevos sensores para el análisis de ABs parece proporcionar métodos alternativos para las técnicas de separación. Las ventajas de los sensores son su bajo coste, poco tiempo de análisis y la posibilidad de su uso *in situ* (Erim, 2013). Sin embargo, no son selectivos para cada una de las aminas. Generalmente, con los sensores se obtiene el contenido total de ABs. Dada la falta de selectividad, son sensibles a la matriz alimentaria y antes de utilizar un sensor para un alimento diferente se debe comprobar la precisión de los resultados empleando un método fiable (Erim, 2013).

Tao *et al.* (2012) revisaron la metodología que se utiliza para la determinación de gizerosina, destacando las dificultades para emplear métodos simples y fiables. Como consecuencia, establecieron un método simple y rápido para el análisis de gizerosina en harina de pescado denominado electroforesis en papel. Se ha estimado que con este método se obtiene una respuesta lineal a la gizerosina en el rango de 30-1.000 ng. Dichos investigadores manifiestan que la gizerosina se detecta satisfactoriamente y se separa completamente de la histamina y de otros compuestos que podrían interferir. La ventaja de este método respecto a los ya existentes es que no requiere instrumentos caros o pretratamientos tediosos para eliminar los compuestos que puedan interferir, como la histamina o la histidina. También utiliza menos reactivos comparado con el método de HPLC. Los autores citados declaran que el método es adecuado para monitorizar la gizerosina en harina de pescado que tenga tan solo 10 ppm de gizerosina.

5.8 MEDIDAS DE CONTROL PARA LAS ABs

5.8.1 INTRODUCCIÓN

Hay principalmente dos formas de abordar el control de la presencia de ABs en alimentos. Son las siguientes:

1. Controlar la acumulación de ABs en alimentos durante el transporte, el almacenamiento y el procesado. Esto se logra aplicando un plan eficaz de APPCC, incluyendo los programas de buenas prácticas de fabricación y de buenas prácticas higiénicas (BPF, BPH), y con un abordaje similar por parte de los distribuidores de alimentos frescos utilizando principalmente BPH y control del TT.

2. Degradación de las ABs previamente formadas en los alimentos, particularmente para los alimentos fermentados.

Las opciones de control para minimizar la incidencia de ABs en alimentos actualmente se centran sobre todo en la fase de procesado del alimento, que también incluye la manipulación de la materia prima y el almacenamiento (Restuccia *et al.*, 2014). Por lo tanto, la implementación de un plan de APPCC eficaz por expertos resolvería fácilmente este problema. Los objetivos de muchas de las formas de abordar el control que se describen en la bibliografía consisten en mantener la calidad de las materias primas y a lo largo de los procesos de elaboración, e implementar condiciones específicas para inhibir (o eliminar) el desarrollo y la actividad de los microorganismos con actividad aminoácido decarboxilasa (Restuccia *et al.*, 2014). Esto se logra fundamentalmente con BPH. Sin embargo, cuando ya se han formado las enzimas decarboxilasas, pueden continuar decarboxilando los aminoácidos libres precursores formando ABs, a menos que sus actividades también se inhiban o se retarden. Además, la alteración física y química de los alimentos favorece el ataque bacteriano y aumenta la actividad. El otro aspecto importante, que se ignora con frecuencia, es la contribución de enzimas endógenas a la formación de ABs. Las concentraciones de los aminoácidos libres precursores disponibles en los alimentos dependen directamente de la actividad de enzimas endógenas (enzimas digestivas en el intestino del pescado o las catepsinas de la carne), lo que a su vez favorece la desnaturalización de las proteínas en pequeños péptidos o aminoácidos que pueden metabolizar las bacterias con actividad decarboxilasa. Por lo tanto, las estrategias de control también deben incluir la prevención de la alteración química y física de los alimentos antes del procesado o la comercialización. Restuccia *et al.* (2014) han revisado las estrategias preventivas que más se utilizan para evitar la formación de ABs en diversos alimentos. La FDA (2011) normalmente ofrece directrices valiosas para procesar y almacenar los productos de la pesca, evitando los peligros de los alimentos, incluyendo la histamina.

Tras su obtención, las materias primas siguen dos vías para llegar a los consumidores: (i) directamente a través de la comercialización, que muy probablemente conlleve el almacenamiento en determinadas etapas debido a las necesidades del comercio, y (ii) pasando por plantas de transformación donde se procesan antes de distribuirse a los consumidores, lo que también conlleva el almacenamiento en determinadas fases de la comercialización. Además de su contribución a los atributos sensoriales y nutricionales, la mayoría de las técnicas de procesado tienen como objetivo prevenir o retrasar la actividad bacteriana y enzimática en los alimentos (están diseñadas para conservar los alimentos y mantener su inocuidad). Por esta razón es importante controlar la formación de ABs en alimentos a nivel de las materias primas y de la comercialización de productos frescos. Por lo tanto, las estrategias para controlar las ABs en los alimentos se evalúan en dos grupos: la prevención a nivel de materias primas incluyendo la comercialización de los productos frescos y la prevención a nivel de procesado. En ambas fases se aplican diversos métodos para limitar el crecimiento bacteriano e inhibir la actividad bacteriana y enzimática en los alimentos.

5.8.2 Prevención de la Formación de ABs a Nivel de Materias Primas Incluyendo la Comercialización de los Alimentos Frescos

5.8.2.1 Introducción

Los factores que afectan a la formación de ABs en esta etapa son: (i) la microbiota natural del alimento y las técnicas de obtención; (ii) las propiedades naturales de los alimentos, como el contenido en nutrientes; (iii) las condiciones de manipulación durante la obtención, transporte y almacenamiento que permiten el daño físico y la contaminación bacteriana; y (iv) las condiciones de conservación relacionadas con la actividad bacteriana y enzimática, especialmente los incidentes en TT. Todos estos factores se pueden controlar básicamente por cuatro vías eficaces: utilizando métodos seguros de obtención, eliminando los microorganismos, controlando el TT, y aplicando métodos adecuados de manipulación. A continuación se explican estas medidas.

5.8.2.2 Condiciones higiénicas

Las condiciones higiénicas deben comenzar a nivel de la obtención de los alimentos, y de ahí a la manipulación y la conservación para evitar una contaminación adicional. Cada alimento procede de un ambiente distinto, en el que varían la carga y las especies microbianas. Aunque existen técnicas agronómicas y de obtención seguras, no siempre es posible lograr alimentos con pocas bacterias. En el plan de APPCC se declara que los alimentos procedentes de aguas contaminadas no deben aceptarse en la etapa de recepción de materias primas. Sin embargo, esa suele ser la situación con las bacterias entéricas, que son un indicador de las bacterias patógenas. Como consecuencia, normalmente se comprueba la presencia de *E. coli* o bien de coliformes en los productos. Se sabe que un amplio rango de bacterias disponen de actividad decarboxilasa. Los análisis rutinarios del número total y los tipos específicos de bacterias en los alimentos para adoptar las medidas de control no constituyen una forma práctica de evitar las situaciones de riesgo. Por lo tanto, se aconseja tratar todos los productos asumiendo que es probable que contengan niveles altos de bacterias formadoras de aminas.

La presencia de ABs en materias primas normalmente se asocia a la alteración, lo que sugiere prácticas higiénicas deficientes y también puede indicar otros problemas de seguridad alimentaria. Por lo tanto, la actividad decarboxilasa de los microorganismos debe prevenirse en los productos frescos mejorando los estándares de manipulación de alimentos mediante una estrategia preventiva desde la recolección/sacrificio hasta el consumidor, lo cual implica que la gestión de la calidad y la seguridad alimentaria basada en el APPCC debe considerarse la primera forma de abordarlo (Hungerford, 2010; Restuccia *et al.*, 2014). Al mismo tiempo deben implementarse meticulosamente BPH junto a procedimientos adecuados de limpieza y desinfección empezando en la producción primaria. Los microorganismos procedentes de los animales (de intestinos, piel, agallas del pescado) se pueden diseminar a otras partes, superficies y equipamiento durante la manipulación de las materias primas frescas (p. ej., durante la evisceración y el fileteado del pescado, o en el faenado, corte y picado de la carne), y como consecuencia favorecer la acumulación de ABs durante el posterior procesado y almacenamiento (Restuccia *et al.*, 2014). Aunque la evisceración y la retirada de las agallas del pescado realizadas de manera higiénica pueden reducir los microorganismos y las enzimas en el abdomen, si estas operaciones se realizan en condiciones no higiénicas pueden acelerar el proceso de formación de histamina en la parte comestible del pescado al diseminar las bacterias a la carne del pescado (FDA, 2011).

Las autoridades sanitarias han ido implementado BPH eficaces a lo largo de los años en todos los tipos de alimentos. Diversas autoridades como la UE han establecido normativas y diferentes organizaciones han elaborado directrices valiosas sobre BPF e incluso sobre sanidad animal. Se pueden aplicar diversos métodos para reducir o eliminar los microorganismos presentes en las materias primas recién obtenidas. El lavado es el método tradicional que se aplica habitualmente a los alimentos frescos, y reduce la carga microbiana hasta cierto punto, pero no es lo suficientemente eficaz como para evitar el riesgo, a menos que se combine con otra técnica complementaria como el empleo de agua ozonizada o el lavado a alta presión. Sin embargo, no todos los tipos de alimentos resisten todos los métodos de lavado y algunos alimentos ni siquiera se pueden lavar.

Por lo tanto, se requiere otro método, como la aplicación del UHT para la leche. Las altas presiones hidrostáticas (APH) también están logrando una amplia aplicación para esterilizar alimentos crudos para su comercio en fresco. Restuccia *et al.* (2014) considera que las estrategias de intervención para mejorar la higiene de las materias primas debería incluir tratamientos con calor, siempre que sea posible. Hervir la leche tras el ordeño ha sido una práctica tradicional incluso en las producciones domésticas durante muchos años para evitar los riesgos y propiciar un almacenamiento seguro para su uso en fresco o para la obtención posterior de yogur, mantequilla o queso. Concretamente, la pasterización es el tratamiento más habitual para reducir la carga de microorganismos patógenos y alterantes en la leche que se utiliza para elaborar queso. Muchos autores han descrito que la pasterización es capaz de reducir la concentración de ABs en leche y productos lácteos. De hecho, muchas bacterias con actividad decarboxilasa como *Enterobacteriaceae* y *Enterococcus* spp. no resisten el tratamiento con calor, lo cual constituye la principal explicación de los bajos contenidos de ABs que normalmente presentan los quesos elaborados con leche pasterizada respecto a los que se elaboran con leche cruda. Sin embargo, unas condiciones higiénicas deficientes pueden facilitar la contaminación con microorganismos productores de ABs durante la elaboración de los productos lácteos después de que se haya aplicado el tratamiento con calor. En este sentido, se ha descrito la acumulación de concentraciones altas de ABs en quesos obtenidos a partir de leche pasterizada (Restuccia *et al.,* 2014).

5.8.2.3 Control TT

El binomio TT es el factor de riesgo más importante para la formación de histamina y otras ABs durante la manipulación y el almacenamiento de los productos frescos (p. ej., productos cárnicos y de origen marino). Por esta razón debe lograrse un cumplimiento estricto de la cadena de frío y se deben aplicar bajas temperaturas durante el almacenamiento para inhibir la actividad proteolítica y decarboxilasa de las bacterias. Además de los microorganismos mesófilos, que se pueden controlar evitando abusos de TT, las bacterias psicrotolerantes también están relacionadas con la producción ABs en pescado conservado en refrigeración. Las temperaturas de congelación o próximas a 0 °C inhiben el desarrollo y la actividad de los microorganismos capaces de decarboxilar, y por lo tanto constituyen la forma más eficaz de prevenir la acumulación de ABs en los productos frescos, y en consecuencia también en las materias primas. Sin embargo, una vez que se han formado las enzimas decarboxilasas, pueden continuar produciendo ABs en los alimentos, incluso cuando las bacterias no están activas. Las enzimas pueden estar activas a temperaturas de refrigeración o a valores próximos. Las enzimas también pueden mantenerse estables en congelación y pueden reactivarse muy rápidamente tras la descongelación (FDA, 2011; Köse, 2010). Tras la descongelación, la carne y el pescado congelados son menos susceptibles a la acumulación de ABs que los productos correspondientes sin congelar, probablemente debido a que la microbiota se reduce en alguna medida como resultado del proceso de congelación (EFSA, 2011). Sin embargo, los alimentos descongelados, en particular el pescado, son más susceptibles a la alteración debido a que las posibles lesiones de las células musculares derivadas de la congelación pueden potenciar la alteración química y bacteriana.

La FDA (2011) recomendó la refrigeración rápida del pescado inmediatamente después de la muerte como el elemento más importante en cualquier estrategia para prevenir la formación de histamina, especialmente para el pescado expuesto a aguas o aire templados. El tiempo necesario para bajar la temperatura interna del pescado tras la captura depende de varios factores (Köse, 2010) que incluyen:

1. *El método de captura*: El retraso al retirar el pescado de un palangre puede limitar significativamente el tiempo disponible para refrigerar y puede permitir que la tempera-

tura de algunos peces aumente tras la muerte. La cantidad de pescado capturado en una red de cerco o con el palangre puede exceder la capacidad del barco para refrigerar rápidamente el producto.

2. *El tamaño del pescado*: El pescado de mayor tamaño se enfriará más lentamente que el de menor tamaño.
3. *El método de refrigeración*: Dado que tanto el área de contacto como la trasferencia de calor son reducidos, cuando se usa solamente hielo se tarda más en refrigerar el pescado que con hielo líquido o bien con agua de mar o salmuera refrigerada recirculante.

Aunque la FDA (2011) publicó una valiosa guía sobre cómo debe mantenerse o someterse a determinadas temperaturas el pescado de palangre para lograr una vida comercial segura en relación a la formación de histamina, esas pautas son más adecuadas o más fáciles de utilizar en pescado fresco/congelado comercializado en países desarrollados donde la legislación de seguridad alimentaria de productos marinos se aplica eficazmente. Hay varios factores que pueden influir en estas directrices. Además, las condiciones ambientales pueden diferir en distintas regiones del mundo. Por lo tanto, se recomiendan las siguientes directrices para mejorar las estrategias de control de TT (Köse, 2010). Se puede monitorizar el tiempo total de exposición del pescado antes del procesado en función de las preferencias del operador, dependiendo de si pueden o no hacer el seguimiento desde que se captura el pescado (a través de los pescadores o de la piscifactoría) mediante registros. Si la respuesta es «Sí», los operadores pueden establecer como límites críticos los TT que quieran proponer en función de los resultados de los análisis de histamina obtenidos experimentalmente en las condiciones concretas de distribución y del tipo de procesado que se va a aplicar. Si la respuesta es «No», los operadores deben aplicar los siguientes límites críticos para monitorizar la formación de histamina: (i) comprobar la temperatura del pescado y del agua en la recepción, (ii) comprobar la calidad sensorial del pescado (establecer los parámetros de máxima frescura según se indican en distintas guías), (iii) analizar los niveles de histamina a la recepción de lotes sospechosos utilizando kits rápidos y estableciendo niveles críticos de histamina según el tipo de procesado, y (iv) si el pescado llega congelado, los operadores pueden hacer un análisis de histamina para determinar si cumple un límite crítico establecido en función del tipo de procesado, y después continuar con la monitorización del TT durante el almacenamiento y la descongelación.

5.8.2.4 Evaluación sensorial de los alimentos

La FDA (2011) señaló que aunque la evaluación sensorial del pescado se utiliza generalmente para detectar el olor a alterado, este examen no es eficaz por sí mismo para controlar la histamina. Además, también se pueden alcanzar niveles tóxicos de histamina en pescado a pesar de mostrar una calidad sensorial aceptable (Köse, 2010). El Registro Federal (1995) establece que el pescado de mejor calidad tiene valores de histamina inferiores a 10 ppm, mientras que valores de histamina entre 10 y 30 ppm se aceptan como de calidad intermedia, y un valor de 30-50 ppm de histamina resulta crítico dado que está muy próximo al nivel autorizado por la FDA (50 ppm). Por lo tanto, la determinación de histamina es una forma eficaz de monitorizar su formación a nivel de la materia prima antes del procesado. Sin embargo, los métodos aprobados para analizar histamina exigen mucho tiempo y requieren personal capacitado del que carecen la mayoría de empresas de procesado. Se propone utilizar kits que resulten prácticos para la monitorización del peligro por histamina en el plan de APPCC (Köse, 2010).

Estudios recientes realizados en el laboratorio de la autora han demostrado que la calidad del almacenamiento del pescado fresco de determinadas especies (anchoa y bonito) en diferentes condiciones de refrigeración muestra una buena correlación con los niveles seguros de histamina (Koral y Köse, 2012, 2015). Aunque estos hallazgos podrían sugerir que la evaluación sensorial del pescado refrigerado podría contribuir a evitar el riesgo en estas especies de pescado, se necesitan más estudios en las mismas condiciones y con más lotes para extraer una conclusión. Algunos estudios con ABs también demostraron una buena correlación con la calidad de determinados alimentos como pescado y queso. Como consecuencia, se han utilizado los niveles de ABs para estimar la calidad de los alimentos y se han sugerido varios índices, tal como se presenta en secciones anteriores de este capítulo. La calidad sensorial de los alimentos es más fácil de estimar, por lo que la autora sugiere que los científicos se centren en encontrar procedimientos sensoriales o fórmulas con puntuaciones sensoriales para estimar el riesgo por ABs.

5.8.2.5 Condiciones de manipulación y captura

Las condiciones de manipulación y captura relativas a la contaminación microbiana y a la alteración ya se han mencionado anteriormente. Unas buenas condiciones de manipulación y captura contribuirán a disminuir la actividad de las enzimas y los microorganismos presentes. Los músculos que conforman la carne y el pescado normalmente están libres de microorganismos, pero los animales presentan una elevada carga de microorganismos. El daño físico durante la captura y el transporte puede originar la diseminación de bacterias desde la superficie del alimento hasta partes internas. Los métodos de pesca y los de sacrificio también pueden afectar a la vida útil al dificultar el ataque bacteriano. Por ejemplo, el pescado capturado mediante redes de enmalle (que provoca mayor estrés y lesiones al pez) entra en las fases de rigor y post rigor antes que el pescado capturado con anzuelo o con caña, que son condiciones menos estresantes. Se ha descrito que la alteración bacteriana comienza tras la etapa de post rigor.

5.8.3 Control en las Etapas de Procesado

5.8.3.1 Introducción

En el procesado, el APPCC es la forma básica de abordar el control, lo que también incluye BPH y BPF. Las BPH forman parte del programa de prerrequisitos del plan de APPCC que se aplica al procesado de alimentos (Köse, 2010). La mayoría de los métodos de procesado normalmente están diseñados para prevenir los peligros para la salud, incluyendo peligros microbiológicos y químicos. Los PCCs establecidos para las bacterias patógenas pueden eliminar fácilmente la actividad decarboxilasa bacteriana en los alimentos durante la elaboración y el almacenamiento de los alimentos procesados. Los principales parámetros que se han propuesto para ser monitorizados como límites críticos para controlar el crecimiento bacteriano y la formación de toxinas, incluyendo las ABs, son el pH, el contenido en sal, la temperatura, el tiempo y la actividad de agua. Algunas técnicas de procesado pueden necesitar pruebas de cribado para analizar histamina y bacterias utilizando kits. Los parámetros citados son también los principales factores que afectan a la formación de ABs en alimentos.

5.8.3.2 Tratamientos térmicos y congelación

El mejor método para controlar la formación de ABs en alimentos consiste en asegurar materias primas de buena calidad, adoptándose las medidas adecuadas de control antes del procesado, cocinado a presión y pasterización (enlatado), y en segundo lugar estaría la congelación. Se sabe que el enlatado o la pasterización matan los microorganismos en los alimentos y también destruyen enzimas. Aunque la congelación también inhibe el desarrollo microbiano, algunas enzimas formadas previamente en las materias primas pueden mantenerse activas.

5.8.3.3 Alimentos fermentados

Hay tres factores principales que favorecen la formación de ABs en alimentos fermentados o durante la fermentación. El primero que destacan Restuccia *et al.* (2014) es la proteólisis, que no se puede inhibir en la obtención de alimentos como quesos y embutidos madurados porque es esencial para la coagulación y la maduración. El segundo es la elaboración a una temperatura templada que se utiliza para algunos procesos de fermentación, que puede favorecer el crecimiento de las bacterias que forman ABs. Tercero, algunos cultivos iniciadores que se utilizan en los procesos de fermentación, que también pueden poseer actividad aminoácido decarboxilasa. Por lo tanto deben adoptarse precauciones adicionales para estos alimentos, incluyendo: (i) minimizar cualquier fuente adicional de microorganismos con actividad decarboxilasa (evitando la recontaminación y eligiendo cultivos iniciadores seguros), (ii) asegurando una calidad óptima del agua y de la salmuera para el salado, y (iii) utilizar conservantes como especias y otros ingredientes para su elaboración (Restuccia *et al.,* 2014). A continuación se ofrecen algunas medidas de control.

5.8.3.3.1 Aplicación de BPH

La calidad higiénica de las materias primas y de los ingredientes también debe asegurarse para facilitar el predomino de las bacterias iniciadoras desde las primeras fases de la fermentación (Restuccia *et al.,* 2014). Un ejemplo muy representativo en este sentido es la denominada tecnología de baja histamina (Bodmer *et al.,* 1999), que se basa tanto en la prevención (mediante BPH, BPF y APPCC) como en la implementación de medidas tecnológicas específicas para la fabricación de bebidas alcohólicas tradicionales (Bodmer *et al.,* 1999). De manera similar, algunas publicaciones describen niveles bajos de ABs en quesos certificados como de «Denominación de Origen Protegida (DOP)», lo que significa que el queso se elabora en una determinada zona cumpliendo unas condiciones específicas de identidad (Spizzirri *et al.,* 2013).

5.8.3.3.2 Selección de cultivos iniciadores

La formación de ABs en alimentos fermentados se atribuye con frecuencia a la actividad de la microbiota no inoculada. Sin embargo, se ha propuesto que los cultivos iniciadores de BAL pueden tener un papel indirecto, ya que las peptidasas liberadas por la lisis de estas bacterias podrían ser esenciales para generar los aminoácidos precursores de las ABs (Restuccia *et al.,* 2014). Por esta razón se debe realizar la selección teniendo en cuenta diversos factores, como la formulación del producto (sal, azúcar, conservantes, especias) y los parámetros del procesado (temperatura, humedad relativa, tiempo, etc.). En este sentido, la Autoridad Europea de Seguridad Alimentaria (EFSA) ha introducido un sistema para evaluar la seguridad de determinados grupos taxonómicos de microorganismos antes de su comercialización, que consiste en una Presunción Cualificada de Seguridad, y es el equivalente europeo al estatus de Generalmente Reconocido como Seguro (GRAS) (EFSA, 2007).

Algunas especies de bacterias que se utilizan en fermentaciones retrasan la acumulación de ABs por su actividad degradante. Además, una disminución rápida e intensa del pH es un factor clave para reducir el crecimiento de los microorganismos contaminantes, pero ese nivel de pH también puede estimular las reacciones de decarboxilación en la microbiota superviviente como respuesta ante un entorno ácido desfavorable (Restuccia *et al.,* 2014). El efecto protector de los cultivos iniciadores para prevenir la acumulación de ABs también estará supeditado a la adaptación de las cepas a las condiciones ecológicas particulares de la fermentación, lo que se puede mejorar si las cepas se aíslan a partir del mismo producto o tipo de producto. Las preparaciones comerciales estandarizadas pueden ser menos eficaces que los cultivos autóctonos, aunque la influencia depende de la cepa. Por ejemplo, para embutidos fermentados, *L. sakei* y *L. curvatus* están bien adaptados a la carne (Latorre-Moratalla *et al.,* 2014; Restuccia *et al.,* 2014).

Los factores ambientales de la fermentación proporcionan las condiciones óptimas para los cultivos iniciadores, permitiendo a los más competitivos superar a la microbiota fermentativa espontánea, y pueden inhibir eficazmente a las bacterias gram-negativas contaminantes. De hecho, se confirmó que los cultivos iniciadores que incluían cepas decarboxilasa negativas de *L. sakei* son las más protectoras dado que reducen la acumulación total de aminas en un 95% comparado con el 30-40% que se logra con otros cultivos iniciadores comerciales de *L. plantarum* y *Pediococcus* spp. Los cultivos iniciadores mixtos, no solo con BAL sino con otras especies que intervienen en la fermentación de la carne, contribuyen a controlar una mayor diversidad de microorganismos con actividad decarboxilasa (Restuccia *et al.*, 2014).

5.8.3.3.3 Parámetros de fermentación

La optimización de las condiciones tecnológicas va a favorecer una adecuada implantación y desarrollo del cultivo iniciador para la fermentación. Se han descrito diferentes variables tecnológicas que constituyen medidas adecuadas para prevenir la acumulación de ABs durante el procesado y el almacenamiento prolongado. Son las siguientes: (i) las condiciones de temperatura y humedad relativa de maduración, (ii) la modificación de tipo o la concentración de azúcar fermentable, y (iii) la adición de antimicrobianos no terapéuticos (sulfito, etc.) y aditivos (Restuccia *et al.*, 2014). De estos parámetros, la temperatura a la que tiene lugar la fermentación influye en la formación de ABs. De hecho, se ha recomendado controlar la temperatura de fermentación por ser un parámetro muy útil para prevenir la formación de tiramina en embutidos madurados, principalmente asegurando las condiciones que favorecen el crecimiento del cultivo iniciador. La razón expuesta es que las temperaturas de fermentación altas permiten que el cultivo iniciador supere a las BAL no iniciadoras (Restuccia *et al.*, 2014).

Diversas publicaciones demuestran los efectos de los aditivos y los conservantes en la reducción de la formación de ABs inhibiendo el desarrollo bacteriano y la actividad decarboxilasa. El sorbato sódico, el sorbato potásico, el hexametafosfato de sodio al 2%, el ácido cítrico, el ácido succínico, el D-sorbitol y el ácido málico se han empleado para retrasar la formación de ABs en productos marinos y productos cárnicos. Determinadas sustancias inhibidoras presentes de forma natural en las especias y condimentos (curcumina, capsaicina y piperina), así como el jengibre, el ajo, la cebolleta, el pimiento rojo, el clavo y la canela también limitan la formación de ABs (Köse, 2010; Restuccia *et al.*, 2014). Mah y Hwang (2009) han descrito una disminución eficaz de la histamina en pescado salado y fermentado con la adición de glicina en el cultivo con una reducción del 32,6%, 78,4%, 93,2%, 100,0% y 100,0% de putrescina, cadaverina, histamina, tiramina y espermidina respectivamente (Mah y Hwang, 2009). Estos autores también observaron que la cantidad total de ABs se redujo durante la maduración de *Myeolchijcot*[5] hasta el 63,0% y el 73,4% en muestras preparadas con 0% y 20% de NaCl respectivamente. Sin embargo, algunos estudios también describen un efecto negativo de los aditivos y conservantes en la acumulación de aminas, afirmando que pueden incrementar la formación de ABs en alimentos fermentados como los embutidos (Komprda *et al.*, 2004). Además, en sardinas tratadas con sorbato sódico y hexametafosfato sódico se detectó un olor putrefacto a los 2 días de conservación en refrigeración (Restuccia *et al.*, 2014). Las buenas prácticas de fermentación también han permitido alcanzar niveles bajos de ABs en bebidas alcohólicas como el vino (Bodmer *et al.*, 1999; Smit *et al.*, 2013).

5.8.3.4 Otros alimentos tradicionales

Otros métodos de procesado que utilizan calor, como el ahumado en caliente y los alimentos listos para el consumo (cocinados), también tienen un efecto similar en la destrucción de bacte-

[5]N. del T.: Producto de anchoas salado y fermentado de la cocina coreana.

rias con actividad decarboxilasa y en la inactivación de enzimas. Sin embargo, es frecuente que estos alimentos se recontaminen con bacterias. Por lo tanto, se requieren estrategias eficaces de monitorización en los planes de APPCC. El secado es otro método de procesado que inhibe el desarrollo bacteriano y la actividad enzimática debido a la baja a_w, que normalmente se establece por debajo de 0,83. La adición de sal, azúcar u otros ingredientes conservantes aumenta la estabilidad a largo plazo. Sin embargo, el envasado de los productos desecados es el principal PCC tras el secado (Köse, 2010). Estos alimentos pueden absorber humedad fácilmente, por lo que frecuentemente se controla la humedad en las salas de conservación o se aplica un envasado al vacío. Aunque es esperable que en los productos marinados se formen ABs debido a que los niveles de pH son propicios, las bajas temperaturas pueden impedir el crecimiento bacteriano y su actividad. Hay diferentes tipos de salado, pero que según las técnicas de procesado se dividen fundamentalmente en dos grupos: con salmuera y en seco. Dependiendo de la concentración de sal empleada, estos métodos también pueden resultar seguros evitando la formación de ABs debido a que los bajos niveles de a_w y el alto contenido en sal pueden inhibir el crecimiento bacteriano y la actividad enzimática. Sin embargo, los alimentos con bajas concentraciones de sal, como las inferiores al 25% para la salmuera del pescado, representan un riesgo para la salud, y por tanto se requiere que la maduración sea a temperaturas bajas (Koral *et al.*, 2013; Köse *et al.*, 2015).

Recientemente, un proyecto integrado financiado por la UE en el Sexto Programa Marco para Investigación y Desarrollo Tecnológico denominado *Traditional United Europe Food* (TRUEFOOD) (FOOD- CT-2006-016264) ha trabajado en alimentos tradicionales en aspectos de seguridad alimentaria y calidad nutricional. El proyecto demostró y publicó varias aproximaciones de manipulación segura y evaluación del riesgo para prevenir los riesgos para la salud, incluyendo las ABs en alimentos tradicionales de países europeos englobando a Turquía. Algunas de las directrices y resultados de interés están disponibles para el público en la página web que se indica a continuación, y que serán de especial utilidad para cerveceros, fabricantes de queso y para elaboradores de productos de pescado con el fin de evitar el riesgo para la salud por ABs. *http//www.truefood.eu/public_deliverable.asp.*

5.8.4 Métodos de Degradación

En la bibliografía se describen intentos de destruir las ABs después de haberse formado en el producto final. En concreto, la irradiación puede ser un método eficaz que actúa por radiólisis directa de las ABs y reduciendo el número de bacterias responsables de la producción de ABs (Kim *et al.*, 2005), dado que la radiación ionizante inactiva los microorganismos dañando el ácido nucleico de las células (Farkas, 2006). Sin embargo, aunque la irradiación puede ser adecuada para eliminar las ABs después de haberse formado en el alimento, puede tener efectos adversos en aspectos relativos a las propiedades nutritivas y sensoriales. Los tratamientos a altas temperaturas no son adecuados para destruir las ABs ya formadas, porque estos compuestos son estables al calor. Por lo tanto, el cocinado o una exposición prolongada al calor no eliminan la toxina (Shalaby, 1996; Restuccia *et al.*, 2014).

Se sabe que algunas bacterias oxidan las aminas, por lo que pueden oxidar las ABs a aldehídos, peróxido de hidrógeno y amoniaco. Se ha propuesto utilizar estas bacterias para disminuir los niveles de ABs en salsa de pescado, en embutidos o en la fermentación del vino. El equilibrio entre las aminas formadas y las degradadas es lo que finalmente determina el nivel de ABs en el alimento (Restuccia *et al.*, 2014). Tapingkae *et al.* (2010) han descrito una enzima histamina deshidrogenasa purificada de *Natrinema gari* BCC 24369 cuyo efecto degradando la histamina en salsa de pescado tailandés es del 70%. Otros métodos incluyen la utilización de microorganismos capaces de decarboxilar ABs y enzimas como la DAO. Las bacterias que degradan las ABs se pueden incorporar en una etapa del procesado del alimento para degradar las ABs del alimento, o bien se pueden usar las bacterias como iniciadores en alimentos fermentados. Estas estrategias son posibles medidas de control cuando sea difícil controlar los niveles de ABs mediante las medidas habituales de refrigeración y para eliminar las ABs que ya se hayan formado en el alimento. Sin embargo, estos métodos no son acordes con los principios generales de la higiene alimentaria que se basan en la prevención en lugar de en la eliminación de los problemas después de que se hayan producido. Además, no se ha demostrado que sean eficaces y viables (Restuccia *et al.*, 2014).

Algunos estudios sugieren que si se aplican APH a las materias primas, la reducción de la carga bacteriana puede inhibir la formación de aminas. Aunque en algunos estudios se ha obtenido una reducción de la concentración de ABs tras aplicar APH en pescado y en carne, otros trabajos describen un incremento en la concentración de ABs. Por lo tanto, todavía no está claro el efecto de las APH y se necesitan más investigaciones (Restuccia *et al.*, 2014). Algunos organismos responsables de la seguridad, como la EFSA, tienen una gran preocupación por la toxicidad de las aminas, especialmente en alimentos fermentados. Esto se pone de relieve en la cuestión nº EFSA-Q-2009-00829, adoptada el 21 de septiembre de 2011, y por los informes técnicos redactados por el Sistema de Alerta Rápida para Alimentos y Piensos (RASFF) (Leuschner *et al.*, 2013). Tras la reunión anual en 2009, la EFSA publicó un encargo de autoasignación de tareas al Panel de Riesgos Biológicos sobre el control basado en el riesgo de la formación de ABs en alimentos fermentados (EFSA-Q-2009-00829). En este contexto, la EFSA solicitó ayuda a la Red de Evaluación de Riesgos Microbiológicos (MRA Network) para la recopilación de datos sobre ABs y la contaminación microbiana de productos frescos en ámbito del Reglamento CE 2073/2005 (URL-3).

5.8.5 Control de NAs en Alimentos

Se han descrito muchos factores que influyen en la formación o en la degradación de NAs en los alimentos (Yurchenko y Mölder, 2006; Al Bulushi *et al.*, 2009; Köse, 2010). Estos se resumen a continuación:

1. El nivel de nitrato y nitrito en el alimento o en el agua que se utiliza para procesar el alimento.
2. El tipo de bacteria presente en el producto o que lo contamina a partir del agua (porque algunas de ellas pueden acelerar las reacciones de nitrosación e incrementar la cantidad de NAs, por ej., las bacterias que reducen los nitratos a nitritos).
3. La pureza de la sal tiene un efecto inhibidor en la formación de NAs, mientras que la sal impura, especialmente con alto contenido en nitrito, puede acelerar su formación.
4. El pH del producto (el pH bajo potencia la formación de NAs en productos de pescado, y el pH óptimo para la formación de los niveles más altos de NAs es 3,8).
5. La especie de pescado y el tipo de alimento.
6. La temperatura (aunque la formación *in vitro* de NPYR y NPIP tiene lugar a alta temperatura, de 160°C durante 2 horas, la reacción entre el nitrito y la putrescina se produce a temperatura baja, de 22°C durante 6 días).
7. La calidad del alimento antes del procesado (algunos pescados pueden contener niveles altos de ABs que pueden afectar a la formación de NAs).

8. El tipo de método de procesado (p. ej., en los Estados Unidos de América se permite la adición de $NaNO_2$ en pescado ahumado para prevenir *C. botulinum*, mientras que en la UE no está permitido).

Todos estos factores se han estudiado *in vitro*, pero se sabe poco del efecto de estos factores *in vivo* (Al Bulushi *et al.*, 2009). Por lo tanto, se asume que la formación de NAs en productos elaborados con alimentos que contienen niveles altos de ABs puede ser significativa. Aunque la NDMA y la NPIP aumentan significativamente en productos cárnicos con nitritos durante el almacenamiento, se sabe poco respecto al impacto de las condiciones de conservación en la formación de esos compuestos en los productos de pescado (Al Bulushi *et al.*, 2009).

Ahn *et al.* (2003) demostraron que la irradiación gamma puede reducir la cantidad de *N*-nitrosaminas en salsa de anchoa salada y fermentada. Los niveles de NDMA y de NPYR disminuyeron durante el almacenamiento tras la irradiación a niveles de 5 kGy o superiores. Teniendo en cuenta los posibles efectos en la formación de NAs en los productos del pescado, es recomendable utilizar pescado y agua de buena calidad, una cantidad limitada de nitrito, sal pura y aplicar BPH (Köse, 2010). El nivel de nitritos en los alimentos suele estar regulado por las autoridades alimentarias y con frecuencia se retiran productos del mercado por fallos en la aplicación de los requisitos. Recientemente, el USDA (2015) ha retirado del mercado aproximadamente 12.566 libras de productos de carne de vacuno, de cerdo y de pollo. Una de las razones esgrimidas para el rechazo fue el uso de $NaNO_3$ sin declarar en la etiqueta del producto. Esta cantidad de producto rechazado no solo refleja el riesgo para la seguridad alimentaria, sino también las grandes pérdidas económicas.

5.8.6 Control de ABs y Gizerosina en Harina de Pescado

La histamina normalmente se considera la amina más preocupante para la industria de los piensos dada su relación con el efecto tóxico en las aves de corral, por lo que los productos con niveles bajos de histamina alcanzan mayor valor. Se ha señalado que el contenido de histamina en la harina de pescado de calidad estándar debería ser más bajo, como resultado del uso de materias primas más frescas y del método de obtención. El nivel máximo de histamina descrito en una harina de pescado estándar es de 1.000 mg/kg. Para productos de calidad estándar/buena generalmente no se necesitan límites de aminas y, en consecuencia, normalmente no se establecen (IFFO, 2013). Los productores de pienso para mascotas también utilizan harina y aceite de pescado en sus productos. Prefieren harina de pescado que contenga harina de agua de cola debido a la mayor capacidad gelificante, pero también valoran que el nivel de histamina sea bajo (Çağatay Yem, 2011, Com. pers.). Sin embargo, es difícil conseguir valores bajos de histamina con harina de pescado que contenga sólidos recuperados del agua de cola en evaporadores y secadores, ya que se ha demostrado que la mayoría de la histamina de la harina de pescado se acumula durante la fase de cocinado en el agua de cola, en la que se alcanzan altas concentraciones (Köse, 1993; Köse *et al.*, 2003). Se sabe que la calidad de la harina de pescado y su precio están relacionados con su contenido de histamina. La harina de pescado de primera calidad con menos de 500 mg/kg cuesta un promedio del 25% más por tonelada que la harina de pescado corriente. Dado que la histamina es estable al calor, el control más eficaz tiene que establecerse a nivel de la materia prima. Según la experiencia de la autora, aunque la mayoría de las plantas de harina de pescado tienen una gran capacidad, en la época de pesca intensiva suele prolongarse el tiempo de almacenamiento de las materias primas a temperatura ambiente. La mayoría de las empresas que fabrican harina de pescado no almacenan en refrigeración, pero en muchos países, incluyendo Turquía, son mejores las condiciones higiénicas durante el transporte y el almacenamiento previo al procesado. Debido a los intentos recientes de producir aceite de pescado para consumo humano, también se aplican BPH en estas plantas. La erosión de la molleja se podría prevenir evitando el sobrecalentamiento de la harina de pescado, utilizando cimetidina en la dieta y añadiendo antioxidantes (p. ej., etoxiquín y butil hidroxitolueno) a la harina de pescado con un contenido alto de grasa (Köse, 1993).

5.9 CONSIDERACIONES FINALES

Este capítulo nos demuestra cómo los alimentos ricos en aminoácidos esenciales, necesarios para una dieta humana sana, también pueden convertirse en una amenaza para nuestra salud si no se tratan en condiciones adecuadas. Aunque la intoxicación alimentaria asociada a las ABs no es tan grave como otros tipos de intoxicaciones alimentarias, la IAH se encuentra entre las principales causas de intoxicación por productos marinos y en muchos casos no llegan a notificarse. Dadas las dificultades para localizar a los pacientes afectados, se necesita un programa eficaz de vigilancia para establecer la epidemiología real de las intoxicaciones alimentarias por ABs. La mayoría de los países tienen una política de «si no hay notificación, no hay problema» y el seguimiento se basa en las declaraciones voluntarias. Desde la década de 1970 ha habido centenares de publicaciones y muchas bases de datos oficiales de diversos países en las que se registran contenidos de ABs muy altos, particularmente de histamina por encima de los niveles tóxicos en numerosas muestras de alimentos de diferentes tipos, que demuestran el elevado riesgo para la salud que representan estas aminas. Sin embargo, informes similares reflejando niveles bajos en los mismos tipos de alimentos indican que es posible aplicar medidas preventivas. Este riesgo para la salud se puede prevenir fácilmente con un plan de APPCC eficaz que cubra todas las etapas de la cadena alimentaria. Los obstáculos para prevenir la formación de ABs en alimentos fermentados normalmente están relacionados con aspectos microbiológicos y con la temperatura a la que se mantienen los productos tradicionales. Con el desarrollo actual de la ingeniería genética y de la metodología avanzada para microbiología alimentaria, como las técnicas de reacción en cadena de la polimerasa (PCR), no es difícil obtener cultivos seguros para la industria de los alimentos fermentados. Aunque la prevención normalmente se lleva a cabo a nivel del fabricante, el control lo realizan las autoridades sanitarias. Se dispone de métodos analíticos fiables tanto cuantitativos como cualitativos que puede utilizar ambas partes. Sin embargo, los métodos de análisis rápidos y fiables normalmente están diseñados para el análisis de histamina con el objetivo de comprobar el cumplimiento de la legislación. Se recomienda que los estudios futuros se concentren en las «mejoras en los programas de vigilancia que abarquen todos los riesgos para la salud por ABs», en esclarecer la actividad decarboxilasa de diferentes cepas de microorganismos, la formación de gizerosina en diferentes alimentos y el efecto de distintas técnicas de procesado en la formación y degradación, desarrollando métodos de análisis rápidos para otras ABs como la tiramina.

AGRADECIMIENTOS

La autora agradece la ayuda del Dr. Nuran Kahriman para la representación de los compuestos químicos.

BIBLIOGRAFÍA

Ahn, H.J., J.H. Kim, C. Jo, H.S. Yook, H.J. Lee, and M.W. Byun. 2003. N-nitrosamine reduction in salted and fermented anchovy sauce by ionizing irradiation. *Food Cont.* 14: 553–557.

Alak, G., S.A. Hisar, O. Hisar, and H. Genççelep. 2011. Biogenic amines formation in Atlantic bonito (*Sarda sarda*) fillets packaged with modified atmosphere and vacuum, wrapped in chitosan and cling film at 4°C. *Eur. Food Res. Technol.* 232(1): 23–28.

Al Bulushi, I., S. Poole, H.C. Deeth, and G.A. Dykes. 2009. Biogenic amines in fish: Roles in intoxication, spoilage, and nitrosamine formation-A review. *Crit. Rev. Food Sci. Nutr.* 49(4): 369–377.

Andiç, S., H. Gençcelep, Y. Tunçtürk, and Ş. Köse. 2009. The effect of storage temperatures and packaging methods on properties of Motal cheese. *J. Dairy Sci.* 93: 849–859.

Anli, R.E., and M. Bayram. 2008. Biogenic amines in wines. *Food Rev. Int.* 25: 86–102.

Auerswald, L., Morren, C. and A.L. Lopata. 2006. Histamine levels in seventeen species of fresh and processed South African seafood. *Food Chem.* 98: 231–239.

Baixas-Nogueras, S., S. Bover-Cid, M.T. Veciana-Nogués, A. Mariné-Font, and M.C. Vidal-Carou. 2005. Biogenic amine index for freshness evaluation in iced Mediterranean hake (*Merluccius merluccius*). *J. Food Prot.* 68(11): 2433–2438.

Baranowski, J.D., H.A. Frank, P.A. Brust, M. Chongsiriwatana, and R.J. Premaratne. 1990. Decomposition and histamine content in mahi-mahi (*Coryphaena hippurus*). *J. Food Protect.* 53: 217–222.

Barnes, D.M., Y.K. Kirby, and K.G. Oliver. 2001. Effects of biogenic amines on the growth and the incidence of proventricular lesions in broiler chickens. *Poult. Sci.* 80(7): 906–911.

Blonz, E.R., and H.S. Olcott. 1978. Effects of orally ingested histamine and/or commercially canned spoiled skipjack tuna on pigs, cats, dogs and rabbits. *Comp. Biochem. Physiol. C.* 61(1): 161–163.

Bodmer, S., C. Imark, and M. Kneubühl. 1999. Biogenic amines in foods: Histamine and food processing. *Inflamm. Res.* 48(6): 296–300.

Bover-Cid, S., S. Torriani, V. Gatto, R. Tofalo, G. Suzzi, and N. Belletti. 2009. Relationships between microbial population dynamics and putrescine and cadaverine accumulation during dry fermented sausage ripening. *J. Appl. Microbiol.* 106(4): 1397–1407.

Brillantes, S., and W. Samosorn. 2001. Determination of histamine in fish sauce from Thailand using a solid phase extraction and high-performance liquid chromatography. *Fish. Sci.* 67: 1163–1168.

CDC. 2007. http://www.cdc.gov/mmwr/preview/mmwrhtml/mm5632a2.htm.

CDC. 2014. http://www.cdc.gov/foodborneoutbreaks/default.aspx

Chen, H.C., H.F. Kung, W.C. Chen, W.F. Lin, D.F. Hwang, Y.C. Lee, and Y.H. Tsai. 2008. Determination of histamine and histamine-forming bacteria in tuna dumpling implicated in a food-borne poisoning. *Food Chem.* 106: 612–618.

Chen, H.C., Y.R. Huang, H.H. Hsu, C.S. Lin, W.C. Chen, C.M. Lin, and Y.H. Tsai. 2010. Determination of histamine and biogenic amines in fish cubes (*Tetrapturus angustirostris*) implicated in a food-borne poisoning. *Food Cont.* 21: 13–18.

Chong, C.Y., F. Abu Bakar, A.R. Russly, B. Jamilah, and N.A Mahyudin. 2011. The effects of food processing on biogenic amines formation. *Int. Food Res. J.* 18(3): 867–876.

Cinquina, A.L, A. Calì, F. Longo, L. De Santis, A. Severoni, and F. Abballe. 2004. Determination of biogenic amines in fish tissues by ion-exchange chromatography with conductivity detection. *J. Chromatogr. A.* 1032: 73–77.

Dalgaard, P., J. Emborg, A. Kjølby, N.D. Sørensen, and N.Z. Ballin. 2008. Histamine and biogenic amines formation and importance in seafood. In: T. Børresen (ed) *Improving Seafood Products for the Consumer*, Cambridge, UK: Woodhead Publishing, pp. 292–324.

Dalgaard, P., H.L. Madsen, N. Samieian, and J. Emborg. 2006. Biogenic amine formation and microbial spoilage in chilled garfish (Belone belone belone) – effect of modified atmosphere packaging and previous frozen storage. *J. Appl. Microbiol.*, 101: 80–95.

Dossi, N., R. Toniola, A. Pizzariello, S. Susmel, and G. Bontempelli. 2011. A modified electrode for the electrochemical detection of biogenic amines and their amino precursors separated by microchip capillary electrophoresis. *Electrophoresis* 32: 906–912.

Du, W. X., C.M. Lin, A.T. Phu, J. Cornell, M. Marshall, and C.I. Wei. 2002. Development of biogenic amines in yellowfin tuna (Thunnus albacares): effect of storage and correlation with decarboxylase-positive bacterial flora. *J Food Sci.* 67: 292–301.

EC. 2005. Commission Regulation (EC) No 2073/2005No. 2073/2005. of 15 November 2005 on microbiological criteria for foodstuffs. (Text with EEA relevance). OJ L 338, 22.12.2005.

EC. 2007. Commission Regulation (EC) No 1441/2007 of 5 December 2007. Amending Regulation (EC) No 2073/2005 on microbiological criteria for foodstuffs. L 322/12-29. https://www.fsai.ie/uploadedFiles/Reg1441_2007(1).pdf.

Eerola, S., R. Hinkkanen, E. Lindfors, and T. Hirvi. 1993. Liquid chromatographic determination of biogenic amines in dry sausages. *J. AOAC Int.* 76(3): 575–577.

Eerola, H.S., Saugués, A.X.R. and T.K. Hirvi. 1998. Biogenic amines in Finnish dry sausages. *J. Food Safety*. 18:127–138.

EFSA. 2007. Opinion of the Scientific Committee on a request from EFSA on the introduction of a Qualified Presumption of Safety (QPS) approach for assessment of selected microorganisms referred to EFSA. *EFSA J.* 587: 1–16.

EFSA. 2011. Scientific opinion on risk based control of biogenic amine formation in fermented foods. *EFSA J.* 9(10): 2393.

Emborg, J., B.G. Laursen, and P. Dalgaard. 2005. Significant histamine formation in tuna (*Thunnus albacares*) at 2°C—effect of vacuum—and modified atmosphere-packaging on psychrotolerant bacteria. *Int. J. Food Microbiol.* 101: 263–279.

Epley, R.J., P.B. Addis, and J.J. Warthesen. 1992. Nitrite in meat. Available from University of Minnesota. Extension Service (http://www.extension.umn.edu/distribution/ nutrition/ DJ0974.html). Posted February 5, 2007. (accessed April 5, 2016).

Ercan, S.Ş., H. Bozkurt, and Ç. Soysal. 2013. Significance of biogenic amines in foods and their reduction methods. *J. Food Sci. Engineer.* 3: 395–410.

EU. 1993. (93 / 11/EEC). Concerning the release of the N-nitrosamines and N-nitrosable substances from elastomer or rubber teats and soothers. *Off. J. Eur. Com.* No L 93/37. http://eur-lex.europa.eu/legal-content/HU/TXT/?uri=URISERV:l21088

Erim, F.B. 2013. Recent analytical approaches to the analysis of biogenic amines in food samples. *Trends Anal. Chem.* 52: 239–247.

Fairgrieve, W.T., M.S. Myers, R.W. Hardy, and F.M. Dong. 1994. Gastric abnormalities in rainbow trout (*Oncorhynchus mykiss*) fed amine-supplemented diets or chicken gizzard erosion-positive fish meal. *Aquaculture*. 127: 219–231.

FAO-WHO. 2013. Joint FAO/WHO Expert Meeting on the Public Health Risks of Histamine and Other Biogenic Amines from Fish and Fishery Products, July 23–27, 2012. Rome, Italy: FAO.

FDA. 2011. U.S. Department of Health and Human Services Food and Drug Administration, Center for Food Safety and Applied Nutrition. Fish and fishery products hazards and controls guidance. 4th edn. Available at http://www.fda.gov/FoodGuidances (accessed February 2, 2016).

Farkas, J. 2006. Irradiation for better foods. *Trends Food Sci. Technol.* 17: 148–152.

Federal Register. 1995. Decomposition and histamine raw, frozen tuna and mahi-mahi; canned tuna; and related species. *CPG 540.525.* 60(149): 39754–30956.

Feng, C., S. Teuber, and M.E. Gershwin. 2016. Histamine (Scombroid) fish poisoning: A Comprehensive review. *Clinic. Rev. Allerg. Immunol.* 50: 64–69.

Feldman, K.A., S.B. Werner, S. Cronan et al. 2005. A large outbreak of scombroid fish poisoning associated with eating escolar fish (Lepidocybium flavobrunneum). *Epid. Infect.* 133: 29–33.

Fletcher, G.C. (ed). 2010. Research of relevance to histamine poisoning in New Zealand. A review. *MAF Technical Paper No: 2011/70.* New Zealand: Ministry of Agriculture.

Gallas, L., E. Standarová, I. Steinhauserová, L. Steinhauser, and L. Vorlová. 2010. Formation of biogenic amines in chicken meat stored under modified atmosphere. *Acta Vet. Brno.* 79: S107–S116.

Gardini, F., F. Rossi, L. Rizzotti, S. Torriani, L. Grazia, C. Chiavari, F. Coloretti, and G. Tabanelli. 2012. Role of *Streptococcus thermophilus* PRI60 in histamine accumulation in cheese. *Int. Dairy J.* 27: 71–76.

Gianotti, V., U. Chiuminatto, E. Mazzucco, F. Gosetti, M. Bottaro, P. Frascarolo, and M. Gennaro. 2008. A new hydrophilic interaction liquid chromatography tandem mass spectrometry method for the simultaneous determination of seven biogenic amines in cheese. *J. Chromatogr. A.* 1185: 296–300.

Ginterová, P., J. Marák, A. Staňová, V. Maier, J. Ševčík, and D. Kaniansky. 2012. Determination of selected biogenic amines in red wines by automated online combination of capillary isotachophoresis-capillary zone electrophoresis. *J. Chromatogr. B.* 904: 135–139.

Gosetti, F., E. Mazzucco, V. Gianotti, S. Polati, and M.C. Gennaro. 2007. High performance liquid chromatography/tandem mass spectrometry determination of biogenic amines in typical Piedmont cheeses. *J. Chromatogr. A.* 1149: 151–157.

Gökoğlu, N. 2003. Changes in biogenic amines during maturation of sardine (*Sardina pilchardus*) marinade. *Fish Sci.* 69: 823–829.

Halász, A., A. Baràth, L. Simon-Sarkadi, and W. Holzapfel. 1994. Biogenic amines and their production by microorganisms in food. *Trends Food Sci. Technol.* 5: 42–49.

Hall, M. 2003. Something fishy: Six patients with an unusual cause of food poisoning. *Emerg. Med. (Fremantle)* 15(3): 293–295.

Harry, E.C., J.F. Tucker, and A.P. Lauresen. 1975. The role of histamine and fish meal in the incidence of gizzard erosion and pro-ventricular abnormalities in the fowl. *Br. Poult. Sci.* 16: 69–78.

Huang, D.P., J.H.C. Ho, K.S. Webb, B.J. Wood, and T.A. Gough. 1981. Volatile nitrosamines in salt-preserved fish before and after cooking. *Food Cosmet. Toxicol.* 19: 167–171.

Hu, Y., Z. Huang, J. Li, and H. Yang. 2012. Concentrations of biogenic amines in fish, squid and octopus and their changes during storage. *Food Chem.* 135: 2604–2611.

Hungerford, J.M. 2010. Scombroid poisoning: A review. *Toxicon.* 56: 231–243.

Hungerford, J.M., and W.H. Wu. 2012. Comparison study of three rapid test kits for histamine in fish: BiooScientific MaxSignal enzymatic assay, Neogen Veratox ELISA, and the Neogen Reveal Histamine Screening test. *Food Cont.* 25. 448–457.

IFFO. 2013. http://www.iffo.net (accessed April 23, 2013).

Jairath, G., P.K. Singh, R.S. Dabur, M. Rani, and M. Chaudhari. 2015. Biogenic amines in meat and meat products and its public health significance: A review. *J. Food Sci. Technol.* 52(11): 6835–6846.

James, C., S. Derrick, G. Purnell, and S.J. James. 2013. Review of the risk management practices employed throughout the fish processing chain in relation to controlling histamine formation in at-risk fish species. FSAS Project. Grimsby, UK: Grimsby Institute.

Kalač, P., J. Šavel, M. Křížek, T. Pelikánová, and M. Prokopová. 2002. Biogenic amine formation in bottled beer. *Food Chem.* 79: 431–434.

Kanki, M., T. Yoda, M. Ishibashi, and T. Tsukamoto. 2004. Photobacterium phosphoreum caused a histamine fish poisoning incident. *Int J Food Microbiol.* 92: 79–87.

Kantaria, U.D., and R.H. Gokani. 2011. Quality and safety of biogenic amines. Int. J. Res. Pharm. *Biomedic. Sci.* 2(4): 1461–1468.

Karovičová, J. and Z. Kohajdová. 2005. Biogenic Amines in Food. *Chem. Pap.* 59(1): 70–79.

Kim, J.H., D.H. Kim, H.J. Ahn, H.J. Park, and M.W. Byun. 2005. Reduction of the biogenic amine contents in low salt-fermented soybean paste by gamma irradiation. *Food Cont.* 16(1): 43–49.

Koral, S., and S. Köse. 2012. The effect of filleting and ice application on the quality and safety of Atlantic bonito (*Sarda sarda*) at refrigerated storage. *Int. J. Food Sci. Technol.* 47: 210–220.

Koral, S., and S. Köse. 2015. Evaluation of biogenic amine development of anchovy (*Engraulis encrasicolus*) muscle compared to its quality changes at different chilling conditions. *J. Food Health Sci.* 1(3): 150–165.

Koral, S., B. Tufan, A. Ščavničar, D. Kočar, M. Pompe, and S. Köse. 2013. Investigation of the contents of biogenic amines and some food safety parameters of various commercially salted fish products. *Food Cont.* 32: 597–606.

Köse, S. 1993. Investigation into toxins and pathogens in fish meal production. PhD Thesis Loughborough, UK: Loughborough University Tech.

Köse, S. 2010. Evaluation of seafood safety health hazards for traditional fish products: Preventive measures and monitoring issues. *Turkish J. Fish. Aquatic Sci.* 10: 139–160.

Köse, S., B. Tufan, and S. Koral. 2015. Determining the quality changes of salted anchovies produced from previously frozen raw material for a year. *World Seafood Congress 2015.* September 5-10, Grimsby, UK. http://www.seafish.org/about-seafish/news-and-events/events/world-seafood-congress-september-2015.

Köse, S., N. Kaklıkkaya, S. Koral, B. Tufan, K.C. Buruk, and F. Aydın. 2011. Commercial test kits and the determination of histamine in traditional (ethnic) fish products-evaluation against an EU accepted HPLC method. *Food Chem.* 125: 1490–1497.

Köse, S., P. Quantick, and G. Hall. 2003. Changes in the levels of histamine during processing and storage of fish meal. *Anim. Feed Sci. Technol.* 107: 161–172.

Köse, S., S. Koral, B. Tufan, M. Pompe, A. Ščavničar, and D. Kočar. 2012. Biogenic amine contents of commercially processed traditional fish products originating from European countries and Turkey. *Eur. Food Res. Technol.* 235: 669–683.

Komprda, T., D. Smela, P. Pechova, L. Kalhotka, J. Stencl, and B. Klejdus. 2004. Effect of starter culture, spice mix and storage time and temperature on biogenic amine content of dry fermented sausages. *Meat Sci.* 67: 607–616.

Kučerová, K., H. Svobodová, S. Tuma, I. Ondráčková, and M. Plockvá. 2009. Production of biogenic amines by *Enterococci*. *Czech J. Food Sci.* 27(2): S50–S55.

Kuda, T., Y. Izawa, S. Ishii, H. Takahashi, Y. Torido, and B. Kimura. 2012. Suppressive effect of *Tetragenococcus halophilus,* isolated from fish-nukazuke, on histamine accumulation in salted and fermented fish. *Food Chem.* 130: 569–574.

Latorre-Moratalla, M.L., S. Bover-Cid, J. Bosch-Fusté, M.T. Veciana-Nogués, and M.C. Vidal-Carou. 2014. Amino acid availability as an influential factor on the biogenic amine formation in dry fermented sausages. *Food Cont.* 36: 76–81.

Lavon, O., Y. Lurie, and Y. Bentur. 2008. Scombroid fish poisoning in Israel, 2005–2007. *Israel Med. Assoc. J.* 10: 789–792.

Lehane, L., and J. Olley. 2000. Histamine fish poisoning revisited. *Int J. Food Microbiol.* 58(1–2): 1–37.

Leuschner, R.G.K., H. Aglika, T. Robinson, and M. Hugas. 2013. The Rapid Alert System for Food and Feed (RASFF) database in support of risk analysis of biogenic amines in food. *J. Food Comp. Anal.* 29: 37–42.

Mah, J.H., and H.J. Hwang. 2009. Effects of food additives on biogenic amine formation in *Myeolchi-jeot*, a salted and fermented anchovy (*Engraulis japonicus*). *Food Chem.* 114: 168–173.

Mackie, I.M., L. Pirie, A.H. Ritchie, and H. Yamanka. 1997. The formation of non-volatile amines in relation to concentrations of free basic amino acids during postmortem storage of the muscle of scallop (Pecten maximus), herring (Clupea harengus) and mackerel (Scomber scombrus). *Food Chem.* 60: 291–295.

Marcobal, A., B. de las Rivas, M.V. Moreno-Arribas, and R. Muñoz. 2006. Evidence for horizontal gene transfer as origin of putrescine production in *Oenococcus oeni* RM83. *App. Environ. Microbiol.* 72: 7954–7958.

Mendes, R. 1999. Changes in biogenic amines of major Portuguese bluefish species during storage at different temperatures. *J Food Biochem.* 23: 33–43.

Mietz, J.L., and E. Karmas. 1977. Chemical index of canned tuna determined by high-pressure liquid chromatography. *J. Food Sci.* 42: 155–158.

Miki, M., Ishikawa, T. and H. Okayama. 2005. An outbreak of histamine poisoning after ingestion of the ground saury paste in eight patients taking isoniazid in tuberculous ward. *Intern. Med.* 44: 1133–1136.

Millán, R., Izquierdo, P., Allara, M., Torres, G., García, A. and Y. Barboza. 2003. Effect of temperature and storage time on microbial quality and histamine production in Lisa (Mugil curema). *Revista Científica*. 13(5): 339–346.

Montel, M.C., S. Buchin, A. Mallet, C. Delbes-Paus, D.A. Vuitton, N. Desmasures, and F. Berthier. 2014. Traditional cheeses: Rich and diverse microbiota with associated benefits. *Int. J. Food Microbiol.* 177: 136–154.

Naila, A., S. Flint, G. Fletcher, P. Bremer, and G. Meerdink. 2010. Control of biogenic amines in food – Existing and emerging approaches. *J Food Sci.* 75(7): R139–R150.

Niven, C.F., M.B. Jeffrey, and D.A. Corlett. 1981. Differential plating medium for quantitative detection of histamine-producing bacteria. *Appl. Env. Microbiol.* 41(1): 321–322.

Novella-Rodríguez, S., M.T. Veciana-Nogués, A. Trujillo-Mesa, and M.C. Vidal-Carou. 2002. Profile of biogenic amines in goat cheese made from pasteurized and pressurized milks. *J. Food Sci.* 67: 2940–2944.

Nyachuba, D.G., C.W. Donnelly, and A.B. Howard. 2007. Impact of nitrite on detection of *Listeria monocytogenes* in selected ready-to-eat (RTE) meat and seafood products. *J. Food Sci.* 72(7): M267–M275.

Ochiai, M., K. Wakabayashi, M. Nagao, and T. Sugimura. 1984. Tyramine is a major mutagen precursor in soya sauce, being convertible to a mutagen by nitrite. *Gann* 75(1): 1–3.

Oliveira, C.P., M.B.A. Glória, J.F. Barbour, and R.A. Scanlan. 1995. Nitrate, nitrite, and volatile nitrosamines in whey-containing food products. *J. Agric. Food Chem.* 43: 967–969.

Opstvedt, J., H. Mundheim, E. Nygard, H. Aase, and I.H. Pike. 2000. Reduced growth and feed consumption of Atlantic salmon (*Salmo salar* L.) fed fish meal made from stale fish is not due to increased content of biogenic amines. *Aquaculture* 188: 323–337.

Özogul, F., and Y. Özogul 2006. Biogenic amine content and biogenic amine quality indices of sardines (*Sardina pilchardus*) stored in modified atmosphere packing and vacuum packing. *Food Chem.* 99: 574–578.

Paleologos, E.K., S.D. Chytiri, I.N. Savvaidis, and M.G. Kontominas. 2003. Determination of biogenic amines as their benzoyl derivatives after cloud point extraction with micellar liquid chromatographic separation. *J. Chromatogr. A.* 1010: 217–224.

Papavergou, E.J., I.N. Savvaidis, and I.A. Ambrosiadis. 2012 Levels of biogenic amines in retail market fermented meat products. *Food Chem.* 135: 2750–2755.

Pensabene, J.W., W. Fiddler, R.A. Gates, J.C. Fagan, and A.E. Wasserman. 1974. Effect of frying and other cooking conditions on nitrosopyrrolidine formation in bacon. *J. Food Sci.* 39(2): 314–316.

Pons-Sánchez-Cascado, S., M.T. Veciana-Nogués, S. Bover-Cid, A. Mariné-Font, and M.C. Vidal-Carou. 2006. Use of volatile and non-volatile amines to evaluate the freshness of anchovies stored in ice. *J. Sci. Food Agri.* 86: 699–705.

Prester, L. 2011. Biogenic amines in fish, fish products and shellfish: A review. *Food Add. Contam. Part A.* 28(11): 1547–1560.

Prester, L.J., J. Macan, V.M. Varnai, T. Orct, J. Vukušič, and D. Kipčic'. 2009. Endotoxin and biogenic amine levels in Atlantic mackerel (*Scomber scombrus*), sardine (*Sardina pilchardus*) and Mediterranean hake (*Merluccius merluccius*) stored at 22°C. *Food Add. Contam.* 26: 355–362.

Restuccia, D., U.G. Spizzirri, F. Puoci, G. Cirillo, M. Curcio, O.I. Parisi, F. Iemma, and N.A. Picci. 2011. A new method for the determination of biogenic amines in cheese by LC with evaporative light scattering detector. *Talanta* 85: 363–369.

Restuccia, D., U.G. Spizzirri, F. Puoci, I.O. Parisi, M. Curcio, and N. Picci. 2014. Accumulation of biogenic amines in foods: Hazard identification and control options. In: R.R. Rai and J.A. Bai (eds) *Microbial Food Safety and Preservation Techniques*. Boca Raton, FL: CRC Press, pp. 53–74, Chapter 4.

Romero-González, R., M.I. Alarcón-Flores, J.L.M. Vidal, and A.G. Frenich. 2012. Simultaneous determination of four biogenic and three volatile amines in anchovy by ultra-high-performance liquid chromatography coupled to tandem mass spectrometry. *J. Agric. Food Chem.* 60: 5324–5329.

Rogers, P.L., and W.F. Staruszkiewicz. 2000. Histamine test kit comparison. *J. Aquatic Food Product Technol.* 9(2): 5–17.

Rossano, R., L. Mastrangelo, N. Ungaro, and P. Riccio. 2006. Influence of storage temperature and freezing time on histamine level in the European anchovy *Engraulis encrasicolus* (L., 1758): A study by capillary electrophoresis. *J. Chromatogr. B.* 830: 161–164.

Rossi, S, C. Lee, P.C. Ellis, and L.F. Pivarnik. 2002. Biogenic amines formation in bigeye tuna steaks and whole skipjack tuna. *J. Food Sci.* 67(6): 2056–2060.

Ruiz-Capillas, C., and F. Jiménez-Colmenero. 2004. Biogenic amines in meat and meat products. *Crit. Rev. Food Sci.* 44: 489–499.

Russo, P., G. Spano, M.P. Arena, V. Capozzi, F. Grieco, and L. Beneduece. 2010. Are consumers aware of the risks related to biogenic amines in food? *Current Res. Technol. Education Top. App. Microbiol. Micr. Biotechnol.* 2: 1087–1095.

Saccani, G., E. Tanzi, P. Pastore, S. Cavalli, and M. Rey. 2005. Determination of biogenic amines in fresh and processed meat by suppressed ion chromatography-mass spectrometry using a cation-exchange column. *J. Chromatogr. A.* 1082: 43–50.

Sagratini, G., M. Fernández-Franzón, F. De Berardinis, G. Font, S. Vittori, and J. Mañes. 2012. Simultaneous determination of eight underivatised biogenic amines in fish by solid phase extraction and liquid chromatography-tandem mass spectrometry. *Food Chem.* 132: 537–543.

Sato, M., Z.H. Tao, K. Shiozaki, T. Nakano, T. Yamaguchi, T. Yokoyama, N. Kan-No, and E. Nagahisa. 2006. A simple and rapid method for the analysis of fish histamine by paper electrophoresis. *Fish. Sci.* 72: 889–892.

Self, R.L., W.H. Wu, and H.S. Marks. 2011. Simultaneous quantification of eight biogenic amine compounds in tuna by matrix solid-phase dispersion followed by HPLC orbitrap mass spectrometry. *J. Agr. Food Chem.* 59: 5906–5913.

Shalaby, A.R. 1996. Significance of biogenic amines in food safety and human health. *Food Res. Int.* 29: 675–690.

Silla Santos, M.H. 1996. Biogenic amines: Their importance in food. *Int. J. Food Mic.* 29: 213–231.

Sirocchi, V., G. Caprioli, M. Ricciutelli, S. Vittori, and G. Sagratini. 2014. Simultaneous determination of ten underivatized biogenic amines in meat by liquid chromatography-tandem mass spectrometry (HPLC-MS/MS). *J. Mass Spectrom.* 49: 819–825.

Smit, A.Y., W.J. du Toit, M. Stander, and M. du Toit. 2013. Evaluating the influence of maceration practices on biogenic amine formation in wine. *LWT-Food Sci. Technol.* 53: 297–307.

Song, Y., Z. Quan, J.L. Evens, E.A. Byrd, and Y.M. Liu. 2004. Enhancing capillary liquid chromatography/tandem mass spectrometry of biogenic amines by pre-column derivatization with 7-fluoro-4-nitrobenzoxadiazole. *Rapid Commun. Mass Spectrom.* 18: 989–994.

Spizzirri, U.G., D. Restuccia, M. Curcio, O.I. Parisi, F. Iemma, and N. Picci. 2013. Determination of biogenic amines in different cheese samples by LC with evaporative light scattering detector. *J. Food Comp. Anal.* 29: 43–51.

Stadnik, J., and Z.J. Dolatowski. 2010. Biogenic amines in meat and fermented meat products. *Acta Sci. Pol. Technol. Aliment.* 9(3): 251–263.

Staruszkiewicz, W.F., J.D. Barnett, P.L. Rogers, R.A. Jr. Benner, L.L. Wong, and J. Cook. 2004. Effects of on-board and dockside handling on the formation of biogenic amines in mahi-mahi (*Coryphaena hippurus*), skipjack tuna (*Katsuwonus pelamis*), and yellowfin tuna (*Thunnus albacares*). *J. Food Prot.* 67(1): 134–141.

Sun, J., H.X. Guo, D. Semin, and J. Cheetham. 2011. Direct separation and detection of biogenic amines by ion-pair liquid chromatography with chemiluminescent nitrogen detector. *J. Chromatogr. A.* 1218: 4689–4697.

Suzzi, G., and F. Gardini. 2003. Biogenic amines in dry fermented sausages: A review. *Int. J. Food Microbiol.* 88: 41–54.

Tao, Z., M. Sato, K. Wu, H. Kiyota, T. Yamaguchi, and T. Nakano. 2012. A simple, rapid method for gizzerosine analysis in fish meal by paper electrophoresis. *Fish Sci.* 78: 923–926.

Tapia-Salazar, M., T.K. Smith, A. Harris, D. Ricque-Marie, and L.E. Cruz-Suarez. 2001. Effect of dietary histamine supplementation on growth and tissue amine concentrations in blue shrimp *Litopenaeus stylirostris*. *Aquaculture* 193: 281–289.

Tapingkae, W., S. Tanasupawat, K.L. Parkin, S. Benjakul, and W. Visessanguan. 2010. Degradation of histamine by extremely halophilic archaea isolated from high salt-fermented fishery products. *Enzyme Microb. Technol.* 46(2): 92–99.

Tsai, Y.H., H.F. Kung, T.M. Lee, Y.C. Lee, H.F. Kung, C.H. Wu, H.M. Hsu, H.C. Chen, T.C. Huang, and Y.H. Tsai. 2005. Determination of histamine in canned mackerel implicated in a foodborne poisoning. *Food Cont.* 16(7): 579–585.

Tsai, Y.H., H.F. Kung, H.C. Chen, S.C. Chang, H.H. Hsu, and C.I. Wei. 2007b. Determination of histamine and histamine-forming bacteria in dried milkfish (*Chanos chanos*) implicated in a food-borne poisoning. *Food Chem.* 105: 1289–1296.

Tsai, Y.H., H.S. Hsieh, H.C. Chen, S.H. Cheng, T. Chai, and D.F. Hwang. 2007a. Histamine level and species identification of billfish meats implicated in two food-borne poisoning. *Food Chem.* 104: 1366–1371.

URL-1.http://www.cdc.gov/foodsafety/outbreaks/investigating-outbreaks/confirming_diagnosis.html

URL-2. http://www.ldn.de/

URL-3. EC 2073 / 2005. http://www.efsa.europa.eu/en/supporting/pub/89e

USDA. 2015. http://www.fsis.usda.gov/wps/portal/fsis/topics/recalls-and-public-health-alerts/current-recalls-and-alerts (accessed on November 2015).

Veciana-Nogués, M.T., A. Marineé-Font, and M.C. Vidal-Carou. 1997. Biogenic amines as hygienic quality indicators of tuna. Relationships with microbial counts, ATP-related compounds, volatile amines and organoleptic changes. *J. Agr. Food Chem.* 45: 2036–2041.

Visciano, P G. Campana, L. Annunziata, A. Vergara, and A. Ianieri. 2007. Effect of storage temperature on histamine formation in *Sardina Pilchardus* and *Engraulis Encrasicolus* after catch. *J. Food Biochem.* 31: 577–588.

Yurchenko, S., and U. Molder. 2006. Volatile N-Nitrosamines in various fish products. *Food Chem.* 96: 325–333.

Zare, D., K. Muhammad, M.H. Bejo, and H.M. Ghazali. 2013. Changes in uracanic acid, histamine, putrescine and cadaverine levels in Indian mackerel (Rastrelliger kanagurta) during storage at different temperatures. *Food Chem.* 139: 320–325.

Zhao, Q.X., J. Xu, C.H. Xue, W.J. Sheng, R.C. Gao, Y. Xue, and Z.J. Li. 2007. Determination of biogenic amines in squid and white prawn by high-performance liquid chromatography with postcolumn derivatization. *J Agric Food Chem.* 55: 3083–3088.

6 Micotoxinas

Sui-Sheng T. Hua, Perng-Kuang Chang y Jeffrey Palumbo

CONTENIDO

6.1 INTRODUCCIÓN

Las micotoxinas son toxinas naturales producidas por hongos filamentosos que afectan a muchos cultivos agrícolas. Se han identificado más de 300 micotoxinas, de las cuales se ha demostrado que aproximadamente 20 se producen naturalmente en los alimentos a niveles suficientes como para afectar a la inocuidad en los alimentos (Bennet y Klich, 2003; Wild y Gong, 2009; Wu *et al.*, 2014). La mayoría de estas toxinas están producidas por hongos de los géneros *Aspergillus*, *Penicillium* y *Fusarium*. Las micotoxinas más comunes son aflatoxinas (B_1, B_2, G_1, G_2 y M_1), ocratoxina A (OTA), patulina, citrinina, esterigmatocistina, fumonisinas (B_1, B_2 y B_3), zearalenona, toxinas T-2 y HT- 2, nivalenol y desoxinivalenol (DON). Entre ellas, la aflatoxina B_1 (AFB_1), que es hepatocarcinogénica, representa la mayor amenaza para la salud humana, especialmente en individuos con hepatitis B (Henry *et al.*, 1999, 2002). Otras también presentan una amenaza para la salud como por ejemplo la OTA que causa cáncer renal en animales. También se ha señalado que la exposición a altos niveles de fumonisinas (B_1, B_2 y B_3) causa daños hepáticos y renales en animales de experimentación (Peraica *et al.*, 1999; Wild y Gong, 2009; Wu *et al.*, 2014). Las micotoxinas que se tratan en este capítulo son: aflatoxinas, ocratoxinas, ocratoxina A, fumonisinas, patulina y citrinina.

El contenido de micotoxinas en los alimentos se controla y regula en muchos países del mundo. Actualmente, más de 100 países tienen legislaciones con respecto a los niveles de micotoxinas en los alimentos y piensos (van Egmond *et al.*, 2007). En los EE.UU., la Administración para Alimentos y Medicamentos (FDA) ha establecido el límite máximo total de aflatoxinas para las nueces de árbol destinadas al consumo humano en 20 ng g^{-1} (Food and Drug Administration, 1996). En la Unión Europea (UE), un importante importador de nueces de árbol y de frutos secos de California, tenía establecido anteriormente niveles de tolerancia tan bajos como 2 ng g^{-1} para AFB_1 y 4 ng g^{-1} para las aflatoxinas totales (Comisión Europea 2005, 2006). Estos límites se han relajado recientemente, estando actualmente permitidos 8 ng g^{-1} para AFB_1 y 10 ng g^{-1} para las aflatoxinas totales (Reglamento (UE) N° 165/2010 de la Comisión). El Comité Científico de Alimentos de la Comisión Europea ha establecido un límite de 5 ng g^{-1} de OTA en frutos secos destinados al consumo directo. Los límites reglamentarios de la UE para las fumonisinas en el maíz oscilan entre 0,2 y 2 ng g^{-1} y los recomendados por la FDA de EE.UU. de 2 a 4 ng g^{-1}.

Sin lugar a dudas, la micotoxina constituye un desafío único para la inocuidad de los alimentos en todo el mundo. Según la FAO, al menos el 25% de los cultivos alimentarios del mundo están contaminados con micotoxinas, en un momento en que la producción de productos agrícolas apenas soporta el aumento de la población (Boutrif y Canet, 1998). En los países en vías de desarrollo la producción total de productos agrícolas como maíz, cacahuetes, copra, nueces de palma y torta de semillas oleaginosas, que son productos de alto riesgo, es de unos 100 a 200 millones de toneladas (FAO, 1997). La eliminación de productos contaminados o su destino a otros usos que no sea el consumo humano podría comprometer seriamente el suministro mundial de alimentos. Los esfuerzos para reducir y eliminar las micotoxinas en alimentos humanos y piensos se basan en dos inquietudes principales: (1) los efectos adversos de los cultivos o alimentos contaminados con micotoxinas sobre la salud humana y sobre la salud y la productividad animal y (2) los potenciales residuos de micotoxinas o metabolitos tóxicos en los tejidos animales comestibles.

Es de alta prioridad la investigación necesaria para reducir los niveles de micotoxinas en los alimentos. Las intervenciones previas a la recolección incluyen la producción de cultivos resistentes mejorados genéticamente, el desarrollo de prácticas agronómicas apropiadas, la determinación del momento óptimo para cosechar los cultivos y la investigación de nuevos métodos de control químico y de biocontrol. La contaminación postcosecha por hongos micotoxigénicos generalmente ocurre durante el almacenamiento y el transporte y normalmente es una consecuencia del secado inadecuado o de la exposición del producto a la condensación de humedad o la lluvia. Las posibles medidas de control postcosecha incluyen la optimización de las condiciones de almacenamiento y transporte, la tipificación para eliminar el producto contaminado y la aplicación de métodos químicos para prevenir el crecimiento de hongos. En este capítulo se revisará el desarrollo de los métodos de control biológico basados en parámetros ecológicos y ambientales.

6.2 AFLATOXINA: FUENTES, ALIMENTOS IMPLICADOS Y BIOSÍNTESIS

Las aflatoxinas son una familia de metabolitos secundarios de los hongos producidos exclusivamente por especies del género *Aspergillus*. Las especies comúnmente aceptadas que producen aflatoxinas son *A. flavus*, *A. parasiticus*, *A. nomius*, *A. tamarii*, *A. pseudotamarii*, *A. bombycis*, *A. ochraceoroseus*, *A. parvisclerotigenus*, *A. minisclerotigenes* y *A. arachidicola* (Cary *et al.*, 2005; Pildain *et al.*, 2008; Varga *et al.*, 2010).

La contaminación por aflatoxinas de los productos agrícolas, principalmente maíz, cacahuetes y nueces de árbol, a menudo surge de condiciones agrícolas propicias para el crecimiento de hongos como son los daños causados por insectos y el estrés ambiental como, por ejemplo, altas temperaturas y sequía en las plantas antes de la recolección. Se cree que las aflatoxinas las producen principalmente las dos especies de *A. flavus* y *A. parasiticus*. El primero produce sólo las aflatoxinas B_1 y B_2, mientras que el segundo produce cuatro aflatoxinas principales B_1, B_2, G_1 y G_2. Las aflatoxinas de tipo B muestran fluorescencia azul bajo la luz ultravioleta de onda larga y son diferentes de las aflatoxinas de tipo G que muestran fluorescencia verde. Recientemente, se ha informado que *A. nomius*, que produce aflatoxinas de tipo B y G, es la especie más común en las nueces de Brasil (Calderari *et al.*, 2013). Hay un interés mundial por la contaminación de los cultivos con aflatoxinas debido a las pérdidas económicas derivadas de la calidad inferior de los cultivos, de la menor productividad animal y de los impactos en el comercio internacional y en la salud pública.

Para minimizar la exposición humana a las aflatoxinas, 48 países tienen regulaciones específicas que limitan la cantidad total de aflatoxinas en los productos alimenticios y 21 países tienen regulada la cantidad de aflatoxinas en los piensos (FAO, 1995). La FDA en los EE.UU., ha establecido pautas normativas para evitar la venta de productos básicos cuando la contaminación por aflatoxinas supera los niveles permitidos de 20 ng g^{-1} de aflatoxinas totales para el comercio interestatal de alimentos y piensos y de 0,5 ng g^{-1} de aflatoxina M_1 en leche. La Comisión Europea ha establecido unos límites para los cacahuetes que se van a procesar de 15 ng g^{-1} para las aflatoxinas totales y de 8 ng g^{-1} para la AFB_1 y para nueces y frutos secos que se someten a un procesado adicional de 10 ng g^{-1} para el total de aflatoxinas y de 5 ng g^{-1} para la AFB_1. Los estándares de aflatoxinas para cereales, frutos secos y nueces destinados al consumo humano directo son aún más estrictos, siendo el límite para el total de aflatoxinas de 4 ng g^{-1} y de 2 ng g^{-1} para la AFB_1 (Otsuki *et al.*, 2001; Molyneux *et al.*, 2007; Trucksess y Scott, 2008). Varios países importadores, han informado ampliamente sobre la detección de altos niveles de aflatoxinas en nueces de Brasil. De ahí que la Comisión del Codex Alimentarius haya recomendado, en dicho producto, niveles de 10 ng g^{-1} para su consumo directo y de 15 ng g^{-1} cuando va a sufrir un procesado adicional (Calderari *et al.*, 2013, IJFM).

A. flavus tiene un amplio nicho ecológico y puede reproducirse de forma abundante (Hedayati *et al.*, 2007). La diversidad genética de las poblaciones de *A. flavus* se ha demostrado mediante el agrupamiento de compatibilidad vegetativa (VCG) y la identificación del ADN (Horn and Green, 1995; McAlpin *et al.*, 2005; Hua *et al.*, 2006, 2012). Aunque en muchos casos las fuentes de infecciones son desconocidas, las esporas de *A. flavus* pueden infectar tejidos vegetales lesionados (Diener *et al.*, 1987; Horn *et al.*, 2005) de productos como maíz, cacahuetes, semillas de algodón, almendras o pistachos posibilitando la producción de aflatoxinas. Las esporas de hongos se pueden encontrar en el suelo o en el aire y la contaminación puede propagarse de productos infestados previamente o de otras plagas y transferirse y crecer en el tejido vegetal. La contaminación con aflatoxinas se ve agravada por factores como el daño por insectos, la sequía y las altas temperaturas.

El avance tecnológico en la secuenciación del ADN ha proporcionado una herramienta poderosa para estudiar los genes y la genética de la biosíntesis de aflatoxinas. El grupo de genes de las aflatoxinas se encuentra en el cromosoma III cerca de una región subtelomérica (Yu *et al.*, 2004; Payne *et al.*, 2008). Los datos de la secuencia genómica se han almacenado en la base de datos GenBank del Centro Nacional de Información Biotecnológica (NCBI) (http://www.ncbi.nlm.nih.gov) bajo el archivo AAIH02000000. Los datos también están disponibles a través de la página web de *A. flavus* (http: //www.aspergillusflavus.org). Recientemente se ha secuenciado el genoma de la cepa SU-1 de *A. parasiticus* (Linz *et al.*, 2014) que al igual que *A. flavus, A. parasiticus* también contiene ocho cromosomas. En *A. flavus* y *A. parasiticus*, se ha confirmado un grupo completo de genes de la ruta de producción de aflatoxinas que consta de 30 genes dentro de una secuencia de ADN de 80 kb. De ellos, más de 25 genes participan en la biosíntesis de las aflatoxinas a través de la vía policétida. Se requieren un gen regulador, *aflR* y un gen corregulador, *aflJ* (*aflS*) para la expresión de varios genes identificados en esta vía (Amaike y Keller, 2011). Se requieren al menos 16 pasos catalizados por enzimas para completar la síntesis de AFB_1 a partir del ácido norsolorínico, que es el primer intermediario estable. Para estudiar la expresión de los genes en todo el genoma se han desarrollado otras técnicas avanzadas, como las micromatrices de ADN y la secuenciación de ARN (ARN-Seq). Estos enfoques han proporcionado una gran cantidad de información con respecto a cómo influyen, en la expresión de los genes que participan en la biosíntesis de aflatoxinas, el factor biótico como son los principales reguladores de LaeA (Georgianna *et al.*, 2010), de VeA (Cary *et al.*, 2015) y de NsdC (Gilbert *et al.*, 2016) y el factor abiótico, como por ejemplo los compuestos volátiles (Chang *et al.*, 2014, 2015; Hua *et al.*, 2014), los inhibidores (Lin *et al.*, 2013) y la actividad de agua (Zhang *et al.*, 2014).

6.3 OCRATOXINAS: FUENTES Y ALIMENTOS IMPLICADOS

Las ocratoxinas son micotoxinas pentacétidas compuestas de dihidroisocumarina unidas covalentemente a β-fenilalanina. En los alimentos, la forma que se presenta con mayor frecuencia es ocratoxina A (OTA) que a su vez es la más tóxica. Se sabe que al menos 29 especies de *Aspergillus* y *Penicillium* producen OTA. Las especies de *Aspergillus* que producen OTA pertenecen al subgénero *Circumdati*, entre las secciones *Circumdati*, *Nigri* y *Flavi*. Los miembros de la sección *Circumdati* que han demostrado producir OTA incluyen *A. ochraceus*, *A. steynii*, *A. westerdijkiae*, *A. affinis*, *A. cretensis*, *A. flocculosus*, *A. fresenii* (anteriormente *A. sulphureus*), *A. muricatus*, *A. pseudoelegans*, *A. roseoglobosus*, *A. occultus* y *A. pulvericola*. Otras especies que son productoras débiles o inconsistentes en condiciones de laboratorio incluyen *A. ostianus*, *A. melleus*, *A. persii*, *A. salwaensis*, *A. sclerotiorum*, *A. subramanianii* y *A. westlandensis* (Frisvad *et al.*, 2004; Visagie *et al.*, 2014). En la sección *Nigri*, las especies identificadas como productoras de OTA son *A. carbonarius*, *A. niger*, *A. welwitschiae*, *A. lacticoffeatus* y *A. sclerotioniger* (Samson *et al.*, 2004; Nielsen *et al.*, 2009). Se ha señalado que *A. tubingensis* produce OTA y también que no produce OTA, pero hay evidencia de que los extrolitos de *A. tubingensis* por cromatografía líquida de alta resolución (HPLC) probablemente fueron identificados erróneamente como OTA (Storari *et al.*, 2012). *A. alliaceus* y especies sinónimas o estrechamente relacionadas de *A. albertensis* y *A. lanosus* son miembros productores de OTA de la sección *Flavi* (Bayman *et al.*, 2002; McAlpin y Wicklow, 2005). Las únicas especies de *Penicillium* confirmadas que producen OTA son *P. verrucosum* y *P. nordicum* (Cabañes *et al.*, 2010).

Los productos alimenticios que tienen posibilidad de estar contaminados con OTA son los cereales tales como cebada, avena, trigo y arroz, siendo *P. verrucosum* la fuente más probable de contaminación por OTA en granos cultivados en climas templados y fríos (Duarte *et al.*, 2010). Puesto que muchos pasos seguidos durante el procesado de alimentos no eliminan ni destruyen la OTA, los productos derivados de esos granos, como cerveza y cereales para desayuno, también están en riesgo de contaminación por dicha micotoxina (Mateo *et al.*, 2007; Lee y Ryu, 2015). En climas más cálidos, subtropicales y tropicales, el café, el cacao y los frutos secos están en riesgo de contaminación por OTA, siendo los productores más frecuentes *A. ochraceus*, *A. westerdijkiae* y *A. steynii* (Logrieco *et al.*, 2003). *A. carbonarius* y, en menor medida, *A. niger* son las fuentes más probables de contaminación por OTA en uvas y productos derivados como el vino y las pasas (Mateo *et al.*, 2007; Palumbo *et al.*, 2015).

6.4 MICOTOXINAS DE *FUSARIUM*: FUENTES Y ALIMENTOS IMPLICADOS

Las especies de *Fusarium* y otros hongos producen varias clases de micotoxinas, tales como las fumonisinas, tricotecenos y zearalenona. *Fusarium verticillioides* (anteriormente *F. moniliforme*) y *F. proliferatum* son las principales fuentes de producción de fumonisinas (FB_1, FB_2 y FB_3) debido a su presencia generalizada en el maíz (Rheeder *et al.*, 2002). Más recientemente, se descubrió que *A. niger* y *A. welwitschiae* producen fumonisinas (FB_2 y FB_4), que luego pueden convertirse en contaminantes en uvas y vino (Frisvad *et al.*, 2007; Logrieco *et al.*, 2009; Mogensen *et al.*, 2010; Knudsen *et al.*, 2011; Palumbo *et al.*, 2011).

Las micotoxinas tricoteceno, como la toxina T-2, el desoxinivalenol (DON) y el nivalenol y la zearalenona son las clases principales de micotoxinas producidas por especies de *Fusarium*, tales como *F. sporotrichioides*, *F. graminearum* y *F. culmorum*. Si bien hay evidencia que sugiere de la toxicidad de estas micotoxinas en humanos, su mayor importancia radica en su presencia en las materias primas agrícolas utilizadas en la elaboración de piensos para animales. Este grupo de toxinas se ha revisado en otra publicación (p. ej., Yazar y Omurtag, 2008) y no se tratará en este capítulo.

6.5 PATULINA Y CITRININA: FUENTES Y ALIMENTOS IMPLICADOS

La patulina es una micotoxina lactona policétida producida por aproximadamente 60 especies de mohos de 30 géneros diferentes. Los principales productores de patulina de importancia en la producción de alimentos son *Penicillium expansum*, así como otras especies de *Penicillium*, *Aspergillus* y *Byssochlamys*. La patulina se encuentra principalmente en manzanas infectadas con *P. expansum* así como en productos derivados de manzanas infectadas (zumos, purés y sidras). También se han señalado casos de contaminación por patulina en tomates, quesos y mariscos.

La citrinina es una micotoxina policétida producida por varias especies de mohos, predominantemente especies de *Aspergillus* y *Penicillium*, así como especies de *Monascus*. En los granos de cereales la citrinina se suma a la contaminación total por micotoxinas donde puede aparecer junto a la OTA, así como en las manzanas, donde puede estar presente junto a la patulina. En los productos fermentados, como el arroz de levadura roja, se utilizan tradicionalmente especies de *Monascus* por lo que corre el riesgo de contaminación con citrinina, a menos que se tomen medidas preventivas de utilizar cepas no productoras de citrinina (Bennet y Klich, 2003).

6.6 TOXICIDAD Y MECANISMO DE ACCIÓN DE LAS MICOTOXINAS

El brote de la enfermedad «X» de 1960 en Turquía causó la muerte a más de 10.000 pavos después de consumir harina de cacahuete contaminada con aflatoxinas (Blount, 1961). Desde entonces, muchos estudios han relacionado las aflatoxinas con propiedades mutagénicas, teratogénicas y hepatocarcinogénicas. De las cuatro aflatoxinas, la B_1 es la más carcinógena, y la toxicidad del grupo sigue el orden $B_1 > G_1 > B_2 > G_2$. La AFB_1 contiene un doble enlace en el anillo furano terminal que generalmente está oxidado por enzimas hepáticas en un epóxido que puede intercalarse en el ADN. El hígado es el objetivo diana de las aflatoxinas. Para que la AFB_1 muestre efecto carcinogénico se necesita su activación mediante el citocromo microsomal P-450 (Eaton y Gallagher, 1994). Esta enzima hepática P-450 es capaz de convertir la AFB_1 en metabolitos de polaridad incrementada, incluyendo la AFB_1-8,9-epóxido que es el carcinógeno que finalmente se une covalentemente en la posición N7 de la guanina del ADN en el codón 249 del gen supresor de tumores p53 (Denissenko *et al.*, 1999). Esto da lugar a una reparación defectuosa de los daños en el ADN celular y origina la transversión de guanina (G) a timina (T). La presencia de aductos de ADN-aflatoxina en la orina es una indicación de la mutación de G a T en el lugar específico p53, siendo este punto clave que se asocia frecuentemente con el hepatocarcinoma humano. De este modo la Agencia Internacional para la Investigación del Cáncer (IARC) ha designado a la aflatoxina como un carcinógeno hepático humano (Wogan, 2000). Los niños se ven particularmente afectados por la exposición a la aflatoxina, lo que provoca retraso en el crecimiento así como daño hepático y cáncer de hígado (Wu *et al.*, 2014). También existe riesgo para los adultos aunque presentan una mayor tolerancia a la exposición. Ninguna especie animal es inmune. Las aflatoxinas se encuentran entre las sustancias cancerígenas más conocidas que después de entrar en el cuerpo, pueden ser metabolizadas en el hígado a un epóxido reactivo intermedio o a un hidroxilado que lo convierte en aflatoxina M_1 menos dañina.

El efecto tóxico de las aflatoxinas en la salud humana y animal se conoce como aflatoxicosis, que en los modelos animales, a menudo se extiende por el conducto biliar, provocando necrosis centrilobular e infiltración grasa del hígado y otras lesiones hepáticas. Aunque la aflatoxicosis aguda en humanos es rara, se han señalado varios brotes letales. En 2004, un brote de aflatoxicosis en zonas rurales de Kenia provocó 317 casos y 125 muertes, siendo el maíz contaminado el responsable del brote, encontrándose niveles de AFB_1 tan altos como 4,4 partes por millón (ppm) lo que significa 220 veces mayor del umbral establecido en Kenia (Azziz-Baumgartner *et al.*, 2005; Lewis *et al.*, 2005; Montville y Matthews, 2008). Además, *A. flavus* es la segunda causa principal de aspergilosis invasiva y es la causa más común de infección superficial. La enfermedad asociada con *A. flavus* incluye sinusitis granulomatosa crónica, queratitis, aspergilosis cutánea, infecciones de heridas y osteomielitis (Hedayati *et al.*, 2007). Después de *A. fumigatus*, *A. flavus* ocupa el segundo lugar como la causa de la aspergilosis invasiva humana al exponerse a las esporas de hongos.

Las ocratoxinas son metabolitos secundarios producidos por cepas de *Aspergillus* y *Penicillium*, que se pueden encontrar en los cereales, el café y la uva, y, en muchos países, en todo tipo de productos alimenticios de origen animal. La ocratoxina más frecuente es la OTA, que es nefrotóxica e inmunosupresora. Debido a su solubilidad limitada en agua, la OTA absorbida por el tracto gastrointestinal se une fuertemente a las proteínas plasmáticas lo que origina la reabsorción de la OTA en el riñón y en recirculación enterohepática. Por lo tanto, su biotransformación o desaparición renal se retrasa significativamente con lo que presenta una vida media en el organismo relativamente larga de aproximadamente 35 días (Pfohl-Leszkowicz y Manderville, 2007; Sorrenti *et al.*, 2013). Los mohos *P. verrucosum*, *A. carbonarius* y *Aspergillus ochraceus* son los que produce con mayor frecuencia la OTA en múltiples productos agrícolas y en un amplio rango de temperaturas (0°C a 37°C). Por lo tanto, la OTA puede contaminar una gran variedad de alimentos y también puede bioacumularse en la sangre y en la leche de los animales expuestos a esta ocratoxina.

El Programa Internacional sobre Seguridad Química de la Organización Mundial para la Salud (IPCS) y el Comité Científico sobre Alimentación Humana (SCF) de la Comisión Europea han evaluado los riesgos de la fumonisina B_1 y determinaron una ingesta diaria tolerable (IDT) para FB_1-FB_3, sola o en combinación, de 2 $\mu g\ kg^{-1}$ de peso corporal. La FB_1 tiene una clara similitud estructural con los esfingolípidos celulares, y se ha demostrado que esta similitud altera el metabolismo de los esfingolípidos al inhibir la enzima ceramida sintasa que conlleva a la acumulación de esfinganina en células y tejidos. La FB_1 es neurotóxica, hepatotóxica y nefrotóxica en animales y además se ha clasificado como un posible carcinógeno para los humanos (Riley *et al.,* 2001; Stockmann-Juvalla y Savolainen, 2008) ya que altera el metabolismo de los esfingolípidos lo que podría afectar a la captación de folato y causar un defecto del tubo neural (NTD). En 1990 y en 1991, se produjeron brotes repentinos de defectos neuronales a lo largo de la frontera entre Texas y México, que se cree que pudo deberse a los altos niveles de FB_1 que se detectaron en el maíz durante los años anteriores. Esto coincide con la alta prevalencia de defectos neuronales en las regiones de China y Sudáfrica con un alto consumo de maíz (Marasas, 2001; Blom *et al.,* 2006). Otros estudios muestran un alto porcentaje de cáncer de esófago en regiones con altas concentraciones de FB_1, FB_2 y de *F. verticillioides* en el cultivo de maíz respecto de zonas con bajos niveles de *F. verticillioides*, FB_1 y FB_2 en dicho producto. Además, las personas con un alto consumo de maíz tienen un mayor riesgo de desarrollar cáncer de esófago que las personas con un menor consumo. Esta correlación se ha observado en personas con alta incidencia de cáncer de esófago de regiones de Italia, Irán, Kenia, Zimbabwe, Brasil y EE.UU. (Lozano *et al.,* 2012; Zhang *et al.,* 2012).

La patulina es una micotoxina producida por diversos tipos de mohos, en particular, *Aspergillus* y *Penicillium*, que se encuentra sobre todo en las manzanas podridas. En general, la cantidad de patulina en los productos derivados de la manzana se considera una medida de la calidad de las mismas. Además, la patulina se ha encontrado en otros alimentos como granos, frutas y hortalizas. Aunque no se considera una toxina particularmente potente, varios estudios han demostrado que la patulina es genotóxica (Bennet y Klich, 2003; Puel *et al.,* 2010). Varios países han establecido restricciones para la patulina en productos derivados de manzanas. La Organización Mundial de la Salud (OMS) recomienda una concentración máxima de 50 $\mu g\ L^{-1}$ en zumo de manzana. En la UE, el límite se establece en 50 $\mu g\ kg^{-1}$ tanto en zumo de manzana como en sidra y en la mitad de esa concentración, 25 $\mu g\ kg^{-1}$, en productos de manzana sólida, y 10 $\mu g\ kg^{-1}$ en productos para bebés y niños pequeños. La citrinina actúa como una nefrotoxina en todas las especies en las que se ha probado, pero su toxicidad aguda es variable, habiéndose implicado como una causa de nefropatía en los Balcanes y de una forma de beriberi cardíaco (Bennet y Klich, 2003).

6.7 MÉTODOS DE CONTROL DE MICOTOXINAS ANTES DE LA RECOLECCIÓN DE LOS CULTIVOS

Las estrategias actuales de intervención para el control de las micotoxinas antes de la recolección de los cultivos incluyen mejorar la resistencia de dichos cultivos mediante ingeniería genética, desarrollar prácticas agronómicas apropiadas, determinar el momento óptimo para cosechar los cultivos e implementar métodos novedosos de control biológico y químico.

El uso de fungicidas químicos ha conllevado el desarrollo de resistencias de las plagas y de su aparición más frecuente. Además, el uso de fungicidas en ciertos sistemas agrícolas no es práctico debido al costo, al riesgo de contaminación ambiental y a los efectos negativos para la salud humana (Ferron y Deguine, 2005). El control biológico de plagas de insectos, de patógenos de plantas y de malas hierbas es la única alternativa importante al uso de plaguicidas en la agricultura y silvicultura. En consecuencia, se están estudiando los microorganismos presentes naturalmente en los ecosistemas agrícolas, como alternativa a los métodos químicos tradicionales, para el control de las enfermedades de las plantas y del desarrollo de mohos asociados con la producción de micotoxinas. El control biológico puede reducir el efecto nocivo de los mohos fitopatógenos o micotoxigénicos, a la vez que tiene un impacto mínimo en el medio ambiente (Janisiewicz y Korsten, 2002; Fravel, 2005; Castoria *et al.*, 2008; Droby *et al.*, 2009; Tsitsigiannis *et al.*, 2012; Chulze *et al.*, 2015).

Se han realizado numerosos estudios para la búsqueda de antagonistas bacterianos de mohos micotoxigénicos que controlan el crecimiento de los mismos y/o inhiben la producción de micotoxinas. Una revisión de Palumbo *et al.* (2008) describe las interacciones entre los mohos productores de aflatoxina, fumonisina, tricoteceno y ocratoxina y especies de varios géneros bacterianos tales como *Pseudomonas*, *Bacillus*, *Streptomyces*, *Microbacterium*, *Enterobacter*, *Burkholderia* y otros. Otra revisión de Chulze *et al.* (2015) resumen varios estudios que demuestran las actividades antagónicas de *Bacillus*, *Pseudomonas*, *Streptomyces*, *Microbacterium* y otros géneros frente a *F. graminearum* y DON en trigo, frente a *F. verticillioides* y fumonisina en maíz y frente a especies de *Aspergillus* y aflatoxina y ocratoxina en cacahuetes y uvas.

Más recientemente, se han aislado bacterias de la rizosfera del cacahuete y el maíz que se han utilizado como tratamientos para reducir las poblaciones de *A. flavus* en las semillas de esos dos cultivos (Aiyaza *et al.*, 2015; Navya *et al.*, 2015). Los aislamientos bacterianos con la actividad antifúngica más prometedora son las especies *Pseudomonas* y *Bacillus*. Aunque estos estudios mostraron actividad contra *A. flavus*, los estudios de campo que utilizaron los mismos tratamientos bacterianos en el maíz no mostraron una reducción de *F. verticillioides* o fumonisinas, lo que sugiere que podrían ser necesarias múltiples estrategias de aplicación para el control efectivo de ambos mohos. Por el contrario, Lizárraga-Sánchez *et al.* (2015) realizaron un estudio de campo utilizando la inoculación foliar y en las propias semillas de maíz con *Bacillus cereus*, lo que redujo la incidencia de la enfermedad por *F. verticillioides* y también redujo los niveles totales de fumonisina en los granos de maíz. De manera similar, los tratamientos de semillas con *B. amyloliquefaciens* redujeron la infección por *F. verticillioides* y la contaminación por fumonisina en maíz cultivado en el campo (Pereira *et al.*, 2010). Las cepas de otras especies de *Bacillus*, como *B. subtilis* y *B. mojavensis*, producen surfactinas que inhiben el crecimiento de *A. flavus* y *F. verticillioides* (Mohammadipour *et al.*, 2009; Bacon *et al.*, 2012). La diversidad de bacterias con actividad antimicotoxigénica incluye bacterias ácido lácticas como *Pediococcus pentosaceus*, que inhibe la producción de fumonisina en *F. verticillioides* (Dalié *et al.*, 2012) y de *L. rhamnosus* y *L. plantarum*, que muestran una reducción de la producción de zearalenona por *F. graminearum* (Dogi *et al.*, 2013). La inhibición bacteriana de la micotoxigénesis también se ha descrito en la especie *Streptomyces* (Verheecke *et al.*, 2015) y en *Stenotrophomonas rhizophila*, que produce los dipéptidos cíclicos, ciclo (L-ala-L-pro) y ciclo (L-val-L-pro), que inhiben la transcripción de los genes de la vía biosintética de la aflatoxina en *A. parasiticus* (Jermnak *et al.*, 2013).

Uno de los principales objetivos de las investigaciones actuales para mitigar los efectos adversos de las aflatoxinas en los productos agrícolas es el control de la contaminación antes de la recolección. Una de las estrategias utilizadas es la introducción en los campos agrícolas de aislados de *A. flavus* no flavotoxigénicos a gran escala para desplazar las cepas aflatoxigénicas nativas. Hasta la fecha, el método de control biológico ha demostrado tener un futuro prometedor para controlar la contaminación por aflatoxinas en las regiones del sur de los EE.UU., dedicadas al cultivo de algodón, cacahuete y maíz (Dorner, 2009; Jaime-García y Cotty, 2010). En EE.UU. hay dos cepas no flavoxigénicas de *A. flavus*, AF36 y NRRL21882, registradas en la Agencia de Protección Ambiental como bioplaguicidas para prevenir la contaminación por aflatoxinas. Durante años la cepa AF36 se ha aplicado con gran eficacia al algodón en Arizona y al maíz en Texas; también se probó en pistacho en California (Robens, 2008). El grupo de compatibilidad vegetativa,

YV36, al que pertenece la cepa AF36 también es endémico de las regiones productoras de maíz en México (Ortega-Beltrán *et al.,* 2016) lo que plantea la posibilidad de utilizar la cepa AF36 de México en sus programas de prevención de aflatoxinas. La cepa NRRL21882 es el ingrediente activo de un biopesticida comercializado para controlar la contaminación por aflatoxinas en cacahuetes. Las pruebas de campo preliminares en Georgia y Alabama demostraron que este ingrediente redujo la aflatoxina en cacahuetes almacenados entre un 85% y un 98% (Dorner, 2009). Posteriormente la tecnología se patentó y fue autorizada su utilización; hoy en día la comercializa Syngenta con el nombre comercial, Afla-Guard®. Este bioplaguicida actualmente también está registrado para su uso en Brasil. Una estrategia similar de biocontrol se está llevando a cabo en Nigeria (Donner *et al.,* 2010) y en Kenia, donde, en los últimos años, se han producido brotes de envenenamiento por aflatoxina (Probst *et al.,* 2007). Esta tecnología también se probó en China (Yin *et al.,* 2009). La acepa AF051 de *A. flavus* utilizada en China (Jiang *et al.,* 2009), es altamente competitiva contra las cepas que producen aflatoxinas naturales. La aplicación de AF051 al suelo de los campos de cacahuetes desplazó a las poblaciones naturales de *Aspergillus* hasta en un 99%.

Las especies de levadura son prometedores agentes de biocontrol ya que no producen esporas alergénicas y generalmente no son patógenas. Las levaduras saprofitas se han estudiado como posibles agentes de biocontrol de varios patógenos fúngicos, como *Botrytis cinerea, Penicillium* spp. El control biológico mediante levaduras se ha utilizado principalmente para controlar las pérdidas postcosecha debidas a infecciones fúngicas en manzanas, uvas, durazno, cerezas dulces y cítricos. En los últimos años se ha desarrollado una serie de levaduras comerciales como agentes de biocontrol, así la levadura *Metschnikowia fructicola* es el ingrediente activo en el producto de control biológico comercial Shermer, que se comercializa para el control de enfermedades postcosecha de frutas y hortalizas. Otras como *Candida oleophila* y *C. sake* son ingredientes activos de productos comerciales tales como BioNext y Candifruit respectivamente. Además, las cepas de levadura seleccionadas se pueden aplicar en combinación con fungicidas adecuados para maximizar la eficacia del biocontrol y reducir la cantidad de fungicidas en los productos alimenticios. Las levaduras pueden desarrollarse rápidamente en las superficies de las hojas, frutas y flores con lo que al competir por el espacio y los nutrientes se excluye el crecimiento de otros microorganismos. Aparentemente, el uso de levaduras en formulaciones de biocontrol postcosecha presenta ventajas sobre otros organismos ya que las levaduras son fáciles de cultivar, crecen rápidamente y están presentes en una gran variedad de nichos ambientales (Janisiewicz y Korsten, 2002; Fravel, 2005; Bleve *et al.,* 2006; Pal y Gardener, 2006; De Felice *et al.,* 2008; Droby *et al.,* 2009; Hua, 2013).

En la selección visual de levaduras como agentes de biocontrol para inhibir la biosíntesis de aflatoxinas, la cepa *nor* mutante *Aspergillus flavus* Papa 827 desempeñó un papel importante (Papa, 1984; Hua *et al.,* 1999). El mutante *nor* tiene una mutación en el gen que codifica la enzima ácido norsolorínico reductasa, bloqueándose en esta etapa la biosíntesis de aflatoxinas. El ácido norsolorínico acumulado es fácil de visualizar ya que se trata de un pigmento rojo anaranjado brillante. El fundamento para usar la mutante *nor* como una cepa indicadora es que la acumulación del pigmento rojo-naranja durante el crecimiento implica que la vía biosintética de aflatoxinas está operando hasta la formación del ácido norsolorínico. Si no se produce tal pigmento, esto implica que la biosíntesis de aflatoxinas se inhibe en un paso anterior de la vía y que esta inhibición también puede ocurrir en cepas de campo de *A. flavus* aflatoxigénico.

Mediante este bioensayo visual se analizaron inicialmente 200 cepas de levaduras por su capacidad para prevenir el crecimiento de *A. flavus* y se han identificado varias especies de levaduras que inhiben el crecimiento de *A. flavus* y la producción de aflatoxinas en varios grados (Hua *et al.,* 1998, 1999). Un aislado en particular, la cepa WRL-076 es muy efectiva para inhibir tanto el crecimiento como la producción de aflatoxinas de *A. flavus*. Dicha cepa de levadura fue identificada como *Pichia anomala* por la Oficina Central para el Cultivo de Hongos (CBS), Baarn, Países Bajos, pero recientemente la especie se ha renombrado como *Wickerhamomyces anomalus* (Kurtzman *et al.*, 2008). A lo largo de esta revisión, se hará referencia a la levadura como *P. anomala*, en lugar de *W. anomalus*, principalmente porque fue la nomenclatura utilizada en muchas publicaciones anteriores. Se ha demostrado que varias cepas de esta especie controlan los patógenos fúngicos durante el almacenamiento de trigo y de frutas (Petersson y Schnurer, 1998; Petersson *et al.*, 1998; Jijakli, 2011).

La eficacia del biocontrol de una cepa de levadura, *P. anomala* WRL-076, se ha evaluado más a fondo en las flores de pistacho, hojas, frutos secos y hojas de almendra y en maíz. La producción de esporas de *A. flavus* se redujo en aproximadamente un 80% en las flores de pistacho rociadas con la levadura. En frutos de pistacho dañados e inoculados con la levadura disminuye la producción de esporas de *A. flavus* y en almendras rociadas con la levadura mostraron mucho menos crecimiento de hongos (Hua, 2002, 2004, 2006, 2013). Los experimentos de campo realizados en Texas (Isakeit *et al.*, 2007) indicaron que *P. anomala* redujo significativamente el nivel de aflatoxina en un 70% en cultivos de maíz antes de la recolección. El informe también demostró que había una tendencia a la reducción de los niveles de aflatoxina con los tratamientos de *P. anomala*, e incluso con dos aplicaciones de *P. anomala* en la etapa de la seda del maíz dieron como resultado una reducción significativa de la aflatoxina con un valor p de 0,05 ($p = 0{,}05$).

En la comercialización de los agentes de biocontrol es un requisito importante su capacidad de producir, de forma económica, grandes cantidades de microorganismos, siendo igualmente crítico que las formulaciones tengan una buena vida útil. Las células vivas de levadura *P. anomala* tienen una amplia utilización en las industrias alimentarias y agrícolas. Para *P. anomala* WRL-076 es muy deseable una formulación líquida estable debido a la fácil dispersión en el agua y en la aplicación a los cultivos, creciendo bien en caldo nutritivo a una alta concentración de 10^9 células mL^{-1}. Una de las formulaciones líquidas desarrolladas de *P. anomala* WRL-076 dispone de licencia para obtener productos utilizados en el control biológico de los cultivos y además conserva la viabilidad celular hasta en un 83% incluso después de un almacenamiento en frío durante 12 meses. En esa formulación, el sorbitol intracelular y la trehalosa aumentaron sinérgicamente la viabilidad de la levadura (Hua *et al.*, 2015).

BIBLIOGRAFÍA

Aiyaza, M., S.T. Divakara, S.C. Nayaka, P. Hariprasad, and S.R. Niranjana. 2015. Application of beneficial rhizospheric microbes for the mitigation of seed-borne mycotoxigenic fungal infection and mycotoxins in maize. *Biocontrol Sci. Tech.* 25: 1105–1119.

Amaike, S., and N.P. Keller. 2011. *Aspergillus flavus*. *Ann. Rev. Phytopath.* 49: 107–133.

Azziz-Baumgartner, E., K. Lindblade, K. Gieseker, H.S. Rogers, S. Kieszak, H. Njapau, R. Schleicher, L.F. McCoy, A. Misore, and K. DeCock. 2005. Case-control study of an acute aflatoxicosis outbreak, Kenya, 2004. *Environ. Health Perspec.* 113: 1779–1783.

Bacon, C.W., D.M. Hinton, T.R. Mitchell, M.E. Snook, and B. Olubajo. 2012. Characterization of endophytic strains of *Bacillus mojavensis* and their production of surfactin isomers. *Biol. Control.* 62: 1–9.

Bayman, P., J.L. Baker, M.A. Doster, T.J. Michailides, and N.E. Mahoney. 2002. Ochratoxin production by the *Aspergillus ochraceus* group and *Aspergillus alliaceus*. *Appl. Environ. Microbiol.* 68: 2326–2329.

Bennett, J.W., and M. Klich. 2003. Mycotoxins. *Clin. Microbiol. Rev.* 16: 497–516.

Bleve, G., F. Grieco, G. Cozzi, A. Logrieco, and A. Visconti. 2006. Isolation of epiphytic yeasts with potential for biocontrol of *Aspergillus carbonarius* and *A. niger* on grape. *Int. J. Food Microbiol.* 108: 204–209.

Blom, H. J., G. M. Shaw GM, M. den Heijer, and R. H. Finnel. 2006. Neural tube defects and folate: Case far from closed. *Nat. Rev. Neurosci.* 7: 724–731.

Blount, W.P. 1961. Turkey "X" disease. *Turkeys* 9: 55–58.

Boutrif, E., and C. Canet. 1998. Mycotoxin prevention and control: FAO programmes. *Revue de Médecine Vétérinaire* 149: 681–694.

Cabañes, F.J., M.R. Bragulat, and G. Castellá. 2010. Ochratoxin A producing species in the genus *Penicillium*. *Toxins* 2: 1111–1120.

Calderari, T.O., B.T. Iamanaka, J.C. Frisvad, J.I. Pitt, D. Sartori, J.L. Pereira, M.H. Fungaro, and M.H. Taniwaki. 2013. The biodiversity of *Aspergillus* section *Flavi* in Brazil nuts: From rainforest to consumer. *Int. J. Food Microbiol.* 160: 267–272.

Cary, J.W., M.A. Klich, and S.B. Beltz. 2005. Characterization of aflatoxin-producing fungi outside of *Aspergillus* section *Flavi*. *Mycologia* 97: 425–432.

Cary, J.W., Z. Han, Y. Yin, J.M. Lohmar, S. Shantappa, P.Y. Harris-Coward, B. Mack et al. 2015. Transcriptome analysis of *Aspergillus flavus* reveals *veA*-dependent regulation of secondary metabolite gene clusters, including the novel aflavarin cluster. *Eukaryotic Cell* 14: 983–997.

Castoria R., S.A.I. Wright, and S. Droby. 2008. Biological control of mycotoxigenic fungi in fruits. In: R. Barkai-Golan, and N. Paster (ed), *Mycotoxins in Fruits and Vegetables*, Academic Press, pp. 311–333.

Chang, P.K., L.L. Scharfenstein, B. Mack, J. Yu, and K.C. Ehrlich. 2014. Transcriptomic profiles of *Aspergillus flavus* CA42, a strain that produces small sclerotia, by decanal treatment and after recovery. *Fungal Genet. Biol.* 68: 39–47.

Chang, P.K., S.S. Hua, S.B. Sarreal, and R.W. Li. 2015. Suppression of aflatoxin biosynthesis in *Aspergillus flavus* by 2-phenylethanol is associated with stimulated growth and decreased degradation of branched-chain amino acids. *Toxins (Basel)* 7: 3887–3902.

Chulze, S.N., J.M. Palazzini, A.M. Torres, G. Barros, M.L. Ponsone, R. Geisen, M. Schmidt-Heydt, and J. Köhl. 2015. Biological control as a strategy to reduce the impact of mycotoxins in peanuts, grapes and cereals in Argentina. *Food Addit. Contam.* 32: 471–479.

Dalié, D., L. Pinson-Gadais, V. Atanasova-Penichon, G. Marchegay, C. Barreau, A. Deschamps, and F. Richard-Forget. 2012. Impact of *Pediococcus pentosaceus* strain L006 and its metabolites on fumonisin biosynthesis by *Fusarium verticillioides*. *Food Contr.* 23: 405–411.

De Felice, D.V., M. Solfrizzo, F. De Curtis, G. Lima, A. Visconti, and R. Castoria. 2008. Strains of *Aureobasidium pullulans* can lower ochratoxin A contamination in wine grapes. *Phytopathol.* 98: 1261–1270.

Denissenko, M.F., J. Cahill, T.B. Koudriakova, N. Gerber, and G.P. Pfeifer. 1999. Quantitation and mapping of aflatoxin B_1-induced DNA damage in genomic DNA using aflatoxin B_1-8,9-epoxide and microsomal activation systems. *Mutation Res.* 425: 205–211.

Diener, U.L., R.J. Cole, T.H. Sanders, G.A. Payne, L.S. Lee, and M.A. Klich. 1987. Epidemiology of aflatoxin formation by *Aspergillus flavus*. *Annu. Rev. Phytopathol.* 25: 249–270.

Dogi, C.A., A. Fochesato, R. Armando, B. Pribull, M.M.S. de Souza, I. da Silva Coelho, D. Araújo de Melo, A. Dalcero, and L. Cavaglieri. 2013. Selection of lactic acid bacteria to promote an efficient silage fermentation capable of inhibiting the activity of *Aspergillus parasiticus* and *Fusarium graminearum* and mycotoxin production. *J. Appl. Microbiol.* 114: 1650–1660.

Donner, M., J. Atehnkeng, R.A. Sikora, R. Bandyopadhyay, and P.J. Cotty. 2010. Molecular characterization of atoxigenic strains for biological control of aflatoxins in Nigeria. *Food Addit. Contam.* 27: 576–590.

Dorner, J.W. 2009. Development of biocontrol technology to manage aflatoxin contamination in peanuts. *Peanut Sci.* 36: 60–67.

Droby, S., M. Wisniewski, D. Macarisin, and C. Wilson. 2009. Twenty years of postharvest biocontrol research: Is it time for a new paradigm? *Postharvest Biol. Tech.* 52: 137–145.

Duarte, S.C., A. Pena, and C.M. Lino. 2010. A review on ochratoxin A occurrence and effects of processing of cereal and cereal derived food products. *Food Microbiol.* 27: 187–198.

Eaton, D.L., and E.P. Gallagher. 1994. Mechanisms of aflatoxin carcinogenesis. *Annu. Rev. Pharmacol. Toxicol.* 34: 135–172.

European Commission. 2005. Rapid Alert System for Food and Feed (RASFF)—2005 Weekly Overview.

European Commission. 2006. The Rapid Alert System for Food and Feed (RASFF) Annual Report 2005.

FAO. 1997. Worldwide Regulations for Mycotoxins 1995. A Compendium. Rome, Italy: *FAO Food and Nutrition Paper 64.*

Ferron, P., and J-P. Deguine. 2005. Crop protection, biological control, habitat management and integrated farming. *A Review. Agron. Sustain. Dev.* 25: 17–24.

Food and Drug Administration. 1996. Compliance Policy Guides Manual. Sec.555.400, 268; Sec. 570.500, 299.

Frisvad, J.C., J.M. Frank, J.A.M.P. Houbraken, A.F.A. Kuijpers, and R.A. Samson. 2004. New ochratoxin A producing species of *Aspergillus* section *Circumdati*. *Stud. Mycol.* 50: 23–43.

Frisvad, J.C., J. Smedsgaard, R.A. Samson, T.O. Larsen, and U. Thrane. 2007. Fumonisin B_2 production by *Aspergillus niger. J. Agric. Food Chem.* 55: 9727–9732.

Fravel, D.R. 2005. Commercialization and implementation of biocontrol. *Annu. Rev. Phytopathol*. 43:337–359.

Georgianna, D.R., N.D. Fedorova, J.L. Burroughs, A.L. Dolezal, J.W. Bok, S. Horowitz-Brown, C.P. Woloshuk, J. Yu, N.P. Keller, and G.A. Payne. 2010. Beyond aflatoxin: Four distinct expression patterns and functional roles associated with *Aspergillus flavus* secondary metabolism gene clusters. *Mol. Plant Pathol.* 11: 213–226.

Gilbert, M.K., B.M. Mack, Q. Wei, J.M. Bland, D. Bhatnagar, and J.W. Cary. 2016. RNA sequencing of an *nsdC* mutant reveals global regulation of secondary metabolic gene clusters in *Aspergillus flavus. Microbiol. Res.*182: 150–161.

Hedayati, M. T., A. C. Pasqualotto, P. A.Warn, P. Bower, and D. W. Denning. 2007. *Aspergillus flavus*: Human pathogen, allergen and mycotoxin producer. *Microbiol.* 153: 1677–1692.

Henry, S.H., F.X. Bosch, and J.C. Bowers. 2002. Aflatoxin, hepatitis and worldwide liver cancer risks. *Adv. Exp. Med. Biol.* 504: 229–233.

Henry, S.H., F.X. Bosch, T.C. Troxell, and P.M. Bolger. 1999. Public health-reducing liver cancer-global control of aflatoxin. *Science* 286: 2453–2454.

Horn, B.W., and R.L. Green. 1995. Vegetative compatibility within populations of *Aspergillus flavus*, *A. parasiticus*, and *A. tamari* from a peanut field. *Mycologia.* 87: 324–332.

Hua, S.S.T. 2002. Potential use of saprophytic yeast to reduce populations of *Aspergillus flavus* in almond and pistachio orchards. In: I. Battle, I. Hormaza, and M. T. Espiau (eds), *Proceedings of the Third International Symposium of Pistachio and Almond. Acta Horticulture*, International Society for Horticultural Science (ISHS) in Belgium 591: 527–530.

Hua, S.S.T. 2004. Application of a yeast, *Pichia anomala* strain WRL-076 to control *Aspergillus flavus* for reducing aflatoxin in pistachio and almond. *IOBC Bullet.* 27: 291–294.

Hua, S.S.T. 2006. Progress in prevention of aflatoxin contamination in food by preharvest application of *Pichia anomala* WRL-076. In: A. Mendez-Vilas (ed), *Recent Advances in multidisciplinary Applied Microbiology*. Weinheim, Germany: Wiley-VCH Verlag GmbH&Co. KGaA, pp. 322–326.

Hua, S.S.T. 2007. Environmental Adaptation of *Pichia anomala* WRL-076 as an effective biocontrol agent for pre-harvest application. *IOBC Bullet.* 30: 241–244.

Hua, S.S.T. 2013. Biocontrol of *Aspergillus flavus* by *Pichia anomala*. In: A. Mendez-Vilas (ed), *Microbial Pathogens and Strategies for Combating Them: Science Technology and Education*, vol. 2. Spain: Formatex Research Center, pp. 1067–1072.

Hua, S.S.T., C.E. McAplin, P.K. Chang, S.B.L. Sarreal. 2012. Characterization of aflatoxigenic and non-aflatoxigenic *Aspergillus flavus* isolates from pistachio. *Mycotoxin Res* 28: 67–75.

Hua, S.S.T., C.E. McAlpin, and S.B. Ly. 2006. Population of *Aspergillus flavus* on pistachio buds and flowers. In: A. Mendez-Vilas (ed.). Recent Advances in multidisciplinary Applied Microbiology, Wiley-VCH Verlag GmbH&Co. KGaA, Weinheim, Germany, pp. 440–445.

Hua, S.S.T., A.S. Taurin, S.N. Pandey, L. Chang, P.K. Chang. 2007. Characterization of *AFLAV*, a *Tf1/Sushi* retrotransposon from *Aspergillus flavus*. *Mycopathologia* 163: 97–104.

Hua, S.S., B.J. Hernlem, W. Yokoyama, and S.B. Sarreal. 2015. Intracellular trehalose and sorbitol synergistically promoting cell viability of a biocontrol yeast, *Pichia anomala*, for aflatoxin reduction. *World J. Microbiol. Biotechnol.* 31: 729–734.

Hua, S.S.T., C.E. McAplin, P.K. Chang, and S.B.L. Sarreal. 2012. Characterization of aflatoxigenic and non-aflatoxigenic *Aspergillus flavus* isolates from pistachio. *Mycotoxin Res.* 28: 67–75.

Hua, S.S.T., J.L. Baker, and M. Flores-Espiritu. 1999. Interactions of saprophytic yeasts with a *nor* mutant of *Aspergillus flavus*. *Appl. Environ. Microbiol.* 65: 2738–2740.

Hua, S.S.T., J.L. Baker, and O.K. Grosjean. 1998. Improvement of the quality and value of pistachios and almonds through preharvest biocontrol of *Aspergillus flavus*. In: L. Ferguson, and D. Kester (eds), *Proceedings of the Second International Symposium of Pistachios and Almonds, Acta Horticulturae No. 470*. Leuven, Belgium: International Society for Horticultural Science.

Hua, S.S.T., J.J. Beck, S.B.L. Sarreal, and W. Gee. 2014. The major volatile compound 2-phenylethanol from the biocontrol yeast, *Pichia anomala*, inhibits growth and expression of aflatoxin biosynthetic genes of *Aspergillus flavus*. *Mycotoxin Res.* 30: 71–78.

Isakeit, T., F.J. Betran, G. Odvody, and S.S.T. Hua. 2007. Efficacy of *Pichia anomala* WRL-076 to control aflatoxin on corn in Texas, 2005. *Plant Dis. Manag. Reports.* 1: FC021.

Jaime-Garcia, R., and P.J. Cotty. 2010. Influence of crop rotation on persistence of the atoxigenic strain *Aspergillus flavus* AF36 in Arizona. *Phytopathol.* 100: S55.

Janisiewicz, W., and L. Korsten. 2002. Biological control of postharvest diseases of fruits. *Annu. Rev. Phytopathol.* 40: 411–441.

Jermnak, U., A. Chinaphuti, A. Poapolathep, R. Kawai, H. Nagasawa, and S. Sakuda. 2013. Prevention of aflatoxin contamination by a soil bacterium of *Stenotrophomonas* sp. that produces aflatoxin production inhibitors. *Microbiology* 159: 902–912.

Jiang, J., L. Yan, and Z. Ma. 2009. Molecular characterization of an atoxigenic *Aspergillus flavus* strain AF051. *Appl. Microbiol. Biotechnol.* 83: 501–505.

Jijakli, M.H. 2011. *Pichia anomala* in biocontrol for apples: 20 years of fundamental research and practical applications. *Antonie Leeuwenhoek* 99: 93–105.

Knudsen, P.B., J.M. Mogensen, T.O. Larsen, and K.F. Nielsen. 2011. Occurrence of fumonisins B_2 and B_4 in retail raisins. *J. Agric. Food Chem.* 59:772–776.

Kurtzman, C.P., C.J. Robnet, and E. Basehoar-Powers. 2008. Relationships among species of *Pichia*, *Issatchenkia* and *Williopsis* determined from multigene phylogenetic analysis and the proposal of *Barnettozyma* gen. *nov.*, *Lindnera* gen. *nov.* and *Wickerhamomyces* gen. *nov. FEMS Yeast Res.* 8: 939–954.

Lee, H.J., and D. Ryu. 2015. Significance of ochratoxin A in breakfast cereals from the United States. J. *Agric. Food. Chem*. 63: 9404–9409.

Lewis, L., M. Onsongo, H. Njapau, H. Schurz-Rogers, G. Luber, S. Kieszak, J. Nyamongo et al. 2005. Aflatoxin contamination of commercial maize products during an outbreak of acute aflatoxicosis in eastern and central Kenya. *Environ. Health Perspec.* 113: 1763–1767.

Lin, J.Q., X.X. Zhao, Q.Q. Zhi, M. Zhao, and Z.M. He. 2013. Transcriptomic profiling of *Aspergillus flavus* in response to 5-azacytidine. *Fungal Genet. Biol.* 56: 78–86.

Linz, J.E., J. Wee, and L.V. Roze. 2014. *Aspergillus parasiticus* SU-1 genome sequence, predicted chromosome structure, and comparative gene expression under aflatoxin-inducing conditions: Evidence that differential expression contributes to species phenotype. Eukaryot Cell. 13: 1113–1123.

Lizárraga-Sánchez, G.J., K.Y. Leyva-Madrigal, P. Sánchez-Peña, F.R. Quiroz-Figueroa, and I.E. Maldonado-Mendoza. 2015. *Bacillus cereus sensu lato* strain B25 controls maize stalk and ear rot in Sinaloa, Mexico. *Field Crops Res.* 176: 11–21.

Logrieco, A., A. Bottalico, G. Mulé, A. Moretti, and G. Perrone. 2003. Epidemiology of toxigenic fungi and their associated mycotoxins for some Mediterranean crops. *Eur. J. Plant Pathol.* 109: 645–667.

Logrieco, A., R. Ferracane, M. Haidukowsky, G. Cozzi, A. Visconti, and A. Ritieni. 2009. Fumonisin B_2 production by *Aspergillus niger* from grapes and natural occurrence in must. *Food Addit. Contam.* 26: 1495–1500.

Lozano, R, M. Naghavi, K. Foreman, S. Lim, K. Shibuya, V. Aboyans, J. Abraham, T. Adair et al. 2012. Global and regional mortality from 235 causes of death for 20 age groups in 1990 and 2010: A systematic analysis for the Global Burden of Disease Study 2010. *Lancet* 380: 2095–2128.

Marasas, W.F. 2001. Discovery and occurrence of the fumonisins: A historical perspective. *Environ. Health Perspect.* 109 (S2): 239–243.

Mateo, R., A. Medina, E.M. Mateo, F. Mateo, and M. Jimenez. 2007. An overview of ochratoxin A in beer and wine. *Int. J. Food Microbiol.* 119: 79–83.

McAlpin, C.E., D.T. Wicklow, and B.W. Horn. 2002. DNA fingerprinting analysis of vegetative compatibility groups in *Aspergillus flavus* from a peanut field in Georgia. *Plant Dis.* 86:254–258.

McAlpin, C.E., D.T. Wicklow, and C. Platis. 1998. Genotypic diversity of *Aspergillus parasiticus* in an Illinois corn field. *Plant Dis.* 82: 1132–1135.

Mogensen, J.M., T.O. Larsen, and K.F. Nielsen. 2010. Widespread occurrence of the mycotoxin fumonisin B_2 in wine. *J. Agric. Food Chem.* 58: 4853–4857.

Mohammadipour, M., M. Mousivand, G.S. Jouzani, and S. Abbasalizadeh. 2009. Molecular and biochemical characterization of Iranian surfactin-producing *Bacillus subtilis* isolates and evaluation of their biocontrol potential against *Aspergillus flavus* and *Colletotrichum gloeosporioides*. *Can. J. Microbiol.* 55: 395–404.

Molyneux, R.J., N. Mahoney, J.H. Kim, and B.C. Campbell. 2007. Mycotoxins in edible tree nuts. *Internat. J. Food Microbiol.* 119: 72–78.

Montville, T. J., K.R. Matthews. 2008. Food Microbiology, An Introduction. Washington: ASM Press, p. 428.

Navya, H.M., J. Naveen, P. Hariprasad, and S.R. Niranjana. 2015. Beneficial rhizospheric microorganisms mediated plant growth promotion and suppression of aflatoxigenic fungal and aflatoxin contamination in groundnut seeds. *Ann. Appl. Biol.* 167: 225–235.

Nielsen, K.F., J.M. Mogensen, M. Johansen, T.O. Larsen, and J.C. Frisvad. 2009. Review of secondary metabolites and mycotoxins from the *Aspergillus niger* group. *Anal. Bioanal. Chem.* 395: 1225–1242.

Ortega-Beltran, A., L.C. Grubisha, K.A. Callicott, and P.J. Cotty. 2016. The vegetative compatibility group to which the US biocontrol agent *Aspergillus flavus* AF36 belongs is also endemic to Mexico. *J. Appl. Microbiol.* 120: 986–998.

Otsuki, T., J.S. Wilson, and M. Sewadeh. 2001. What price precaution? European harmonization of aflatoxin regulations and African groundnuts exports. *Eur. Rev. Agric. Econ.* 28: 263–284.

Pal, K.K., and B.M. Gardener. 2006. Biological Control of Plant Pathogens. *Plant Health Instruct.* doi: 10.1094/PHI-A-2006-1117-02.

Palumbo, J.D., T.L. O'Keeffe, and H.K. Abbas 2008. Microbial interactions with mycotoxigenic fungi and mycotoxins. *Toxin. Rev.* 27: 261–285.

Pfohl-Leszkowicz, A., and R.A. Manderville. 2007. Ochratoxin A: An overview on toxicity and carcinogenicity in animals and humans. *Mol Nutr Food Res.* 51: 61–99.

Palumbo, J.D., T.L. O'Keeffe, and J.A. McGarvey. 2011. Incidence of fumonisin B_2 production within *Aspergillus* section *Nigri* populations isolated from California raisins. *J. Food Prot.* 74: 672–675.

Palumbo, J.D., T.L. O'Keeffe, Y.S. Ho, and C.J. Santillan. 2015. Occurrence of ochratoxin A contamination and detection of ochratoxigenic *Aspergillus* species in retail samples of dried fruits and nuts. *J. Food Prot.* 78: 836–842.

Papa, K.E. 1984. Genetics of *Aspergillus flavus*: Linkage of aflatoxin mutants. *Can. J. Microbiol.* 30: 68–73.

Payne, G.A., J. Yu, W.C. Nierman, M. Machida, D. Bhatnagar, T.E. Cleveland et al. 2008. A first glance into the genome sequence of *Aspergillus flavus*. In: S. Osmani, and G. Goldman (eds), The *ASPERGILLI: Genomics, Medical Aspects, Biotechnology and Research Methods*, vol. 26. Boca Raton, FL: CRC Press, pp. 15–23.

Peraica, M., B. Radić, A. Lucić, and M. Pavlović. 1999. Toxic effects of mycotoxins in humans. *Bull. World Health Organ.* 77: 754–766.

Pereira, P., A. Nesci, C. Castillo, and M. Etcheverry. 2010. Impact of bacterial biological control agents on fumonisin B_1 content and *Fusarium verticillioides* infection of field-grown maize. *Biol. Contr.* 53: 258–266.

Petersson, S., and J. Schnurer. 1998. *Pichia anomala* as a biocontrol agent of *Penicillium roqueforti* in high-moisture wheat, rye, barley, and oats stored under airtight conditions. *Can. J. Microbiol.* 44: 471–476.

Petersson, S., M.W. Henson, K. Axberg, K. Hult, and J. Schnurer. 1998. Ochratoxin A accumulation in cultures of *Penicillium verrucosum* with the antagonistic yeast *Pichia anomala* and *Saccharomyces cerevisiae*. *Mycol. Res.* 102: 1003–1008.

Pildain, M.B., J.C. Frisvad, G. Vaamonde, D. Cabral, J. Varga, and R.A. Samson. 2008. Two novel aflatoxin-producing *Aspergillus* species from Argentinean peanuts. *J. Syst. Evol. Microbiol.* 58: 725–735.

Probst, C., H. Njapau, and P.J. Cotty. 2007. Outbreak of an acute aflatoxicosis in Kenya in 2004: Identification of the causal agent. *Appl. Environ. Microbiol.* 73: 2762–2764.

Puel, O., G. Pierre, and I.P. Oswald. 2010. Biosynthesis and toxicological effects of patulin. *Toxins* 2: 613–631. doi:10.3390/toxins2040613

Rheeder, J.P., W.F. Marasas, and H.F. Vismer. 2002. Production of fumonisin analogs by *Fusarium* species. *Appl. Environ. Microbiol.* 68: 2101–2105.

Riley R.T., E. Enongen, and K.A.Voss, W.P. Norred, F.I. Meredith, R.P. Sharma, D.Williams, and A.H. Jr. Merrill. 2001. Sphingolipid perturbations as mechanisms for fumonisin carcinogenesis. *Environmental Health Perspectives* 109: 301–308.

Robens, J. 2008. Aflatoxin-recognition, understanding, and control with particular emphasis on the role of the Agricultural Research Service. *Toxin Rev.* 27: 143–169.

Samson, R.A., J.A.M.P. Houbraken, A.F.A. Kuijpers, J.M. Frank, and J.C. Frisvad. 2004. New ochratoxin A or sclerotium producing species in *Aspergillus* section *Nigri*. *Stud. Mycol.* 50: 45–61.

Sorrenti, V., C. Di Giacomo, R. Acquaviva, I. Ignazio Barbagallo, M. Bognanno, and F. Galvano. 2013. Toxicity of ochratoxin A and its modulation by antioxidants: A review. *Toxins* 5: 1742–1766.

Stockmann-Juvalla, H. and K. Savolainen. 2008. A review of the toxic effects and mechanisms of action of fumonisin B1. *Human & Experimental Toxicology*. 27: 799–809.

Storari, M., L. Bigler, C. Gessler, and G.A. Broggini. 2012. Assessment of the ochratoxin A production ability of *Aspergillus tubingensis*. *Food Addit. Contam.* 29: 1450–1454.

Trucksess, M.W., and P.M. Scott. 2008. Mycotoxins in botanicals and dried fruits: A review. *Food Addit. Contam.* 25: 181–192.

Tsitsigiannis, D. I., M. Dimakopoulou, P. P. Antoniou, and C. T. Eleftherios. 2012. Biological control strategies of mycotoxigenic fungi and associated mycotoxins in Mediterranean basin crops. *Phytopath. Medit.* 51: 158–174.

Van Egmond, H.P., R.C. Schothorst, and M.A. Jonker. 2007. Regulations relating to mycotoxins in food: Perspectives in a global and European context. *Anal. Bioanal. Chem.* 389: 147–157.

Varga, J., J.C. Frisvad, and R.A. Samson. 2010. A reappraisal of fungi producing aflatoxins. *World Mycotoxin. J.* 2: 263–277.

Verheecke, C., T. Liboz, P. Anson, Y. Zhu, and F. Mathieu. 2015. *Streptomyces-Aspergillus flavus* interactions: Impact on aflatoxin B accumulation. *Food Addit. Contam.* 32: 572–576.

Visagie, C.M., J. Varga, J. Houbraken, M. Meijer, S. Kocsube, N. Yilmaz, R. Fodetar, K.A. Seifert, J.C. Frisvad, and R.A. Samson. 2014. Ochratoxin production and taxonomy of the yellow aspergilli (*Aspergillus* section *Circumdati*). *Stud. Mycol.* 78: 1–61.

Wild, C.P., Y.Y. Gong. 2009. Mycotoxins and human disease: A largely ignored global health issue. *Carcinogenesis* 31: 71–82.

Wogan, G.N. 2000. Impacts of chemicals on liver cancer risk. *Sem. Cancer Biol.* 10: 201–210.

Wu, F., D. John, J.D. Groopman, and J.J. Pestka. 2014. Public health impacts of foodborne mycotoxins. *Annu. Rev. Food Sci. Technol.* 5: 351–372.

Yazar, S., and G.Z. Omurtag. 2008. Fumonisins, trichothecenes and zearalenone in cereals. *Int. J. Mol. Sci.* 9: 2062–2090.

Yin, Y., T. Lou, L. Yan, T.J. Michailides, and Z. Ma. 2009. Molecular characterization of toxigenic and atoxigenic *Aspergillus flavus* isolates, collected from peanut fields in China. *J. Appl. Microbiol.* 107: 1857–1865.

Yu, J., Chang, P.K., Ehrlich, K.C., Cary, J.W., Bhatnagar, D., T.E. Cleveland, G.A. Payne, J.E. Linz, C.P. Woloshuk, and J.W. Bennett. 2004. Clustered pathway genes in aflatoxin biosynthesis. *Appl. Environ. Microbiol.* 70: 1253–1262.

Zhang, H.Z., G.F. Jin, and H.B. Shen. 2012. Epidemiologic differences in esophageal cancer between Asian and Western populations. *Chin J. Cancer* 31: 281–266.

Zhang, F., Z. Guo, H. Zhong, S. Wang, W. Yang, Y. Liu, and S. Wang. 2014. RNA-Seq-based transcriptome analysis of aflatoxigenic *Aspergillus flavus* in response to water activity. *Toxins (Basel)* 6: 3187–3207.

7 Toxinas bacterianas

Waldemar Dąbrowski, Alicja Dłubała,
e Izabela Helak

CONTENIDO

7.1 INTRODUCCIÓN

Muchos patógenos humanos se encuentran en los productos alimenticios. El tracto digestivo es una barrera infranqueable para muchos de ellos, lo que les impide penetrar en el cuerpo humano. Ejemplos de patógenos incluyen infecciones del tracto respiratorio superior, especialmente amigdalitis purulenta causadas por estafilococos o estreptococos, que convierten las amígdalas en cultivos bacterianos. Estas bacterias utilizan la saliva ingerida para llegar al tracto digestivo, pero no pueden sobrevivir en ese medio y de esta manera la infección no se desarrolla. Algunos patógenos pueden atravesar la barrera fisiológica y morfológica del organismo e infiltrarse en otros órganos, donde se desarrolla la infección, pero sin síntomas visibles en el tracto digestivo como ocurre con las bacterias *Salmonella typhi*, *Mycobacterium tuberculosis* bovino (*M. bovis*), *Francisella tularensis*, *Yersinia pseudotuberculosis* y *Brucella*.

TABLA 7.1
Patógenos del tracto digestivo humano.

Grupo	Microorganismos
1 Microorganismos que atraviesan la barrera digestiva y que no producen enterocolitis	*Salmonella typhi*—causa fiebre tifoidea, estreñimiento o diarrea, esplenomegalia, posible desarrollo de meningitis y/o malestar general
	Salmonella paratyphi A y B—produce fiebre tifoidea
	Mycobacterium bovis—síntomas similares a los producidos por
	Francisella tularensis—turalemia
	Yersinia pseudotuberculosis—fiebre y dolor abdominal en el lado derecho similar a la apendicitis
	Brucella abortus—infección a través de la leche y productos lácteos: debilidad, dolor muscular, fiebre
	Listeria monocytogenes—listeriosis del sistema nervioso central y de otros órganos
	Clostridium botulinum—botulismo en recién nacidos
	Clostridium baratii—botulismo en recién nacidos
	Clostridium butyricum—botulismo en recién nacidos
2 Microorganismos que crecen en el tracto digestivo y producen en él síntomas de enfermedad: enterocolitis y gastroenteritis	Diferentes serotipos de Salmonela—diarrea
	Shigella—origina disentería
	Escherichia coli—diarrea de intensidad variable dependiendo del serotipo; *Escherichia coli* productor de vero citotoxina particularmente peligrosa (VTEC) O157, enterohemorrágica
	Campylobacter spp.—diarrea leve
	Yersinia enterocolitica—yersiniosis
	Helicobacter pylori—úlcera gástrica
	Listeria monocytogenes—diarrea
	Clostridium difficile—infecciones entéricas graves, especialmente después del tratamiento con antibióticos
	Clostridium perfringens—diarrea asociada a antibióticos, diarrea epidémica
	Vibrio cholerae: (produce cólera)
	V. parahaemolyticus, *V. vulnificus*—gastroenteritis después del consumo de mariscos
3 Microorganismos que producen toxinas fuera del cuerpo humano: en los alimentos	*Clostridium botulinum*—botulismo
	Grupo de *Bacillus cereus*—vómitos, enfermedad diarreica
	Grupo *Staphylococcus*—enfermedad diarreica

Otro grupo de microorganismos lo constituyen las bacterias para las cuales el tracto digestivo no es un obstáculo y crecen en él, produciendo síntomas tales como vómitos, diarrea, dolor abdominal y, en ocasiones, fiebre. Los daños que ocasionan en el epitelio intestinal, y a veces en las paredes intestinales, son generalmente de una extensión variable, lo que se manifiesta por ulceraciones y abscesos. Sin embargo, no hay datos sobre si la presencia de sus toxinas en el agua o en los alimentos representa alguna amenaza. Las condiciones ambientales en los alimentos pueden no favorecer la producción de toxinas. Un grupo aparte de microorganismos transmitidos por los alimentos incluyen aquellos cuya presencia en el tracto digestivo no produce síntomas de enfermedad; en cambio, producen toxinas en los alimentos y no es hasta su consumo cuando se manifiestan los síntomas de la enfermedad. Tales microorganismos se enumeran en la Tabla 7.1

7.2 *CLOSTRIDIUM BOTULINUM*

7.2.1 INTRODUCCIÓN

Clostridium botulinum es un bacilo formador de esporas, que crece solamente en condiciones anaeróbicas y a pH por encima de 4,6. Se trata de células redondeadas en los extremos y peritrícicamente ciliadas que exhiben tinción gram-positiva. El tamaño de la célula depende de la cepa y de las condiciones del cultivo, oscilando de 3,4 a 8,6 µm. Las endosporas se forman de manera subterminal, causando hinchazón celular específica.

Clostridium botulinum están omnipresentes en el medio natural, se encuentran en el suelo, en el tracto digestivo, en el fondo de los depósitos y en las aguas costeras, desde donde puedan contaminar los productos alimenticios. La producción de toxina botulínica en los productos alimenticios se acompaña de cambios específicos, es decir, con la aparición de un olor característico a grasa enranciada y la producción de grandes cantidades de gas (abombamiento de latas de conserva).

Se puede considerar *C. botulinum* todo microorganismo capaz de producir una de las siete toxinas botulínicas: A, B, C, D, E, F, G. Los investigadores contemporáneos clasifican las bacterias *Clostridium* en cuatro grupos (I–IV) (Grenda y Kwiatek, 2009):

Grupo I comprende cepas proteolíticas de *C. botulinum* capaces de producir toxinas tipo A, B y F, así como cepas no productoras de toxinas de *C. sporogenes*.

Grupo II comprende cepas no proteolíticas de *C. botulinum* capaces de producir toxinas de tipo A, B y E.

Grupo III comprende cepas proteolíticas y no proteolíticas de *C. botulinum* capaces de producir toxinas de tipo C y D, así como cepas de *C. novyi* del tipo A.

Grupo IV comprende cepas de *C. botulinum* que producen toxina tipo G (clasificada como una especie distinta *C. argentinense*) y sin el potencial de producción de toxinas de *C. subterminale* y *C. hastiforme*.

La toxina botulínica también la pueden producir cepas no proteolíticas de *C. butyricum* (toxina tipo E) y *C. barati*, que puede producir toxina tipo F, aunque no están clasificados como *C. botulinum* (Grenda y Kwiatek, 2009).

No existe, actualmente, una clasificación clínica uniforme del botulismo, aunque, por lo general, se identifican en la bibliografía seis formas de intoxicaciones: botulismo transmitido por los alimentos, botulismo transmitido por herida, botulismo infantil, botulismo inhalatorio, botulismo iatrogénico y botulismo sin fuente determinada. El desarrollo de la enfermedad depende de cómo entran en el cuerpo los alimentos que contienen la toxina botulínica de *C. botulinum*.

El botulismo transmitido por los alimentos es una consecuencia del consumo de los mismos contaminados con toxina botulínica. Generalmente los síntomas de la intoxicación aparecen entre

12 y 36 horas después de su ingestión, desarrollándose una neuropatía bilateral aguda de los nervios craneales, con la consiguiente sequedad de boca y dificultad para tragar, dificultad para hablar, caída de los párpados y oftalmoplejía. Si no se inicia la terapia, se producirá parálisis de los músculos respiratorios y la consiguiente muerte.

El botulismo infantil afecta a niños menores de 12 años y la enfermedad se desarrolla como resultado del consumo de alimentos, generalmente miel o leche en polvo para lactantes, contaminados con esporas de *C. botulinum*; las toxinas se producen durante su germinación en el tracto digestivo (Kizerwetter-Świda y Binek, 2010).

El botulismo transmitido por herida es relativamente raro. La enfermedad se produce cuando esporas de *C. botulinum* que entran por una herida alcanzan el torrente sanguíneo y se diseminan a otras partes del cuerpo. Los síntomas neurológicos son los mismos que en el caso del botulismo transmitido por los alimentos, aunque solo faltan los síntomas gastrointestinales (Kizerwetter-Świda y Binek, 2010).

El botulismo iatrogénico es una forma extremadamente rara de la enfermedad causada por la incorporación de la toxina botulínica a través de una inyección. Los síntomas generalmente se limitan a debilidad muscular generalizada, normalmente acompañada por una caída leve de los párpados, diplopia, sequedad de la mucosa de la cavidad oral, disfagia y disartria (Shapiro *et al.*, 1998).

El botulismo por inhalación, junto con el botulismo iatrogénico, casi nunca ocurre de manera natural. Se produce cuando un individuo está expuesto a un aerosol que contiene toxina botulínica.

Los casos de botulismo, tanto en adultos como en niños mayores de 12 meses (equivalente al botulismo infantil), en los que no se identifican la fuente de las bacterias o de sus toxinas en los alimentos, se clasifican como casos de «origen indeterminado» por los Centros para el Control y Prevención de Enfermedades. También se puede observar botulismo en pacientes sometidos a cirugía o a tratamientos con antibióticos orales lo que puede provocar un desequilibrio en la microflora intestinal que facilite la colonización del tracto digestivo por *C. botulinum* (Kizerwetter-Świda y Binek, 2010).

7.2.2 Toxinas de *Clostridium*

C. botulinum y *C. tetani* producen las toxinas biológicas más potentes conocidas. Las neurotoxinas (NT) producidas por *Clostridium* incluyen la toxina tetánica (TeNT) y siete neurotoxinas botulínicas diferentes (BoNT, es decir, A, B, C, D, E, F, G) (Rao *et al.*, 2005) con acción farmacológica casi idéntica pero con diferente estructura antigénica (Reis y Mierzejewski, 2004). La toxina botulínica (BoNT) se considera comúnmente como la sustancia tóxica más potente que se produce de forma natural en el medio ambiente. La cantidad de toxina que se considera como dosis letal para una persona varía entre 0,2 y 2,0 μg/kg de peso corporal (Sharma y Whiting, 2005). La mayoría de las cepas productoras de toxinas de *Clostridium* son capaces de producir un tipo de toxina, pero en la bibliografía se ha informado de cepas que pueden producir dos tipos de toxinas: Ab, Ba, Af, Bf (la letra mayúscula indica la toxina producida en mayor cantidad); las cepas de *Clostridium* Ba y Bf producen 10 veces más toxina tipo B que de toxina A o de toxina F (Parasion *et al.*, 2007).

Generalmente las neurotoxinas A, B y E causan el 99% de los casos registrados de botulismo humano. Las toxinas BoNT/C y BoNT/D producen botulismo en animales domésticos y salvajes (Humeau *et al.*, 2000), mientras que la toxina G la producen bacterias aisladas del suelo.

Las neurotoxinas producidas por *Clostridium* se sintetizan como una sola cadena de una proteína inactiva biológicamente, con un peso molecular de aproximadamente 150 kDa que, después del proceso de post-translación, asume una estructura de dos cadenas, con una cadena ligera (LC) de 50 kDa y una cadena pesada (HC) de 100 kDa. Ambas partes están unidas por un enlace no covalente y un solo puente disulfuro (Brunger y Rummel, 2009). Las toxinas botulínicas tienen tres dominios funcionales de 50 kDa: (1) uno metaloproteasa zinc-dependiente (LC), (2) un dominio que facilita el transporte de la toxina a través de la membrana presináptica, y (3) un dominio que se une a la toxina en la superficie del receptor de la membrana presináptica, que a su vez consta de dos subdominios (HC HN y HC C) (Parasion *et al.,* 2007).

El dominio HC juega un papel importante en la unión de la neurotoxina a un receptor en la superficie de la célula nerviosa y en la translocación del domino LC al interior de la célula. La unión de la neurotoxina al receptor es posible por la presencia de un dominio HC-N N-terminal, que en las toxinas BoNT/A y BoNT/B se compone de dos laminas-β unidas por una hélice-α. La translocación del dominio LC a través de la membrana vesicular del citosol se efectúa por el dominio HC-C C-terminal, que en BoNT/A y BoNT/B, consta de dos hélices-α largas y un bucle largo: un «cinturón de translocación» que rodea al dominio LC (Parasion *et al.,* 2007).

El dominio LC desempeña el papel de una metaloproteasa. El sustrato se une al punto catalítico, ubicado en una grieta profunda en la superficie de la molécula de proteína, con un canal aniónico que lo guía hasta ella y disponiendo de dos restos de histidina y glutamato que lo unen al zinc (His-Glu-x-x-His) (Parasion *et al.,* 2007).

Las toxinas botulínicas se acumulan en el citosol de las células bacterianas y se excretan durante el proceso de autolisis celular (Simpson, 1981). No hay proteínas adicionales unidas a la toxina tetánica y a las neurotoxinas de *C. botulinum* que se excretan como «toxinas progenitoras» y se encuentran estabilizadas por enlaces no covalentes. Consisten de BoNT y de proteínas asociadas a las neurotoxinas no tóxicas (NAPs) (Sharma y Whiting, 2005), que poseen o no capacidad de hemaglutinación (hemaglutinina y no hemaglutinina, respectivamente). Las NAPs en las protoxinas probablemente protegen a las toxinas contra la inactivación a los bajos niveles de pH del jugo gástrico y a la acción de las proteasas del tracto digestivo (Arndt *et al.,* 2005). También las protoxinas estabilizan las toxinas botulínicas cuando se producen para fines terapéuticos (Callaway *et al.,* 2002).

Se han identificado tres formas de toxinas progenitoras en los sobrenadantes de cultivos de *C. botulinum*:

1. Toxina M (*toxina media*) con un peso molecular de 300 kDa (constante de sedimentación 12S) (Schiavo *et al.,* 2000). Un complejo de toxina M comprende una molécula de la toxina BoNT (150 kDa) y una molécula proteica no tóxica y no hemaglutinina (NTNH) (Arndt *et al.,* 2005). La producen todos los tipos de *C. botulinum* a excepción del tipo G.
2. Toxina L con un peso molecular de 500 kDa y una constante de sedimentación de 16S, que contiene una sola molécula de BoNT, de NTNH y de proteínas de tipo hemaglutinina, que comprende cuatro subunidades: HA1, HA2, HA3a, y HA3b. Los componentes HA1 y HA3b son capaces de unirse activamente a los eritrocitos, pero se necesitan al menos tres componentes de HA para la completa actividad de hemaglutinación: HA1, HA2, HA3b. Las toxinas tipo «A» de la forma L se unen al intestino delgado por medio de restos de galactosa y la producen los tipos de *C. botulinum* A, B, C, D.
3. Toxina LL (*toxina extra grande*) con un peso molecular de 900 kDa (constante de sedimentación 19S) consta de dos subunidades L y la producen las cepas tipo A de *C. botulinum* (Grenda y Kwiatek, 2009).

La neurotoxina BoNT/A tiene tres formas (M, L y LL), las neurotoxinas BoNT/B, BoNT/C, BoNT/D y BoNT/F tienen dos (M y L), mientras que la BoNT/F solo se presenta en la forma M. El número de moléculas NAP es diferente en todos los serotipos de *C. botulinum*: hay siete de ellas en los serotipos A y B y solo una en el serotipo E (Sharma y Whiting, 2005).

La producción de toxinas por cepas de *Clostridium* se ve afectada en gran medida por los bacteriófagos, y el potencial formador de toxinas de las cepas del Grupo III depende del tipo de bacteriófagos que las infectan. Además, los bacteriófagos pueden transformar cepas no tóxicas en formas tóxicas con la naturaleza antigénica diferente de las toxinas que ellos producen.

Después de que ingresan en el organismo, las toxinas botulínicas o la toxina tetánica se propagan por los fluidos corporales hasta la membrana presináptica de las terminaciones colinérgicas (Schiavo *et al.,* 2000). Un impulso nervioso se transmite a través de la conexión nervio-músculo; eso abre los canales del calcio en la membrana presináptica y estos iones se infiltran en el interior de la célula a través de dichos canales provocando la fusión de las vesículas sinápticas, que contienen acetilcolina, a la membrana de las células nerviosas y su salida hasta la separación entre la sinapsis y el músculo. La acetilcolina se une al receptor de células musculares, lo que provoca una contracción muscular (Arnon *et al.,* 2006). La toxina botulínica no permite la fusión de la vesícula sináptica y la membrana neuronal, lo que evita la secreción de acetilcolina y da como resultado la parálisis flácida de los músculos.

El mecanismo de acción de las neurotoxinas de *Clostridium*, independientemente de su tipo, se puede dividir en tres etapas. Durante la primera etapa, la toxina se une específicamente, si hay receptores apropiados en su superficie, a las membranas de las células nerviosas. Diferentes tipos de toxinas se unen a los receptores proteicos específicos, jugando los gangliósidos (GT1b y GD1a) o la glicoproteína 2 (SV2) un papel importante en el proceso (Montecucco *et al.,* 2004). La toxina tetánica se une a la proteína Thy-1 anclada al glicosilfosfatidilinositol, mientras que las neurotoxinas botulínicas tipos A, B, E, G interactúan con la sinaptogamina I y II.

En la etapa II, la toxina botulínica (BoNT) se infiltra en el citosol de una célula infectada, se forma una vesícula sináptica y la toxina se absorbe a la neurona por endocitosis. Por acción de la tripsina o por las enzimas endógenas del organimo se rompe el puente disulfuro entre ambas cadenas HC y LC. Debido al medio acídico reinante, la HC forma poros en la membrana de la vesícula sináptica a través de los cuales la LC pasa al citoplasma. La toxina botulínica se inactiva cuando ambas cadenas (LC y HC) están unidas por un puente disulfuro, ya que en esta situación el sitio activo de la metaloproteasa está oculto a la translocación por el dominio de la HC. Por lo tanto, la última etapa (tercera) implica la reducción del puente disulfuro que conecta las cadenas HC y LC de la neurotoxina. Cuando la LC se convierte en una metaloproteasa se dirige al receptor proteico ligado al factor sensible a la *N*-etilmaleimida (complejo SNARE), conectando las vesículas sinápticas, que contienen neurotransmisores, con la membrana neuronal. La degradación de cualquiera de esas proteínas permite la conexión de la vesícula sináptica con la membrana presináptica y la liberación de acetilcolina al espacio presináptico.

Clostridium perfringens se conoce comúnmente por causar gangrena gaseosa, si bien es mucho menos conocido como patógeno importante que causa diarreas agudas en los EE.UU., y el Reino Unido, donde se le considera como el tercer patógeno bacteriano más importante responsable de intoxicaciones alimentarias. Esta bacteria se encuentra comúnmente en el suelo y en las aguas residuales, pudiendo haber hasta un 30% de personas sanas portadoras (Sobel *et al.,* 2005). *C. perfringens* producen una gama de toxinas, entre las cuales la enterotoxina es responsable de las intoxicaciones alimentarias, de la diarrea asociada a antibióticos (DAA) y a las diarreas esporádicas. Se cree que el 6% de los aislados de *C. perfringens* producen la toxina cuando las células vegetativas forman esporas. Es importante que las bacterias puedan neutralizar el pH ácido del estómago al producir amoníaco a partir de la arginina en un proceso catalizado por la arginina deiminasa (Myers *et al.,* 2006). También es muy importante para producir intoxicación que las bacterias se multipliquen rápidamente ya que el tiempo de generación es de 6,3 min. Con estas características, las bacterias transportadas por alimentos contaminados pueden atravesar la barrera gástrica hasta los intestinos, donde se multiplican muy rápidamente y producen enterotoxina, lo que después de 8 a 24 h da origen a una diarrea aguda y dolor abdominal (Borriello, 1995). Al no ser la enterotoxina sensible a la acción de las enzimas proteolíticas, no se puede descartar que dicha toxina pueda producirse en los propios alimentos (Smedley *et al.*, 2004).

7.2.3 Toxinas de *Clostridium botulinum* en los alimentos

Puesto que *C. botulinum* y sus esporas se encuentra generalmente en el medio ambiente, se puede decir que prácticamente cualquier alimento puede estar contaminado con bacilos botulínicos. Por tanto, se puede desarrollar botulismo al consumir alimentos si previamente no se han destruido las esporas o si no se le ha dado un tratamiento térmico para inactivar la toxina botulínica. Las condiciones limitantes para las cepas proteolíticas (grupo I) son: pH 4,6, temperatura mínima de crecimiento 10°C-12°C, concentración de NaCl 10% y resistencia de las esporas al calentamiento >15 min (valor $D_{100°C}$). En el caso de cepas no proteolíticas (grupo II), los respectivos valores limitantes son los siguientes: pH 5, temperatura mínima de crecimiento 3°C, concentración de NaCl 5%, resistencia de las esporas al calentamiento <0,1 min (valor $D_{100°C}$); sin embargo, es ilustrativo, que por lo general, se producen en productos pesqueros (Peck y Stringer, 2005).

Al contrario de lo que sugiere el nombre en latín (botulus-salchicha), las intoxicaciones pueden provenir no solo de productos cárnicos, sino también de hortalizas o pescado. La toxina botulínica se ha encontrado en alimentos muy diferentes, tales como pescado y productos cárnicos, aves de corral, carne enlatada, jamón, salchichas, huevos rellenos, langostas, pescado salado y ahumado, maíz enlatado, pimiento, judías, miel, champiñones y aceitunas (Abgueguen *et al.*, 2003; Lindström *et al.*, 2006). Los casos más inusuales de botulismo tuvieron lugar en prisioneros de varios centros penitenciarios de los EE.UU., que consumieron alcohol, llamado pruno o vino de prisión, obtenido ilegalmente. Esto indica que la toxina botulínica puede producirse en la fermentación alcohólica.

El número de casos de botulismo varía en los diferentes países, pero, en general, es más pequeño que el de otras intoxicaciones y toxiinfecciones alimentarias. Se cree que las intoxicaciones botulínicas en Europa se producen a partir de productos cárnicos caseros, mientras que en EE.UU., proceden de productos caseros elaborados a partir de materias primas vegetales contaminadas con esporas de *C. botulinum*.

Se supone que los alimentos preparados de manera inadecuada en el hogar son una fuente de *C. botulinum* más frecuente que la que se produce en la cadena de distribución industrial. Sin embargo, el número de casos de intoxicaciones botulínica tras el consumo de alimentos elaborados en la industria ha ido creciendo en los últimos años debido a algunos cambios introducidos en los métodos de producción de alimentos (Peck, 2006). Los consumidores esperan que los productos alimenticios estén lo menos procesado posible y, además, libre de conservantes. Por lo tanto, la tecnología de su producción, a menudo, está limitada a que el producto sea seguro gracias a la refrigeración y el envasado en una atmósfera modificada con dióxido de carbono. Por su parte los refrigeradores utilizados durante el proceso de distribución de alimentos y en los hogares de los consumidores a menudo tiene una temperatura de 10°C, a la cual las esporas de *C. botulinum* del Grupo II pueden germinar a formas vegetativas. También el CO_2 utilizado en la tecnología de envasado en atmósfera modificada ayuda a los bacilos botulínicos a sobrevivir. Además, el tratamiento térmico de los alimentos en un rango de temperatura, que no es letal a

C. botulinum, les permite sobrevivir durante la etapa de procesado de los mismos. Según se señala en la bibliografía, el botulismo producido por el consumo de alimentos obtenidos en la industria está causado por cepas no proteolíticas de *C. botulinum* del Grupo II.

Los alimentos almacenados correctamente y en condiciones adecuadas no son portadores de *C. botulinum*. A diferencia de las cepas no proteolíticas, las proteolíticas no crecen a temperaturas de refrigeración. El número de esporas en la carne, incluidas las aves de corral, es bastante pequeño, sin embargo, en pescado los recuentos son mucho mayores.

Para el crecimiento de *C. botulinum* se requiere una serie de factores tales como: una composición apropiada del medio de cultivo, temperatura, condiciones de la atmósfera, pH, potencial redox del medio (E_h) y actividad de agua (a_w). La toxina se produce generalmente solo en el óptimo o cerca de las condiciones óptimas de crecimiento. Los requerimientos nutricionales de *C. botulinum* son complejos, e incluyen la disponibilidad de aminoácidos, vitaminas del grupo B y minerales. Las cepas no proteolíticas de *C. botulinum* tipo B y F crecen en medio líquido y producen toxinas a temperatura de 4°C, pero la producción de toxinas en la carne de cangrejo es mínima y no se produce hasta una temperatura de 26°C (Alberto *et al.*, 2003). La actividad de agua en la que crece *C. botulinum* fluctúa entre 0,94 (tipo B) y 0,97 (tipo E), aunque la capacidad real de las cepas de *C. botulinum* para crecer depende, en gran medida, del soluto utilizado para ajustar la a_w del medio de cultivo.

La presencia de otros microorganismos en el alimento también afecta a la capacidad de crecimiento de *C. botulinum*. Así el crecimiento de bacilos botulínicos y la producción de neurotoxinas a pH bajo se favorece por la presencia de levaduras. También se ha observado un efecto sinérgico entre bacterias *Clostridium* y bacterias acidolácticas (BAL). Pero dado que estas producen bacteriocinas, también pueden inhibir el crecimiento de *C. botulinum*. Esta capacidad de inhibición del crecimiento la tienen *Lactobacillus*, *Lactococcus*, *Streptococcus* y *Pediococcus* (Rodgers *et al.*, 2003). El crecimiento de *C. botulinum* puede ser inhibido por la presencia de otros *Clostridium* spp., como por ejemplo, *C. sporogenes* y *C. perfringens*. También se ha observado una relación similar con los géneros *Paenibacillus* y *Bacillus* (Girardin *et al.*, 2002).

7.2.4 Detección de Toxinas Botulínicas

Un método convencional utilizado para detectar neurotoxinas es una prueba biológica en ratones con neutralización usando antitoxinas que requiere alta especificidad y sensibilidad, y se puede usar para determinar el tipo de neurotoxinas botulínicas. Sin embargo, la prueba tiene una serie de limitaciones debido a la utilización de animales de laboratorio y a la larga duración de la misma (observación de animales cada 4 días), lo que, sin duda, hace que sea difícil comenzar una terapia con rapidez. Además, la prueba biológica también puede dar resultados falsos positivos causados por la presencia de bacterias productoras de endotoxinas G (–), toxina tetánica o una gran cantidad de esporas de *C. botulinum*, que pueden producir neurotoxina botulínica *in vivo* (Lindström y Korkeala, 2006).

Dado que la sospecha de envenenamiento con toxina botulínica requiere un diagnóstico rápido, la confirmación de botulismo en el laboratorio se hace cada vez más por métodos de biología molecular, técnicas de reacción en cadena de la polimerasa (PCR) y su modificación (multiplex PCR, PCR en tiempo real [qPCR], transcripción reversa [RT]-PCR) (Dahlenborg *et al.*, 2001). Los métodos basados en biología molecular son altamente sensibles y específicos, y se puede obtener el resultado en poco tiempo. Dado que un resultado positivo de la reacción PCR es sólo un signo de la potencial producción de neurotoxinas (la presencia de un gen que codifica la neurotoxina), no se puede llegar a ninguna conclusión sobre la presencia real de BoNT en la muestra. Otro tema es que se puedan obtener resultados positivos a partir del material que contiene células muertas de *C. botulinum*. En tal caso, se debe utilizar RT-PCR, que detecta un fragmento del gen BoNT solo en células vivas. La técnica qPCR permite la medición cuantitativa de las secuencias buscadas del gen BoNT, que refleja la composición del organismo detectado en la muestra. En los últimos años, varios métodos genéticos han sido adaptados para detectar fragmentos del genoma de *C. botulinum* tales como: electroforesis en gel de campo pulsado (PFGE), ribotipado, AFLP (amplified DNA fragment length polymorphism), amplificación aleatoria de ADN polimórfico (RAPD) y PCR basada en la secuencia de elemento repetitivo (Rep-PCR).

También es posible acortar el tiempo de diagnóstico a unas pocas horas mediante métodos basado en reacciones inmunológicas: inmuno-enzimático (ELISA, ensayo inmunoabsorbente ligado a enzima), prueba de hemaglutinación indirecta (HAp) o prueba de inmunofluorescencia de absorción (IFOA). La ventaja de estas pruebas es el corto tiempo necesario para realizarlas mientras que los inconvenientes son su baja sensibilidad y especificidad. La sensibilidad del método convencional de ELISA es de 10 a 100 veces menor que el de la prueba biológica (Lindström *et al.*, 1999).

En la detección de *C. botulinum* tanto por pruebas moleculares, biológicas o inmunoenzimáticas en muestras tales como heces, sangre y alimentos se encuentran algunos problemas. La presencia de sales de ácidos biliares, inmunoglobulinas, sangre, grasas y proteínas puede inhibir las reacciones del ADN o reducir considerablemente su sensibilidad (Kizerwetter-Świda y Binek, 2010).

7.3 GRUPO *STAPHYLOCOCCUS*

7.3.1 Introducción

El género *Staphylococcus* pertenece a la familia Staphylococcaceae, orden *Bacillales*, clase *Bacilli*, filo *Firmicutes*, estando representado por bacterias gram-positivas, con un diámetro de célula de 0,5-1,5 µm, que son relativamente anaeróbicos, inmóviles y mesófilos no formadoras de esporas (Euzéby, 2015). Su nombre está asociado con su estado, dispuesto típicamente en racimos irregulares (del griego *staphyle* = uvas). En el medio ambiente natural también pueden encontrarse como células individuales, diplococos, cocos cuádruples o cadenas cortas (Fischetti *et al.*, 2000).

La mayoría de los estafilococos pueden crecer a temperaturas que oscilan entre 7°C y 48°C, pH 4-10 y a_w = 0,86. Sus rasgos característicos incluyen alta resistencia a diversos factores físicos y químicos. Crecen en medios de cultivo que contienen 40% de bilis y 15% de cloruro sódico y se destruyen a una temperatura de 60°C durante 30 minutos. También son resistentes al secado, y, siempre que tengan acceso a proteínas, pueden sobrevivir durante mucho tiempo fuera de un organismo (Schmitt *et al.*, 1990).

El género *Staphylococcus* comprende 51 especies y 27 subespecies y las bacterias de este grupo son un componente de la flora natural y fisiológica tanto de personas como de animales. Algunas especies están preferentemente en lugares específicos del cuerpo como la piel (*S. epidermidis*), las membranas mucosas (p. ej., *S. aureus* en la nasofaringe,), glándulas sudoríparas (*S. hominis*, *S. aureus* subsp. *anaerobius*, *S. haemolyticus*), piel de la cabeza (*S. capitis*) o la piel de la cara (*S. saccharolyticus*) (Szewczyk, 2011). Aparte de la presencia en la piel y membranas mucosas de personas y animales, se han aislado estafilococos de muestras de suelo, agua, aire y diferentes tipos de alimentos (Ruaro *et al.*, 2013). Entre las 78 especies/

subespecies de *Staphylococcus* identificadas, 31 se han asociado con enfermedades humanas y/o animales específicas y algunas de ellas se les ha asociado con casos de intoxicaciones alimentarias. Los patógenos humanos más importante incluyen *S. aureus*, *S. epidermidis*, *S. haemolyticus*, *S. saprophyticus* y *S. lugdunensis* (Veras *et al.*, 2008).

7.3.2 Toxinas de *Staphylococcus*

El estafilococo patógeno humano y animal más conocido es *Staphylococcus aureus*. La patogenicidad de las cepas de *S. aureus* se ve afectada por enzimas similares a toxinas, por el tipo de toxina producida y por los componentes de las cubiertas externas (Haveri *et al.*, 2007).

Las enzimas similares a las toxinas dañan las células y promueven la propagación de las toxinas. Hay cinco enzimas producidas por *S. aureus*: hialuronidasa, coagulasa y fibrinolisina, lipasa y nucleasa (Kaneko y Kamio, 2003).

Las toxinas producidas por *S. aureus* incluyen seis tipos de toxinas citolíticas: hemolisina-α, hemolisina-β, hemolisina-γ, hemolisina-δ, leucocidinas y leucocidina Panton-Valentine (PVL), así como un gran grupo de toxinas, que comprende exotoxinas de grupos pirogénicos con propiedades superantigénicas (PTSAgs—*superantígenos de toxinas pirogénicas*). Esto incluye el síndrome del shock tóxico de la toxina-1 (TSST-1), de las enterotoxinas SEs (*S. enterotoxins*) y de cuatro tipos de exfoliatina (ETA, ETB, ETC y ETD) (Dinges *et al.*, 2000).

La patogenicidad de los estafilococos depende de la presencia de estructuras celulares específicas, como la cápsula, el peptidoglicano y los ácidos teicoicos. La cápsula inhibe la quimiotaxia, la fagocitosis, la proliferación de neutrófilos y, además, facilita la adhesión a las superficies. El peptidoglicano también inhibe la fagocitosis, pero principalmente garantiza la estabilidad osmótica de las células y estimula la producción de agentes formadores de pus. La presencia de los ácidos teicoicos ayuda a unirse a la fibronectina. *S. aureus* muestra la capacidad de excretar proteínas de superficie que facilitan la adhesión a las células huésped. Las bacterias *S. aureus* también producen proteínas que se unen a las proteínas celulares y a las células sanguíneas (proteína A, factor de aglomeración—CF), bloqueando la respuesta inmune y jugando un papel importante en la iniciación y/o intensificación de la inflamación (Foster y Hook, 1998).

La hemolisina-α (Hla, toxina-α, toxina A) consta de 293 aminoácidos con un peso molecular de 33 kDa y un pI de aproximadamente 8,5. Los aminoácidos del polipéptido no incluyen cisteína. La estructura secundaria de la proteína final madura se encuentra principalmente en lámina-β (65%) y un 10 % en hélice-α (Dinges *et al.*, 2000; Gurnev y Nestorovich, 2014).

La hemolisina-α está codificada por el gen *hla*, que fue clonado y secuenciado en 1984 por Gray y Kehoe (1984). La expresión de la toxina está regulada por un sistema regulador de dos componentes –regulador genético accesorio (agr) y un sistema de transducción de señal– saeR/S. Tiene propiedades citotóxicas, hemolíticas y dermonectóricas y afecta a una amplia gama de células humanas, incluidos eritrocitos, monocitos, linfocitos, macrófagos y células epiteliales. Una dosis de aprox. 1 μg de hemolisina-α por vía intravenosa es letal para conejos. La toxina también puede inducir la agregación de trombocitos humanos con neutrófilos. La selectividad de la toxina-α hacia células de diferentes especies, así como a células específicas, se asocia con la expresión del receptor celular ADAM10 recientemente descubierto (proteína 10 que contiene el dominio Desintegrina y Metaloproteinasa) (Berube y Wardenburg, 2013).

La hemolisina-β (esfingomielinasa neutra, SPH, hemolisina «hot-cold») es una proteína monomérica excretada en la superficie, con un peso molecular de 35 kDa en *S. aureus* y 33,5 kDa en *S. intermedius* y un pI >9 (Szymańska y Buczek, 1999; Huseby *et al.*, 2007). La hemolisina-β tiene efecto tóxico en monocitos, leucocitos, queratinocitos y linfocitos humanos, e incluso, si no causa lisis celular directa, los hace sensibles a otras toxinas, como las modulinas solubles en fenol (PSMs) (Salgado-Pabón *et al.*, 2014).

Las hemolisinas-γ (HlγA, HlγB y HlγC) llamadas toxinas gamma, PVL (LukS-PV y LukF-PV) y diferentes variantes de leucocidinas (LukM, LukE, LukD) son exotoxinas de dos componentes de la familia de proteínas con la estructura de un barril-β. Las proteínas activas comprenden dos cadenas de polipéptidos formadas, pero no unidas inicialmente: el componente S (HlγA, HlγC, LukS-PV, LukM, LukE) y el componente F (HlγB, LukF-PV, LukD), que tienen afinidad por las membranas celulares. Las proteínas de clase S son las primeras en unirse a las membranas de las células sensibles; les siguen las proteínas de clase F. Posteriormente, los iones Ca^{2+} fluyen, se forman poros y fluye el etidio, lo que causa la muerte celular (Alessandrini *et al.*, 2013; Alonzo y Torres, 2014). Las hemolisinas-γ exhiben un efecto citotóxico en eritrocitos de conejos, humanos y ovejas y también en neutrófilos humanos. La leucocidina P-V es leucotóxica, pero no exhibe actividad hemolítica (Taylor y Bernheimer, 1974).

La hemolisina-δ (toxina-δ, lisina-δ) es un polipéptido anfipático con un peso molecular pequeño de 2,9 kDa y con una estructura de hélice-α, que consta de 26 aminoácidos (Pokorny *et al.*, 2008). Pertenece a una familia de PSMα (Otto, 2014) y la producen casi todos *S. aureus*, así como algunos estafilococos coagulasa negativos (p. ej., *S. epidermidis*, *S. haemolyticus*, *S. hominis*, *S. lugdunensis* y *S. warnerii*) y también, aunque en menor medida, *S. cohnii*, *S. sciuri*, *S. saprophyticus* y *S. xylosus* (Verdon *et al.*, 2009). Esta toxina está codificada por el gen *hld*, que es un elemento estructural de la molécula ARNIII del sistema regulador agr, cuya función incluye la regulación global de las superficies celulares y la secreción de los agentes causantes de la virulencia. El mecanismo de acción de la toxina en las membranas celulares del hospedador depende de la concentración de toxina en el medio. Cuando la concentración es menor que la concentración límite, la toxina se agrega y se adhiere a la superficie, perturbando su forma de dos capas y abriendo los canales cuando la concentración aumenta ligeramente: canales pequeños en forma de octámeros o grandes canales formados por oligómeros. Cuando la concentración de toxina es alta, por encima del valor límite, actúa como surfactante e interrumpe la estructura de dos capas de la membrana celular, lo que resulta en una lisis celular inmediata (Verdon *et al.*, 2009). La hemolisina-δ tiene el efecto hemolítico en los eritrocitos de muchas especies de mamíferos y en otras células de mamíferos, así como en las estructuras celulares con membranas.

Las toxinas exfoliantes producidas por *S. aureus* se clasifican como serinproteasas, existiendo, hasta la fecha, cuatro serotipos (ETA, ETB, ETC y ETD), tres de los cuales están relacionados con infecciones humanas. Los más conocidos son dos tipos de toxinas exfoliantes ETA y ETB, que son específicas de una especie y que afectan a las células de los humanos, monos, ratones y hámsters, pero no afectan a las células de rata, conejo, perro, erizo, pequeños roedores o gallina. Ambas toxinas se han identificado y secuenciado (su secuencia es homóloga en el 40%). Las toxinas ETA y ETB contienen 242 y 246 aminoácidos y pesos moleculares de 26.950 y 27.274 Da, respectivamente (Papageorgiou *et al.*, 2000). El gen *eta* está codificado cromosómicamente, mientras que el *etb* está codificado en plásmido. La toxina ETA es térmicamente estable, que conserva su efecto exfoliante incluso después de calentarse a 60°C/30 minutos. Sin embargo, la ETB es una toxina termolábil (Ladhani *et al.*, 1999).

Las exfoliatinas A y B causan el síndrome de piel escaldada estafilocócica (SSSS) y el impétigo bulloso. El síndrome de la piel escaldada, también conocida como enfermedad de Ritter, se manifiesta con ampollas grandes y planas, cuyas cubiertas se rompen al poco tiempo, exponiendo vastas áreas de la piel sin epidermis (Bukowski *et al.*, 2010). Las exfoliatinas dañan la desmoglobina-1 (Dsg-1), que se produce en las conexiones entre los queratinocitos (desmosomas). El daño a Dsg-1 da como resultado la separación de queratinocitos, con la consiguiente exfoliación de la epidermis y la formación de ampollas e infiltrándose las bacterias en las capas más profundas de la epidermis. Al estar la desmogleína presente solo en la piel de mamíferos jóvenes, el síndrome SSSS se encuentran principalmente en bebés recién nacidos y en niños pequeños (Amagai *et al.,* 2000; Onuma *et al.,* 2011).

La toxina-1 causante del síndrome del shock tóxico (TSST-1) es una exotoxina soluble en agua, compuesta por 234 aminoácidos, con un peso molecular de 22.000 Da y un pI de 7,2. No tiene residuos de cisteína y es resistente a las altas temperaturas y a la acción de las enzimas proteolíticas. La TSST-1 puede hervirse durante más de 1 hora sin perder su actividad biológica y sus propiedades no cambian después de la exposición prolongada a la tripsina. La TSST-1 está codificada cromosómicamente por el gen *tst* (Dinges *et al.,* 2000) y es responsable de inducir el síndrome del shock tóxico (TSS). Esta enfermedad generalmente afecta a las mujeres que usan tampones durante su menstruación, pero también puede afectar a mujeres que no están en el periodo de menstruación o a hombres que presenten focos locales como abscesos o quemaduras.

Las enterotoxinas SEs son miembros de la familia de los super antígenos, que estimulan una gran población de células T (Pinchuk *et al.*, 2010). Se llaman así porque inducen el vómito después de administrarse oralmente a primates. Varias de estas enterotoxinas se han separado del grupo y se les ha llamado semejantes a SE (SEl), porque no inducen el vómito o no se ha confirmado su actividad inductora del vómito. Hasta el momento se han identificado veintitrés serotipos de enterotoxinas: cinco de ellos clásicos: SEA, SEB, SEC1-2-3, SED, SEE y 18 nuevos, es decir, SEG, SEH, SlE, SElJ, SElK, SElL, SElM, SElN, SElO, SElP, SElQ, SER, SES, SET, SElU, SElU2, SElV, SElX (Wilson *et al.,* 2011; Hennekinne *et al.*, 2013; Podkowik *et al.,* 2013). Los genes que codifican las SEs y las SEls se encuentran tanto en el ADN cromosómico (*seb, seg, seh, sei, selm, seln, selo, selu, selv, selx*) como en diferentes elementos móviles, es decir, profagos (*sea, see, selp*), transposones (*seh*), plásmidos (*seb, sed, selj, ser, ses* y *set*) e islas de patogenicidad (*seb, sec, selk, sell, selq*). También hay genes *se* que están corregulados dentro del operón *egc* (grupo de gen enterotoxina), es decir, *seg, sei, selm, seln, selo, selu* y *selv* (Gencay *et al.,* 2010; Hennekinne *et al.,* 2013; Hu y Nakane, 2014).

Tanto las enterotoxinas clásicas como las toxinas semejantes a las enterotoxinas (tipo SE) son proteínas solubles en agua y en solución salina fisiológica, formadas, dependiendo de la toxina, de 168 a 257 restos de aminoácidos y con un peso molecular de 19 a 28 kDa (Hu y Nakane, 2014). Estos son compuestos termoestables y activos dentro de un amplio rango de valores pH. Los estudios de enterotoxicidad de los estafilococos, que han tratado principalmente con *S. aureus*, han confirmado que se pueden producir diferentes enterotoxinas en un amplio rango de temperaturas (10°C-45°C), a_w (0,85-0,99) y pH (4-9,6), siendo las condiciones óptimas: T = 37°C-45°C, a_w = 0,98 y pH 7-8 (Hennekinne *et al.,* 2013; Qi y Miller, 2000). Una característica común de las SEs es que son altamente resistentes a las enzimas proteolíticas como la pepsina y la tripsina.

7.3.3 Enterotoxinas en los Productos Alimenticios

Los estudios existentes sobre estafilococos en diferentes productos alimenticios confirman su frecuente presencia y la diversidad tanto de especies presentes como de recuentos celulares (Erkan *et al.,* 2008; Goja *et al.,* 2013; Ruaro *et al.,* 2013). Sin embargo, la mera presencia de estafilococos en los alimentos no tiene por qué significar que esté en riesgo la salud del consumidor. Dicho riesgo lo plantean las cepas productoras de toxinas cuyo recuento en los alimentos superen los 10^5 ufc/g/cm^3 (Bhatia y Zahoor, 2007).

Con un tratamiento térmico superior a unos 65°C se destruyen las células vegetativas de estafilococos. No obstante, las neurotoxinas SEs son resistentes al tratamiento térmico pudiendo conservar su actividad biológica incluso después de la pasteurización, la ebullición o el ahumado. Se ha demostrado que la resistencia térmica de las enterotoxinas depende del tipo, concentración y clase de alimento donde se encuentren. La enterotoxina B es la más resistente al calor (puede soportar la esterilización a la temperatura de 121°C durante 20 minutos). El riesgo de intoxicación alimentaria causada por enterotoxinas se ve afectado negativamente por el hecho de que los productos alimenticios no cambian de sabor, olor o apariencia (Niścigorska, 1999).

Según las regulaciones vigentes, solo las cepas coagulasa positivas, principalmente de *S. aureus*, pero también de *S. intermedius* y *S. hyicus*, se consideran capaces de producir enterotoxinas y causar intoxicación alimentaria. Sin embargo, informes recientes de la bibliografía sugieren que algunos estafilococos coagulasa negativos también pueden producir enterotoxinas. Estas especies incluyen *S. caprae*, *S. chromogenes*, *S. cohnii*, *S. epidermidis*, *S. haemolyticus*, *S. lentus*, *S. saprophyticus*, *S. sciuri*, *S. warneri*, *S. xylosus* (Cremonesia *et al.*, 2005; Jay *et al.*, 2005), *S. simulans*, *S. equorum*, *S. capitis* (Vernozy-Rozand *et al.*, 1996), *S. carnosus* y *S. piscifermentans* (Zell *et al.*, 2008).

Para que tenga lugar una intoxicación alimentaria inducida por estafilococos (Hennekinne *et al.*, 2010) se deben cumplir las cuatro condiciones siguientes:

- Presencia de una fuente que contenga una cepa de estafilococos enterotóxicos, por ejemplo, un ser humano como portador.
- Transferencia de estafilococos desde la fuente de estafilococos al alimento, por ejemplo, debido a una falta de higiene.
- Condiciones favorables para la multiplicación y producción de enterotoxinas, es decir, factores adecuados de pH, temperatura, a_w y tiempo,
- Consumo de alimentos conteniendo una cantidad específica de enterotoxinas (20-100 ng).

La intoxicación alimentaria causada por estafilococos generalmente se produce después del consumo de productos de confitería con crema, leche y productos lácteos, productos pesqueros o cárnicos, ensaladas y productos vegetales o helados.

La enterotoxina A y, con menor frecuencia la B y C, son responsables de la mayor parte de las intoxicaciones alimentarias. Los síntomas de intoxicación por el consumo de alimentos portadores de enterotoxinas se producen, según el tipo y la dosis de toxina, de 0,5 a 8 horas tras su consumo. Los síntomas generalmente incluyen: náuseas, vómitos, dolor abdominal y diarrea, y muy raramente fiebre (Satora, 2008). La duración de los síntomas generalmente varía de 24 a 48 horas. Las muertes después del consumo de alimentos contaminados con enterotoxina son muy raras (1 por cada 3.000) y ocurren principalmente en niños e individuos con problemas vasculares.

A escala mundial los estafilococos son una de las principales causas de intoxicaciones alimentarias. Según un informe elaborado por la Autoridad Europea de Seguridad Alimentaria (EFSA) y el Centro Europeo para la Prevención y Control de Enfermedades (ECDC) (2013), los estafilococos fueron responsables de 386 focos de intoxicaciones alimentarias (3.203 casos) en los países de la Unión Europea (UE) en 2013. En comparación con 2012 (346 focos/2.532 casos), el número de focos de intoxicación por esta causa aumentó hasta en un 11,6%. En los 12 países de la UE, de los que se dispone de datos estadísticos epidemiológicos desde 2013, el mayor número de intoxicaciones alimentarias causadas por estafilococos se registró en Francia y en España, aunque no se registraron muertes. Las intoxicaciones usualmente se produjeron después de comer «alimentos mezclados» (19,1%) y «hortalizas y zumos y otros productos similares» (12,8%). En

Polonia se registraron 103 casos, ocupando el sexto lugar en términos de intoxicaciones alimentarias causadas por toxinas estafilocócicas.

7.3.4 Detección de Toxinas Estafilocócicas

La capacidad de producir toxinas y los genes que codifican las toxinas estafilocócicas se pueden detectar mediante diferentes métodos. Estos se pueden clasificar en: biológicos, genéticos, inmunológicos, indirectos y fisicoquímicos.

Los métodos biológicos (*in vivo*), debido a su baja sensibilidad y limitaciones éticas, se utilizan para detectar toxinas cada vez con menor frecuencia, pero aún se utilizan métodos simples en pruebas de diagnóstico de rutina (*in vitro*), por ejemplo, para evaluar la actividad hemolítica. El método más simple, descrito en 1973, se basa en la diferencia de sensibilidad de las células aisladas de distintas especies animales y se utiliza para diferenciar las hemolisinas: α, β, γ, δ y las leucocidinas (Thelestam *et al.*, 1973; Prevost *et al.*, 1995).

Otro grupo de métodos utilizados para detectar solo la presencia de genes que codifican toxinas incluye técnicas de biología molecular que emplean diferentes variantes de la reacción PCR (p. ej., PCR multiplex, PCR a tiempo real). Las técnicas se basan en la amplificación de ácidos nucleicos en la reacción de PCR utilizando iniciadores de ADN específicos que son complementarios a la secuencia. Estos métodos se pueden utilizar para detectar la presencia de genes que codifican toxinas, es decir, hemolisina (*hla*, *hlb*, *hld*, *hlg* y hlg_v), leucocidina (lukS-PV, LukF-PV, lukS-I, LukF-I, lukM, lukED, lukGH/AB), toxinas exfoliantes (*eta*, *etb*, *etc* y *etd*), TSST-1 (*tst*) y genes que codifican enterotoxinas individuales (*sea*, *seb*, *sec*1-2-3, *sed*, *see*, *seg*, *seh*, *sei*, *selj*, *selk*, *sell*, *selm*, *seln*, *selo*, *selp*, *selq*, *ser*, *ses*, *set*, *selu*, *selu*2, *selv*, *selx*). Además, algunas toxinas (p. ej. leucocidina Panton-Valentine, PVL) pueden identificarse a nivel de ARN, por ejemplo, mediante el método de RT-PCR (Bronner *et al.*, 2000; Deurenberg *et al.*, 2004). Los métodos genéticos se aplican ampliamente en la detección de toxinas porque son específicos, sensibles y rápidos. Sin embargo, tienen algunas limitaciones, las principales son el aislamiento de una cepa del medio y el resultado solo proporciona información sobre la presencia de un gen y no sobre su expresión.

El tercer grupo de métodos para detectar toxinas son las técnicas inmunitarias, que incluyen: técnicas de inmunofluorescencia, pruebas inmunocromatográficas y, la más utilizada, la prueba ELISA (Genestier *et al.*, 2005; Rainard, 2007; Badiou *et al.*, 2010). Estas pruebas se pueden usar para detectar hemolisinas, leucocidinas y también enterotoxinas. Además de ELISA, las enterotoxinas pueden detectarse mediante los métodos de ensayo de fluorescencia ligada a enzimas (ELFA) o aglutinación pasiva reversa de látex (RPLA). Sin embargo, estos son métodos de baja sensibilidad y especificidad y como, por razones económicas, solamente los anticuerpos contra algunos tipos de toxinas estafilocócicas están disponibles, las pruebas se pueden usar solo para detectar cinco tipos de enterotoxinas SEA–SEE o, con RPLA, solo cuatro SEA–SED (Vasconcelos y Cunha, 2010).

Cada vez se combinan más técnicas inmunológicas, moleculares y de otro tipo para caracterizar completamente la capacidad de producir toxinas.

Hay un grupo separado de métodos, métodos indirectos, que son difíciles de clasificar en alguno de los grupos mencionados anteriormente, porque son combinaciones de diferentes técnicas de detección. Estos son principalmente métodos colorimétricos, en los que ciertas estructuras se tiñen y los cambios resultantes se observan al microscopio (óptico, fluorescente, confocal o TEM: microscopio electrónico de transmisión). Dichos métodos incluyen: pruebas de citotoxicidad (prueba de incorporación de rojo neutro) (Rainard *et al.*, 2003), pruebas basadas en la reducción de sales de tetrasol (Chung *et al.*, 1993), determinación de la fragmentación del ADN de leucocitos (método TUNEL), citometría de flujo (Gauduchon *et al.*, 2001) y observación de cambios en la morfología de células teñidas por los métodos de: May–Grünwald, Wright, Giemsa, Hoechst 33342 y por el método de inmunofluorescencia (Genestier *et al.*, 2005; Barrio *et al.*, 2006).

Cada vez se está prestando mayor atención a los métodos del último grupo, basados en técnicas fisicoquímicas. La espectrometría de masas (MS) ha atraído el mayor interés, especialmente MALDI-TOF (matrix-assisted laser desorption/ionization time-of-flight mass spectrometry) (Ritz y Curtis, 2012). Actualmente, este es el método más sensible y rápido de análisis cualitativo y cuantitativo para la detección de toxinas en muestras. Sin embargo, debido a los altos costos y la necesidad de preparar el material de una manera específica, es un método complementario de análisis especiales.

7.4 GRUPO *BACILLUS CEREUS*

7.4.1 Introducción

El género *Bacillus* comprende bacterias formadoras de esporas con diversos requerimientos relacionados con la temperatura, potencial patogénico e importancia y abarca desde cepas utilizadas como promotores del crecimiento vegetal, bioplaguicidas y probióticos hasta cepas responsables de infecciones/intoxicaciones alimentarias en humanos (Messelhäusser *et al.*, 2010). Actualmente, el grupo *B. cereus*, denominado *B. cereus* sensu lato, que comprende las siguientes siete especies, estrechamente relacionadas, se identifica dentro del género *Bacillus*, que incluye 270 especies (Euzéby, 2012): *B. anthracis*, *B. thuringiensis*, *B. mycoides*, *B. pseudomycoides*, *B. weihenstephanensis*, *B. cereus sensu stricto* y *B. cytotoxicus* sp. novel (Lamberet *et al.*, 2013). Un análisis comparativo de la secuencia de genomas de las especies enfatiza la gran similitud entre estas bacterias, lo que dificulta la identificación de sus especies.

Un rasgo característico de las bacterias *Bacillus* es que son capaces de formar endosporas elipsoidales, con una disposición central o subterránea en la célula, que son altamente resistentes al calentamiento (en algunos casos, el tratamiento térmico ligero puede estimular la germinación de las esporas, lo que crea el riesgo de intoxicación alimentaria causada por *B. cereus*), secado, desinfectantes, ionización y radiación ultravioleta (UV).

7.4.2 *Bacillus* spp. y sus Toxinas en los Alimentos

Bacillus cereus sensu lato son comunes en el ambiente, es decir, en el suelo, aguas residuales, agua, polvo, fertilizantes y forrajes, pudiendo estar presentes, tanto como contaminación primaria como secundaria, en alimentos de diferentes orígenes y en diferentes fases de sus procesados. *Bacillus cereus* se ha aislado de productos vegetales (pasta, arroz, hortalizas, frutas, especias y nueces) (Subramanian *et al.*, 2006). La leche, con frecuencia, está contaminada con esporas de estas bacterias como resultado de que las ubres se ensucian con tierra, forraje o heces de animales (Anadón *et al.*, 2006). También se han aislado de productos de origen marino, productos cárnicos y fórmulas infantiles.

La patogenicidad de *B. cereus* está determinada por diferentes toxinas y enzimas similares a las toxinas. La expresión de la mayoría de los factores de patogenicidad de *B. cereus* depende de la presencia del regulador pleiotrópico global PlcR, codificado por el gen *plcR* (Slamti *et al.*, 2004). Este PlcR es responsable de la regulación positiva de la expresión de genes tales como los de la fosfolipasa C—fosfatidil inositol hidrolasa (Lereclus *et al.*, 1996) y fosfatidilcolina hidrolasa y

SPH, toxinas de tres componentes hemolisina BL (HBL) y NHE, RNasa, proteínas de la capa S (Agaisse *et al.*, 1999), hidrolasa de la pared celular (Økstad *et al.*, 1999), al menos cinco proteasas, cereolisina, citotoxina K y turingolisina (Slamti *et al.*, 2004). Los promotores de los genes que codifican los factores de virulencia mencionados anteriormente tienen una secuencia característica desde el sitio de inicio de la transcripción en adelante, que es responsable de la unión del regulador PlcR. Estos genes no crean un operón común o «una isla de patogenicidad» y los genes regulados por PlcR se propagan alrededor de diferentes puntos de un cromosoma. Se cree que el regulón consta de al menos 100 genes (Slamti *et al.*, 2004), si bien se desconoce la función de algunos de ellos. Como resultado del mecanismo «quorum sensing» se produce la transcripción de genes regulados por PlcR durante la fase estacionaria de crecimiento (Slamti y Lereclus, 2002).

B. cereus se considera generalmente como el factor causante de los trastornos gastrointestinales. Las toxinas de *B. cereus* sensu lato más frecuentemente producidas incluyen fosfolipasas C, hemolisinas, enterotoxinas, un amplio número de toxinas proteicas extracelulares y enzimas semejantes a las toxinas. Además, *B. cereus* sensu stricto y *B. weihenstephanensis* pueden producir cereulida (toxina emética) (Thorsen *et al.*, 2006).

Como resultado de la acción sinérgica de la fosfolipasa C (PC-PLC), dependiente de la fosfatidilcolina (PC) y la SPH, que forman un complejo biológico conocido como cereolisina AB (CerAB), las hemolisinas producidas por *B. cereus* provocan la lisis de los eritrocitos (Gilmore *et al.*, 1989).

La CerAB causa hemólisis por degradación enzimática de la membrana celular, pero no forma poros. Las hemolisinas de *B. cereus* formadoras de poros incluyen: hemolisina I (cereolisina O, CLO), hemolisina II, hemolisina III y hemolisina IV, comúnmente conocida como citotoxina K.

Debido a que la especificidad de las hemolisinas de *B. cereus* es baja causan lisis de los eritrocitos, pero también dañan la mayoría de las células eucariotas (Stachowiak y Bielecki, 2000). La hemolisina IV parece ser la hemolisina de acción más rápida y más común en los filtrados de cultivos de *B. cereus*, lo que indica que puede ser un factor de virulencia importante (Fagerlund *et al.*, 2004).

La hemolisina es una toxina producida por *B. cereus*, *B. thuringiensis* y *B. anthracis* conocidas como cereolisina O (CLO), turingolisina O (TLO) y antrolisina O (ALO), respectivamente (Shannon *et al.*, 2003). Se trata de una citotoxina dependiente del colesterol (CDC) (Alouf *et al.*, 2005) que provoca la lisis de diferentes tipos de células, incluidos los eritrocitos en condiciones *in vitro*.

La hemolisina II (Hly II) es común en la bacteria *B. cereus*, incluida *B. thuringiensis* (Budarina *et al.*, 1994), y no requiere la presencia de colesterol para desarrollar su actividad (Sinev *et al.*, 1993). Se trata de una toxina termolábil y susceptible a la acción de enzimas proteolíticas, siendo una de las toxinas formadoras de poros β-PFT, que es típica de las bacterias gram-positivas.

La hemolisina Hly exhibe actividad hemolítica y citotóxica en las células humanas (Andreeva *et al.*, 2006), pero no se ha determinado su papel en la virulencia de las bacterias. La actividad hemolítica de la toxina hacia las células sanguíneas del conejo es más de 15 veces más fuerte que la de las toxinas-α de *Staphylococcus* (Miles *et al.*, 2006). Se ha sugerido que la tripsina la inactiva en el intestino delgado (Stenfors *et al.*, 2008); por lo tanto, no se ha asociado con diarreas causadas por *B. cereus*. Además, se ha demostrado que la regulación de la producción de HlyII depende del potencial redox del medio, de manera que se acumula toxina cuando el potencial redox es alto (Clair *et al.*, 2010). Así, como en el intestino (condiciones anaeróbicas) el potencial redox es bajo, HlyII no será un factor de virulencia que represente un papel significativo en la etiología de las enfermedades gastrointestinales.

La hemolisina III (Hly III) es otra hemolisina de *B. cereus* que ataca la membrana de los eritrocitos como un monómero y hasta que no se acumulan varios monómeros en la superficie de los eritrocitos no se produce la lisis. La unión de toxinas a la superficie de los eritrocitos parece ser un fenómeno dependiente de la temperatura (Baida y Kuzmin, 1996), con lo que constituye un ejemplo de lo que se conoce como el mecanismo de impacto múltiple, típico de la estreptolisina O y la toxina «theta» de *C. perfringens* (Baida y Kuzmin, 1996). La secuencia de aminoácidos de la toxina no contiene péptidos señal típicos alguno (Baida y Kuzmin, 1995).

Las cepas de *B. cereus* pueden producir colagenasa que degrada las formas solubles e insolubles de colágeno, gelatina y bradiquinina a pequeños péptidos. Su producción depende de la cepa y el medio de cultivo; además, es más intenso en condiciones anaeróbicas que en condiciones aeróbicas (Kotiranta *et al.*, 2000). Las proteasas producidas por *B. cereus* probablemente juegan un papel importante en las infecciones parenterales. Las proteasas aisladas de cepas virulentas de *B. cereus* fueron capaces de hidrolizar la hemoglobina, la albúmina y la caseína (Sierecka, 1998).

7.4.3 Importancia epidemiológica y médica de las toxinas de *Bacillus*

Según datos de la EFSA y del ECDC, basados en informes epidemiológicos de 11 y 10 estados miembros de la UE de los años 2011 y 2012, respectivamente, las toxinas de *Bacillus* fueron las causantes de 220 y 259 focos de infección/intoxicaciones alimentarias con 2.307 y 2.518 casos, respectivamente, de los cuales 174/231 requirieron hospitalización y 1/3 terminaron con la muerte del paciente (EFSA, 2013, 2014). Curiosamente, el número de focos de intoxicaciones alimentarias causadas por *B. cereus* aumentó en un 122% en 2011 en comparación con 2010 (EFSA, 2012). En los últimos años ha aumentado tanto el número de casos de intoxicación causada por la bacteria como la cantidad de infecciones focales/intoxicaciones alimentarias causadas por *Bacillus* formadoras de toxinas en la UE—3,9% en 2011 y 4,8% en 2012 e incidencia de 0,04/100.000 en 2011 y de 0,05/100.000 en 2012.

Según los epidemiólogos, los datos estadísticos sobre casos de infecciones/intoxicaciones alimentarias por año proporcionan solo datos aproximados sobre su número, estando muy subestimados para patógenos como, por ejemplo, *Bacillus* spp. (CDC, 2011). Entre las posibles causas de esta subestimación, hay factores como el curso leve de las infecciones, que generalmente no requieren intervención médica, atribuyendo los síntomas a otro factor causal o, en el caso de *B. cereus* atípico, clasificándolos como casos de etiología desconocida.

B. cereus es capaz de producir dos tipos principales de toxinas responsables de las intoxicaciones alimentarias: las enterotoxinas y la toxina emética (inductora de vómitos). Las enterotoxinas son comúnmente producidas por poblaciones de bacterias *B. cereus*; sin embargo, la capacidad de producir la toxina emética se ha detectado en *B. cereus* sensu stricto (Ehling-Schulz, 2006b) y en cepas individuales de *B. weihenstephanensis* (Thorsen *et al.*, 2006), que están fenotípicamente más cerca de B. *mycoides* psicrofílicos que de *B. cereus* (Thorsen *et al.*, 2006).

De acuerdo con la información bibliográfica, las intoxicaciones alimentarias que se presentan con vómitos están causadas más comúnmente por *B. cereus* presentes en productos amiláceos, mientras que las que cursan con diarrea están producidas en productos tales como carne, hortalizas y productos lácteos.

Las intoxicaciones alimentarias diarreicas inducidas por *B. cereus* están causadas por dos enterotoxinas proteicas diferentes: la HBL (Beecher y MacMillan, 1991) y la enterotoxina no hemolítica (NHE) (Lund y Granum, 1996). Cada enterotoxina consta de tres componentes proteicos que se producen por las células vegetativas de *B. cereus* en el intestino delgado humano durante la fase de crecimiento logarítmico. Se observa una mayor actividad de la enterotoxina en cepas capaces de fermentar la lactosa (Giffel *et al.,* 1997).

La toxina HBL se considera comúnmente como el principal factor que causa las intoxicaciones alimentarias diarreicas inducidas por *B. cereus* sensu lato. La enterotoxina HBL termoestable de tres componentes consta de tres partes proteicas: B, L_1i, L_2 (Gilois *et al.,* 2007) con un peso molecular de 37, 38 y 46 kDa, respectivamente. Cada uno de estos componentes proteicos de la toxina HBL está codificado en el genoma y cada una de las secuencias de ADN se corresponde a cada componente. Los componentes de la toxina HBL se transcriben del operón *hbl* (Ryan *et al.*, 1997), en el que se han encontrado cuatro genes, esto es, *hblC*, que codifica la proteína L_2, *hblD*, que codifica la proteína L_1, *hblA*, que codifica la proteína B, y *hblB* que codifica la proteína B' (probablemente un sustituto de la proteína B) homóloga en un 73% a la proteína B (Granum *et al.,* 1999). Todos los componentes son necesarios para inducir síntomas de la enfermedad (Beecher y Wong, 1994), pero no todas las cepas son capaces de producir los tres componentes proteicos de la toxina (Veldin't *et al.,* 2001). Esto puede estar asociado con el hecho de que el operón *hbl* está situado en una parte inestable del cromosoma de *B. cereus* (Granum *et al.,* 1999).

Los últimos informes de la bibliografía señalan que la enterotoxina HBL induce la lisis celular mediante dos mecanismos. Según uno de ellos, la unión de los componentes líticos (L1 y L2) a una célula está precedida por la unión del factor de unión B (Beecher y MacMillan, 1991). Beecher y Wong (2000) demostraron que los componentes de la toxina que se unen independientemente forman un complejo que ataca la membrana celular. La célula se destruye como resultado de que al menos uno de los componentes líticos de la toxina se introduce en el interior de la membrana lo que provoca la lisis osmótica (Beecher y Wong, 1997). Ninguno de los componentes de la toxina HBL es biológicamente activo de forma individual, pero en combinación forman un sistema lítico que afecta la permeabilidad de las membranas celulares, con efecto citotóxico, hemolítico, dermonecrótico y enterotóxico (Beecher y Wong, 1997). La enterotoxina HBL activa la adenilato ciclasa entérica, que afecta la conversión de trifosfato de adenosina (ATP) en monofosfato de adenosina cíclico (AMPc), lo que aumenta la permeabilidad de las membranas celulares y, de esa manera, se provoca la secreción de líquidos en los intestinos (diarrea).

Aproximadamente el 45%-65% de las cepas de *B. cereus* son capaces de producir la toxina HBL (Moravek *et al.,* 2006). Sin embargo, el porcentaje de cepas capaces de producir la toxina depende del entorno en el que se aíslan las cepas, y oscila entre el 43% (cepas ambientales) y el 81% (cepas clínicas).

La toxina no hemolítica NHE se aisló por primera vez de la cepa de *B. cereus* responsable del brote de intoxicación alimentaria en Noruega (Lund y Granum *et al.,* 1996). Se cree que se excreta por el 100% de las cepas de *B. cereus* (Moravek *et al.,* 2006).

La NHE consta de tres componentes proteicos: NheA, NheB y NheC con pesos moleculares de 41, 39 y 105 kDa respectivamente (Ryan *et al.,* 1997). Al igual que con la enterotoxina HBL, todos los componentes son necesarios para producir un efecto citotóxico; además, tienen el máximo efecto tóxico en las células Vero cuando la proporción de la concentración de los tres componentes es 10:10:1 (NheA:NheB:NheC) (Lindbäck *et al.,* 2004).

La NHE está codificada cromosómicamente. El operón *nhe* de *B. cereus* contiene tres formas abiertas para la lectura de *nheA*, *nheB* y *nheC*. Los dos primeros codifican dos componentes de la toxina no hemolítica-NheA y NheB, el papel de *nheC* sigue siendo desconocido. Según la bibliografía, la proteína NheC puede ser un catalizador específico que se une a los otros dos componentes o puede acelerar los cambios conformacionales (Lindbäck *et al.,* 2004).

La citotoxina K es una proteína con un peso molecular de 34 kDa con propiedades necróticas, citotóxicas y hemolíticas y ha sido descrita por primera vez por Beecher y Wong (2000). La toxina se aisló, clonó y secuenció primero de la cepa de *B. cereus* 391/98 NVH (Lund *et al.*, 2000). La cepa fue la causa de un foco de intoxicación alimentaria, cuya toxina causó la muerte de tres personas con diagnóstico de gastritis necrótica (Lund *et al.*, 2000). Actualmente, la cepa ha sido clasificada como una nueva séptima especie en el grupo *B. cereus*: *B. cytotoxicus* (Guinebretière *et al.*, 2012). No se sabe mucho sobre la acción de la CytK a nivel celular. Los estudios *in vitro* han demostrado una alta toxicidad hacia las células Vero y las CaCo-2 (Hardy *et al.*, 2001). Los poros formados por la toxina son débilmente selectivos de aniones. Se supone que el diámetro mínimo de los poros CytK es de aproximadamente 7 Å (Hardy *et al.*, 2001), mientras que la estequiometría y la estructura de los poros siguen siendo desconocidas. La conductividad de los canales formados por la CytK-2 es menor que los formados por la CytK-1.

Se han identificado dos tipos de citotoxina K con una similitud del 89% de su composición en aminoácidos. La variante 2 (CytK-2), que es más frecuente, también exhibe actividad hemolítica y tóxica hacia las células intestinales humanas así como hacia las líneas celulares Caco-2 y Vero. Sin embargo, el primero de ellos (CytK-1) es más tóxico para las células intestinales humanas y las líneas celulares Caco-2 y Vero. Según los datos conocidos, los genes de la citotoxina K son comunes entre las diferentes cepas de *B. cereus* (Rosenquist *et al.*, 2005), siendo el CytK-2 particularmente común en los grupos mesofílicos de *B. cereus* (grupo filogenético III y IV) y poco común o ausente en cepas psicrotolerantes o moderadamente psicrotolerantes (grupos VI, II y V). El gen *cytK* no se ha encontrado en las cepas del grupo I.

Las esporas de cepas enterotóxicas de *B. cereus* ingeridas con los alimentos juegan un papel clave en las infecciones que cursan con diarrea. Se considera una dosis infecciosa entre 10^3 y 10^7 esporas/bacterias/g (Granum y Lund, 1997). En cepas virulentas y altamente adhesivas, los síntomas pueden aparecer con la ingestión de 200 esporas/g de alimento. Después de llegar las esporas al intestino delgado se adhieren a las paredes de las células epiteliales, donde germinan y producen enterotoxinas. Las bacterias fijadas a las células del epitelio intestinal pueden causar citotoxicidad. Además, las enterotoxinas activan la adenilato ciclasa, que convierte el ATP en AMPc, lo que, en efecto, aumenta la secreción de líquidos en el intestino. Además de la diarrea, pueden aparecer síntomas inespecíficos, como dolor abdominal y náuseas. Aparecen 8-20 horas después de consumir alimentos contaminados con la bacteria *B. cereus* sensu lato y generalmente persisten durante 12-24 horas. El curso de la infección suele ser leve, siendo raro los episodios más severos.

La toxina emética (cereulida) tiene la forma de anillo (dodecadepsipéptido) formado por tres repeticiones de cuatro aminoácidos y/u oxiácidos: [D-O-Leu-D-Ala-L-O-Val-L-Val]$_3$ con un peso molecular de 1,2 kDa y está cerca del ionóforo de potasio (valinomicina) (Agata *et al.*, 1994). La toxina emética es termo y ácido resistente, soluble en metanol, no tiene acción antigénica, no es atacada por la pepsina o tripsina, no tiene un punto isoeléctrico y es estable a temperatura de 121°C durante 90 minutos a pH 2-11 (Andersson *et al.*, 1998). La toxina emética es altamente termoestable y no se destruye durante el procesado térmico convencional de los alimentos. Uno de los mecanismos para controlar la producción de cereulida es el «quorum sensing», lo que explica por qué la toxina no se produce en cultivos agitados (Rajkovic *et al.*, 2007) al alterarse la comunicación local entre bacterias. La presencia de aminoácidos como L-valina y L-leucina en el entorno del crecimiento estimula la producción de cereulida, pero solo cuando están disponibles en forma no ligada (Jääskeläinen *et al.*, 2004).

Las cepas eméticas de *B. cereus* difieren de las demás por algunas características bioquímicas (ausencia de amilasa, actividad hemolítica deficiente), por diferentes requerimientos térmicos y por pequeñas diferencias en la resistencia al tratamiento térmico. Las cepas eméticas exhiben una resistencia al calentamiento ligeramente mayor pero una actividad menor a temperaturas más bajas (Carlin *et al.,* 2006), por lo tanto, presentan un riesgo en los alimentos calentados, que se mantienen a temperatura ambiente (restaurantes, bares). Los alimentos refrigerados no deben presentar ningún riesgo para la salud con respecto a estas cepas.

La toxina emética se produce extracelularmente durante la fase estacionaria de crecimiento. Al igual que otros antibióticos y péptidos bioactivos típicos de *B. cereus* sensu lato, la cereulida la produce por el sistema NRPS (sintetasas peptídicas no ribosomales) (Horwood *et al.,* 2004). Este complejo multifuncional de sintetasas peptídicas enzimáticas, que se produce en todas las cepas de *B. cereus*, está codificado genómicamente y puede manifestar ligeras diferencias en la secuencia de nucleótidos respecto de las cepas eméticas y no eméticas.

Los genes codificadores de proteínas asociados con la producción de la toxina emética se encuentran en el operón *ces* que consiste en un clúster de siete genes de cereulida sintetasa: *cesH*, *cesP*, *cesT*, *cesA*, *cesB*, *cesC*, *cesD*. El producto del gen *cesH*, con un peso molecular de 31 kDa, es probablemente hidrolasa/acilotransferasa; el gen *cesP* probablemente codifica la 4'-fosfopanteteinil transferasa (28,9 kDa), que participa en la síntesis de gramicidina S y sulfactina en *B. subtilis*; y el *cesT*, con un peso molecular de 27,6 kDa, es una supuesta tioesterasa tipo II. Los genes estructurales de la cereulida sintetasa están codificados por *cesA* (10 kpz) y *cesB* (8 kpz). Sin embargo, los genes *cesC* y *cesD* probablemente codifican el transportador ABC (Ehling-Schulz *et al.*, 2006a). Los módulos de síntesis de cereulida mencionados anteriormente son probablemente responsables de la formación del dodecadepsipéptido cíclico.

Según la bibliografía, la producción de la toxina emética depende en gran medida de la cepa de *B. cereus* y las condiciones ambientales, es decir, composición del medio de crecimiento, pH, temperatura y disponibilidad de oxígeno (Rajkovic *et al.*, 2006). La producción de la toxina comienza al final de la fase de crecimiento logarítmico de la bacteria y es independiente del proceso de esporulación (Häggblom *et al.*, 2002).

Se ha observado la producción de la toxina emética en cultivos estáticos a temperaturas de 22°C y 30°C. Finlay *et al.* (2000) no registraron la producción de la toxina a 37°C de temperatura y consideraron como la temperatura óptima para su producción entre 15 y 30°C. Sin embargo, Häggblom *et al.* (2002) registraron una pequeña cantidad de cereulida en cultivos mantenidos a 8°C y 40°C. Esto sugiere que la producción de cereulida por cepas de *B. cereus* en el cuerpo humano es poco probable y que el consumo de la toxina ya presente en los alimentos puede causar vómitos. La cantidad de toxina emética en los alimentos necesaria para inducir el vómito oscila de 0,02 a 1,28 µg de cereulida/g (Agata *et al.,* 1996). El arroz y los productos derivados crean un ambiente favorable para la producción de cereulida por *B. cereus*. En Japón en donde generalmente se han registrado las intoxicaciones alimentarias eméticas principalmente después del consumo de alimentos con arroz (Nichols *et al.,* 1999).

La toxina emética está producida principalmente por cepas de *B. cereus* del serotipo ciliado H-1, mientras que las cepas de los serotipos H-3, H-5 y H-12 manifiestan menos potencial. Sin embargo, las cepas diarreicas (que no producen cereulida) suelen ser de los serotipos H-2, H-6, H-8, H-9 y H-10 (Mikami *et al.*, 1994). Hasta ahora, se han identificado dos cepas eméticas que no son *B. cereus* sensu stricto, sino, muy probablemente, *B. weihenstephanensis*, cuyo fenotipo está más cercano al de las cepas psicrofílicas de *B. mycoides* que de *B. cereus*. Además de estas especies excepcionales, la capacidad de producir la toxina emética se atribuye a *B. cereus* sensu stricto (Ehling-Schulz *et al.,* 2006b). La toxina emética actúa como un ionóforo que transporta iones K^+ a las mitocondrias de acuerdo con el gradiente de concentraciones y con el gradiente eléctrico. Este mecanismo se asemeja a la acción de la valinomicina que posee una estructura química similar. La acción de la cereulida interrumpe los procesos redox al inactivar las mitocondrias, lo que se manifiesta como un cambio de la motilidad de los espermatozoides a nivel microscópico (Rajkovic *et al.*, 2006). Al tener la cereulida un efecto inhibidor sobre los leucocitos citotóxicos humanos (células asesinas) puede afectar el sistema inmunitario. El vómito es el resultado de una combinación de la toxina emética con el receptor 5-HT3 y la estimulación del nervio vago (Agata *et al.*, 1995). La cereulida también es responsable del daño hepático que se produce al inhibir la oxidación de los ácidos grasos en las mitocondrias de los hepatocitos (Mahler *et al.*, 1997).

Se supone que 10^5-10^8 bacterias/esporas/g de *B. cereus* pueden producir suficiente toxina para que se desarrollen los síntomas de la enfermedad. La cantidad de toxina emética para inducir dichos síntomas fluctúa entre 0,02 y 1,28 μg de cereulida/g de alimento. Se ha sugerido que la dosis clínica de cereulida es de aprox. 10 μg/kg de peso corporal (Paananen *et al.*, 2002). Los síntomas de intoxicación aparecen 0,5-6 horas después del consumo de alimentos contaminados con cereulida y persisten durante 6-24 horas. Los síntomas generalmente son similares a los de la intoxicación con toxina estafilocócica, esto es: vómitos y náuseas que generalmente son leves. Se ha informado que una dosis alta de toxina emética produjo suficiente daño hepático como para provocar dos casos conocidos de muerte (Dierick *et al.*, 2005).

7.5 EVALUACIÓN DE LOS PELIGROS PARA LA SALUD CAUSADOS POR TOXINAS BACTERIANAS

Las opiniones de los epidemiólogos han confirmado que el número real de intoxicaciones alimentarias anuales causadas por microorganismos es muy alto, pudiéndose ver afectada hasta el 30% de la población. Las enfermedades causadas por bacterias transmitidas por los alimentos afectan en los EE.UU., a unos 14 millones de personas al año, de los que el 2,2% de ellas requieren hospitalización. Comparando el número de casos producidos por patógenos de diferentes grupos que requieren hospitalización se confirma que las bacterias representan la mayor amenaza para la salud y la vida humana.

Se cree que en un futuro próximo, el número de casos de enfermedades causadas por patógenos transmitidos por los alimentos puede aumentar considerablemente. En esta tendencia tendrá un papel importante la globalización del suministro de alimentos ya que importar alimentos de otros países puede exponer a los consumidores a otras cepas específicas de microorganismos. Además, los hábitos alimenticios de las sociedades han cambiado en los últimos años. Así el interés por los alimentos listos para el consumo (*ready-to-eat-food,* RTEF), incluidos los alimentos procesados refrigerados de larga duración (REPFED), hace que aumente la posibilidad de la presencia de patógenos en dichos productos, incluidas las bacterias productoras de toxinas y psicrotolerantes, que representan una amenaza real para los consumidores. El tratamiento térmico suave elimina solamente las formas vegetativas de microorganismos de forma que incluso, dicho tratamiento, puede estimular la germinación de esporas si el producto está contaminado con *B. cereus* o *C. botulinum*. Dependiendo de las condiciones y las características individuales de las cepas que contaminan el producto, el proceso de lento enfriamiento puede estimular su multiplicación durante su almacenamiento. A un aumento en la producción de alimentos de conveniencia le sigue un aumento del comercio internacional de dichos productos lo que unido a un creciente porcentaje de personas de los grupos de riesgo, incluidas las personas mayores o inmunodeprimidos, puede significar un claro incremento del riesgo para la salud de los «nuevos patógenos», que incluyen el psicrotolerante productor de toxina *B. cereus sensu lato*.

Nuevas cepas de patógenos aparecen cada vez con mayor frecuencia, formados por mutación o adaptación a nuevas condiciones medioambientales, que anteriormente se inhibía su crecimiento de manera efectiva.

BIBLIOGRAFÍA

Abgueguen, P., V. Delbos, J.M. Chennebault, S. Fanello, O. Brenet, P. Alquier, J.C. Granry, and E. Pichard. 2003. Nine cases of foodborne botulism type B in France and literature review. *Eur. J. Clin. Microbiol. Infect. Dis.* 22: 749–752.

Agaisse, H., M. Gominet, O.A. Økstad, A.B. Kolstø, and D. Loreclus. 1999. PlcR is a pleiotropic regulator of extracellular virulence factor gene expression in *Bacillus thuringiensis*. *Mol. Microbiol.* 32: 1043–1053.

Agata, N., M. Mori, M. Ohta, S. Suwan, I. Ohtani, and M. Isobe. 1994. A novel dodecadepsipeptide, cereulide, isolated from *Bacillus cereus* causes vacuole formation in Hep-2 cells. *FEMS Microbiol. Lett.* 121: 31–34.

Agata, N., M. Ohta, and M. Mori. 1996. Production of an emetic toxin, cereulide, is associated with a specific class of *Bacillus cereus*. *Curr. Microbiol.* 33: 67–69.

Agata, N., M. Ohta, M. Mori, and M. Isobe. 1995. A novel dodecadepsipeptide, cereulide, is an emetic toxin of *Bacillus cereus*. *FEMS Microbiol. Lett.* 129: 17–20.

Alberto, F., V. Brousole, D.R. Mason, F. Carlin, and M.W. Peck. 2003. Variability in spore germination response by strains of proteolytic *Clostridium botulinum* types A, B and F. *Lett. Appl. Microbiol.* 36: 41–45.

Alessandrini, A., G. Viero, S.M. Dalla, G. Prevost, and P. Facci. 2013. Gamma-hemolysin oligomeric structure and effect of its formation on supported lipid bilayers: An AFM investigation. *Biochim. Biophys. Acta.* 1828: 405–411.

Alonzo, F., and V.J. Torres. 2014. The bicomponent pore-forming leucocidins of *Staphylococcus aureus*. *Microbiol. Mol. Biol. Rev.* 78: 199–230.

Alouf, J.E., S.J. Billington, and B.H. Jost. 2005. Repertoire and general features of the family of cholesterol-dependent cytolysins. In: J.E. Alouf and M.R. Popoff (eds) *The Comprehensive Sourcebook of Bacterial Protein Toxins*, 3rd edn. London: Academic Press, pp. 643–658.

Amagai, M., N. Matusuyoshi, A.J.R. Stanley, and Z.H. Wang. 2000. Toxin in bullous impetigo and staphylococcal scalded-skin syndrome targets desmoglein 1. *Nat. Med.* 11(6): 1275–1277.

Anadón, A., M.R. Martínez-Larranga, and M. M. Aránzazu. 2006. Probiotics for animal nutrition in the European Union. Regulation and safety assessment. *Regul. Toxicol. Pharmacol.* 45: 91-95.

Andersson, A., P.E. Granum, and U. Rönner. 1998. The adhesion of *Bacillus cereus* spores to epithelial cells might be an additional virulence mechanism. *Int. J. Food Microbiol.* 39: 93–99.

Andreeva, Z., V.F. Nesterenko, I.S. Yurkov, Z.I. Budarina, E.V. Sineva, and A.S. Solonin. 2006. Purification and cytotoxic properties of *Bacillus cereus* hemolysin II. *Prot. Express. Purif.* 47: 186–193.

Arndt, J.W., J. Gu, and L. Jaroszewski. 2005. The structure of the neurotoxin-associated protein HA33/A from *Clostridium botulinum* suggests a reoccurring beta-trefoil fold in the progenitor toxin complex. *J. Mol. Biol.* 346(4): 1083–1093.

Arnon, S.S., R. Schecter, and S.E. Maslanka. 2006. Human botulism immune globulin for the treatment of infant botulism. *N. Engl. J. Med.* 354: 462–471.

Badiou, C., O. Dumitrescu, N. George, A.R. Forbes, E. Drougka, K.S. Chan, N. Ramdani Bouguessa, H. Meugnier, M. Bes, F. Vandenesch, J. Etienne, L.Y. Hsu, M. Tazir,

I. Spiliopoulou, G.R. Nimmo, K.G. Hulten, and G. Lina. 2010. Rapid detection of *Staphylococcus aureus* Panton-Valentine leukocidin in clinical specimens by enzyme-linked immunosorbent assay and immunochromatographic tests. *J. Clin. Microbiol.* 48: 1384–1390.

Baida, G.E., and N.P. Kuzmin. 1995. Cloning and primary structure of a new hemolysin gene from *Bacillus cereus. Biochim. Biophys. Acta.* 1264: 151–154.

Baida, G.E., and N.P. Kuzmin. 1996. Mechanism of action of hemolysin III from *Bacillus cereus. Biochim. Biophys. Acta.* 1284: 122–124.

Barrio, M.B., P. Rainard, and G. Prévost. 2006. LukM/LukF′-PV is the most active *Staphylococcus aureus* leukotoxin on bovine neutrophils. *Microbes Infect.* 8: 2068–2074.

Beecher, D.J., and A.C.L. Wong. 1994. Improved purification and characterization of hemolysin BL, a hemolytic dermonecrotic vascular permeability factor from *Bacillus cereus. Infect. Immunol.* 62: 980–986.

Beecher, D.J., and A.C.L. Wong. 1997. Tripartite hemolysin Bl from *Bacillus cereus*. Hemolytic analysis of component interactions and a model for its characteristic paradoxical zone phenomenon. *J. Biol. Chem.* 272: 233–239.

Beecher, D.J., and A.C.L. Wong. 2000. Cooperative, synergistic and antagonistic haemolytic interactions between haemolysin BL, phosphatidylcholine phospholipase C and sphingomyelinase from *Bacillus cereus. Microbiology* 146: 3033–3039.

Beecher, D.J., and J.D. MacMillan. 1991. Characterization of the components of hemolysin BL from *Bacillus cereus. Infect. Immunol.* 59: 1778–1784.

Berube, B.J. and J.B. Wardenburg. 2013. *Staphylococcus aureus* alpha-toxin: nearly a century of intrigue. *Toxins (Basel)* 5: 1140–1166.

Bhatia, A., and S. Zahoor. 2007. *Staphylococcus aureus* enterotoxins: a review. *J. Clin. Diag. Res.* 1: 188–197.

Borriello, S.P. 1995. Clostridial disease of the gut. *Clin. Infect. Dis.* 20: 242–250.

Bronner, S., P. Stoessel, A. Gravet, H. Monteil, and G. Prevost. 2000. Variable expressions of *Staphylococcus aureus* bicomponent leucotoxins semiquantified by competitive reverse transcription-PCR. *Appl. Environ. Microbiol.* 66: 3931–3938.

Brunger, A.T., and A. Rummel. 2009. Receptor and substrate interactions of clostridial neurotoxins. *Toxicon* 54: 550–560.

Budarina, Z.I., M.A. Sinev, S.G. Mayorov, A.Y. Tomashevski, I.V. Shmelev, and N.P. Kuzmin. 1994. Hemolysin II is more characteristic of *Bacillus thuringiensis* than *Bacillus cereus. Arch. Microbiol.* 161: 252–257.

Bukowski, M., B. Wladyka, and G. Dubin. 2010. Exfoliative toxins of *Staphylococcus aureus. Toxins* 2(5): 1148–1165.

Callaway J.E., C.J. Arezzo, and A.J. Grethlein. 2002. Botulinum toxin type B: An overview of its biochemistry and preclinical pharmacology. *Dis. Mon.* 48(5): 367–383.

Carlin, F., M. Fricker, A. Pielaat, S. Heisterkamp, R. Shaheen, M. Salkinoja Salonen, B. Svensson, C. Nguyen-The, and. M. Ehling-Schulz. 2006. Emetic toxin-producing strains of *Bacillus cereus* show distinct characteristics within the *Bacillus cereus group. Int. J. Food Microbiol.* 109: 132–138.

Cato, E.P., W.L. George, and S.M. Finegold. Genus Clostridium, Prazmowski, 1880, [w:] Sneath P. H. A., Mair N. S., Sharpe M. E., and Holt J. G. 1986. *Bergey's Manual of Systematic Bacteriology*, vol 2. Baltimore, MD: Williams & Wilkins, pp. 1141–1200.

CDC. 2011. Vital signs: incidence and trends of infection with pathogens transmitted commonly through food-foodborne diseases active surveillance network, 10 U.S. sites, 1996–2010. *MMWR Morb. Mortal. Wkly. Rep.* 60(22): 749–755.

Chung, W.B., L. Backstrom, J. Mcdonald, and M.T. Collins. 1993. The (3-(4,5-dimethylthiazol-2-yl)-2,5-diphenyltetrazolium) colorimetric assay for the quantification of *Actinobacillus pleuropneumoniae* cytotoxin. *Can. J. Vet. Res.* 57: 159–165.

Clair, G., S. Roussi, J. Armengaud, and C. Duport. 2010. Expanding the known repertoire of virulence factors produced by *Bacillus cereus* through early secretome profiling in three redox conditions. *Mol. Cell. Proteomics* 9: 1486–1498.

Cremonesia, P., M. Luzzanaa, M. Brascab, S. Morandib, R. Lodib, Ch. Vimercatic, D. Agnellinia, G. Caramentid, P. Moronic, and B. Castiglionie. 2005. Development of a multiplex PCR assay for the identification of *Staphylococcus aureus* enterotoxigenic strains isolated from milk and dairy products. *Mol. Cell Probes*. 19: 299–305.

Dahlenborg, M., E. Borch, and P.L. Ridström. 2001. Development of combined selection and enrichment PCR procedure for *Clostridium botulinum* types B, E and F and its use to determine prevalence in fecal samples from slaughtered pigs. *Appl. Environ. Microbiol.* 67: 4781–4788.

Deurenberg, R.H., C. Vink, M. Driessen, N. Bes, J. London, E.E. Etienne, and E.E. Stobberingh. 2004. Rapid detection of Panton-Valentine leukocidin from clinical isolates of *Staphylococcus aureus* strains by real-time PCR. *FEMS Microbiol. Lett.* 240: 225–228.

Dierick, K., E. VanCoillie, I. Swiecicka, G. Meyfrodit, H. Develieger, A. Maulemans, G. Hoedemaekers, L. Fourie, M. Heyndricky, and J. Mahillon. 2005. Fatal family outbreak of *Bacillus cereus*-associated food poisoning. *J. Clin. Microbiol*. 43: 4277–4279.

Dinges, M.M., P.M. Orwin, and P.M. Schlievert. 2000. Exotoxins of *Staphylococcus aureus*. *Clin. Microbiol. Rev*. 13: 16–34.

ECDC. 2012. Annual epidemiological report reporting on 2011 surveillance data and 2012 epidemic intelligence data.http://www.ecdc.europa.eu/en/publications/Publications/annual-epidemiological-report-2013.pdf 25.06.2014

EFSA. 2012. The European Union summary report on trends and sources of zoonoses, zoonotic agents and foodborne outbreaks in 2010. *EFSA J.* 10(3): 2597.

EFSA. 2013. The European Union summary report on trends and sources of zoonoses, zoonotic agents and foodborne outbreaks in 2011. *EFSA J.*11(4): 3129.

EFSA. 2014. The European Union summary report on trends and sources of zoonoses, zoonotic agents and foodborne outbreaks in 2012. *EFSA J.* 12(2): 3547.

EFSA and ECDC. 2013. The European Union summary report on trends and sources of zoonoses, zoonotic agents and foodborne outbreaks in 2013. *EFSA J.* 13(1): 133–136.

Ehling-Schulz, M., B. Svensson, M.H. Guinebretiere, T. Lindbäck, M. Andersson, A. Schulz, M. Fricker, A. Christiansson, P.E. Granum, E. Märtlbauer, C. Nguyen-The, M. Salkinoja-Salonen, and S. Scherer. 2006a. Emetic toxin formation of *Bacillus cereus* is restricted to a single evolutionary lineage of closely related strains. *Microbiol.* 151: 183–197.

Ehling-Schulz, M., M.H. Guinbretiere, A. Monthan, O. Berge, M. Fricker, and B. Svensson. 2006b. Toxin gene profiling of enterotoxic and emetic *Bacillus cereus. FEMS Microbiol. Lett*. 260: 232–240.

Erkan, M.E., A. Vural, and T. Özekinci. 2008. Investigating the presence of *Staphylococcus aureus* and coagulase-negative staphylococci (CNS) in some leafy green vegetables. *Res. J. Biol. Sci*. 3: 930–933.

Euzéby, J.P. 2012. List of prokaryotic names with standing in nomenclature. http://www.bacterio.net/index.html.

Euzéby, J.P. 2015. List of Prokaryotic names with standing in nomenclature.

Fagerlund, A., O. Ween, T. Lund, S.P. Hardy, and P.E. Granum. 2004. Genetic and functional analysis of the cytK family of genes in *Bacillus cereus. Microbiol*. 150: 2689–2697.

Finlay, W.J.J., N.A. Logan, and A.D. Sutherland. 2000. *Bacillus cereus* produces most emetic toxin at lower temperatures. *Lett. Appl. Microbiol*. 31: 385–389.

Fischetti, V.A., R.P. Novick, J.J. Ferretti, D.A. Portnoy, and J.J. Rood. 2000. *Gram-Positive Pathogens*. Washington, DC: American Society for Microbiology, pp. 96–104.

Foster, T. J., and M. Hook. 1998. Surface protein adhesions of *Staphylococcus aurues. Trends Microbiol*. 6: 484–488.

Gauduchon, V., S. Werner, G. Prévost, H. Monteil, and D.A. Colin. 2001. Flow cytometric determination of Panton-Valentine leucocidin S component binding. *Infect. Immun.* 69: 2390–2395.

Gencay, Y.E., N.D. Ayaz, and A. Kasımoglu-Dogru. 2010. Enterotoxin gene profiles of *Staphylococcus aureus* and other staphylococcal isolates from various foods and food ingredients. *Erciyes Üniv. Vet. Fak. Derg.* 7: 75–80.

Genestier, A.L., M.C. Michallet, G. Prévost, G. Bellot, L. Chalabreysse, S. Peyrol, F. Thivolet, J. Etienne, G. Lina, F.M. Vallette, F. Vandenesch, and L. Genestier. 2005. *Staphylococcus aureus* Panton-Valentine leukocidin directly targets mitochondria and induces Bax-independent apoptosis of human neutrophils. *J. Clin. Invest.* 115(11): 3117–3127.

Giffel, M.C., R.R. Beumer, S. Leijendekkers, and F.M. Rombouts. 1997. Incidence of *Bacillus cereus* and *Bacillus subtilis* in foods in the Netherlands. *Food Microbiol.* 13: 53–58.

Gilmore, M.S., A.L. Cruz-Rodz, M. Leimeister-Wächter, J. Kreft, and W. Goebel. 1989. A *Bacillus cereus* cytolytic determinant, cereolysin AB, which comprises the phospholipase C and sphingomyelinase genes: Nucleotide sequence and genetic linkage. *J. Bacteriol.* 171: 744–753.

Gilois, N., N. Ramarao, L. Bouillaut, S. Perchat, S. Aymerich, C. Nielsen-Leroux, D. Lereclus, and M. Gohar. 2007. Growth-related variations in the *Bacillus cereus* secretome. *Proteomics.* 7: 1719–1728.

Girardin, H., C. Albagnac, C. Dargaignaratz, C. Nguyen-The, and F. Carlin. 2002. Antimicrobial activity of foodborne *Paenibacillus* and *Bacillus* spp. against *Clostridium botulinum. J. Food Prot.* 65: 806–813.

Goja, A.M., T.A.A. Ahmed, S.A.M. Saeed, and H.A. Dirar. 2013. Isolation and identification of *Staphylococcus* spp. in fresh beef. *Pakistan J. Nutr.* 12: 114–120.

Granum, P. E., and T. Lund. 1997. *Bacillus cereus* and its food poisoning toxins. *FEMS Microbiol. Lett.* 157: 223–228.

Granum, P.E., K. OíSullivan, and T. Lund. 1999. The sequence of the non-haemolytic enterotoxin operon from *Bacillus cereus. FEMS Microbiol. Lett.* 177: 225–229.

Gray, G. S., and M.Kehoe. 1984. Primary sequence of the a-toxin gene from *Staphylococcus aureus* Wood 46. *Infect. Immun.* 46: 615–618.

Grenda, T., and K. Kwiatek. 2009. *Clostridium botulinum*—charakterystyka i znaczenie epidemiologiczne. *Med. Wet.* 65: 743–746.

Guinebretière, M H., S. Auger, N. Galleron, M. Contzen, B. De Sarrau, M. L. De Buyser, G. Lamberet, A. Fagerlund, P. E. Per Einar Granum, D. Lereclus, P. De Vos, C. Nguyen-The, and A. Sorokin. 2012. *Bacillus cytotoxicus* sp. novel is a new thermotolerant species of the *Bacillus cereus* Group occasionally associated with food poisoning. *Int. J. Sys. Evol.* 10: 14–30.

Gurnev, P., and E. Nestorovich. 2014. Channel-forming bacterial toxins in biosensing and macromolecule delivery. *Toxins* 6: 2483–2540.

Häggblom, M.M., C. Apetroaie, M.A. Andersson, and M.S. Salkinoja-Salonene. 2002. Quantitative analysis of cereulide, the emetic toxin of *Bacillus cereus*, produced under various conditions. *Appl. Environ. Microbiol.* 68: 2479–2483.

Hardy, S.P., T. Lund, and P.E. Granum. 2001. CytK toxin of *Bacillus cereus* forms pores in planar lipid bilayers and is cytotoxic to intestinal epithelia. *FEMS Microbiol. Lett.* 197: 47–51.

Haveri, M., A. Roslöf, L. Rantala, and S. Pyörälä. 2007. Virulence genes of bovine *Staphylococcus aureus* from persistent and nonpersistent intramammary infections with different clinical characteristics. *J. Appl. Microbiol.* 103: 993–1000.

Hennekinne, J.A, A. Ostyn, F. Guillier, S. Herbin, A.L Prufer, and S. Dragacci. 2010. How should staphylococcal food poisoning outbreaks be characterized? *Toxins* 2: 2106–2116.

Hennekinne, J.A., M.L. De Buyser, and S. Dragacci. 2013. *Staphylococcus aureus* and its food poisoning toxins: Characterization and outbreak investigation. *FEMS Microbiol Rev.* 36: 815–836.

Horwood, P.F., G.W. Burgess, and H.J. Oakey. 2004. Evidence for a non-ribosomal peptide synthetase production of cereulide (the emetic toxin) in *Bacillus cereus*. *FEMS Microbiol. Lett.* 236: 319–324.

Hu, D.L., and A. Nakane. 2014. Mechanisms of staphylococcal enterotoxin-induced emesis. *Eur. J. Pharmacol.* 722: 95–107.

Humeau, Y., F. Doussau, and N.J. Grant. 2000. How botulinum and tetanus neurotoxins block neurotransmitter release. *Biochimie* 82(5): 427–446.

Huseby, M., K. Shi, C. Brown, J. Digre, F. Mengistu, K. Seo, G. Bohach, P. Schlievert, D. Ohlendorf, and C. Earhar. 2007. Structure and biological activities of toxin from *Staphylococcus aureus*. *J Bacteriol.* 189: 8719–8726.

Jääskeläinen, E.L., M. Häggblom, M. Andersson, and M. Salkinoja-Salonen. 2004. Atmospheric oxygen and other conditions affecting the production of cereulide by *Bacillus cereus* in food. *Int. J. Food. Microbiol.* 96: 75–83.

Jay, J.M., M. Loessner, and D. Golden. 2005. *Staphylococcal Gastroenteritis (in) Modern Food Microbiology*. 7th edn. New York: Springer Science, pp. 545–567.

Kaneko, J., and Y. Kamio Y. 2003. Bacterial two—component and heteroheptameric pore—forming cytolytic toxins: structures, pore–forming mechanism and organizations of the genes. *Biosci. Biotechnol. Biochem.* 68(5): 981–1003.

Kizerwetter – Świda M., and M. Binek. 2010. Zatrucie jadem kiełbasianym—problem wciąż aktualny. *Post. Mikrobiol.* 40(2): 75–85.

Kotiranta, A., K. Lounatmaa, and K. Haapasalo. 2000. Epidemiology and pathogenesis of *Bacillus cereus* infections. *Mic. Infect.* 2: 189–198.

Ladhani, S., C. Joannou, D. Lochrie, R. Evans, and S. Poston. 1999. Clinical, microbial, and biochemical aspects of the exfoliative toxins causing Staphylococcal scalded-skin syndrome. *Clin. Microbiol. Rev.* 12: 224–242.

Lamberet, G., A. Fagerlund, P. Granum, and D. Lereclus. 2013. *Bacillus cytotoxicus* sp. nov. is a novel thermotolerant species of the *Bacillus cereus* group occasionally associated with food poisoning. *Int. J. Sys. Evol. Microbiol.* 63: 31–40.

Lereclus, D., H. Agaisse, M. Gominet, S. Salamitou, and V. Sanchis. 1996. Identification of a gene that positively regulates transcription of the phosphatidylinositol-specific phospholipase C gene at the onset of the stationary phase. *J. Bacteriol.* 178: 2749–2756.

Lindbäck, T., A. Fagerlund, M. Rødland, and P. Granum. 2001. Characterization of the *Bacillus cereus* NHE enterotoxin. *Microbiology* 150: 3959–3967.

Lindström, M., and H. Korkeala. 2006. Laboratory diagnostic of botulism. *Clin. Microbiol. Rev.* 19: 298–314.

Lindström, M., H. Jankola, S. Hielm, E. Hyytia, and H. Korkeala. 1999. Identification of *Clostridium botulinum* with API 20 A, Rapid ID 32 A and RapID ANA II. *FEMS Immunol. Med. Microbiol.* 24: 267–274.

Lindström, M., K. Kiviniemi, and H. Korkeala. 2006. Hazard and control of group II (non-proteolytic) *Clostridium botulinum* in modem food processing. *Int. J. Food. Microbiol.* 108: 92–104.

Lund, T., and P. Granum. 1996. Characterization of a non-haemolytic enterotoxin complex from *Bacillus cereus* isolated after a food borne outbreak. *FEMS Microbiol. Lett.* 141: 151–156.

Lund, T., M. de Buyser, and P. Granum. 2000. A new cytotoxin from *Bacillus cereus* that may cause necrotic enteritis. *Mol. Microbiol.* 38: 254–261.

Mahler, H., A. Pasi, J.M. Kramer, P. Schulte, A.C. Scoging, W. Bär, and S. Krähenbähl. 1997. Fulminant liver failure in association with the emetic toxin of *Bacillus cereus*. *J. Med.* 336: 1142–1148.

Messelhäusser, U., P. Kämpf, M. Fricker, M. Ehling-Schulz, R. Zucker, B. Wagner, U. Busch, and C. Höller. 2010. Prevalence of emetic *Bacillus cereus* in different ice creams in Bavaria. *J. Food. Prot.* 73(2): 395–399.

Mikami, T., T. Horikawa, T. Murakami, T. Matsumoto, A. Yamatawa, S. Murayama, S. Katagiri, K. Shinagawa, and M. Suzuki. 1994. An improved method for detecting cytostatic toxic (emetic toxin) of *Bacillus cereus* and its application to food samples. *FEMS Microbiol. Lett.* 119: 53–58.

Miles, G., H. Bayley, and S. Cheley. 2006. Properties of *Bacillus cereus* hemolysin II: A heptameric transmembrane pore. *Protein Sci.* 11: 1813–1824.

Montecucco, C., O. Rossetto, and G. Schiavo. 2004. Presynaptic receptor arrays for clostridial neurotoxins. *Trends Microbiol.* 12(10): 442–446.

Moravek, M., R. Dietrich, C. Buerk, V. Broussolle, M.H. Guinebretière, P.E. Granum, C. Nguyen-The, and E. Märtlbauer. 2006. Determination of the toxic potential of *Bacillus cereus* isolates by quantitative enterotoxin analyses. *FEMS Microbiol. Lett.* 257: 293–298.

Myers, G.S.A., D.A. Rasko, and J.K. Cheung. 2006. Skewed genomic variability in strains of the toxigenic bacterial pathogen, *Clostridium perfringens. Genome Res.* 16: 1031–1040.

Nichols, G.L., C.L. Little, V. Mithani, and J. de Louvois. 1999. The microbiological quality of cooked rice from restaurants and take-away premises in the United Kingdom. *J. Food. Prot.* 62: 877–882.

Niścigorska, J. 1999. Zatrucie enterotoksyną gronkowcową [w:] Choroby odzwierzęce przenoszone drogą pokarmową. *PZWL.* Warszawa: 63–65.

Økstad, O.A., M. Gominet, B. Purnelle, M. Rose, D. Lereclus, and A.B. Kolstø. 1999. Sequence analysis of three *Bacillus cereus* loci carrying PlcR-regulated genes encoding degradative enzymes and enterotoxins. *Microbiol.* 145: 3129–3138.

Onuma, K., T. Tanabe, and H. Sato. 2011. Development of a high-expression system for staphylococcal exfoliative toxin genes. *J. Vet. Med. Sc.* 73(8): 1051–1057.

Otto, M. 2014. *Staphylococcus aureus* toxins. *Curr. Opin. Microbiol.* 17: 32–37.

Paananen, A., R. Mikkola, T. Saraneva, S. Matkainen, M. Hess, M. Andersson, I. Julkunen, M.S Salkinoja-Salonene, and T. Timonen. 2002. Inhibition of human killer cell activity by cereulide, an emetic toxin from *Bacillus cereus*. *Clin. Exp. Immunol.* 129: 420–428.

Papageorgiou, A.C., L.R. Plano, C.M. Collins, and K.R. Acharya. 2000. Structural similarities and differences in *Staphylococcus aureus* exfoliative toxins A and B as revealed by their crystal structures. *Protein. Sci.* 9: 610–618.

Parasion, S., M. Bartoszcze, and R. Gryko. 2007. Struktura i mechanizm działania neurotoksyn bakterii rodzaju *Clostridium*. *Przegl. Epidemiol.* 61:519–527.

Peck, M.W. 2006. *Clostridium botulinum* and the safety of minimally heated, chilled foods: an emerging issue? *J. Appl. Microbiol.* 101: 556–570.

Peck, W., and S. C. Stringer. 2005. The safety of pasteurised in-pack chilled meat products with respect to the foodborne botulism hazard. *Meat. Science.* 70: 461–475.

Pinchuk, I.V., E.J. Beswick, and V.E. Reyes. 2010. Staphylococcal enterotoxins. *Toxins* 2: 2177–2197.

Podkowik, M., J.Y. Park, K.S. Seo, J. Bystroń, and J. Bania. 2013. Enterotoxigenic potential of coagulase-negative staphylococci. *Int. J. Food. Microbiol.* 163: 34–40.

Pokorny, A., E.M. Kilelee, D. Wu, and P.F.F. Almeida. 2008. The activity of the amphipathic peptide δ-lysin correlates with phospholipid acyl chain structure and bilayer elastic properties. *Biophys. J.* 95(10): 4748–4755.

Prevost, G., B. Cribier, P. Couppie, P. Petiau, G. Supersac, V. Finck-Barbancon, H. Monteil, and Y. Piemont. 1995. Panton-Valentine leukocidin and gamma hemolysin from *Staphylococcus aureus* ATCC 49775 are encoded by distinct genetic loci and have different biological activities. *Infect. Immun.* 63: 4121–4129.

Qi, Y., and K.J. Miller. 2000. Effect of low water activity on staphylococcal enterotoxin A and B biosynthesis. *J. Food. Prot.* 63: 473–478.

Rainard, P. 2007. *Staphylococcus aureus* leucotoxin LukM/F′ is secreted and stimulates neutralising antibody response in the course of intramammary infection. *Vet. Res.* 38: 685–696.

Rainard, P., J.C. Corrailes, M. B. Barrio, T. Cochard, and B. Pautrel. 2003. Leucotoxic activities of Staphylococcus aureus strain isolated from cows, ewes, and goats with mastitis: Importance of LukM/LukF0 -PV leukocidin. *Clin. Diagn. Lab. Immunol.* 10: 272–277.

Rajkovic, A., M. Uyttendaele, and J. Debevere. 2007. Computer aided boar semen motility analysis for cereulide detection in different food matrices. *Int. J. Food. Microbiol.* 114: 92–99.

Rajkovic. A., M. Uyttendaele, S.A. Ombregt, E. Jääskelainen, M. Salkinoja-Salonen, and J. Debevere. 2006. Influence of type of food on the kinetics and overall production of *Bacillus cereus* emetic toxin. *J. Food. Pro.* 69: 847–852.

Rao, K.N., D. Kumaran, and T. Binz. 2005. Structural analysis of the catalytic domain of tetanus neurotoxin. *Toxicon.* 45(7): 929–939.

Reiss, J., and J. Mierzejewski. 2004. Toksyna botulinowa—aspekty zagrożenia biologicznego. *Mikrobiol. Med.* 2(39): 24–35.

Ritz, N., and N. Curtis. 2012. The role of Panton–leukocidin in *Staphylococcus aureus* musculoskeletal infections in children. *Pediatr. Infect. Dis. J.* 31: 514–518.

Rodgers, S., P. Peiris, and G. Casadei. 2003. Inhibition of nonproteolytic *Clostridium botulinum* with lactic acid bacteria and their bacteriocins at refrigeration temperatures. *J. Food. Prot.* 66: 674–678.

Rosenquist, H., L. Smidt, S.R. Andersen, G.B. Jensen, and A. Wilcks. 2005. Occurrence and significance of *Bacillus cereus* and *Bacillus thuringiensis* in ready-to-eat food. *FEMS Microbiol. Lett.* 250: 129–136.

Ruaro, A., C. Andrighetto, S. Torriani, and A. Lombardi. 2013. Biodiversity and characterization of indigenous coagulase-negative staphylococci isolated from raw milk and cheese of North Italy. *Food. Microbiol.* 34: 106–111.

Ryan, P.A., J.M. Macmillan, and B.A. Zilinskas. 1997. Molecular cloning and characterization of the genes encoding the L1 and L2 components of hemolysin BL from *Bacillus cereus. J. Bacteriol.* 179: 2551–2556.

Salgado-Pabón, W., A. Herrera, B.G. Vu, C.S. Stach, J.A. Merriman, A.R. Spaulding, and P.M. Schlievert. 2014. *Staphylococcus aureus* beta-toxin production is common in strains with the beta-toxin gene inactivated by bacteriophage. *J. Infect. Dis.* 210: 784–792.

Satora, P. 2008. *Staphylococcus* w żywności—charakterystyka, detekcja, zwalczanie. *Laboratorium* 8: 36–41.

Schiavo, G., M., Matteoli, and C. Montecucco. 2000. Neurotoxins affecting neuroexocytosis. *Physiol. Rev.* 80(2): 717–766.

Schmitt, M., U. Schuler-Schmid, and W. Schmidt-Lorenz. 1990. Temperature limits of growth, TNase and enterotoxin production of *Staphylococcus aureus* strains isolated from foods. *Int. J Food. Microbiol.* 11: 1–2.

Shannon, J.G., C.L. Ross, T.M. Koehler, and R.F. Rest. 2003. Characterization of anthrolysin O the *Bacillus anthracis* cholesterol-dependent cytolysin. *Infect. Immun.* 71: 3183–3189.

Shapiro, R.L, C. Hatheway, and D.L. Swerdlow. 1998. Botulism in the United States: A clinical and epidemiologic review. *Ann. Intern. Med.* 129: 221–228.

Sharma, S.K., and R.C. Whiting. 2005. Methods for of *Clostridium botulinum* toxin in foods. *J. Food. Prot.* 68: 1256–1263.

Sierecka, J.K. 1998. Purification and partial characterization of a neutral protease from a virulent strain of *Bacillus cereus*. *Int. J. Biochem. Cell Biol*. 30: 579–595.

Simpson, L.L. 1981. The origin, structure, and pharmacological activity of botulinum toxin. *Pharmacol. Rev*. 33: 155–188.

Sinev, M.A., Z.I. Budarina, I.V. Gavrilenko, A.I. Tomashevskiĭ, and N.P. Kuzmin. 1993. Evidence of the existence of hemolysin II from *Bacillus cereus*: Cloning the genetic determinant of hemolysin II. *Mol. Biol*. 27: 1218–1229.

Slamti, L., S. Perchat, M. Gominet, G. Vilas-Bôas, A. Fouet, M. Mocka, V. Sanchis, J. Chaufaux, M. Gohar, and D. Lereclus. 2004. Distinct mutations in PlcR explain why some strains of the *Bacillus cereus* group are nonhemolytic. *J. Bact*. 186: 3531–3538.

Slamti, L., and D. Lereclus. 2002. A cell-cell signaling peptide activates the PlcR virulence regulon in bacteria of the *Bacillus cereus* group. *EMBO J*. 21: 4550–4559.

Smedley, J.G., D.J. Fisher, G. Chakrabarti, and B.A. McClane. 2004. Enteric toxins of *Clostridium perfringens*. *Rev. Physiol. Biochem. Pharmacol*. 52: 183–204.

Sobel, J., C.G. Mixter, P. Kolhe, A. Gupta, J. Guarner, S. Zaki, N. HoQman, J.G. Songer, M. Fremont-Smith, M. Fischer, G. Killgore, P.H. Britz, and C. MacDonald. 2005. Necrotizing enterocolitis associated with *Clostridium perfringens* type A in previously healthy North American adults. *J. Am. Coll. Surg*. 201: 48–56.

Stachowiak, R., and J. Bielecki. 2000. Hemolizyny bakteryjne. *Post. Mikrobiol*. 39: 253–270.

Stenfors, A.L.P., A. Fagerlund, and P.E. Granum. 2008. From soil to gut: *Bacillus cereus* and its food poisoning toxins. *FEMS Microbiol. Rev*. 32: 579–606.

Subramanian, S.B., A.S. Kamat, K.K. Ussuf, and R.D. Tyagi. 2006. Virulent gene based DNA probe for the detection of pathogenic *Bacillus cereus* strains found in food. *Pro. Bioch*. 41: 783–788.

Szewczyk, E. 2011. Diagnostyka bakteriologiczna. *PWN*, 20–27.

Szymańska, K., and J. Buczek. 1999. Charakterystyka mechanizmów chorobotwórczości gronkowców. *Med. Wet*. 55 (9): 590–594.

Taylor, A. G., and A.W. Bernheimer. 1974. Further characterization of staphylococcal gamma-hemolysin. *Infect. Immun*. 10: 54–59.

Thelestam, M., R. MoDlby, and T. Wadstrom. 1973. Effects of staphylococcal alpha-, beta-, delta , and gamma-hemolysins on human diploid fibroblasts and HeLa cells. Evaluation of a new quantitative assay for measuring cell damage. *Infect. Immun*. 8: 938–946.

Thorsen, L., B.M. Hansen, K.F. Nielsel, N.B. Hendriksen, R.K. Phipps, and B.B. Budde. 2006. Characterization of emetic *Bacillus weihenstephanensis*, a new psychrotolerant cereulide producing bacterium. *Appl. of Env. Mic*. 72: 170–176.

Vasconcelos, N.G., and M.R. Cunha. 2010. Staphylococcal enterotoxins: Molecular aspects and detection methods. *J. Public. Health. Epidemiol*. 2: 29–42.

Veldin't, P.H., W.S. Ritmeester, E.H.M Delfgou-van Asch, J.B. Dufrenne, K. Wernars, E. Smit, and van F.M. Leusden. 2001. Detection of genes encoding for enterotoxins and determination of the production of enterotoxins by HBL blood plates and immunoassays of psychrotrophic strains of *Bacillus cereus* isolated from pasteurized milk. *Int. J. Food. Microbiol*. 64: 63–70.

Veras, J., L.S. Carmo, L.C. Tong, J.W. Shupp, C. Cummings, D.A. Dos Santos, M.M. Cerqueira, A. Cantini, J.R. Nicoli, and M. Jett. 2008. A study of the enterotoxigenicity of coagulase-negative and coagulase-positive staphylococcal isolates from food poisoning outbreaks in Minas Gerais, Brasil. *Int. J. Infect. Dis*. 12: 410–415.

Verdon, J., N. Girardin, C. Lacombe, J.M. Berjeaud, and Y. Héchard. 2009. Delta-hemolysin, an update on a membrane-interacting peptide. *Peptides*. 30: 817–823.

Vernozy-Rozand, C., C. Mazuy, C. Prevost, C. Lapeyre, M. Bes, Y. Brun, and J. Fleurette. 1996. Enterotoxin production by coagulase-negative staphylococci isolated from goats milk and cheese. *Int. J. Food. Microbiol*. 30: 271–280.

Wilson, G.J., K.S. Seo, R.A. Cartwright, T. Connelley, O.N. Chuang-Smith, J.A Merriman, C.M. Guinane, J.Y. Park, G.A. Bohach, P.M. Schlievert, W.I. Morrison, and J. R. Fitzgerald. 2011. A novel core genome-encoded superantigen contributes to lethality of community-associated MRSA necrotizing pneumonia. *PLoS. Pathog.* 7: 1–16.

Zell, C., M. Resch, R. Rosenstein, T. Albrecht, C. Hertel, and F. Götz. 2008. Characterization of toxin production of coagulase-negative staphylococci isolated from food and starter cultures. *Int. J. Food. Microbiol.* 127: 246–251.

8 Residuos de plaguicidas, fertilizantes y antibióticos en los alimentos

Hassan Abdel-Gawad

CONTENIDO

8.1 INTRODUCCIÓN

El control de plagas en la agricultura intensiva implica el tratamiento pre y postcosecha con diversas sustancias químicas sintéticas denominadas genéricamente como plaguicidas. Estas sustancias pueden ser transferidas desde las plantas a los animales a través de la cadena alimentaria. Por otra parte, los animales reproductores y sus alojamientos pueden rociarse con una solución de plaguicidas para prevenir las infestaciones de plagas. En consecuencia, ambas rutas de contaminación pueden conducir a la acumulación de plaguicidas en los productos alimenticios de origen animal. Los plaguicidas llegan al suelo directamente mediante las repetidas, y a veces excesivas, aplicaciones de estas sustancias o indirectamente al escurrir de las hojas y tallos de las plantas que han sido tratadas. La dispersión de plaguicidas y sus productos de transformación desde el suelo a otros entornos se ve influida no solamente por las propiedades de los plaguicidas sino también por las condiciones climáticas imperantes. Los plaguicidas pueden permanecer en la superficie de las plantas o atravesar la cutícula de las hojas, frutos, tallos y raíces en virtud de su lipofilia. Los estudios sobre el metabolismo de plaguicidas por las plantas adquieren una gran importancia para predecir la ruta degradativa del plaguicida de origen y la determinación de la naturaleza y extensión de los metabolitos, y para la evaluación de los posibles peligros en los humanos, animales y medioambiente. La contaminación por sustancias químicas persistentes son potencialmente dañinas para los organismos en los niveles tróficos más elevados y en la cadena alimentaria. Los seres humanos están expuestos a estos productos químicos principalmente a través de la ingestión. Los efectos crónicos de los plaguicidas ingeridos con los alimentos en la salud humana no están bien definidos aunque cada vez hay más evidencias de carcinogenicidad y genotoxicidad, así como de trastornos de las funciones hormonales (Baranowska *et al.*, 2006; Fontcuberta *et al.*, 2008).

8.2 RESIDUOS DE PLAGUICIDAS LIGADOS (NO EXTRAÍBLES) EN ALIMENTOS*

Cuando se aplica un xenobiótico (plaguicida) a una planta, a un animal o a cualquier área del medioambiente, acaecen múltiples reacciones químicas; entre ellas, oxidaciones, hidrólisis y/o la conjugación del compuesto original o sus productos de degradación. Las sustancias resultantes pueden ser excretadas, acumuladas o posteriormente metabolizadas. Las técnicas nucleares han demostrado ser una herramienta versátil y valiosa para el estudio de residuos de plaguicidas ligados (RLs) en un organismo vivo. Los radioisótopos pueden usarse para determinar las cantidades totales de los residuos presentes, la naturaleza del residuo (es decir, el material contaminante en su forma original o sus metabolitos), los niveles de descomposición de la sustancia química así como la disminución y distribución del contaminante y sus productos de degradación en un determinado material medioambiental. Esta información es esencial para que las autoridades sanitarias y reguladoras establezcan los niveles de tolerancia con el objetivo de salvaguardar la salud de los consumidores.

Los RLs del suelo, plantas y alimentos puede definirse como las especies químicas procedentes de los plaguicidas utilizados en agricultura aplicando buenas prácticas agrícolas, que no pueden extraerse mediante métodos que no cambian significativamente la naturaleza química de los resi-

* *N de T*: En 1981, la IUPAC denominó a los residuos de plaguicidas ligados a una matriz vegetal como «non-extractable residues» (residuos no extraíbles) aunque en la literatura sajona es frecuente denominarlos «bound residues» (residuos ligados) y abreviados en esta obra como BR. El traductor ha preferido mantener el criterio del autor del capítulo y abreviarlos en castellano como RL o RLs.

duos (Roberts, 1984). En el análisis de residuos de plaguicidas en muestras de suelo y alimentos, el metanol es el disolvente que se usa ampliamente para separar los residuos extraíbles de plaguicidas. Los RLs se definen operativamente como las partículas o metabolitos de plaguicidas que quedan retenidos en la muestra después de la extracción con metanol durante 24 horas en un equipo Soxhlet (IAEA, 1986). La presencia de RLs se puso de manifiesto al aplicar técnicas de radiosondas. La cuantificación de residuos de plaguicidas radioactivos ha revelado que los métodos clásicos de extracción no eliminan la totalidad de estos residuos. Inicialmente, se asumió que la exigua recuperación se debía a una técnica deficientemente desarrollada o a una extracción inadecuada. Los residuos no extraíbles pueden proceder de la unión de las especies radioactivas a matrices de plantas, suelo o alimentos. Estas sustancias pueden ser metabolizadas después e incorporarse a productos naturales. Los RLs pueden estar asociados a las matrices de las plantas, suelos o alimentos por diferentes tipos de interacciones, incluyendo fuerzas de Van der Waals o uniones covalentes, iónicas, puentes de hidrógeno o enlaces hidrofílicos. El RL radiactivo solo puede determinarse mediante pirolisis en un oxidador térmico de muestras seguido de la cuantificación de $^{14}CO_2$ en un contador de centelleo de líquidos. Los puntos críticos en relación con un RL se refieren a su significado, esencialmente los relativos a su biodisponibilidad y toxicidad. La materia orgánica del suelo, especialmente las sustancias húmicas, juega un papel vital en la formación de RLs. Los resultados experimentales indican que las moléculas precursoras o sus metabolitos pueden estar ligados a las sustancias húmicas mediante enlaces covalentes o iónicos, complejos de transferencia de carga, intercambio de ligandos, puentes de hidrógeno, fuerzas de Van der Waals, sorción hidrofóbica o inmovilización mediante reacciones de secuestro. Se ha argumentado que, teóricamente, un residuo «verdaderamente ligado» es el que está covalentemente combinado en el suelo, es decir, generalmente mediante enlaces C–C, C–O, C–N o N–N entre el plaguicida y las sustancias presentes en el suelo húmico. El tipo de interacciones entre las sustancias químicas orgánicas y las húmicas depende de la estructura molecular, de las propiedades de dichas sustancias y del tipo de suelo. Los RLs de plaguicidas del suelo repercuten no solo en los animales o plantas no destinatarios del producto, sino también en la salud humana a través de la cadena alimentaria. Por lo tanto, es importante evaluar los peligros potenciales de los RLs en el suelo, ya que inciden en los animales o plantas a los que no va dirigido el plaguicida.

8.3 MÉTODOS DE EXTRACCIÓN DE LOS RLs

8.3.1 Introducción

Actualmente, se dispone de diversas técnicas para caracterizar los residuos no extraíbles. Todas incluyen una extracción de la muestra con algún disolvente, hidrolisis, derivatización de grupos funcionales, análisis de algún compuesto patrón, pirolisis y desorción térmica. Las nuevas tecnologías de extracción, como la ultrasonicación, la extracción con microondas, la extracción con fluidos supercríticos (SFE) y la extracción acelerada con disolventes (ASE) mejoran, en comparación con los métodos con equipos Soxhlet, la cinética de extracción de compuestos orgánicos. Se han utilizado técnicas de destilación a alta temperatura (HTD) y SFE para liberar los RLs de muestras biológicas. Dupont y Khan (1992), en un estudio sobre residuos de ^{14}C ligados (no extraíbles) en soja tratada con ^{14}C-metribuzina, informaron que los RLs se recuperaban de muestras de plantas extraídas mediante HTD y con una extracción con acetona supercrítica (SAE). El análisis de los destilados o los extractos mediante cromatografía de capa fina, cromatografía de gases y cromatografía líquida de alta resolución, demostró que había residuos de ^{14}C metribuzina, tanto libres como conjugados, en la fracción no extraíble de las raíces y de los brotes de la soja.

8.3.2 Destilación a Alta Temperatura

Las muestras que contienen residuos de ^{14}C ligados se extraen con disolventes, se depositan en un tubo de cuarzo y se someten a destilación HTD. Se pesan alícuotas de aproximadamente 1 g de raíces o 2 g de brotes y se calientan a 600°C en el tubo de cuarzo bajo flujo de helio (50 mL/min). El material volatilizado se captura en tres trampas de metanol. Se utiliza una trampa adicional que contiene Carbosorb para absorber y cuantificar cualquier $^{14}CO_2$ producido en el proceso.

La SFE puede aplicarse eficazmente para la extracción de RLs en diversas matrices, como muestras de suelo, plantas y granos de trigo. La recuperación de RLs es mayor al aumentar la temperatura y la presión y la adición de metanol como modificador. Aparentemente, la SFE no induce la degradación térmica de los residuos.

8.3.3 SAE

Alícuotas de muestras de raíces (1 g) o de tallos (2 g) de plantas extraídas con disolvente que contenía residuos de ^{14}C ligados se depositaron directamente en el portamuestras (columna de cromatografía líquida vacía). Se hizo pasar acetona supercrítica (250°C, 150 bares –15 MPa–) a través del sistema al flujo de 1 mL/min durante 3 horas. Los extractos se recogieron y concentraron y se analizaron mediante radioensayo.

8.3.4 Métodos Espectroscópicos

Las técnicas espectroscópicas, como la resonancia de espín electrónico (ESR), la infrarroja transformada de Fourier (FTIR), la fluorescencia y la resonancia magnética nuclear (RMN) pueden utilizarse para el análisis de RLs. La combinación de las técnicas anteriores es, sin duda, una herramienta poderosa para el análisis, la caracterización y el estudio adicional del RLs. Sin embargo, siempre hay que considerar ciertos factores, como el coste, el tiempo y la disponibilidad de la técnica (incluyendo la formación de operadores competentes). Se remite al lector a la referencia Northcott y Jones (2000) donde encontrará una detallada información acerca de las técnicas mencionadas para la determinación de residuos ligados en muestras orgánicas. Estas técnicas consumen mucho tiempo y pueden ser muy costosas. El RL se analiza más a menudo por los métodos previamente citados. El uso de técnicas de inmunoensayo enzimático (EIA) para la determinación de plaguicidas son cada vez más populares, ya que son relativamente fáciles de ejecutar y menos costosas que los métodos cromatográficos tradicionales. El método EIA se ha utilizado para analizar residuos de benomilo en productos alimenticios y en diferentes muestras de cultivos que contienen residuos ligados procedentes del terreno (Lavin *et al.,* 1996).

8.4 RLs EN EL SUELO

El grado de unión de los plaguicidas en el suelo depende de la temperatura, humedad, tiempo de exposición y del tipo de suelo. Asimismo, se ha informado que también puede estar relacionado con la actividad microbiana del suelo, ya que la esterilización de muestras rindió una gran reducción de los residuos de ^{14}C ligados (Abdelhafid *et al.,* 2000a, 2000b). Algunos investigadores han observado la facultad de las plantas de captar alguna porción de RLs cuando se cultivan en suelos que contienen estos residuos. Printz *et al.* (1995) observaron que la enmienda del suelo con paja de maíz condujo a una degradación y mineralización significativamente mayor de [fenil-U-^{14}C] metabenztiazurón (MBT) y favoreció la generación de RLs. Observaron también que la disipación del plaguicida, la formación de RLs y del metabolito demetil-MBT aumentaron a temperaturas más elevadas. El aumento de la temperatura y la enmienda con paja de maíz potenciaron la actividad microbiana en el suelo. Se sabe que las aplicaciones repetidas de algunos insecticidas aumentan la degradación de los mismos (Buhler *et al.*, 1992). Asimismo, se ha informado que la vida media de disipación de monocrotofos en suelo tropical es de 2 semanas (Guth, 1994; Laabs *et al.*, 2002). Menon *et al.* (2004) encontraron que el clorpirifos organofosforado era moderadamente estable en suelos limosos y franco-arenosos con una vida media de 12,3 y 16,4 días, respectivamente. La rápida disipación del suelo del insecticida tras su aplicación podría deberse a una baja absorción debida a la alcalinidad del suelo y a su bajo contenido de materia orgánica. La rápida disipación de la superficie del suelo puede producirse por volatilización y por una degradación fotoquímica, posiblemente potenciada por la baja solubilidad en agua, la movilidad vertical limitada debido al confinamiento de residuos en unos 15 cm de las capas superiores del suelo, la mineralización microbiana y la hidrólisis nucleofílica. Menon y Gopal (2003) encontraron que el movimiento de carbarilo estaba limitado a 15 cm de profundidad en un suelo franco-arenoso; se detectó hasta 120 días, y su t_{50} se estableció en 14,39 días después de la aplicación. La rápida eliminación del carbarilo podría deberse a disipación física. El producto primario de la hidrólisis del carbarilo en el suelo es el 1-naftol, el cual puede ser metabolizado por los microorganismos del suelo (Rajagopal, *et al.*, 1984). Normalmente, se considera que la persistencia de carbarilo en el suelo es de baja a moderada, dependiendo de factores ambientales (p. ej., pH y temperatura) pero también de la dosis aplicada, fórmula química y frecuencia de la aplicación (Howard, 1991). La vida media del carbarilo en los suelos es de 8 a 15 días, dependiendo del estado de aireación. Zayed *et al.* (2002) informaron que, en condiciones aeróbicas, el plaguicida organoclorado 2,4-D (ácido 2,4-diclorofenoxiacético) marcado en el anillo en U se mineralizó en suelo franco arcilloso en 90 días más fácilmente que en condiciones anaeróbicas (19% y 10%), respectivamente. Sin embargo, la aplicación de ^{14}C-lindano a suelos franco-arenosos y arenosos mantenidos en condiciones anaeróbicas durante 90 días indicó que la mineralización de plaguicidas en el suelo es lenta, no superando el 5,5% (Farghaly *et al.*, 1998). Un estudio de 3 meses sobre la mineralización de ^{14}C-pirimifos-metilo incubado en el laboratorio en suelo franco-arcilloso en condiciones anaeróbicas y aeróbicas produjo los siguientes resultados: los residuos de plaguicidas no extraíbles aumentaron gradualmente con el tiempo, observándose que la mayor capacidad de unión fue aproximadamente del 11%-13% tras 90 días de incubación (Zayed *et al.*, 2006). La incubación de ^{14}C-carbofurano en suelo franco-arcilloso en condiciones aeróbicas y anaeróbicas durante 90 días mostró un máximo de unión de aproximadamente el 5,3% y el 13% de la dosis aplicada (Mahdy y Soliman, 2005).

8.5 RLs EN PLANTAS

Los residuos de plaguicidas y/o sus metabolitos que pueden encontrarse en las plantas pueden clasificarse en tres categorías (Kacew *et al.*, 1996): residuos extraíbles (metabolitos primarios), residuos conjugados extraíbles (metabolitos secundarios) y residuos no extraíbles ligados a componentes naturales de las plantas.

Los primeros experimentos en esta temática pusieron de manifiesto que los plaguicidas interaccionaban con proteínas, ligninas, pectinas y hemicelulosas de las plantas (Huber y Otto, 1983; Roberts, 1984; Pillmoor y Roberts, 1985). El método de fraccionamiento de la pared celular desarrollado por Langebartels y Harms (1985) se ha aplicado a numerosos estudios descritos en la literatura y se ha podido confirmar que las proteínas, ligninas, hemicelulosas y pectinas son los principales candidatos para la conjugación (Schmidt, 1999; Sandermann *et al.*, 2001). Sin embargo, la asignación a estas macromoléculas se hizo solo basándose en su potencial de solubilización. Además de aplicar las fases de solubilización del procedimiento Langebartels/Harms (1985), los RLs se han tratado también con enzimas específicas como celulasas, hemicelulasas y pectinasas para favorecer su solubilización (Pillmoor y Roberts, 1985; Skidmore *et al.*, 1998). Asimismo, se ha demostrado que la cutina de las superficies de las hojas actúa como un agente de uniones covalentes (Riederer y Schoenherr, 1986).

En 1981, se caracterizó, merced a la espectroscopía de RMN-^{13}C y ^{1}H, la estructura de la bencilamina de los conjugados de cloroanilinas en lignina (Still *et al.*, 1981; Trenck *et al.*, 1981). Esta asignación estructural se ha confirmado recientemente utilizando técnicas de RMN más sofisticadas (Lange *et al.*, 1998). Los tipos de enlaces de las pectinas y hemicelulosas derivaron de pruebas circunstanciales, pero más recientemente se han documentado los enlaces éster en hemicelulosas en el caso de ácidos fenoxiacéticos (Laurent y Scalla, 1999, 2000). Se sabe que las pectinas contienen grupos ésteres metílicos ricos en energía donde puede darse una sustitución nucleófila por ligandos de nitrógeno (Daniel *et al.*, 1994). Las cutículas vegetales pueden contener grupos epóxido reactivos, habiéndose propuesto que tienen la facultad de ligarse a ácidos carboxílicos xenobióticos. Otros tipos de enlaces sugeridos son reacciones de adición fotoquímica e interacciones con grupos amino y sulfhidrilo de proteínas (Jahn y Schwack, 2001).

Usando compuestos radiomarcados, diversas investigaciones han mostrado que una buena porción de residuos plaguicidas pueden quedar ligados en plantas. Las semillas secas de soja de plantas tratadas con ^{14}C-carbofurano retuvieron aproximadamente el 1% de la dosis de la radioactividad aplicada (Zayed *et al.*, 1998). El tratamiento foliar de plantas de soja con ^{14}C-pirimifos-

TABLA 8.1
Niveles de residuos ^{14}C ligados de plaguicidas en muestras de suelo, plantas y trigo.

		Tratamiento			
Muestra	**Plaguicida**	**^{14}C (µCi/g)**	**ppm**	**Tiempo de tratamiento**	**^{14}C ligado (%)**
Suelo orgánico	Prometrina	0,047	12	1 año	57
	Deltametrina	0,017	10	6 meses	20
	Atracina	0,006	25	1 año	54
Suelo mineral	Atracina[a]	0,012	10	9 años	50
	Diuron	0,322	10	6 meses	20
	2,4-D	0,226	10	3 meses	14
Trigo	Deltametrina	0,050	5	168 días	12
	Pirimifos-metilo	0,100	5	28 semanas	10
Alubias	Pirimifos-metilo	0,140	10	6 meses	4
Cebolla	Fonofos[b]	0,067	10	130 días	22
Rábano	Dieldrina[c]	0,005	10	21 días	24
Canola	Atracina[d]	0,006	4	10 días[a]	44

[a] Las muestras de suelo se tomaron de parcelas en el campo tratadas con ^{14}C-atracina.
[b] Las muestras de cebolla se tomaron de parcelas en el campo tratadas con ^{4}C-difonato.
[c] Los rábanos se cultivaron en macetas de arena con caldo nutritivo de Hoagland que contenía 0,005 µCi/mL de ^{14}C-dieldrina.
[d] La canola se cultivó en el caldo nutritivo de Hoagland que contenía 0,006 µCi/mL de ^{14}C-atracina.

metilo conllevó la aparición de residuos de ^{14}C en las semillas maduras en una cuantía del 0,37% de la dosis aplicada (Zayed *et al.*, 2003). Los residuos de ^{14}C en semillas de maíz secas procedentes de plantas tratadas con ^{14}C-clorfenvinfos tuvieron un 0,12% de la radioactividad aplicada originalmente (Mahdy y El-Maghraby, 2010).

El dióxido de carbono supercrítico modificado con metanol mejoró la recuperación de los residuos de ^{14}C ligados a muestras de suelo y plantas. Se observó que el metanol supercrítico era menos eficaz para la extracción de RLs que el dióxido de carbono supercrítico o el dióxido de carbono supercrítico modificado con metanol. El análisis de los extractos indicó que los RLs de ^{14}C en las muestras de suelo, plantas y trigo estaban en la misma forma que la de los materiales precursores y/o sus metabolitos (Tabla 8.1) (Khan, 1995).

El tejido vegetal extraído que contenía ^{14}C ligado estaba compuesto principalmente de lignina, carbohidratos y proteínas desnaturalizadas. La lignina extraída incluía la lignina libre y la ligada, ésta unida a los carbohidratos de la pared celular y solo pudo extraerse hirviendo el material con dioxano-HCl bajo nitrógeno.

8.6 BIODISPONIBILIDAD DE RLs EN PLANTAS

Los animales y humanos pueden, en principio, digerir el plaguicida y liberar fragmentos tóxicos que pueden alcanzar el flujo sanguíneo. La valoración de la exposición de los animales al RL a través del torrente sanguíneo y la circulación enterohepática requiere determinar la radioactividad en la orina y la bilis. La excreción urinaria y/o biliar de un compuesto o sus metabolitos significa que el material es biodisponible. Sin embargo, la eliminación fecal cuantitativa sin excreción biliar indica que el material no es biodisponible. Los tipos de enlaces actualmente propuestos para los xenobióticos indican que suelen encontrarse como sustituyentes exteriores («repuntes») en macromoléculas de la fibra dietética. Esta localización podría facilitar la degradación por el pH del estómago o el ataque por enzimas digestivas o microorganismos intestinales. Por ello, el RL puede digerirse más fácilmente que sus moléculas matrices. Se ha sugerido que la biodisponibilidad de los RLs depende de la digestibilidad de las macromoléculas a la que los plaguicidas están ligados (Mathew *et al.*, 1998). Mahdy y El-Maghraby (2010) observaron que el plaguicida ^{14}C-clorfenvinfos en el maíz presentaba una considerable biodisponibilidad. Al alimentar ratas durante 5 días con una torta de maíz, se eliminó por la orina una sustancial cantidad de residuos ^{14}C (59,5%), mientras que aproximadamente un 20% se excretó por las heces. Alrededor del 15% de los residuos radiactivos se distribuyeron entre varios órganos. Abdel-Gawad y Hegazi (2010) informaron que el plaguicida era biodisponible en ratas alimentadas durante 72 horas con una torta preparada con semillas de canola. La principal ruta de excreción fue vía el aire espirado (42%), mientras que los residuos ^{14}C excretados por la orina y heces fueron el 30% y el 11%, respectivamente. La radiactividad detectada en diversos órganos supuso un 7,5%. El análisis cromatográfico de la orina reveló la presencia de protiofos-oxón, ácido *O*-etilfosfórico y 2,4-diclorofenol como principales productos de degradación del protiofos tanto en forma libre como conjugada. Abdel-Gawad y Taha (2011a) estudiaron la biodisponibilidad de residuos ^{14}C de clorpirifos de girasol en ratas alimentadas con este material; se observó que el 46% de la radioactividad se eliminó por la orina, el 25% con las heces y el 10% en el aire espirado; detectaron también un 8% adicional de biodisponibilidad en algunos órganos, lo que indicaba que el RL presentaba una elevada biodisponibilidad. En otro experimento se estudió la biodisponibilidad de RL de soja tratadas con ^{14}C-etil-profenofos alimentando ratas con jugos de semillas de soja extraídos durante 72 horas; se observó que la mayor parte de los residuos se eliminaban a través del aire espirado (45%), mientras que los residuos presentes en la orina y heces representaron el 18% y el 12% de la dosis aplicada, respectivamente. También se detectó una cantidad apreciable de residuos de ^{14}C (15%) en hígado, riñón, sangre y grasa de las ratas tratadas (Abdel-Gawad y Taha, 2011b).

8.7 RLs EN GRANOS ALMACENADOS

8.7.1 Introducción

Las cosechas de los productos agrícolas están expuestas a ser atacadas por plagas en grandes áreas del mundo durante su almacenamiento, particularmente en zonas tropicales y subtropicales, produciéndose pérdidas que comúnmente llegan al 30%. Los métodos de control químico siguen presentando ventajas, debido a su eficacia, simplicidad, versatilidad, bajo coste y disponibilidad inmediata. Las sustancias químicas plaguicidas pueden aplicarse para controlar infestaciones severas o, preventivamente, evitar infestaciones. Como resultado de tales aplicaciones, porciones sustanciales de residuos pueden quedar retenidos en el producto tratado, cuya cuantía depende del método de aplicación, el tiempo que transcurre entre la aplicación y el consumo, la temperatura y la humedad durante el almacenamiento y de las propiedades fisicoquímicas de los componentes activos. Las investigaciones sobre la magnitud y la naturaleza de los residuos resultantes de la aplicación de insecticidas postcosecha son esenciales para lograr la ausencia de insectos y así garantizar al consumidor la seguridad del producto (Tabla 8.2).

TABLA 8.2
Residuos ligados de plaguicidas en diversos granos almacenados.

Plaguicida	Producto	Periodo de almacenamiento (semanas)	Residuos ligados (%)
Diclorvos	Soja	30	8-10
	Habas	30	9-11
Pirimifos-metilo	Soja	30	6
	Trigo	28	10
Carbarilo	Habas	30	5
	Soja	30	6
Malatión	Habas	30	17-18
	Arroz blanqueado	15	7
	Arroz entero	15	12
	Maíz	30	18
	Soja	30	8-9
Clorpirifos-metilo	Trigo	60	29
Carbofurán	Habas	30	3
	Soja	30	4
Clorpirifos	Habas	30	7-9
	Soja	30	9-11
Fenitrotión	Habas	30	17-18
	Soja	30	18-20

El tratamiento con plaguicidas poscosecha se utiliza ampliamente para controlar insectos y otros organismos causantes de plagas que atacan a las cosechas durante su almacenamiento. Los métodos de control químico tienen la ventaja de ser efectivos, simples, versátiles y económicos. Sin embargo, tienen las desventaja de dejar frecuentemente residuos en los productos tratados que pueden presentar problemas en la salud del consumidor. La cantidad de tales residuos depende habitualmente del diversos factores: tipo y naturaleza del plaguicida, método de aplicación, tipo de producto, periodo de almacén y condiciones del almacenamiento.

La técnicas nucleares han mostrado ser una valiosa herramienta para abordar los problemas de residuos químicos en productos almacenados (Neskovic *et al.* 1989). Son las mejores e inequívocas para la identificación, detección y cuantificación de residuos de plaguicidas. La velocidad de descomposición, pérdidas, distribución y metabolismo de un plaguicida marcado puede seguirse específicamente en presencia de otros plaguicidas, incluido el que se está estudiando. La posible unión química de los residuos de plaguicidas en los materiales alimenticios solo se puede probar y cuantificar mediante el uso de técnicas nucleares. Al estudiar la estabilidad del fenitrotión en granos de arroz y trigo almacenados, el insecticida se descompuso en 12 meses. Los principales metabolitos en los granos de arroz, determinado por cromatografía gas-líquido, fueron el fenitrotión desmetilado, el 3-metil-4-nitrofenol y el ácido dimetil fosforotioico. (Takimoto *et al.*, 1978; Abdel-Kader y Webster, 1982).

8.7.2 Efectos Biológicos de los RLs de los Granos

La importancia de los granos en la nutrición de los humanos a escala global, la necesidad de proteger los granos de las plagas mediante la aplicación de sustancias químicas y el hecho de que los RLs se encuentran con frecuencia como residuos terminales en los granos y en los productos derivados, exigen que se hagan investigaciones sobre el significado del potencial toxicológico de estos xenobióticos. Antes de que estos plaguicidas sean aprobados para tales fines y sean recomendados por las agencias nacionales e internacionales, se requieren muchos datos, estudios de toxicidad, ensayos de alimentación a largo plazo, persistencia de los residuos y su localización, así como estudios metabólicos para determinar el destino del compuesto tanto en el producto tratado como en los animales (incluidos los seres humanos) que pueden consumir los alimentos crudos o procesados después de su almacenamiento (OIEA 1990). Las cuestiones críticas relacionadas con los RLs se refieren a la naturaleza e identidad de los mismos, a su importancia toxicológica en relación con la biodisponibilidad y a la actividad biológica. Los residuos no extraíbles pueden encontrarse en los granos en concentraciones significativas y, por lo tanto, se requiere una evaluación de su potencial toxicológico para establecer el impacto biológico que puedan tener.

Los experimentos con ratas alimentadas con trigo adicionado de residuos de ^{14}C-malatión han mostrado que este plaguicida es bastante biodisponible. Se ha descrito que alrededor del 48,7% y 16,8% de la actividad ^{14}C-ligada se eliminaba en 3 días por la orina y el aire espirado, respectivamente (Neskovic *et al.*, 1989). Asimismo, se ha informado que los residuos ligados de ^{14}C-malatión en habas tras un almacenamiento de 30 semanas eran del 18% de la dosis aplicada, demostrándose que alrededor del 75% de tales residuos eran biodisponibles en ratas durante 2 días: la mayor parte se excretaba con la orina (60%) y el aire espirado (8%). De acuerdo con Neskovic *et al.* (1992), ratas alimentadas con trigo que contenían residuos ligados de ^{14}C-clorpirifos-metilo excretaron, durante 3 días, un 79% de la radioactividad por la orina y un 7% con el aire espirado. Al alimentar ratas con soja adicionada de residuos ligados de ^{14}C-pirimifos-metilo durante 72 horas se observó que dichos residuos eran biodisponibles. La principal vía de excreción fue la orina (40%) y las heces (18%) mientras que una pequeña cantidad (6%) se detectó en el aire espirado. Alrededor del 25% de la radioactividad administrada se detectó en varios órganos de la rata (Mahdy, 2003). Los estudios de alimentación con ratas revelaron que los residuos ligados de ambas sustancias químicas eran biodisponibles. Ratas alimentadas con residuos ligados de ^{14}C-malatión, tenían distribuidas alrededor de la tercera parte de la radioactividad administrada por varios órganos. La principal porción de radioactividad se eliminó por el aire espirado (15%) y la orina (41%). La actividad ^{14}C en ratas alimentadas con residuos ligados de ^{14}C-carbofurán se eliminó mayoritariamente por la orina y por el aire espirado (Farghaly *et al.*, 2002). La alimentación de ratas durante 72 horas con soja que contenía residuos ligados de ^{14}C-diclorvos puso de manifiesto que estos residuos eran biodisponibles, siendo el aire espirado (45%) la principal vía de excreción mientras que los residuos ^{14}C se excretaron por la orina y las heces en una proporción casi igual. La radioactividad detectada en varios órganos representó el 15% (Mahdy y Taha, 2007). La Tabla 8.3 muestra la distribución de la actividad ^{14}C liberada en ratas después de ser alimentadas durante 72 horas con habas con RLs ^{14}C.

En las ratas alimentadas durante 3 días la porción principal de radioactividad de residuos ligados ^{14}C-fenitrotión se eliminó a través del aire espirado (42%), orina (20%) y heces (11,5%). Alrededor del 15% de la radioactividad administrada se distribuyó entre varios órganos: hígado, riñón, pulmón, grasa, intestino, sangre, corazón y cerebro. El ^{14}C-RL es fácilmente biodisponible para la rata. Por lo tanto, la presencia de RLs ya no se puede seguir ignorando en la evaluación de peligros toxicológicos.

Se han realizado estudios de alimentación subcrónica en ratones durante 90 días con el fin de determinar la actividad biológica y evaluar los riesgos potenciales para la salud humana de los RLs presentes en los granos. Se comprobó que los residuos ligados de tetraclorvinfos en habas tenían importancia toxicológica, observándose que la alimentación de ratones con estos residuos durante 90 días condujo a una disminución aparente en el patrón de aumento de peso corporal. La colinesterasa del plasma fue inhibida significativamente tras alimentar a los ratones con residuos ligados durante 2 meses. Al alimentar ratones con una dieta que contenía residuos ligados de malatión se produjo una inhibición de la actividad colinesterasa de la sangre en comparación con

TABLA 8.3
Distribución de la actividad ^{14}C registrada en ratas después de ser alimentadas durante 72 horas con habas que contenían ^{14}C-residuos ligados de varios plaguicidas.

	% de actividad de la dosis administrada					
Muestra	**Clorpirifos**	**Diclorvos**	**Pirimifos-metilo**	**Malatión**	**Carbarilo**	**Carbofurán**
CO_2	50	35	7	60	2	12
Orina	15	20	46	8	60	35
Heces	10	11	15	3	10	15
	75	66	68	71	72	62
Grasa	5	4	4	1	5	4
Sangre	3	5	10	2	6	11
Hígado	3	7	7	2	3	7
Riñón	1	2	1	0	1	1
	12	18	22	3,2	15	22
Actividad total	87	84	90	74,2	87	85

los controles. En ratas, tanto en machos como en hembras, se ha observado un aumento de la fosfatasa alcalina aunque solo se detectó en las hembras un incremento estadísticamente significativo de la concentración de hemoglobina (Neskovic *et al.*, 1989). La alimentación de ratones con residuos ligados de malatión afectó a las funciones hepáticas y renales e inhibió la actividad de colinesterasa (Zayed *et al.*, 1992). Los mismos autores, en su estudio con semillas de soja almacenadas, encontraron que el nivel de RLs de malatión era del 8% de la dosis aplicada después de 30 semanas de la administración del insecticida (Zayed *et al.*, 1993). Como los insectos son las especies dianas de los compuestos matrices, parece probable que el tipo de efectos toxicológicos crónicos debidos a los residuos no extraíbles puedan ser demostrados más fácilmente en los insectos. Los RLs de clorpirifos-metilo en trigo causaron una reducción del número de adultos de *Tribolium castaneum* que alcanzaron la madurez, lo que se ha asociado a la presencia de tricloropiridinol, un metabolito del clorpirifos-metilo, ya que se ha observado que comprende el 60% de los residuos no extraíbles (Matthews, 1992). Sin embargo, no hubo efecto alguno en el mismo insecto en las pruebas que se realizaron con residuos no extraíbles del malatión. Los experimentos de alimentación subcrónica en ratones durante 90 días con una dieta que contenía residuos ligados de pirimifos-metilo a una dosis de 1,6 (µg/g)/día/ratón no causaron síntomas significativos de toxicidad durante el período del experimento. Tanto la colinesterasa del plasma como la de eritrocitos sufrieron una ligera inhibición durante los primeros 15 días. El cuadro sanguíneo y las enzimas de la función hepática no mostraron diferencias significativas respecto a los valores de los controles. Se observó un aumento significativo del nivel de nitrógeno ureico en sangre, mientras que el aclaramiento de creatinina mostró solo un ligero aumento en comparación con los controles (Mahdy, 2003). Los experimentos de alimentación en ratones durante 90 días con una dieta que contenía ^{14}C-RLs a una dosis de 0,91 y 2,39 (µg/g)/día para el carbofurán y el malatión, respectivamente, dieron lugar a síntomas de toxicidad durante el período del experimento aunque no fueron significativos. Se observó una ligera inhibición de la actividad colinesterasa del plasma y eritrocitos durante el segundo y tercer mes en ratones experimentales alimentados tanto con carbofurán como con malatión. En el caso de los ratones alimentados con residuos ligados de ^{14}C-carbofurán no mostraron diferencias significativas respecto a los valores de los controles para las enzimas del hígado, la proteína total, la albúmina, el colesterol, los triglicéridos y las funciones renales. Sin embargo, los mencionados parámetros de la sangre solo mostraron un ligero aumento, en comparación con los controles, en ratones alimentados con residuos ligados de ^{14}C-malatión (Mahdy y Taha, 2005). Los experimentos de alimentación subcrónica en ratones durante 90 días con una dieta que contenía residuos ligados de diclorvos a una dosis de 1,7 (µg/g)/día/ratón originaron una ligera inhibición de la actividad colinesterasa del plasma y de los glóbulos rojos. La inhibición máxima se observó después de 2 meses y ascendió a un 29% y un 25%, respectivamente (Tabla 8.4).

Sin embargo, la actividad de las enzimas hepáticas alanina aminotransferasa, aspartato aminotransferasa y fosfatasa alcalina del lote tratado mostró a los 3 meses del experimento un ligero aumento significativo respecto al grupo control, observándose también al final del período experimental un aumento moderado de la concentración de urea en sangre y un ligero aumento de la concentración de creatinina en los grupos tratados (Tabla 8.5). Todos los parámetros sanguíneos revirtieron a los valores de los controles después de un período de recuperación de 1 mes (Mahdy y Taha, 2007). La toxicidad de residuos ligados del ^{14}C-fenitrotión en soja almacenada ha sido estudiada en ratones mediante experimentos de alimentación durante 3 meses a una concentración de 1,9 mg/kg. La inhibición máxima observada de actividad colinesterasa del plasma y de los eritrocitos fue del 23%, 19%, 9%, 9% después de 1 y 7 días, respectivamente. Los resultados obtenidos mostraron un leve aumento significativo en la actividad de las enzimas hepáticas

TABLA 8.4
Actividad colinesterasa en ratones alimentados durante 90 días con extractos de soja que contenía residuos ligados de diclorvos.

Tratamiento	Colinesterasa del plasma					Colinesterasa de eritrocitos				
	Control		Tratadas			Control		Tratadas		
Periodo (días)	X ± SD		X ± SD		Inhibición (%)	X ± SD		X ± SD		Inhibición (%)
1	0,28	0,02	0,23	0,07	7	1,4	0,02	1,35	0,07	4
7	0,29	0,08	0,30	0,07	12	1,5	0,07	1,30	0,07	2
15	0,28	0,06	0,24	0,06	16	1,5	0,08	1,30	0,06	14
30	0,29	0,05	0,22	0,07	25	1,6	0,06	1,20	0,05	20
60	0,30	0,08	0,22	0,07	29	1,5	0,06	1,1	0,07	25
90	0,31	0,09	0,25	0,08	20	1,6	0,07	1,3	0,05	14
Recuperación	0,31	0,08	0,29	0,07	6	1,6	0,09	1,5	0,08	5

TABLA 8.5
Efecto en funciones hepáticas y renales de la alimentación durante un periodo de 3 meses con un extracto de habas que contenía residuos ligados de diclorvos.

Función	Muestra	Periodo de alimentación							
		Un mes		Dos meses		Tres meses		Recuperación	
		X ± SD		X ± SD		X ± SD		X ± SD	
Alanina aminotransferasa	C	51,50	3,53	52,25	2,86	55,50	1,25	55,80	3,20
(unidades por litro)	T	56,25	4,66	59,5	5,50	64,75	5,31	57,20	2,10
Aspartato aminotransferasa	C	92,50	5,89	94,00	6,22	93,50	3,39	94,5	3,40
(unidades por litro)	T	96,25	7,10	105,3	5,09	110,8	4,60	95,76	3,10
Fosfatasa alcalina	C	13,00	0,22	12,88	0,36	12,80	0,23	12,90	0,18
	T	14,00	0,39	14,04	0,17	15,30	0,25	13,20	0,22
Creatinina (mg/dL)	C	0,80	0,04	0,82	0,01	0,80	0,11	0,78	0,01
	T	0,84	0,02	0,86	0,02	0,93	0,03	0,80	0,01
Urea (mg/dL)	C	60,00	2,69	62,00	2,45	64,00	1,83	65,00	1,92
	T	67,00	2,59	76,00	1,87	83,00	3,02	70,00	2,20

alanina aminotransferasa, aspartato aminotransferasa y fosfatasa alcalina después de 3 meses. En los grupos tratados, se observó al final del período experimental un aumento moderado en la concentración de nitrógeno ureico y creatinina en sangre.

8.8 DISIPACIÓN DE LOS RESIDUOS DE PLAGUICIDAS EN LOS ALIMENTOS

8.8.1 LAVADO

La Tabla 8.6 ofrece detalles sobre el efecto de varios métodos de procesado en la eliminación de residuos de plaguicidas en diferentes productos alimenticios.

TABLA 8.6
Efecto de diferentes técnicas de procesado en la eliminación de residuos de plaguicidas.

Procesado	Producto	Plaguicida	Eliminación (%)	Razón
Lavado (2 veces)	Soja	Endosulfán	80-90	Los plaguicidas pulverizados permanecen como micropartículas en la superficie de las semillas de soja y se eliminan fácilmente mediante agitación mecánica del agua
Lavado	Manzana Golden	Fosalone	30-50	Reducción obtenida mediante disolución acuosa de fosalona
Lavado (solución de ácido acético)	Tomates	HCB Lindano p.p.-DDT Dimetoato Profenofos Pirimifos-metilo	51 47 34 92 86 94	La eficacia del lavado para arrastrar los residuos depende de 4 factores: Primero, localización del residuo; Segundo, antigüedad del residuo; Tercero, solubilidad del plaguicida en agua; Cuarto, temperatura y tipo del agua de lavado. La eficacia del lavado puede mejorarse con detergentes
Lavado con agua de red	Tomates	HCB Lindano p.p.-DDT Dimetoato Profenofos Pirimifos-metilo	10 15 9 19 23 16	
Lavado con solución (10% NaCl)	Tomates	HCB Lindano p.'p.-DDT Dimetoato Profenofos Pirimifos-metilo	43 46 27 91 82 91	La eficacia del lavado para arrastrar los residuos depende de 4 factores: Primero, localización del residuo; Segundo, antigüedad del residuo; Tercero, solubilidad del plaguicida en agua; Cuarto, temperatura y tipo del agua de lavado. La eficacia del lavado puede mejorarse con detergentes
Pelado	Mango	Fention Dimetoato Cipermetrín Fenvalarato	Eliminación total	La eliminación de la monda de la fruta elimina los residuos totalmente aunque puede haber una acumulación de residuos en el pericarpio pero no migra hacia la pulpa
Cocción (ebullición) 30 min	Patatas Puré de repollo	Dimetoato Dimetoato	37-53 56-86	Los residuos desaparecen del extracto hervido al descomponerse por el calor, la mayor adsorción de plaguicidas a los tejidos vegetales y/o la escasa solubilidad de los plaguicidas en agua
Cocción a 100°C	Homogeneizado de tomates	Maneb Etilentiourea (ETU)	74 28	Los procesos térmicos pueden favorecer la volatización, la hidrólisis u otras degradaciones químicas y, por tanto, reducir el nivel de los residuos

(*continúa*)

TABLA 8.6 (*Continuación*)
Efecto de diferentes técnicas de procesado en la eliminación de residuos de plaguicidas.

Procesado	Producto	Plaguicida	Eliminación (%)	Razón
Esterilización (121°C, 15 min)		Maneb ETU	ND 32	
Jugo	Tomates	HCB Lindano p.'p.-DDT Dimetoato Profenofos Pirimifos-metilo	73-78	Los niveles de residuos en los zumos de frutas o el mosto de uvas dependen de las propiedades de partición del plaguicida entre la monda/pulpa y el zumo. La pulpa o el bagazo a menudo incluyen la piel y retienen una proporción sustancial de residuos lipófilos
Conserva (puré de tomate)	Tomates	Dimetoato Profenofos Pirimifos metilo	71-82	El grado de reducción de organoclorados es más bajo que el de los organofosforados debido a la mayor estabilidad térmica de los organoclorados
		HCB Lindano p.'p.-DDT	31-35	
Conserva (enlatado)	Cerezas	Tetraclor-vinfos	95	Los procesos térmicos pueden favorecer la volatización, la hidrólisis u otras degradaciones químicas y, por tanto, reducir el nivel de los residuos
Secado al sol	Albaricoques enteros	Bitertanol	50	La reducción se debe a la fotodegradación
Secado en horno	Pasas	Dimetoato	81	La reducción se ha atribuido al efecto del calor que puede conllevar evaporación y degradación
Procesos de fermentac.	Productos cárnicos (embutidos)	DDT Lindano	10 18	La fermentación de los productos cárnicos redujo los residuos de plaguicidas debido a la actividad del cultivo iniciador
Molienda y almacenam. durante 365 días	Trigo	Foxin-metilo	8-10	Durante la molienda, los residuos se acumulan en el salvado y disminuyen en la harina
Almacenam. durante 12 meses en un saco abierto	Granos de maíz Alubias	Malatión	64 47	Estas pérdidas se han atribuido a la volatilización y la posible sedimentación del polvo de plaguicida en el fondo y en los laterales del saco durante el almacenamiento en un laboratorio tropical abierto y ventoso

El lavado es la operación que más frecuentemente se realiza; es el primer paso tanto en el hogar como en el procesado comercial. Los residuos de varios plaguicidas que se mantienen ligeramente adheridos se eliminan razonablemente bien mediante diversos tipos de lavado (Street,

1969). En granos de arroz fortificados se recuperaron tasas de 456 y 3,4 ng/g de clorpirifos y su producto de descomposición, el 3,5,6-tricloro-2 piridinol, respectivamente. El lavado de granos de arroz con agua redujo los residuos de clorpirifos un 60% aproximadamente (Lee *et al.*, 1991). Al sumergir frutos de mango en agua durante 10 minutos se redujeron los residuos de dimetoato y fentión en un 66%-68% mientras que sólo se consiguió el 21% y el 27% para el fenvalerato y la cipermetrina, respectivamente mediante un simple lavado (Awasthi, 1993). El residuo inicial de diazinón (0,8 µg/g) en pepinos disminuyó un 22,3% al exponerlos durante 15 segundos bajo un chorro de agua (Cengiz *et al.*, 2006). Los residuos de captán en manzanas fueron un 50% más bajos que los de frutas que no se sometieron postcosecha a ningún tratamiento de lavado (25,5-5.100 ng/g) (Rawn *et al.*, 2008).

8.8.2 Pelado

El pelado es una importante fase en el procesado de la mayoría de frutas y hortalizas. El pelado químico (principalmente con lejía), el mecánico (principalmente mediante abrasión), con vapor y el pelado por congelación son métodos convencionales en el procesado de frutas y hortalizas. La mayoría de los insecticidas o fungicidas que se aplican directamente a los cultivos se mueven o penetran de forma muy limitada en la cutícula. Puede deducirse, por ello, que los residuos de estas sustancias están confinados a las superficies externas donde pueden eliminarse con las operaciones de pelado, descascarillado o de recorte.

En tomate contaminado a un nivel de 1 µg/g, el pelado mostró tener un efecto significativo en la eliminación de residuos de plaguicidas, observándose pérdidas del 80%-89% de hexaclorobenceno, lindina, p,p-dicloro difenil tricloroetano (DDT), dimetoato, profenofos y pirimifos-metilo (Abou-Arab, 1999). El pelado de patatas (tubérculos individuales) redujo los residuos de clorprofam en una cantidad entre el 91% y el 98% a los 10 días de la aplicación, partiendo de una concentración inicial de 3,8 µg/g (Lentza-Rizos y Balokas, 2001). Abdel-Gawad *et al.* (2008) en un estudio de distribución y degradación de ^{14}C-etil protiofos en patatas y en el efecto del procesado, observaron que los residuos del insecticida protiofos se localizaban principalmente en la monda de los tubérculos (la operación de pelado eliminó el 85% de los residuos totales después de 1 mes del tratamiento). En tomates, el nivel inicial de residuos de procimidona (0,86 µg/g) disminuyó el 77% mediante el pelado (Cengiz *et al.*, 2007).

8.8.3 Cocción

La cocción de manzanas (elaboración de puré de manzana) redujo significativamente los niveles de residuos de azinfos-metilo. El 96% de este plaguicida se eliminó cuando manzanas sin lavar se sometieron a cocción para transformarlas en puré. La cantidad total de los residuos en las frutas concentradas fue de 0,67 µg/g (Ong, 1966). El escaldado y la fritura de berenjenas durante 5 minutos eliminó por completo los residuos de profenofos que inicialmente presentaban una tasa de 0,27 µg/g (Radwan *et al.*, 2005). Puede deducirse que los tratamientos térmicos potencian la volatilización, la hidrólisis u otro tipo de degradación química que conllevan la reducción de los niveles de residuos (Holland *et al.*, 1994). El procesado de patatas puede hacerse de tres formas para imitar los tratamientos en el hogar: fritura, ebullición u horneado. Se ha observado que la cantidad de residuos de protiofos en patatas disminuye un 70% por ebullición, y más al hornear (82%) y freír (100%). Los resultados indicaron que la fritura es el método más efectivo para reducir la cantidad de residuos de plaguicidas (Abdel-Gawad *et al.*, 2008).

8.8.4 Secado y Fermentación

Se ha informado que el secado reduce considerablemente los residuos de plaguicidas. La desecación de uvas conduce a pérdidas del 64% al 72% de metamidofos, posiblemente debido a la evaporación del plaguicida durante el proceso (Athanasopoulos *et al.*, 2005). Abdel-Gawad *et al.* (2011) investigaron el efecto del secado en los residuos de etión en flores de manzanilla. Los residuos de este plaguicida disminuyeron al secar al sol las flores de manzanilla. El porcentaje de reducción fue del 18%-47%.

Se ha estudiado también el efecto de la fermentación en la reducción de residuos de plaguicidas. La fermentación de productos cárnicos (salchichas fermentadas) redujo los residuos de plaguicidas en un 10% y un 18% de DDT y lindano a las 72 horas desde un nivel inicial de 5 y 2 μg/g, respectivamente. Los resultados confirmaron que el proceso de fermentación de productos cárnicos reduce los residuos de plaguicidas, lo que se debe a la actividad del cultivo iniciador (Abou-Arab, 2002). La fermentación maloláctica provocó una reducción significativa de las concentraciones de clorpirifos, de un 70% (a niveles 1 y 0,1 μg/g). La concentración total de dicofol se redujo en más del 30% (a niveles 5,0 y 2 μg/g). Estas reducciones de los plaguicidas podrían deberse a la absorción en la pared celular de las bacterias, más bien que a la degradación biológica (Ruediger, *et al.*, 2005).

8.8.5 Almacenamiento

Los granos se almacenan con frecuencia a granel en silos durante periodos largos (3-36 meses) a temperatura ambiente pudiéndose tratar con insecticidas después de la cosecha para reducir las pérdidas causadas por plagas durante su permanencia en el almacén (Holland *et al.*, 1994). Por ello, los alimentos elaborados con granos pueden ser potencialmente una importante fuente de residuos en la dieta. Los estudios sobre el tratamiento de granos postcosecha con insecticidas han permitido concluir que generalmente los residuos disminuyen lentamente. Los residuos de los materiales más lipofílicos tienden a persistir en la envoltura de la semilla, aunque una proporción puede migrar al salvado y al germen dado su elevado contenido de triacilgliceroles (Holland *et al.*, 1994). La concentración media de clorprofam en tubérculos de patatas almacenados en la oscuridad a 5°C fue de 3,8 μg/g a los 10 días después de su aplicación y disminuyó a 2,9 μg/g a los 28 días y 2,2 μg/g después de 65 días (Lentza-Rizos y Balokas, 2001). En granos de maíz y frijoles, se han observado descensos generales del 64% y 47% de la dosis inicial de malatión (7,7 μg/g y 7,5 μg/g iniciales, respectivamente) después de 12 meses de un almacenamiento en un espacio abierto. Estas pérdidas tan elevadas se explicaron por la volatilización y la posible sedimentación de polvo de plaguicida durante el almacenamiento en el fondo y en los laterales del saco en un laboratorio tropical abierto y ventoso (Lalah y Wandiga, 2002). El nivel inicial de residuos de dimetil 2,2-diclorovinil fosfato (DDVP) (1,7 μg/g) en muestras de pepino disminuyó el 48% (0,9 μg/g) durante el almacenamiento a 4°C durante 3 días y 71% (0,5 μg/g) durante 6 días (Cengiz *et al.*, 2006). En un experimento, se hizo un seguimiento de la dinámica de los residuos de plaguicidas en manzanas de la variedad Melrose durante su almacenamiento en frío a 1°C-3°C durante 5 meses. Se detectaron seis fungicidas (captan, ciprodinilo, dodina, pirimetanil, tebuconazol, tolifluanida) y un insecticida (fosalona) en el momento de la cosecha. Se produjo una reducción sucesiva de los residuos durante el período de almacenamiento y después de 5 meses solo se detectaron el fungicida dodina y el insecticida fosalona (Ticha *et al.*, 2008).

8.9 DISIPACIÓN DE LOS RLs

La formación de RLs disminuye la toxicidad y la biodisponibilidad de los plaguicidas. Se cree que los microorganismos del suelo juegan un papel importante en la disipación (eliminación) y la degradación adicional de RLs. La mineralización es la capacidad del microorganismo del suelo para la biodegradación de plaguicidas a CO_2 y a componentes inorgánicos (cloruro y fosfato). A modo de ejemplo, se muestra en la Figura 8.1 la mineralización de diclorvos.

La disipación de monocrotofos (O-metil-^{14}C) y del ^{14}C-carbarilo marcado en el anillo en U se ha monitorizado *in situ* en columnas empaquetadas con suelo durante más de 2 años en ausencia y en presencia de otros insecticidas. La disipación de ^{14}C-monocrotofos del suelo tratado con metomilo y carbarilo fue más rápida que en la columna control, empaquetada solamente con el insecticida marcado. La misma tendencia se observó en experimentos con ^{14}C-carbarilo que se eliminó más fácilmente en suelo tratado con monocrotofos y metomilo sin marcar. En presencia de otros insecticidas, el porcentaje de RLs fue generalmente menor que en los experimentos control. Los RLs localizados en la parte superior de la columna se liberaron más lentamente en las condiciones persistentes en el medio. El tiempo medio requerido para la eliminación del 50% de monocrotofos y carbarilo (t_{50}), estimado de acuerdo con el experimento control, fue de aproximadamente 20 y 24 semanas, respectivamente (Figs. 8.2 y 8.3). Estos datos indican que las aplicacio-

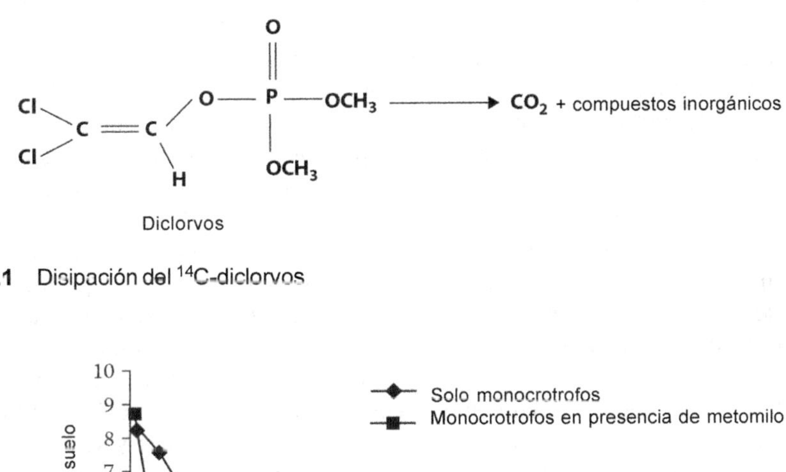

FIGURA 8.1 Disipación del ^{14}C-diclorvos

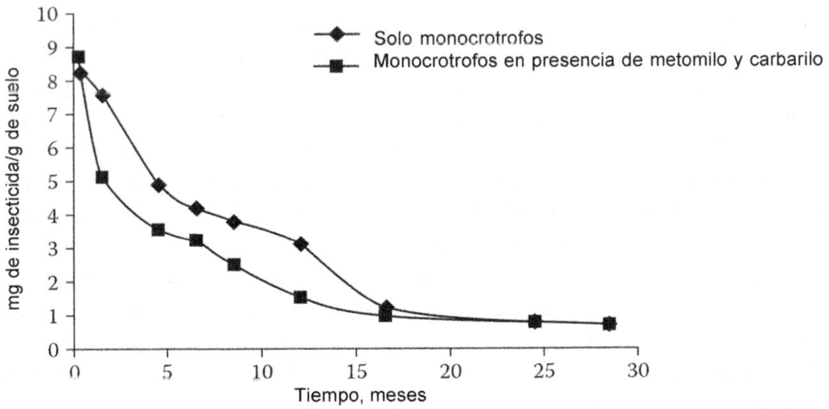

FIGURA 8.2 Disipación de ^{14}C-monocrotofos en ausencia y presencia de metomilo y carbarilo durante dos años sucesivos en columnas empaquetadas con suelo. ♦ Solo ^{14}C-monocrotofos (control) ■ ^{14}C-monocrotofos en presencia de metomilo y carbarilo.

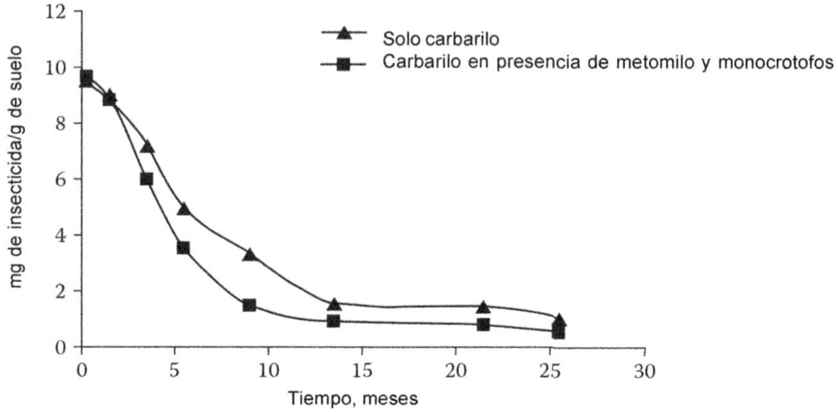

FIGURA 8.3 Disipación de ^{14}C-carbarilo en ausencia y presencia de metomilo y carbarilo durante dos años sucesivos en columnas empaquetadas con suelo. ▲ Solo ^{14}C-carbarilo (control) ■ ^{14}C-carbarilo en presencia de metomilo y monocrotofos.

nes repetidas de plaguicidas podrían mejorar la liberación de ^{14}C-residuos ligados (Zayed *et al.*, 2008).

La eliminación de RLs incluye la liberación microbiana y la fisicoquímica (Hayar *et al.*, 1997), la biodisponibilidad (Mathew *et al.*, 1998) y la absorción por plantas (Haque *et al.*, 1982; Gevao *et al.*, 2001; Han *et al.*, 2009) o por lombrices de tierra (Haque *et al.*, 1982; Gevao *et al.*, 2001). La liberación, la biodisponibilidad y la absorción por plantas o lombrices de tierra solo representan un pequeño porcentaje de las cantidades totales de RLs. Las modificaciones iónicas y la adición de nitrógeno al suelo pueden inducir una liberación parcial de parte de RLs, como se ha demostrado con el plaguicida ligado a cloroanilina que se liberó mediante la adición de fertilizantes N-amoniacales (Saxena y Bartha, 1983) y con el plaguicida ligado a prometrina que se liberó mediante la adición de N-amoniaco y N-nitrato (Yee *et al.*, 1985). La liberación de RLs también puede producirse al cambiar las prácticas agrícolas y la incorporación de ciertas sustancias químicas que pueden modificar el medio químico del suelo. Esto reintroduce los compuestos en el suelo, lo que eventualmente puede conducir a su absorción por las plantas. Aunque el suelo con RLs es muy estable, pueden separarse partículas y ser degradadas por microorganismos del suelo, plantas o mediante modificaciones físicas y químicas del suelo (Dec *et al.*, 1990; El-Hamady *et al.*, 2008). En varios países, se ha estudiado, mediante técnicas de radiotrazadores, la persistencia de varios insecticidas en granos y frijoles almacenados en condiciones típicas (IAEA, 1990; Holland *et al.*, 1994). Los residuos extraíbles del malatión original tras períodos de almacenamiento de 3 a 9 meses oscilaron entre el 16% y el 65% de las dosis aplicadas. Del mismo modo, se detectaron cantidades considerables de productos de hidrólisis, cuantificándose cantidades de RLs entre el 5% y el 20% de la dosis aplicada. El clorpirifos-metilo, el fenvalerato y el pirimifos-metilo fueron generalmente más persistentes que el malatión (Holland *et al.*, 1994). Mahdy (2002, 2003) estudió el efecto de la cocción en los residuos de ^{14}C-carbarilo y ^{14}C-clorpirifos en frijoles almacenados. Los resultados mostraron que una porción considerable de radiactividad (4%-7%) y (7%-9%) se asoció con las semillas como RLs para ambos insecticidas, respectivamente. La cocción de los frijoles no afectó a la cantidad de residuos de carbarilo y clorpirifos «ligados».

8.10 FERTILIZANTES

Existen diferentes tipos de compuestos que se utilizan como fertilizantes orgánicos e inorgánicos, fertilizantes nitrogenados, fertilizantes fosfatados, fertilizantes potásicos, fertilizantes cálcicos, fertilizantes magnésicos, fertilizantes azufrados, fertilizantes férricos, fertilizantes manganésicos, fertilizantes bóricos, fertilizantes de zinc, fertilizantes cúpricos, fertilizantes de molibdeno, mezclas fluidas de fertilizantes y mezclas de fertilizantes y plaguicidas.

Los fertilizantes orgánicos se pueden dividir en dos categorías de acuerdo con la forma de añadirlos al suelo: fertilizantes sólidos y líquidos. Los fertilizantes sólidos pueden agregarse al suelo esparciéndolos sobre su superficie o mediante máquinas especiales. Estos fertilizantes deben mezclarse con el suelo y no dejarlos en la superficie con el fin de evitar que se disipen en la atmósfera. Los fertilizantes líquidos pueden incorporarse mediante máquinas de riego o con máquinas especiales que los inyectan directamente en el suelo.

Los fertilizantes pueden afectar a los alimentos en los diversos aspectos que a continuación se enumeran:

- Un suministro adecuado de N aumenta la calidad y cantidad de proteínas (más aminoácidos esenciales) y algunas vitaminas.
- El suministro excesivo de N tiende a aumentar el contenido de amidas, lo que conlleva un sabor cuestionable después de la cocción, o eleva el contenido de nitrato a niveles inaceptables, especialmente en vegetales cultivados bajo sistemas de cultivo controlados.
- Cantidades bajas de N provocan una maduración prematura, mientras que si son elevadas se retrasa.
- Cantidades altas de N y K disminuyen el contenido de materia seca y el de almidón de las patatas y afectan a la calidad de su almidón. Cantidades bajas de K afecta negativamente a la coloración de las patatas fritas y ocasionan manchas negras en las patatas frescas.
- El suministro adecuado de Ca conduce a una alta calidad en diferentes frutas y hortalizas. La deficiencia de Ca en el plátano conlleva una baja calidad del fruto (al madurar, el fruto se despega de la piel y se agrieta).
- El azufre aumenta el contenido de proteínas de los granos y la del aceite de los cultivos de semillas oleaginosas.

8.11 RESIDUOS DE ANTIBIÓTICOS EN ALIMENTOS

8.11.1 INTRODUCCIÓN

La administración de antibióticos a los animales se hizo poco después de su empleo en los humanos con el fin de prevenir y tratar enfermedades (Gustafson, 1993). Hoy en día, los medicamentos antimicrobianos se utilizan para controlar, prevenir y tratar infecciones así como para mejorar el crecimiento animal y la eficiencia de los alimentos. Actualmente, aproximadamente el 80% de todos los animales productores de alimentos se les administra medicamentos durante algún momento, o la mayor parte, de sus vidas. Los antimicrobianos más utilizados en animales productores de alimentos son los β-lactámicos, tetraciclinas, aminoglucósidos, lincosamidas, macrólidos, pleuromutilinas y sulfonamidas (Fig. 8.4) (Lee *et al.*, 2001).

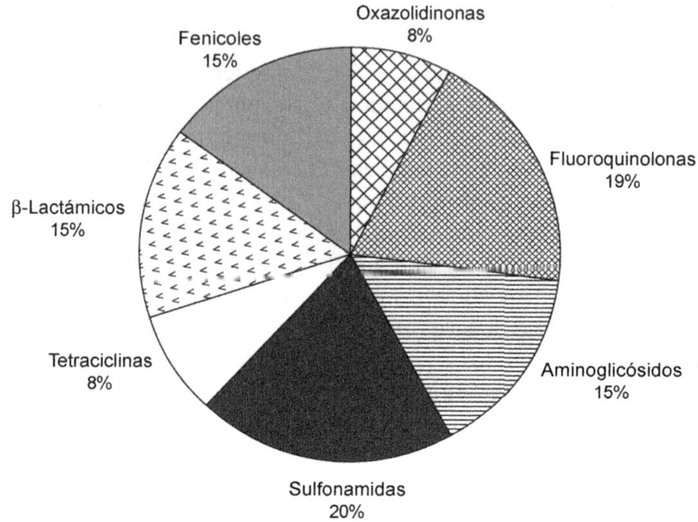

FIGURA 8.4 Distribución de las familias de antibióticos encontradas en alimentos.

El uso de antibióticos en los animales productores de alimentos puede dejar residuos en los alimentos de origen animal: carne, leche y huevos. La presencia de estos residuos puede deberse a cualquiera de las siguientes circunstancias: incumplimiento de los períodos de abstinencia de cada medicamento, dosis superiores a las recomendadas para animales, contaminación del alimento producido con la excreta de los animales tratados o el uso de antibióticos sin licencia (Paige, 1994).

Los residuos de antibióticos en los alimentos de origen animal pueden ocasionar numerosos problemas en la salud de los humanos. Entre ellos, efectos tóxicos, transferencia a los humanos de bacterias resistentes a antibióticos, efectos inmunopatológicos, carcinogenicidad (p. ej., sulfametazina, oxitetraciclina y furazolidona), mutagenicidad, nefropatías (p. ej., gentamicina), hepatotoxicidad, trastornos reproductivos, toxicidad de la médula ósea (p. ej., cloranfenicol) y alergias (p. ej., penicilina) (Nisha, 2008).

8.11.2 Presencia de Residuos de Antibióticos en los Alimentos

El uso principal de antibióticos en ganadería estaba destinado al tratamiento y prevención de enfermedades. En efecto, los antibióticos se han utilizado en el tratamiento de mastitis, artritis, enfermedades respiratorias, infecciones gastrointestinales y otras enfermedades infecciosas bacterianas (Draisci *et al.,* 2001).

Más recientemente, los antibióticos se han utilizado para optimizar el crecimiento, especialmente en broilers y aves de cebo. De hecho, los antibióticos pueden favorecer la velocidad de crecimiento de varias formas: adelgazamiento de las membranas mucosas en el intestino, facilitando así la absorción; modificación de la motilidad intestinal, que mejora la asimilación; producción de condiciones favorables para el crecimiento de bacterias beneficiosas del intestino mediante la eliminación de bacterias perjudiciales; y distribución de proteínas en el desarrollo muscular a través de la supresión de citoquinas. Los antibióticos también favorecen el crecimiento al disminuir la actividad del sistema inmunitario, reducir el desecho de nutrientes y minimizar la formación de toxinas. En la mayoría de los casos, sin embargo, solo los animales jóvenes y las aves de corral responden al mantenimiento de la salud mediada por antibióticos. Realmente, este enfoque es problemático ya que estos aditivos generalmente se usan en los piensos sin prescripción y durante períodos muy largos, tanto en dosis grandes como pequeñas, lo que conlleva que residuos de estos medicamentos lleguen a los alimentos de origen animal. Como puede verse en la Figura 8.4, se han empleado siete familias de antibióticos como fármacos veterinarios en los últimos años, siendo las sulfonamidas y las fluoroquinolonas los más utilizados.

En muchos países africanos, los antibióticos pueden utilizarse indiscriminadamente para el tratamiento de enfermedades bacterianas o como aditivos para piensos de animales domésticos y aves. La continua amenaza de contaminación por antibióticos es uno de los mayores desafíos de salud pública con los que se enfrentan no solo los pueblos africanos, sino también la población humana de todo el mundo (Cars *et al.*, 2008). Tales residuos se están difundiendo rápidamente entre países, independientemente de las diferencias geográficas, económicas o legales.

Los métodos de evaluación más importantes para la detección de residuos de antibióticos en muestras de alimentos son los inmunoensayos, las pruebas microbiológicas y los biosensores. Sus principales ventajas son el breve tiempo de análisis, la alta sensibilidad y selectividad de los inmunoensayos, la simplicidad y el bajo coste de las pruebas microbiológicas, y la automatización y la posibilidad de análisis *in situ* en el caso de los biosensores. Además, es importante apuntar el gran aumento del número de kits comerciales (Cháfer-Pericás *et al.*, 2010).

8.11.3 Recomendaciones para Reducir en los Países Africanos la Contaminación de los Alimentos por Antibióticos

No hay duda que ni los humanos ni los animales pueden vivir sin antibióticos, ya que están entre los tratamientos antimicrobianos más efectivos. Sin embargo, al mismo tiempo, el uso indebido de antibióticos puede provocar los riesgos para la salud mencionados anteriormente. Por lo tanto, la reducción del uso de antibióticos constituye un desafío mundial.

Para lograr tal reducción, deberían considerarse los siguientes 10 medidas, dirigidas a todos los antibióticos:

- La prevención efectiva de enfermedades infecciosas y la adopción de estrictos estándares de higiene y competentes prácticas ganaderas pueden reducir la necesidad de antibióticos, particularmente en el campo veterinario.
- El uso de métodos alternativos a los antibióticos, como el empleo de sustancias antimicrobianas derivadas de plantas y los probióticos puede ser una opción prometedora; la vacunación contra algunas enfermedades bacterianas puede ser de gran valor en un futuro cercano.
- Se debe procurar la reducción del uso innecesario de antibióticos en animales en cautividad, así como en la administración de antibióticos para el tratamiento de enfermedades víricas de los animales. Igualmente, debe considerarse la reducción del uso profiláctico de antibióticos.
- Debería circular en todas las partes del mundo una estricta legislación nacional para evitar el uso innecesario de antibióticos. En 2006, la Unión Europea prohibió el uso de antibióticos para proteger la salud del ganado (Carlet *et al.*, 2012).
- Se debería realizar un seguimiento nacional de los residuos de antibióticos en los alimentos y la actualización de los límites máximos permisibles de estos residuos en cada país.

- Debería cesar el uso de antibióticos como aditivos de piensos.
- Se debería evitar el uso de antibióticos sin prescripción en el entorno de la medicina veterinaria (en algunos países africanos, las fórmulas veterinarias, e incluso humanas, se venden en los supermercados).
- Se deberían observar estrictamente los tiempos de interrupción de antibióticos; Se deberían evitar aquellos antibióticos que carecen claramente de propiedades farmacocinéticas y farmacodinámicas documentadas.
- El tratamiento térmico de la carne, la leche y los huevos puede inactivar los antibióticos contaminantes de los alimentos.
- La congelación de alimentos derivados de animales también puede contribuir a la reducción de la contaminación por antibióticos.

8.12 CONCLUSIONES

- El término de residuo ligado engloba compuestos presentes en suelos, plantas o animales que, después de la extracción, persisten en la matriz con la estructura de la sustancia precursora o la de su(s) metabolito(s). El método de extracción no debe cambiar sustancialmente la estructura de los compuestos ni la de la matriz.
- Las interacciones de plaguicidas en el suelo incluyen enlaces iónicos, de hidrógeno y covalentes, fuerzas de Van der Waals, intercambio de ligandos, complejos de transferencia de carga y reparto hidrofóbico.
- Los métodos para identificar la naturaleza química de los residuos ligados son las técnicas cromatográficas, HTD, métodos termoanalíticos, extracción con metanol o dióxido de carbono supercríticos, hidrólisis alcalina, técnicas espectrométricas, como RMN y técnicas degradativas.
- Las plantas cultivadas en suelos que contienen residuos ligados absorben parte de los mismos. Una porción de ellos puede incorporarse en los tejidos vegetales.
- Los hidrocarburos clorados comprende la porción más pequeña de residuos ligados y la mayoría se forman a partir de compuestos que contienen fenol y nitrógeno. Las condiciones de cultivo de las plantas tienen una importante influencia en la generación de residuos ligados. Bajo buenas condiciones de cultivo se obtienen altos rendimientos de la cosecha pero con un elevado nivel de residuos ligados.
- Se ha demostrado que la mayoría de los RLs se localizan en la lignina. Se han desarrollado métodos de degradación hidrolítica y pirolítica para caracterizar la naturaleza química de estos residuos. El tejido vegetal extraído con residuos ligados probablemente contiene lignina, carbohidratos y proteínas desnaturalizadas.
- Los residuos ligados del suelo absorbidos por y transferidos a tejidos vegetales; pueden presentarse de tres formas posibles:
  - Residuos libremente extraíbles.
  - Residuos extraíbles conjugados a componentes naturales de las plantas
  - Residuos no extraíbles (residuos ligados) incorporados en componentes de las plantas.
- Los RLs de granos presentan, en ratas, una buena indisponibilidad. Por lo tanto, no puede ignorarse por más tiempo la presencia de RLs en la evaluación de riesgos toxicológicos.

- Las lesiones hepáticas y renales pueden utilizarse como índices del significado toxicológico de los residuos de plaguicidas.
- La cuestión importante no es cómo se define el residuo, sino la reversibilidad entre las formas no disponibles y disponibles de los residuos y su disponibilidad biológica. Si se tienen en cuenta los posibles efectos biológicos se puede lograr una mejor evaluación del riesgo.
- La presencia de residuos de plaguicidas en los alimentos está influida por el almacenamiento, la manipulación y el procesado posterior a la cosecha de los productos agrícolas, pero siempre antes del consumo de alimentos preparados. La extensa revisión de la literatura demuestra que en la mayoría de los casos el procesado conduce a reducciones importantes de los niveles de residuos en alimentos preparados, particularmente mediante las operaciones de lavado, pelado y cocción.
- El lavado con agua y con varias soluciones químicas son operaciones necesarias para disminuir la ingesta de residuos de plaguicidas tanto a nivel doméstico como comercial.
- La congelación, la preparación de zumo y el pelado son operaciones que eliminan residuos de las mondas.
- La cocción de productos alimenticios elimina la mayoría de los residuos de plaguicidas.
- Los insecticidas aplicados postcosecha en granos disminuyen generalmente de una forma muy lenta durante el almacenamiento de los mismos. No obstante, se producen pérdidas importantes en los granos que se transforman en nuevos alimentos. La eliminación de residuos de los alimentos mediante el procesado se ve afectada por el tipo de alimento, el tipo y naturaleza del insecticida y la agresividad del proceso que se utilice. Por ello, una combinación de diversos métodos de procesado podría ser una estrategia adecuada para abordar la situación actual relativa a la seguridad alimentaria.
- En un país en desarrollo, como Egipto, donde el uso extensivo de plaguicidas causa serios problemas de salud y medioambientales, urge regular el uso de plaguicidas. Con el fin de minimizar el riesgo sanitario de los plaguicidas en frutas y hortalizas, se emplean diferentes operaciones que reducen los residuos de plaguicidas por debajo del nivel de riesgo. El tratamiento de vegetales con soluciones ácidas y alcalinas puede minimizar efectivamente los residuos de plaguicidas. Es necesario educar a los consumidores a través de los medios de comunicación.
- Las nuevas pautas legislativas y el compromiso institucional relativos a la gestión ambiental están adquiriendo una gran importancia. La emisión de nuevas normas reguladoras y la actualización de las existentes son los desafíos principales con los que los países árabes tiene que enfrentarse. Aunque algunos países resuelven mejor que otros la situación, todos tienen problemas que deben solucionarse a nivel regional, y no meramente a nivel nacional. Muchos países tienen recursos y capacidad para abordar mejor la situación siempre que vayan acompañados de una mayor sostenibilidad ambiental y seguridad alimentaria.
- Los gobiernos deberían desarrollar programas efectivos para educar a los agricultores acerca de los métodos adecuados para el empleo y manipulación de compuestos agroquímicos así como adoptar leyes actualizadas sobre el uso de fertilizantes y plaguicidas.
- Además, los gobiernos deberían considerar hacer reformas institucionales y apoyar la creación de laboratorios para garantizar la inocuidad de los alimentos consumidos, producidos y exportados desde la región.

8.13 OBJETIVOS FUTUROS

Se están produciendo continuamente avances en este tema a nivel mundial. Es de especial importancia centrarse en la aplicación de plaguicidas naturales, particularmente los piretroides cuya persistencia ambiental es baja al igual que su toxicidad en los mamíferos. Además, se deberían ampliar nuestros campos de investigación con el objetivo de disminuir la cantidad de residuos ligados, con lo que se conseguiría mejorar la salud humana y ahorrar dinero.

Es necesario optimizar las técnicas de procesado relativas a la disipación de residuos de plaguicidas y al contenido de nutrientes. Se debería poner una especial atención en la optimización de los métodos de procesado de tal manera que conduzca a una considerable disipación de residuos de plaguicidas, pero siempre reteniendo la mayoría de los nutrientes esenciales de los alimentos y afrontando el delicado equilibrio entre los dos importantes principios alimentarios: el de la calidad y el de la seguridad alimentaria.

Finalmente, se requiere comprender mejor la formación de RLs y su comportamiento a largo plazo para, con ello, formular normas de calidad y límites reguladores satisfactorios así como criterios coherentes de evaluación de riesgos para sustancias químicas orgánicas del suelo, sedimentos y alimentos.

BIBLIOGRAFÍA

Abdel-Gawad, H., and B. Hegazi. 2010. Fate of ^{14}C-ethyl prothiofos insecticide in canola seeds and oils. *J. Environ. Sci. Health B* 45: 116–122.

Abdel-Gawad, H., and H. Taha. 2011a. Bioavailability and toxicological potential of sunflower-bound residues of 14C-chlorpyrifos insecticide in rats. *J. Environ. Sci. Health B* 46(8): 683–690.

Abdel-Gawad, H., and H. Taha. 2011b. Fate of ^{14}C-ethyl profenofos in soybean seeds and oils, residue removal, bioavailability, toxicity and protective action of cinnamon extract towards experimental animals. *Egypt. J. Chem.* 54(2): 155–174.

Abdel-Gawad, H., R.M. Abdelhameed, A.M., Elmesalamy, and B. Hegazi. 2011. Distribution and elimination of ^{14}C-ethion insecticide in chamomile flowers and oil. *Phosphorous Sulfur Silicon Relat. Elem.* 186: 2122–2134.

Abdel-Gawad, H., R.M. Abdel-Hameed, L.M. Affi, and B. Hegazi. 2008. Distribution and degradation of ^{14}C-ethoxy prothiofos in potato plant and the effect of processing. *Phosphorous Sulfur Silicon Relat. Elem.* 183: 2734–2751.

Abdelhafid, R., S. Houot, and E. Barriuso. 2000a. Dependence of atrazine degradation on C and N availability in adapted and non-adapted soils. *Soil Biol. Biochem.* 32: 389–401.

Abdelhafid, R., S. Houot, and E. Barriuso. 2000b. How increasing availabilities of carbon and nitrogen affect atrazine behaviour in soils. *Biol. Fertil. Soils* 30: 333–340.

Abdel-Kader, M.H.K., and G.R.B. Webster. 1982. Analysis of fenitrothion and metabolites in stored wheat. *Int. J. Environ. Anal. Chem.* 11: 153–165.

Abou-Arab, A.A.K. 1999. Behavior of pesticides in tomatoes during commercial and home preparation. *Food Chem.* 65: 509–514.

Abou-Arab, A.A.K. 2002. Degradation of organochlorine pesticides by meat starter in liquid media and fermented sausage. *Food Chem. Toxicol.* 40: 33–41.

Athanasopoulos, P.E., C. Pappas, N.V. Kyriakidis, and A. Thanos 2005. Degradation of methamidophos on soultanina grapes on the vines and during refrigerated storage. *Food Chem.* 91: 235–240.

Awasthi, M.D. 1993. Decontamination of insecticide residues on mango by washing and peeling. *J. Food Sci. Technol.* 30(2): 132–133.

Baranowska, I. H. Barchanska, and E. Pacak, 2006. Procedures of trophic chain samples preparation for determination of triazines by HPLC and metals by ICP-AES methods. *Environ. Pollut.* 143: 206–211.

Buhler, W.G., A.C. York, and R.F. Turco. 1992. Effect of enhanced biodegradation of carbofuran on the control of striped cucumber beetle (Coleoptera: Chrysomelidae) on muskmelon. *J. Econ. Entomol.* 85: 1910–1918.

Carlet, J., V. Jarlier, S. Harbarth, A. Voss, H. Goossens, and D. Didier Pittet. 2012. Ready for a world without antibiotics? The pensières antibiotic resistance call to action. *Antimicrob. Resist. Infect. Control* 1: 11.

Cars, O., L.D. Hogberg, M. Murray, O. Nordberg, S. Sivaraman, C.S. Lundborg, A.D. So, and G. Tomson. 2008. Meeting the challenge of antibiotic resistance. *B.M.J.* 337: 14–38.

Cengiz, M.F., M. Certel, B. Karakas, and H. Gocmen. 2006. Residue contents of DDVP (Dichlorvos) and diazinon applied on cucumbers grown in greenhouses and their reduction by duration of a pre-harvest interval and post-harvest culinary applications. *Food Chem.* 98: 127–135.

Cengiz, M. F., M. Certel, B. Karakas, and H. Gocmen. 2007. Residue contents of captan and procymidone applied on tomatoes grown in greenhouses and their reduction by duration of a pre-harvest interval and post-harvest culinary applications. *Food Chem.* 100: 1611–1619.

Cháfer-Pericás, C., Á. Maquieira, and R. Puchades. 2010. Fast screening methods to detect antibiotic residues in food samples. *Trends Anal. Chem.* 29(9): 1038–1049.

Daniel, J.R., A.C.J. Voragen, and W. Pilnik. 1994. Starch and other polysaccharides. In: B. Elvers, S. Hawkins, and W. Russey (eds), *Ullmann's Encyclopedia of Industrial Chemistry*, vol A25, 5th edn, Weinheim, Germany: VCH Verlagsgesellschaft, pp. 1–62.

Dec, J., K.L. Schuttleworth, and J.M. Bollag. 1990. Microbial release of 2,4-dichlorophenol bound to humic acid or incorporated during humification. *J. Environ. Qual.* 19: 546–551.

Draisci, R., F. delli Quadri, L. Achene, G. Volpe, L. Palleschi, and G. Palleschi. 2001. A new electrochemical enzyme-linked immunosorbent assay for the screening of macrolide antibiotic residues in bovine meat. *Analyst* 126: 1942–1946.

Dupont, S., and S.U. Khan. 1992. Bound (nonextractable) carbon-14 residues in soybean treated with [14C]metribuzin. *J. Agric. Food Chem.* 40: 890–893.

El-Hamady, S.E., R. Kubiak, and A.S. Derbalah. 2008. Fate of imidacloprid in soil and plant after application to cotton seeds. *Chemosphere* 71: 2173–2179.

Farghaly, M., F. Mahdy, and S.M.A.D. Zayed, 2002. Bioavailability to rats of bound residues of ^{14}C-malathion and ^{14}C-carbofuran in soybean seeds. *Bull. NRC, Egypt.* 27: 351–359.

Farghaly, M., S.M.A.D. Zayed, F. Mahdy, and M. S. Soliman. 1998. Lindane degradation and effects on soil microbial activity. *Biomed. Environ. Sci.* 11: 218–225.

Fontcuberta, M., J.F. Arques, J.R. Villalbi, M. Martinez, F. Centrich, E. Serrahima, L. Pineda, J. Duran, and C. Casas. 2008. Chlorinated organic pesticides in marketed food: Barcelona, 2001–06. *Sci. Total Environ.* 389: 52–57.

Gevao, B., C. Mordaunt, K.T. Semple, T.G. Piearce, and K. C. Jones. 2001. Bioavailability of nonextractable (bound) pesticide residues to earthworms. *Environ. Sci. Technol.* 35: 501–507.

Gustafson, R. 1993. Historical perspectives on regulatory issues of antimicrobial resistance. *Vet. Hum. Toxicol.* 35: 2–5.

Guth, J.A. 1994. Monocrotophos—environmental fate and toxicity. *Rev. Environ. Contam. Toxicol.* 139: 75–136.

Han, A., L. Yue, Z. Li, H. Wang, Y. Wang, Q. Ye, L. Lu, and J. Ga. 2009. Plant availability and phytotoxicity of soil bound residues of herbicide ZJ0273, a novel acetolactate synthase potential inhibitor. *Chemosphere* 77(7): 955–961.

Haque, A., I. Schuphan, and W. Ebing. 1982. Bioavailability of conjugated and soil-bound [^{14}C]"hydroxymonolinuron"-β-D-glucoside residues to earthworms and ryegrass. *Pestic. Sci.* 13: 219–228.

Hayar, S., C. Munier-Lamy, T. Chone, and M. Schiavon. 1997. Physico-chemical versus microbial release of ^{14}C-atrazine bound residues from a loamy clay soil incubated in laboratory microcosms. *Chemosphere* 34: 2683–2697.

Holland, P.T., D. Hamilton, B. Ohlin, and M.W. Skidmore. 1994. Pesticides report 31: Effects of storage and processing on pesticide residues in plant products (Technical Report). IUPAC Reports on Pesticides (31). *Pure Appl. Chem.* 66(2): 335–356.

Howard, P.H. 1991. *Handbook of Environmental Fate and Exposure Data for Organic Chemicals*. Chelsea, MI: Lewis Publishers.

Huber, R., and S. Otto. 1983. Bound pesticide residues in plants, in IUPAC Pesticide chemistry, human welfare and the environment. In: Miyamoto J. and Kearney P.C. (eds) *Proceeding of the fifth International Congress of Pesticide Chemistry*, vol 3. Oxford: Pergamon Press, pp. 357–362.

IAEA. 1986. *Quantification, Nature and Bioavailability of Bound ^{14}C- Residues in Soil, Plant and Food.* Vienna: IAEA, pp. 177–185.

IAEA. 1990. *Panal Proceeding Series, STI/PUB/822, Studies of the Magnitude and Nature of Pesticide Residues in Stored Product Using Radiotracer Techniques*. Vienna: IAEA, p. 73.

IAEA. 1990. *Studies of the Magnitude and Nature of Pesticide Residues in Stored Products, Using Radiotracer Techniques*. Vienna: IAEA.

Jahn, C., and W. Schwack. 2001. Determination of cutin-bound residues of chlorothalonil by immunoassay. *J. Agric. Food Chem.* 49: 1233–1238.

Kacew, S., M.H. Akhtar, and S.U. Khan. 1996. Bioavailability of bound pesticide residues and potential toxicologic consequences—an update. *Proc. Soc. Exp. Biol. Med.* 211: 62–68.

Khan, S.U. 1995. Supercritical fluid extraction of bound pesticide residues from soil and food commodities. *J. Agric. Food Chem.* 43: 1718–1723.

Laabs, V., W. Amelung, G. Fent, W. Zech, and R. Kubiak. 2002. Fate of ^{14}C-labeled soybean and corn pesticides in tropical soils of Brazil under laboratory conditions. *J. Agric. Food Chem.* 50: 4619–4627.

Lalah, J.O., and S.O. Wandiga. 2002. The effect of boiling on the removal of persistent malathion residues from stored grains. *J. Stored Prod. Res.* 38: 1–10.

Lange, B.M., R. Hertkorn, and H. Sandermann. 1998. Chloroaniline/lignin conjugates as model system for nonextractable pesticide residues in crop plants. *Environ. Sci. Technol.* 32: 2113–2118.

Langebartels, C., and H. Harms. 1985. Analysis for nonextractable (bound) residues of pentachlorophenol in plant cells using a cell wall fractionation procedure. *Ecotoxicol. Environ. Safety* 10: 268–279.

Laurent, F.M.G., and R. Scalla. 1999. Metabolism and cell wall incorporation of phenoxyacetic acid in soybean cell suspension culture. *Pestic. Sci.* 55: 3–10.

Laurent, F.M.G., and R. Scalla. 2000. Phenoxyacetic acid residue incorporation in cell walls of soybean (*Glycine max.*). *J. Agric. Food Chem.* 48: 4389–4398.

Lavin, L., B.S. Young, and T.D. Spittler. 1996. Analysis of benomyl residues in commodities by enzyme immunoassay: extraction, conversion, and high-performance liquid chromatography validations. *ACS Symposium Series* 621: 150–166.

Lee, H.J., M.H. Lee, and P.D. Ruy. 2001. Public health risks: Chemical and antibiotic residues—review. *Asian-Aust. J. Anim. Sci.* 14: 402–413.

Lee, S.R., C.R. Mourer, and T. Shibamoto. 1991. *J. Agric. Food Chem.* 39(5): 906–908.

Lentza-Rizos, C., and A. Balokas. 2001. Residue levels of chlorpropham in individual tubers and composite samples of postharvest-treated potatoes. *J. Agric. Food Chem.* 49(2): 710–714.

Mahdy, F. 2002. Effects of cooking on ^{14}C-carbaryl residues in faba beans. *Bull. NRC, Egypt* 27(2): 165–173.

Mahdy, F. 2003. Bioavailability to rat and toxicity of bound pirimiphos methyl residues in stored soybeans. *Bull. NRC, Egypt.* 28: 403–413.

Mahdy, F., and S. El-Maghraby. 2010. Effect of processing on ^{14}C-chlorfenvinphos residues in maize oil and bioavailability of its cake residues on rats. *Bull. Environ. Contam. Toxicol.* 84: 582–586.

Mahdy, F., and S.M. Soliman. 2005. Mineralization of ^{14}C-carbofuran in soil under aerobic and anaerobic conditions. *Bull. NRC, Egypt.* 30: 265–277.

Mahdy, F., and H. Taha. 2005. Bound residues of ^{14}C-carbofuran and ^{14}C-malathion in stored soybeans seeds and their toxicological effects on mice. *Isotope Rad. Res.* 37: 383–393.

Mahdy, F., and H. Taha. 2007. Toxicity of bound ^{14}C-dichlorovos residues in stored soybean and their bioavailability in rats. *Bull. NRC, Egypt.* 32: 125–137.

Mathew, R., S. Kacew, and S.U. Khan. 1998. Bioavailability in rats of bound pesticide residues from tolerant or susceptible varieties of soybean and canola treated with metribuzin or atrazine. *Chemosphere* 36: 589–596.

Matthews, W.A. 1992. The biological activity of bound residues of ^{14}C-chlorpyrifos-methyl and ^{14}C-malathion on treated wheat in a stored product insect. *J. Environ. Sci. Health B* 27: 419–426.

Menon, P., and M. Gopal. 2003. Dissipation of ^{14}C carbaryl and quinalphos in soil under a groundnut crop (Arachis hypogaea L.) in semi-arid India. *Chemosphere* 53: 1023–1031.

Menon, P., M. Gopal, and R. Prasad. 2004. Dissipation of chlorpyrifos in two soil environments of semi-arid India. *J. Environ. Sci. Health B* 39: 517–531.

Neskovic, N.K., V. Karan, M. Budimir, V. Vojinovic, S. Gasic, and S.J. Vitorocic. 1992. Bioavailability and biological activity of wheat-bound chlorpyrifos-methyl residues in rats. *J. Environ. Sci. Health B* 27: 387–397.

Neskovic, N.K., V. Karan, S. Vitorocic, V. Vojinovic, and M. Budimin. 1989. *Second FAO/IAEA coordination meeting on biological activity and bioavailability of bound pesticide residues using nuclear techniques*, Vienna, Austria.

Neskovic, N.K., V.Z. Karan, V. Sabovijevic, and S. Vitorovic. 1989. Toxic effects of pirimiphos-methyl residues on rats. *J. Biomed. Environ. Sci.* 2: 115–130.

Nisha A. R. 2008. Antibiotic residues—A global health hazard. *Vet. World* 1(12): 375–377.

Northcott, G.L., and K.C. Jones. 2000. Experimental approaches and analytical techniques for determining organic compound bound residues in soil and sediment. *Environ. Pollut.* 108: 19–43.

Ong, K.C., J.N. Cash, M.J. Zabik, M. Saddiq, and A.L. Jones. 1996. Chlorine and ozone washes for pesticide removal from apples and processed apple sauce. *Food Chem.* 55(2): 153–160.

Paige, J.C. 1994. Analysis of tissue residues. *FDA Vet.* 9: 4–6.

Pillmoor, J.B., and T.R. Roberts. 1985. Approaches to the study of nonextractable (bound) pesticide residues in plants. In: D.H. Hutson and T.R Roberts (eds) *Progress in Pesticide Biochemistry and Toxicology*, vol 4. Chichester: Wiley, pp. 85–101.

Printz, H., P. Burauel, and F. Fuhr. 1995. Effect of organic amendment on degradation and formation of bound residues of methabenzthiazuron in soil under constant climatic conditions. *J. Environ. Sci. Health B* 30: 435–456.

Radwan, M.A., M.M. Abu-Elamayem, M.H. Shiboob, and A. Abdel-Aal. 2005. Residual behaviour of profenofos on some field-grown vegetables and its removal using various washing solutions and household processing. *Food Chem. Toxicol.* 43: 553–557.

Rajagopal, B.S., G.P. Barhmaprakash, B.R. Reddy, U.D. Singh, N. Sethunathan, F.A. Gunther, and J.D. Gunther. 1984. *Residue Rev.* 93: 87–203.

Rawn, D.F.K., S.C. Quade, W. Sun, A. Fouguet, A. Belanger, and M. Smith. 2008. Captan residue reduction in apples as a result of rinsing and peeling. *Food Chem.* 109: 790–796.

Riederer, M., and J. Schoenherr. 1986. Covalent binding of chlorophenoxyacetic acids to plant cuticles. *Arch. Environ. Contam. Toxicol.* 15: 97–105.

Roberts, T.R. 1984. Non-extractable pesticide residues in soils and plants. *Pure Appl. Chem.* 56: 945–956.

Ruediger, G. A., K.H. Pardon, A.N. Sas, P.W. Godden, and A. P. Pollnitz. 2005. Fate of pesticides during the winemaking process in relation to malolactic fermentation. *J. Agric. Food Chem.* 53: 3023–3026.

Sandermann, H., N. Hertkorn, R.G. May, and B.M. Lange. 2001. Bound pesticide residues in crop plants: chemistry, bioavailability, and toxicology. In: J. Hall, R.E. Hoagland, and R.M. Zablotowicz (eds) *Pesticide Biotransformation in Plants and Microorganisms: Similarities and Divergences*, ACS Symposium Series No 777. Washington, DC: American Chemical Society, pp. 119–128.

Saxena, A., and R. Bartha. 1983. Microbial mineralization of humic acid-3,4-dichloroaniline complexes. *Soil Biol. Biochem.* 15: 59–62.

Schmidt, B. 1999. Non-extractable residues of pesticides and xenobiotics in plants: A review. *Recent Res. Agric. Food Chem.* 3: 329–354.

Skidmore, M.W., G.D. Paulson, H.A. Kuiper, B. Ohlin, and S. Reynolds. 1998. IUPAC reports on pesticides (40), Bound xenobiotic residues in food commodities of plant and animal origin. *Pure Appl. Chem.* 70: 1423–1447.

Still, G.G., H.M.. Balba, and E.R. Mansager. 1981. Studies on the nature and identity of bound chloroaniline residues in plants. *J Agric. Food Chem.* 29: 739–746.

Street, J.C. 1969. Methods of removal of pesticide residues. *CMAJ* 100: 154–160.

Takimoto, Y., M. Ohshima, and J. Miyamoto. 1978. Degradation and fate of fenitrothion applied to harvested rice grains. *J. Pestic. Sci.* 3: 277–290.

Ticha, J., J. Hajslova, M. Jech, J. Honzicek, O. Lacina, J. Kohoutkova, V. Kocourek, M. Lansky, J. Kloutvorova, and V. Falta. 2008. Changes of pesticide residues in apples during cold storage. *Food Cont.* 19: 247–256.

Trenck, K.T., D. Hunkler, and H. Sandermann. 1981. Incorporation of chlorinated. Anilines into lignin. *Z. Naturforsch.* 36c: 714–720.

Yee, D., P. Weinberger, and S.U. Khan. 1985. Release of soil-bound prometryne residues under different soil pH and nitrogen fertilizer regimes. *Weed Sci.* 33: 882–887.

Zayed, S.M.A.D., M. Farghaly, and F. Mahdy. 1998. Effect of commercial processing procedures on carbofuran residues in soybean oil. *Food Chem.* 62: 265–268.

Zayed, S.M.A.D., M. Farghaly, and F. Mahdy. 2003. Efficiency of the refining processes in removing ^{14}C-pirimiphos-methyl residues in soybean oil. *Bull NRC Egypt* 28: 567–575.

Zayed, S.M.A.D., M. Farghaly, and H. Taha. 2002. Mineralization of ^{14}C-ring labelled 2,4-D in Egyptian soils under aerobic and anaerobic conditions. *Biomed. Environ. Sci.* 15: 306–314.

Zayed, S.M.A.D., M. Farghaly, and I.Y. Mostafa. 1992. Bioavailability to rats and toxicological potential in mice of bound residues of malathion in beans. *J. Environ. Sci. Health B* 27: 341–346.

Zayed, S.M.A.D., M. Farghaly, F. Mahdy, and S.M. Soliman. 2008. *J. of Environ. Sci. and Health Part B* 43: 595–604.

Zayed, S.M.A.D., M. Farghaly, and S. El-Maghraby. 2006. Mineralization of ^{14}C-Pirimiphos-methyl in soil under aerobic and anaerobic conditions. *Arab. J. Nucl. Sci. Appl.* 39: 233–241.

Zayed, S.M.A.D., S.M. Amer, M.F. Nawito, M. Farghaly, H.A. Amer, M.A. Fahmy, and F. Mahdy. 1993. Toxicological potential of malathion residues in stored soybean seeds. *J. Environ. Sci. Health B* 28: 711–729.

9 Microelementos tóxicos en los alimentos

Mikołaj Protasowicki

CONTENIDO

9.1 INTRODUCCIÓN

Los alimentos de origen animal y vegetal contienen muchos elementos químicos, que al combinarse entre sí forman la estructura de proteínas, lípidos, carbohidratos, vitaminas y otros compuestos complejos. Entre estos elementos, el carbono, el hidrógeno, el nitrógeno y el oxígeno forman el grupo más importante. Además de estos, los tejidos vivos contienen muchos otros elementos que, según su cantidad, se denominan macro o microelementos (estos últimos también se conocen como elementos traza [C, N, H, O]).

Tanto para los organismos vegetales como para los animales son esenciales los macroelementos así como los elementos químicos básicos. Los materiales que forman la estructura de los tejidos, dientes, piel y cabello desempeñan un papel importante en el intercambio electrolitos-agua y en la regulación del pH y son parte de muchos compuestos activos vitales para los procesos metabólicos.

Los microelementos son importantes por dos aspectos:

- Algunos microelementos son esenciales para las funciones normales de los organismos. Participan en numerosos procesos vitales importantes, por ejemplo, reacciones

enzimáticas (Zn, Co, Ni, Mn, Fe, Cr, Al), glucólisis (Mn, Zn), síntesis de nucleótidos (Mg, Fe), eritropoyesis (Fe, Cu), transformación de ácidos orgánicos (Fe, Zn, Ni, Mn), intercambio de nitrógeno (Fe, Mo, Cu, Mn, V, Co) y fotosíntesis (Fe, Ti, Mg, Mn) y su falta o exceso puede ser la causa de muchas enfermedades graves.
- Los elementos traza, que no se consideran esenciales, pueden causar envenenamientos graves si se administran en cantidades iguales o superiores a la dosis mínima.

No es fácil determinar el papel de los microelementos y sus requerimientos diarios en el hombre debido a sus bajas concentraciones en el cuerpo humano y a los problemas relacionados con la eliminación de su ingestión constante. A lo largo del proceso de evolución, el organismo humano desarrolló mecanismos para regular la absorción de los microelementos y equilibrar sus niveles dentro de rangos exigibles. Por lo tanto, los cuerpos humanos están habituados a los niveles naturales en los que esos elementos están presentes en el medio ambiente no polucionado y en los alimentos no contaminados. Sin embargo, frecuentemente las actividades industriales y económicas humanas están perturbando en gran medida el equilibrio ambiental y provocan la contaminación, con elementos traza, del medio ambiente incluyendo a los alimentos.

El contenido de oligoelementos de los alimentos depende de su concentración en las materias primas y en los aditivos utilizados en la producción de los mismos. Aparte de esto, los elementos traza pueden pasar a los alimentos desde el equipo utilizado durante el procesado de dichos alimentos y desde el material de envasado/embalaje durante el almacenamiento.

Entre los elementos traza se incluyen también metales pesados, algunos de los cuales han recibido recientemente una atención particular. Se han propuesto muchas definiciones de «metales pesados». La más simple y precisa describe a los metales pesados como todos los compuestos metálicos con un peso atómico superior a 20. Otras definiciones se basan en el peso específico, dando los límites inferiores para los metales pesados de 4,5, 5 o incluso 6 g por cm^3. Debido a la toxicidad de algunos metales pesados y a la posibilidad de contaminación ambiental, el mayor potencial de riesgo está relacionado con Hg, Cd, Pb, As, así como con Cu, Zn, Sn, Cr y Ni. Todos los elementos minerales están presentes en el medio ambiente (y también en los organismos vegetales y animales, así como en el agua y en los alimentos) como sales o como compuestos metálicos-orgánicos y solo en tales formas son biológicamente activos.

Se recomiendan niveles máximos (MLs) de estos oligoelementos al objeto de limitar las posibilidades de intoxicación alimentaria en humanos causada por la ingestión de cantidades excesivas de microelementos a través de alimentos y agua. Así el Comité de Expertos en Aditivos Alimentarios de la Organización Mixta para la Agricultura y la Alimentación/Organización Mundial de la Salud (FAO/OMS) hace recomendaciones globales para normativas generales y publica valores de ingesta semanal tolerable provisional (PTWI) para metales tóxicos particulares según los resultados de los estudios realizados en cada momento.

9.2 MERCURIO

El mercurio se conoce desde la antigüedad. Ya en el siglo VII a.C., los médicos asirios lo aplicaron para curar enfermedades de la piel. Los compuestos de mercurio también lo utilizaron los árabes en el siglo VI a.C. por razones terapéuticas. El mercurio fue mencionado por Aristóteles e Hipócrates (IV a.C.), quien describió el cinabrio (HgS) como un tinte o colorante. Mucho más recientemente, el mercurio y sus compuestos derivados también se han utilizado como por ejemplo en la aplicación del cinabrio para darle color a la corteza del queso en Inglaterra en el siglo XIX, mientras que la primera aplicación agrícola de compuestos de mercurio (semillas tratadas con fenilmercurio) tuvo lugar en Alemania en 1914 (Krenkel, 1973).

Desde hace mucho tiempo se conocen las propiedades tóxicas de algunos compuestos de mercurio. Hay teorías que mencionan que los compuestos de mercurio se usaron para envenenar a Iván el Terrible, Napoleón Bonaparte y Carlos II de Inglaterra. La manipulación y el tratamiento inadecuado de las muestras durante la síntesis de compuestos orgánicos de mercurio fueron la causa de intoxicaciones letales de químicos en los siglos XIX y XX.

El primer brote de intoxicación alimentaria causada por compuestos de mercurio se registró en Japón en 1953. El brote fue causado por la ingestión de pescado que contenían cantidades significativas de metilmercurio y, como el brote afectó a la población que vivía en la Bahía de Minamata, se le denominó enfermedad de Minamata. Este nombre se usa frecuentemente, hoy en día, como nombre general para cualquier forma de intoxicación alimentaria por mercurio. Otros brotes de la enfermedad de Minamata, también a través del pescado, han tenido lugar en otros lugares de Japón (Kurland *et al.,* 1960; Harada, 1995). Sin embargo, las intoxicaciones más trágicas ocurrieron en Irak desde 1955 a 1960 y más tarde, desde 1971 a 1972, en las que un total de aproximadamente 8.000 personas enfermaron después de la ingestión de pan preparado con granos de trigo tratados con metilmercurio. También se han señalado casos similares en Guatemala, Pakistán y Ghana (Al-Tikriti y Al-Mufti, 1976). Un caso sorprendente de envenenamiento por mercurio ocurrió en las islas Aland (Finlandia) donde una mujer resultó afectada por haber consumido huevos que contenían cantidades significativas de metilmercurio.

La mayoría de los casos de envenenamiento por mercurio causaron discapacidades, enfermedades crónicas o muerte. Los síntomas más frecuentes incluyen entumecimiento de las extremidades, labios y lengua, anomalías del habla, trastornos de la función de las extremidades, problemas de agudeza visual, sordera y atrofia muscular. También se han señalado otros síntomas como insomnio, hiperactividad y coma. El metilmercurio penetra en la barrera hematoencefálica y causa lesiones en el sistema nervioso central. El mercurio también tiene un efecto teratogénico, lo que induce a anomalías congénitas o también denominadas enfermedad congénita de Minamata.

Puesto que el mercurio siempre ha estado presente en el medio ambiente se encuentra de forma natural en los organismos vivos donde puede estar en forma de metilmercurio. En el caso de los organismos acuáticos, el metilmercurio puede representar hasta el 100% del contenido total de mercurio. En ambientes no contaminados, el rango de contenido de mercurio natural que se ha observado en alimentos de origen animal y vegetal ha sido desde $<0{,}001$ hasta aproximadamente 0,05 μg/g. Sin embargo, los pescados tienen un comportamiento distinto, ya que la cantidad de mercurio en los tejidos musculares puede alcanzar, incluso en ambientes no contaminados, hasta 0,2 μg/g.

A pesar de la disminución significativa, durante las últimas décadas, de la emisión antropogénica de mercurio al medio ambiente (debido a las restricciones o la prohibición de su aplicación), todavía existe la necesidad de controlar los niveles de mercurio en los alimentos debido a la importante toxicidad de sus compuestos y su alta movilidad en el medio ambiente. Por lo tanto, en los países europeos, el nivel más alto admisible de mercurio en el músculo de pescado, en productos pesqueros y en crustáceos es de 0,5 μg/g, con la excepción de 1,0 μg/g para algunos peces depredadores (EC, 2006, 2011).

El Comité de Expertos Mixto FAO/OMS determinó que el consumo semanal tolerable provisional para el mercurio, ingerido a través de todas las rutas fisiológicas posibles, no debe exceder de los 4 μg por kg de peso corporal de los que en forma de derivado metílico solo sea un 1,6 μg por kg de peso corporal (JECFA, 2011).

9.3 CADMIO

El cadmio se aisló por primera vez en 1817 por Strohmeyer. El cadmio suele estar presente, en la naturaleza, en forma de sulfuros junto a los minerales zinc y cobre. La aplicación del cadmio en distintas ramas de la industria comenzó a principios del siglo XX, siendo ampliamente utilizado en metalurgia (como un componente de aleaciones y para recubrir superficies de otros metales) y en electrotécnica así como en la producción de pigmentos, plásticos (como estabilizador), gomas y plaguicidas. Ahora se ha restringido el uso de cadmio y sus compuestos, estando totalmente prohibido en la producción de pesticidas. Este uso industrial es el que provoca su aparición en los alimentos a través de la contaminación del ecosistema. Otras fuentes de contaminación por cadmio incluyen la quema de carbón, petróleo y desechos. También se encuentran cantidades significativas de cadmio en algunos fertilizantes minerales, así como en desechos industriales y municipales utilizados como estiércol (McLaughlin *et al.*, 1996).

La toxicidad de los compuestos de cadmio se conoce desde la primera publicación de Marmé en 1867. Aunque las intoxicaciones agudas por cadmio suelen ser raras, las enfermedades crónicas causadas por una exposición prolongada ocurren con bastante frecuencia. Los síntomas incluyen náuseas, vómitos, dolor de estómago, dolor de cabeza e hipotermia. El envenenamiento produce gastroenteritis aguda, así como trastornos renales, hepáticos, testiculares y prostáticos. También se ha informado de anemia, hipertensión, cambios cardiovasculares, complicaciones del embarazo y descalcificación ósea. Igualmente se sospecha que el cadmio es un factor que aumenta la frecuencia del cáncer de próstata, aunque su efecto carcinogénico no se ha confirmado. Se han observado defectos congénitos de fetos en ensayos de animales envenenados con cadmio durante la gestación.

La toxicidad del cadmio aumenta en caso de deficiencia de zinc, debido a la sustitución de zinc de los sistemas biológicos, lo que conduce a trastornos funcionales. Por su parte el cadmio reduce la asimilación de las vitaminas C y D. Sin embargo, la ingestión de una gran cantidad de esas vitaminas en la dieta hará disminuir la toxicidad del cadmio a través de la reducción de su absorción en el tracto intestinal (McLaughlin *et al.*, 1999).

En la década de los años 1940s, se registraron muchos casos de intoxicación por cadmio transmitidos por alimentos en Inglaterra, Francia, Nueva Zelanda, los Estados Unidos, la URSS y otros países debidos al consumo de limonada, café, vino y otros productos que se prepararon o almacenaron en recipientes recubiertos de cadmio o en refrigeradores con congeladores recubiertos de cadmio.

La enfermedad japonesa «itai-itai» (ouch-ouch) es un síndrome particular causado por envenenamiento crónico de cadmio que produce las fracturas de huesos largos debido a la descalcificación y a la distrofia muscular. La primera vez que se informó de la enfermedad después de la Segunda Guerra Mundial, fue dentro de una población en la cuenca baja del río Jintzu en Japón y la causó el consumo de arroz que contenía cadmio a un nivel de 0,6 a 1,1 µg/g. Sin lugar a dudas, cuando otras plantas se cultivan en ambientes altamente contaminados con cadmio también pueden ser causa de intoxicaciones, al igual que los alimentos de origen animal.

Las intoxicaciones con cadmio son particularmente peligrosas ya que la eliminación (excreción) diaria del cadmio asimilado es mínima (0,5% de la ingesta total). La vida media biológica del cadmio es muy larga, de alrededor de 33 años. Por lo tanto, el cadmio se acumula en los seres humanos a lo largo de toda su vida. Aunque del total del cadmio ingerido solamente se absorbe el 5-10% por el tracto gastrointestinal de los adultos, una dosis diaria de 66-132 µg es suficiente para producir un valor crítico de 6 µg/g en los riñones a la edad de 50 años. Estas consideraciones causan una gran preocupación con respecto a los riesgos para la salud humana que presenta el cadmio; de ahí que este metal se considera más peligroso que el mercurio y el plomo.

Las cantidades de cadmio que se encuentran en alimentos de áreas no contaminadas no superan los 0,05 μg/g de producto. Las excepciones son los hígados y, especialmente, los riñones de animales sacrificados, que pueden contener hasta unos pocos microgramos por gramo.

Dependiendo del tipo de alimento, la legislación europea establece límites para la cantidad máxima de cadmio en los alimentos que oscila en un rango de 0,005 a 3,0 μg/g. Solamente se permiten contenidos extremadamente altos de cadmio en setas, riñones, moluscos y cefalópodos (1 μg/g) y en suplementos alimenticios a partir de algas desecadas o moluscos o derivados de algas (3 μg/g) (EC 2011, 2014). La Autoridad Europea de Seguridad Alimentaria sugiere que la ingesta semanal tolerable provisional para el cadmio no debería exceder de los 2,5 μg por kg de peso corporal (EFSA, 2009).

9.4 PLOMO

El plomo era conocido y extraído desde la antigüedad, utilizándose ampliamente debido a su facilidad de manejo. El plomo se usó en la antigua Grecia en los primeros sistemas de suministro de agua y más tarde también en el Imperio Romano. Los romanos de buena posición utilizaban copas de vino, utensilios de cocina, objetos de decoración y otros adornos fabricados con plomo, por lo que se piensa que esto podría haber originado intoxicaciones crónicas (Gilfillan, 1965). Aunque ya se conocían las propiedades tóxicas del plomo en la antigua Grecia, Egipto y Roma, donde el envenenamiento por plomo era conocido como «saturnismo», el metal no se identificó como un componente tóxico de los alimentos hasta el siglo XI (Mahaffey, 1990). A pesar de este conocimiento, todavía se coloreaban los caramelos en Inglaterra, en el siglo XIX, con cromato de plomo y con plomo blanco, e incluso el uso de plomo para tuberías de agua ha sobrevivido hasta nuestros días. El té también se ha regenerado usando cromato de plomo y se ha aplicado minio (Pb_3O_4) al queso para darle un color rojo a la corteza.

En la actualidad, el plomo se utiliza para la producción de acumuladores, cristales de vidrio y municiones de caza (junto con arsénico). También se aplica en industrias químicas de caucho, textiles y de cerámica y en muchas otras ramas de la actividad económica humana (McLaughlin *et al.*, 1996).

Hasta la fecha, puesto que la actividad tóxica es ampliamente conocida, no hay pruebas de la inevitabilidad del plomo para los organismos vegetales y animales (incluidos los humanos). Se ha señalado que se han producido más envenenamientos a causa del plomo que por otros elementos químicos (Philip y Gearson, 1994a,b). Ya en 1774, Lind señaló que el zumo de limón almacenado en recipientes esmaltados con plomo podía causar envenenamiento lo que hizo que se creara, cuatro años después, una comisión real especial para estudiar el problema.

La contaminación de los alimentos puede resultar de la migración de plomo desde el vidriado, esmaltado o estañado de los platos de la cocina o del plomo de las superficies de los contenedores o tuberías utilizadas para el almacenamiento, procesado y transporte de productos alimenticios. La presencia de plomo en los alimentos también puede proceder de la contaminación ambiental ya que las plantas y los animales pueden asimilar el plomo durante el crecimiento e incorporarlo a sus tejidos. El nivel de plomo que se encuentra en los tejidos de las plantas es proporcional a su concentración en el ambiente y, en el caso de animales, también juega un papel importante el suministro de pienso y de agua (Sedki *et al.*, 2003).

Los síntomas de envenenamiento por plomo ocurren después de ingerir una dosis diaria de 2 a 4 mg durante un período de unos pocos meses, mientras que con dosis diarias de 8 a 10 mg se producirá el envenenamiento en tan solo 3-4 semanas.

Al inicio de la intoxicación, los síntomas incluyen dolores de cabeza crónicos, hiperactividad, temblor muscular, cólico y línea de plomo en las encías (1 a 2 mm). En casos de intoxicación crónica en niños se observa hiperactividad y disminución del coeficiente de inteligencia. Las intoxicaciones por plomo causan anemia debido a trastornos en la síntesis de hemoglobina. También se han observado cambios neurológicos, encefalopáticos, enzimáticos y mutagénicos, así como daños en el hígado, riñón, médula espinal y cerebro. El plomo puede transmitirse desde la sangre de las mujeres embarazadas a sus fetos, lo que puede originar defectos congénitos (efecto teratogénico). Los compuestos de plomo también pueden provocar efectos carcinogénicos (Silbergeld, 2003).

Todos los productos alimenticios contienen algo de plomo. Por lo general, no exceden el nivel de 0,1 a 0,2 µg/g, aunque la carne de caza puede contener hasta varios microgramos por gramo debido a su contaminación a través de la munición.

Con el objeto de reducir la ingesta de plomo se han establecido las concentraciones más altas permitidas para varios productos alimenticios dentro de un rango de 0,020 µg/g (leche) a 1,5 µg/g (mejillones). Para la mayoría de los productos, los valores se sitúan entre 0,1 y 0,3 µg/g (EC 2006, 2011).

El Comité de Expertos Mixto FAO/OMS calculó que la ingesta semanal tolerable provisional no debería exceder los 25 µg por kg de peso corporal (JECFA, 2011), siendo particularmente importante que los bebés y los niños estén protegidos frente a la posibilidad de que ingieran plomo.

9.5 ARSÉNICO

El arsénico es un metaloide, sin embargo, todavía está clasificado como un metal pesado. Los compuestos de arsénico también se conocen desde la antigüedad pero fueron descritos por primera vez por Alberto el Grande en el siglo XIII (Sullivan, 1969). El arsénico se ha utilizado en las pinturas amarillas y ha sido uno de los venenos más conocidos y utilizados.

El arsénico puro se usa actualmente como un componente de aleaciones (p. ej., para fabricar munición de caza junto con plomo). Los compuestos de arsénico también se utilizan en las industrias química, farmacéutica y de bronceado así como en la fabricación de vidrio y cerámica (Nriagu y Azcue, 1990). También se ha utilizado en la agricultura y en fruticultura (plaguicidas), pero actualmente los compuestos de arsénico no se usan como plaguicidas.

La toxicidad del arsénico depende de los tipos de enlaces presentes: los compuestos inorgánicos son significativamente más tóxicos que los orgánicos, mientras que las sales As^{+3} son más tóxicas que las sales As^{+5}. No obstante, pequeñas cantidades de arsénico ejercen un efecto estimulante sobre los seres humanos y animales. También se han señalado las propiedades antagonistas de este elemento frente al selenio y al yodo, así como la hipersensibilidad al arsénico que es típica de los mineros y de los consumidores de pescado de mar (habituados a la presencia de arsénico).

Las cantidades excesivas de arsénico tienen efectos carcinogénicos y pueden causar enfermedades de la piel, pulmones y corazón así como trastornos gastrointestinales. Los compuestos As^{+3}, que están unidos a los eritrocitos, afectan a la actividad de numerosas enzimas, especialmente aquellas involucradas en los procesos respiratorios (Cebrian *et al.*, 1983; JECFA, 2011).

Más del 80% del contenido total de arsénico de los peces se encuentra en forma de compuestos orgánicos lo que hace que, durante el consumo de estos pescados, el arsénico no se libere o solo se libere gradualmente, lo que explica por qué no se han encontrado casos de intoxicación por arsénico entre los consumidores de productos pesqueros a pesar de los altos niveles observados en los mismos (Lawrence *et al.*, 1986).

Los niveles de arsénico en los alimentos generalmente no exceden de 0,1 µg/g, aunque se han encontrado cantidades más altas (incluso hasta varios microgramos por gramo) en los riñones y hígados de animales de abasto y en pescado. Según una decisión de la Comisión de la UE publicada como anexo al Reglamento (EC) No 1881/2006, los niveles máximos permitidos de arsénico en productos de arroz (solamente) están dentro del rango de 0,10 a 0,30 µg/g (EC. 2015). Para otros productos alimenticios no hay datos de los niveles permitidos. Sin embargo, el Comité de Expertos Mixto FAO/OMS sugiere que no es apropiado la ingesta semanal tolerable provisional para arsénico de 15 µg por kg de peso corporal y debería cambiarse (JECFA, 2011).

9.6 COBRE

El cobre está inseparablemente vinculado a la historia de la civilización humana. Según los estándares consensuados, la demanda fisiológica diaria de cobre es de 1,5 a 2,7 mg por persona (Ziemlański, 2001). La importancia fisiológica básica del cobre está relacionada con los procesos eritropoyéticos y de respiración tisular. El cobre es esencial para la catálisis de los procesos de unión del hierro alimentario mediante enlaces orgánicos. Estimula la maduración de los reticulocitos y su transformación en eritrocitos y es un componente de las enzimas oxidativas tales como polifenoloxidasa, lactasa, tirosinasa, ascorbinasa y citocromo C oxidasa. El cobre actúa de manera similar a la insulina: los diabéticos a los que se administraron sales de cobre de 0,5 a 1 µg/día experimentaron una clara mejoría.

El cobre, al aumentar las propiedades fagocitarias de los leucocitos, ejerce un efecto sobre la actividad de las glándulas excretoras y, por lo tanto, favorece la inmunidad humana y también aumenta la actividad antibiótica.

Los ensayos con animales de experimentación han demostrado que el cobre es esencial para el crecimiento. De ahí que cuando se suministran piensos con cantidades insuficientes de cobre se observa una inhibición del crecimiento.

Se encuentran grandes cantidades de cobre en el hígado y cantidades mayores en los individuos jóvenes respecto de los adultos. En caso de deficiencia de cobre se han observado anemia, decoloración del cabello y otros síntomas patológicos. En el caso de enfermedades infecciosas y de cáncer se ha observado un aumento de los niveles de cobre a consecuencia de la estimulación de los mecanismos de defensa del sistema inmunitario (Sarkar, 1995).

A pesar de los efectos positivos de los niveles óptimos de cobre, si se excede un nivel umbral pueden ocurrir efectos perjudiciales. La enfermedad de Wilson (degeneración hepatolenticulárica) es una de las enfermedades relacionadas con el exceso de cobre en el organismo. Es el resultado de una disfunción del proceso de transmisión de cobre, que se produce debido a la falta de una enzima apropiada para catalizar el proceso de eliminación de enlaces desprendidos con las albúminas y ligados al ceruloplasma. Esta situación provoca la degradación de las neuronas, la cirrosis hepática y la aparición de anillos coloreados en la córnea (DiDonato y Sarkar, 1997).

El uso inadecuado de los platos de cobre puede causar intoxicaciones alimentarias (Müller *et al.*, 1998). También pueden estar originadas por fallos en el período de carencia después de la aplicación de plaguicidas a base de cobre.

El cobre suele estar presente en los alimentos a niveles de 1 a 2 µg/g, encontrándose en el hígado de los animales los niveles más altos. También se encuentran niveles altos de cobre en los mariscos ya que el cobre es un componente de su pigmento sanguíneo, la hemocianina.

Para colorear las conservas vegetales se utiliza un complejo de cobre con clorofila en cantidades que no superan 1 μg/g de producto. Los compuestos de cobre inorgánicos se utilizaron en el pasado para colorear distintos alimentos; concretamente en Inglaterra se usaban sales de cobre, en el siglo XIX, para colorear productos alimenticios y condimentos.

Los síntomas del envenenamiento por cobre incluyen sabor metálico, salivación, dolores de estómago, vómitos azules, diarrea, hipotensión y taquicardia. Los casos agudos también pueden incluir síntomas de parálisis del sistema nervioso central, insuficiencia cardiovascular, hepatitis, anemia y uremia.

El Comité de Expertos Mixto de la FAO/OMS recomienda que la ingesta semanal tolerable provisional no exceda de 3,5 mg por kg de peso corporal (WHO, 1982).

9.7 ZINC

Desde la antigüedad se han utilizado las aleaciones de zinc para la producción de latón. Los ensayos de producción de zinc se llevaron a cabo en Europa en el siglo VI; sin embargo, se había producido anteriormente en China e India. El zinc se aplica ampliamente en metalurgia, electrotecnia, impresión, producción de caucho, artículos de uso diario, pinturas, medicamentos, desinfectantes e impregnantes, así como en microfertilizantes y plaguicidas.

El zinc es un microelemento esencial para el buen funcionamiento del cuerpo humano. El nivel de demanda diaria de zinc se estableció en 13-16 mg (Ziemlański, 2001). El zinc desempeña un papel en el metabolismo de las proteínas y los carbohidratos y es un componente de más de 60 metaloenzimas que incluyen fosfatasa alcalina, carboxipeptidasas pancreáticas A y B, deshidrogenasas lácticas y alcohólicas, anhidrasa carbonato y proteasas. También al formar enlaces con los ácidos nucleicos es muy importante para la función de estos ácidos (Prasad, 1983).

Los alimentos, tanto vegetal como animal, generalmente contienen cantidades satisfactorias de zinc (entre pocos y varios microgramos por gramo de producto) para cubrir los requerimientos de este metal. Las deficiencias de zinc generalmente se deben más a una escasa absorción en el tracto gastrointestinal que a su ausencia en los alimentos. Esta disminución en la absorción puede estar causada por la actividad antagónica del cadmio, el calcio o los fitatos. Una disminución en la asimilación de zinc también se observa entre los alcohólicos.

La deficiencia de zinc causa inhibición del crecimiento, despigmentación del cabello oscuro, calvicie, epitelio grueso y córneo y descamación de la piel. Las deficiencias agudas de zinc conducen a atrofia testicular y esterilidad (Shils *et al.,* 1994).

Un exceso de zinc originará problemas en los seres humanos. Así, dosis excesivas pueden provocar daños en el sistema de control bioquímico, mientras que dosis ligeramente más altas que las óptimas pueden causar trastornos en el metabolismo del hierro y el cobre, lo que conduce a una anemia incurable, disminución de la actividad de las enzimas que necesitan zinc y daño en el páncreas y riñones (Boularbah *et al.,* 1999). Se han observado mayores niveles de zinc en los núcleos de las células neoplásicas y en los casos de caries dental aguda; sin embargo, se desconoce su papel en estas enfermedades.

El envenenamiento por zinc puede ocurrir después del consumo de productos almacenados en recipientes recubiertos con zinc. Por ejemplo, se encontró que un plato de pollo al curry, como fuente de envenenamiento por zinc, contenía 1 mg/g. También se puede producir envenenamiento si no se observa el período de carencia después de la aplicación de plaguicidas a base de zinc.

Los síntomas de la intoxicación aguda por zinc incluyen gastroenteritis aguda, vómitos, diarrea, mareos y pesadez en el pecho.

El Comité de Expertos Mixto FAO/OMS recomienda que la ingesta semanal tolerable provisional no debería exceder los 7 mg por kg de peso corporal (WHO, 1982).

9.8 ESTAÑO

El estaño, al igual que el cobre, ya se conocía en la Edad de Bronce y todavía se usa ampliamente en la actualidad. Los compuestos de estaño se utilizaron en la producción de plásticos, pinturas antiincrustantes, plaguicidas, impregnantes de madera y como antiparasitarios de animales (Ebdon *et al.*, 1998). Ahora los compuestos de estaño no se utilizan en la producción de plaguicidas ni en pinturas antiincrustantes. En algunos países, los compuestos de estaño inorgánicos ($SnCl_2$) se añaden a las conservas vegetales envasadas en frascos de vidrio para preservar los colores naturales de las mismas. Las latas recubiertas de estaño, usadas para envasar alimentos, pueden provocar la contaminación de los alimentos. Si el alimento tiene un pH bajo, los compuestos de estaño pueden ser lixiviados del recubrimiento.

Si se ingieren las sales inorgánicas se asimilan mal y se eliminan casi completamente del cuerpo humano a través de las heces, por lo que su toxicidad es baja. Los compuestos orgánicos muestran una mayor toxicidad y los derivados alquilo, por ejemplo, el tributilestaño (TBT), son particularmente peligrosos. Por lo tanto, la toxicidad depende del tipo de compuesto de estaño de que se trate (Forsyth *et al.*, 1994). El consumo de grandes cantidades de estaño provoca alteración de los procesos enzimáticos y de ingestión. Una exposición prolongada a los derivados orgánicos del estaño provoca atrofia de las glándulas sexuales y cambios en el sistema nervioso (Ghaffari y Motlagh, 2011).

Se estima que el consumo diario promedio de estaño por adulto es de aproximadamente 4 mg; sin embargo, el estaño no se acumula en el cuerpo. Hasta ahora, no se ha comprendido totalmente el papel del estaño en el cuerpo humano, aunque algunos datos llevan a la conclusión de que está involucrado en los procesos de óxido-reducción. Algunos autores sugieren que la falta de estaño en el forraje de animales de experimentación causa un menor crecimiento y la despigmentación de los dientes (Schwartz *et al.,* 1970).

Las normativas actuales limitan el contenido de estaño solo en productos alimenticios enlatados y en zumos de frutas y de hortalizas así como en otros alimentos dietéticos enlatados con fines terapéuticos destinados específicamente a lactantes (EC, 2006). El contenido de estaño en productos destinados a niños menores de 3 años no debe exceder de los 50 µg/g y para otros productos no debe exceder de los 100 µg/g (bebidas enlatadas, incluidos los zumos de frutas y hortalizas) o 200 µg/g (para alimentos que no sean bebidas). El Comité de Expertos Mixto FAO/OMS estableció el valor de la ingesta semanal tolerable provisional para el estaño en 14 mg por kg de peso corporal (JECFA, 2006).

9.9 INFLUENCIA DE LOS PROCESOS TECNOLÓGICOS SOBRE LOS CAMBIOS DE LOS MICROELEMENTOS EN LOS PRODUCTOS ALIMENTICIOS

Aunque se han estudiado ampliamente los contenidos de los microelementos tóxicos en las materias primas y en los alimentos procesados sin embargo se ha prestado mucha menos atención a los efectos del proceso tecnológico sobre los niveles de estos elementos químicos.

La carne de los animales y del pescado se procesa generalmente de varias maneras antes del consumo. La mayoría de las veces, se aplican tratamientos térmicos, como cocer, asar y freír. El procesado del pescado también puede incluir salazón y marinado y en la producción de pescado enlatado también se agrega vinagre y vapor de agua, mientras que el proceso de desecación también se incluye en la producción de harinas y concentrados de pescado. En la década de los años 1970s se realizaron estudios sobre los efectos de estos procesos en los niveles de mercurio en los productos de pescado finales. Dichos estudios revelaron que ninguno de los procesos redujo considerablemente el contenido de mercurio en los productos pesqueros en comparación con su contenido en pescado crudo y que durante el secado el contenido en mercurio aumentó relativamente en proporción a la pérdida de agua (Protasowicki, 1980). Algunos otros estudios sobre los procedimientos utilizados en el procesado de pescado mostraron que ocasionalmente solo se producía una pequeña reducción o aumento en los niveles de Cd, Pb, Cu y Zn, pero estos cambios siempre estaban por debajo del 20% (Protasowicki, 1987). De manera similar, la cocción de carne de vacuno (filete, cuello, falda, lomo y cuarto trasero) con y sin adición de sal también indujo a cambios mínimos en los niveles de microelementos tóxicos (Lidwin-Kaźmierkiewicz *et al.*, 2006).

Se ha señalado que procesos como escaldado, congelación y cocción de hortalizas y frutas reducen notablemente el contenido de Cd, Pb y Zn (Fik y Surówka, 1994). Abou-Arab y Abou Donia (2000) revelaron que, durante la cocción de plantas medicinales, pasan cantidades considerables de metales al extracto acuoso y que al hervir dichas plantas se obtienen mayores cantidades de metales en el extracto que al sumergirlas solamente en el agua caliente. Igualmente se ha observado grandes pérdidas de Cd y Pb en mejillones cuya estructura tisular se destruía por acción del calentamiento (Bastías *et al.,* 2015).

También Perelló *et al.* (2008) estudiaron el efecto del tratamiento térmico en los niveles de arsénico, cadmio, plomo y mercurio en diversos productos alimenticios. El tratamiento térmico (fritura, asado a la parrilla, asado y cocción) de pescado, carne de vacuno, cerdo, cordero, pollo, habichuelas, patatas, arroz y aceite de oliva tuvo un efecto reductor mínimo sobre los niveles de los microelementos tóxicos estudiados. En varias ocasiones se ha señalado que la evaporación del agua durante el tratamiento con calor aumentaba los niveles de los microelementos en los productos alimenticios (Kalogeropoulos *et al.,* 2012; Czerwonka y Szterk, 2015). Estudios recientes sobre la fritura, el asado y la cocción de pescado han revelado que estos procesos reducen efectivamente los niveles de mercurio en los productos pesqueros (Mieiro *et al.,* 2016).

9.10 CONCLUSIONES

En la mayoría de los países del mundo se han llevado a cabo estudios sobre el contenido de metales pesados en los alimentos ya que estos productos tóxicos atraen la atención por parte de los investigadores. Los estudios realizados en una amplia variedad de alimentos y en la ingesta diaria de alimentos han revelado que las cantidades de metales pesados que se encuentran en los alimentos en Polonia están dentro de límites aceptables y no exceden los valores observados en otros países europeos. La actual absorción diaria de metales pesados ha disminuido en comparación con los valores acordados en los años ochenta del siglo pasado.

De manera alarmante, se ha observado una mayor absorción de plomo y cadmio (en comparación con la ingesta semanal tolerable provisional) en niños, especialmente en áreas industriales, y en personas que tienen un alto consumo de alimentos (p. ej., trabajadores manuales). La ingesta semanal tolerable provisional para el cadmio y plomo también puede sobrepasarse debido al consumo de alimentos que contengan concentraciones más altas de estos metales tóxicos.

En conclusión, el procesado térmico de las materias primas animales, a menos que las estructuras celulares estén dañadas, no afecta considerablemente a los niveles de metales tóxicos y se asocia principalmente al fenómeno de evaporación. Mientras que en el caso de las materias primas vegetales, la cocción contribuye al paso de grandes cantidades de estos elementos a la fase acuosa.

BIBLIOGRAFÍA

Abou-Arab, A.A.K., and M.A. Abou Donia. 2000. Heavy metals in Egyptian spices and medicinal plants and the effect of processing on their levels. *J. Agric. Food Chem.* 48: 2300–2304.

Al-Tikriti, K., and A.W. Al-Mufti. 1976. An outbreak of organomercury poisoning among Iraqi farmers, *Bull. WHO* 53: 15–21.

Bastías, J.M., J. Moreno, C. Pia, J. Reyes, R. Quevedo, and O. Muñoz. 2015. Effect of ohmic heating on texture, microbial load, and cadmium and lead content of Chilean blue mussel (*Mytilus chilensis*). *Innov. Food Sci. Emerg. Technol.* 30: 98–102.

Boularbah, A., G. Bitton, and J.L. Morel. 1999. Assessment of metal and toxicity of leachates from teapots. *Sci. Total Environ.* 227: 69–72.

Cebrian, M.E., A. Albores, M. Aguilar, and E. Blakeley 1983. Chronic arsenic poisoning in the North Mexico. *Human Toxicol.* 23: 121–133.

Czerwonka, M., and A. Szterk. 2015. The effect of meat cuts and thermal processing on selected mineral concentration in beef from Holstein-Friesien bulls. *Meat Sci.* 105: 75–80.

DiDonato, M., and B. Sakar 1997. Review. Copper transport and its alterations in Menkes and Wilson diseases. *Biochim. Biophys. Acta* 1360: 3–16.

Ebdon, L., S.J. Hill, and C. Rivas. 1998. Organotin compounds in solid waste: a review of their properties and determination using high-performance liquid chromatography. *Trends Anal. Chem.* 17(5): 278–288.

European Commission. 2006. Commission Regulation No 1881/2006 of 19 December 2006 setting maximum levels for certain contaminants in foodstuffs. *Off. J. Eur. Union L.* 364: 5–24.

European Commission. 2011. Commission Regulation No 420/2011 of 29 April 2011 amending Regulation (EC) No 1881/2006 setting maximum levels for certain contaminants in foodstuffs. *Off. J. Eur. Union L.* 111: 3–6.

European Commission. 2014. Commission Regulation No 488/2014 of 12 May 2014 amending Regulation (EC) No 1881/2006 as regards maximum levels of cadmium in foodstuffs. *Off. J. Eur. Union L.* 138: 75–78.

European Commission. 2015. Commission Regulation 2015/1006 of 25 June 2015 amending Regulation (EC) No 1881/2006 as regards maximum levels of inorganic arsenic in foodstuffs. *Off. J. Eur. Union L.* 161: 14.

EFSA. 2009. Cadmium in food. Scientific Opinion of the Panel on Contaminants in the Food Chain. *EFSA J.* 980: 1–139.

Fik, M., and J. Surówka. 1994. Effect of technological processes on the content of Cd, Pb and Cu in selected vegetables and their concentration in some frozen fruit-vegetable products. *Zeszyty Naukowe Akademii Rolniczej w Krakowie. Technologia Żywności* 6: 53–65. [in Polish].

Forsyth, D.S., W.F. Sun, and K. Dalglish. 1994. Survey organotin compounds in blended wines. *Food Add. Contam.* 11: 343–350.

Ghaffari, M.A., and B. Motlagh. 2011. In vitro effect of lead, silver, tin, mercury, indium and bismuth on human sperm creatine kinase activity: a presumable mechanism for men infertility. *Iran. Biomed. J.* 15(1/2): 38–43.

Gilfillan, S.C. 1965. Lead poisoning and the fall of the Roman empire. *J. Occup. Med.* 7: 53–60.

Harada, M. 1995. Minamata disease: methylmercury poisoning in Japan caused by environmental pollution. *Crit. Rev. Toxicol.* 25: 1–24.

JECFA. 2006. Evaluation of certain food additives and contaminants, 64th Report of Joint FAO/WHO Expert Committee on Food Additives, *Technical report series 930*, Geneva.

JECFA. 2011. Evaluation of certain food additives and contaminants, 72nd Report of Joint FAO/WHO Expert Committee on Food Additives, *Technical report series 959*. Geneva.

Kalogeropoulos, N., S. Karavoltsos, A. Sakellari, and S. Avramidou. 2012. Heavy metals in raw, fried and grilled Mediterranean finfish and shelfish. *Food Chem. Toxicol.* 50: 3702–3708.

Krenkel, P.A. 1973. Mercury: environmental considerations. Part I. Statement of the problem. *CRC Crit. Rev. Environ. Contr.* 5: 303–373.

Kurland, L.T., S.N. Faro, and H. Seidler. 1960. Minamata disease. *World Neurol.* 1(5): 370–395.

Lawrence, J.F., P. Michalik, G. Tam, and H.B.S. Conacher. 1986. Identification of arsenobetain and arsenocholine in Canadian fish and shellfish by high-performance liquid chromatography with atomic absorption detection and confirmation by fast atom bombardment mass spectrometry. *J. Agric. Food Chem.* 34: 315–319.

Lidwin-Kaźmierkiewicz, M., M. Rajkowska, and M. Protasowicki. 2006. Effect of cooking beef on the content of Cd, Cu, Hg, Pb, Zn. *Roczniki Naukowe Polskiego Towarzystwa Zootechnicznego* 2 (1): 127–132 [in Polish].

Mahaffey, K.R. 1990. Environmental lead toxicity: nutrition as a component of intervention. *Environ. Health Perspect.* 89: 75–78.

McLaughlin, M.J, D.R. Parker, and J.M. Clarke. 1999. Metals and micronutrients—food safety issues. *Field Crops Res.* 60: 143–163.

McLaughlin, M.J., K.G. Tiler., R. Naidu, and D.P. Stevens. 1996. Review: the behavior and environmental impact of contaminants in fertilizers. *Aust. J. Soil. Res.* 34: 1–54.

Mieiro, C.I., J.P Coelho, M. Dolbeth, M. Pacheco, A.C. Duarte, and M.A. Pardal. 2016. Fish and mercury: influence of fish filet culinary practices on human risk. *Food Control* 60: 575–581.

Müller, T., W. Müller, and H. Feichtinger. 1998. Idiopathic copper toxicosis. *Am. J. Clin. Nutr., Suppl.* 67: 1082–1086.

Nriagu, J.O., and J.M. Azcue. 1990. *Arsenic in the Environment. Part 1: Cycling and Characterization*. John Wiley and Sons, New York.

Perelló, G., R. Martí-Cid, J.M. Llobet, and J.L. Domingo. 2008. Effects of various cooking processes on the concentrations of arsenic, cadmium, mercury, and lead in foods. *J. Agric. Food Chem.* 56(23): 11262–11269.

Philip, A., and B. Gearson. 1994a. Lead poisoning—part 1: incidence, etiology, and toxicokinetics. *Clin. Lab. Med.* 14: 423–439.

Philip, A., and B. Gearson. 1994b. Lead poisoning—part 2: effects and assay. *Clin. Lab. Med.* 14: 651–666.

Prasad, A.S. 1983. The role of zinc in gastrointestinal and liver disease. *Clin. Gastroenterol.* 12: 713–741.

Protasowicki, M. 1980. Effect of some technological operations on Hg content in fish flesh. Model studies. *Zesz. Nauk. AR Szczec.* 82: 163–181. [in Polish].

Protasowicki, M. 1987. Processing effect on the level of Cd, Pb, Cu and Zn in the meat herring, XVIII Sesja Nauk. Kom. Technol. i Chem. Żywn. PAN nt. Technologia Żywności—Operacje i Procesy Jednostkowe oraz Aspekty Chemiczne, Gdańsk 1987, 18 [in Polish].

Sarkar, B. 1995. Copper, in Seiber, H.G., et al., eds. *Handbook of Metals in Clinical and Analytical Chemistry*. Marcel Dekker, New York, 339–347.

Schwartz, K., D.B. Milne, and E. Vinyard. 1970. Growth effects of tin compounds in rats maintained in a trace element-controlled environment. *Biochem. Biophys. Res. Comm.* 40: 22–29.

Sedki, A., N. Lekouch, S. Gamon, and A. Pineau. 2003. Toxic and essential trace metals in muscle, liver and kidney of bovines from a polluted area of Morocco. *Sci. Total Environ.* 317: 201–205.

Shils, M.E., J.A. Olson, and M. Shike. 1994. *Modern Nutrition in Health and Disease*. Lea and Febiger, Malvern, PA.

Silbergeld, E.K. 2003. Review. Facilitative mechanisms of lead as a carcinogen. *Mutation Res.* 533: 121–133.

Sullivan, R.J. 1969. Preliminary air pollution survey of arsenic and its compounds. *National Air Pollution Control Administration Publication,* No. APTD 69-26, Raleigh.

WHO. 1982. Toxicological evaluation of certain food additives: copper, zinc. *WHO Food Additives Series*, No. 17.

Ziemlański, S. 2001. *Standards of Human Nutrition.* Wyd. Lek. PZWL, Warsaw, Poland [in Polish].

10 Compuestos cianogénicos y disruptores estrogénicos

Błażej Kudłak, Monika Wieczerzak, y Jacek Namieśnik

CONTENIDO

10.1 DISRUPTORES ENDOCRINOS COMO XENOBIÓTICOS EN LOS ALIMENTOS

Para entender qué son los disruptores endocrinos químicos (EDCs) y cómo actúan, hay que entender que los sistemas hormonales o endocrinos son vías de comunicación. En los organismos multicelulares la comunicación entre las células es esencial para que funcionen de forma coordinada. Esta comunicación e integración de la información son inducidas por estímulos químicos. Las células adyacentes están conectadas por moléculas superficiales y uniones especializadas, mientras que la comunicación entre células remotas se realiza a través de la secreción de mensajeros químicos, hormonas, que activan las células diana interactuando con receptores específicos (ver Tabla 10.1 para más detalles).

Las hormonas pueden actuar como enzimas, con una acción directa sobre alguna reacción química en particular, o mediante la unión a un receptor específico en la célula diana. En este caso, el modo de acción dependerá del tipo de receptor:

- Receptores de membrana: situados en la membrana de las células. La unión con el receptor puede causar alteraciones en la permeabilidad de la membrana (p. ej., es la base de la transmisión del impulso nervioso a las neuronas, actuando también así la insulina y los glucocorticoides). También puede causar un cambio en un segundo

TABLA 10.1
Cuatro tipos de secreción hormonal.

Autocrina: La célula diana es la misma célula secretora (p. ej., el EGF o el factor de crecimiento epidérmico).

Paracrina: La célula diana es adyacente a la célula secretora (p. ej., prostaglandinas en el sistema neuroendocrino difuso).

Endocrina: Las células diana están alejadas de las células secretoras y las hormonas se transportan a través de la sangre.

Sinapsis: Comunicación directa entre dos células, característica del sistema nervioso. La célula secretora, en este caso una neurona, está en contacto directo con la célula diana (p. ej., otra neurona o una célula muscular) y la activa a través de un neurotransmisor, mensajero químico que puede ser compartido con el sistema endocrino. Como se puede deducir, esta transmisión es casi instantánea.

mensajero intracelular (adenosín monofosfato cíclico [CAM] y guanosín monofosfato cíclico [CGM]).

- Receptores intracelulares: activados por hormonas y transportados al núcleo donde dan la señal de sintetizar una nueva proteína.

El sistema circulatorio es el utilizado para transportar los mensajeros químicos hasta las células diana. La organización anatómica del sistema endocrino consiste en las células (denominadas células endocrinas) cuya función principal es secretar mensajeros químicos (hormonas) y se pueden encontrar en tres tipos de localizaciones anatómicas:

- Las células endocrinas están agrupadas formando un órgano o glándula endocrina.
- Las células endocrinas forman pequeños grupos dentro de otros órganos (ovario, testículos, páncreas).
- Las células endocrinas se encuentran dispersas individualmente entre otras células de tejidos epiteliales, especialmente en los sistemas digestivo y respiratorio, denominándose colectivamente como sistema neuroendocrino difuso.

Las hormonas regulan muchas funciones distintas y niveles muy diferentes de complejidad, y pueden:

- Actuar como simples transmisores de información.
- Controlar los límites superiores e inferiores de funciones metabólicas.
- Actuar como un control de retroalimentación.
- Controlar sistemas complejos como el ciclo menstrual.
- Regular el desarrollo de las glándulas mamarias.
- Modificar las tasas metabólicas normales.
- Modificar el desarrollo embrionario.

Los términos EDCs, estrógenos ambientales, xenoestrógenos, moduladores endocrinos, ecoestrógenos, hormonas ambientales, compuestos activos hormonalmente y fitoestrógenos describen a los disruptores endocrinos, sustancias químicas que pueden alterar el balance hormonal y la regulación del desarrollo embrionario y, por lo tanto, son capaces de causar efectos adversos para la salud de un organismo o de su descendencia. Son capaces de interferir con algunas hormonas sintéticas conocidas desde la década de 1940, cuando se comenzó a utilizar el dietilestilbestrol (DES) para prevenir abortos espontáneos. Sin embargo, el término disruptor endocrino, derivado de «*Endocrine Disrupting Chemical (EDC)*» fue acuñado 50 años después, en 1991, en la Conferencia Wingspread, donde un grupo de expertos en endocrinología, biología reproductiva y del desarrollo, toxicología, biología marina, ecología y psiquiatría se reunieron para evaluar las causas de los efectos adversos observados en estudios epidemiológicos de personas y animales salvajes en el Hemisferio Norte, incluyendo, entre otros, daños en los sistemas reproductivo e inmunológico y cánceres hormonodependientes en órganos (Bern *et al.*, 1992).

El término disruptor endocrino define un grupo diverso y heterogéneo de sustancias químicas exógenas capaces de alterar la síntesis, la liberación, el transporte, el metabolismo, la unión o la eliminación de hormonas naturales en el organismo (Kavlock *et al.*, 1996).

El catálogo de disruptores endocrinos es vasto y crece cada día, comprendiendo desde sustancias químicas sintetizadas por el hombre hasta sustancias que se encuentran de forma natural en el medio ambiente.

Los EDCs se consideran «sustancias camaleónicas» porque un mismo EDC puede tener diferentes modos de acción dependiendo de su concentración. Así, altas dosis de dioxina pueden matar, pero concentraciones muy bajas (similares a aquellas a las que la población humana está expuesta a través de la ingestión de alimentos contaminados) aumentan el riesgo de anomalías reproductivas en las mujeres. Los niveles altos (nM) de hexaclorobenceno (HCB) suprimen la actividad androgénica en las células prostáticas, mientras que las dosis bajas (<1 nM) aumentan la actividad androgénica (Hursh *et al.*, 2007; Vandenberg, 2012).

La exposición uterina a dosis de 100 μM de DES causa que los ratones adultos sean muy delgados; sin embargo, con la exposición a 1 μM, los ratones adultos son obesos.

Los EDCs también pueden tener diferentes modos de acción dependiendo de la etapa específica de desarrollo del tejido con el que entran en contacto: para una respuesta uterótrofa en un ratón adulto, es necesario administrar 100 mg/kg/día de bisfenol A (BPA). Sin embargo, la administración de solo 25 ng/kg/día de BPA durante el período de gestación es capaz de provocar la respuesta del tejido mamario ductal. Además, el efecto adverso causado puede variar dependiendo del tiempo de exposición, así como del equilibrio hormonal de la persona expuesta, que como hemos visto depende de la edad y el sexo entre otros factores (Colborn, 2004).

El tiempo de exposición en un organismo en desarrollo es crucial para determinar la naturaleza, la gravedad y la posterior evolución/aparición del efecto de los EDCs. Los efectos de los EDCs son diferentes en el embrión, el feto, el organismo perinatal o el organismo adulto. Si actúan durante un período crítico (p. ej., en las primeras etapas de la vida caracterizadas por una rápida diferenciación celular y organogénesis), pueden causar lesiones irreversibles. Existe una amplia evidencia de la extraordinaria sensibilidad del organismo en desarrollo a las químicas que pueden interferir en la actividad hormonal durante las etapas críticas de la organogénesis en transcurso del desarrollo uterino. En muchos casos, este impacto es irreversible y permanece durante el resto de la vida (Fernández, 2011). Además, puede haber un largo período de latencia entre el momento de la exposición y el momento en que los efectos se manifiestan. La exposición a sustancias químicas biológicamente activas (a niveles de concentración a las que actúan las hormonas naturales del cuerpo) puede provocar una serie de efectos secundarios que varían progresivamente a lo largo de las diferentes etapas del desarrollo. Estos efectos pueden ser diferentes a los que causa la misma sustancia cuando se administra en dosis altas, o cuando el individuo está completamente desarrollado (Soto y Sonnenschein, 2010). Cuando la exposición a los EDCs sucede en el útero, los efectos no se expresan en el nacimiento; pueden permanecer latentes durante algunos años, o pueden aparecer en los descendientes en lugar de en la persona que estuvo expuesta. Por lo tanto, las consecuencias de la exposición a los EDCs ocurren con más frecuencia en los hijos que en los padres que han estado expuestos.

Los efectos de la exposición a los EDCs en una generación pueden transmitirse a las generaciones posteriores a través de los mecanismos implicados en la actividad de los genes, denominados cambios epigenéticos. Se incluyen algunos ejemplos:

- La acción de sustancias químicas capaces de interferir con la acción de los andrógenos durante la programación masculina en la vida fetal; esto incluye a los antagonistas de los receptores de andrógenos, como ciertos plaguicidas y ftalatos. Algunos de los resultados como consecuencia de la disminución de la acción androgénica en animales de experimentación solo se hacen evidentes en la edad adulta, incluyendo malformaciones de los órganos reproductores. La mayoría de los efectos son irreversibles.
- Los estudios epidemiológicos demuestran que la exposición a la dioxina (p. ej., la TCDD) durante el período perinatal tiene un impacto negativo en la calidad del semen, mientras que la exposición durante la edad adulta no afecta a dicha calidad.
- El estradiol y las sustancias estrogénicas pueden interferir con el metabolismo peptídico de los roedores durante el período neonatal, lo que influye en la edad de inicio de la pubertad.
- El desarrollo del sistema reproductivo femenino está programado durante el desarrollo fetal y puede ser interrumpido en esta etapa por señales impropias causadas por sustancias químicas como el DES, con consecuencias múltiples e irreversibles.
- Se cree que muchos cánceres hormonales como el de mama, próstata, testículo, ovario y endometrio pueden originarse durante el periodo fetal y en la pubertad. En estas etapas de la vida, hay una alta sensibilidad a la exposición química involucrada en estos cánceres.
- La acción de las hormonas tiroideas durante el desarrollo uterino de varios órganos es esencial, incluyendo el desarrollo del cerebro y del sistema neuroendocrino. La alteración de la tiroides por exposición a sustancias químicas en esta etapa del desarrollo puede tener efectos perjudiciales e irreversibles.
- Existen muchos ejemplos de etapas vulnerables de muchos animales, incluyendo saltamontes, anfibios y reptiles que son extremadamente sensibles a la exposición a los EDCs.

10.2 COMPUESTOS CIANOGÉNICOS COMO XENOBIÓTICOS NATURALES EN LOS ALIMENTOS

Los xenobióticos pueden llegar a los alimentos durante las etapas de cultivo, producción, preparación, tratamiento térmico y almacenamiento de los alimentos y sus ingredientes. Su origen puede ser externo, por ejemplo, metales pesados, plaguicidas, antibióticos, bacterias, virus y hongos, que llegan a los alimentos procedentes de un entorno o de líneas de producción contaminados. Por otro lado, algunos de los compuestos «extraños» se añaden intencionadamente para evitar el deterioro rápido de los alimentos (conservantes), para mejorar el sabor (potenciadores del sabor, por ejemplo, glutamato monosódico), como colorantes alimentarios (tartrazina), etc. (Jacobs *et al.,* 2014).

Algunos xenobióticos, especialmente en los productos vegetales, son sintetizados por las propias plantas como metabolitos secundarios, como ocurre en el caso de los compuestos cianogénicos. La función básica de estos compuestos es la protección contra plagas, patógenos y herbívoros.

Durante la síntesis de etileno en las plantas a partir del ACC (ácido 1-aminociclopropano-1-carboxílico) se forman pequeñas cantidades de cianuro de hidrógeno; el cual también puede formarse en los tejidos de las plantas a partir de glioxilatos y de hidroxilamina productos indirectos de la fotorrespiración y de la ruta reducción de nitratos (Siegień, 2007).

El daño tisular provoca el inicio de la cianogénesis, lo que provoca la liberación de HCN a partir de glucósidos cianogénicos (CGs) o lípidos (CLs). El cianuro de hidrógeno y la mayoría de sus sales se absorben rápidamente a través de la piel, los pulmones y el tracto gastrointestinal. Los iones de cianuro se unen a los iones férricos (Fe^{3+}) en los eritrocitos, inhibiendo la acción de la enzima citocromo oxidasa e impidiendo el uso de oxígeno por las células. La toxicidad del cianuro de hidrógeno implica la inhibición de la actividad enzimática en la cadena respiratoria mitocondrial e impide la utilización de oxígeno por las células, lo que provoca asfixia a nivel celular (una concentración de 1 mg/kg de peso corporal puede resultar mortal para los seres humanos) (Anseeuw *et al.*, 2013). La reducción del uso de oxígeno en los tejidos se manifiesta por la acumulación de oxihemoglobina en la sangre (que tiene un color rojo brillante), lo que hace que la piel y las membranas mucosas de las personas que sufren la intoxicación muestren el color rojo característico. El cianuro de hidrógeno actúa sobre el sistema nervioso y causa alteraciones del ritmo cardíaco. La disminución de la presión arterial puede provocar un shock cardiogénico (Gracia y Shepherd, 2004).

10.3 COMPUESTOS CIANOGÉNICOS

Los compuestos cianogénicos se encuentran en más de 2.500 especies de plantas que principalmente pertenecientes a las familias Poaceae, Rosaceae, Liliaceae, Euphorbiaceae y Scrophulariaceae. Una fuente importante de cianuro de hidrógeno en los tejidos vegetales son los glucósidos cianogénicos y, en el caso de determinadas especies, por ejemplo, Sapindaceae e Hippocastanaceae, los lípidos cianogénicos. Una característica importante de todos los compuestos cianogénicos es la posibilidad de liberar HCN tóxico a través de los procesos de cianogénesis (Lewis y Elvin-Lewis, 2003). Todos los glucósidos cianogénicos conocidos son O-β-glucósidos-

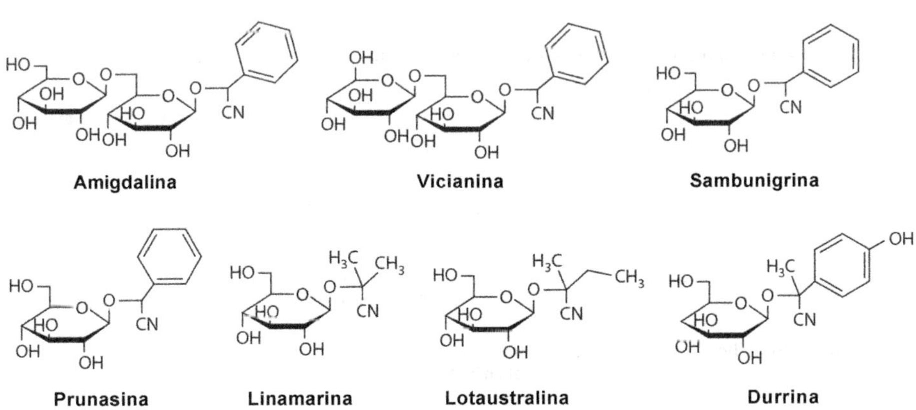

FIGURA 10.1 Estructuras moleculares de glucósidos cianogénicos presentes en las plantas.

α-hidroxinitrilos derivados de L-aminoácidos (valina, isoleucina, leucina, fenilalanina y tirosina), así como del aminoácido no proteico ciclopentil glicina. Algunos ejemplos de los compuestos más estudiados son prunasina, lotaustralina, amigdalina, vicianina, linamarina, sambunigrina y durrina (ver Fig. 10.1).

10.3.1 Glucósidos Cianogénicos en Plantas, Función, Biosíntesis e Hidrólisis

La biosíntesis de los glucósidos cianogénicos incluye la transferencia del grupo uridilo de la uridina-5'-trifosfato (UTP) a un carbohidrato-1-fosfato para formar el UTP-carbohidrato-pirofosfato, catalizada por la uridiltransferasa, seguido por la transferencia de carbohidrato a la correspondiente aglicona catalizada por la glucosiltransferasa (Ben-Yehoshua y Conn, 1964; Conn, 1979) (ver Fig. 10.2).

Todas las plantas pueden almacenar glucósidos cianogénicos en vacuolas. La masticación de los tejidos de las plantas por parte de los herbívoros al comer o el daño causado por plagas o patógenos conduce a la liberación de glucósidos al citoplasma, donde son hidrolizados por enzimas dando como resultado la liberación de cianuros. El almacenamiento en forma inactiva en las vacuolas evita que en condiciones normales se produzca un daño en las plantas.

Las moléculas de glucósidos cianogénicos son hidrolizadas por enzimas denominadas β-glucosidasas, y sintetizadas por las plantas a partir de dos sintones: aglicona (fracción cianohidrina) y glicona (fracción carbohidrato). Las cianohidrinas son inestables y, dependiendo del pH (más rápidamente en medio alcalino), se descomponen en carbonilos y cianuro de hidrógeno. En los tejidos vegetales (que tienen un pH ligeramente ácido), las enzimas como la hidroxinitrilo liasa aceleran esta reacción hasta 20 veces. En la Tabla 10.2 se resume la información sobre las fuentes vegetales de glucósidos cianogénicos y los productos de su descomposición (Poulton, 1990; Vetter, 2000; Gleadow y Woodrow, 2002).

El ejemplo más conocido es la hidrólisis de amigdalina por la β-glucosidasa (emulsina) a gentiobiosa y L-mandelonitrilo. La gentiobiosa es posteriormente hidrolizada a glucosa, y el mandelonitrilo a benzaldehído y cianuro de hidrógeno (Lessner *et al.*, 2015) (ver Fig. 10.3).

La cantidad de CGs en las plantas depende no solo de la fase de vegetación sino también de las condiciones climáticas y de la calidad del suelo. Durante la germinación de las semillas de *Phaseolus lunatus*, la cantidad de CGs es constante. Mientras, en las semillas de sorgo que no

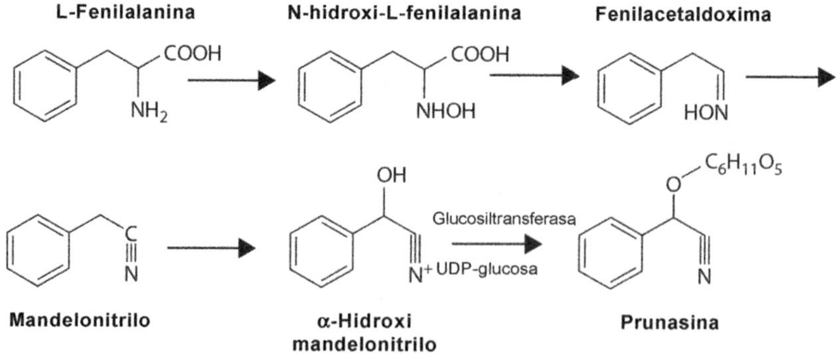

FIGURA 10.2 La biosíntesis de la prunasina comienza con una fenilalanina como precursor y el centro quiral en el mandelonitrilo que permite la fijación de la molécula de azúcar.

TABLA 10.2
Cuatro tipos de secreción hormonal.

Compuestos cianogénicos	Plantas	Productos de la hidrólisis enzimática
Amigdalina	Rosáceas, particularmente del género *Prunus*, Poaceae (hierba), Fabaceae (leguminosas), semillas de lino y mandioca, albaricoques (8%), melocotón (6%), almendras amargas (5%) y ciruelas (2,5%)	-HCN, benzaldehído, glucosa
Prunasina	*Prunus japonica* o *Prunus maximowiczii* y *Amygdalus communis*. Hojas y tallos de *Olinia ventosa*, *Olinia radiata*, *Olinia emarginata* y *Olinia rochetiana*, *Acacia greggii*	-HCN, benzaldehído, glucosa
Vicianina	Semillas de *Vicia angustifolia*	-HCN, benzaldehído, glucosa, arabinosa
Linamarina	Hojas y raíces de mandioca, garrofón y lino	-HCN, acetona, glucosa
Lotaustralina	*Lotus australis, Manihot esculenta, Phaseolus lunatus, Rhodiola rosea* y *Trifolium repens*	-HCN, acetona, glucosa
Sambunigrina	Hojas, flores y semillas de saúco (*Sambucus nigra, Sambucus canadensis*)	-HCN, benzaldehído, glucosa
Durrina	*Sorghum bicolor*	-HCN, benzaldehído, glucosa

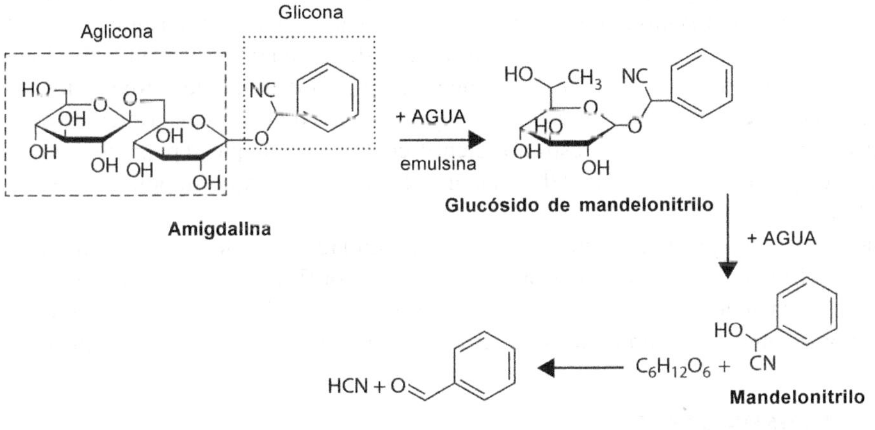

FIGURA 10.3 Hidrólisis de la amigdalina.

contienen CGs y en las semillas de *Lotus corniculatus* que contienen pequeñas cantidades de estos compuestos, su tasa de síntesis aumenta rápidamente durante la germinación. El HCN se acumula en altas concentraciones en los órganos de reproducción, tales como semillas, frutos, flores y también en hojas jóvenes y plántulas, tejidos que, debido a su función o etapa de desarrollo, requieren una protección especial (Siegień, 2007).

10.3.2 Lípidos Cianogénicos

Mientras que los CGs están ampliamente distribuidos en las plantas, los lípidos cianogénicos (CLs) se limitan casi exclusivamente a su presencia en las Sapindaceae, y a diferencia de los CGs, se sabe poco sobre el metabolismo. Estas sustancias consisten en un hidroxinitrilo, que se estabiliza por esterificación con un ácido graso. La escisión del ácido graso, catalizada por la lipasa, da como resultado un hidroxinitrilo inestable que se divide espontáneamente o a través de la catálisis mediante una hidroxinitrilo liasa para liberar HCN.

La mayoría de los CLs son ésteres de 1-ciano-2-metilprop-2-ene-1-ol con ácidos grasos C:20 y se almacenan en las semillas de *Ungnadia speciosa*, la única especie presente en la familia de las Sapindaceae. Durante la germinación y el desarrollo de las plántulas, estos lípidos se consumen completamente.

Los estudios sugieren que los CLs son utilizados para la síntesis de compuestos no cianogénicos. Se concluye que estos lípidos sirven como almacenamiento de nitrógeno reducido. Debido a lesiones tisulares, los lípidos cianogénicos entran en contacto con las enzimas hidrolíticas relacionadas (lipasas) que los hidrolizan, provocando la disociación del hidroxinitrilo y la liberación de HCN. Sin embargo, todavía existen grandes lagunas en el conocimiento de la cianogénesis y la biosíntesis de los CLs, así como sobre sus funciones y sus posibles vías de transformación en compuestos no cianogénicos. Sin embargo, se conoce que el efecto repelente de los cianógenos es débil o incluso insignificante, y que puede tener propiedades antimicóticas.

Una dieta equilibrada incluye, en gran medida, plantas que contienen compuestos cianogénicos, más comúnmente en forma de glucósidos cianogénicos y a veces como lípidos. El maíz, el trigo, el centeno, la manzana, la cebada, la avena, la caña de azúcar y muchas otras plantas consumidas por los seres humanos contienen compuestos cianogénicos.

Sin embargo, el riesgo de intoxicación es insignificante, ya que es muy fácil eliminar el HCN tóxico de estos alimentos moliendo y secando al aire o sumergiéndolos en agua, y un tratamiento térmico adicional contribuye a la desnaturalización de las enzimas que inician el proceso de cianogénesis. Además, el ser humano dispone de un mecanismo de desintoxicación de cianuro bastante efectivo, que funciona eficazmente siguiendo una dieta con un contenido adecuado de proteínas (Jones, 1998). En 1990, estudios científicos sugirieron que el papel de los compuestos cianogénicos puede reducirse a la defensa contra los hongos porque su peligrosidad es insignificante (Selmar *et al.,* 1990).

Dado que existen pocas evidencias sobre la posibilidad de que los compuestos cianogénicos actúen como EDCs directos, se necesitan estudios para confirmar la posibilidad de que exista un impacto sobre la acción hormonal de animales superiores debido a su unión con hormonas, su degradación o cambios metabólicos después de la liberación de HCN en el sistema circulatorio.

AGRADECIMIENTOS

Este proyecto ha sido financiado parcialmente por el *Polish National Science Centre*, según la resolución número DEC-2013/09/N/NZ8/03247.

BIBLIOGRAFÍA

Anseeuw, K., Delvau, N., Burillo-Putze, G., De Iaco, F., Geldner, G., Holmström, P., Lambert Y., and Sabbe, M. 2013. Cyanide poisoning by fire smoke inhalation: a European expert consensus. *Eur. J Emerg. Med.* 20(1): 2–9.

Ben-Yehoshua, S., and E.E. Conn. 1964. Biosynthesis of prunasin, the cyanogenic glucoside of peach. *Plant Physiol.* 39: 331–333.

Bern, H., P. Blair, S. Brasseur, T. Colborn, G.R. Cunha, W. Davis, K.D. Dohler, G. Fox, M. Fry, E. Gray, R. Green, M. Hines, T.J. Kubiak, J. McLachlan, J.P. Myers, R.E. Peterson, P.J.H. Reijnders, A. Soto, G. Van Der Kraak, F. vom Saal, and P. Whitten. 1992. Statement from the work session on chemically-induced alterations in sexual development: the wildlife/human connection in Chemically-Induced Alterations, in *Sexual and Functional Development: The Wildlife/Human Connection.* Eds. T. Colborn and C. Clement. Princeton, NJ: Princeton Scientific Publishing.

Colborn, T. 2004. Commentary: setting aside tradition when dealing with endocrine disruptors. *ILAR J.* 45(4): 394–400.

Conn, E.E. 1979. Biosynthesis of cyanogenic glycosides. *Naturwissenschaften* 66: 28–34.

Fernández, M. 2011. Fundamentos de Toxicologia. Seminario de actualización en Toxicología Laboral. ISTAS, Madrid, Spain.

Gleadow, R.M., and I.E. Woodrow. 2002. Mini-Review: constraints on effectiveness of cyanogenic glycosides in herbivore defense. *J. Chem. Ecology* 28: 1301–1313.

Gracia, R., and G. Shepherd. 2004. Cyanide poisoning and its treatment. *Pharmacotherapy* 24(10): 1358–1365.

Hursh, D.W., C.A. Martina, H.B. Davis, and M.A. Trush. 2007. Does the dose make the poison? Extensive results challenge a core assumption in toxicology. Teaching Environmental Health to Children: An Interdisciplinary Approach, Springer.

Jacobs, D.R., J. Ruzzin, and D.H. Lee. 2014. Environmental pollutants: downgrading the fish food stock affects chronic disease risk. *J. Intern. Med.* 276(3): 240–242.

Jones, D.A. 1998. Why are so many food plants cyanogenic? *Phytochemistry* 47(2): 155–162.

Kavlock, R.J., Daston, G.P, DeRosa, C., Fenner-Crisp, P., Gray, L.E., Kaattari, S., Lucier, G., Luster, M., Mac, M.J., Maczka, C., Miller, R., Moore, J., Rolland, R., Scott, G., Sheehan, D.M., Sinks, T., and Tilson, H.A. 1996. Research needs for the risk assessment of health and environmental effects of endocrine disruptors: a report of the U. S. EPA-sponsored workshop. *Environ. Health Perspect.* 104: 715.

Lessner, K.M., Dearing, M.D., Izhaki, I., Samuni-Blank, M., Arad, Z., and Karasov, W.H. 2015. Small intestinal hydrolysis of plant glucosides: higher glucohydrolase activities in rodents than passerine birds. *J. Exp. Biol.* 218: 2666.

Lewis, W.H., and Elvin-Lewis, M.P. 2003. *Medical Botany: Plants Affecting Human Health.* John Wiley & Sons, New York.

Poulton, J.E. 1990. Cyanogenesis in plants. *Plant Physiol.*, 94: 401.

Selmar, D., Grocholewski S., and Seigler D.S. 1990. Cyanogenic Lipids, Utilization during Seedling Development of *Ungnadia speciosa. Plant Physiol.* 93: 631.

Siegień, I. 2007. Cyjanogeneza u roślin i jej efektywność w ochronie roślin przed atakiem roślinożerców i patogenów. *Kosmos* 56: 155–166.

Soto, A.M., and C. Sonnenschein. 2010. Environmental causes of cancer: Endocrine disruptors as carcinogens. *Nat. Rev. Endocrinol.* 6: 363–370.

Vandenberg, L. 2012. Opinion: "There are no safe doses for endocrine disruptors." *Environmental Health News*, http://www.environmentalhealthnews.org/ehs/news/2012/opinion-endocrine-disruptors-low-level-effects (accessed March 15, 2012).

Vetter, J. 2000. Plant cyanogenic glycosides. *Toxicon* 38: 11–36.

11 Ftalatos

Tine Fierens, Mirja Van Holderbeke, Arnout Standaert, Isabelle Sioen y Stefaan De Henauw

CONTENIDO

11.1 INTRODUCCIÓN

Ftalatos es el nombre común que genéricamente se aplica a los ésteres dialquilo o aril-alquilo del ácido *orto*ftálico (benceno-1,2-dicarboxílico) (Fig. 11.1). El comportamiento ambiental y biológico de este grupo de sustancias depende en gran medida de las propiedades fisicoquímicas de los compuestos individuales. La mayoría de los ftalatos son líquidos a temperatura ambiente y su presión de vapor generalmente disminuye al aumentar la masa molecular o la longitud de la

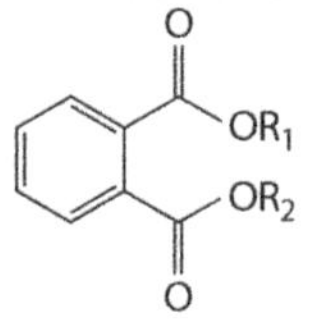

FIGURA 11.1 Estructura química general de los ftalatos; R_1 y R_2 pueden ser los mismos o diferentes grupos alquilo y arilo.

cadena alquílica. De forma similar, al aumentar la longitud de la cadena alquílica hay una tendencia decreciente respecto a su solubilidad en agua: el ftalato de dimetilo (DMP) se disuelve mejor en agua, mientras que el ftalato di(2-etilhexilo) (DEHP) es casi insoluble. Por el contrario, el coeficiente de reparto octanol-agua (relación de las concentraciones de equilibrio de una sustancia química en un sistema octanol-agua) generalmente aumenta a medida que se alarga la cadena alquílica (Cousins *et al.*, 2003) y se usa típicamente para predecir el reparto de una sustancia química entre el agua y los lípidos de animales/plantas o entre el agua y la materia orgánica del sedimento/suelo, generalmente incrementa al aumentar la cadena alquílica.

En el momento actual, hay disponibles en el mercado más de 30 compuestos de ftalatos diferentes. Entre ellos, los más frecuentes son el DEHP, el ftalato de diisononilo (DiNP) y el ftalato de diisodecilo (DiDP). El uso de ftalatos está muy extendido y el tipo de aplicación depende principalmente de la longitud de la cadena alquílica. Los ftalatos de cadena alquílica corta (es decir, ftalatos de uno a seis átomos de carbono en dicha cadena) se usan generalmente como disolventes y se utilizan en adhesivos, barnices, resinas, tintas de imprimir, productos para el cuidado personal, fármacos, plaguicidas y materiales en contacto con alimentos. Ejemplos de estos ftalatos son el ftalato de dietilo (DEP), el ftalato de diisobutilo (DiBP), el ftalato de di-*n*-butilo (DnBP) y el ftalato de bencilbutilo (BBP). Los ftalatos de cadena alquílica larga como DEHP, DiNP y DiDP se utilizan principalmente como plastificantes para ablandar el cloruro de polivinilo (PVC). Los productos que pueden contener estas sustancias son, por ejemplo, muebles, materiales de construcción, guantes, materiales en contacto con alimentos y dispositivos médicos (ECPI, 2014).

Como su uso es de carácter general, las personas están expuestas extensa y continuamente a los ftalatos a través de diferentes vías. Numerosos estudios han indicado que la ingesta dietética es la vía de exposición más importante para la población normal, especialmente para los ftalatos DEHP y DiNP. Otras vías relevantes de exposición al ftalato son la ingestión de polvo y tierra, la inhalación de aire en el interior o en el ambiente, objetos bucales (típicamente en el caso de niños pequeños), ingesta de comprimidos entéricos con recubrimiento y el contacto dérmico con productos de consumo y dispositivos médicos (Hernández-Díaz *et al.*, 2013; Rudel y Perovich, 2009; Wormuth *et al.*, 2006).

Se sospecha que algunos ftalatos y sus metabolitos son compuestos que provocan desórdenes endocrinos, lo que significa que pueden alterar el funcionamiento del sistema endocrino y, en consecuencia, causar efectos adversos en la salud, incluso a niveles básicos, en organismos intactos, en su progenie, o en (sub)poblaciones (Comisión Europea, 2014; Grandjean *et al.*, 2006). Los estudios epidemiológicos han indicado el efecto de la exposición (prenatal) al ftalato en, entre otros parámetros, el peso al nacer, el desarrollo genital, la producción de hormonas, la calidad del semen y la aparición de síntomas alérgicos, obesidad y diabetes (Hoppin *et al.*, 2013; Stahlhut *et al.*, 2007; Swan, 2008).

La asociación de los ftalatos con efectos adversos en la salud de humanos, ha inducido a que las autoridades establezcan regulaciones para su empleo en una amplia gama de aplicaciones. En Europa, por ejemplo, DEHP, DiBP, DnBP y BBP no pueden utilizarse ni comercializar, excepto si se usan en aplicaciones para las que se ha otorgado autorización a las empresas (ECHA, 2015).

Además, existen regulaciones específicas para el uso de ciertos ftalatos en alguna aplicación específica, como materiales plásticos en contacto con alimentos o juguetes y artículos de puericultura (Diario Oficial de la Unión Europea, 2005, 2011 y enmiendas).

11.2 NIVELES DE FTALATOS EN PRODUCTOS ALIMENTICIOS

La presencia de ftalatos en los alimentos está siendo analizada desde hace muchos años. La Tabla 11.1 ilustra los intervalos de concentraciones de DiBP, DnBP, BBP, DEHP y DiNP (cinco compuestos de ftalato comúnmente controlados) en diferentes categorías de alimentos que diversos autores han publicado recientemente (desde 2006 en adelante). La comparación de los niveles de ftalato procedentes de distintos estudios de monitorización debe hacerse con precaución, no solo debido a las diferencias del método de muestreo, el procedimiento analítico y otros factores, sino también debido a las diferencias en la legislación sobre el uso de los ftalatos en los países donde se realizaron los estudios.

11.2.1 Frutas, Hortalizas y Frutos Secos

Autores de diversos países (entre ellos, de China, Europa y Canadá) han monitorizado la presencia de ftalatos en frutas, hortalizas y frutos secos. Ji *et al.* (2014) detectaron DnBP, BBP y DEHP en 25 muestras de frutas y hortalizas chinas. Las concentraciones se situaron en 1,0-22, 0,03-0,9 y 1,6-14 μg/kg, respectivamente. Sakhi *et al.* (2014) analizaron ftalatos en mermelada y hortalizas congeladas adquiridas en el mercado noruego. La mermelada contenía 0,9 μg/kg de DnBP, 9,5 μg/kg de DEHP y 4,0 μg/kg de DiNP, mientras que las hortalizas congeladas solo contenían DiNP a niveles cuantificables, específicamente 2,9 μg/kg. En Bélgica, se analizaron 47 muestras de frutas, hortalizas y frutos secos (Van Holderbeke *et al.,* 2014). Las concentraciones oscilaron entre cantidades indetectables y 480, 38, 58 y 1.413 μg/kg para DiBP, DnBP, BBP y DEHP, respectivamente. En las 41 muestras de Canadá, las concentraciones de DiBP y DnBP estuvieron por debajo del límite de detección (Cao *et al.,* 2015). Sin embargo, se observaron niveles mensurables de BBP y DEHP, hasta 9,4 y 676 μg/kg, respectivamente.

11.2.2 Leche y Productos Lácteos

El grupo más ampliamente estudiado sobre la presencia de ftalatos ha sido, con diferencia, el lácteo: yogur, bebidas lácteas, queso, crema y productos afines. Se han hecho campañas de medición en Europa, China, y Canadá. En los seis estudios europeos que se mencionan en la Tabla 11.1 las concentraciones en leche y productos lácteos estuvieron comprendidas entre valores indetectables y 4.400, 780, 50, 3.000 y 3.055 μg/kg para DiBP, DnBP, BBP, DEHP y DiNP, respectivamente (Bradley *et al.,* 2013a; Fierens *et al.,* 2013; Peters, 2006; Sakhi *et al.*, 2014; Sorensen, 2006; Van Holderbeke *et al.,* 2014). Peters (2006) fue el que halló los niveles más altos de DiBP, DnBP, BBP y DEHP, mientras que la concentración más elevada de DiNP se detectó en el estudio británico de Bradley *et al.* (2013a). En China, se realizaron al menos cuatro estudios en leche y productos lácteos entre 2011 y 2014 (Guo *et al.*, 2012; Ji *et al.*, 2014; Li *et al.*, 2011; Yan *et al.*, 2011). El DiBP solo se analizó en las 11 muestras del estudio de Guo *et al.* (2012), determinándose concentraciones entre 1,2 y 59 μg/kg. El DEHP fue investigado en los dos estudios chinos más recientes: los niveles variaron entre indetectables y 134 μg/kg en el estudio de Guo *et al.* (2012) y entre 0,7 y 3,7 μg/kg en la campaña de muestreo de Ji *et al.* (2014). Los cuatro estudios analizaron DnBP (de indetectable a 226 μg/kg) y BBP (de indetectable a 24 μg/kg) en leche y productos lácteos, mientras que DiNP no se investigó en ninguna de las muestras de China. Más recientemente, Cao *et al.* (2015) determinaron niveles de DiBP, DnBP, BBP y DEHP en 14 muestras de leche y productos lácteos canadienses. Los niveles de DiBP no fueron cuantificables, mientras que los niveles de DnBP, BBP y DEHP ascendieron a 54, 18 y 223 μg/kg, respectivamente.

TABLA 11.1
Niveles de ftalato en diferentes grupos de alimentos (mín.-máx.; en µg/kg de peso fresco).

Grupo de alimento (Estudio)	País	*N*	DiBP	DnBP	BBP (en µg/kg de peso fresco)	DEHP	DiNP
Frutas, vegetales y frutos secos							
(Ji *et al.*, 2014)	China	25	–	1,0-22	0,03-0,9	1,6-14	–
(Sakhi *et al.*, 2014)	Noruega	2	ND	ND-0,9	ND	ND-9,5	2,9-4,0
(Van Holderbeke *et al.*, 2014)	Bélgica	47	ND-480	ND-38	ND-58	ND-1.413	–
(Cao *et al.*, 2015)	Canadá	41	<5,0-<15	<6,1-<30	<0,6-9,4	<14-676	–
Leche y productos lácteos							
(Peters, 2006)	Europa	8	ND-4.400	ND-780	ND-50	ND-3.000	ND-660
(Sorensen, 2006)	Dinamarca	7	–	<9	<4	13-37	<5
(Li *et al.*, 2011)	China	4	–	113-131	ND-24	–	–
(Yan *et al.*, 2011)	China	5	–	ND-5,2	ND	–	–
(Guo *et al.*, 2012)	China	11	1,2-59	2,4-226	ND-1,5	ND-134	–
(Bradley *et al.*, 2013a)	Reino Unido	15	ND-186	ND	ND	ND-690	ND-3.055
(Fierens *et al.*, 2013)	Bélgica	21	ND-24	ND-27	ND-19	4,7-287	–
(Ji *et al.*, 2014)	China	27	–	0,6-5,0	0,003-0,2	0,7-3,7	–
(Sakhi *et al.*, 2014)	Noruega	4	ND-5,4	ND-31	ND	19-173	6,8-166
(Van Holderbeke *et al.*, 2014)	Bélgica	79	ND-116	ND-54	ND-48	ND-2.385	–
(Cao *et al.*, 2015)	Canadá	14	<1,5-<15	<5,0-54	<2,4-18	32-223	–
Cereales y productos de cereales							
(Guo *et al.*, 2012)	China	21	1,8-326	1,5-572	ND-17	ND-762	–
(Bradley *et al.*, 2013a)	Reino Unido	34	ND-108	ND-60	ND	ND-365	ND
(Ji *et al.*, 2014)	China	2	–	3,0-4,0	0,1-0,2	5,0-6,7	–
(Sakhi *et al.*, 2014)	Noruega	5	1,0-24	1,3-16	ND-3,5	ND-60	ND-734
(Van Holderbeke *et al.*, 2014)	Bélgica	129	ND-1.383	ND-106	ND-24	ND-2.264	–
(Cao *et al.*, 2015)	Canadá	12	2,9-6,5	<6,1-24	<0,6-16	31-272	–
(He *et al.*, 2015)	China	44	–	12-284	ND-63	43-1.380	–

Carne y productos cárnicos							
(Peters, 2006)	Europa	10	ND-2.300	ND-760	ND-17	ND-3.300	ND-470
(Guo *et al.*, 2012)	China	6	0,4-43	0,7-15	ND-2,3	37-184	–
(Bradley *et al.*, 2013a)	Reino Unido	69	ND	ND-33	ND	ND-256	ND-1.820
(Ji *et al.*, 2014)	China	4	–	0,6-3,7	0,05-0,2	1,8-8,3	–
(Sakhi *et al.*, 2014)	Noruega	8	ND-12	ND-5,8	ND-78	ND-117	3,0-275
(Van Holderbeke *et al.*, 2014)	Bélgica	37	ND-36	ND-25	ND-18	10-850	–
(Cao *et al.*, 2015)	Canadá	13	<3,0-4,9	7,6-16	<1,2-<5,8	<27-330	–
(He *et al.*, 2015)	China	4	–	18-61	0,2-1,8	103-400	–
Pescado y productos pesqueros							
(Guo *et al.*, 2012)	China	3	ND-65	1,6-12	ND	27-111	–
(Bradley *et al.*, 2013a)	Reino Unido	74	ND-62	ND	ND	ND-2.176	ND-11.576
(Ji *et al.*, 2014)	China	1	–	5,2	0,2	12	–
(Sakhi *et al.*, 2014)	Noruega	5	ND-3,2	ND-12	ND-32	ND-35	2,0-55
(Van Holderbeke *et al.*, 2014)	Bélgica	22	ND-13	ND-13	ND-8,0	ND-5.932	–
(Cao *et al.*, 2015)	Canadá	4	<4,5-11	24-43	<5,8	<19-74	–
(He *et al.*, 2015)	China	3	–	86-116	1,6-8,7	523-1.500	–
Grasas y aceites							
(Peters, 2006)	Europa	1	ND	ND	340	24.000	72
(Guo *et al.*, 2012)	China	3	3.5-13	4,0-18	1,7-18	47-71	–
(Bradley *et al.*, 2013a)	Reino Unido	24	ND-49	ND-141	ND-2.084	ND-6.447	ND-1.500
(Sakhi *et al.*, 2014)	Noruega	2	ND	ND	ND	118-323	ND-15
(Van Holderbeke *et al.*, 2014)	Bélgica	34	ND-53	ND-203	ND-1.127	ND-1.827	–
(Cao *et al.*, 2015)	Canadá	1	<15	<14	1,9	63	–
Snacks salados y dulces							
(Guo *et al.*, 2012)	China	3	ND-76	ND-83	ND-2,6	ND-172	–
(Sakhi *et al.*, 2014)	Noruega	2	6,2-7,7	ND-7,1	ND	56-76	88-362
(Van Holderbeke *et al.*, 2014)	Bélgica	29	ND-114	ND-65	ND-23	0,5-308	–
(Cao *et al.*, 2015)	Canadá	17	<3,5-40	9,5-208	<0,6-35	19-284	–
(He *et al.*, 2015)	China	17	–	3,8-181	0,4-12	64-933	–

(*continúa*)

TABLA 11.1 (*Continuación*)
Niveles de ftalato en diferentes grupos de alimentos (mín.-máx.; en µg/kg de peso fresco).

Grupo de alimento **(Estudio)**	País	*N*	DiBP	DnBP	BBP (en µg/kg de peso fresco)	DEHP	DiNP
Condimentos y salsas							
(Guo *et al.*, 2012)	China	10	0,6-111	ND-236	ND-1,2	ND-14	–
(Sakhi *et al.*, 2014)	Noruega	2	0,8-2,2	ND-1,2	ND	ND-33	9,4-14
(Van Holderbeke *et al.*, 2014)	Bélgica	41	ND-155	ND-157	ND-388	ND-2.154	–
(Cao *et al.*, 2015)	Canadá	5	<15-27	<14-<68	<1,8-51	<19-667	–
(He *et al.*, 2015)	China	7	–	9,4-101	0,2-8,7	62-400	–
Alimentos infantiles							
(Sorensen, 2006)	Mundo entero	8	–	<9	<4	10-138	<5-12
(Gärtner *et al.*, 2009)	Alemania	20	ND-1.796	ND-100	ND	ND	–
(Bradley *et al.*, 2013a)	Reino Unido	26	ND-13	ND	ND	ND-125	ND
(Van Holderbeke *et al.*, 2014)	Bélgica	17	0,1-16	0,1-32	ND-16	ND-67	–
(Cao *et al.*, 2015)	Canadá	9	2,4-<15	ND	<1,2-<8,7	<19-135	–
Bebidas							
(Peters, 2006)	Europa	1	ND	ND	ND	ND	ND
(Bosnir *et al.*, 2007)	Croacia	45	–	ND-133	ND-27	ND-136	–
(Guo *et al.*, 2012)	China	17	0,01-107	ND-557	ND-0,4	ND-73	–
(Chatonnet *et al.*, 2014)	Francia	130	ND-170	<4-2.212	<4-122	<4-1.522	ND
(Sakhi *et al.*, 2014)	Noruega	4	0,1-0,9	0,3-1,0	ND-0,2	0,2-0,7	ND-3,2
(Santana *et al.*, 2014)	Portugal	11	ND-1,9	ND-6,5	–	ND-0,2	–
(Van Holderbeke *et al.*, 2014)	Bélgica	89	ND-2,0	ND-30	ND-21	ND-11	–
(Cao *et al.*, 2015)	Canadá	8	ND	<5,7-14	<2,4-7,9	<14-35	–
(He *et al.*, 2015)	China	3	–	33-53	0,03-0,6	72-160	–

N: Número de muestras. ND: No detectado; –: No investigado. RU: Reino Unido

11.2.3 Cereales y Productos a Base de Cereales

En el grupo alimentario de «cereales y productos a base de cereales» se han incluido diversos productos: pan, cereales de desayuno, harina, arroz, pasta y almidones. Las galletas, pasteles, tortas y patatas fritas se han englobado en el grupo de «snacks salados y dulces». El mayor número de muestras de cereales se ha investigado en Bélgica (Van Holderbeke *et al.,* 2014). En este estudio, la concentración máxima de DiBP se detectó en harina (1.383 μg/kg), la de DnBP (106 μg/kg) y DEHP (2.264 μg/kg) en pan, y el contenido más elevado de BBP (24 μg/kg) en palomitas de maíz. Otros grupos de investigación europeos se han ocupado también del estudio de ftalatos en los productos de cereales. Bradley *et al.* (2013a) detectaron concentraciones de hasta 108 μg/kg de DiBP, 60 μg/kg de DnBP y 365 μg/kg de DEHP, mientras que no pudieron detectar los ftalatos BBP y DiNP en ninguna de las 34 muestras analizadas. En Noruega, Sakhi *et al.* (2014) analizaron muestras de pan, pasta seca, panecillos, cereales de desayuno y harina y, además de niveles detectables de DiBP, DnBP, BBP y DEHP, encontraron también DiNP en las muestras analizadas en las que la concentración de este ftalato osciló entre cantidades indetectable y 734 μg/kg. En China, en el transcurso de tres campañas de medición, se analizaron DiBP, DnBP, BBP y DEHP en 67 muestras de productos de cereales adquiridos en el mercado de ese país (Guo *et al.,* 2012; He *et al.,* 2015; Ji *et al.,* 2014). Las concentraciones estuvieron comprendidas entre 1,8 y 326, 1,5 y 572, indetectables y 63 e indetectables y 1.380 μg/kg, respectivamente. Por último, en un estudio realizado en Canadá, se analizaron muestras de 12 productos de cereales (Cao *et al.,* 2015), determinándose las tasas de DiBP (2,9-6,5 μg/kg), DnBP (<6,1-24 μg/kg), BBP (<0,6-16 μg/kg) y DEHP (31-272 μg/kg).

11.2.4 Carne y Productos Cárnicos

En Europa, se han analizado ftalatos en carne y productos cárnicos en 124 muestras (Bradley *et al.,* 2013a; Peters, 2006; Sakhi *et al.,* 2014; Van Holderbeke *et al.,* 2014). El DEHP fue el que se detectó en los niveles más elevados (3.300 μg/kg), seguido del DiBP (2.300 μg/kg), DiNP (1.820 μg/kg), DnBP (760 μg/kg) y BBP (78 μg/kg). En tres investigaciones realizadas en China en 14 muestras de carnes y productos cárnicos se estudió la presencia de DiBP, DnBP, BBP y DEHP, pero no la de DiNP (Guo *et al.,* 2012; He *et al.,* 2015; Ji *et al.,* 2014). Las concentraciones observadas fueron 0,4-43, 0,7-61, indetectable-2,3 y 37-400 μg/kg, respectivamente. Los niveles más bajos fueron determinados por Ji *et al.* (2014). En Canadá, se investigaron 13 muestras de carne (Cao *et al.,* 2015). Las chuletas de ternera resultaron contener los niveles más altos de ftalatos, específicamente 4,9 μg/kg de DiBP, 16 μg/kg de DnBP y 330 μg/kg de DEHP. El BBP no se pudo cuantificar y el DiNP no se analizó en este estudio.

11.2.5 Pescado y Productos Pesqueros

La presencia de ftalatos en el pescado y productos relacionados ha sido explorada, entre otros, por tres grupos de investigación chinos (Guo *et al.,* 2012; He *et al.,* 2015; Ji *et al.,* 2014). En los 7 productos estudiados, se hallaron concentraciones entre valores indetectables y 65 μg/kg para el DiBP, entre 1,6 y 116 μg/kg para el DnBP, entre cantidades indetectables y 8,7 μg/kg para el BBP, y entre 12 y 1.500 μg/kg para el DEHP; el DiNP no se analizó. En estudios europeos y canadienses, se encontraron niveles más o menos comparables de DiBP, DnBP y BBP (Bradley *et al.,* 2013a; Cao *et al.,* 2015; Sakhi *et al.,* 2014; Van Holderbeke *et al.,* 2014) . Sin embargo, los niveles de DEHP fueron más altos en los productos pesqueros adquiridos en el mercado europeo: Bradley *et al.*

(2013a) y Van Holderbeke *et al.* (2014) determinaron concentraciones de hasta 2.176 y 5.932 μg/kg, respectivamente. En dos de los tres estudios europeos recogidos en la Tabla 11.1 se estudió también la presencia de DiNP en muestras de pescado y productos pesqueros. Bradley *et al.* (2013a) examinaron 74 muestras británicas, en las que el contenido de DiNP varió desde concentraciones indetectables a 11.576 μg/kg. Sakhi *et al.* (2014) hallaron niveles mucho más bajos de DiNP en los cinco productos noruegos que analizaron, entre 2,0 y 55 μg/kg.

11.2.6 Grasas y Aceites

Las concentraciones de ftalatos que se han publicado en el grupo de «grasas y aceites» ofrecen valores que, al parecer, son más elevados en Europa que en Canadá o China. Por ejemplo, se ha observado una concentración máxima de DnBP de 203 μg/kg en una muestra de aceite vegetal adquirida en una tienda de alimentos belga (Van Holderbeke *et al.*, 2014) mientras que en aceite de cocinar de China la cantidad detectada fue de 12 μg/kg en (Guo *et al.*, 2012). En una muestra compuesta de grasas para cocinar y aceites para ensaladas vendidas en Canadá, el valor fue < 14 μg/kg (Cao *et al.,* 2015). El DiNP solo se analizó en grasas y aceites europeos, observándose concentraciones comprendidas entre valores indetectables y1.500 μg/kg (Bradley *et al.,* 2013a; Peters, 2006; Sakhi *et al.,* 2014).

11.2.7 Snacks Salados y Dulces

Entre 2012 y 2015, se realizaron al menos dos estudios en China que examinaron la presencia de DiBP, DnBP, BBP y DEHP en snacks salados y dulces (Guo *et al.,* 2012; He *et al.,* 2015). En un conjunto de 20 muestras, los niveles variaron entre cantidades indetectables y 76, 181, 12 y 933 μg/kg, respectivamente. Asimismo, intervalos de concentraciones similares de estos cuatro compuestos se observaron en dos estudios europeos y uno canadiense (Cao *et al.,* 2015; Sakhi *et al.*, 2014; Van Holderbeke *et al.,* 2014). En uno de los estudios europeos se analizó también DiNP en dos artículos dulces, una muestra de chocolate noruego para untar contenía 362 μg/kg de DiNP y la otra muestra era de galletas y contenía 88 μg/kg de DiNP (Sakhi *et al.,* 2014).

11.2.8 Condimentos y Salsas

El grupo de «condimentos y salsas» comprende diversos productos alimenticios. Entre ellos, pesto, mayonesa, mostaza, kétchup, nuez moscada y albahaca. Al menos cinco grupos de investigación (Cao *et al.,* 2015; Guo *et al.,* 2012; He *et al.,* 2015; Sakhi *et al.*,2014; Van Holderbeke *et al.*, 2014) han analizado ftalatos en esta categoría de alimentos. Las concentraciones más altas de DiBP (155 μg/kg), BBP (388 μg/kg) y DEHP (3.154 μg/kg) se detectaron en condimentos belgas (Van Holderbeke *et al.,* 2014), mientras que un condimento chino el máximo nivel detectado fue de DnBP (388 μg/kg). El DiNP solo se analizó en dos salsas (mayonesa y salsa de tomate) adquiridas en un establecimiento noruego. La mayonesa contenía algo más de DiNP que la salsa de tomate, 14 μg/kg frente a 9,4 μg/kg (Sakhi *et al.,* 2014).

11.2.9 Alimentos Infantiles

Sorensen (2006) investigó la presencia de DnBP, BBP, DEHP y DiNP en ocho muestras de fórmulas infantiles procedentes de diferentes partes del mundo. Los contenidos de DEHP y DiNP oscilaron entre 10 y 138 μg/kg y entre <5 y 12 μ/kg, respectivamente; el DnBP y el BBP presentaron valores no cuantificables. Por otra parte, en tres estudios europeos y uno canadiense se exploró la presencia de ftalato en alimentos infantiles (Bradley *et al.*, 2013a; Cao *et al.*, 2015; Gärtner *et al.*, 2009; Van Holderbeke *et al.*, 2014). No se pudo detectar DiNP, mientras que las concentraciones de los otros variaron desde cantidades indetectables a 1.796 µg/kg para el DiBP, 100 µg/kg para el DnBP, 16 µg/kg para el BBP y 135 µg/kg para el DEHP.

11.2.10 Bebidas

El grupo de «bebidas» se refiere a todo tipo de bebidas a base de agua, tanto alcohólicas como analcohólicas. Ninguno de los cinco ftalatos de interés ha podido detectarse en la muestra europea de jugo de naranja analizada por Peters (2006). Bosnir *et al.* (2007), sin embargo, observaron niveles detectables, de hasta 133 µg/kg de DnBP, 27 µg/kg de BBP y 136 µg/kg de DEHP, en bebidas refrescantes y aguas minerales croatas. Agua embotellada, bebidas refrescantes, vino y cerveza originarios de China contenían concentraciones máximas de DiBP, DnBP, BBP y DEHP, de 107, 557, 0,6 y 160 µg/kg, respectivamente (Guo *et al.*, 2012; He *et al.*, 2015). Con la excepción de BBP, estos niveles máximos fueron mucho más altos que los observados en muestras de bebidas belgas, noruegas y canadienses (Cao *et al.*, 2015; Sakhi *et al.*, 2014; Van Holderbeke *et al.*, 2014). Santana y *et al.* (2014) investigaron la presencia de DiBP, DnBP y DEHP en el agua potable que se consume en Portugal, encontrando concentraciones entre valores indetectables y 1,9, 6,5 y 0,2 µg/kg, respectivamente. Finalmente, Chatonnet *et al.* (2014) analizaron los 5 ftalatos de interés en 130 tipos de diferentes vinos y bebidas espirituosas producidas en Francia. No se pudo detectar DiNP mientras que se encontraron niveles medibles de los restantes compuestos, específicamente en el rango desde indetectable, o no cuantificable, y 170 µg/kg de DiBP, 2.212 µg/kg de DnBP, 122 µg/kg de BBP y 1.522 µg/kg de DEHP.

11.3 POSIBLES FUENTES DE CONTAMINACIÓN DE FTALATOS EN PRODUCTOS ALIMENTICIOS

11.3.1 Medio Ambiente

Los ftalatos no están ligados covalentemente en los productos en que se utilizan. Por ello, alcanzan constantemente el medio ambiente por varias vías: liberación directa, migración, evaporación, lixiviación y/o abrasión y, por lo tanto, pueden transferirse a los productos alimenticios durante el cultivo (Wormuth *et al.*, 2006). Por ejemplo, Du *et al.* (2010) estudiaron la presencia de DEHP en el entorno atmosférico y en cuatro plantaciones de hortalizas cultivadas en tierras que rodeaban una fábrica de plásticos. Las concentraciones más altas de DEHP en el aire se observaron en las cercanías (0,2 km de distancia) al sitio de producción, específicamente 9,4-128 µg/m^3 mientras que a una distancia de 1,6 km los valores determinados fueron de 0,04-0,27 µg/m^3. Similares observaciones se obtuvieron en las hortalizas, ya que el contenido de DEHP en dirección norte (a favor del viento) alcanzó 19,4-52,0 mg/kg de peso seco a una distancia de 0,2 km y disminuyó a 4,5-12,1 mg/kg de peso seco a una distancia de 1,6 km. Por ende, los cultivos de hortalizas absorbieron el DEHP claramente como resultado de la deposición atmosférica.

La absorción del ftalato contenido en el suelo (en el agua de riego) por las plantas ha sido investigada por Yin *et al.* (2003). En un experimento de campo, estos autores cultivaron plantones de pimiento en suelos en los que la capa superior (0-10 cm) se trató con DnBP y DEHP. A los 90 días de cultivo, se recogieron y analizaron muestras de frutos de pimiento, hojas y raíces. Las concentraciones de DnBP en los frutos, hojas y raíces aumentaron al incrementar la cantidad de DnBP/DEHP aplicada al suelo. El DEHP, por el contrario, al ser un compuesto bastante insoluble en agua, no se transfirió del agua de riego, ya que no se detectó en ninguna de las muestras de pimiento.

Las plantas, el agua y el suelo contaminados con ftalatos pueden, por ingestión, pasar a los animales. En consecuencia, los ftalatos también pueden alcanzar a los animales y productos de animales por transferencia ambiental, lo que ha sido demostrado por Fierens *et al.* (2012a), entre otros. Este grupo investigó las posibles vías de contaminación ambiental de la leche cruda de vaca por ftalatos mediante el análisis de los niveles de ftalatos en el agua terrestre, suelo, alimento (ensilado, pasto y concentrados) y leche cruda de vaca recolectada manualmente para evitar la contaminación por ftalatos durante el ordeño mecánico. Se observó una asociación entre las concentraciones de DiBP y DEHP detectadas en el pienso, o sea, en el ensilado (y para el DEHP también en los pastos) y en la leche.

En un estudio escocés (Rhind *et al.*, 2007), se estudió el efecto de los pastos consumidos por ovejas en las concentraciones totales de ftalatos en la leche. Se hizo una distinción entre ovejas alimentadas con pastos tratados con lodos de depuradora (que contenían aproximadamente 100 mg de ftalatos/kg de peso seco) y las ovejas alimentadas con pastos tratados con un fertilizante inorgánico («control»). Las concentraciones totales de ftalatos en la leche oscilaron entre <200 y 20.000 µg/kg de peso seco. No se observó ningún efecto significativo entre la leche de los dos grupos de ovejas.

Mackintosh *et al.* (2004) estudiaron la distribución de ftalatos (ocho ésteres de ftalato individuales y cinco mezclas isoméricas comerciales) en una red alimentaria de aguas marinas. En el estudio, se determinaron las concentraciones de ftalatos en 18 especies marinas que representaban aproximadamente 4 niveles tróficos. Los ftalatos seleccionados no se biomagnificaron en la red trófica. De hecho, el intercambio directo y la distribución de ftalatos entre los organismos y el agua resultó ser la principal ruta de exposición en la red.

11.3.2 MATERIALES EN CONTACTO CON ALIMENTOS

Los ftalatos pueden migrar a productos alimenticios desde materiales que contienen estas sustancias, las cuales contactan con alimentos mediante el cultivo, transporte, producción, almacenamiento o durante la preparación en el hogar, o fuera. Por ejemplo, en un estudio chino, se informó que las hortalizas absorbían DEHP de las películas de plástico que se utilizaban como recubrimiento del cultivo en el campo. Dichas películas contenían aproximadamente 16,5% de DEHP y se utilizan principalmente para reflejar la luz solar en los invernaderos (Du *et al.*, 2009).

Los ftalatos también pueden liberarse de los tubos flexibles, como se demostró en un estudio canadiense usando DEHP (Feng *et al.*, 2005). En este estudio, se analizaron varios ftalatos en leche cruda de vacas ordeñadas tanto manual como mecánicamente. Las muestras de leche obtenida con ordeñadoras mecánicas contenían niveles de DEHP mucho más elevados que la ordeñada a mano, concretamente 215 µg/kg frente a 16 µg/kg. La misma observación ha sido descrita también por otros investigadores (Fierens *et al.*, 2012a; Sharman *et al.*, 1994).

Chatonnet *et al.* (2014) investigaron las fuentes de contaminación de ftalatos en vinos y aguardientes de uva franceses. Durante la fermentación y la crianza del vino, se utilizan varios materiales poliméricos, que potencialmente pueden contener ftalatos, para bombear, almacenar y manipular vinos y bebidas espirituosas y, por lo tanto, están en contacto directo con los líquidos durante diversos períodos de tiempo. Las mangueras utilizadas para el bombeo contenían altas concentraciones de DEHP y DiNP y, asimismo, se detectaron también niveles elevados de DnBP y DiBP en algunos tipos de resinas epoxi utilizadas en los recubrimientos de los depósitos de almacenamiento y fermentación.

Los guantes de PVC que se utilizan durante la preparación de alimentos son un claro ejemplo de material que contiene ftalatos. Las encuestas de Tsumura *et al.* (2001a, 2001b) demostraron que durante la preparación de almuerzos envasados, el BBP y el DEHP migraba de guantes de PVC que contenían hasta 2,8% de BBP y 41% de DEHP. Las concentraciones observadas de BBP y DEHP oscilaron entre 2 y 277 µg/kg y entre 346 y 11.800 µg/kg, respectivamente. Dos meses después de la prohibición para cocinar en Japón con guantes de PVC que contienen DEHP, los niveles de BBP y DEHP oscilaron entre cantidades indetectables y 10 µg/kg y entre 45 y 517 µg/kg, claramente inferiores a los niveles previos a la prohibición.

Los envases son una categoría especial de material de contacto con alimentos, ya que los productos alimenticios pueden almacenarse en ellos durante períodos prolongados antes de su consumo. El uso de ftalatos en materiales para envases está muy extendido. Por ejemplo, algunos ftalatos, como DEHP, DiNP y DiDP, se agregan a plastisoles de PVC a concentraciones típicas del 20%-31% en peso. Estos plastisoles se utilizan en las tapas metálicas de los frascos de vidrio para lograr un sellado hermético. Un estudio danés, confirmó la migración de DiNP y DiDP de las tapas metálicas (Pedersen *et al.,* 2008), ofreciéndose niveles de <1-99 mg/kg de DiNP y de <1-173 mg/kg de DiDP (usados como plastificantes) en los alimentos envasados almacenados en frascos de vidrio con tapas metálicas.

Otra aplicación de los ftalatos es la de portador de pigmentos en tintas de impresión y adhesivos. Cuando hay tintas o adhesivos en los materiales de envasado, los ftalatos pueden migrar desde este material hacia los alimentos. Esto es especialmente más evidente si el material es permeable, como es el caso del papel y el cartón (Castle, 2007). En un estudio belga, por ejemplo, se examinó la presencia de ocho ftalatos en pasta y arroz envasados en materiales impresos (Fierens *et al.,* 2012b). Cuando se utilizó cartón, la pasta contenía más DiBP y también, aunque en menor grado, más DnBP, BBP y DEHP que cuando se envasó en plástico. Respecto a las muestras de arroz, los contenidos de DiBP, DnBP, BBP y DEHP en el grano fuera de la bolsa fueron más altos que en el arroz hervido en la bolsa, lo que indica que la bolsa de plástico puede actuar como una barrera frente a la migración de ftalatos.

Finalmente, los materiales de envasado reciclados también pueden ser fuentes potenciales de contaminación de ftalatos en alimentos, ya que puede haber trazas de ftalatos en estos materiales que han quedado retenidas de aplicaciones anteriores, como tintas de impresión y adhesivos. Bradley *et al.* (2013a) realizaron un perfil de profundidad de láminas de lasaña envasadas en cartón reciclado para determinar las fuentes de contaminación de DiBP. Encontraron una concentración de DiBP de 200-250 µg/kg en la lámina de lasaña que había estado en contacto directo (a 0-0,3 cm del envase) con el cartón; la lámina de lasaña que estaba situada en el medio (a 2,0-2,3 cm del envase) contenía 40-80 µg/kg de DiBP. Otros autores, por ejemplo Gärtner *et al.* (2009), han demostrado también la migración de ftalatos en alimentos envasados en papel y cartón reciclado.

11.3.3 Tratamientos Térmicos

La investigación realizadas han indicado que algunos tratamientos térmicos que se aplican en el procesado de alimentos, como la fritura y la pasteurización pueden potenciar la migración (Castle, 2007). Ishida (1993) investigó el efecto de varios procesos en la persistencia de DEHP en huevos de gallina, hígado y carne de pechuga. Todos los procesos ocasionaron una reducción de DEHP en los alimentos examinados, observándose tasas de reducción del 21 al 41% en la liofilización, del 26 al 53% en el asado, del 12 al 33% en la cocción y del 11 al 44% en la fritura.

Fierens *et al.* (2012b) han estudiado el efecto de la fritura en los niveles de ftalato en carne y pescado. Observaron mayores contenidos de DiBP y DEHP cuando la fritura de la carne o el pescado se hizo en una sartén antiadherente sin usar margarina que cuando se realizó en una sartén con margarina. Esta diferencia, según los autores, podría deberse al carácter lipófilo del DiBP y DEHP, lo que facilitaría la migración de estas sustancias a la margarina. Otra posible explicación de la diferencia en los contenidos de DiBP y DEHP en este estudio podría ser la presencia de estos compuestos en el recubrimiento de la sartén antiadherente. Este hecho ha sido también observado por otros investigadores (Bradley *et al.*, 2007). Asimismo, se ha examinado el contenido de ftalato en productos amiláceos (patatas, pasta y arroz) antes y después de la cocción (Fierens *et al.*, 2012b), observándose que los niveles de BBP y DEHP fueron significativamente más bajos después de la ebullición (valores *p* de 0,036 y 0,031, respectivamente) y, aunque sin significancia, se observó la misma tendencia para DiBP, DnBP y DEP (valores *p* de 0,059, 0,074 y 0,28, respectivamente).

En otro estudio, Fierens *et al.* (2013) investigaron la transferencia de ocho ftalatos durante la fabricación de leche en polvo. Las concentraciones medias de DEHP aumentaron de 364 µg/kg de grasa en la leche cruda a 426 µg/kg de grasa en la leche pasteurizada. Una vez que la leche enfriada se concentró, se pasteurizó, se homogeneizó y se secó por pulverización, la concentración media de DEHP aumentó de nuevo, pasando de 426 a 478 µg/kg de grasa. Estos aumentos probablemente se debieron a la migración de DEHP de los materiales de contacto con los alimentos (p. ej., tubos y selladores) utilizados en las diferentes etapas del tratamiento térmico.

11.4 EXPOSICIÓN ALIMENTARIA HUMANA A LOS FTALATOS Y EVALUACIÓN DEL RIESGO

11.4.1 Estudios sobre la Exposición de la Dieta

Diversos grupos de investigadores han estudiado la exposición a los ftalatos a través de la alimentación. En la Tabla 11.2, se ofrece una visión general de los percentiles 50°, 95° y/o 97,5° de varios estudios de ingesta alimentaria llevados a cabo durante la última década para DiBP, DiNP, BBP, DEHP y/o DiNP (Bradley *et al.*, 2013b ; Fromme *et al.*, 2007; Guo *et al.*, 2012; Heinemeyer *et al.*, 2013; Ji *et al.*, 2014; Sakhi *et al.*, 2014; Schecter *et al.*, 2013; Sioen *et al.*, 2012). Puede observarse en la tabla que las tasas de exposición a todos los ftalatos considerados son más elevadas en los grupos de población europeos que en los grupos chinos o estadounidenses. No obstante, estas diferencias deben interpretarse con cautela ya que las encuestas sobre el consumo de alimentos y los tipos de muestras de alimentos analizados en estos estudios pueden diferir. Con la excepción de la exposición alimentaria a DnBP investigada por Ji *et al.* (2014), las tasas de exposición de una determinada población van disminuyendo con la edad, lo que se debe a que los niños consumen una cantidad mayor de alimentos por unidad de peso corporal que los adolescentes o adultos. En general, la exposición dietética a DEHP es la más común, seguida de la exposición a DiBP, DnBP, BBP y DiNP. El máximo de los percentiles de 95° o 97,5° observado para estos ftalatos se sitúa en 29 µg/kg pc/día en adolescentes y adultos alemanes, 2,7 µg/kg pc/día en niños preescolares británicos, 1,4 µg/kg pc/día en alemanes de edades comprendidas entre 14 y 60 años, 1,3 µg/kg pc/día en niños británicos de preescolar, y 1,1 µg/kg en adultos noruegos, respectivamente. De todas formas, la exposición a estos ftalatos podría cambiar en los próximos años a medida que la industria de plastificantes vaya sustituyendo algunos ftalatos, como el

TABLA 11.2
Percentiles 50°, 95° y/o 97,5° de diversos estudios de ingesta de ftalatos con la dieta (en µg/kg pc/día).

Compuesto (Estudio)	País	Edad (años)	Tipo de alimento	P50	P95	P97,5
				(en µg/kg pc/día)		
DiBP						
(Fromme *et al.*, 2007)	Alemania	14-60	Dieta duplicada	0,6	2,1	–
(Guo *et al.*, 2012)	China	18+	Dieta completa	0,25	–	–
(Sioen *et al.*, 2012)	Bélgica	2,5-6,5	De minorista	0,42	0,64	–
(Sioen *et al.*, 2012)	Bélgica	15-98	De minorista	0,14	0,28	–
(Bradley *et al.*, 2013b)	Reino Unido	1,5-4,5	Dieta completa	–	–	1,2-2,7
(Bradley *et al.*, 2013b)	Reino Unido	4-18	Dieta completa	–	–	0,6-1,8
(Bradley *et al.*, 2013b)	Reino Unido	18+	Dieta completa	–	–	0,6-1,0
(Schecter *et al.*, 2013)	EE.UU.	0,5-1	De minorista	0,01	–	–
(Schecter *et al.*, 2013)	EE.UU.	18+	De minorista	0,01	–	–
(Sakhi *et al.*, 2014)	Noruega	18-70	De minorista	0,03	0,07	–
DnBP						
(Fromme *et al.*, 2007)	Alemania	14-60	Dieta duplicada	0,3	1,4	–
(Guo *et al.*, 2012)	China	18+	Dieta completa	0,24	–	–
(Sioen *et al.*, 2012)	Bélgica	2,5-6,5	De minorista	0,20	0,30	–
(Sioen et al., 2012)	Bélgica	15-98	De minorista	0,08	0,16	–
(Bradley *et al.*, 2013b)	Reino Unido	1,5-4,5	Dieta completa	–	–	0,4-1,0
(Bradley *et al.*, 2013b)	Reino Unido	4-18	Dieta completa	–	–	0,2-0,7
(Bradley *et al.*, 2013b)	Reino Unido	18+	Dieta completa	–	–	0,2-0,3
(Schecter *et al.*, 2013)	EE.UU.	0,5-1	De minorista	0,04	–	–
(Schecter *et al.*, 2013)	EE.UU.	18+	De minorista	0,03	–	–
(Ji *et al.*, 2014)	China	2-6	De minorista	0,18	–	–
(Ji *et al.*, 2014)	China	7-17	De minorista	0,12	–	–
(Ji *et al.*, 2014)	China	18+	De minorista	0,16	–	–
(Sakhi *et al.*, 2014)	Noruega	18-70	De minorista	0,03	0,06	–
BBP						
(Guo *et al.*, 2012)	China	18+	Dieta completa	0,01	–	–
(Sioen *et al.*, 2012)	Bélgica	2,5-6,5	De minorista	0,12	0,21	–
(Sioen *et al.*, 2012)	Bélgica	15-98	De minorista	0,05	0,12	–
(Bradley *et al.*, 2013b)	Reino Unido	1,5-4,5	Dieta completa	–	–	0,07-1,3
(Bradley *et al.*, 2013b)	Reino Unido	4-18	Dieta completa	–	–	0,03-0,9
(Bradley *et al.*, 2013b)	Reino Unido	18+	Dieta completa	–	–	0,03-0,5
(Schecter *et al.*, 2013)	EE.UU.	0,5-1	De minorista	0,13	–	–
(Schecter *et al.*, 2013)	EE.UU.	18+	De minorista	0,02	–	–
(Ji *et al.*, 2014)	China	2-6	De minorista	0,002	–	–
(Ji *et al.*, 2014)	China	7-17	De minorista	0,002	–	–
(Ji *et al.*, 2014)	China	18+	De minorista	0,002	–	–
(Sakhi *et al.*, 2014)	Noruega	18-70	De minorista	0,02	0,16	–

(continúa)

TABLA 11.2 ***(Continuación)***
Percentiles 50°, 95° y/o 97,5° de diversos estudios de ingesta de ftalatos con la dieta (en µg/kg pc/día).

Compuesto **(Estudio)**	**País**	**Edad (años)**	**Tipo de alimento**	**P50**	**P95**	**P97,5**
				(en µg/kg pc/día)		
DEHP						
(Fromme *et al.*, 2007)	Alemania	14-60	Dieta duplicada	2,4	4,0	–
(Guo *et al.*, 2012)	China	18	Dieta completa	0,62	–	–
(Sioen *et al.*, 2012)	Bélgica	2,5-6,5	De minorista	3,5	5,4	–
(Sioen *et al.*, 2012)	Bélgica	15-98	De minorista	1,5	2,9	–
(Bradley *et al.*, 2013b)	Reino Unido	1,5-4,5	Dieta completa	–	–	5,7-9,9
(Bradley *et al.*, 2013b)	Reino Unido	4-18	Dieta completa	–	–	2,7-6,7
(Bradley *et al.*, 2013b)	Reino Unido	18+	Dieta completa	–	–	2,6-4,0
(Heinemeyer *et al.*, 2013)	Alemania	14-80	De minorista	10	29	–
(Schecter *et al.*, 2013)	EE.UU.	0,5-1	De minorista	1,6	–	–
(Schecter *et al.*, 2013)	EE.UU.	18+	De minorista	0,42	–	–
(Ji *et al.*, 2014)	China	2-6	De minorista	0,15	–	–
(Ji *et al.*, 2014)	China	7-17	De minorista	0,12	–	–
(Ji *et al.*, 2014)	China	18+	De minorista	0,12	–	–
(Sakhi *et al.*, 2014)	Noruega	18-70	De minorista	0,38	0,78	–
DiNP						
(Sakhi *et al.*, 2014)	Noruega	18-70	De minorista	0,40	1,1	–

–: No disponible; Pxx: Percentil de xx°.

DEHP, por otros compuestos (ftalatos) menos perjudiciales, como el DiNP, el DiDP, el di(2-propil heptil) ftalato, o el ciclohexano dicarboxilato de di-isononilo (ECPI, 2014).

11.4.2 Contribución de la Dieta a la Exposición Integral a los Ftalatos

Las personas pueden estar expuestas a los ftalatos mediante varias vías. La exposición integral a los ftalatos es diferente dependiendo del ftalato que se trate o del grupo de población que se considere. La Tabla 11.3 resume los porcentajes de contribución de la ingestión de alimentos a la exposición integral de DiBP, DnBP, BBP, DEHP y DiNP de acuerdo a las estimaciones de varios investigadores (Clark *et al.*, 2011; Guo *et al.*, 2012; Ji *et al.*, 2014; Lee *et al.*, 2014; Müller *et al.*, 2003; Wormuth *et al.*, 2006). Con la excepción del estudio chino de Guo *et al.* (2012), la exposición integral a DiBP se debe, al parecer, principalmente a la ingestión de alimentos contaminados, ya que se observa que los porcentajes de contribución de DiBP vía la ingestión de alimentos es del 60% para niños menores de 4 años y del 85-95% para humanos de mayor edad. En el caso del DnBP, la contribución de la ingestión de alimentos a la exposición integral parece que es mayor en los países europeos que en los no europeos. Por ejemplo, los alimentos son responsables del 13-46% de la exposición total a DnBP en niños canadienses mientras que en niños daneses, la exposición a este ftalato se debe en un 99% a la ingestión por productos alimenticios contaminados (Clark *et al.*, 2011; Müller *et al.*, 2003). Respecto a BBP, puede decirse que los estudios realizados permiten concluir que los porcentajes de contribución alimentaria varían considerable-

TABLA 11.3
Contribución de la ingesta de alimentos (%) a la exposición integral de ftalatos en diversos grupos de población.

Población (edad, años)	País	DiBP	DnBP	BBP	DEHP	DiNP	Estudio
Bebés (0-0,5)	Canadá	–	13-46	<6	34-76	–	Clark *et al.* (2011)
Bebés (0,5-1)	Dinamarca	–	99	97	26	7	Müller *et al.* (2003)
Bebés/Niños pequeños (0-4)	Europa	60	60-70	20	50	<2	Wormuth *et al.* (2006)
Niños pequeños (2)	Corea	–	25-41	26-50	63-75	–	Lee *et al.* (2014)
Niños pequeños (2)	Dinamarca	–	50	49	54	–	Lee *et al.* (2014)
Niños pequeños (1-6)	Dinamarca	–	99	98	66	46	Müller *et al.* (2003)
Niños pequeños (2-6)	China	–	49	88	74	–	Ji *et al.* (2014)
Niños (4-10)	Europa	85	60	73	90	<1	Wormuth *et al.* (2006)
Niños (7-14)	Dinamarca	–	95-99	98	82	92	Müller *et al.* (2003)
Niños/jóvenes (7-17)	China	–	44	90	78	–	Ji *et al.* (2014)
Jóvenes (11-18)	Europa	95	40-60	20	95	5	Wormuth *et al.* (2006)
Jóvenes/adultos (0,5-70)	Canadá	–	75	68-77	95	61-71	Clark *et al.* (2011)
Adultos (15-80)	Dinamarca	–	91-99	94	76	89	Müller *et al.* (2003)
Adultos (18-80)	Europa	95	80-90	60	98	5	Wormuth *et al.* (2006)
Adultos (18+)	China	<10	<10	–	30-100	–	Guo *et al.* (2012)
Adultos (18+)	China	–	53	89	79	–	Ji *et al.* (2014)
INTERVALO (%)		<10-95	<10-99	<6-98	26-100	<1-92	

mente; se ha informado de intervalos entre <6% y el 98%. En el caso de DEHP, puede considerarse que la ingestión de alimentos se comporta como un contribuyente importante, al igual que ocurre con el DiBP. Los porcentajes estimados de contribución alimentaria del DEHP son normalmente superiores al 75%, de forma especial cuando se consideran grupos de población de mayor edad. En cuanto al DiNP, los porcentajes de contribución oscilan entre <1% y 92%; los hallados por Wormuth *et al.* (2006) son generalmente más bajos que los publicados por Müller *et al.* (2003) y Clark *et al.* (2011) para los grupos de población correspondientes.

11.4.3 Evaluación del Riesgo

Para la evaluación de los riesgos asociados a la exposición a los ftalatos, las cantidades de ingesta estimadas deben compararse con los valores límite de exposición. Estos valores son estimaciones de la ingesta diaria de una sustancia química que puede producirse durante toda la vida sin un riesgo apreciable para la salud humana (OMS, 2000). En la Tabla 11.4, se ofrece una perspectiva general de los valores de ingesta diaria tolerable (TDI) y dosis oral de referencia (RfD) de DnBP, BBP, DEHP y DiNP, de acuerdo a lo establecido por la Autoridad Europea de Seguridad Alimentaria (EFSA, 2005a, 2005b, 2005c, 2005d) y la Agencia Estadounidense de Protección Ambiental (US EPA, 2007), respectivamente. En esta tabla, se ilustran también los niveles sin efectos adversos observables (NOAEL) estimados en animales y los factores de incertidumbre que se utilizaron para fijar los valores de TDI y RfD. Como puede observarse, los valores de TDI y RfD difieren entre sí, ya que se extrapolan de otros valores de NOAEL obtenidos en estudios toxicológicos y se tienen en cuenta otros factores de incertidumbre para extrapolar a la salud humana los datos de los estudios en animales. Además, los valores correspondientes de

TABLA 11.4
Valores de TDI y RfD de DnBP, BBP, DEHP y DiNP incluyendo la información (efectos observados en animales, NOAEL y factores de incertidumbre) utilizada para establecer estos parámetros.

Compuesto	Valor límite (µg/kg pc/día)	Efectos observados en animales	NOAEL (µg/kg pc/día)	Factor de incertidumbre	Referencia
TDI					
DnBP	10	Efectos en el desarrollo (desarrollo de células germinales) de ratas (crías)	2.000[a]	200	EFSA (2005a)
BBP	500	Efectos en el desarrollo de ratas (disminución distancia anogenital)	50.000	100	EFSA (2005b)
DEHP	50	Efectos en testículos (peso) y en el desarrollo (depleción de células germinales) de ratas (estudio multigeneracional)	5.000	100	EFSA (2005c)
DiNP	150	Efectos hepáticos (espongiosis, aumento tasas enzimas hepáticas, aumento peso del hígado) y renales (aumento peso del riñón) en ratas (estudio de 2 años de toxicidad crónica)	15.000	100	EFSA (2005d)
RfD para la toxicidad oral crónica					
DnBP	100	Aumento de la mortalidad de ratas adultas (estudio subcrónico a crónico)	125.000	1.000	UP EPA (2007)
BBP	200	Aumento, en ratas adultas, de las relaciones peso del hígado: peso del cuerpo y peso del hígado: peso del cerebro (estudio de 6 meses)	159.000	1.000	UP EPA (2007)
DEHP	20	Aumento relativo del peso del hígado en cobayas adultos (estudio subcrónico a crónico)	19.000[a]	1.000	UP EPA (2007)

[a] Nivel mínimo de efectos adversos observados en vez de NOAEL.

TDI y RfD se basan en otros efectos observados en animales. Así, mientras que los TDI actuales de DnBP, BBP y DEHP se basan en los efectos en el desarrollo y/o reproductivos observados en estudios de (multi)generaciones de ratones o ratas, los RfD se basan en la alteración del crecimiento y los niveles de consumo, la modificación del peso de órganos o el aumento de la mortalidad observados en ratas adultas o cobayas (EFSA, 2005a, 2005b, 2005c; US EPA, 2007)

La ingestión de alimentos no es la única vía de exposición a los ftalatos en humanos. Por ello, es importante tener en cuenta la contribución de la dieta a la exposición integral de ftalatos al comparar las estimaciones de ingesta de ftalatos en la dieta con los valores límite de exposición. No se esperan riesgos para la salud en la mayoría de los grupos de población estudiados (Tabla 11.2). Sin embargo, según el grupo de población (Tabla 11.2), el porcentaje de contribución (Tabla 11.3) y el límite de exposición (Tabla 11.4) considerados, se podrían producir excesos de TDI y/o RfD para el DnBP, DEHP y DiNP en algún porcentaje de la población. Por ejemplo, Bradley *et al.* (2013b) calculó, en niños británicos entre 1,5 y 4,5 años, un percentil de 97,5° hasta 9,9 µg/kg pc/día para la exposición al DEHP de la dieta. Esta estimación de consumo corresponde al 50% de la RfD establecida para el DEHP, lo que significa que el 2,5% de los niños británicos están expuestos al DEHP vía la ingestión de alimentos en un porcentaje próximo al, o dentro del rango del, porcentaje de contribución de la dieta a la exposición integral al DEHP observada en niños europeos (es decir, 50-90%). Para el BBP, incluso el valor límite de exposición dietética más estricto de 12 µg/kg pc/día, [calculado como el porcentaje de contribución mínimo de la ingesta alimentaria (6%, ver también Tabla 11.3) del valor límite de exposición más bajo (200 µg/kg pc/día, ver también Tabla 11.4)] no se supera en los grupos de población investigados en los estudios dietéticos recogidos en la Tabla 11.2. Por lo tanto, no se esperan efectos negativos para la salud relacionados con la exposición al BBP. Respecto al DiBP, no se puede realizar una evaluación de riesgos ya que no hay un valor límite de exposición disponible para este ftalato. Considerando que DiBP, al igual que DiNP, está clasificado como una sustancia de la Categoría 2 en la lista europea de prioridades de sustancias químicas con actividades de trastornos endocrinos potenciales (Comisión Europea, 2014), al presente no está claro si cabe esperar riesgos para la salud relacionados con los niveles actuales de exposición al DiBP.

11.5 CONCLUSIONES

En el presente capítulo se ha discutido la presencia de ftalatos, uno de los plastificantes más utilizados en el mundo, en los alimentos. Más exactamente, se ha analizado la incidencia de los cinco compuestos de ftalato que habitualmente se han monitorizado (DiBP, DnBP, BBP, DEHP y DiNP) en productos alimenticios, sus posibles fuentes de contaminación y la exposición alimentaria en humanos. Del momento, la exposición alimentaria al DEHP es la más común, seguida de la de DiBP, DnBP, BBP y DiNP. Como la ingestión de alimentos no es la única vía de exposición en humanos, es importante tener presente la contribución de la dieta a la exposición integral de ftalatos al comparar las estimaciones de ingesta de ftalatos con la dieta y los valores límite de exposición, como los de TDI o RfD. En general, para la mayoría de la población no se esperan riesgos para la salud asociados con la exposición a los ftalatos de la dieta. Sin embargo, en situaciones específicas, existe la posibilidad de que se presenten excesos de TDI y/o RfD para DnBP, DEHP y DiNP en algún porcentaje de la población. Además, debe apuntarse que no se puede realizar una evaluación de riesgos en el caso del DiBP a pesar de que se sospecha también que es un compuesto causante de trastornos endocrinos. Por ello, no está claro aún si se esperan riesgos para la salud asociados a este ftalato.

BIBLIOGRAFÍA

Bosnir, J., D. Puntaric, A. Galic, I. Skes, T. Dijanic, M. Klaric, M. Grgic, M. Curkovic, and Z. Smit. 2007. Migration of phthalates from plastic containers into soft drinks and mineral water. *Food Technol. Biotechnol.* 45: 91–95.

Bradley, E.L., R.A. Burden, I. Leon, D.N. Mortimer, D.R. Speck, and L. Castle. 2013a. Determination of phthalate diesters in foods. *Food Addit. Contam Part A Chem. Anal. Control Expo. Risk Assess.* 30: 722–734.

Bradley, E.L., R.A. Burden, K. Bentayeb, M. Driffield, N. Harmer, D.N. Mortimer, D.R. Speck, J. Ticha, and L. Castle. 2013b. Exposure to phthalic acid, phthalate diesters and phthalate monoesters from foodstuffs: UK total diet study results. *Food Addit. Contam Part A Chem. Anal. Control Expo. Risk Assess.* 30: 735–742.

Bradley, E.L., W.A. Read, and L. Castle. 2007. Investigation into the migration potential of coating materials from cookware products. *Food Addit. Contam.* 24: 326–335.

Cao, X.L., W.D. Zhao, and R. Dabeka. 2015. Di-(2-ethylhexyl) adipate and 20 phthalates in composite food samples from the 2013 Canadian total diet study. *Food Addit. Contam Part A Chem. Anal. Control Expo. Risk Assess.* 32: 1893–1901.

Castle, L. 2007. Chemical migration into food: an overview. In: Barnes, K.A., Sinclair, C.R. and Watson, D.H. (eds.), *Chemical Migration and Food Contact Materials*, Woodhead Publishing Limited, Cambridge, pp. 1–13.

Chatonnet, P., S. Boutou, and A. Plana. 2014. Contamination of wines and spirits by phthalates: types of contaminants present, contamination sources and means of prevention. *Food Addit. Contam Part A Chem. Anal. Control Expo. Risk Assess.* 31: 1605–1615.

Clark, K., R.M. David, R. Guinn, K.W. Kramarz, M.A. Lampi, and C.A. Staples. 2011. Modeling human exposure to phthalate esters: a comparison of indirect and biomonitoring estimations methods. *Hum. Ecol. Risk Assess.* 17: 923–965.

Cousins, I.T., D. Mackay, and T.F. Parkerton. 2003. Physical-chemical properties and evaluative fate modelling of phthalate esters. In: Staples, C.A. (ed.), *The Handbook of Environmental Chemistry: Phthalate Esters*, Springer, Berlin, Germany, pp. 57–84.

Du, Q.Z., J.W. Wang, X.W. Fu, and H.L. Xia. 2010. Diffusion and accumulation in cultivated vegetable plants of di-(2-ethylhexyl) phthalate (DEHP) from a plastic production factory. *Food Addit. Contam.* 27: 1186–1192.

Du, Q.Z., X.W. Fu, and H.L. Xia. 2009. Uptake of di-(2-ethylhexyl)phthalate from plastic mulch film by vegetable plants. *Food Addit. Contam.* 26: 1325–1329.

ECHA. 2015. Regulations—REACH. Helsinki, Finland, European Chemicals Agency. http://echa.europa.eu/regulations/reach.

ECPI. 2014. Plasticisers. Brussels, Belgium, European Council for Plasticisers and Intermediates. www.plasticisers.org

EFSA. 2005a. Opinion of the scientific panel on food additives, flavourings, processing aids and material in contact with food (AFC) on a request from the commission related to di-Butylphthalate (DBP) for use in food contact materials: Question N° EFSA-Q-2003-192. *The EFSA Journal* 242: 1–2.

EFSA. 2005b. Opinion of the scientific panel on food additives, flavourings, processing aids and materials in contact with food (AFC) on a request from the commission related to butylbenzylphthalate (BBP) for use in food contact materials: Question N° EFSA-Q-2003-190. *The EFSA Journal* 241: 1–2.

EFSA. 2005c. Opinion of the scientific panel on food additives, flavourings, processing aids and materials in contact with food (AFC) on a request from the commission related to Bis(2-ethylhexyl)phthalate (DEHP) for use in food contact materials: Question N° EFSA-Q-2003-191. *The EFSA Journal* 243: 1–2.

EFSA. 2005d. Opinion of the scientific panel on food additives, flavourings, processing aids and materials in contact with food (AFC) on a request from the commission related to Di-isononylphthalate (DINP) for use in food contact materials: Question N° EFSA-Q-2003-194. *The EFSA Journal* 244: 1–2.

European Commission. 2014. Endocrine disruptors. Brussels, Belgium, European Commission—Environment DG. http://ec.europa.eu/environment/chemicals/endocrine/index_en.htm

Feng, Y.L., J. Zhu, and R. Sensenstein. 2005. Development of a headspace solid-phase micro-extraction method combined with gas chromatography mass spectrometry for the determination of phthalate esters in cow milk. *Anal. Chim. Acta* 538: 41–48.

Fierens, T., M. Van Holderbeke, H. Willems, S. De Henauw, and I. Sioen. 2012a. Phthalates in Belgian cow's milk and the role of feed and other contamination pathways at farm level. *Food Chem. Toxicol.* 50: 2945–2953.

Fierens, T., G. Vanermen, M. Van Holderbeke, S. De Henauw, and I. Sioen. 2012b. Effect of cooking at home on the levels of eight phthalates in foods. *Food Chem. Toxicol.* 50: 4428–4435.

Fierens, T., M. Van Holderbeke, H. Willems, S. De Henauw, and I. Sioen. 2013. Transfer of eight phthalates through the milk chain—A case study. *Environ. Int.* 51: 1–7.

Fromme, H., L. Gruber, M. Schlummer, G. Wolz, S. Boehmer, J. Angerer, R. Mayer, B. Liebl, and G. Bolte. 2007. Intake of phthalates and di(2-ethylhexyl)adipate: Results of the integrated exposure assessment survey based on duplicate diet samples and biomonitoring data. *Environ. Int.* 33: 1012–1020.

Gärtner, S., M. Balski, M. Koch, and I. Nehls. 2009. Analysis and migration of phthalates in infant food packed in recycled paperboard. *J. Agric. Food Chem.* 57: 10675–10681.

Grandjean, P., J. Toppari, R. Sharpe, E. Gray, P. Foster, N.E. Skakkebaek, S. Swan, K. Main, A. Calafat, T. Schettler, F. Bro-Rasmusssen, and D. Gee. 2006. Possible effects of phthalate exposure in doses relevant for humans. *Int. J. Androl.* 29: 181–185.

Guo, Y., Z.F. Zhang, L.Y. Liu, Y.F. Li, N.Q. Ren, and K. Kannan. 2012. Occurrence and profiles of phthalates in foodstuffs from China and their implications for human exposure. *J. Agric. Food. Chem.* 60: 6913–6919.

He, M., C. Yang, R.J. Geng, X.G. Zhao, L. Hong, X.F. Piao, T. Chen, M. Quinto, and D.H. Li. 2015. Monitoring of phthalates in foodstuffs using gas purge microsyringe extraction coupled with GC-MS. *Anal. Chim. Acta* 879: 63–68.

Heinemeyer, G., C. Sommerfeld, A. Springer, A. Heiland, O. Lindtner, M. Greiner, T. Heuer, C. Krems, and A. Conrad. 2013. Estimation of dietary intake of bis(2-ethylhexyl)phthalate (DEHP) by consumption of food in the German population. *Int. J. Hyg. Environ. Health* 216: 472–480.

Hernández-Díaz, S., Y.-C. Sua, A.A. Mitchell, K.E. Kelley, A.M. Calafat, and R. Hauser. 2013. Medications as a potential source of exposure to phthalates among women of childbearing age. *Reprod. Toxicol.* 37: 1–5.

Hoppin, J.A., R. Jaramillo, S.J. London, R.J. Bertelsen, P.M. Salo, D.P. Sandler, and D.C. Zeldin. 2013. Phthalate exposure and allergy in the U.S. population: Results from NHANES 2005–2006. *Environ. Health Perspect.* 121: 1129–1134.

Ishida, M. 1993. Reduction of phthalate in chicken eggs, liver and meat by several cooking methods. *J. Food Hyg. Soc. Japan* 34: 529–531.

Ji, Y.Q., F.M. Wang, L.B. Zhang, C.Y. Shan, Z.P. Bai, Z.R. Sun, L.L. Liu, and B.X. Shen. 2014. A comprehensive assessment of human exposure to phthalates from environmental media and food in Tianjin, China. *J. Hazard. Mater.* 279: 133–140.

Lee, J., J.H. Lee, C.K. Kim, and M. Thomsen. 2014. Childhood exposure to DEHP, DBP and BBP under existing chemical management systems: a comparative study of sources of childhood exposure in Korea and in Denmark. *Environ. Int.* 63: 77–91.

Li, Z., F. Xue, L. Xu, C. Peng, H. Kuang, T. Ding, C. Xu, C. Sheng, Y. Gong, and L. Wang. 2011. Simultaneous determination of nine types of phthalate residues in commercial milk products using HPLC–ESI-MS–MS. *J. Chromatogr. Sci.* 49: 338–343.

Mackintosh, C.E., J. Maldonado, H.W. Jing, N. Hoover, A. Chong, M.G. Ikonomou, and F.A.P.C. Gobas. 2004. Distribution of phthalate esters in a marine aquatic food web: Comparison to polychlorinated biphenyls. *Environ. Sci. Technol.* 38: 2011–2020.

Müller, A.K., E. Nielsen, O. Ladefoged, and Institute of Food Safety and Nutrition. 2003. Human exposure to selected phthalates in Denmark. Soborg, Denmark, The Danish Veterinary and Food Administration.

Official Journal of the European Union. 2005. Directive 2005/84/EC of the European Parliament and of the Council of 14 December 2005 amending for the 22nd time Council Directive 76/769/EEC on the approximation of the laws, regulations and administrative provisions of the Member States relating to restrictions on the marketing and use of certain dangerous substances and preparations (phthalates in toys and childcare articles), No. L344, 40–43.

Official Journal of the European Union. 2011. Commission Regulation (EU) No 10/2011 of 14 January 2011 on plastic materials and articles intended to come into contact with food, No. L12, 1–89.

Pedersen, G.A., L.K. Jensen, A. Fankhauser-Noti, S. Biedermann-Brem, J.H. Petersen, and B. Fabech. 2008. Migration of epoxidized soybean oil (ESBO) and phthalates from twist closures into food and enforcement of the overall migration limit. *Food Addit. Contam.* 25: 503–510.

Peters, R.J.B. 2006. Man-made chemicals in food products. TNO-report 2006-A-R0095/B version 2. Apeldoorn, the Netherlands, TNO Built Environment and Geosciences.

Rhind, S.M., C.E. Kyle, C. Mackie, and G. Telfer. 2007. Effects of exposure of ewes to sewage sludge-treated pasture on phthalate and alkyl phenol concentrations in their milk. *Sci. Total Environ.* 383: 70–80.

Rudel, R.A., and L.J. Perovich. 2009. Endocrine disrupting chemicals in indoor and outdoor air. *Atmos. Environ.* 43: 170–181.

Sakhi, A.K., I.T.L. Lillegaard, S. Voorspoels, M.H. Carlsen, E.B. Loken, A.L. Brantsaeter, M. Haugen, H.M. Meltzer, and C. Thomsen. 2014. Concentrations of phthalates and bisphenol A in Norwegian foods and beverages and estimated dietary exposure in adults. *Environ. Int.* 73: 259–269.

Santana, J., C. Giraudi, E. Marengo, E. Robotti, S. Pires, I. Nunes, and E.M. Gaspar. 2014. Preliminary toxicological assessment of phthalate esters from drinking water consumed in Portugal. *Environ. Sci. Pollut. R.* 21: 1380–1390.

Schecter, A., M. Lorber, Y. Guo, Q. Wu, S.H. Yun, K. Kannan, M. Hommel, N. Imran, L.S. Hynan, D.L. Cheng, J.A. Colacino, and L.S. Birnbaum. 2013. Phthalate concentrations and dietary exposure from food purchased in New York state. *Environ. Health Perspect.* 121: 473–479.

Sharman, M., W.A. Read, L. Castle, and J. Gilbert. 1994. Levels of di-(2-ethylhexyl) phthalate and total phthalate esters in milk, cream, butter and cheese. *Food Addit. Contam.* 11: 375–385.

Sioen, I., T. Fierens, M. Van Holderbeke, L. Geerts, M. Bellemans, M. De Maeyer, K. Servaes, G. Vanermen, P.E. Boon, and S. De Henauw. 2012. Phthalates dietary exposure and food sources for Belgian preschool children and adults. *Environ. Int.* 48: 102–108.

Sorensen, L.K. 2006. Determination of phthalates in milk and milk products by liquid chromatography/tandem mass spectrometry. *Rapid Commun. Mass Spectrom.* 20: 1135–1143.

Stahlhut, R.W., W.E. van Wijngaarden, T.D. Dye, S. Cook, and S.H. Swan. 2007. Concentrations of urinary phthalate metabolites are associated with increased waist circumference and insulin resistance in adult U.S. males. *Environ. Health Perspect.* 115: 876–882.

Swan, S.H. 2008. Environmental phthalate exposure in relation to reproductive outcomes and other health endpoints in humans. *Environ. Res.* 108: 177–184.

Tsumura, Y., S. Ishimitsu, A. Kaihara, K. Yoshii, Y. Nakamura, and Y. Tonogai. 2001a. Di(2-ethylhexyl) phthalate contamination of retail packed lunches caused by PVC gloves used in the preparation of foods. *Food Addit. Contam.* 18: 569–579.

Tsumura, Y., S. Ishimitsu, Y. Nakamura, K. Yoshii, A. Kaihara, and Y. Tonogai. 2001b. Contents of eleven phthalates and di(2-ethylhexyl) adipate in retail packed lunches after prohibition of DEHP-containing PVC gloves for cooking purposes. *Shokuhin Eiseigaku Zasshi* 42: 128–132.

US EPA. 2007. Phthalates—TEACH chemical summary. Washington DC, US Environmental Protection Agency.

Van Holderbeke, M., L. Geerts, G. Vanermen, K. Servaes, I. Sioen, S. De Henauw, and T. Fierens. 2014. Determination of contamination pathways of phthalates in food products sold on the Belgian market. *Environ. Res.* 134: 345–352.

WHO. 2000. Hazardous chemicals in human and environmental health. Geneva, Switzerland, World Health Organization.

Wormuth, M., M. Scheringer, M. Vollenweider, and K. Hungerbuhler. 2006. What are the sources of exposure to eight frequently used phthalic acid esters in Europeans? *Risk Anal.* 26: 803–824.

Yan, H., X. Cheng, and B. Liu. 2011. Simultaneous determination of six phthalate esters in bottled milks using ultrasound-assisted dispersive liquid–liquid microextraction coupled with gas chromatography. *J. Chromatogr.* 879: 2507–2512.

Yin, R., X.G. Lin, S.G. Wang, and H.Y. Zhang. 2003. Effect of DBP/DEHP in vegetable planted soil on the quality of capsicum fruit. *Chemosphere* 50: 801–805.

12 Dioxinas y compuestos análogos en los alimentos

Agata Witczak

CONTENIDO

12.1 INTRODUCCIÓN

El término «dioxinas» se refiere, generalmente, al grupo de compuestos organoclorados aromáticos, tales como las dioxinas dibenzo-*p*-policloradas (PCDDs) y los dibenzofuranos policlorados (PCDFs), que son altamente tóxicos en el medioambiente y están ampliamente distribuidos en todos los ecosistemas mundiales. Existen 75 congéneres de las PCDDs y 135 de las PCDFs; 7 y 10 de ellos, respectivamente, son específicamente tóxicos. En estos compuestos, se han sustituido los átomos de hidrógeno por átomos de cloro en un número de posiciones concreto (Fig. 12.1). Además, debido a las propiedades similares y a los mecanismos de acción comunes, la palabra «dioxinas» se refiere también a 12 de los 209 congéneres de los bifeniles policlorados (PCBs): aquellos que no tienen sustitución por cloro en ninguna posición *orto* o tienen una como máximo (Fiedler, 2003). Todos estos compuestos pertenecen al grupo de los compuestos químicos peligrosos, conocidos como contaminantes orgánicos persistentes (POPs).

12.2 PROPIEDADES FISICOQUÍMICAS

El efecto tóxico de las dioxinas y de los compuestos análogos (DL) se deriva directamente de sus estructuras químicas, así como de sus propiedades fisicoquímicas.

Las dioxinas y los furanos son compuestos no polares escasamente solubles en agua (desde 419 ng/dm^3 para el 2,3,7,8-Cl_4DF, 7,9 y 19,3 ng/dm^3 para la 2,3,7,8-Cl_4DD hasta 0,074 ng/dm^3) pero son altamente solubles en disolventes orgánicos. Tienen gran afinidad por la materia grasa (los rangos de solubilidad en matrices grasas/orgánicas en log K_{OW} oscilan desde 5,6 para Cl_4DF y 6,1/7,1 para Cl_4DD, hasta 8,2 para Cl_8DD). Su descomposición térmica es posible solo por encima de 850°C. Las PCDDs y las PCDFs se pueden descomponer a 1.000°C cuando el gas de reacción contiene polvo que pueden absorber en el proceso de combustión (Fiedler, 2003). Esto se utiliza en la destrucción térmica de los residuos cuando una alta temperatura y un exceso de oxígeno reducen la emisión de dioxinas a la atmósfera (McKay, 2002; Kulkarni *et al.*, 2008).

La adición de átomos de halógeno en las posiciones 2,3,7 y 8 a las moléculas de PCDDs o de PCDFs (hay 17 compuestos así) las hace altamente tóxicas. Por lo tanto, la dioxina más tóxica es la 2,3,7,8-tetraclorodibenceno-*p*-dioxina, conocida, comúnmente, como TCDD. Es altamente resistente a la temperatura, pero la radiación UV puede descomponerla fácilmente. Se observó su fotólisis a una longitud de onda de UV de λ = 290-300 nm (Kim y O'Keefe, 2000).

Las PCDFs coexisten, frecuentemente, con las PCDDs. Las PCDFs se pueden formar mediante la pirólisis o combustión de productos que contengan cloro, o en presencia de donantes de cloro (p. ej., PCV) a una temperatura inferior de 1.200°C. Las PCDFs tienen baja volatilidad, son cuerpos sólidos incoloros con propiedades físico-químicas y tóxicas similares a las de las PCDDs.

Por ser persistentes y de carácter lipófilo, las PCDD/Fs son absorbidas fuertemente por el suelo o

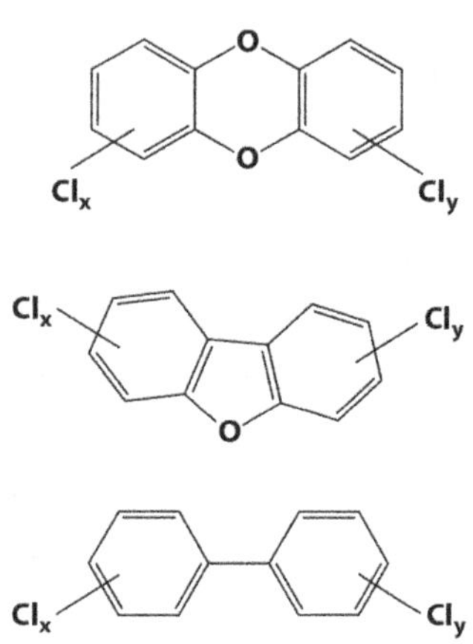

PCDDs

PCDFs

PCBs

FIGURA 12.1 Estructuras de las PCDDs, PCDFs y PCBs.

el polvo en suspensión. Son muy poco biodegradables y, por tanto, se acumulan en los sedimentos, las aguas residuales y en la fauna terrestre y acuática: principalmente sus tetra, penta, hexa, hepta-, y octa-isómeros.

Trazas de dioxinas fueron ya encontradas en muestras originadas hace varios miles de años. Sus orígenes naturales están en las erupciones volcánicas, los incendios forestales, o las descargas atmosféricas. Sin embargo, son sustancias peligrosas, debido, principalmente, a las actividades del ser humano. Los principales orígenes de las PCDD/Fs en el medioambiente, generadas como subproductos no intencionados o accidentales, son los siguientes: la combustión de sustancias orgánicas que contienen cloro, por ejemplo, el procesamiento térmico de residuos reciclables, la incineración incontrolada de residuos industriales, municipales y de hospitales en plantas de incineración y salas de calderas tecnológicamente obsoletas, la combustión de carburantes para calefacción y para vehículos, así como la combustión de carbón y residuos en hornos obsoletos usados para la calefacción de edificios. Estos compuestos también están presentes en el aire ambiental como consecuencia del tráfico de vehículos (desgaste de neumáticos y gases de escape). Las dioxinas nunca han sido producidas intencionadamente y nunca han tenido ninguna aplicación técnica.

A diferencia de las PCDD/Fs, las PCBs se han utilizado desde la década de 1930 en diversas actividades del ser humano en aplicaciones cerradas (como componente principal de fluidos eléctricos en transformadores, condensadores, aire acondicionado, electroimanes), aplicaciones semicerradas (fluidos hidráulicos, fluidos conductores de calor, reguladores de tensión, bombas de vacío) y aplicaciones abiertas (lubricantes, adhesivos, cubiertas de protección de superficies, selladores, tintas, pinturas, plastificantes). Han sido tan ampliamente usadas debido a sus buenas propiedades físicas y químicas, en concreto, su resistencia térmica, baja combustibilidad, pasividad, estabilidad y propiedades dieléctricas. Son resistentes a los ácidos y a las bases. Su solubilidad en agua disminuye, junto con el aumento de la clorinidad, desde 1 a 5 mg/dm^3 en los mono-clorobifenoles hasta 0,015 mg/dm^3 para el deca-clorobifenol (Giesy y Kannan, 1998).

Las PCBs se han fabricado desde 1930 hasta la década de 1970, como mezclas de 50-130 congéneres, llegando en su apogeo, la producción mundial de PCBs hasta 100.000 toneladas al año. Debido a algunos informes que muestran su efecto tóxico en los organismos vivos, se redujo notablemente su producción, venta y utilización en Europa Occidental y en Norte América (Swanson *et al.*, 1995), mientras que en Europa del Este y en Rusia continuó su producción hasta principios de la década de 1990 (Dobson y van Esch, 1993). Las PCBs son persistentes y no se biodegradan fácilmente. Actualmente, las PCDDs, PCDFs y PCBs pueden todavía ser liberadas en el medioambiente y depositarse en organismos vivos a causa de equipos dañados, almacenaje inapropiado y utilización de equipos de trabajo desgastados, filtraciones de desechos en vertederos, incineración, evaporación, o eliminación de basuras industriales. Además, los sedimentos del fondo de muchos ríos, lagos y mares son una reserva importante de PCBs. Cerca del 60% de la producción mundial de PCB se liberó en los mares y océanos, del cual alrededor del 30% se acumuló como sedimento del fondo costero. Las PCBs se transforman en el medioambiente muy lentamente durante años y décadas, y su índice de transformación depende del número de átomos de cloro en el esqueleto del bifenil. La vida media de las PCDD/Fs en los sedimentos marinos varía desde 25 hasta 275 años.

Existen dos diferencias principales entre PCBs y PCDD/Fs que deben ser mencionadas. La primera se refiere a sus orígenes en el medioambiente y en los alimentos, y la segunda, a la mayor presión de vapor de las PCBs y por tanto, a su mayor volatilidad. Además, las PCBs se bioacumulan más fácilmente en la cadena trófica, principalmente en los ecosistemas acuáticos.

Los compuestos que contienen hasta cuatro átomos de cloro en su molécula han demostrado que sufren una biodegradación parcial. Pueden ser descompuestos por los microorganismos presentes en las aguas residuales. Se suman algunos riesgos por el hecho de que la fermentación de los microorganismos mesófilos y los termófilos pueden declorar a las PCBs, análogas a las dioxinas (Engwall *et al.*, 2002).

12.3 EFECTOS SOBRE LA SALUD

12.3.1 Absorción, Acumulación y Excreción de PCDD/Fs y DL-PCBs

Las PCDDs, PCDFs y DL-PCBs contribuyen a la toxicidad por dioxinas en los seres humanos y en la vida animal, consecuencia de la bioacumulación a través de la cadena alimentaria desde el medioambiente. La toxicidad por las dioxinas depende del grado de cloración y de la sensibilidad de las especies de aquellos organismos expuestos a ellas.

Las dioxinas son absorbidas por el cuerpo humano mediante inhalación (8%), por ejemplo, al respirar aire contaminado por el polvo y el humo que se absorbe; mediante exposición dérmica (2%): por la epidermis, las glándulas sebáceas o los bulbos pilosos; pero principalmente mediante

TABLA 12.1
Ejemplos de Intoxicación por PCDDs y PCBs.

Año	País	Producto	Fuente
2000	España	Pienso	Serrín contaminado con pentaclorofenol (PCP) como portador de cloruro de colina premezclado
2003	Alemania	Pienso	Uso de desechos de madera para el secado de residuos de panaderías
2004	Italia	Huevos, carne	Residuos de virutas de madera
2004	Países Bajos	Leche	Subproductos de la patata (que sirven como alimentación animal) contaminados con arcilla caolinítica
2006	Países Bajos	Alimentos para cerdos	Residuos grasos contaminados con HCl filtrado inadecuadamente y usado para la producción de gelatina
2008	India	Goma de guar	Uso de pentaclorofenol
2008	Italia	Mozarella de leche de búfala	Quema ilegal de residuos
2008	Irlanda	Cerdo y ternera	Combustible contaminado con PCB para el secado directo de comida animal, (residuos de panificadoras)
2008	Corea	Cerdo	Óxido de zinc contaminado como ingrediente alimentario de Chile
2008	Países Bajos	Aditivos alimentarios	Contaminantes bromados que incluyen dioxinas bromadas
2011	Alemania	Pienso	Ácidos grasos de una fábrica de biodiesel

Fuente: Malisch, R. y A. Kotz, *Sci Total Environ,* 491–492, 2–10, 2014.

ingestión (90%), especialmente de alimentos grasos. Los alimentos ricos en grasa animal y la leche materna para niños son las fuentes predominantes de exposición a las PCDD/PCDFs. Los porcentajes de exposición por inhalación en la ingesta habitual son bastante pequeños, pero en áreas muy industrializadas con tráfico concentrado, inhalar dioxinas puede implicar un porcentaje más alto en el montante de la ingesta total. Se muestran algunos incidentes recientes de intoxicación por estos compuestos en la Tabla 12.1.

Los contaminantes son absorbidos rápidamente desde el tracto gastrointestinal y se acumulan principalmente en el hígado, los tejidos adiposos y la leche entera (Durand *et al.*, 2008). Se ha demostrado que en el hígado se acumula una dosis de hasta 25-70% de 2,3,7,8-TCDD. Las dioxinas se unen a los lípidos y las lipoproteínas en el plasma sanguíneo; de este modo son transportadas a los órganos internos. Una estructura plana de átomos de cloro en las posiciones 2,3,7 y 8 aumenta la capacidad de las dioxinas para acumularse en el hígado. Las partículas planas inhiben la actividad del citocromo P-450, lo que deriva en un descenso de los índices en el metabolismo corporal. Los compuestos análogos con 5 y 6 átomos de cloro en su molécula tienen una capacidad más alta para acumularse en el hígado que la 2,3,7,8-TCDD (Diliberto *et al.*, 1993). Para todos los análogos a las dioxinas, la transformación metabólica abarca la decloración reductiva y oxidativa y la ruptura del puente de oxígeno. Durante la transformación metabólica también puede suceder una conjugación con glutatión, como se evidencia por la presencia en la bilis de glucorónico que contiene sulfuro.

Las dioxinas son excretadas por el cuerpo humano principalmente por las heces y la bilis, como derivados hidroxílicos y compuestos asociados. En las madres lactantes, sin embargo, la lactancia puede ser la vía principal de eliminación de dioxinas para el organismo. Al menos el 20% de la carga de algunos POPs en el organismo materno pueden ser excretados durante los primeros 6 meses de lactancia. La disminución de la vida media es específica de cada congénere, y depende de la duración de la lactancia (Milbrath *et al.*, 2009). Así pues, por una parte, la lactancia promueve la desintoxicación del organismo de la madre, pero por otra parte, también plantea un aumento en el riesgo para su bebé.

12.3.2 Mecanismo de Acción y Toxicidad de PCDD/Fs y DL-PCBs

Las lesiones dérmicas, que ocurren principalmente en la cara y la nuca, son causadas por hiperplasia e hiperqueratosis epidérmicas alrededor de los folículos pilosos, por la hiperqueratosis de los folículos del pelo y por el acné clórico. Excepto para el acné clórico, cuando un organismo se expone a altas concentraciones de dioxinas, estas también provocan la inducción de enzimas microsómicas, respiración deficiente, conjuntivitis y hepatomegalia. Una exposición aguda a las dioxinas provoca náuseas, hiperhidrosis, deshidratación, pérdida de peso, irritación de los ojos, piel y del sistema respiratorio, hígado graso, cianosis, así como acné clórico. Las dioxinas causan daños complejos en los órganos internos, en los sistemas endocrino, inmunológico y reproductivo, y son fuertes inductoras del desarrollo de tumores (Fiedler, 2003).

El mecanismo de la acción tóxica de PCDD/Fs y DL-PCBs se asocia con la formación de complejos de dioxina y del receptor hidrocarburo aril citosólico (AhR), lo que induce a la aparición de genes que controlan el sistema microsomal mono-oxigenasa. El índice de inducción se ve afectado por la dosis del ligando, el tamaño de la molécula del ligando, el metabolismo (que reduce la afinidad), la estructura plana de los anillos aromáticos (al abrir un anillo y, así perder la estructura plana, se reduce la afinidad) y la sustitución de cloro en un mínimo de tres posiciones (los análogos con cuatro sustituciones de cloro son los más activos) (Cuthill *et al.,* 1991). El AhR es muy similar a la hormona esteroide receptora en términos de estructura y comportamiento. La expresión del gen conduce a la formación de una serie de formas del citocromo P-450, es decir, a una enzima que actúa como mono-oxigenasa. La elevada producción de citocromos provoca la inducción en el hígado de determinadas enzimas, como la aril hidroxilasa hidrocarburos (AHN) y la etoxiresorufin-*O*-ditilasa (EROD). Además, las dioxinas pueden inducir o inhibir a otros genes. Esto lleva a una función descontrolada de los genes y a una serie de efectos tóxicos en los organismos vivos (DeVito *et al.,* 1995; Kato *et al.*, 2007).

Los efectos cancerígenos se pueden observar en personas con exposición prolongada por su profesión a altas emisiones de dioxina, o en aquellas que estuvieron cerca de accidentes o catástrofes químicas con resultado de liberación de TCDD/F y de PCB. Pueden servir como ejemplo las intoxicaciones masivas causadas por aceite de fibra de arroz: en Japón en 1968 (enfermedad de Yusho) y en Taiwán en 1979 (enfermedad de Yu-cheng) (Tsukimori *et al.,* 2012). También ocurrió una catástrofe grave en Seveso (Italia) en 1976, donde explotó un reactor que producía *2,4,5*-triclorofenol liberando más de 1 kg de 2,3,7,8-TCDD a la atmósfera (Pesatori *et al.,* 2009). Como consecuencia, se decretaron las primeras regulaciones para el control de riesgos inherentes a los accidentes graves en los que intervienen sustancias peligrosas (Directiva del Consejo Europeo 96/82/CE).

Los xenobióticos pueden plantear un grave riesgo para los organismos jóvenes: niños y bebés. Los compuestos de dioxina pasan a través de la barrera placentaria, lo que es peligroso, principalmente, durante el primer trimestre del embarazo; al ser teratógenos estos compuestos, van a causar malformaciones o muerte fetal. Se comprobó que los niños nacidos de madres expuestas a dioxinas (p. ej., mujeres con Yusho) habían disminuido su peso al nacer (Tsukimori *et al.*, 2012). Además, la leche materna contaminada con dioxinas supone un grave riesgo para la salud de los niños lactantes debido a, entre otros, la neurotoxicidad, la disrupción endocrina, la depresión del sistema inmune y a los efectos adversos sobre el desarrollo psicomotor y la función intelectual.

La Agencia Internacional para la Investigación del Cáncer (IARC) ha clasificado hasta la fecha a las dioxinas 2,3,7,8-TCDD, PCB 126 (3,4,5,3',4'-pentaclorobifenil) y 2,3,4,7,8-PCDF, como el Grupo 1: «Carcinógenos en seres humanos» (Cogliano *et al.,* 2011). En su mayoría, los tumores son detectados en tejidos blandos, pulmones, hígado, tiroides, lengua y sistema linfático. Los compuestos análogos a las dioxinas ejercen también una actividad neurotóxica y xenoestrogénica (Carpenter, 2006).

Teniendo en cuenta la omnipresencia de las dioxinas, su larga vida útil en los seres humanos (6 años), y su secreción que dura 7-10 años (Fattore *et al.,* 2008), el consumo prolongado de alimentos, incluso mínimamente contaminados, provocará su acumulación en los tejidos humanos. Exposiciones repetidas a pequeñas concentraciones de dioxinas pueden derivar en graves problemas de salud para las futuras generaciones.

12.4 EVALUACIÓN DE RIESGOS PARA LA SALUD

12.4.1 Concepto TEQ

Para estandarizar los criterios de evaluación, las concentraciones de DL-PCBs, PCDDs y PCDFs se expresan como equivalentes tóxicos (TEQs). Los TEQs proporcionan información sobre la toxicidad de los compuestos químicos en materiales ensayados; sin embargo, solamente se tiene en cuenta la actividad tóxica equivalente a la toxicidad de la dioxina. De acuerdo con la Organización Mundial de la Salud (OMS) (1998), los valores del factor de equivalencia tóxica (TEF), para compuestos análogos individuales junto con su concentración química, pueden usarse para calcular el total de TCDD TEQs, al que contribuyen todos los análogos a las dioxinas en la mezcla, utilizando la siguiente Ecuación 12.1, que determina la acumulación de la dosis:

$$TEQ = \Sigma_i (PCDD_i \cdot TEF_i) + \Sigma_i (PCDF_i \cdot TEF_i) + \Sigma_i (PCB_i \cdot TEF_i)\ (pg/kg) \qquad (12.1)$$

donde:

TEQ—actividad análoga total de la mezcla 2,3,7,8-TCDD,

$PCDD_i$, $PCDF_i$, PCB_i—concentración del análogo *i*th PCDD/PCDF/PCB,

TEF_i—factor de equivalencia tóxico para los análogos PCDD, PCDF, PCB en referencia al 2,3,7,8-TCDD (Tabla 12.2).

TABLA 12.2
Factores de equivalencias tóxicos OMS_{05}.

Compuesto	$TEF_{OMS_{05}}$
PCDDs	
2,3,7,8-Tetra CDD	1
1,2,3,7,8-Penta CDD	1
1,2,3,4,7,8-Hexa CDD	0,1
1,2,3,6,7,8- Hexa CDD	0,1
1,2,3,7,8,9-Hexa CDD	0,1
1,2,3,4,6,7,8-Hepta CDD	0,01
1,2,3,4,6,7,8,9-Octa CDD	0,0003
PCDFs	
2,3,7,8-Tetra CDF	0,1
1,2,3,7,8-Penta CDF	0,03
2,3,4,7,8-Penta CDF	0,3
1,2,3,4,7,8-Hexa CDF	0,1
1,2,3,6,7,8-Hexa CDF	0,1
2,3,4,6,7,8-Hexa CDF	0,1
1,2,3,7,8,9-Hexa CDF	0,1
1,2,3,4,6,7,8-Hepta CDF	0,01
1,2,3,4,7,8,9-Hepta CDF	0,01
1,2,3,4,6,7,8,9-Octa CDF	0,0003
PCBs	
3,3',4,4'-Tetra CB (PCB 77)	0,0001
3,4,4',5-Tetra CB (PCB 81)	0,0003
2,3,3',4,4'-Penta CB (PCB 105)	0,00003
2,3,4,4',5-Penta CB (PCB 114)	0,00003
2,3',4,4',5-Penta CB (PCB 118)	0,00003
2',3,4,4',5-Penta CB (PCB 123)	0,00003
3,3',4,4',5-Penta CB (PCB 126)	0,1
2,3,3',4,4',5-Hexa CB (PCB 156)	0,00003
2,3,3',4,4',5'-Hexa CB (PCB 157)	0,00003
2,3',4,4',5,5'-Hexa CB (PCB 167)	0,00003
3,3',4,4',5,5'-Hexa CB (PCB 169)	0,03
2,3,3',4,4',5,5'-Hepta CB (PCB 189)	0,00003

Fuente: Van den Berg, M. *et al.*, *Toxicol Sci*, 93, 223–241, 2006.

Los inconvenientes de la aplicación del TEQ se deben a algunas simplificaciones realizadas. Una de las suposiciones hechas es que la acción tóxica de los componentes de la mezcla tiene carácter aditivo, lo que lleva a negar la posibilidad de sus interacciones de sinergia y de antagonismo. Además, las diferencias tóxico-cinéticas entre congéneres individuales no siempre se tienen en cuenta. Pueden quedar imperceptibles, también, algunos efectos sobre la salud, ya que los criterios de valoración de toxicidad en animales pueden no ser adecuados para detectar efectos concretos sobre la salud. Sin embargo, ningún método con menor incertidumbre que el de los conceptos TEF/TEQ (Ecuación 12.1) ha sido desarrollado hasta el momento (Van den Berg *et al.*, 2006).

Los TEFs para los congéneres de PCDD/PCDF/PCB se basan en:

1. Similitud estructural con las dioxinas,
2. Persistencia y bioacumulación en la cadena alimentaria,
3. Capacidad para unirse al receptor Ah y provocar respuestas tóxicas y bioquímicas a través del AhR en exposiciones a corto y medio plazo.

Aunque el sistema TEF y la metodología TEQ han llegado a ser ampliamente utilizados, su uso debe reevaluarse periódicamente. La OMS ha recomendado una reevaluación cada 5 años aproximadamente, para considerar la nueva información científica (OMS, 1998). La revisión más reciente de la metodología de los TEFs y los TEQs se completó por la OMS en 2005 (Van den Berg *et al.,* 2006).

Los valores TEFs han sido determinados hasta ahora para las 7 PCDDs, las 10 PCDFs y las 12 PCB coplanas que son consideradas como tóxicas (Tabla 12.2). En la escala de toxicidad, los isómeros 2,3,7,8-TCDD y 1,2,3,7,8-PCDD son los más tóxicos. El riesgo derivado del PCB para los organismos vivos proviene principalmente de la toxicidad de algunos congéneres del PCB, sobre todo, de los compuestos mono-*ortho* y no-*ortho*, que significa que las PCBs no tienen sustitución con cloro en la posición *ortho* o tienen como máximo, una (Tabla 12.2) (OMS 2000, Van den Berg *et al.,* 2006).

La Agencia de Protección del Medioambiente de los EE.UU. (US EPA) así como varios estados, países y agencias internacionales, han adoptado el sistema TEF 2005 de la OMS. La extensa utilización de este programa TEF 2005 OMS, facilitará la comparación de registros medioambientales para bases de datos nacionales e internacionales.

La variabilidad de la toxicidad relativa de los compuestos individuales, mostrada en la Tabla 12.2 puede tener un impacto insignificante sobre un riesgo individual estimado. Según el proyecto del informe de reevaluación de la US EPA, solo cinco compuestos (2,3,7,8-TCDD; 1,2,3,7,8-pentaCDD; 1,2,3,6,7,8-hexaCDD; 2,3,4,7,8-pentaCDF y PCB 126) representan el 70-80% del TCDD EQT en el cuerpo humano y los productos alimenticios. La variabilidad de la toxicidad relativa recogida en las publicaciones para estos cinco compuestos es mucho más baja que para otros compuestos (US EPA, 2003) (Agencia de Protección Ambiental de EE.UU.).

La evaluación de riesgos por la exposición de la dieta a las dioxinas se determina, generalmente, como ingesta semanal tolerable (TWI) o ingesta diaria tolerable (TDI). Las TDIs y las TWIs se calculan sobre la base de datos de toxicidad en pruebas de laboratorio, generalmente mediante estudios en animales de laboratorio y algunas veces en seres humanos, a los que se les aplican los programas TEFs. La TWI para las dioxinas y DL-PCBs ha sido establecida por el Comité Científico sobre Alimentación Humana (SCF) de la Unión Europea como 14 pg TEQ/OMS/kg peso corporal.

Por lo tanto, el riesgo para la salud planteado por los productos químicos depende de su ingesta por la dieta y aumenta cuando excede el TWI (Comité Científico de Alimentación CAC 2001, Reglamento de la Comisión Europea n° 1881/2006 de 19 diciembre de 2006). Las TDIs recomendadas por la OMS para dioxinas y DL-PCBs se encuentran entre 1-4 pg TEQ/kg peso corporal (Van Leeuwen *et al.*, 2000).

En relación a la persistencia de los compuestos de dioxina, es importante también evaluar los riesgos para la salud a largo plazo planteados por estas sustancias. La ingesta media o total necesita ser evaluada durante meses y la ingesta tolerable, durante un periodo de al menos 1 mes. La OMS (2010) ha establecido para las dioxinas una ingesta mensual tolerable provisional (IMTP) de 70 pg/kg al mes, que es la cantidad de dioxinas que puede ser ingerida durante toda una vida sin efectos detectables para la salud.

12.4.2 Regulaciones

Las regulaciones que afectan a los compuestos químicos en los alimentos serán discutidas en el Capítulo 19. Esta sección se centra en las normativas que conciernen a las dioxinas y sus compuestos análogos en los alimentos, debido a su importancia en cuanto a la evaluación de los riesgos para la salud planteada por estos compuestos químicos.

Según la Convención de Estocolmo de 22 de mayo de 2001, las PCDDs, PCDFs y PCBs han sido clasificadas como compuestos altamente tóxicos para el medioambiente, los denominados POPs.

Normas detalladas de la UE sobre los niveles máximos de residuos (LMRs) de PCDD/Fs y PCBs en los alimentos, se han establecido en el Reglamento de la Comisión de la UE nº 1881/2006 de 19 de diciembre de 2006. Sin embargo, los niveles máximos más estrictos de PCDD/Fs y DL-PCBs fueron modificados en otra Comisión Reguladora Europea nº 1259/2011 (Tabla 12.3), que ha incluido también un grupo significativo de materias primas y alimentos destinados a bebés y niños (Tabla 12.3).

Fuera de la Unión Europea, en diversas zonas del mundo, en ámbitos nacionales e internacionales, se han definido también otros criterios en cuanto a la exposición a las dioxinas (Tabla 12.4).

12.4.3 Problemas al Evaluar los Riesgos para la Salud

Los problemas al evaluar los riesgos para la salud son causados, frecuentemente, por:

1. Dificultades analíticas asociadas con los niveles traza de estos compuestos.
2. Dificultad en evaluar la dosis límite para un efecto tóxico concreto.
3. Múltiples vías en los mecanismos de acción de ciertas sustancias.
4. Transformaciones de los xenobióticos tanto en el medioambiente externo como en el cuerpo humano que llevan a la formación de nuevos y frecuentemente desconocidos compuestos con diferentes propiedades tóxico-dinámicas.
5. Interacciones tóxicas (sinergismo, antagonismo) en un organismo.
6. Dificultad al trasladar los resultados de la investigación en laboratorio *in vivo* e *in vitro* a las condiciones reales, y
7. Aparición de efectos adversos para la salud en las generaciones futuras.

12.5 CONCENTRACIÓN EN LOS ALIMENTOS

12.5.1 Posibles Vías de Contaminación Alimentaria

Los productos químicos tóxicos pueden aparecer en los alimentos procedentes de las prácticas agrícolas, emisiones industriales o de forma natural. Las dioxinas aerotransportadas se deposi-

TABLA 12.3
LMRs de PCDDs, PCDFs y DL-PCBs en alimentos.

	Niveles máximos		
Alimentos	**Total OMS-PCDD/F-TEQ**	**Total OMS-PCDD/F-PCB-TEQ**	**Total OMS-DL-PCB-TEQ**
Carne y productos cárnicos (excepto despojos comestibles) de los siguientes animales:			
• bovinos y ovinos	2,5 pg/g grasa	4,0 pg/g grasa	1,5 pg/grasa
• aves de corral	1,75 pg/g grasa	3,0 pg/g grasa	1,25 pg/g grasa
• cerdos	1,0 pg/g grasa	1,25 pg/g grasa	0,25 pg/g grasa
Hígado de bovinos, ovinos, aves de corral, cerdos y sus productos derivados	4,5 pg/g grasa	10,0 pg/g grasa	5,5 pg/g grasa
Carne de pescado, productos de la pesca y sus productos derivados, excepto anguilas salvajes capturadas	3,5 pg/g peso fresco	6,5 pg/g peso fresco	3,0 pg/g peso fresco
El contenido máximo para los crustáceos se aplica al tejido muscular de los apéndices y el abdomen			
Para cangrejos y crustáceos análogos (*Brachyura* y *Anomura*) se aplica al tejido muscular de los apéndices[a]			
Carne de pescado capturado de agua dulce excepto especies de peces diadromos capturados en agua dulce, y productos derivados	3,5 pg/g peso fresco	6,5 pg/g peso fresco	3,0 pg/g peso fresco
Carne de anguilas salvajes capturadas y productos derivados	3,5 pg/g peso fresco	10,0 pg/g peso fresco	8,0 pg/g peso fresco
Hígado de pescado y productos derivados, excepto aceites marinos de organismos[b] marinos	–	20 pg/g peso fresco[c]	
Aceites marinos destinados al consumo humano	1,75 pg/g grasa	6,0 pg/g grasa	4,25 pg/g grasa
Leche cruda y productos lácteos, incluyendo grasas lácteas	2,5 pg/g grasa	5,5 pg/g grasa	3,0 pg/g grasa
Huevos de gallina y derivados del huevo	2,5 pg/g grasa	5,0 pg/g grasa	2,5 pg/g grasa
Grasa de los siguientes animales:			
• bovinos y ovinos	2,5 pg/g grasa	4,0 pg/g grasa	1,5 pg/g grasa
• aves de corral	1,75 pg/g grasa	3,0 pg/ grasa	2,0 pg/g grasa
• cerdos	1,0 pg/g grasa	1,25 pg/ grasa	0,5 pg/g grasa
Mezcla de grasas de origen animal	2,0 pg/ grasa	3,0 pg/g grasa	1,0 pg/g grasa
Grasas y aceites vegetales	0,75 pg/g grasa	1,5 pg/g grasa	0,75 pg/g grasa
Alimentos para bebés y niños[d]	0,1 pg/g peso fresco	0,2 pg/g peso fresco	0,1 pg/g peso fresco

Fuente: Basado en el Reglamento (EC) No. 1881/2006 de la Comisión, con modificaciones en el Reglamento (EC) No. 1259/2011 de la Comisión, de 2 de febrero, 2011.

[a] Basado en el Reglamento (EC) No. 420/2011 de la Comisión, de 29 de abril, 2011.

[b] Basado en el Reglamento (EC) No. 565/2008 de la Comisión, de 18 de junio, 2008.

[c] Para hígado de pescado en conserva, el nivel máximo permitido se aplica al contenido comestible completo de la lata.

[d] Basado en el Reglamento (EC) No. 1259/2011 de la Comisión, de 2 de diciembre, 2011.

TABLA 12.4
Evaluación de Riesgos para la Salud por PCDDs, PCDFs y DL-PCBs en Diversos Países (Comparación de Caracterización de Riesgos por Dioxinas, 2002).

País u Organismo de Salud Pública	Criterios de exposición	Fuente
Canadá	Ingesta tolerable diaria, TDI 10 pg TEQ/kg peso corporal/día	Health Canadá, 1996
Comité Científico de Alimentos de la Comisión Europea	TWI 14 pg TCDD/kg peso corporal/día (transformada a TDI 1-4 pg TEQ/kg peso corporal/día)	Comisión Europea para la Salud y Protección al Consumidor Dirección General del Comité Científico Alimentario, 2001
Japón	TDI 4 pg TEQ/kg peso corporal/día	Consejo Ministerial de Japón sobre Políticas para dioxinas, 1999
Países nórdicos	TDI 5 pg TEQ/kg peso corporal/día	Johansson y Hanberg, 2000
Agencia de EE.UU., para el Registro de Enfermedades y Sustancias Tóxicas (ATSDR)	Nivel de Riesgo Mínimo 1 pg TEQ/kg peso corporal/día	US ATSDR, 2000
Agencia de Protección Medioambiental de EE.UU. (US EPA)	Dosis de Referencia Estimada RfD 0,001 pg TEQ/kg peso corporal/día	US EPA
Organización Mixta para la Agricultura y Alimentación de las Naciones Unidas/ Organización Mundial para la Salud	Ingesta Mensual Tolerable Provisional, IMTP 70 pg TEQ/kg peso corporal/día (transformado a 2,3 pg TEQ/kg peso corporal/día)	JECFA, 2001

Fuente: Comparison of Dioxin Risk Characterizations. 2015. The Chlorine Chemistry Council®. May 2002. http://www.dioxinfacts.org/dioxin_health/public_policy/dr.pdf.

tan, finalmente, en el suelo, el agua y las plantas. Se acumulan a lo largo de la cadena alimentaria: aire-materia grasa-ganado-leche/carne-ser humano. Pueden depositarse sobre las superficies de las plantas por vía de deposición húmeda, vía de deposición seca de los productos químicos ligados a las partículas atmosféricas, o vía del transporte por difusión de productos químicos gaseosos en el aire.

Los animales que producen leche absorben los POPs, principalmente por la comida (alimentos, plantas, agua) y por inhalación de aire. Un pequeño porcentaje en los rumiantes que pastorean, puede ser ingerido de la tierra de los pastos. Los compuestos órgano-clorados acumulados en animales (en carne, hígado, tejidos adiposos) se transfieren a los productos derivados de ellos. En los productos lácteos, dichos compuestos se acumulan principalmente a través de la vía: aire–agua–suelo–planta–ganado–leche.

Según los principios de bioacumulación y biomagnificación, al aumentar las concentraciones de dioxinas y DL-PCBs que se acumulan en los animales, aumenta su concentración al final de la

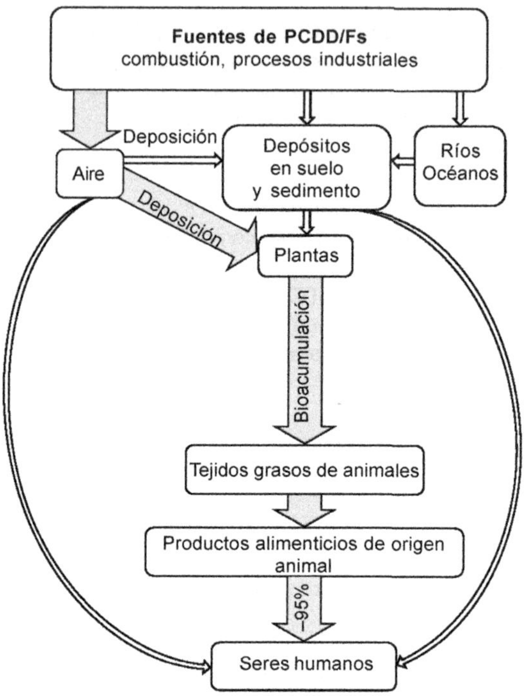

FIGURA 12.2 Dioxinas en las cadenas alimentarias.

cadena alimentaria. Los productos de origen animal son para los seres humanos la fuente del 90-95% de la ingesta alimenticia total de dioxinas (Fig. 12.2) (Perelló *et al.*, 2012).

Así pues, los xenobióticos presentes en los alimentos del ganado afectan enormemente el nivel de contaminación por PCB en la leche y los productos lácteos. La concentración de PCB en la leche animal puede variar según la estación del año, período de lactación, la contaminación del pasto y el suelo, la cercanía con las fuentes de PCB, los piensos y aditivos utilizados, así como tubérculos o cereales.

12.5.2 PCDDs, PCDFs y DL-PCBs en Productos Alimenticios

La exposición humana a las dioxinas parece proceder, mayoritariamente, de la carne, el pescado y los productos lácteos. Los organismos acuáticos son especialmente susceptibles a la absorción, la acumulación y la biomagnificación de PCDD/Fs y DL-PCBs. El nivel de acumulación depende de la concentración de estos compuestos en el agua, el tiempo de exposición, el nivel trófico, las especies de pescado y las zonas de pesca, con lo que los factores de bio-acumulación pueden llegar a ser hasta varios miles. Las concentraciones más altas de DL-PCBs se encuentran, generalmente, en los productos marinos, principalmente en el pescado, sus derivados y aceites, crustáceos y moluscos. El nivel de DL-PCBs ha ido disminuyendo gradualmente tanto en el medioambiente como en los alimentos. Al principio, en las décadas de 1980 y 1990, la disminución fue muy significativa por el cese en la producción y uso de los productos que contenían PCB.

Las concentraciones de TCDD/Fs y DL-PCBs en el pescado no exceden, generalmente, la cantidad máxima admisible de 8 g TEQ/g peso fresco, especificada por la Comisión Europea.

Según Domingo y Bocio (2007), en Europa presentan cantidades de, como mucho, algunos pg TEQ/g peso fresco. La excepción es el salmón capturado en el Mar Báltico que contiene 8,8-17,4 pg $TEQ_{PCDD/F}$/g peso fresco (Isosaari *et al.*, 2006). Las concentraciones en el arenque del Báltico varían, pero también son relativamente altas, 3,5-12,0 pg $TEQ_{PCDD/F/DL\text{-}PCB}$/g peso fresco (Shelepchikov *et al.*, 2008, Godliauskienè *et al.*, 2012). En Asia, las concentraciones de dioxina en el pescado se detectaron en un rango entre 0,003-5,0 pg $TEQ_{PCDD/F/DL\text{-}PCB}$/g peso fresco (Sasamoto *et al.*, 2006) y en Egipto, alrededor de 0,7-0,8 pg $TEQ_{PCDD/F/DL\text{-}PCB}$/g peso fresco (Loutfy *et al.*, 2007).

Los mayores valores medios de dioxinas y DL-PCBs en los alimentos fueron observados en el hígado de pescado y sus productos derivados (32,6 pg TEQ_{OMS98}/g peso total base). Se observaron diferencias significativas en las PCDDs y DL-PCBs entre el músculo de pescado y los derivados de pescado, exceptuándose para la anguila. Las concentraciones fueron oscilando desde 1,2, para la trucha de piscifactoría, a 8,0 pg TEQ_{OMS98}/g peso total base, para el salmón (Autoridad Europea en Seguridad Alimentaria, EFSA, 2010). La contribución de DL-PCBs en el total de TEQ por pescados y sus derivados, varía desde un 35,6% para el arenque hasta un 73% para la trucha de piscifactoría (Fig. 12.3).

Concentraciones más bajas se encontraron en los huevos, la carne y la leche, detectándose las menores en los vegetales y la fruta (Malisch y Kotz, 2014). La leche y sus productos derivados alcanzaron la proporción más alta de DL-PCBs, el 57-66% del total de TEQ (Fig. 12.4). La contribución de PCDDs en el total de TEQ de la carne de cabra y sus productos derivados llegó hasta el 60% (Fig. 12.4) (Autoridad Europea de Seguridad Alimentaria, 2010).

12.5.3 Dioxinas y DL-PCBs en Leche y Productos Lácteos

La leche y sus productos derivados representan hasta el 27-30% de los alimentos y constituyen en todo el mundo, alimentos básicos para la dieta humana. Según los informes de la Organización

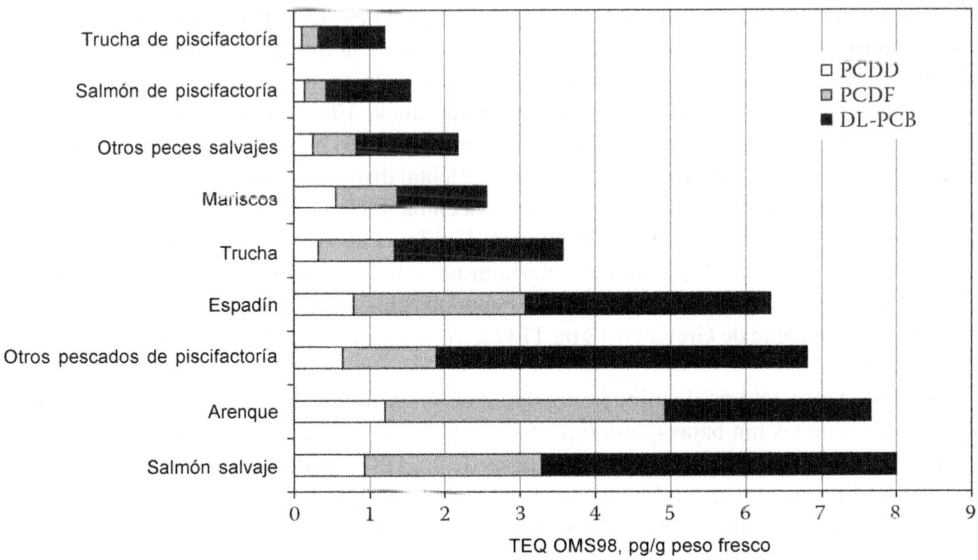

FIGURA 12.3 Concentraciones de PCDD/Fs y DL-PCBs en carne de pescado y productos derivados. (Basado en Autoridad Europea de Seguridad Alimentaria, *EFSA J*, 8, 1385, 2010).

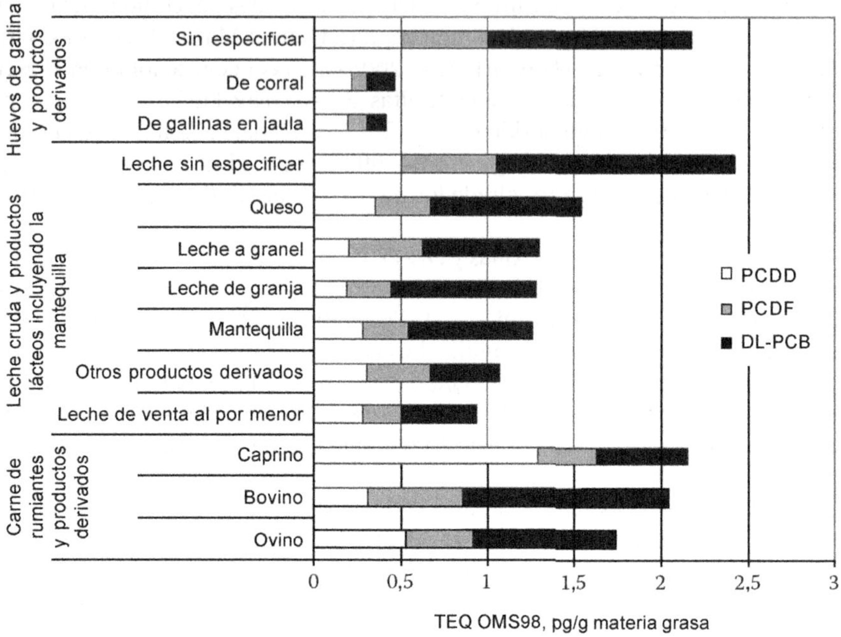

FIGURA 12.4 Concentraciones de PCDD/Fs y DL-PCBs en selección de productos. (Basado en Autoridad Europea de Seguridad Alimentaria, *EFSA J*, 8, 1385, 2010).

de las Naciones Unidas para la Agricultura y la Alimentación (FAO), actualmente, la producción mundial de leche es de alrededor de 800 millones de toneladas/año y aumenta anualmente cerca del 1,5-2%.

La leche y los productos lácteos son fuentes potenciales de POPs y pueden servir como buenos bioindicadores en la cadena alimentaria. A partir de la década de 1980, los residuos de PCB detectados en la leche y los productos lácteos en Bélgica, alcanzaron cantidades de 180-190 ng/g de materia grasa (Van Renterghem y Devlaminck, 1980). A mitad de los años 90, sin embargo, cuando la fabricación de productos que contenían PCB había cesado o limitado considerablemente, se detectó una contaminación medioambiental disminuida en concentraciones de PCB en la leche. Ya en los años 90 en Inglaterra, dicha concentración era de 1,3-15,4 pg $TEQ_{non\text{-}ortho\ PCB}$/g de materia grasa (Krokos *et al.,* 1996). En Estados Unidos, Panamá y Puerto Rico, las cantidades en leche eran de 0,50 pg TEQ_{PCB}/g de materia grasa y 0,83 pg $TEQ_{PCDD/F}$/g de materia grasa (Lorber *et al.,* 1998). Algunos años más tarde, Papadopoulos *et al.* (2004) registraron concentraciones menores en leche de Grecia: 0,18 pg $TEQ_{no\text{-}ortho\ PCB}$/g de materia grasa y 0,39 pg $TEQ_{PCDD/F}$/g de materia grasa.

Se observó también, una disminución gradual de los residuos de DL-PCB en la mantequilla hasta concentraciones tan bajas como 0,07-5,7 pg $TEQ_{PCDD/F/DL\text{-}PCB}$/g de materia grasa, al final de la década de 1990 (Santillo *et al.,* 2003). A pesar de los TEQs totales más altos en la mantequilla europea y mediterránea (especialmente en la española), se registraron también niveles elevados en regiones industrializadas de Asia (India, China) y Latinoamérica (Argentina) (Santillo *et al.,* 2003) (Fig. 12.5).

Independientemente de la clara tendencia decreciente a nivel mundial, los estudios llevados a cabo en Egipto (Loutfy *et al.,* 2007) revelaron altos niveles de PCDD/Fs y PCBs en muestras de

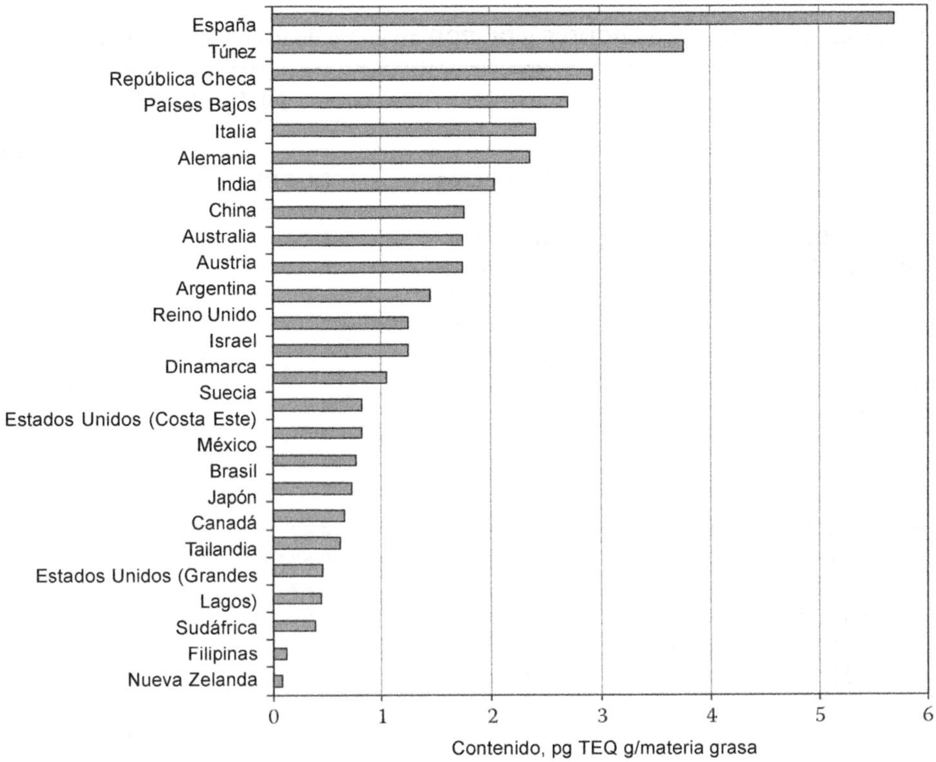

FIGURA 12.5 Concentración de PCDD/Fs y DL-PCBs en mantequilla. (Por Santillo, D. *et al.*, *Food Addit Contam* 20, 281–290, 2003).

mantequilla, de 4,67 pg TEQ $_{PCDD/F}$/g de materia grasa y 4,47 pg TEQ$_{DL\text{-}PCB}$/g de materia grasa, que excedían considerablemente los LMRs (Reglamento de la Comisión Europea (UE) nº 1881/ 2006 de 19 de diciembre, 2006), siendo mucho más altos comparados con la mantequilla de Australia (valor medio de 0,19 TEQ/g de materia grasa) o de China (1,01 pg TEQ/g de materia grasa) (Müller *et al.*, 2001; Santillo *et al.*, 2003). Según Loutfy *et al.* (2007), dicha contaminación pudo haber sido causada principalmente por la incineración de residuos, y los niveles de concentración en la mantequilla sugieren fuentes de contaminación diversas.

También se registró una disminución gradual en otros productos lácteos, por ejemplo, en el queso, donde los residuos de dioxina en la última década cayeron hasta 0,09-0,17 pg TEQ/g de materia grasa (Papadopoulos *et al.*, 2004; Llobet *et al.*, 2008). Solo Focant *et al.* (2002) encontraron una concentración más alta de no-*orto* PCBs en el queso belga, en el que se registró una alta concentración de PCB 126 (15,8 pg/g de materia grasa) (Tabla 12.5).

En general, los residuos de PCDD, PCDF y DL-PCB encontrados en los últimos años en la leche y los productos lácteos, fueron notablemente más bajos que los de las décadas de 1980 y 1990, permaneciendo por debajo de 2 pg TEQ/g de materia grasa por término medio. Sin embargo, hubo incidencias que superaron los LMRs, por ejemplo, en Egipto (Loutfy *et al.*, 2007) (Tabla 12.5). Eso confirma que a pesar de que durante algunas décadas cesó la producción de productos que contenían PCB y bajaron los niveles de emisión de PCDD/Fs en muchos países, la

TABLA 12.5
Ejemplos de concentraciones de PCDD/F y DL-PCB en leche de vaca y productos lácteos.

			pg TEQ/g materia grasa		
Referencia	**País**	**Productos**	**DL-PCB**	**PCDD/F DL-PCB**	**No-*ortho* PCB**
Santillo *et al.* (2003)	Inglaterra	Mantequilla	0,79	0,07-5,69	
Focant *et al.* (2002)	Bélgica	Mantequilla		1,58-2,59	
Baars *et al.* (2004)	Países Bajos	Mantequilla		1,26	
		Mantequilla		1,64	
		Queso		1,53	
Papadopoulos *et al.* (2004)	Grecia	Mantequilla			0,32
		Queso			0,13
		Yogur			0,41
		Leche			0,18
		Leche en polvo			0,04
Loutfy *et al.* (2007)	Egipto	Mantequilla	4,47	9	
Hsu *et al.* (2007)	Taiwán	Leche, 3,4% grasa	0,632	1,97	
Durand *et al.* (2008)	Francia	Leche	0,57	0,9	
Leondiadis *et al.* (2008)	Grecia	Leche	0,29	0,7	
Ingelido *et al.* (2009)	Italia	Leche	0,52-2,9		
Ruoff *et al.* (2012)	Alemania	Mantequilla	0,463	0,63	

TABLA 12.6
Índice de transferencia de organoclorados a través de la alimentación de la vaca, a la leche.

Compuestos	Índice de transferencia (%)
PCDD/Fs persistentes	3-60
Otros PCDD/Fs	<1-9
DL-PCBs	20-70
NDL-PCBs	2-9

Fuente: basado en Blüthgen, A., *Bull IDF*, 356, 43–47, 2000.

exposición a los congéneres más tóxicos de PCDDs, PCDFs y DL-PCBs e ingestión por los seres humanos a través de los productos lácteos disminuye muy lentamente, y este problema puede todavía continuar existiendo durante muchos años.

La ingesta de xenobióticos está también íntimamente ligada al proceso que va desde la alimentación animal contaminada, hasta la leche (transporte de xenobióticos). Blüthgen (2000) ha definido el índice de transporte como el porcentaje de ingesta diaria de un xenobiótico desde la alimentación animal (donante), que aparece en la leche (o en la carne/materia grasa) (sustrato que acepta) a un ritmo constante de ingesta, metabolismo, degradación y excreción. Los altos índices de transporte mostrados en la Tabla 12.6 confirman que el riesgo por contaminación de materia grasa de la leche es alto.

También, los datos proporcionados por muchos autores demuestran que la materia grasa contenida en la leche no es el único factor que afecta en la cantidad de contaminantes acumulados. El nivel de polución ambiental y las condiciones generales del ganado de vacas lecheras podrían tener un mayor impacto.

12.5.4 PCDDs, PCDFs y DL-PCBs, y la Nutrición Infantil

12.5.4.1 Leche materna

Los bebés son el grupo de consumidores más vulnerables y su alimento fundamental lo constituye la leche materna. La presencia de cualquier sustancia tóxica en su alimentación podría plantear un riesgo para su salud. Otro factor de riesgo es la relación entre la gran cantidad de leche consumida por los niños en comparación con su peso. Weisglas-Kuperus *et al.* (2000) resaltaron que la presencia de PCDDs, PCDFs, y DL-PCBs en la leche materna afecta fuertemente al desarrollo del sistema inmunológico de los niños y de su cerebro.

Las concentraciones de PCDDs, PCDFs y DL-PCBs en la leche materna son reflejo de la contaminación medioambiental. De acuerdo a Noren y Meironytè (2000), las concentraciones de PCDD/Fs y DL-PCBs en la leche materna de las mujeres que viven en Suecia disminuyó hasta un 70% desde 1972 a 1997. En la República Checa se registraron altas concentraciones por Bencko *et al.* (2004) (15,7 pg TEQ_{PCB}/g de materia grasa).

Costopoulou *et al.* (2006) registraron 6,6 pg $TEQ_{DL\text{-}PCB}$/g de materia grasa y 7,3 pg $TEQ_{TCDD/Fs}$/g de materia grasa en la leche materna de mujeres que vivían en Atenas (Fig. 12.6). Concentraciones similares fueron también detectadas en los EE.UU., 7,18 pg $TEQ_{PCDD/F}$/g de materia grasa y 4,61 pg TEQ_{PCB}/g de materia grasa. Estos valores fueron más bajos en comparación con los datos de la OMS de varios países proporcionados unos años antes, en los que se registraron las menores cantidades de residuos en Brasil (5,7 pg $TEQ_{TCDD/Fs/PCB}$/g de materia grasa), y las mayores en Ucrania, 30 pg TEQ/g de materia grasa (Fig. 12.6). Se debe resaltar también, la contribución de las TCDD/Fs (alrededor de un 80%) al total de TEQ en la leche materna de las mujeres que viven en Egipto (Fig. 12.6). Concentraciones más bajas de compuestos químicos análogos a las dioxinas fueron registradas por Harden *et al.* (2007) en la leche materna de las mujeres australianas. También Focant *et al.* (2013) observaron una reducción del 40% de la concentración de TCDD/Fs en la leche materna en Francia, entre 1998 y 2007.

Esta tendencia descendente se confirmó mediante un estudio sobre leche materna llevado a cabo desde 2009 a 2010 en una región muy industrializada de Bélgica (Croes *et al.*, 2012) que registró 5,9 ng $TEQ_{DL\text{-}PCB}$/g de materia grasa y 8,4 ng $TEQ_{PCDD/F}$/g de materia grasa en la leche materna.

El metabolismo de los congéneres de PCB conduce a la formación de congéneres de OH-PCB. Estos no tienen ninguna afinidad por el tejido adiposo como sí tienen los compuestos iniciales. Pero estos metabolitos de OH-PCB se pueden transferir a la bolsa fetal. Los metabolitos de OH-PCB para- o meta-sustituidos (con un grupo hidroxilo adyacente a los átomos de cloro) tienen en especial una alta afinidad por la transtirretina (TTR), así cuando son transferidos por vía placentaria pueden suponer un riesgo de disrupción del sistema de la hormona tiroidea y efectos adversos sobre el desarrollo neurológico. Estos compuestos deberían también estar incluidos en la evaluación del riesgo de exposición del feto, porque se transfieren a la bolsa fetal más fácilmente que el compuesto neutral PCBS (Park *et al.*, 2007). En consecuencia, los niños están sujetos a un riesgo considerable debido a que tienen todavía unos mecanismos de desintoxicación inmaduros.

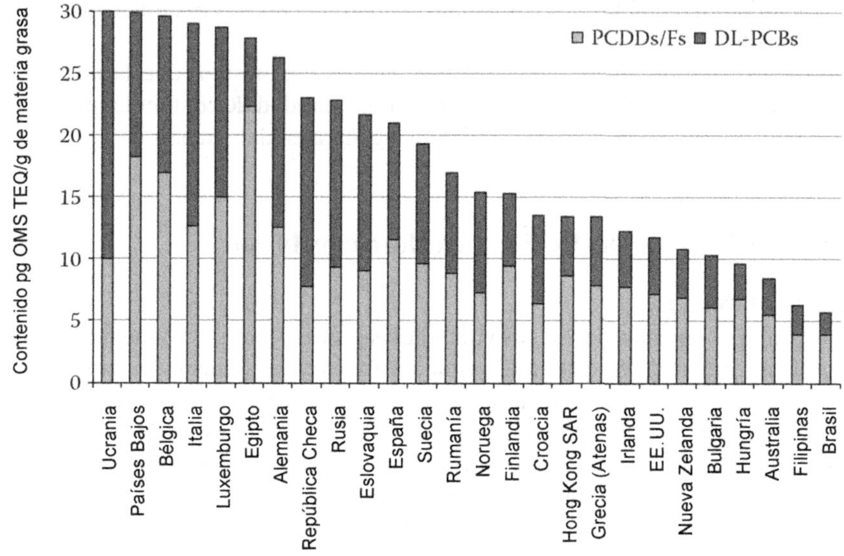

FIGURA 12.6 Concentraciones medias de PCDD/Fs y análogos de dioxinas PCBs en leche materna de diferentes países—datos proporcionados por la OMS. (Basado en Costopoulou, D. *et al.*, *Chemosphere*, 65, 1462–1469, 2006).

Para estimar la ingesta acumulativa (I) de PCDD/Fs y DL-PCBs para los lactantes, se propuso la siguiente Ecuación 12.2 por Patandin *et al.* (1999), modificada por Ulaszewska *et al.* (2011):

$$I = \left(0{,}95 \times V \times [\mathrm{BMF}] \times [\mathrm{TEQ}]_{\text{leche materna}} \times \int_0^T e^{-0{,}017t} dt \right) \div 7 \text{ (pg/kg peso corporal)} \quad (12.2)$$

donde:

- 0,95—fracción de absorción intestinal de PCDD/Fs y DL-PCBs en la leche materna
- V—consumo semanal de leche [cm^3]
- BMF—concentración de grasa en la leche (3%)
- T—duración de la lactancia en semanas
- TEQ—equivalentes tóxicos de PCDD/Fs y DL-PCBs expresados como pg OMS_{2005}-TEQ/g de materia grasa
- 7—peso medio corporal de un bebé (BW) en kg para un periodo de 12 meses (peso detallado de un niño: para el periodo 1 es 5,8 kg, para el periodo 2 es 8 kg para el periodo 3 es 8,8 kg) (Patrones de Crecimiento Infantil de la OMS)
- 0,017—porcentaje utilizado para tener en cuenta una disminución semanal de 1,7% en las concentraciones de PCDD/F y DLPCB en la leche materna.

12.5.4.2 Fórmulas infantiles

En lo que respecta a la alimentación infantil, el término «leche» se suele usar coloquialmente para las fórmulas infantiles (IF) y para fórmulas de continuación (FF). En estos alimentos también se registraron contenidos de residuos de compuestos indeseables. A finales de la década de 1970, la concentración total de PCB registrada para una fórmula infantil comercializada en Bélgica fue de un valor medio de 250 ng/g de materia grasa (Van Renterghem y Devlaminck, 1980). Un cuarto de siglo más tarde, Pietrzak-Fiećko *et al.* (2005) registraron concentraciones 20 veces más bajas en fórmulas infantiles comercializadas en Polonia (alrededor de una media de 13 ng/g de materia grasa), pero al mismo tiempo, observaron concentraciones mayores en la leche de vaca (35 ng/g de materia grasa) y mayores aún en la leche de lactancia materna (218 ng/g materia grasa).

Chovancova *et al.* (2005) detectaron para fórmulas infantiles, concentraciones de no-*ortho* PCBs y mono-*ortho* PCBs de 0,30 pg TEQ/g de materia grasa y 0,04 pg TEQ/g de materia grasa, respectivamente. Una cantidad significativamente menor de no-*ortho* PCBs fue registrada por Papadopoulos *et al.* (2004), 0,001-0,08 pg $TEQ_{no\text{-}ortho\text{-}PCB}$/g de materia grasa. La tendencia descendente fue confirmada también por Leondiadis *et al.* (2008), quienes valoraron la concentración de los congéneres no-*ortho* en fórmulas infantiles en 0,04 pg TEQ/g de materia grasa, y en los congéneres mono-*ortho,* en 0,01 pg TEQ/g de materia grasa.

12.5.4.3 Análisis de riesgos para la salud basado en DL-PCBs en las fórmulas infantiles

En la revisión realizada por el autor sobre fórmulas infantiles a base de leche de vaca, se encontraron residuos de DL-PCBs en prácticamente todas ellas. La concentración media total de no-*ortho* PCBs en fórmulas infantiles (para bebés de cerca de 6 meses de edad) osciló desde 0,04 a 0,15 ng/g de materia grasa. El congénere no-*ortho* dominante fue la PCB 81, mientras que la PCB 126 fue detectada en solo cuatro productos y la PCB 169, en cinco.

El análisis de riesgos para la salud de fórmulas infantiles a base de leche reveló que los valores de $TEQ_{DL\text{-}PCB}$ fueron bajos, en el rango de 0,005-0,14 TEQ/g de materia grasa (equivalente a 0,0002-0,0046 pg TEQ/g de producto listo para consumo), lo que se traduce en concentraciones mínimas tras la conversión en producto diluido. Según la Comisión Reguladora de la UE nº 1259/2011 (OJ:L 320, 3 de diciembre, 2011), los niveles de residuos detectados se consideraron seguros para la salud, ya que quedaron muy por debajo de los LMRs de 0,1 pg TEQ_{PCB}/g peso fresco. A pesar de los bajos valores de TEQ en las fórmulas infantiles estudiadas, una dieta basada solo en la leche en polvo, principalmente en bebés de unos 6 meses de edad, puede conducir a la acumulación de dichos compuestos en el organismo. Los datos basados en la ingesta diaria (DI) de DL-PCBs (0,02-0,46 pg TEQ/día), mostraron que con una dieta infantil limitada a esta comida artificial, no se exceden los valores TDI en cualquier producto, y los índices DI/TDI estuvieron en 0,01-0,23% de TDI (Tabla 12.7).

Sin embargo, los productos lácteos representan cerca del 30% de la composición de una dieta media humana, así pues, no son la única fuente de residuos PCB. Además, la evaluación de los riesgos totales para la salud de POPs en humanos, basada en la metodología, incluye un amplio rango de ensayos que relaciona también a 7 congéneres de PCDD y 10 congéneres de PCDF con un gran número de alimentos. Pero, la proporción de congéneres DL-PCB en la evaluación de un TEQ total de leche y de diversos productos lácteos, puede llegar incluso al 80% (50-70% de media), lo que confirma que el tema es de importancia actual.

12.5.5 Conclusión

Los informes de numerosos autores indican que las concentraciones de PCDDs, PCDFs y DL-PCBs en la leche y los productos lácteos son, generalmente, significativamente más bajas que en el pescado. Sin embargo, al tener en cuenta el consumo de leche, que es un alimento básico desde

TABLA 12.7
Evaluación de la Ingesta Diaria (DI) de DL-PCBs por fórmulas infantiles.

Producto	*a*	*b*	*c*	DP	LDP	DI_1	DI
1	4	4,6	5	92	23,4	0,68	0,10
2	6	4,9	3	88	19,2	0,37	0,04
3	7	5	3	105	20,5	0,32	0,04
4	7	4,9	2	69	13,9	0,29	0,03
5	6	4,6	5	138	35,2	0,17	0,03
6	6	5	3	90	20,7	0,13	0,02
7	4	4,3	5	86	23,8	3,03	0,47
8	6	4,5	3	81	19,1	2,71	0,33
9	7	4,7	2	65	14,1	0,47	0,05
10	4	4,3	5	86	20,7	1,74	0,27
11	6	4,7	3	85	17,9	1,06	0,13
12	4	5	5	100	26,5	0,88	0,14
13	6	5	3	90	16,6	1,84	0,23
14	6	5	2	60	12,9	1,56	0,16

Nota: *a*, cantidad de cucharadas; *b*, contenido de una cucharada [g]; *c*, número de tomas; DP, cantidad diaria [g materia seca]; LDP, cantidad de grasa en DP [% grasa en materia seca]; DI_1, ingesta diaria de PCB [pg TEQ]; DI, ingesta diaria de DL-PCB [pg TEQ/kg peso corporal]; peso supuesto referido al uso de la fórmula (1–3 meses 6,5 kg, 6 meses 8,2 kg, 12 meses 10 kg).

la cuna, y también el aumento del consumo de otros productos lácteos, existe un riesgo de acumulación a largo plazo de compuestos análogos a las dioxinas en el cuerpo humano, lo que tiene un impacto negativo en los organismos humanos.

Estudios en todo el mundo muestran una tendencia a la disminución de las concentraciones de TCDD/Fs y DL-PCBs en la leche y los productos lácteos. Sin embargo, teniendo en cuenta los resultados recopilados en años recientes, los LMRs fueron sobrepasados en algunos productos lácteos. Milbrath *et al.* (2009), observaron concentraciones de dichos compuestos en la leche (2,9 pg TEQ/g de materia grasa) que, en algunos casos, fueron casi tan elevados como los niveles máximos de residuo.

También se observa esta tendencia descendente en los estudios realizados en la leche materna. Sin embargo, los datos registrados de las concentraciones en esta leche materna son más altos comparados con los de la leche de vaca. Los bebés lactantes están expuestos a niveles más altos de dioxinas y compuestos análogos que los bebés alimentados con fórmulas, debido a la contaminación más alta de la leche materna. No obstante, se ha confirmado que los niños que se amamantan se desarrollan mejor que los que se alimentan solo a base de fórmulas infantiles.

12.6 IMPACTO DE LOS PROCESOS TECNOLÓGICOS SOBRE LOS CAMBIOS DE LAS CONCENTRACIONES DE DL-PCBs EN PRODUCTOS LÁCTEOS

12.6.1 Introducción

Teniendo en cuenta que la dieta de la mayoría de la población incluye un 30% de leche y productos lácteos y que estos tienden a acumular xenobióticos solubles en materia grasa, se analizaron

TABLA 12.8
Características de los productos muestreados de las líneas de fabricación.

Productos	Materias primas, productos semiacabados, productos terminados	Acidez, °SH	Contenido en grasa en peso fresco, %	Contenido en materia seca, %
Mantequilla 82%[b]	1. Leche cruda	6,0	3,75 ± 0,05	12,0 ± 0,1
	2. Nata dulce[a]	5,0	38,3 ± 0,1	47,6 ± 0,4
	3. Producto final	1,4	82,0 ± 0,1	84,8 ± 0,2
Nata pasteurizada, homogeneizada 18%[b]	1. Leche cruda	6,0	3,75 ± 0,05	12,0 ± 0,03
	2. Nata dulce	5,0	38,3 ± 0,1	47,6 ± 0,4
	3. Producto final	28-29	18,0 ± 0,04	23,7 ± 0,4
Cuajada entera[c]	1. Leche cruda	6,4	4,0 ± 0,06	13,3 ± 0,1
	2. Leche desnatada usada para normalización	6,2	0,10 ± 0,01	8,25 ± 0,04
	3. Leche entera pasteurizada	6,0	3,79 ± 0,05	12,9 ± 0,1
	4. Cuajada para producción de cuajada entera	36,6	3,66 ± 0,04	10,5 ± 0,05
	5. Producto final	64	8,47 ± 0,08	25,1 ± 0,1
Leche en polvo entera[d]	1. Leche cruda	6,0	3,95 ± 0,07	12,0 ± 0,1
	2. Leche entera pasteurizada	6,8	4,00 ± 0,04	12,1 ± 0,1
	3. Leche condensada concentrada del evaporador	28,75	13,4 ± 0,1	48,5 ± 0,1
	4. Leche en polvo entera	6,8	3,20 ± 0,05	96,9 ± 0,01
	4a. Leche en polvo entera con lecitina	6,8-6,9	3,34 ± 0,06	98,1 ± 0,1

[a] Pasteurizada a 95°C, 95 s.
[b] Industria n° 1.
[c] Industria n° 2.
[d] Industria n° 3.

los cambios en DL-PCBs producidos en la mantequilla, la nata, la cuajada entera y la leche en polvo, a lo largo del proceso de fabricación. Las materias primas y los productos semiacabados se muestrearon directamente desde las líneas de fabricación de las industrias (Tabla 12.8).

12.6.2 Cambios en DL-PCBs en el Proceso de Producción de Mantequilla

Durante la producción de mantequilla, la pérdida de materia grasa tuvo mayoritariamente una alta correlación negativa con las concentraciones de la mayoría de los compuestos de dioxina ($r_{\text{materia grasa}} = -0{,}51$ a $-0{,}95$). Los cambios más importantes ocurrieron en la segunda fase del proceso tecnológico, que consiste, entre otras, en la maduración de la nata, batido, separación de la nata de la leche, y lavado o desuerado (Tabla 12.8). La disminución más intensa se registró para la PCB 156, un 39,8%, mientras que la pérdida del resto de DL-PCBs varió entre 8,3 y 29,1%.

Durante la fabricación de la mantequilla, se observó un aumento en 17 veces del TEQ en peso fresco, junto con un incremento en 22 veces del contenido en materia grasa en el producto final en comparación con la leche natural. Sobre una base de materia grasa, el TEQ disminuyó notablemente ($p < ,05$), cerca del 23%, del cual cerca de un 18% lo hizo en la segunda fase de la fabricación de la mantequilla (Fig. 12.7).

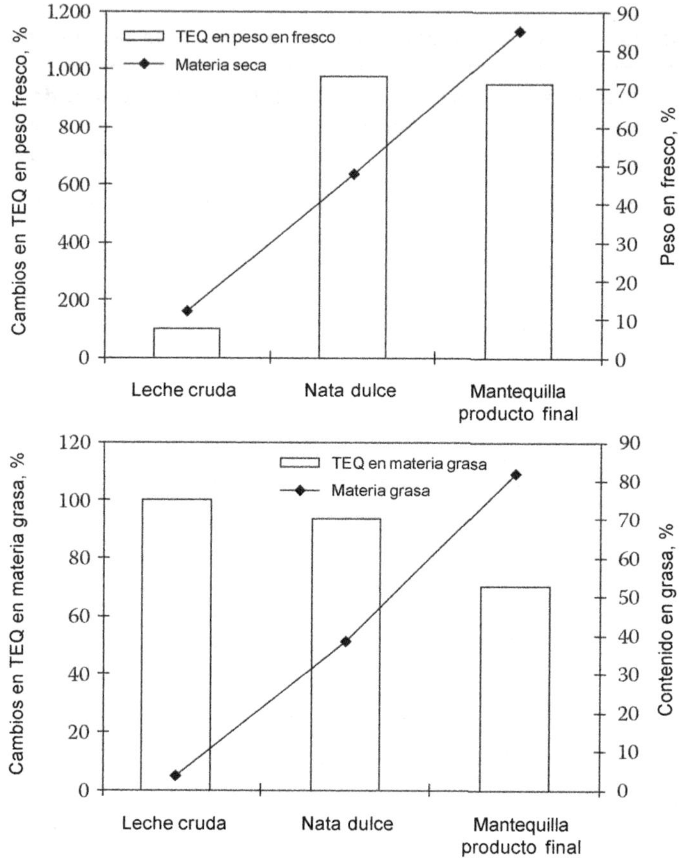

FIGURA 12.7 Cambios en el TEQ durante la producción de mantequilla.

12.6.3 Cambios en DL-PCBs en la Producción de Nata Homogeneizada Pasteurizada

En la fabricación de nata pasteurizada homogeneizada a partir de nata dulce (fases 2 y 3), la pérdida en la concentración de congéneres de PCB fue de un 54-66% de media, con una merma del contenido en materia grasa del 53% y en materia seca de 50,2% (Tabla 12.8). Fue importante el aumento observado del TEQ (3,5 veces) ($p < ,05$). Sin embargo sobre la base de materia grasa, el TEQ disminuyó mucho, cerca del 29% y se apreciaron pérdidas más grandes después de los pasos segundo y tercero, cuando la nata se estandarizó hasta un contenido específico de materia grasa mediante la adición de leche desnatada (Fig. 12.8).

12.6.4 Cambios en DL-PCBs en la Producción de Cuajada Entera

La fabricación de la cuajada entera ocasionó cambios estadísticamente significativos ($p < ,05$) en las concentraciones de las no-*ortho* y las mono-*ortho* PCBs. Con un aumento de más del doble en

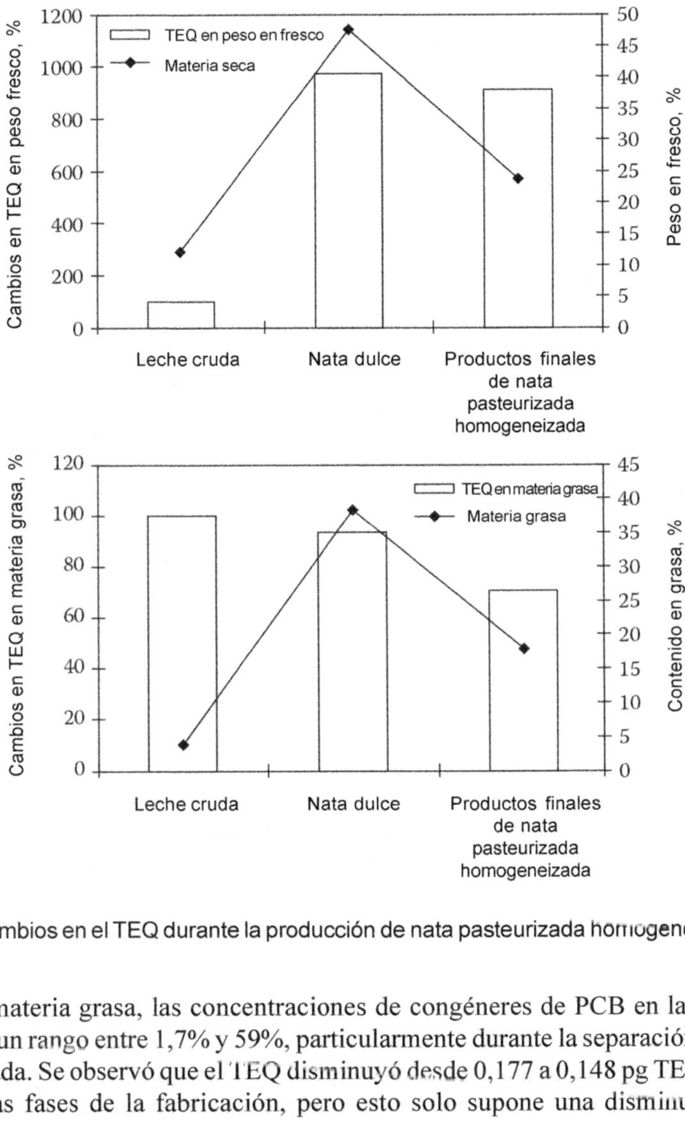

FIGURA 12.8 Cambios en el TEQ durante la producción de nata pasteurizada homogeneizada

el contenido de materia grasa, las concentraciones de congéneres de PCB en la materia grasa disminuyeron en un rango entre 1,7% y 59%, particularmente durante la separación del suero y el lavado de la cuajada. Se observó que el TEQ disminuyó desde 0,177 a 0,148 pg TEQ/g de materia grasa en todas las fases de la fabricación, pero esto solo supone una disminución del 17% (Fig. 12.9). Si la leche cruda utilizada para la fabricación de la cuajada entera tuviera una concentración mayor de DL-PCBs, la referida disminución durante la fabricación no sería suficiente.

12.6.5 Cambios en DL-PCBs en la Producción de Leche en Polvo Entera

Se compararon los procesos de fabricación de leche en polvo con y sin lecitina. Añadir lecitina de soja aumenta la solubilidad de la leche en polvo y permite obtener una textura suave.

El proceso de lecitinización no tuvo un impacto significativo ($p <$,05) en los cambios de las concentraciones de DL-PCBs y su pérdida durante la fabricación, osciló desde un 22% hasta un 43%. Los datos de DL-PCBs en el producto final se expresan en ng/kg de peso fresco, teniendo en cuenta la dilución de la leche en polvo lista para tomar (13 g de polvo en 100 cm^3 de agua). En la fabricación de leche en polvo entera, los cambios sobre la materia grasa fueron bastante

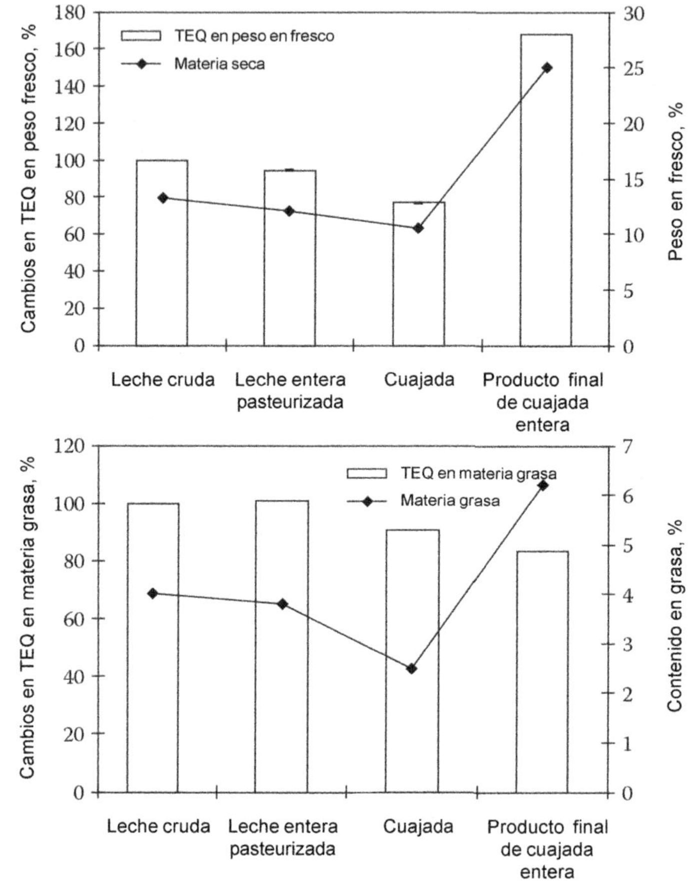

FIGURA 12.9 Cambios en el TEQ durante la producción de cuajada entera.

débiles, registrándose el más alto para PCB 81 (pérdida total sobre 30,1%), y el más bajo en PCB 114 (pérdida sobre 4,1% de media). Sin embargo, el proceso de pasteurización no tuvo un impacto importante sobre los cambios en las concentraciones de los congéneres de PCB en la leche.

Analizando las fases de la fabricación de leche en polvo, se detectó un aumento insignificante de un 3% en TEQ ($p <$,05) para un concentrado procedente del evaporador (hasta 0,263 pg TEQ/g de materia grasa). Pero, tras terminar de deshidratarlo en una torre de secado y después prepararlo para beber, se observó una disminución significativa ($p <$,05) de TEQ_{PCB} del 26% (Fig. 12.10).

12.6.6 Observaciones Finales

La evaluación de la calidad alimentaria ha estado basada en el Reglamento de la Comisión Europea (CE) nº 1259/2011, de 2 diciembre, 2011. Los valores TEQ_{PCB} se determinaron con el uso del programa TEF_{2005} (Van den Berg *et al.*, 2006).

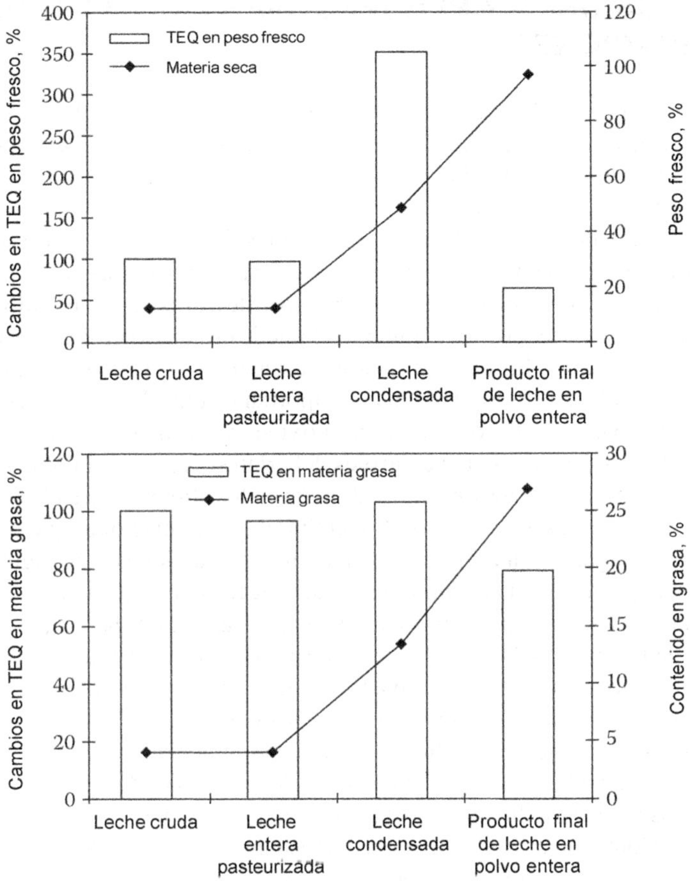

FIGURA 12.10 Cambios en el TEQ durante la producción de leche en polvo.

Se detectaron algunos cambios significativos ($p <$,05) en las concentraciones de los compuestos no-*ortho* y mono-*ortho* PCBs durante la producción de algunos productos lácteos y ambos tuvieron una fuerte correlación positiva con los cambios en el contenido de materia grasa en el peso fresco de las materias primas, los productos semiacabados y los productos finales; sin embargo en la fabricación de nata pasteurizada homogeneizada y leche en polvo las correlaciones fueron débiles o no se dieron en absoluto. La pérdida de la mayoría de los congéneres de DL-PCB en la materia grasa, que ocurría en algunas fases de la fabricación, condujo a la reducción del TEQ desde un 17% que disminuyó en la cuajada entera, hasta un 29% que lo hizo en la nata pasteurizada homogeneizada.

Aunque el proceso tecnológico reduce los residuos de DL-PCB en los productos lácteos, dicho proceso no facilitará a los consumidores productos seguros cuando se utilice para su producción leche cruda con alto contenido en DL-PCB. En tal caso, no será suficiente la pérdida de concentraciones de DL-PCB. Por lo tanto, se deberá poner más atención al realizar un control preliminar de la leche cruda a gran escala.

12.7 CONCLUSIONES Y PERSPECTIVAS PARA FUTURAS GENERACIONES

Los alimentos son una fuente importante de PCDD/Fs y DL/PCBs para los seres humanos. Por ello, según las directrices establecidas por la Comisión del *Codex Alimentarius* FAO/OMS, la evaluación de los riesgos para la salud se basa principalmente en analizar la ingesta de estos compuestos procedentes de los alimentos.

En general, los alimentos en los países industrializados tienen más PCBs y dioxinas que en los menos industrializados, lo que puede atribuirse a dos factores: mayores emisiones presentes de estos compuestos químicos, y mayor producción, uso y descargas en el pasado. La prevención o al menos la reducción de la exposición humana se puede optimizar utilizando medidas frente a las fuentes de contaminación. En relación a la importancia de la calidad medioambiental para producir alimentos saludables, es especialmente importante controlar de forma estricta todos los procesos industriales para que la formación de dioxinas y su liberación al medioambiente se reduzcan tanto como sea posible. Estos controles deberían ser responsabilidad de los gobiernos nacionales. Se ha observado que los niveles de dioxina en los alimentos y en la leche humana han disminuido, en general, en los últimos años. Sin embargo, las poblaciones que consumen mucho pescado y marisco de aguas contaminadas, tienen una elevada ingesta de algunos PCDD/Fs y DL-PCBs. Es preocupante que el consumo de algunos aceites de pescado como únicos complementos en algunas dietas, pueden algunas veces, dar lugar a cantidades que exceden la TDI OMS. La ingesta de PCDD/Fs y DL-PCBs por niños podría ser más elevada comparada con la de adultos, ya que los niños tienen, comparativamente, mayor ingesta de alimentos y que la leche materna se encuentra a menudo contaminada con estos compuestos. Esto es motivo de preocupación en cuanto al impacto sobre la salud, puesto que la infancia es una etapa crucial en la que se desarrollan las capacidades físicas y mentales. Por lo tanto, la OMS, la FAO y el Programa de las Naciones Unidas para el Medioambiente (UNEP), han implementado el Programa de Evaluación y Control de la Contaminación Alimentaria del Sistema de Control Global del Medioambiente (GEMS), que ofrece datos de niveles y tendencias de los contaminantes en los alimentos, su contribución a la exposición humana y su significado respecto a la salud pública y el comercio. Debido a la liberación continuada de estos POPs en el medioambiente, existe todavía potencial para causar severos impactos colaterales en la salud de los seres humanos y los animales, que incluye efectos sobre el desarrollo de las etapas de la vida, la prenatal y la de lactancia. Para prevenir este riesgo y salvaguardar la salud de futuras generaciones, es totalmente necesario eliminar la fabricación, emisión y uso de todos los POPs e implementar tecnologías de fabricación limpias.

Respecto a la globalización, los incidentes por contaminación grave de alimentos pueden tener repercusiones internacionales. Actualmente, existen muchas lagunas en cuanto a su control y la exposición humana a menudo ocurre, antes de que sea detectada la propia contaminación. El único modo de abordar este problema es prevenir la contaminación en origen, lo que implica la necesidad de realizar controles y prácticas durante la producción primaria de los alimentos, su procesamiento, distribución y venta.

Los consumidores pueden minimizar el riesgo de la exposición a las dioxinas a través de la dieta, al reducir la materia grasa de la carne y consumir productos lácteos bajos en grasa. Posiblemente, también se podría evitar la excesiva exposición procedente de una sola fuente mediante el uso de una dieta equilibrada que incluya cantidades adecuadas de frutas, verduras y cereales. De este modo, se puede contribuir a disminuir la carga corporal con una perspectiva a largo plazo, lo que parece ser más relevante para niñas y mujeres jóvenes al reducirse la exposición durante el desarrollo del feto y la lactancia. Sin embargo, los consumidores, en general, tienen pocas opciones para restringir considerablemente su propia exposición. El hecho de que la esperanza de vida de hombres y mujeres en los países desarrollados haya aumentado en las últimas décadas, indica que los efectos de los POPs a largo plazo están, normalmente, bien compensados por el desarrollo y amplio uso de nuevas tecnologías médicas y métodos de diagnóstico modernos. También los esfuerzos globales para reducir los niveles medioambientales de diversos contaminantes, que incluyen PCDD/Fs y DL-PCBs, tienen como consecuencia la reducción gradual, aunque lenta, de los residuos de dioxinas en los alimentos, lo cual es beneficioso para la salud del ser humano.

BIBLIOGRAFÍA

A Comparison of Dioxin Risk Characterizations. The Chlorine Chemistry Council® May 2002. Available online: http://www.dioxinfacts.org/dioxin_health/public_policy/dr.pdf, December 22, 2015.

Baars, A.J., M.I. Bakker, R.A. Baumann, P.E. Boon, J.L. Freijer, L.A. Hoogenboom, R. Hoogerbrugge, J.D. Klaveren van, A.K. Liem, W.A. Traag, and J. Vries de. 2004. Dioxins, dioxin-like PCBs and non-dioxin-like PCBs in foodstuffs: Occurrence and dietary intake in the Netherlands. *Toxicol Lett* 151: 51–61.

Bencko, V., M. Cerna, L. Jech, and J. Šmid. 2004. Exposure of breast-fed children in the Czech Republic to PCDDs, PCDFs, and dioxin-like PCBs. *Environ Toxicol Pharmacol* 18: 83–90.

Blüthgen, A. 2000. Contamination of milk from feed. *Bull IDF* 356: 43–47.

CAC 2001. Codex Alimentarius Commission. Joint FAO/WHO Food Standards Programme. Codex Committee on Food additives and Contaminants. XXXIII session, The Hague, the Netherlands, March 12–16, 2001.

Carpenter, D.O. 2006. Polychlorinated biphenyls (PCBs): Routes of exposure and effects on human health. *Rev Environ Health* 21(1): 1–23.

Chovancova, J., A. Kocan, and S. Jursa. 2005. PCDDs, PCDFs and dioxin-like PCBs in food of Animal origin (Slovakia). *Chemosphere* 61: 1305–1311.

Cogliano, V.J., R. Baan, K. Straif, Y. Grosse, B. Lauby-Secretan, F. El Ghissassi, V. Bouvard, L. Benbrahim-Tallaa, N. Guha, C. Freeman, L. Galichet, and C.P. Wild. 2011. Preventable exposures associated with human cancers. *J. Natl. Cancer Inst.* 103: 1827–1839.

Commission Regulation (EC) No 1881/2006 of 19 December 2006 setting maximum levels for certain contaminants in foodstuffs (Text with EEA relevance). *Official Journal of the European Union* L 364, p. 5.

Costopoulou, D., I. Vassiliadou, A. Papadopoulos, V. Makropoulos, and L. Leondiadis. 2006. Levels of dioxins, furans and PCBs in human serum and milk of people living in Greece. *Chemosphere* 65: 1462–1469.

Council Directive 96/82/EC of 9 December 1996 on the control of major-accident hazards involving dangerous substances. 1997. *Official Journal L 010*: P. 0013–P. 0033.

Croes, K., A. Colles, G. Koppen, E. Govarts, L. Bruckers, E. Van de Mieroop, V. Nelen, A. Covaci, A.C. Dirtu, C. Thomsen, L.S. Haug, G. Becher, M. Mampaey, G. Schoeters, N. Van Larebeke, and W. Baeyens. 2012. Persistent organic pollutants (POPs) in human milk: A biomonitoring study in rural areas of Flanders (Belgium). *Chemosphere* 89(8): 988–994.

Cuthill, S., A. Wihelmsson, and L. Poellinger. 1991. Role of the ligand in intracellular receptor function: Receptor affinity determines activation in vitro of the latent dioxin receptor to a DNA-binding form. *Mol Cell Biol* 11: 401–411.

DeVito, M.J., L.S. Birnbaum, W.H. Farland, and T.A. Gasiewicz. 1995. Comparisons of estimated human body burdens of dioxinlike chemicals and TCDD body burdens in experimentally exposed animals. *Environ Health Perspect* 103(9): 820–831.

Diliberto, J.J., L.B. Kedderis, J.A. Jackson, and L.S. Birnbaum. 1993. Effects of dose and routes of exposure on the disposition of 2,3,7,8-[3H]tetrabromodobenzo-p-dioxin (TBDD) in the rat. *Toxicol Appl Pharmacol* 120: 315–326.

Dobson, S., and G.J. van Esch. 1993. Polychlorinated biphenyls and terphenyls. In: *Environmental Health Criteria*, vol. 140, 2nd ed. World Health Organization, Geneva.

Domingo, J.L., and A. Bocio. 2007. Levels of PCDD/PCDFs and PCBs in edible marine species and human intake: A literature review. *Environ Int* 33(3): 397–405.

Durand, B., B. Dufour, D. Fraisse, S. Defour, K. Duhem, and K. Le-Barillec. 2008. Levels of PCDDs, PCDFs and dioxin-like PCBs in raw cow's milk collected in France in 2006. *Chemosphere* 70: 689–693.

Engwall, M., S. Stenlund, B. van Bavel, H. Olsman, and A. Schnurer. 2002. Fate of PCB (Clophen A50) during anaerobic treatment of organic household waste. *Organohalog Compd* 58: 61–64.

European Food Safety Authority. 2010. Results of the monitoring of dioxin levels in food and feed. *EFSA J* 8(3): 1385 (36 pp.). doi:10.2903/j.efsa.2010.1385. Available online: www.efsa.europa.eu.

Isosaari, P., A. Hallikainen, H. Kiviranta, P.J. Vuorinen, R. Parmanne, J. Koistinen, and T. Vartiainen. 2006. Polychlorinated dibenzo-p-dioxins, dibenzofurans, biphenyls, naphthalenes and polybrominated diphenyl ethers in the edible fish caught from the Baltic Sea and lakes in Finland. *Environ Pollut* 141: 213–225.

Fattore, E, R. Fanelli, E. Dellatte, A. Turrini, and A. di Domenico. 2008. Assessment of the dietary exposure to non-dioxin-like PCBs of the Italian general population. *Chemosphere* 73(1 Suppl): 278–283.

Fiedler, H. (ed.). 2003. Dioxins and Furans (PCDD/PCDF). Chapter 6 in *The Handbook of Environmental Chemistry* Vol. 3, *Part O Persistent Organic Pollutants*. Springer-Verlag, Berlin, Germany.

Focant, J.F., G. Eppe, C. Pirard, G. Eppe, C. Pirard, A.C. Massart, J.E. André, and E. De Pauw. 2002. Levels and congener distributions of PCDDs, PCDFs and non-ortho PCBs in Belgian foodstuffs: Assessment of dietary intake. *Chemosphere* 48(2): 167–179.

Focant, J.F., N. Fréry, M.L. Bidondo, G. Eppe, G. Scholl, A. Saoudi, A. Oleko, and S. Vandentorren. 2013. Levels of polychlorinated dibenzo-p-dioxins, polychlorinated dibenzofurans and polychlorinated biphenyls in human milk from different regions of France. *Sci Total Environ* 452–453: 155–162.

Giesy, J.P., and K. Kannan. 1998. Dioxin-like and non-dioxin-like toxic effects of polychlorinated biphenyls (PCBs): Implications for risk assessment. *Crit. Rev Toxicol* 28(6): 511–569.

Godliauskienė, R., J. Petraitisb, I. Jarmalaitėb, and E. Naujalisa. 2012. Analysis of dioxins, furans and DL-PCBs in food and feed samples from Lithuania and estimation of human intake. *Food Chem Toxicol* 50(11): 4169–4174.

Harden, F.A., L.M.L. Toms, R. Symons, P. Fürst, Y. Berry, and J.F. Müller. 2007. Evaluation of dioxin-like chemicals in pooled human milk samples collected in Australia. *Chemosphere* 67: S325–S333.

Hsu, M.S., K.Y. Hsu, S.M. Wang, U. Chou, S.Y. Chen, N.C. Huang, C.Y. Liao, T.P. Yu, and Y.C. Ling. 2007. A total diet study to estimate PCDD/Fs and dioxin-like PCBs intake from food in Tajwan. *Chemosphere* 67: S65–S70.

Ingelido, A.M., A. Abballe, A. Di. Domenico, I. Fochi, N. Iacovella, A. Saragosa, M. Spagnesi, S. Valentini, and E. De Felip. 2009. Levels and profiles of polychlorinated dibenzodioxins, polychlorinated dibenzofurans, and polychlorinated biphenyls in feedstuffs and milk from farms in the vicinity of incineration plants in Tuscany, Italy. *Arch Environ Con Tox* 57(2): 397–404.

Kato, S., Y. Fujii-Kuriyama, and F. Ohtake. 2007. A new signaling pathway of dioxin receptor ligands through targeted protein degradation. *AATEX* 14(Special Issue): 487–494.

Kim, M.K., and P.W. O'Keefe. 2000. Photodegradation of polychlorinated dibenzo-p-dioxins and dibenzofurans in aqueous solutions and in organic solvents. *Chemosphere* 41: 793–800.

Krokos, F., C.S. Creaser, C. Wright, and J.R. Startin. 1996. Levels of selected ortho and non-ortho polychlorinated biphenyls in UK retail milk. *Chemosphere* 32(4): 667–673.

Kulkarni, P.S., J.G. Crespo, and C.A.M. Afonso. 2008. Dioxins sources and current remediation technologies—A review. *Environ Int* 34: 139–153.

Leondiadis, L., D. Costopoulou, I. Vassiliadou, and A. Papadopoulos. 2008. Monitoring of dioxins and dioxin-like PCBs in food, feed, and biological samples in Greece. In: E. Mehmetli and B. Koumanova, (eds.), *The Fate of Persistent Organic Pollutants in the Environment*. Springer, the Netherlands, pp. 83–98.

Llobet, J.M., R. Martí-Cid, V. Castell, and J.L. Domingo. 2008. Significant decreasing trend in human dietary exposure to PCDD/PCDFs and PCBs in Catalonia, Spain. *Toxicol Lett* 178: 117–126.

Lorber, M.N., D.L. Winters, J. Griggs, R. Cook, S. Baker, J. Ferrario, C. Byrne, A. Dupuy, and J. Schaum. 1998. A national survey of dioxin-like compounds in the United States milk supply. *Organohalog Compd* 38: 125–129.

Loutfy, N., M. Fuerhacker, P. Tundo, S. Raccanelli, and M. Tawfic Ahmed. 2007. Monitoring of polychlorinated dibenzo-p-dioxins and dibenzofurans, dioxin-like PCBs and polycyclic aromatic hydrocarbons in food and feed samples from Ismailia city, Egypt. *Chemosphere* 66: 1962–1970.

Malisch, R., and A. Kotz. 2014. Dioxins and PCBs in feed and food—Review from European perspective. *Sci Total Environ* 491–492: 2–10.

McKay, G. 2002. Dioxin characterisation, formation and minimisation during municipal solid waste (MSW) incineration: Review. *Chem Eng J* 86: 343–368.

Milbrath, M.O., Y. Wenger, C.W. Chang, C. Emond, D. Garabrant, B.W. Gillespie, and O. Jolliet. 2009. Apparent half-lives of dioxins, furans, and polychlorinated biphenyls as a function of age, body fat, smoking status, and breast-feeding. *Environ Health Perspect* 117(3): 417–425.

Müller, J.F., J. Prange, C. Gaus, M.R. Moore, and O. Päpke. 2001. Polychlorinated dibenzo-dioxins and dibenzofurans in butter from different states in Australia. *Environ Sci Pollut Res Int* 8(1): 7–10.

Noren, K., and D. Meironyte. 2000. Certain organochlorine and organobromine contaminants in Swedish human milk in perspective of past 20–30 years. *Chemosphere* 40: 1111–1123.

Papadopoulos, A., I. Vassiliadou, D. Costopoulou, C. Papanicolaou, and L. Leondiadis. 2004. Levels of dioxins and dioxin-like PCBs in food samples on the Greek market. *Chemosphere* 57: 413–419.

Park, J.S., L. Linderholm, M.J. Charles, M. Athanasiadou, J. Petrik, A. Kocan, B. Drobna, T. Trnovec, A. Bergman, and I. Hertz-Picciotto. 2007. Polychlorinated biphenyls and their hydroxylated metabolites (OH-PCBs) in pregnant women from eastern Slovakia. *Environ Health Perspect* 115(1): 20–27.

Patandin, S., C.I. Lanting, P.G. Mulder, E.R. Boersma, P.J. Sauer, and N. Weisglas-Kuperus. 1999. Effects of environmental exposure to polychlorinated biphenyls and dioxins on cognitive abilities in Dutch children at 42 months of age, *J Pediatr* 134(1): 33–41.

Perelló, G., J. Gómez-Catalán, V. Castell, J.M. Llobet, and J.L. Domingo. 2012. Assessment of the temporal trend of the dietary exposure to PCDD/Fs and PCBs in Catalonia, over Spain: Health risks. *Food Chem Toxicol* 50: 399–408.

Pesatori, A.C., D. Consonni, M. Rubagotti, P. Grillo, and P.A. Bertazzi. 2009. Cancer incidence in the population exposed to dioxin after the "Seveso accident": Twenty years of follow-up. *Environ Health* 8: 39.

Pietrzak-Fiećko, R., K. Smoczyńska, and S. Smoczyński. 2005. Polychlorinated biphenyls in human milk, UHT cow's milk and infant formulas. *Pol J Environ Stud* 14(2): 237–241.

Ruoff, U., H. Karl, and H.G. Walte. 2012. Dioxins, dioxin-like PCBs and non-dioxin-like PCBs in dairy products on the German market and the temporal tendency in Schleswig-Holstein. *Journal für Verbraucherschutz und Lebensmittelsicherheit* 7(1): 11–17.

Santillo, D., A. Fernandes, R. Stringer, R. Alcock, M. Rose, S. White, K. Jones, and P. Johanston. 2003. Butter as an indicator of regional persistent organic pollutant contamination: Further development of the approach using polychlorinated dioxins and furans (PCDD/Fs), and dioxin-like polychlorinated biphenyls (PCBs). *Food Addit Contam* 20(3): 281–290.

Sasamoto, T., F. Ushio, N. Kikutani, Y. Saitoh, Y. Yamaki, T. Hashimoto, S. Horii, J. Nakagawa, and A. Ibe. 2006. Estimation of 1999–2004 dietary daily intake of PCDDs, PCDFs and dioxin-like PCBs by a total diet study in metropolitan Tokyo, Japan. *Chemosphere* 64: 634–641.

Shelepchikov, A.A., V.V. Shenderyuk, E.S. Brodsky, D. Feshin, L.P. Baholdina, and S.K. Gorogankin. 2008. Contamination of Russian Baltic fish by polychlorinated dibenzo-p-dioxins, dibenzofurans and dioxin-like biphenyls. *Environ Toxicol Pharmacol* 25: 136–143.

Stockholm Convention on Persistent Organic Pollutants (POPs). Geneva 2001, Secretariat of the Stockholm Convention. Available online: http://chm.pops.int.

Swanson, G.M., H.E. Ratcliffe, and L.J. Fischer. 1995. Human exposure to polychlorinated biphenyls (PCBs): A critical assessment of the evidence for adverse health effects. *Regul Toxicol Pharm* 21: 136–150.

Tsukimori, K., H. Uchi, C. Mitoma, F. Yasukawa, T. Chiba, T. Todaka, J. Kajiwara, T. Yoshimura, T. Hirata, K. Fukushima, N. Wake, and M. Furue. 2012. Maternal exposure to high levels of dioxins in relation to birth weight in women affected by Yusho disease. *Environ Int* 38: 79–86.

Ulaszewska, M.M., E. Zuccato, and E. Davoli. 2011. PCDD/Fs and dioxin-like PCBs in human milk and estimation of infants' daily intake: A review. *Chemosphere* 83: 774–782.

United States Environmental Protection Agency. 2003. Exposure and Human Health Reassessment of 2,3,7,8-Tetrachlorodibenzo-p-Dioxin (TCDD) and Related Compounds. Part III: Integrated Summary and Risk Characterization. National Academy of Sciences (NAS) Review Draft. December 2003. Available online: http://www.epa.gov/ncea/pdfs/dioxin/nas-review/pdfs/part3/dioxin_pt3_full_oct2004.pdf.

Van den Berg, M., L.S. Birnbaum, M. Denison, M. De Vito, W. Farland, M. Feeley, H. Fiedler, H. Hakansson, A. Hanberg, L. Haws, M. Rose, S. Safe, D. Schrenk, C. Tohyama, A. Tritscher, J. Tuomisto, M. Tysklind, N. Walker, and R. Peterson. 2006. The 2005 World Health Organization reevaluation of human and mammalian toxic equivalency factors for dioxins and dioxin-like compounds. *Toxicol Sci* 93(2): 223–241.

Van Leeuwen, F.X., M. Feeley, D. Schrenk, J.C. Larsen, W. Farland, and M. Younes. 2000. Dioxins: WHO's tolerable daily intake (TDI) revisited. *Chemosphere* 40: 1095–1101.

Van Renterghem, R., and L. Devlaminck. 1980. Polychlorinated biphenyl compounds in milk and dairy products. *Z Lebensm Unters Forsch* 170(5): 346–348.

Weisglas-Kuperus, N., S. Patandin, G. Berbers, T.C. Sas, P.G. Mulder, P.J. Sauer, and H. Hooijkaas. 2000. Immunologic effects of background exposure to polychlorinated biphenyls and dioxins in dutch preschool children. *Environ Health Persp* 108: 1203–1207.

WHO. 1998. Executive summary—Assessment of the health risks of dioxins: Re-evaluation of the Tolerable Daily Intake (TDI), WHO Consultation, May 25–29, 1998, Geneva, Switzerland. Available online: http://www.who.int/ipcs/publications/en/exe-sumfinal.pdf.

WHO. 2010. Dioxins and their effects on human health. Fact sheet No 225, May 2010. Available online: http://www.who.int/mediacentre/factsheets/fs225/en/index.html.

13 Impacto epidemiológico y médico de la contaminación alimentaria por virus transmitidos por alimentos y agua

Elżbieta Kucharska y Joanna Bober

CONTENIDO

13.1 DIFERENCIAS MORFOLÓGICAS Y EN MEDIOS DE CULTIVO ENTRE VIRUS Y BACTERIAS

Hasta hace poco tiempo, la presencia de virus en el agua y en los alimentos era cuestionable. Esto era debido a que los virus pueden multiplicarse únicamente dentro de células vivas, entre las que pueden estar las de cultivos celulares, animales, incluidas personas, u óvulos fertilizados. El agua y los alimentos, especialmente los sometidos a tratamiento térmico, son, por lo tanto, un entorno desfavorable, haciendo imposible la multiplicación de moléculas virales. Sin embargo, se produjo un cambio parcial en esta idea cuando se demostró la alta resistencia de los virus a las condiciones medioambientales. Se observó que es un grupo de microorganismos que pueden sobrevivir no solo durante la congelación sino que también lo pueden hacer en condiciones desfavorables. Por lo tanto, se observó, que aunque los virus no se multipliquen en entornos celulares externos, pueden permanecer allí viables. Se han hecho consideraciones filosóficas sobre si los virus son o no una forma de vida. El progreso en biología molecular, el desarrollo de métodos de identificación de ácidos ribonucleicos, seguido por el avance en los métodos de proteómica y metabolómica, puso fin a esta disputa, calificando a los virus como una forma de vida, aun considerando que su estructura es diferente de la de las células bacterianas. Es un dogma en virología que las estructuras básicas de las moléculas virales son el genoma, la cápside y la capa lipídica que la envuelve denominada envoltura. Esta última no es una estructura integral de los virus, por lo que se pueden dividir en virus envueltos y no envueltos.

Sin embargo, la clasificación fundamental se basa en la estructura del genoma. Dado que los virus pueden tener ADN o ARN en su genoma, se dividieron en dos familias y dentro de cada una de ellas en virus ssARN y dsARN, y también en virus ssADN y dsADN, porque tanto el ADN como el ARN pueden estar presentes en forma de una o dos cadenas. La forma de los virus está condicionada por el plegamiento del genoma para formar las partículas virales que se empaquetan en proteínas llamadas capsómeros para formar la cápside. La estructura morfológica del virus puede ser helicoidal, prolada, icosaédrica y esférica. Algunos virus están además protegidos por una envoltura lipídica. Los virus que poseen dicha envoltura son más resistentes a factores ambientales pero son más susceptibles a desinfectantes que tienen actividad lipolítica (Rossmann, 2013).

13.2 LOS ALIMENTOS Y EL AGUA COMO FUENTES POTENCIALES DE INFECCIONES VÍRICAS

Cuando han ocurrido desastres naturales, inundaciones o eventos que han provocado colapso de los sistemas de alcantarillado, especialmente en ciudades más antiguas, se han producido infecciones gastrointestinales, en las que al principio no se han detectado bacterias patógenas como responsables. Los países ecuatoriales, con clima cálido y con acceso a agua potable aún no completamente resuelto, son a menudo lugares donde se producen infecciones gastrointestinales con diarrea como síntoma dominante. Se estima que debido a estas infecciones mueren cada año 2 millones de personas de grupos de edad vulnerable (niños y ancianos). Se ha publicado que las infecciones gastrointestinales de origen vírico causan del 10-12% de las hospitalizaciones de niños provocando grandes pérdidas económicas. Para que ocurra una infección vírica, en la mayoría de los casos, es suficiente con una pequeña dosis de virus, 10-100 viriones. El riesgo de infección por agua y alimentos no solo preocupa a los países en desarrollo sino también a los económicamente desarrollados (Leclerc *et al.*, 2002). Hay dos vías de transmisión de virus: la más común es la ruta fecal-oral, es decir, la transferencia de virus a través de manos sucias desde fuentes contaminadas, por ejemplo a partir de agua y alimentos contaminados no sometidos a tratamiento por calor: ensaladas de verduras o alimentos, aperitivos. La segunda ruta es aérea: inhalación de partículas virales diseminadas en el aire, por ejemplo, presentes por el vómito de una persona enferma o procedentes de una descarga nasal o de la garganta. El período de incubación promedio es corto y usualmente dura de 1 a 4 días. Los primeros síntomas son a menudo, temperatura elevada, especialmente en infecciones por norovirus y rotavirus, dolor muscular o fatiga. Estos síntomas están relacionados con la actividad de las citoquinas proinflamatorias interleucina (IL) -1, -2, -6 y -8 liberadas de macrófagos e el interferón gamma (INFγ) liberados por los linfocitos debido a la viremia. La falta de apetito, náuseas, vómitos, diarrea sin sangre y los calambres intestinales dolorosos ocurren durante la localización de virus dentro del tracto gastrointestinal. También hay cambios en los parámetros laboratoriales, por ejemplo, linfopenia o aumento del número de anticuerpos específicos de inmunoglobulina M (IgM). El tratamiento es solo sintomático. Incluye principalmente la suplementación de fluidos perdidos y electrolitos. La convalecencia, además de la recuperación gradual, se acompaña de un aumento en la cantidad de anticuerpos IgG específicos.

13.3 INFECCIONES POR ROTAVIRUS

La mortalidad anual entre los niños debido a infecciones por rotavirus alcanza los 600.000 millones, principalmente en los países menos desarrollados. Se realizaron estudios en Europa durante 2004-2005 dentro del programa REVEAL, que determinó, entre otros, la tasa de incidencia en el grupo de niños menores de 5 años, que estuvo entre 10,4-36% de los sujetos analizados. Sin embargo, la tasa de mortalidad fue muy baja (Giaquinto *et al.*, 2007). En los Estados Unidos, la tasa de incidencia alcanza el 30-70% de las hospitalizaciones y el tratamiento anual cuesta mil millones por año (Bernstein, 2009). Las Infecciones por rotavirus, debido a los síntomas prodrómicos, son habitualmente denominadas en Polonia como «gripe intestinal». Por lo general, comienzan como enfermedades puntuales. Hay una mayor frecuencia de afección en bebés y en niños. La alimentación materna previene la infección (debido a la alta concentración de IgA en la leche materna, especialmente en los primeros 5 días de vida del bebé). El período de incubación es de 1 a 3 días. La infección provoca diarrea que dura de 5 a 8 días, lo que conduce rápidamente a la deshidratación.

Rotavirus (del latín: rota-rueda) pertenece a la familia Reoviridae. Su genoma está formado por dsRNA. Tiene simetría icosaédrica. El genoma consta de 11 segmentos de dsRNA y está rodeado por una cápside de tres capas. Los segmentos de RNA codifican seis proteínas estructurales y cinco no estructurales. Las proteínas poseen propiedades antigénicas, de tal forma que se puede hacer una identificación serológica, diferenciándose siete especies principales distintas de este virus: denominadas de la A a la G. Algunas de las proteínas forman la capa interna del núcleo del virión, y otras la capa externa. Las proteínas presentes en la superficie: VP4 y VP7—muestran diferente resistencia a la proteólisis enzimática, de aquí la posterior división del virus en cepas (serotipos). La proteína VP4 caracteriza a 23 cepas P que tienen la posibilidad de estimular la producción de antígenos (propiedades serológicas). Varios serotipos provocan infecciones en diferentes continentes o países con una frecuencia variable (Lin *et al.*, 2014). El conocimiento de los serotipos de rotavirus se utiliza para la producción de vacunas polivalentes que contienen proteínas virales características de las infecciones en una determinada área. Hay una vacuna monovalente producida en China, pero no está recomendada por la inadecuada investigación de control seguida con ella (Lin *et al.*, 2014).

Las especies A, B y C son infecciosas para humanos y animales. La especie A es la más común y causa el 90% de todas las infecciones por rotavirus en personas. Las infecciones principalmente ocurren en los meses de invierno. Los virus son resistentes a factores físicos, temperaturas por debajo de –20°C, y múltiples operaciones de congelación y descongelación. Tampoco son destruidos por calentamiento a 56°C o por tratamientos ultravioleta. Por lo tanto, la transmisión no solo es posible a través de la vía fecal—ruta oral sino también a través de objetos contaminados, de ahí el alto número de infecciones publicadas en las unidades de neonatos de los hospitales en Polonia y en todo el mundo. Estos virus no poseen envoltura lipídica. Son sensibles a los desinfectantes, por ejemplo, al alcohol o a los compuestos halogenados. Los Rotavirus se inactivan a temperatura por encima de 60°C durante 30 min. La enfermedad es más común en niños de entre 4 y 36 meses de edad. Hasta los 5 años, el 100% de los niños tienen alguna infección por rotavirus. Anualmente en el mundo 138 millones de niños son infectados por rotavirus, 600.000 de estos mueren, principalmente en el África Sub-Sahariana y en el Sur de Asia. Se ha demostrado que los rotavirus son capaces de producir la proteína NSP4, que es considerada como la primera endotoxina vírica conocida. Es un péptido de 22 aminoácidos que incrementa la entrada de iones Ca a la célula, lo que provoca un aumento en la secreción de iones cloro a los intestinos provocando diarrea (Lee *et al.*, 2000). El paso de la infección deja inmunidad pero sólo a corto plazo, por lo que son posibles múltiples infecciones. La única forma de prevenir con éxito la infección es usando vacunas que contienen virus atenuados, administrados oralmente a los niños. Las vacunas usadas en los Estados Unidos que son populares en todo el mundo son las vacunas polivalentes, por ejemplo *Rotarix* (GlaxoSmithKline) y RotaTeq (Merck and Company). En el último año Rotarix ha sido usada en más de 90 países. Estas vacunas se dan a los niños oralmente a partir de la sexta semana de vida, en dos dosis en intervalos de 4 semanas hasta los 24 meses. En estudios desarrollados en América Latina y África, se ha confirmado la efectividad de esta vacuna, al provocar una reducción de la prevalencia de esta enfermedad y desarrollo de cursos significativamente más leves de la misma en los grupos vacunados en comparación con los no vacunados (Gentsch *et al.*, 2005).

13.4 INFECCIONES POR NOROVIRUS

Las infecciones por norovirus son la segunda causa más común de infecciones en el mundo. El Centro para la Prevención y Control de la Enfermedad (CDC) de Estados Unidos estima que el virus afecta a 21 millones de personas en USA cada año, de las cuales el 60% son casos de gastroenteritis. Los Norovirus, inicialmente denominados virus Norwalk, son virus sin envoltura lipídica que contienen ssARN. Pertenecen a la familia Caliciviridae, en la que se encuentran varios tipos de virus: Norovirus, Sapovirus, que provocan diarrea en niños y adultos, y Lagovirus, Nebovirus y Vesivirus, que infestan animales como vacas, anfibios, reptiles, mamíferos marinos (delfines), aves (pollos), perros y gatos (calicivirus Felino). Son virus pequeños (27-40 nm), con forma icosaédrica de 32 senos en forma de cuenco, no envueltos, con genoma ARN de sentido positivo. Los norovirus se pueden dividir en seis genogrupos y más de 40 genotipos, siendo esta la razón de su alta variabilidad (Robilotti *et al.*, 2015). Los genotipos GGII-GGIV han provocado pandemias mundiales. En los años 90 en Estados Unidos, Japón, Taiwán, Nueva Zelanda y Australia se produjeron infecciones causadas por estos genotipos (Chen *et al.*, 2009). Las rutas de transmisión de este tipo de virus son muy variadas: consumo de agua potable contaminada y a través de agua en piscinas, vegetales fertilizados de forma natural, incluidos los congelados, frutas lavadas inadecuadamente, objetos contaminados con heces (los virus pueden sobrevivir hasta 7 días) o alimentos no sometidos a tratamiento térmico. Las personas se infectan directamente (persona a persona) a través del aerosol que rodea al sujeto que vomita. La transmisión a partir de animales es difícil, pero se ha demostrado que es posible infectarse a partir de una persona enferma que no tiene síntomas y que elimina virus en las heces. Se han aislado numerosas cepas de norovirus: Norwalk, Lordsdale, Toronto, Southampton, Hawaii o México. Los brotes provocados por los norovirus ocurren durante todo el año y abarcan todos los grupos de edad, aunque son más frecuentes en niños. Los virus se replican en el epitelio intestinal. El curso de la infección es característico de una infección intestinal de origen vírico. Pueden ser fuentes de infección por este tipo de virus el consumo de ostras, mejillones u otros mariscos, alimentos listos para el consumo (ensaladas, sándwiches, hielo, galletas, frutas) contaminados por manipuladores de alimentos infectados, o cualquier otro alimento contaminado con vómito o heces de una persona infectada, especialmente en centros de alimentación institucional o puntos de restauración colectiva (www.Foodsafety.gov). También pueden ser fuente de infección beber agua corriente o de reservorios donde se liberan aguas residuales o usar este agua para limpiar utensilios de cocina o frutas o verduras (perejil, frambuesas) que no sean posteriormente tratadas térmicamente.

Se han detectado brotes masivos de este tipo de virus en entornos cerrados: cuarteles, pensiones, escuelas, tripulaciones de barcos y, a menudo, en la temporada de invierno. La gastroenteritis es la causa fundamental de los síntomas que son fundamentalmente vómitos, diarrea, deshidratación y desequilibrio electrolítico. En la mayoría de los casos la recuperación se produce después de 2 a 3 días de enfermedad. Tras la infección, se obtiene inmunidad que dura de 2 a 4 años. Las personas con un sistema inmunitario debilitado son especialmente propensas a este tipo de infección. En un grupo de pacientes de más de 85 años se observó un caso de infección grave que se mantuvo durante varias semanas; sin embargo, no hubo muertes, de manera similar a lo que ocurrió en otro caso de personas con trasplantes de médula y órganos que sufrieron la enfermedad (Robilotti *et al.* 2015).

13.5 INFECCIONES POR SAPOVIRUS

Los sapovirus, hasta hace poco denominados virus Sapporo, pertenecen a la familia Caliciviridae. Aproximadamente el 23% de los pacientes con diarrea han sido infectados con sapovirus. La mayoría de este tipo de infecciones se desarrollan en invierno. La estructura de los sapovirus es la característica de los virus de la familia Caliciviridae. Por lo tanto, son ssRNA con geometría icosaédrica. Los sapovirus se clasifican en genogrupos del GI a GV. Mientras que el genotipo GIII infecta a cerdos, los restantes infectan a los humanos. La diferenciación de los sapovirus de otros calicivirus usando microscopía electrónica (EM) es muy complicada. También es problemática la detección inmunoenzimática (ELISA) usando anticuerpos específicos obtenidos tras inmunización de conejillos de indias, dada la necesidad de recolectar heces a partir de 2 días. Los métodos mejores, más precisos y más económicos para la detección de este tipo de virus son la reacción en cadena de la polimerasa (PCR) anidada y la PCR con transcripción inversa (RT) PCR, y la Taq-Man RT-PCR para la diferenciación entre especies.

Se han encontrado sapovirus en el 88% de los niños menores de 5 años analizados, y solo en el 8% de los sujetos examinados mayores de 10 años. Las infecciones afectan a los niños que están en grupos como jardines de infancia o escuelas, siendo la transmisión vía fecal-oral y a través de los objetos: manillas de puertas, receptores de teléfonos y grifos. El curso de la infección es más leve que en el caso de las infecciones por rotavirus o norovirus.

Los estudios sobre la presencia de virus en el agua revelaron que estos se encontraban en depósitos sucios pero no se detectaban en ríos poco profundos. No se detectaron en el agua de mar; sin embargo, se observaron en mariscos, excluyendo las ostras. Estos estudios se realizaron en Japón (Hansman *et al.*, 2007). Se estima que en Europa está aumentando el número de infecciones por Sapovirus.

13.6 INFECCIONES POR ASTROVIRUS

Los astrovirus son virus pequeños cuyo genoma está compuesto por ssRNA. Los virus se replican en el citoplasma de las células infectadas. Los astrovirus forman la familia Astroviridae, que se divide en dos géneros: «Mamastrovirus» y «Avastrovirus». El astrovirus humano que infecta a las personas pertenece a los mamastrovirus. Se dividen en cinco genotipos, siendo uno de ellos el más común. Dependiendo de las propiedades antigénicas, podemos distinguir ocho serotipos, de los que del uno al cinco son los que tienen la mayor importancia. Además de a los humanos, los astrovirus también infectan a los animales. Los astrovirus animales infectan gatitos, lechones, cachorros, bovinos (tipos 1 y 2), ovejas, ciervos y cachorros de visón. Los *Avastrovirus* incluyen AstV de pato, AstV de pavo (tipos 1 y 2) y virus de la nefritis aviar de pollos (tipos 1 y 2). Los astrovirus se dividen en especies, según el tipo de animal infectado. Estos virus tienen una gran capacidad de variación genética, lo que les permite infectar nuevas especies animales. Son transmitidos por agua y alimentos contaminados. Por lo tanto, es crucial proporcionar a los animales agua libre de virus. No solo pueden infectarse los animales domésticos sino también los animales de granja. Los astrovirus causan cambios en el sistema nervioso central de los visones, lo que lleva a la apoptosis de las células infectadas (síndrome de visón tembloroso) (Gliński y Kostro, 2012).

La mayoría de las infecciones en personas se han observado entre los meses de octubre y enero o durante la temporada de invierno en China. En siete provincias de China, el porcentaje promedio de personas infectadas ascendió a 5,5% durante 7 años (1998-2005). Los niños entre el noveno y el decimoprimer mes de vida fueron los más frecuentemente afectados (7,4%), a continuación los niños entre el duodécimo y el decimoséptimo mes (6,1%). Curiosamente, el porcentaje de niños infectados entre 0 y 2 meses de edad fue del 5,6%. La incidencia de infecciones por astrovirus observada en Corea durante 5 años estuvo entre el 0,6-2,4%. En España, se ha observado un pico de incidencia entre el segundo y cuarto año de edad, alcanzando los afectados por debajo de los tres años el 80%. En Vietnam, los niños se infectaron principalmente desde finales de mayo hasta agosto o noviembre, es decir, durante la temporada de lluvias. En los Estados Unidos, Francia y Finlandia, la prevalencia fue mayor en los meses de invierno y primavera.

Los astrovirus provocan gastroenteritis leve. Son resistentes al bajo pH del ácido gástrico, por lo que afectan a los intestinos. Se localizaron tanto en células M como en enterocitos en las partes superior y lateral de las vellosidades intestinales. La infección por astrovirus afecta a sujetos de todos los grupos de edad, pero los niños menores de 2 años son los más propensos. Los síntomas dominantes son vómitos (20-62% de personas enfermas), diarrea (con una duración promedio de 3 días con 4 deposiciones diarias), temperatura corporal elevada, a veces hasta 39°C, en el 25% de las personas enfermas.

Más del 70% de los adultos y el 95% de los niños tienen anticuerpos específicos frente a astrovirus. Las infecciones son especialmente frecuentes en comunidades cerradas o en concentraciones de personas como zonas dormitorio, guarderías y jardines de infancia. Se ha observado un curso más grave de la infección en las personas que padecen SIDA (Jeong *et al.*, 2012). Los astrovirus se inactivan con tratamientos de 50-60°C durante 30 minutos, son estables a bajas temperaturas, resistente al cloroformo y al éter y se destruyen durante la desinfección con compuestos clorados y glutaraldehído.

13.7 INFECCIONES POR ADENOVIRUS

Los adenovirus (90–100 nm) son un grupo extenso de virus ubicuos. Su genoma es dsDNA lineal que forma ocho dominios. La cápside de proteína con geometría icosaédrica está constituida por alrededor de 252 capsómeros. Un virión completo se asemeja a un satélite, ya que está formado por 20 lados y 12 vértices de los que sobresalen péptidos delgados. Contiene proteínas estructurales tempranas y tardías que maduran en el núcleo celular.

La familia Adenoviridae contiene los géneros Mastadenovirus, que infecta a los mamíferos, y Aviadenovirus, que infecta a las aves. Las infecciones de las aves son muy graves y causan pérdidas de peso corporal. Los adenovirus afectan a los pollos de engorde, patos, gansos y palomas. La infección causa hepatitis, colangitis y pancreatitis, huevos con cáscara blanda e inadecuado desarrollo embrionario. Las infecciones también afectan a los reptiles. Los adenovirus humanos se clasifican en especies de la A a la F y dentro de ellas en 51 serotipos con diferente patogenicidad. En general, los adenovirus pueden infectar el sistema gastrointestinal, el sistema respiratorio, el sistema nervioso central, el sistema urinario y los ojos, causando conjuntivitis o queratoconjuntivitis. Los adenovirus se transmiten por vía fecal-oral, por aire o por contacto con objetos contaminados. El período de incubación de la infección es de 10 días. La transmisión de virus a los ojos se produce por manos inadecuadamente lavadas y desinfectadas o por un viejo tipo de tonómetros que miden la presión intraocular por el método de contacto. Pueden ser infecciones hospitalarias, pero también podrían estar relacionadas con las lesiones y con la profesión, lo que se denomina «conjuntivitis de los astilleros».

Los adenovirus afectan a niños durante la primera parte de la infancia. La mayoría de las infecciones están relacionadas con el tracto respiratorio superior, con rinitis, estomatitis y faringitis. El haber pasado la infección supone ser portador de este tipo de virus durante varios meses. Los adenovirus también pueden causar invaginación intestinal en los recién nacidos, inflamación necrótica del intestino delgado, meningitis y encefalitis y, en raras ocasiones, infecciones del tracto urinario (cistitis hemorrágica).

Los adolescentes se infectan por este tipo de virus generalmente durante el verano. El agua en las piscinas es en este caso la fuente más frecuente de contaminación. Las infecciones afectan a los ojos y a las vías respiratorias superiores. La enfermedad se produce con mayor frecuencia en niños y adolescentes alojados en dormitorios, que asisten a escuelas o campamentos de verano.

En el caso de los adultos, las infecciones se desarrollan principalmente en personas estresadas, reunidas en barracones. A menudo hay casos de bronconeumonía. Las infecciones por adenovirus también pueden propagarse entre pacientes hospitalizados, o en centros de personas mayores, generalmente entre pacientes con un sistema inmunitario debilitado, especialmente durante la quimioterapia, el cáncer, la infección por HTLV3 o el trasplante de médula.

Las infecciones por «adenovirus» son muy comunes. Pueden ser responsables del 13% de todas las infecciones virales y, por lo tanto, ocupan el segundo lugar después de la infección por *Herpesviridae*. El sistema gastrointestinal se ve afectado principalmente por los adenovirus tipo A. Los adenovirus están presentes en aguas sucias y cloacales, piscinas, agua de mar y agua potable (Mena y Gerba, 2009). Estos suelen ser virus de la especie A, serotipos 40 y 41. La concentración de partículas virales en el agua necesaria para que ocurra una infección es discutible. El agua recomendada para beber no debe ser la causa de más de una infección por cada 10.000 consumidores por año. El agua en las piscinas debe ser biológicamente tan pura como el agua potable, dado que se puede asumir que un nadador sin experiencia puede beber aproximadamente 30 mL por día. En el análisis de dos muestras de agua de río y agua potable en Sudáfrica se encontraron 1,40 y 2,45 adenovirus por cada 10.000 L, respectivamente (van Heerden *et al.*, 2005a). Hoy en día, debido a la cloración, hay 0,5 adenovirus por cada 100 L en aguas superficiales, lo que indica la efectividad de las medidas preventivas contra las infecciones por adenovirus (Mena y Gerba, 2009). Sin embargo, es crucial monitorizar la concentración de virus en el agua potable en algunas partes de Sudáfrica, así como la eficiencia de los procesos de tratamiento del agua (van Heerden *et al.*, 2005b). Un problema similar ocurre en el sureste de Polonia, donde las aguas residuales estacionales son vertidas en algunos ríos (Kozyra *et al.*, 2011).

La presencia de adenovirus en los alimentos se relacionó principalmente con el consumo de leche cruda sin procesar. Después de la introducción de la pasteurización, el problema se resolvió. Los mariscos pueden ser otro de los alimentos portadores de este tipo de virus. Los serotipos de adenovirus 40 y 41 no se multiplican en cultivos celulares. El diagnóstico se realiza examinando las heces por EM, mediante aglutinación en látex o a través del análisis por EM de la reacción inmunológica con anticuerpos monoclonales.

Una observación interesante es una posible conexión entre la infección por adenovirus y el desarrollo de la obesidad. Se ha observado que la frecuencia de la presencia de anticuerpos frente a adenovirus es seis veces mayor en personas obesas que en población sana. Parece ser que los adenovirus AD 36 y SMAM 1 aviar afectan al núcleo ventro-medial y al núcleo paraventricular del hipotálamo, lo que aumenta el apetito. Esta hipótesis necesita nuevos estudios (Dhurandhar *et al.*, 2000), especialmente en el contexto de la posible propagación de la enfermedad a través de los alimentos.

13.8 INFECCIONES POR HEPATITIS

13.8.1 Introducción

Los virus de la hepatitis tipo A y E (HAV y HEV) presentes en el agua contaminada con heces, en los alimentos producidos con sistemas de riego en los que el agua puede tener contaminación fecal (entre ellos sistema de riego por inundación) o en mariscos crudos en países tropicales, pueden causar hepatitis de origen vírico con síntomas comparativamente leves. La enfermedad es característica de las infecciones virales. La etapa temprana, que dura varios días, llamada período prodrómico (viremia) es similar a la infección por gripe. Los síntomas dominantes son temperatura elevada, fatiga, falta de apetito, náuseas, dolor en el área del hígado y posiblemente diarrea.

En la segunda etapa de la enfermedad, se presentan síntomas hepáticos. Se convierte en una fase de infección localizada en órganos, que ocurre aproximadamente 4 a 6 semanas después de la infección inicial. Los síntomas incluyen ictericia, orina de color ámbar oscuro, heces de color claro y picazón en la piel. Los síntomas afectan solo a un tercio de las personas infectadas. La enfermedad se acompaña de inflamación del hígado, a veces también del bazo y de los ganglios linfáticos. Principalmente se infectan los niños pequeños y los adolescentes. En Polonia el 30% de las personas analizadas tienen anticuerpos frente al virus, indicando que en algún momento han tenido contacto con el virus. Una vez pasada la infección por el HAV, generalmente la recuperación es completa, no quedando la persona afectada como portadora ni con hepatitis crónica. La superación de la infección genera inmunidad frente al virus de por vida. La inmunidad asegura un alto número de anticuerpos IgG específicos.

Las infecciones por HEV transmitidas por vía fecal-oral se dan principalmente en Asia, África y América Central. La fuente principal de la infección es el agua contaminada. El curso de la infección suele ser leve y la recuperación completa. Desafortunadamente, durante el embarazo el pronóstico es menos favorable, pudiendo en este caso la mortalidad alcanzar entre el 10-40% (CDC, 2004).

13.8.2 Infección por HAV

El HAV provoca una enfermedad inflamatoria que se resuelve sin tratamiento y que afecta el parénquima hepático. Las personas son el reservorio del virus y la enfermedad se propaga por vía fecal-oral, al transferir viriones al agua o al alimento. Los virus pueden persistir durante mucho tiempo en aguas residuales, aguas subterráneas, aguas templadas (hasta 10 meses) y en alimentos. La fuente de la infección podría ser, por ejemplo, mariscos, ensaladas de varios tipos que contienen tomates, cebollas de primavera, lechuga iceberg, hinojo, zanahorias, frambuesas e incluso cubitos de hielo añadidos a las bebidas. En países con acceso limitado al agua limpia, se ha observado que el 90% de la población posee anticuerpos, lo que indica que hay contacto con el virus en muchos casos tras haber pasado una infección asintomática. Por lo tanto, es raro que se desarrolle la enfermedad tanto en jóvenes como en adultos debido al consumo de alimentos contaminados (Fiore, 2004). En Europa, donde las posibilidades de contraer la enfermedad son menores, hay tendencia a la presentación de brotes cíclicos, que se repiten cada 20 años. Esto es debido a la adquisición de la enfermedad por las nuevas generaciones susceptibles a la misma (epidemia cíclica). Actualmente en países como Estados Unidos, Israel, Italia y España, donde la vacunación es obligatoria, la mayoría de las veces contra el HAV y el HBV (vacuna Twinrix), la enfermedad es poco frecuente; sin embargo, cada década aparecen brotes de forma cíclica (CDC, 2004).

Según la CDC, a nivel mundial se producen cada año aproximadamente 1,5 millones de casos sintomáticos de hepatitis A, principalmente en los países del Tercer Mundo. En Polonia, la tasa de incidencia asciende a 15/100.000 habitantes. Las personas que participan en eventos familiares, por ejemplo, bodas, bautizos o que comen en lugares de restauración colectiva, como comedores o cafeterías, tienen un riesgo especial de contraer este tipo de infección. Así, los escolares, los niños en jardín de infancia y los pensionistas se infectan con mayor frecuencia, pero también los homosexuales activos, las personas adictas a las drogas, las dedicadas a la atención médica o que están cuidando pacientes con la enfermedad (estos necesitan administración preventiva de γ-globulina o vacunación previa), y los trabajadores de las redes de alcantarillado (Zuckerman, 1996). La mayoría de los brotes ocurren en primavera u otoño, lo que puede estar relacionado con personas que regresan de viajes realizados a regiones con una mayor tasa de incidencia de la enfermedad. Esas regiones son países mediterráneos, Europa del Este, Asia Central y Oriental, América del Sur y África. El período infeccioso en humanos dura desde las 2 semanas anteriores a la aparición de los síntomas hasta una semana después de que ocurran los mismos. Un paciente, asintomático y que por tanto no sabe que está infectado, representa una amenaza para quienes lo rodean, especialmente si trabaja en contacto con alimentos o en una planta de embotellado (Comité Asesor de Prácticas de Inmunización de la CDC, 1999).

El HAV pertenece a la familia Picornaviridae. El tamaño del virión es de 27 nm, y el genoma consiste en un ssARN de sentido positivo. La cápside está formada por hasta 7.500 nucleótidos, todo ello constituye un serotipo desde el punto de vista serológico. El virus resiste el pH bajo del ácido gástrico. También es resistente a bajas temperaturas (–80°C). Dado que no posee envoltura lipídica, es resistente a los detergentes y también al cloro a bajas concentraciones.

El período de incubación varía de 2 semanas a 2 meses. Después de síntomas prodrómicos inespecíficos (3 a 10 días), similares a los mencionados anteriormente para otras infecciones víricas, comienza una segunda fase de infección aguda, caracterizada por ictericia, presencia de orina de color ámbar oscuro, heces claras de color arcilla, dolores debajo del arco costal derecho, picazón en la piel, falta de apetito, reflujo, vómitos y modificaciones en los parámetros laboratoriales del paciente. La tercera fase es la de convalecencia. La infección normalmente termina con una recuperación completa espontánea que generalmente proporciona inmunidad de por vida, sin convertirse en un estado de portador. También es posible el curso asintomático o hepatitis sin ictericia. En algunos pacientes, la infección provoca insuficiencia hepática aguda, siendo más común en pacientes mayores de 50 años (Zuckerman, 1996).

La prevención de la infección por HAV es un problema grave. Como destacó Fiore, se desconoce la dosis infecciosa para la hepatitis A. La infección se transmite por vía fecal-oral y los virus se transmiten a partir de manos contaminadas a los alimentos no procesados. Los trabajadores que tienen contacto con alimentos deben someterse a una vacunación preventiva frente al HAV. Las normas higiénicas adecuadas, que incluyen lavado y desinfección de las manos después de salir del baño, son cruciales. Se debe considerar el uso de guantes desechables para la preparación y manipulación de alimentos; sin embargo, no debe considerarse como un sustituto del lavado y desinfección de las manos. Los ingredientes frescos de las ensaladas de verduras, como la lechuga, requieren lavado a presión con agua limpia. Tal proceso conlleva a una reducción de 10 a 100 veces en el número de virus, pero no los elimina por completo. Los moluscos bivalvos también pueden ser un problema: por ejemplo, los mejillones, se tratan con agua hirviendo durante 2 minutos, lo que no garantiza la esterilidad de los moluscos, porque la concentración de virus en algunos de ellos como los berberechos es 100 veces mayor. El número de virus de los moluscos puede reducirse manteniendo estos durante una semana en agua limpia recirculante para reducir la concentración de hepatovirus A en el tracto gastrointestinal de los moluscos. Sin embargo, no es una solución ideal. Solo el tratamiento directo del producto a temperatura superior a 85° C durante más de un minuto mata los virus. Por otro lado se indica como necesario el uso de gammaglobulina en personas que tienen contacto con alimentos que pueden estar contaminados con hepatovirus A (Fiore, 2004).

13.8.3 Infección por HEV

La infección por HEV se describe como una enfermedad aguda, necrótica del parénquima hepático que se resuelve sin tratamiento. Es causada por virus pertenecientes a la familia Hepeviridae, con un diámetro aproximado de 30 nm, genoma ssRNA, genotipos 1 y 2, capsómeros de geometría esférica y proteínas que constituyen un serotipo. Este virus no tiene envoltura lipídica. Los humanos son reservorio del HEV, pero se han encontrado cepas de este virus en cerdos salvajes y domésticos, y se ha detectado la presencia de anticuerpos IgG en cerdos y bovinos. Además, se ha encontrado este virus en casi todos los animales domésticos, así como en roedores y especies de vida silvestre (p. ej., ciervos, jabalíes y conejos) (Christou y Kosmidou, 2013). Se sabe que las especies de virus animales son infecciosas para los humanos: genotipos 3 y 4 (Lee *et al.,* 2013). Sin lugar a dudas, la infección se transmite de persona a persona por el agua contaminada con heces. Por lo tanto, se observan las infecciones durante la temporada de lluvias en los países cálidos, cuando las aguas residuales contaminan las aguas subterráneas y los depósitos de agua potable. Según la OMS, este tipo de infección afecta principalmente al suroeste y centro de Asia y al noreste de África. Las transmisiones de persona a persona, entre ellas las más cercanas a los enfermos, son poco comunes en este tipo de virus, a diferencia del caso de HAV. El número de infecciones cada año se estima en 20 millones confirmados, 3 millones de presuntos casos y 56.000 muertes debido a hepatitis fulminante por HEV (insuficiencia hepática aguda). Además de la transmisión de virus por agua y alimentos, otra posibilidad es una transferencia vertical de madre a hijo. En las mujeres embarazadas, especialmente aquellas en el tercer trimestre, infectadas por HEV genotipos 1 y 2, la enfermedad es especialmente grave (eclampsia, hemorragia, aborto espontáneo, con o sin daño hepático) (OMS, 2016).

La infección por HEV es una enfermedad de guerra, conflictos y desastres naturales. Los hombres entre 15 y 30 años son los más afectados. Hasta hace poco se consideraba una enfermedad rara en todos los países de la UE, que no superaba el 1% de los casos de hepatitis infecciosa, transmitida por personas que han regresado de regiones endémicas. Gracias a la investigación llevada a cabo en el Reino Unido se demostró que aproximadamente el 3% de las personas afectadas con ictericia en el curso de intoxicación por drogas están infectadas con el genotipo animal 3 del HEV. Por lo tanto, la carne de cerdo poco cocinada puede ser una fuente de este tipo de virus. También se ha comprobado que el alcoholismo es un factor que empeora el pronóstico de la enfermedad debida a daño hepático progresivo.

El curso de HEV es el siguiente: período de incubación, que dura en promedio 40 días; el período temprano, prodrómico, que dura varios días, con gripe poco característica como síntoma junto a náuseas, anorexia y vómitos; fase aguda, con síntomas característicos de las infecciones que provocan hepatitis mencionados anteriormente; dura varias semanas y por último la fase final de recuperación. Recientemente se ha observado que la fase de recuperación puede ser precedida por hepatitis E crónica.

En el sureste de Francia, se observó un aumento en la concentración de enzimas hepáticas en sangre en pacientes con neoplasias hematológicas o HIV, sin ictericia, después de trasplantes y tomando Tacrolimus como fármaco inmunosupresor. En el 60% de las personas que presentaban riesgo de contacto con HEV durante un período superior a medio año, se observó una forma crónica de la infección, confirmado mediante resultados positivos del virus por PCR, lo que llevó a provocar cirrosis hepática en el 10% de estos pacientes. En otras regiones, la incidencia de complicaciones en pacientes con afecciones sanguíneas y con HIV no superó el 1% (Scobie y Dalton, 2013).

Otras formas de la infección crónica por HEV son las numerosas complicaciones neurológicas causadas por genotipo 3 de este virus en Europa y por el genotipo 1 en Asia, con patogénesis desconocida (Scobie y Dalton, 2013). Los autores destacan la necesidad de establecer medidas preventivas como:

1. Usar agua segura;
2. Consumir mariscos (ostras) procedentes de zonas de capturas seguras; en Corea del Sur se demostró que las ostras pueden transportar el genotipo 3 del HAV procedente de aguas con contaminación fecal a partir de cerdos de granjas cercanas;
3. Cocinar la carne de cerdo a fondo o freírla, renunciando a la parrilla o a la barbacoa, y tratando de evitar restaurantes específicos de barbacoa. En Japón, se determinó la presencia de ssARN en el 2% de los hígados de cerdos, en los Estados Unidos, en el 11% y en Alemania, en el 4%;
4. Adherirse a los programas de lavado higiénico de manos;
5. Llevar a cabo una gestión adecuada y segura del agua y de las aguas residuales (Christou y Kosmidou, 2013).

Debido a la presencia de HEV entre los roedores, también es necesario proteger a los animales de granja y a las viviendas humanas frente a los roedores para evitar la propagación de la infección.

Se sabe que los medios más importantes de prevención de la enfermedad son las vacunas. Se ha desarrollado una vacuna frente a la hepatitis E en China. Sin embargo, «debido a la falta de información suficiente sobre seguridad, inmunogenicidad y eficacia en los diferentes subgrupos de población, la OMS no recomienda el uso rutinario de esta vacuna en niños menores de 16 años, mujeres embarazadas, pacientes con enfermedad hepática crónica y personas en listas de espera para trasplante de órganos, y viajeros» (OMS, 2015).

13.9 INFECCIONES POR ENTEROVIRUS: POLIO, COXSACKIE A, B Y ECHO

Los enterovirus pertenecen a Picornaviridae. El género «Enterovirus» contiene virus de la polio, Coxsackie A y B, y ECHO. Los enterovirus se caracterizan por un ssARN de sentido positivo. Un virión tiene 18-30 nm de diámetro y su cápside tiene geometría icosaédrica. Estos virus exhiben varios efectos citopáticos en cultivos celulares. También tienen diferente afinidad por los tejidos. Esos factores conducen a la clasificación de los enterovirus en 68 tipos: el poliovirus contiene tres serotipos, Coxsackie A: 23 serotipos, Coxsackie B: 6, ECHO: 28 serotipos y otros tipos de virus 5. Según la estructura del genoma, los virus se dividieron en cinco grupos: polio, enterovirus humano A (HEV A), enterovirus humano B (HEV B), enterovirus humano C (HEV C) y enterovirus humano D (HEV D). Los cinco virus son infecciosos para los humanos. Los animales también se ven afectados por ellos, dado que se han observado infecciones tanto en granjas como en animales salvajes. Se produce enfermedad por estos virus en cerdos, terneros, perros, zorros, conejos, ardillas, y monos. También se ha encontrado enterovirus en ostras y mejillones. Por lo general, los humanos son fuente de la infección. La transmisión se produce por vía fecal-oral o puede ser transmitida por el aire en caso de infección del tracto respiratorio superior, o por los aerosoles que rodean a la persona que vomita. La enfermedad también puede transmitirse por organismos portadores como moscas y otros insectos. Se ha demostrado que el mayor riesgo es debido al agua contaminada con heces, y el agua de piscinas y balnearios. Los niños son los más afectados, especialmente en países con bajos niveles socioeconómicos. En verano, durante las olas de calor, hay numerosos brotes en todo el mundo causados por enterovirus distintos de los que provocan la poliomielitis.

Según la OMS 2015, «Los casos de polio han disminuido en más del 99% desde 1988, pasando de 350.000 casos estimados a 359 casos publicados en 2014. La reducción es el resultado del esfuerzo global para erradicar la enfermedad». Los brotes de polio ocurren principalmente en Pakistán y Afganistán, mientras que en otras partes del mundo se detectan menos de diez casos cada año. Debido a las medidas preventivas tomadas desde 1988 por la Iniciativa Global de Erradicación de la Polio (GPEI), encabezada por los gobiernos nacionales, la OMS, la Organización «Rotary International», CDC, UNICEF, y apoyada por socios clave, incluida la Fundación Bill y Melinda Gates, se tiene asumido dentro del programa una erradicación total de las infecciones por este tipo de virus (salvajes y vacunales) para los años 2013-2018 (OMS, 2015b).

Las graves consecuencias de esta enfermedad promovieron el interés global en la erradicación del virus de la poliomielitis. La imagen clínica de la poliomielitis puede variar, desde casos asintomáticos, pasando por síntomas de meningitis hasta parálisis flácida aguda, incluida la muerte. Una persona que sufre una infección asintomática o con leves síntomas podría ser un reservorio del virus. Los materiales contagiosos son las heces o la secreción del tracto respiratorio superior. Los virus se eliminan en las heces después de 72 h del contacto con un virus, y posteriormente son transmitidos por insectos contaminando los alimentos. Los virus están presentes en el tracto respiratorio superior después de 36 h de contacto con el paciente. Es posible la propagación de la infección a través de objetos contaminados. La diseminación del virus de la poliomielitis puede producirse a través del consumo de agua potable y por contagio en los centros turísticos de playa. El período de incubación tiene una duración de hasta 2 semanas. Después de ese período, los virus llegan al tejido linfoide de los sistemas gastrointestinal y respiratorio, y posteriormente la sangre los transporta al sistema nervioso central. La consecuencia de la infección es el desarrollo de una meningitis aséptica no paralítica, o parálisis flácida aguda debido al daño de las células del asta anterior de la médula espinal (poliomielitis paralítica), que conduce a una discapacidad permanente. Las formas potencialmente mortales de la enfermedad son las de parálisis espinal, bulboespinal, bulbar y bulbar progresiva. No hay cura para la polio. El único tratamiento disponible proporciona alivio de los síntomas.

Se han conseguido muy buenos efectos mediante la vacunación profiláctica, masiva y obligatoria: vacuna atenuada que contiene virus vivos de la poliomielitis OPV (vacuna oral contra la poliomielitis), utilizada en países donde se producen virus salvajes de la poliomielitis, e IPV (vacuna inactivada contra la poliomielitis), utilizada en países en los que no están presentes los virus salvajes de esta enfermedad.

Otras infecciones del tracto gastrointestinal causadas por Enterovirus y virus Coxsackie A y B, provocan gastroenteritis aguda, dolores abdominales, estreñimiento, linfadenitis mesentérica, apendicitis, invaginación intestinal, hepatitis, síndrome de Reye y diabetes tipo I (según la teoría del mimetismo se asume que se produce compatibilidad antigénica entre las células β en las islas pancreáticas y los tipos Coxsackie B 1–5). Se estima que en Estados Unidos ocurren aproximadamente 10 millones de infecciones por enterovirus cada año. Las infecciones afectan con mayor frecuencia a niños pequeños (chicos) y bebés. Una cuarta parte de ellos son infecciones por Coxsackie, generalmente debido al tipo B1. Entre los neonatos también los virus Coxsackie son responsables de aproximadamente el 25% de las infecciones; sin embargo, el tipo dominante del virus es B4 (Muller *et al.*, 2015).

13.10 PRUEBAS DE DIAGNÓSTICO DE CONTAMINACIÓN VIRAL EN DIFERENTES TIPOS DE ALIMENTOS Y AGUA

La posible contaminación del agua con virus presentes en el tracto digestivo de humanos y animales plantea un problema importante. Hay dos aspectos que deben ser considerados:

1. Detectar la presencia de virus y la cantidad en la que se encuentra,
2. Prevención efectiva de la contaminación y monitorización constante de la misma.

La presencia de virus en el agua y en los alimentos puede determinarse mediante métodos estándar establecidos hace mucho tiempo; sin embargo, no son prácticos por los elevados tiempos de análisis hasta obtener resultados además de por los altos costes económicos. Dichos métodos incluyen: determinación del efecto citopático en cultivos celulares, encontrar virus en una muestras usando EM, evaluar la capacidad de inhibir la reacción de hemaglutinación pasiva si se dispone de sueros específicos contra virus específicos (test SPACE: aglutinación en fase sólida con eritrocitos acoplados).

Otros métodos que se usan actualmente incluyen los métodos indirectos y directos de ELISA y PCR: PCR multiplex, PCR anidada, cuando se buscan varios virus en un homogeneizado de alimentos o en agua, o PCR en tiempo real, que permite determinar la cantidad de material genético en el producto evaluado. Estos métodos requieren un equipamiento específico y un conocimiento adecuado sobre su uso.

La estimación de los recuentos de virus potenciales en base a los niveles de *Escherichia coli* y de coliformes no funciona, porque los virus son mucho más resistentes que las bacterias a los factores ambientales. También ellos aguantan un rango de pH más amplio (de 3 a 10) que las bacterias. El proceso de tratamiento de agua tiene dos etapas. Por un lado el tratamiento básico consiste en la eliminación de contaminantes e impurezas. La eficiencia de los tratamientos de purificación del agua utilizando diferentes procesos se evalúa en porcentajes. Los más efectivos son los procesos de membrana, que eliminan el 90-100% de los contaminantes debido a la ósmosis inversa. La ultrafiltración y la electrodiálisis permiten la eliminación del 60-90-100% de los contaminantes. La coagulación con sedimentación y filtración también es efectiva, ya que permite eliminar del 60 al 100% de las impurezas, de manera similar al tratamiento con calcio. Parece que con estos tratamientos la eliminación de todos los virus es prácticamente imposible. La segunda etapa del tratamiento del agua se basa en la cloración con cloro libre o dióxido de cloro. Las bacterias son destruidas en concentraciones 20 veces inferiores que las necesarias para inactivar a los virus. Sin embargo, las concentraciones altas de cloro generan en el agua un olor específico y conduce a la formación de compuestos tóxicos, cloritos y cloratos. Los virus que presentan una resistencia especialmente alta frente a una menor concentración de cloro son Coxsackie y ECHO (Kowal y Świderska-Bróż, 2007).

13.11 PREVENCIÓN DE LA CONTAMINACIÓN ALIMENTARIA Y LA INFECCIÓN VIRAL EN PACIENTES

La prevención de infecciones virales a gran escala es un gran desafío, teniendo en cuenta que la mayoría de los virus presentes en el agua o en los alimentos infectan a los humanos con bajas dosis infecciosas (10-100 viriones), son altamente resistentes a los factores ambientales, toleran un amplio rango de pH, son resistentes a bajas temperaturas y a varios desinfectantes, y también pueden sobrevivir en el agua durante mucho tiempo (aproximadamente un año). Es necesario resaltar la importancia de los siguientes factores como causantes de la mayoría de las infecciones víricas:

1. Transmisión de virus por parte del personal, cuando el reservorio de la infección es una persona enferma, trabajadora de la planta de procesado de alimentos, o a partir de materia prima contaminada, o de una comida no sometida a tratamiento térmico o con tratamiento térmico insuficiente.
2. Mariscos capturados en aguas contaminadas con virus.
3. Regado o rociado de las frutas y hortalizas destinadas al consumo con agua contaminada (frambuesas en Dinamarca).
4. Consumo de carne de cerdo con tratamiento térmico insuficiente (filetes a la parrilla).
5. Inadecuado tratamiento biológico de las aguas residuales y vertido de aguas residuales a ríos y a mares.
6. Tratamientos preventivos inadecuados para evitar el acceso de los insectos a los alimentos y al agua (transmisión de la infección por moscas, cucarachas, hormigas faraón).
7. Posible contaminación de alimentos y agua por roedores: ratones y ratas.
8. La no vacunación de forma obligatoria o preventiva del personal que trabaja en contacto con alimentos frente a rotavirus, HAV y polio. En caso de polio, al menos algunas de las infecciones podrían controlarse de forma efectiva con la vacunación.

El problema de las infecciones virales es cada vez más grave. La razón de esto es el aumento del número de personas con un sistema inmunitario debilitado o privado deliberadamente de la respuesta inmune. El primer grupo incluye al aumento de la población en los países desarrollados y los niños desnutridos en los subdesarrollados. El segundo grupo comprende un número creciente de pacientes con trasplantes de órganos o médula, los tratados con agentes quimioterapéuticos, o los sometidos a radioterapia o tratados con productos biofarmacéuticos en el caso de enfermedades autoagresivas.

Las Buenas Prácticas Higiénicas abarcan los problemas relacionados con el lavado y la desinfección de las manos, el uso de guantes protectores para la manipulación de alimentos, el cambio de ropa y guantes cuando se manipulan diferentes materias primas y productos, el uso de equipos y maquinaria y procedimientos adecuados para el procesado de alimentos, buenas prácticas de fabricación y aplicación de programas APPCC.

Además la investigación se dirige hacía métodos tendentes a evitar la contaminación de productos que suelen provocar problemas como los mariscos. Es ampliamente conocido que el tratamiento a alta temperatura conduce a la esterilización, pero este método no siempre se puede aplicar en conservación de alimentos. Por un lado, los virus son resistentes al tratamiento térmico corto y, por otro lado, con un tratamiento térmico más prolongado, el producto sometido a dicho tratamiento puede tener menores propiedades sensoriales (se vuelve gomoso). Por lo tanto, en muchas ocasiones solo queda la utilización de medidas preventivas. En el caso de los mariscos estas se pueden dividir en las adoptadas antes de la captura y durante el procesado.

Las medidas preventivas utilizadas antes de la captura de mariscos incluyen la monitorización de la calidad microbiológica del agua, y aunque se sabe que el número de *E. coli* y coliformes no está correlacionado con la contaminación viral, sigue utilizándose como indicador de contaminación fecal del agua. Se ha propuesto incluir la determinación de bacteriófagos, especialmente colífagos F específicos, colífagos somáticos y fagos de *Bacteroides fragilis* para la monitorización de la calidad vírica del agua. La hipótesis es atractiva, porque permite detectar un tipo de bacteriófago, y no tipos particulares de virus. Sin embargo, la investigación aún está en curso debido a que los fagos son menos sensibles a las cambiantes condiciones ambientales que los virus que contaminan el agua y los alimentos.

Otro enfoque consiste en analizar la presencia de virus en pescados y mariscos previamente capturados, especialmente en las ostras, o después de varios días de depuración en agua limpia, o tras la adición de desinfectantes: cloro, ozono y después del tratamiento con UV. Estos métodos se usan habitualmente, pero a pesar de que dan buenos resultados en caso de descontaminación de bacterias patógenas, no son efectivos para evaluar la contaminación de mariscos con HAV.

Los virus enteropatógenos persisten bien durante el almacenamiento a bajas temperaturas en frigoríficos y congeladores. Sin embargo, su viabilidad se acorta varias semanas cuando se someten a temperaturas positivas superiores a las de refrigeración. Se ha demostrado que someter a los mariscos a una temperatura superior a 85°C durante un minuto elimina la capacidad infecciosa del virus de la hepatitis A; sin embargo, otros autores afirman que el producto sólo es seguro después de 2 minutos de tratamiento térmico a una temperatura superior a 90°C.

La utilización de microondas tampoco garantiza la eliminación de virus. El tratamiento con radiación ionizante a la dosis de 3 kGy reduce el número de HAV en un 95%, mientras que en el caso de 2 kGy, la reducción es inferior al 95%. Se ha sugerido utilizar un tratamiento combinado, es decir, depuración de los maricos combinado con dosis de radiación de 2 kGy, sin provocar modificaciones en los valores sensoriales de los mariscos. Los detractores de tal solución destacan los altos costos de la misma.

Otro medio de eliminación del HAV podría ser el uso de tratamiento de altas presiones de 450 MPa durante 5 min y 275 MPa 5 min. Para el virus de la polio, los tratamientos deben ser más altos: 600 MPa durante 15 min; sin embargo, tratamientos más prolongados no mejoran el resultado.

Una tarea desafiante es reducir la cantidad de virus en los vegetales de hoja o en frutas pequeñas. Un método comúnmente usado es proceder a su lavado bajo una fuerte corriente de agua que contiene compuestos de cloro (200 mg/L) o ácidos orgánicos. La adición de ozono no funciona, especialmente en el caso de productos ligeramente dañados, ya que la oxidación causa decoloración y pérdida de aroma. También se ha probado la modificación de la temperatura del agua utilizada a 22-43°C, lo que conduce a una mayor reducción en el número de virus. La adición de líquidos de lavado como Fit (Proctor and Gamble) y detergente para lavavajillas automáticos (ADWD, 0,05%), 10% de vinagre o 2% de sal de cocina provocan reducciones de virus de entre 95-99%.

Es posible evitar la contaminación de los alimentos siguiendo de forma meticulosa las recomendaciones de lavado y desinfección de las manos. Los norovirus pueden sobrevivir en la superficie de las manos hasta una hora. Las manos microbiológicamente sucias representan una gran amenaza para los alimentos listos para el consumo. La prevención de las infecciones de origen alimentario durante el procesado de alimentos depende de las prácticas de higiene adecuada de las manos, especialmente antes de comenzar el trabajo. Es crucial preparar las manos para el trabajo, es decir, mantener la integridad de la piel, mantener las uñas cortas, eliminar esmalte o puntas. Además del lavado de manos con agua tibia, utilizando jabones líquidos (pueden contener desinfectantes), debe haber un lugar para la desinfección de manos con desinfectantes específicos a base de alcohol.

En los lugares utilizados para servir alimentos se deben lavar las superficies con detergentes, especialmente en hoteles, donde existe el riesgo de contaminación de la superficie con vómitos. Las alfombras o los revestimientos blandos para pisos que se limpian y se ciernen de manera estándar representan una amenaza menor.

Es también beneficioso para las industrias vacunar preventivamente a sus trabajadores contra los virus previamente discutidos que pueden causar infección alimentaria (Papafragkou *et al.*, 2006).

BIBLIOGRAFÍA

Bernstein, D.I. 2009. Rotavirus overview. *Pediatr Infect Dis J* 28(3): S50–S53.

CDC. 1999. Prevention of hepatitis A through active or passive immunization: Recommendations of the Advisory Committee on Immunization Practices (ACIP). *MMWR Recomm Rep* 48(RR-12): 1–37.

Centers for Disease Control and Prevention. 2004. Disease burden from hepatitis A, B, and C in the United States. Available at: http://www.cdc.gov/ncidod/diseases/hepatitis/resource/

Chen, S.Y., C.N. Tsai, M.W. Lai, C.Y. Chen, K.L. Lin, T.Y. Lin, and C.H. Chiu. 2009. Norovirus infection as a cause of diarrhea-associated benign infantile seizures. *Clin Infect Dis* 48(7): 849–855.

Christou, L., and M. Kosmidou. 2013. Hepatitis E virus in the Western world—a pork-related zoonosis. *Clin Microbiol Infect* 19(7): 600–604.

Dhurandhar, N.V., B.A. Israel, I.M. Kolesar, G.F. Mayhew, M.E. Cook, and R.L. Atkinson. 2000. Increased adiposity in animals due to human virus. *Int J Obes Relat Metab Disord* 24: 989–996.

Fiore, E.A. 2004. Hepatitis A transmitted by food. *ClinIInfecti Dise* 38: 705–715.

Gentsch, J.R., A.R. Laird, B. Bielfelt, D.D. Griffin, K. Banyai, M. Ramachandran, V. Jain, N.A. Cunliffe, O. Nakagomi, C.D. Kirkwood, T.K. Fischer, U.D. Parashar, J.S. Bresee, B. Jiang, and R.I. Glass. 2005. Serotype diversity and reassortment between human and animal rotavirus strains implications for rotavirus vaccine programs. *J Infect* 192: S146–S159.

Giaquinto, C., P. Van Damme, F. Huet, L. Gothefors, M. Maxwell, P. Todd, and L. da Dalt. 2007. Clinical consequences of rotavirus acute gastroenteritis in Europe, 2004–2005: The REVEAL study. *J Infect Dis* 1(195): 26–35.

Gliński, Z., and K. Kostro. 2012. Astrowiroza norek—obserwacje wstępne. *Życie Weterynaryjne* 7(11): 922–924.

Hansman, G.S., T. Oka, K. Katayama, and N. Takeda. 2007. Human sapoviruses: Genetic diversity, recombination, and classification. *Rev Med Virol* 17(2): 133–141.

Kowal, A., and M. Świderska-Bróż. 2007. *Oczyszczanie wody. Podstawy teoretyczne i technologiczne, procesy i urządzenia*. Wydawnictwo Naukowe PWN: Warszawa, Poland, pp. 85–110.

Kozyra, I., A. Kaupke, and A. Rzeżutka. 2011. Seasonal occurrence of human enteric viruses in river water samples collected from rural areas of South-East Poland. *Food Environ Virol* 3 (3): 115–120.

Leclerc, L., L. Schwartzbrod, and E. Dei-Cas. 2002. Microbial agents associated with waterborne diseases. *Crit Rev Microbiol* 28(4): 371–409.

Lee, C.N., Y.L. Wang, C.L. Kao, C.L. Zao, C.Y. Lee, and H.N. Chen. 2000. NSP4 gene analysis of rotaviruses recovered from infected children with and without diarrhea. *J Clin Microbiol* 38(12): 4471–4477.

Lee, J.T., P.L. Shao, L.Y. Chang, N.S. Xia, P.J. Chen, C.Y. Lu, and L.M. Huang. 2013. Seroprevalence of Hepatitis E virus infection among swine farmers and the general population in rural Tajwan. *PLoS One* 8(6): e67180.

Lee, L.E., E.A. Cebelinski, C. Fuller, W.E. Keene, K. Smith, J. Vinjé, and J.M. Besser. 2012. Sapovirus outbreaks in long-term care facilities, Oregon and Minnesota, 2002–2009. *Emerg Infect Dis* 18: 873–876.

Jeong, H.S., A. Jeong, and D.S. Cheon. 2012. Epidemiology of astrovirus infection in children. *Korean J Pediatr* 55(3): 77–82.

Lin, C.L., S.C. Chen, S.Y. Liu, and K.T. Chen. 2014. Disease caused by rotavirus infection. *Open Virol J* 8: 14–19.

Mena, K.D., and C.P. Gerba. 2009. Waterborne adenovirus. *Rev Environ Contam Toxicol* 198: 133–167.

Muller, M. 2016. Coxsackieviruses. *Medscape*.

Robilotti, E., S. Deresinski, and B.A. Pinsky. 2015. Norovirus. *Clin Microbiol Rev* 28(1): 134–164.

Papafragkou, E., H.D. D'Souza, L.A. Jaykus. 2006. Food-borne viruses: Prevention and control. In *Viruses in Foods*, ed. S.M. Goyal. Minnesota, Minnesota-Saint Paul: Springer.

Rossmann, M.G. 2013. Structure of viruses: A short history. *Q Rev Biophys* 46(2): 133–180.

Scobie, L., and H.R. Dalton. 2013. Hepatitis E: Source and route of infection, clinical manifestations and new developments. *J Viral Hepat* 20(1): 1–11.

van Heerden, J., M.M. Ehlers, and W.O. Grabow. 2005a. Detection and risk assessment of adenoviruses in swimming pool water. *J Appl Microbiol* 99(5): 1256–1264.

van Heerden, J., M.M. Ehlers, J.C. Vivier, and W.O. Grabow. 2005b. Risk assessment of adenoviruses detected in treated drinking water and recreational water. *J Appl Microbiol* 99(4): 926–933.

WHO (World Health Organization). 2015. Poliomyelitis *Fact sheet* N°114.

WHO (World Health Organization). 2016. Hepatitis E. *Fact sheet* N°280.

Zuckerman, A.J. 1996. Hepatitis viruses. Chap. 70 in *Medical Microbiology*. 4th ed. Galveston, Texas. ISBN-10:0-9631172-1-1.

14 Posibles efectos adversos de los aditivos alimentarios

Shilpi Gupta Dixit

CONTENIDO

14.1 INTRODUCCIÓN

Desde tiempos inmemoriales, los ingredientes han sido añadidos a las comidas para mejorarlas en sus diversas características y hacerlas más sabrosas y seguras. Todo comenzó con la conservación de alimentos por aditivos como la sal. En la antigüedad, se agregaban clavos de olor a los alimentos para prevenir el crecimiento bacteriano. En la Era Egipcia se practicaba el uso de colorantes, condimentos, especias y saborizantes. Las especias tenían a veces más valor que las vidas humanas durante la Edad Media. Colón también descubrió América cuando exploraba el mundo a través de la ruta marítima en busca de especias de la India.

«Assize of Bread» fue la primera ley reguladora de alimentos aprobada por el Rey de Inglaterra a principios del siglo XIII. Incluso en los Estados Unidos, las leyes reguladoras de alimentos también se remontan a la temprana época colonial.

En 1960 se aprobó la primera «Ley de Alimentos y Medicamentos» que prohibía el comercio interestatal de alimentos, bebidas y medicamentos mal etiquetados y adulterados, seguida por la «Ley de Inspección de Carnes», aprobada en el mismo año.

La «Ley Federal de Alimentos, Medicamentos y Cosméticos (FDA)», fue aprobada en 1938 y estableció los límites de tolerancia segura para sustancias nocivas inevitables, la autorización de las inspecciones alimentarias y el mantenimiento de normas de identificación y calidad de alimentos.

En 1949, la FDA publicó por primera vez guías para la industria, denominadas «Procedimientos para la evaluación de la toxicidad de sustancias químicas en alimentos» («Aka black book»).

A continuación le siguieron la «Ley para la Oleomargarina» en 1950, la «Enmienda sobre Aditivos Alimentarios» en 1958, la «Declaración de Derechos del Consumidor» en 1962, la «Ley de Embalaje y Etiquetado correctos» en 1965, la «Ley para Fórmulas Infantiles» en 1980 y las «Guías Dietéticas para Estadounidenses».

En 1982, la FDA publicó los «Principios toxicológicos para la evaluación de seguridad de aditivos alimentarios de uso directo y colorantes en los alimentos». En 1990 se aprobó la «Ley sobre Etiquetado de Productos Nutritivos y Educación (NLEA)», que requería para todos los alimentos envasados, incluir el etiquetado nutricional y todas las declaraciones de propiedades saludables, en coherencia con los términos estipulados por la Secretaría de la Salud y Servicios Humanos.

El siglo XXI designó numerosas regulaciones y proyectos de ley aprobados por las autoridades legisladoras de diversos países, siendo de los más importantes la «Ley de Etiquetado de Alérgenos Alimentarios y Protección al Consumidor» (FDA, Departamento de Agricultura de los Estados Unidos «USDA», Asociación Estadounidense del corazón «AHA», sitios web de Compañías u Organizaciones).

De 1948 a 1994, las sucesivas rondas de negociaciones multilaterales en el marco del Acuerdo General sobre Aranceles Aduaneros y Comercio (GATT), establecieron las normas internacionales de gobierno para el comercio entre estados. Aunque las primeras negociaciones estuvieron centradas en la reducción de los aranceles aplicados a las mercancías importadas, las negociaciones posteriores también abarcaron a barreras sin aranceles. La última y mayor ronda de negociación fue la Ronda Uruguaya de Negociaciones Comerciales Multilaterales de 1986 a 1994, que condujo a la creación de la Organización Mundial del Comercio (OMC) el 1 de enero de 1995. Esta Ronda Uruguaya incluyó no solo los bienes sino también los servicios y la propiedad intelectual y por primera vez, sometió a los productos agrícolas a la disciplina de las reglas del comercio internacional. Gracias a los progresos del siglo XX, la demanda pública de alimentos adecuados y de alta calidad podrían satisfacerse con precios razonables y comida envasada. Los avances tecnológicos han hecho posible satisfacer las demandas de variabilidad, accesibilidad, frescura, palatabilidad y uniformidad que simplemente no existían hace cientos de años. En el estilo de vida moderno, la búsqueda de la felicidad a través del disfrute de la comida ha sido posible, gracias a miles de ingredientes altamente especializados conocidos como aditivos alimentarios que contribuyen a aumentar el sabor, las texturas, la frescura, la seguridad, el atractivo visual y el valor nutritivo del alimento.

El último concepto de etiquetado en todos los productos alimenticios es poner etiquetas como

100% Natural
Sin conservantes añadidos
Sin productos artificiales añadidos

seguido de una lista de contenidos en productos alimenticios en letra pequeña, que indica «Añadido para dar color y sabor». En la actualidad, es posible que no se encuentre ni un solo producto alimenticio en el mercado que no contenga al menos un aditivo alimentario. Incluso los orgánicos y los denominados productos 100% naturales, también los contienen por su fabricación y solo los podremos evitar si nos limitamos exclusivamente a beber nada más que agua.

14.2 ¿QUÉ SON LOS ADITIVOS ALIMENTARIOS?

En el sentido más amplio, un aditivo alimentario es cualquier sustancia añadida a los alimentos.

De conformidad con el artículo 3 del Reglamento CE 1333/2008, un aditivo alimentario se define como

> Toda sustancia que normalmente no se consuma como alimento en sí misma ni se use como ingrediente característico de los alimentos, tenga o no valor nutritivo, y cuya adición intencionada con un propósito tecnológico a un alimento durante su fabricación, transformación, preparación, tratamiento, envasado, transporte o almacenamiento tenga por efecto, o quepa razonablemente prever que tenga por efecto, que el propio aditivo o sus subproductos se conviertan directa o indirectamente en un componente del alimento. (Guía sobre Aditivos Alimentarios, 2010).

14.3 RAZONES PARA USAR ADITIVOS ALIMENTARIOS

En general, los aditivos alimentarios son principalmente ingredientes utilizados para cuatro propósitos principales:

1. Conservación de alimentos y mantenimiento de la calidad del producto: aditivos alimentarios como el ácido ascórbico en fruta envasada en rodajas, propionatos en productos de panadería que retrasan significativamente el deterioro y previenen la contaminación causada por crecimiento de microorganismos, así como la oxidación.
2. Ayudar en el procesado y preparación de alimentos para influir en ciertos aspectos de calidad deseados. Algunos ejemplos son los emulsionantes como la lecitina utilizada en helados, mezclas para pasteles, estabilizadores y espesantes como la lecitina en helados, mezclas para pasteles y agentes leudantes como el sorbitol.
3. Mejora/mantenimiento del aspecto y sabor, como agentes aromatizantes, colorantes y edulcorantes.
4. Complementos nutritivos para mantener o mejorar la calidad nutricional de los alimentos. Algunos ejemplos son la adición de yodo a la sal para reducir la incidencia del bocio, de vitamina D a la leche y otros productos lácteos para la prevención del raquitismo, o de niacina en pan y cereales. Estos aditivos son básicamente responsables de la fortificación en la dieta para prevenir enfermedades causadas por carencias.

La Tabla 14.1 muestra la clasificación de los aditivos alimentarios.

14.4 LEGISLACIÓN NACIONAL E INTERNACIONAL SOBRE EL USO DE ADITIVOS EN LA PRODUCCIÓN ALIMENTARIA

Con el avance de la tecnología y el incremento de la parte de la población que se encuentra ocupada en el mundo laboral, la industria alimentaria debe satisfacer al consumidor que demanda

TABLA 14.1
Clasificación de aditivos alimentarios.

Tipo de aditivo alimentario	Acción	Usos	Aditivos
Conservantes	Sustancias que prolongan la vida útil de los alimentos protegiéndolos contra el deterioro causado por los microorganismos y/o contra el crecimiento de microorganismos patógenos Previenen cambios de color, sabor o textura y retrasan la rancidez	Compotas y gelatinas de frutas, bebidas, productos horneados, carnes curadas, aceites y margarinas, cereales, aderezos, aperitivos, frutas y verduras	Ácido ascórbico, ácido cítrico, benzoato de sodio, propionato de calcio, eritorbato de sodio, nitrato de sodio (III), sorbato de calcio, sorbato de potasio, BHA, BHT, EDTA, tocoferoles (vitamina E)
Emulgentes	Sustancias que hacen posible formar o mantener una mezcla homogénea de dos o más fases inmiscibles como el aceite y el agua en un producto alimenticio. Controlan la adherencia y la cristalización	Aderezos para ensaladas, mantequilla de cacahuete, chocolate, margarina, postres congelados	Lecitina de soja, mono y diacilgliceroles, yema de huevo, polisorbatos, monoestearato de sorbitán, fosfato de sodio
Estabilizadores aglutinantes, texturizantes	Proporciona a los alimentos una textura más firme y ayuda a estabilizar las emulsiones: sustancias que hacen posible mantener el estado fisicoquímico de un alimento	Postres congelados, productos lácteos, pasteles, pudines y mezclas de gelatina, aderezos, mermeladas y jaleas, salsas	Pectina y agar, alginato de amonio, carragenina
Espesantes	Sustancias que aumentan la viscosidad de un alimento sin modificar sustancialmente otras propiedades	Postres congelados, productos lácteos, pasteles, pudines y mezclas de gelatina, aderezos, mermeladas y jaleas, salsas	Agar, almidón tratado con ácido, adipato de almidón acetilado, fosfato de almidón acetilado, almidón oxidado acetilado, goma de xantano
Correctores de la acidez y acidulantes	Controlan la acidez y la alcalinidad, evitan el deterioro Se añaden para hacer los sabores más nítidos y también actúan como conservantes y antioxidantes	Bebidas, postres congelados, chocolate, alimentos enlatados de baja acidez, levadura en polvo	Ácido láctico, ácido cítrico, hidróxido de amonio, carbonato de sodio

Agentes leudantes	Promueven el aumento de volumen de los productos horneados	Panes y otros productos horneados	Bicarbonato de sodio, fosfato monocálcico, carbonato de calcio
Agentes antiaglomerantes	Mantienen los alimentos en estado pulverulento, evitan la absorción de humedad	Sal, levadura, azúcar glas	Silicato de calcio, citrato de hierro y amonio, dióxido de silicio, silicato de amonio
Humectantes	Retienen la humedad, evitan que los alimentos se sequen	Coco rallado, malvaviscos, caramelos blandos, dulces	Glicerina, sorbitol
Preparaciones enzimáticas	Modifican proteínas, polisacáridos y grasas	Quesos, productos lácteos, carne	Enzimas, lactasa, papaína, cuajo, quimosina
Fortalecedores y acondicionadores de masas	Producen una masa más estable	Panes y otros productos horneados	Sulfato de amonio, azodicarbonamida, L-cisteína
Agentes endurecedores	Mantienen el alimento firme y crujiente	Frutas procesadas y vegetales	Cloruro de calcio, lactato de calcio, sales de Epsom, sulfato de magnesio
Gases	Sirven como propulsores, airean o crean carbonatación	Aceite en aerosol, nata batida, bebidas con gas	Dióxido de carbono, óxido nitroso
Edulcorantes	Aportan dulzura con o sin calorías adicionales	Bebidas, productos horneados, dulces, azúcar de mesa, sustitutos, muchos alimentos procesados	Sacarosa, glucosa, fructosa, sorbitol, manitol, jarabe de maíz, jarabe de maíz rico en fructosa, sacarina, aspartamo, sucralosa, acesulfamo potásico, neotame
Colorantes	Compensan la pérdida de color natural o artificial por la exposición a la luz, aire, temperaturas extremas, humedad y condiciones de almacenamiento; corrige variaciones naturales del color; mejora los colores naturales; proporciona color a alimentos incoloros y los hace atractivos	Caramelos, aperitivos, margarina, queso, refrescos, mermeladas/jaleas, gelatina, pudines y rellenos para pasteles	Azul brillante FCP, indigotina, verde rápido CFC, eritrosina, rojo allura AC, tartracina, amarillo ocaso, naranja B, rojo cítrico 2, achiote, betacaroteno, extracto de piel de uva, extracto de cochinilla o carmín, oleorresina de pimentón, color caramelo, jugos de frutas y verduras, azafrán

(continúa)

TABLA 14.1 *(Continuación)*
Clasificación de aditivos alimentarios.

Tipo de aditivo alimentario	Acción	Usos	Aditivos
Aromatizantes y especias	Aportan aromas específicos (naturales y artificiales)	Pudines y rellenos de pastel, mezclas de gelatinas para postre, mezclas para pasteles, aderezos para ensaladas, caramelos, refrescos, helados, salsa barbacoa	Condimentos naturales, artificiales y especias
Potenciadores del sabor	Mejoran los sabores ya presentes en los alimentos (sin proporcionar su propio sabor por separado)	Diversos alimentos procesados	Glutamato monosódico (GMS), hidrolizado de proteína de soja, extracto de levadura autolizada, guanilato disódico o inosinato
Gelificantes (y compuestos de formulaciones utilizadas para reemplazar grasas)	Proporcionan la textura esperada y una «sensación en boca» cremosa para los alimentos bajos en grasa	Productos horneados, aderezos, postres congelados, dulces, mezclas para pasteles y postres, productos lácteos	Olestra, gel de celulosa, carragenina, polidextrosa, almidón alimentario modificado, micropartículas de proteína de clara de huevo, goma guar, goma xantana, concentrado de proteína de suero
Nutrientes	Reemplazan vitaminas y minerales perdidos durante el procesamiento (enriquecimiento), agregan nutrientes que pueden faltar en la dieta (fortificación)	Harina, pan, cereales, arroz, pastas, margarina, sal, leche, bebidas de frutas, barritas energéticas, bebidas instantáneas para desayuno	Clorhidrato de tiamina, riboflavina, niacina, nicotinamida, folato o ácido fólico, betacaroteno, yoduro de potasio, hierro o sulfato ferroso, alfa-tocoferoles, ácido ascórbico, vitamina D, aminoácidos (L-triptófano, L-lisina, L-leucina, L- metionina)
Nutrientes para levaduras	Promueven el crecimiento de las levaduras	Panes y otros productos horneados	Sulfato de calcio, fosfato de amonio
Agentes de carga	Aditivos que aumentan el volumen de un alimento sin afectar su valor nutritivo		Almidón comestible modificado o almidón de maíz modificado
Agentes de recubrimiento	Proporcionan una apariencia brillante o una capa protectora a los alimentos		Ceras de abejas, candelilla, carnauba, parafina, cera microcristalina refinada

alimentos de alta calidad y fácilmente disponibles. Con el aumento en el uso de alimentos procesados, ha habido un incremento en el empleo de aditivos alimentarios de diversos niveles de seguridad. Esto ha llevado a legislar en muchos países la regulación de su uso.

Miles de ingredientes están siendo empleados en la elaboración de alimentos que los hacen comercialmente asequibles en los mercados mundiales. Sin embargo, los aditivos alimentarios utilizados para cualquier fin, están compuestos en última instancia a base de productos químicos. Hoy en día, se estudian, se regulan y se supervisan de forma estricta. Las autoridades nacionales y varias organizaciones internacionales están en la actualidad legislando detalladamente todos estos aditivos alimentarios para garantizar a los consumidores su seguridad, así como también el etiquetado preciso de los alimentos que consumen.

La expansión del comercio de alimentos, tanto dentro de cada país como entre las diferentes naciones, necesita regularse no solo a nivel nacional sino también internacional, para garantizar que las características deseables de los alimentos se conserven durante las diversas etapas de producción, manipulación, envasado, distribución y preparación de comidas. Con el aumento de los derechos del consumidor, el estado debería garantizar la correcta calidad y el suministro de alimentos seguros que ayudarán a promover dietas saludables, reducir pérdidas económicas e incentivar el comercio interno e internacional de los alimentos.

Varios son los países que junto con organizaciones internacionales de control de alimentos han introducido diversas leyes y reglamentos alimentarios. Una ley alimentaria generalmente está basada en estudios científicos. La armonización de la legislación alimentaria a nivel internacional es una tendencia mundial desde finales del siglo XX.

En general, la estructura de las leyes alimentarias se compone de dos partes:

1. Ley alimentaria básica que incorpora principios generales de normas alimentarias, disposiciones higiénicas, aditivos alimentarios. Incluye la definición de los conceptos básicos, la aplicación de la ley mediante inspecciones y procedimientos analíticos, sanciones por incumplimiento y también procedimientos para modificaciones en los reglamentos si fuera necesario.
2. Regulaciones que contienen especificaciones detalladas que rigen el procesado en alimentos sobre embalaje, etiquetado, normas alimentarias, aditivos, publicación de prácticas de higiene y pesticidas. Las revisiones en las regulaciones son necesarias y deberían ser inmediatas, bien por la llegada de nuevos hallazgos en la ciencia y en la tecnología del procesado de alimentos, o bien por los casos de emergencias que requieren una acción inminente para proteger la salud del consumidor (Vapnek y Spreij, 2005).

A raíz de algunas de las leyes iniciales mencionadas en la introducción, se han constituido en varios países, una serie de agencias de regulación.

1. Una de las principales es la Administración de Alimentos y Medicamentos de los Estados Unidos (FDA) que tiene la responsabilidad legal de proteger la salud pública garantizando la salubridad, limpieza, seguridad y eficacia de los productos alimenticios, medicamentos humanos y veterinarios, productos biológicos, dispositivos médicos, cosméticos y también aquellos productos que emiten radiación. Incluye: todo lo que se agrega a los alimentos en Estados Unidos (EAFUS, «everything added to food in United States»), ingredientes alimentarios, envasado y etiquetado, sustancias GRAS.

2. La Comisión Europea (EC) es responsable de la defensa de los intereses generales de todos los países europeos y de la implementación de diversas políticas comunes, así como de gestionar el presupuesto y programas de la Unión Europea (EU).
   La Autoridad Europea de Seguridad Alimentaria (EFSA) es la piedra angular sobre la evaluación del riesgo de la EU referente a la seguridad de los alimentos y piensos.
3. Normas Alimentarias Australia-Nueva Zelanda (FSANZ), Aditivos Alimentarios; dan la información pertinente que debe estar visible en las etiquetas de los alimentos, incluidos los nombres de aditivos alimentarios asociados a sus números de código, clases/usos funcionales e información sobre intolerancia alimentaria.
4. Health Canada brinda información general sobre aditivos alimentarios, incluidas las reglamentaciones y otras fuentes canadienses (Informe final para los canadienses, *Reducción de Riesgos de Seguridad Alimentaria*, 2016).
5. El Ministerio de Salud, Trabajo y Bienestar de Japón, Aditivos Alimentarios, facilita información legal, incluidas listas de aditivos designados como ya aprobados, sustancias que están siendo evaluadas para autorización, listas de sustancias exentas del «sistema de designación», especificaciones y normas japonesas para el uso de aditivos alimentarios, así como pautas para la designación de aditivos alimentarios y revisión de normas para su uso.

Otros tratados/asociaciones y organizaciones reconocidas internacionalmente incluyen:

1. El Acuerdo SPS (aplicación de Medidas Sanitarias y Fitosanitarias, MSF) define los derechos y responsabilidades de los miembros de la OMC y puede aplicar medidas para la protección de la vida y salud humana y animal, así como de las plantas (medidas fitosanitarias). El Acuerdo SPS también exige que los estados miembros deban tener en cuenta las necesidades especiales del desarrollo de los países, en particular los menos desarrollados a los que se les conceden mayores plazos para el cumplimiento del acuerdo.
2. El Acuerdo TBT (barreras técnicas al comercio, OTC) garantiza que los reglamentos y normas técnicas, incluidos requisitos de envasado, comercialización y etiquetado, así como pruebas y procedimientos de certificación, no creen obstáculos innecesarios para el comercio internacional. Abarca todas las normas técnicas no cubiertas por el Acuerdo SPS y se aplica a todos los productos alimenticios, incluidos los productos agrícolas (Agencia de Normas Alimentarias, 2002).

Algunas otras organizaciones técnicas internacionales que se han unido a la iniciativa de la seguridad alimentaria y que tienen experiencia en cuestiones sanitarias y fitosanitarias (SPS), incluyen el Codex Alimentarius que es un organismo internacional de las Naciones Unidas y financiado conjuntamente por la OMS y la FAO. Este organismo se ocupa del establecimiento e implementación de normas internacionales y de la protección de la salud de los consumidores. Además hay otros, como el Consejo Internacional de Información Alimentaria (IFIC), que es responsable de la comunicación de la información basada en la ciencia sobre normas de seguridad alimentaria para profesionales de la salud, gobiernos, educadores, comunicadores, así como a los consumidores. También se incluyen el Consejo Internacional de Aditivos Alimentarios (IFAC), el Código de Productos Químicos Alimentarios (FCC) y el Comité Mixto FAO/OMS de Expertos en Aditivos Alimentarios (JECFA) (Serie de Informes Técnicos de la OMS, 1987).

14.5 DIRECTRICES DE SEGURIDAD PARA CONTROLAR EL RIESGO POR EL USO DE SOBREDOSIS O DE ADITIVOS NO PERMITIDOS

La decisión de si un aditivo (ya sea natural o artificial) puede autorizarse para su uso en los alimentos, depende de su seguridad.

Cada aditivo, sin importar su origen o destino previsto, está compuesto de sustancias químicas. Los requisitos de seguridad alimentaria universal establecen que los alimentos se consideran inseguros si son potencialmente «perjudiciales para la salud, no aptos para el consumo humano o están contaminados», teniendo en cuenta tanto los efectos a corto como a largo plazo, sus efectos en las generaciones posteriores, o el efecto sobre determinadas categorías sensibles de consumidores, como mujeres embarazadas, diabéticos, bebés o ancianos, a quienes se destinan los alimentos.

Las palabras «tóxico», «perjudicial» y «seguro» deberían usarse con cuidado puesto que cada sustancia tiene potencial para ser nociva ya sea por su composición química, por la cantidad en la que se está utilizando, por la ruta seguida, las condiciones de exposición o por la susceptibilidad de los organismos expuestos a esas sustancias (Informe de 1980 del comité de estrategia de sustancias tóxicas).

Las pruebas de seguridad alimentaria han progresado mucho desde principios de 1900 hasta el siglo XXI. Tanto la industria como el gobierno evalúan la seguridad a través de ensayos exhaustivos y procedimientos científicos contrastados. El proceso de introducción de un nuevo aditivo alimentario es bastante largo y riguroso.

La evaluación de un aditivo alimentario se realiza examinando su estructura química y características físicas, sus especificaciones, impurezas y las posibles sustancias derivadas para su uso previsto. Para aditivos directos, el primer paso es llevar a cabo una batería de pruebas con sus análisis químicos para determinar que una sustancia tiene el efecto para el que está destinada, y que puede ser medido con precisión en cantidades mínimas. Estas pruebas aseguran que el uso pueda ser verificado y que los subproductos de fabricación no deseados se eliminen adecuadamente. Los ensayos en animales se llevan a cabo utilizando dosis más altas del aditivo de las que se usarían en alimentos para humanos. Como ningún animal es un modelo perfecto, se deben realizar diversas pruebas en diferentes condiciones laboratoriales y dosis, y todas las evidencias científicas deben ser evaluadas e interpretadas con cautela antes de ser extrapoladas al hombre. Se administran grandes dosis durante largos períodos para determinar si un aditivo puede ser nocivo con un uso de por vida. Los estudios con humanos, cuando hay disponibilidad y siempre que sean adecuados, son más significativos. Estudios sobre el metabolismo, toxicidad genética, carcinogenicidad y reproducción, se encuentran entre los requeridos.

Se han desarrollado recientemente pruebas diversas para detectar incluso cantidades ínfimas de aditivos alimentarios indirectos (con precisión de detección de 1 parte por billón o 1 parte por trillón), ya que ayudan a determinar los rangos de seguridad. Es bien sabido que los efectos del potencial tóxico de cualquier sustancia/aditivo alimentario dependen de la dosis empleada.

Algunos términos generalmente utilizados durante los ensayos de seguridad y autorización de nuevos aditivos alimentarios son:

1. IDA (Ingesta Diaria Admisible): Se define como «una estimación de la cantidad de aditivo alimentario, expresado en base al peso corporal, que puede ingerirse diariamente a lo largo de toda la vida sin riesgo apreciable para la salud» y por extensión es

utilizado por organismos reguladores y asesores en todo el mundo. Se expresa en miligramos por kilogramos de peso corporal por día (mg/kg pc/día). Estudios toxicológicos diversos se utilizan para identificar los niveles de las dosis a los que el aditivo causa efectos tóxicos en la salud de los animales de ensayo (generalmente ratas o ratones).

2. NOAEL (Nivel de Efecto Adverso No Observado): Se define como el nivel más alto al que no se observa ningún efecto tóxico en la salud de los animales. La IDA se obtiene dividiendo el NOAEL obtenido de estos estudios, por un adecuado factor de «incertidumbre», que pretende tener en cuenta las diferencias entre animales sobre los que se ensayó el aditivo y humanos, con el fin de reducir aún más la posibilidad de riesgo para los humanos.
3. Factor de incertidumbre: Normalmente es 100 (considerando que los seres humanos son 10 veces más sensibles que los animales de ensayo y que los diferentes niveles de sensibilidad en la población humana se miden en rango de potencias de 10), pero puede alcanzar hasta un valor tan elevado como 1.000 (si el efecto tóxico en animales es particularmente severo) o tan bajo como 10 (los humanos tienen menos probabilidad de verse afectados que los animales, según estudios actuales sobre humanos).
4. Número E: Es un número único asignado a todos los aditivos para regular su uso y para proporcionar información correcta a los consumidores. Ha sido extendido por la Comisión del Codex Alimentarius y ampliamente aceptado a nivel internacional en numerosos países para identificar todos los aditivos. Se usan números E en Europa; en otros países usan solo el número sin el prefijo «E» aunque el número es el mismo.

A cualquier nuevo aditivo alimentario que se presenta a la FDA para su aprobación, se le realizan todas las pruebas mencionadas anteriormente para la evaluación de su seguridad (composición química y propiedades físicas de la sustancia, cantidad que generalmente sería consumida, efectos inmediatos y a largo plazo sobre la salud, y algunos otros factores de salubridad). La FDA determina la «certeza razonable de que no produce daño» para el aditivo que se propone utilizar y, en general los niveles de uso aprobados son bastante más bajos que la cantidad ensayada para detectar efectos perjudiciales (Rees y Watson, 2000).

A partir de las leyes iniciales para la seguridad alimentaria, se han realizado una serie de modificaciones debido a los avances científicos en los procesos de evaluación. La Enmienda sobre Aditivos Alimentarios de 1958 (incluida la Cláusula Delaney) y la Enmienda sobre Aditivos de Color de 1960 creó tres categorías legales de aditivos:

1. Grupo 1: los aprobados por el gobierno antes de 1958 (sustancias «previamente sancionadas»): son ejemplos el nitrato de sodio (III) y nitrato de potasio (III) utilizados para conservar las carnes enlatadas.
2. Aquellos que no requieren aprobación del gobierno (sustancias GRAS). Los que generalmente son reconocidos por los expertos como seguros, en base a su extenso historial de uso en alimentos antes de 1958, o basado en las evidencias científicas publicadas. Entre varios cientos de sustancias GRAS se encuentran la sal, el azúcar, especias, vitaminas y glutamato monosódico (GMS).
3. Aquellos que requieren aprobación gubernamental para poder ser utilizados («aditivos alimentarios» y «colorantes»).

Cada aditivo directo e indirecto se clasifica en una de estas categorías legales.

La Cláusula Delaney establece:

Que ningún aditivo será considerado como seguro si se descubre que induce cáncer al ser ingerido por personas o animales, o si se detecta, después de las pruebas adecuadas para la evaluación de la inocuidad de los aditivos alimentarios, que induce el cáncer en personas o en animales.

Las agencias reguladoras de varios países también imponen sanciones recogidas en el derecho alimentario para diferentes infracciones, incluida la adulteración deliberada de productos alimenticios, la producción o comercialización de productos alimenticios o aditivos prohibidos o no autorizados, condiciones no higiénicas, etiquetado incorrecto, uso fraudulento de marcas comerciales o fallos en el cumplimiento de los requisitos de seguridad alimentaria.

14.5.1 Etiquetado

Las regulaciones de los gobiernos nacionales generalmente requieren que todos los ingredientes alimentarios, incluidos los aditivos directos, sean enumerados en la etiqueta del envase por sus nombres comunes en orden según su peso. Los fabricantes de productos alimenticios tienen que enumerar todos los ingredientes de los alimentos en la etiqueta. En ella, los ingredientes utilizados en mayor cantidad se enumeran primero, seguidos en orden descendente por aquellos en cantidades más pequeñas.

La etiqueta debe incluir el nombre de cualquier colorante certificado por la FDA (p. ej., FD&C Azul No. 1 o el nombre abreviado, Azul 1).

Algunos ingredientes se pueden enumerar agrupados como «aromatizantes», «especias», «saborizantes artificiales», o en el caso de colorantes exentos de certificación, «colorantes artificiales», sin nombrar a cada uno. La declaración de un ingrediente alergénico en colorantes, aromatizantes o especias, agrupados o en individual, se puede realizar simplemente nombrando el ingrediente alergénico en la lista de ingredientes.

También se requiere información nutricional. El Panel de Información Nutricional sobre el etiquetado de los alimentos incluye la información sobre el contenido de calorías, grasas, sodio, carbohidratos, proteínas, vitaminas y minerales, mientras que en la declaración de ingredientes se enumeran los ingredientes del producto en orden predominante por peso.

14.5.2 Efectos Secundarios

Los alimentos junto con los aditivos también pueden ser responsables de efectos secundarios, tanto a corto como a largo plazo. Los efectos secundarios inmediatos incluyen las alergias más comunes como dermatitis, prurito, angioedema, urticaria y gastroenteritis, dolor de cabeza, alteración en los niveles de concentración o comportamiento, o en la respuesta inmune. Por tanto, puede haber otros contaminantes en alimentos además de bacterias, parásitos y residuos tóxicos procedentes de pesticidas. Por ejemplo, el butil hidroxitolueno (BHT), butil hidroxianisol (BHA) y terbutil hidroquinona (TBHQ), que se agregan a los alimentos que contienen grasa y se dice que causan TDAH (trastorno por déficit de atención con hiperactividad) en niños y adultos jóvenes.

Los efectos secundarios a largo plazo incluyen riesgo de cáncer, enfermedades cardiovasculares u otras condiciones degenerativas. Por ejemplo, el nitrato de sodio (III) y nitrato (V), que se agregan a las carnes curadas y pescados para conservar su color y sabor, pueden causar cáncer de tiroides.

14.6 INVESTIGACIÓN Y PROCEDIMIENTOS PARA UNA MAYOR SEGURIDAD DE LOS ADITIVOS ALIMENTARIOS

Se están investigando numerosas técnicas novedosas que permitirán la producción de aditivos de maneras que no eran posibles en tiempos pasados. Una de las propuestas es el uso de la biotecnología, que puede usar organismos simples para producir aditivos alimentarios. Estos aditivos son los mismos que los componentes alimenticios que se encuentran en la naturaleza. En 1990, la FDA aprobó la primera enzima producida mediante bioingeniería, la renina, que tradicionalmente había sido extraída de los estómagos de terneros para su uso en la fabricación de queso. Otras medidas utilizadas son el control e inspecciones alimentarias; el control ambiental se realiza para asegurar que las bacterias nocivas no están presentes en el entorno donde se procesan los alimentos. Esto incluye el muestreo (frotis) y los análisis de las superficies y áreas de las instalaciones.

Los residuos de pesticidas se controlan a través de un sistema de niveles de residuos máximos legales (LMRs). El LMR es la cantidad máxima de residuo que puede permanecer en los productos alimenticios cuando un pesticida ha sido usado correctamente. Se expresa en miligramos de residuo por kilogramo de producto alimenticio.

El control de calidad se realiza para verificar que:

- No aparecen residuos inesperados en las cosechas.
- La ingesta en la dieta humana de residuos en los alimentos está dentro de los niveles aceptables.
- Los residuos de pesticidas no exceden el LMR establecido (Vapnek y Spreij, 2005).

Las demandas por parte de los consumidores realizadas a la tecnología, han dado como resultado el desarrollo de aditivos que nos brindan alimentos abundantes, adecuados, nutritivos, apetitosos y económicos. Si bien los niveles de uso de aditivos alimentarios en comparación con nuestra dieta total son secundarios, sus contribuciones han demostrado ser muy importantes.

Para concluir, los aditivos alimentarios son ingredientes esenciales añadidos a los productos alimenticios para mantener su palatabilidad y frescura, realzar el color y el valor nutritivo, así como para mejorar su sostenibilidad. Se han establecido estrictas pautas por diversos organismos para mantener la calidad alimentaria tanto a nivel nacional como internacional. Por ello, se aconseja a los consumidores que lean las instrucciones en las etiquetas de los alimentos antes de comprar y también, al consumir los productos alimenticios.

BIBLIOGRAFÍA

Action on Weatherill Report Recommendations to Strengthen the Food Safety System: Final Report to Canadians Reducing Food Safety Risks on 25th March, 2016.

Evaluation of certain food additives and contaminants. Thirteenth Report of the Joint FAO/WHO Expert Committee on Food Additives. WHO Technical Report Series, 1987.

Food Standards Agency. Producing and distributing food—guidance chemicals in food: Safety controls. In: *Food Labelling and Safety and Producing and Distributing Food*, Aviation House, 125 Kingsway, London, UK, 2002.

Guidance on Food Additives. *Food Safety Authority of Ireland*. Abbey court, Dublin, Ireland, 2010.

Rees, N. and D. Watson. *International Standards for Food Safety*. Aspen Publishers, Maryland, ISBN-0-8342-1768-6, 2000.

Toxic substances strategy committee 1980 Report.

Vapnek, J. and M. Spreij. *Perspectives and Guidelines on Food Legislation, with a New Model Food Law*. Food and Agriculture Organization of the United Nations: Rome, Italy, 2005.

15 Alérgenos de los alimentos

Elżbieta Kucharska y Barbara Wróblewska

CONTENIDO

15.1 ¿QUÉ ES LA ALERGIA? INFLUENCIA DE FACTORES GENÉTICOS Y MEDIOAMBIENTALES

15.1.1 INTRODUCCIÓN

Hace aproximadamente cien años, en 1906, Pirquet, un pediatra vienés, introdujo el término «alergia» como sinónimo de la reacción alterada o anormal de un organismo al entrar en contacto con sustancias desencadenantes: los alérgenos. Se suponía que los alérgenos provocan la formación de erginas que al acoplarse con los alérgenos, según Pirquet, causaban la sintomatología alergénica. Hoy en día, se conoce la estructura de los alérgenos gracias al desarrollo de métodos moleculares, de la bioquímica y de la inmunología y se han obtenido numerosos alérgenos *in vitro*. También, se ha dilucidado al menos algunos de los mecanismos responsables de las reacciones alérgicas.

La incidencia de alergias varía en diferentes regiones geográficas y a pesar del significativo avance en investigación, prevención y tratamiento siguen siendo materia de estudios llevados a cabo en la mayoría de los países del mundo. El crecimiento en el número de casos en los últimos 40 años se atribuyen a los cambios en el estilo de vida y también, paradójicamente, a un mejor acceso a la atención sanitaria en las regiones desarrolladas, limitando la selección natural de individuos biológicamente más débiles. La incidencia de alergias varía dependiendo de la edad y el sexo, afectando con mayor frecuencia a los niños hasta los 5 años y a los varones (Pawankar *et al.*, 2013).

Según la Organización Mundial de Alergias (WAO), los trastornos alérgicos afectan al 30%-40% de la población mundial. Para 2020, se espera que en Europa una de cada dos personas pueda sufrir una alergia (EAACI, 2011; Marshall, 2004). Es difícil estimar y dar una tasa de incidencia precisa teniendo en cuenta los países con una atención médica deficiente e incluso en países económicamente desarrollados. Los trastornos predominantes son los atópicos, estimándose en Europa una tasa de incidencia del 35%. Las alergias pueden afectar a uno o más síntomas, lo que también dificulta adicionalmente su estimación.

Cientos de miles de personas sufren de rinitis alérgica y aproximadamente 300 millones padecen de asma alérgica. Sin tener en cuenta que los síntomas pueden ser estacionales, las dos manifestaciones anteriores pueden presentarse juntas o bien la rinitis alérgica puede preceder al asma. Si a esto unimos que se puede presentar conjuntamente con conjuntivitis alérgicas o bien con síntomas en la piel o en el tracto digestivo resulta difícil encuadrar a los pacientes en alguna categoría. El asma se ha observado en el 29%-76% de los pacientes con alergia alimentaria y va acompañada de síntomas como broncoconstricción (a veces potencialmente mortal), erupción cutánea, hinchazón de garganta (edema laríngeo) y alergia al polen (Summers, 2008; Branum y Lukacs, 2009; McGowan *et al.*, 2015).

Cuando se tienen antecedentes atópicos, la alergia alimentaria es una afectación común. Según la información recopilada a partir de cuatro bases de datos, recogidos de estudios llevados a cabo durante 10 años, se estimó que la incidencia de esta enfermedad en Europa era del 0,1% al 6%. La causa más común de la alergia, en el grupo de niños más jóvenes, fue la leche de vaca y los huevos. En los niños de más edad, fue la alergia al trigo, la soja, los cacahuetes, los frutos secos, el pescado y el marisco. La tasa de incidencia entre los niños del noreste de Europa fue mayor que los de la parte sur (Pawankar *et al.*, 2013). El riesgo de presentación del choque anafiláctico irreversible en el curso de la alergia alimentaria fue menos común que la muerte producida por otras causas; sin embargo, aumentó significativamente en el caso de alergia a los cacahuetes y a las nueces (Umasunthar *et al.*, 2013).

Aunque las enfermedades alérgicas se pueden presentar a cualquier edad, la mayoría de los casos se producen en los primeros meses o años de vida. Es discutible que los alérgenos, e incluso administrados a madres embarazadas, puedan originar tolerancia en el niño después del nacimiento. De acuerdo a los resultados de las investigaciones parece que los alérgenos de los cacahuetes y de los frutos secos actúan como tolerógenos si los niños en el tercer trimestre de la vida fetal tienen contacto con ellos (Maslova *et al.*, 2012). Así, la exposición temprana a algunos alérgenos durante el embarazo no induce alergia en el niño, actuando por el contrario a modo de protección. Sin embargo, el alto consumo de cítricos y apio durante el embarazo se correlaciona con una alergia a los alérgenos inhalantes (Nwaru *et al.*, 2010).

Ante la posibilidad de que los alérgenos alimentarios o inhalados puedan penetrar a través de mucosas inmaduras en las primeras etapas de la vida humana (período neonatal e infancia) es por lo que estos periodos se suelen asociar con la posibilidad de adquirir alergias. Incluso en la etapa de lactancia, es posible que los niños se puedan sensibilizar al atravesar la mucosa gastrointestinal los alérgenos de la leche de vaca, de la carne de vacuno, de los huevos y posteriormente los del pescado, los mariscos y la soja. El desarrollo de las alergias se ve facilitado por las infecciones bacterianas y virales y las inflamaciones de las vías respiratorias y del tracto gastrointestinal así como por los defectos anatómicos y las deficiencias inmunológicas. La introducción demasiado temprana de alimentos sólidos, leche de vaca o de gluten a menudo puede llevar al desarrollo de una alergia localizada en varios sistemas, observándose con frecuencia erupciones cutáneas, dermatitis atópica, secreción nasal, sibilancias, conjuntivitis, sinusitis alérgicas y otitis, broncoespasmo, diarrea y dolores abdominales. El periodo de mayor manifestación de los síntomas es la primera infancia (hasta los 5 años de edad). Aproximadamente el 30% de los niños desarrollan síntomas alérgicos estacionales, aunque la mayoría de dichos síntomas se superan con la edad.

En los adultos, la alergia alimentaria afecta del 2 al 3% de las personas (Libro blanco de alergias, 2004; Nwaru *et al.*, 2014), estimándose, hoy en día, que de 22 a 250 millones de personas padecen alergias alimentarias (Pawankar *et al.*, 2013). Se supone que tanto para el asma como para la dermatitis alérgica el porcentaje de personas que la padecen alcanza el 30%. Estas personas, a menudo, también sufren alergias a los medicamentos, a los insectos y presentan conjuntivitis alérgicas y otras inflamaciones. De este modo, las enfermedades alérgicas se consideran como un importante problema sanitario global (Pawankar *et el.*, 2011, 2013).

15.1.2 ¿Qué es la Alergia?

La alergia es una respuesta del sistema inmune del organismo a sustancias normalmente nocivas tales como diversos tipos de polen, alimentos y ácaros del polvo doméstico. Mientras que en la mayoría de las personas estas sustancias (alérgenos) no representan ningún problema, en personas alérgicas su sistema inmunológico los identifica como una «amenaza» y produce una respuesta inapropiada. La forma más severa de alergia que amenaza la vida es la anafilaxia.

> «La anafilaxia es una reacción de hipersensibilidad a sustancias extrañas como alimentos, medicamentos y picaduras de insectos. La anafilaxia es una enfermedad grave, generalizada y potencialmente mortal o de reacción de hipersensibilidad sistémica y una reacción alérgica grave que se desencadena con rapidez y puede ser fatal. Los síntomas pueden ser hinchazón de garganta, sarpullido con picazón e hipotensión». (Johansson *et al.*, 2004, pp. 832–836).

Los factores de riesgo para desarrollar alergia se pueden encontrar en el genotipo del paciente, en los factores ambientales, incluyendo el cambio climático, en el cambio del estilo de vida, en los cambios en el microbioma, en las sucesivas colonizaciones en el tracto gastrointestinal por bacterias, infecciones, especialmente durante la infancia, y en los medicamentos administrados.

15.1.3 Determinantes Genéticos de las Enfermedades Atópicas

La alergia tiene un carácter poligénico, por lo que analizando el genotipo sería posible predecir el riesgo de desarrollar alergias en el futuro. A pesar de los muchos años de investigación aún no ha sido posible identificar todos los polimorfismos y mutaciones posibles. Además, el conocimiento del genotipo no garantiza el diagnóstico certero ya que los genes experimentan modificaciones post-translacionales, tales como: metilación, acetilación y, por lo tanto, puede enmascararse o lo que es lo mismo no se producirá la transcripción en el ARNm.

La predisposición familiar a la alergia se llama atopia. El concepto de atopia está relacionado con una reacción excesiva de inmunoglobulina E (IgE). Si uno de los padres padece una alergia, entonces la probabilidad de que los genes pasen al hijo alcanza el 40%; si ambos padres están afectados, entonces el riesgo aumenta al 60%. La predisposición a la alergia se hereda principalmente por el lado materno. Los niños tienen un riesgo 1,5 veces mayor de desarrollar alergias que las niñas (Pawankar *et al.*, 2011-2012).

Los síntomas de la alergia están condicionados no solo por los genes responsables de producir anticuerpos, sino también por los relacionados con la semejanza e inhibición de la respuesta inmune del paciente y los que controlan la estructura de ciertas proteínas. Un buen ejemplo es el gen 1q21 que determina la síntesis adecuada de filagrina responsable de la funcionalidad fisiológica de la epidermis. Los polimorfismos genéticos pueden conducir a trastornos funcionales, es decir, la interrupción del equilibrio entre la liberación de citoquinas pro y antiinflamatorias. Esto ocurre, por ejemplo, con una variante del gen Il 13 +2044GA que se relaciona con la liberación excesiva de IgE y, a menudo, con enfermedades atópicas. El polimorfismo en la región promotora *IL13* (–1.055)C>T (en otros trabajos también descritos como (–1.111), (–1.112), (–1.124), rs1800925) es responsable del desarrollo de alergias en etnias de diferentes poblaciones, por ejemplo, rusas, holandesas, danesas (Dmitrieva-Zdorova *et al.*, 2010). Las células directamente involucradas en los procesos alérgicos son los eosinófilos. Ellos liberan numerosos compuestos que aumentan la reacción alérgica, incluida la peroxidasa eosinófila. Se ha señalado que el polimorfismo en el gen P358L, que corresponde a la presencia de leucina 358, a menudo está presente en personas con fiebre alérgica al heno para el polen del cedro rojo japonés (Nakamura *et al.*, 2007).

Los genes que determinan el perfil de la respuesta inmune y la función de los linfocitos Th2 se encuentran en el cromosoma 5q31-34 que contiene genes del complejo interleucina (IL)4 (IL4, IRF1: factor regulador de interferón 1, IL3, IL13, IL5, CD25C: de la proteína 25 del ciclo de la división celular), del factor estimulante de colonias de granulocitos-macrófagos (GM-CSF), de IL9, de EGR (respuesta 1 de crecimiento inicial) y de CD14. La producción de interferón gamma (INFγ) y de la proteína para los linfocitos T helper-2 (Th2) transductor y activador de las señales de transcripción (STAT) 6 está regulada por los genes presentes en el cromosoma 12. Estos son 14.3-q24.1 y para IL10 1q32; también el 13q14 es un gen que regula la repetición terminal cisteinil-leucotrieno (Cys LTR) y el 16p12 para el receptor IL4 (Ober y Yao, 2011).

Las mutaciones genéticas más importante son las mutaciones simples, denominadas SNPs (*single nucleotide polymorphisms*). También pueden afectar a los receptores IgE de los mastocitos y de los basófilos. Por lo tanto, las mutaciones en la región promotora Fce R1 (–109)T>C y una mutación puntual en el intrón 2 del gen Fce RI b están relacionadas con la atopia y el aumento de la concentración de IgE, lo que resulta en una mayor liberación de histamina y citoquinas en los mastocitos (Imada *et al.*, 2009; Kim *et al.*, 2009). El segundo receptor de IgE, Fcε RII, tiene una importancia secundaria en el desarrollo de la alergia. Se estima que en el desarrollo de una atopia o asma están involucrados aproximadamente 79 genes y otros 30 están a la espera de confirmación (Ober y Hoffjan, 2006).

Muchos investigadores señalan el hecho de que mutaciones simples de los genes que codifican IL 13 están ligadas a la mutación puntual en el gen IL 18. Con una concentración tan pequeña de genes ILs como 15, 23 y principalmente IL 12 en el estroma, se produce un aumento en la concentración de IL4 e IL13, lo que, en consecuencia, conduce a la polarización de los linfocitos hacia Th2. Se ha señalado que los basófilos y los mastocitos originados en la médula ósea pueden liberar IL-4, IL-13 e histamina sin la estimulación del receptor FceRI con IgE específica. Este proceso ocurre después de la estimulación de IL-8 junto con IL-3 liberados por linfocitos con perfil común de citoquinas para Th1 y Th2. La administración de IL 12 no inhibe la reacción atópica (Nakanishi *et al.*, 2001). Por lo tanto, el desarrollo de la infiltración celular, que es característica de la respuesta alérgica celular, se acompaña de los primeros síntomas alérgicos sin aumento de concentración de IgE, lo que indica la actividad pleiotrópica de IL 8.

Las mutaciones simples de los genes que codifican las citoquinas responsables de la inhibición de la respuesta inmune se han observado en el cromosoma 1q32 para el gen IL 10 y en los receptores encargados de transformar el receptor β del factor de crecimiento (TGFβR) 1 y TGFβR 2, así como para TGFβ en sí mismo, lo que conduce a amplias reacciones alérgicas inflamatorias dentro de una variada sintomatología: asma (respiratoria), rinitis, infiltración eosinófila en estómago e intestinos (digestivas) y eczema (en piel) (Frischmeyer-Guerrerio *et al.*, 2013).

La proteína Fox p3 es un marcador característico de los linfocitos TCD 4 CD25, es decir, Treg, participando en la inmunosupresión al inhibir la liberación de citoquinas proinflamatorias. Se han señalado siete mutaciones puntuales en el gen *FoxJ*1, a los que probablemente se les podría atribuir un mayor riesgo de desarrollo de la polinosis. En personas que sufren de polinosis, las mutaciones más comunes que se han observado fueron (–460)C>.T, 1.805G>.T, 3.375G.>C (Li *et al.*, 2006).

Lack (2008) indica que las predisposiciones genéticas a la alergia alimentaria son idénticas a las de los casos de otras afectaciones atópicas. Además, algunos genes pueden vincular las alergias a ingredientes alimentarios específicos. Si los padres son alérgicos a los cacahuetes el niño tiene un riesgo siete veces mayor de presentar alergia a dicho producto y el 64% en el caso de que lo sean los hermanos (Lack, 2008).

También se han señalado (Lack, 2008) otros factores, como el polimorfismo en los antígenos del principal sistema complejo (MHC) de histocompatibilidad (HLA: antígeno leucocitario humano) o mutaciones en los genes que codifican IL4 e IL13. El eczema puede ser un primer síntoma de alergia alimentaria y, si ocurre en los primeros 6 meses de vida, entonces el riesgo de desencadenar una alergia alimentaria a la leche, los huevos o los cacahuetes es dos veces más alto que en el caso de que el eczema aparezca en los siguientes 6 meses de edad o más tarde (Hill *et al.*, 2008).

El carácter poligénico de la alergia hace imposible, con el conocimiento actual, de desarrollar una vacuna genética aplicable a cualquier persona para cualquier tipo de alergia.

15.1.4 Factores Ambientales

Los factores ambientales pueden afectar al cuerpo humano de varias formas:

- Permitiendo la penetración de antígenos al dañarse algunos mecanismos naturales de inmunidad, por ejemplo, aparato ciliar bronquial, cambio en la composición de los proteoglicanos, liberación reducida de las membranas mucosas de revestimiento sIgA de los sistemas respiratorio, digestivo y genitourinario.
- Abriendo las barreras mucosas que permiten la penetración no solo de los haptenos sino también de oligopéptidos e incluso péptidos de los estados inflamatorios.
- Modificando la respuesta inmune de la inflamación al alterar el equilibrio entre las citoquinas pro y antiinflamatorias, ya sea directamente o por un efecto coadyuvante.
- Reforzando las reacciones alérgicas y la manifestación de los síntomas de la enfermedad.
- Modificando la inmunidad de la primera infancia mediante el bloqueo del predominio de los linfocitos Th2 y Th1, lo que conduce al desarrollo de una alergia.

En algunos países, el aumento de la contaminación ambiental hace que los factores ambientales puedan dañar la piel y las mucosas. Dichos factores ambientales son los gases y el polvo, siendo esta teoría confirmada por una mayor incidencia de alergia entre las personas que viven en las ciudades en comparación con los que viven en medio rural. Las emisiones de dióxido de azufre, dióxido de nitrógeno, ozono o compuestos formados durante la combustión del motor diésel pueden dañar las barreras naturales de protección y permitir la penetración de polen al tracto respiratorio superior y también la penetración, en el tracto respiratorio inferior, de fragmentos de polen de menos de 5 μm de tamaño liberados después de que estallen los granos de polen después de una lluvia.

Se ha observado que debido al calentamiento global –primavera temprana, verano y otoño largos y calurosos– hay una polinización anticipada y presencia de una mayor concentración de polen en el aire. Las corrientes de aire producidas por el mayor número de tormentas y huracanes contribuyen a la migración de polen a largas distancias. De este modo, las alergias al polen se producen estacionalmente más pronto y los síntomas se vuelven más severos. Los síntomas de alergia que afectan a las vías respiratorias pueden ocurrir en nuevas regiones y durar más en comparación con períodos similares de años anteriores (Pinkerton y Rom, 2014).

A consecuencia de las partículas del tubo de escape de los motores diésel, el aire de las ciudades contiene hidrocarburos aromáticos, formaldehído, óxido de carbono y dióxido de azufre, acumulándose su concentración en los periodos que no hay viento. Estas emisiones no solo irritan y dañan las membranas mucosas, sino que también pueden afectar la biología celular al aumentar su proliferación, teniendo efecto coadyuvante o directamente ser cancerígeno. Se ha señalado que inducen la liberación de IL8, del factor estimulante de colonias de granulocitos-macrófagos (GM-CSF) y de la molécula 1 de adhesión intercelular soluble (sICAM1) del árbol bronquial (D'Amato *et al.,* 2015). Si los alérgenos que ingresan por vía respiratoria llegan a los pulmones junto con las emisiones de los motores diésel, se manifiesta un efecto coadyuvante con aumento de varias veces los niveles de IgE en la sangre de los pacientes (Trasande y Thurston, 2005)

El ozono también tiene propiedades proalergénicas ya que al formar radicales libres dañan las mucosas lo que puede facilitar el desarrollo de bacterias, virus y reacciones inflamatorias alérgicas debidas a una mayor liberación de IL 1, 6, 8, PAF (D'Amato *et al.,* 2015) y IL13. De esta forma se intensifica la formación de radicales libres en las células del tracto respiratorio lo que conlleva a un aumento de la reacción inflamatoria y el daño tisular. Además, también aumentan las posibilidades de adquirir alergia a la propia flora bacteriana o mohos en forma de esporas y a sus enzimas liberadas por las formas vegetativas (Williams *et al.,* 2008).

En los últimos años, se han cuestionado varios aspectos de la llamada «hipótesis de la higiene» para la aparición de la alergia. Dicha hipótesis afirma que los altos estándares de higiene frente a los microorganismos y a los parásitos del entorno infantil, de los países occidentales, produce un aumento de la tasa de incidencia de alergia. La falta de exposición a un amplio rango de microorganismos, especialmente los que contienen lipopolisacáridos, y de parásitos suprime el desarrollo natural de la respuesta inmune del dominio de los linfocitos Th2 a Th1. Parece que esta hipótesis tiene ciertas dudas resultantes de las siguientes observaciones: pasar tiempo en el campo reduce la tasa de incidencia de asma tanto atópica como no atópica; personas que viven en América central, en unas condiciones totalmente diferentes a las de los países occidentales, padecen también asma tan a menudo como las de los países desarrollados. De este modo parece que «la hipótesis de la higiene» influye solo a los individuos en las primeras etapas de la vida, es decir, al periodo fetal y primera infancia ya que la exposición a ciertos microorganismos conduce a la supresión de los linfocitos Th2. Esta tesis necesita confirmación adicional (Brooks *et al.,* 2013).

Sin embargo, se ha señalado que se reduce la tasa de incidencia de afecciones alérgicas (asma, fiebre del heno y eczema) en los hijos de madres que durante el embarazo pasan más tiempo en el campo. La exposición infantil durante el período fetal y justo después del nacimiento (es decir, en el período de desarrollo del sistema inmunológico) a las pieles de animales de granja y de sus floras bacterianas, especialmente a los lipopolisacáridos de los bacilos gram-negativos, conduce a la estimulación de los receptores (TLR)2, TLR4 y CD 14 y reajusta la respuesta inmune de los linfocitos de Th2 a Th1 (Douwes *et al.,* 2008). Hubo ensayos de dar a mujeres embarazadas leche fresca sin procesar, pero no hubo ningún efecto en la prevención de alergias (Perkin y Strachan, 2006) y Douwes obtuvo resultados contradictorios para la leche no pasteurizada. Por lo tanto, se demostró que para las mujeres embarazadas es necesario un contacto continuo con posibles alérgenos ambientales para que sus hijos desarrollen posiblemente una tolerancia inmune (Douwes *et al.*, 2006).

También se considera una causa de alergia el cambio en el estilo de vida, lo que implica: dietas diferentes durante el embarazo, disminución del tamaño de las familias, menor exposición a los contagios, mayor uso de antibióticos y paracetamol. Según Pearce y Douwes, este es un «paquete» de factores que aumenta el riesgo de desarrollar asma (Pearce y Douwes, 2013).

Los contactos entre niños y animales también se han investigado. Se ha observado que el contacto temprano (hasta la edad de 4 años) con los gatos aumentó el riesgo de sensibilización a los alérgenos de estos animales, pero disminuyó el riesgo de alergia a otros alérgenos inhalantes, mientras que los contactos con perros redujeron la posibilidad de sensibilización a los alérgenos inhalantes y al riesgo de desarrollar asma (Almqvist *et al.,* 2003).

Fumar activa o pasivamente durante el embarazo aumenta el riesgo de asma en los niños (Bousquet *et al.,* 2007). Del mismo modo, el tabaco produce mayor riesgo entre los jóvenes que puede inducir a nuevos casos de rinitis alérgica o asma (Polosa *et al.,* 2008).

La obesidad se considera una plaga del siglo XXI. Se observó que el excesivo peso corporal (índice de masa corporal, IMC, superior a 30 kg/m^2) favorece el desarrollo de alergia (Netting, 2014) especialmente en mujeres (Chen *et al.,* 2002). También se observó la misma dependencia para niños de guardería y en escolares, independientemente del sexo (Gilliland *et al.,* 2013).

El consumo de cantidades demasiado altas de *ácidos grasos poliinsaturados n–6* (PUFA) con relación a PUFA *n–3* también se considera un factor de riesgo para la alergia alimentaria (Netting, 2014). La deficiencia en ácido eicosapentaenoico (EPA) está especialmente resaltada y da como resultado una mayor producción de prostaglandinas mediante la ciclooxigenasa, incluyendo PGE2, que a su vez conduce a una disminución de la liberación de INFγ, a la prevalencia de Th2 y al aumento de IgE. Aunque la presencia de IgE específica no se corresponde directamente con una alergia (pero puede ser el signo de una alergia en el futuro), el consumo regular de pescado por parte de los niños disminuyó la concentración de IgE frente a diversos alérgenos, señalándose una disminución en el número de afecciones alérgicas en niños menores de 4 años (Kull *et al.,* 2006).

Otro factor que contribuye al desarrollo de alergias alimentarias puede ser la deficiencia de antioxidantes, como las vitaminas A, C y E, y de bioflavonoides y carotenoides en las dietas. Se ha señalado que seguir la dieta mediterránea, rica en estos compuestos, disminuye el riesgo de alergia alimentaria a través del efecto antiinflamatorio general (Lack, 2008).

Un factor ambiental que modifica la tasa de incidencia de alergias, incluidas las alimentarias, es la suplementación de vitamina D. Parece que tanto el suministro excesivo de vitamina D (inhibición de la proliferación de linfocitos Th1, disminución de IL2, IL12 y liberación de INFγ) como su déficit (estilo de vida occidental, sedentarismo y no exposición al sol) pueden aumentar el riesgo de alergia. Fisiológicamente, la vitamina D promueve la proliferación de linfocitos Treg y por lo tanto tiene efectos antiinflamatorios y propiedades antialergénicas (Cantorna *et al.,* 2008).

La incidencia de la alergia alimentaria también se ve afectada por el parto mediante cesárea. Así, la falta de una colonización temprana del recién nacido con la flora de la madre induce a desórdenes del microbioma y a la instauración inadecuada de microorganismos en los intestinos. No se sabe con certeza si los probióticos y qué clase de ellos pueden sustituir a la flora fisiológica.

Otro problema es el desarrollo de dermatitis atópica (eczema) después de una alergia alimentaria. Existe la hipótesis de que la penetración de los alérgenos alimentarios, por ejemplo de cacahuetes, por la barrera cutánea alterada (mutaciones en el gen de la filagrina), conduce a la exposición de los alérgenos de las células de Langerhans a los linfocitos Th2 y a la alteración de la respuesta inmune proalérgica (Strid *et al.,* 2004).

Los alérgenos que ingresan a través de un tracto gastrointestinal sano, con una microflora correctamente formada, promueven la tolerancia inmune. Esta hipótesis se confirma por el bajo número de alergias a los cacahuetes en países con alto consumo, como por ejemplo, Israel o las Filipinas. Parece que el correcto desarrollo de la flora bacteriana tiene un efecto significativo. La alergia puede desarrollarse con la ausencia del microbioma («libre de gérmenes» en ratones) o después de la selección microbiana causada por la terapia con antibióticos (Sudo *et al.,* 1997).

Por lo tanto, las recomendaciones dietéticas en mujeres embarazadas sanas y no alérgicas se han modificado. Así en lugar de evitar los alérgenos, se propone introducirlos en grandes cantidades por vía digestiva para aprovechar el fenómeno de la tolerancia. Así, siempre que la madre no sea alérgica a los cacahuetes, no debe evitarse su consumo durante el embarazo. Las recomendaciones también se refieren al plazo para la introducción de gluten de los granos de cereales en la dieta infantil. Un niño debe recibir cereales entre el cuarto y sexto mes de vida, especialmente si se alimenta de forma natural (si se amamanta en el quinto mes y si no en el sexto). Se ha observado que la administración tardía de gluten plantea un riesgo de alergia alimentaria IgE-dependiente (Pool *et al.,* 2006).

15.2 ALÉRGENOS ALIMENTARIOS, PRESENCIA EN DIFERENTES MATERIAS PRIMAS Y PRODUCTOS ALIMENTICIOS. PATOMECANISMO DE LA ALERGIA ALIMENTARIA Y SÍNTOMAS

15.2.1 Alergia a la Leche de Vaca

15.2.1.1 Introducción

La leche de vaca es el alérgeno alimentario más común en el caso de niños pequeños y, según la Organización Mundial de Alergias (WAO) en 2011, afecta al 0,25%-4,9% o más de niños (Pawankar *et al.,* 2011). La alergia a la leche de vaca afecta con mayor frecuencia a los niños alimentados parcialmente con leche respecto de los que únicamente se amamantan, sobre todo si las madres tomaban leche o consumían productos lácteos. Los alérgenos de la leche incluyen fracciones de caseínas: α-s1, α-s2, β, κ (conocido con el nombre común de alérgeno Bos 8), α-lactalbúmina (α-la), β-lactoglobulina (β-1g), transferrina, lactoferrina, albúmina de suero bovino (BSA) e inmunoglobulinas.

15.2.1.2 Caseína α-s1

La caseína α-s1 es una proteína con un peso molecular de 27-32 kDa, que contiene péptidos con una estructura similar de aminoácidos formando dominios hidrófilos e hidrófobos unidos por segmentos de hélice α (Kumosinski *et al.,* 1991) que engloba fosfato cálcico. Se ha identificado varios epítopos de caseína y de IgE específica. La mayoría de los niños desarrollan alergia a la leche de vaca antes de los 5 años. Se ha determinado que es característico de una alergia persistente en niños mayores de 8 años la especificidad de IgE para los epítopos de caseína localizados entre los aminoácidos 69-78 (EEIVPNSVEQ) y los 123-132 (MKEGIHAQQK) (Beyer *et al.,* 2005; Lisson y Erhardt, 2016).

15.2.1.3 Caseína α-s2

La caseína α-s2 está formada por componentes más grandes y más pequeños. Diez regiones de unión específica a las IgE se determinaron utilizando decapéptidos sintéticos. La alergia persistente está principalmente relacionada a la IgE para caseína-α-s2, entre los aminoácidos 33-42 (ENLCSTFCKE) y 171-180 (YQKFALPQYL) (Beyer *et al.*, 2005). El grado de fosforilación de la proteína puede influir en la persistencia de la alergia (Bernard *et al.*, 2000).

15.2.1.4 Caseína β

Cuando las proteasas hidrolizan la caseína β se descompone en tres subunidades. Se encuentra menos fosforilada que las caseínas α. Se une a los iones de calcio, formando nanoclusters. Se ha determinado las secuencias de aminoácidos responsables de las alergias persistentes, confirmándose que los epítopos no fosforilados tienen propiedades alergénicas más débiles que los nativos. Se ha observado alergia persistente en caso de la presencia de IgE específica para los aminoácidos: 1-16, 45-54, 55-70, 83-92, 107-120, 135-144, 149-164, 167-184 y 185-208 (Chatchatee *et al.*, 2001).

15.2.1.5 Caseína κ

La caseína κ tiene numerosos puentes disulfuro que conectan espacialmente dímeros y octámeros. Es sensible a la proteólisis, pero durante el tratamiento térmico no pierde sus propiedades alergénicas. Durante la proteólisis se descompone en para-κ caseína y macropéptidos de caseína. La alergia persistente está causada por el siguiente decapéptido: aminoácidos 155-164 (SPPEINTVQV) (Beyer *et al.*, 2005).

15.2.1.6 Proteínas del suero: α-lactalbúmina (Bos d4)

Esta proteína es un clásico alérgeno a pesar de que la hidroliza la pepsina a pH 2. Está formado por dos dominios: uno mayor con estructura en hélice α y otro menor con estructura en lámina β. Se desnaturaliza a una temperatura superior a 95°C, desenrollándose linealmente la estructura plegada (las concentraciones de IgE frente a esos fragmentos superan los 100 U/l). A temperaturas más bajas, forma grandes agregados debido a los cambios en los puentes disulfuro (Chang, 2004). Además de las propiedades antigénicas, la molécula completa y sus componentes tienen propiedades antibacterianas.

15.2.1.7 Proteínas del suero: β-lactoglobulina (Bos d5)

Se une al retinol, al β-caroteno, a los *ácidos grasos monoinsaturado*s (UFA) y a los *poliinsaturados* (PUFA). Comprende el 50% de las proteínas del suero y se trata de una mezcla de mono y dímeros con forma de cangrejo con «brazos» torcidos. En la estructura secundaria de la β-lg, la hélice α constituye el 1,5% de la estructura, la lámina beta cerca del 43% y la disposición de giro al azar cerca del 47% (Darewicz y Dziuba, 2005). Se agrega y desnaturaliza irreversiblemente a un pH superior a 7,5. A temperatura de hasta los 70°C no se han observado cambios estructurales distintos que un mayor número de monómeros. El calentamiento a 90°C reduce sus propiedades alergénicas pero no las elimina por completo. A pH inferior a 6 se descompone en oligopéptidos (Kuriyan y Eisenberg, 2007). La β-lg es un alérgeno fuerte ya que no está presente en la leche humana.

Al analizar la alergia persistente a la leche con respecto a las características comparables de los epítopos, se ha señalado que dicha alergia está causada principalmente por los anticuerpos frente a los epítopos con estructura lineal, que se encuentran presentes en las caseínas y en la α-la, pero ausente en la β-lg (Järvinen *et al.*, 2001). Esta observación condujo a la hipótesis de que la alergia persistente a la β-lg sería principalmente dependiente de la formación de anticuerpos IgG4, lo que es discutible ya que estos anticuerpos IgG4 se generan mediante las vacunas durante la desensibilización. Sin embargo, el desarrollo de la tolerancia, tanto en alergia dependiente como independiente de IgE, estuvo condicionada por el crecimiento de IgA específica (Sletten *et al.,* 2006). Las propiedades sensibilizadoras también fueron analizadas para la mezcla de β-lg y glicomacropéptidos en varios rangos de pH, habiéndose observado que a pH 3,5 la digestión es tan efectiva que los productos de la hidrólisis enzimática no se unen a los sueros de niños con alergia a la leche, si bien este efecto no se obtuvo a pH 7 (Martínez *et al*., 2016). Se puede obtener un pronóstico positivo de tolerancia inmune a los alérgenos de la leche reduciendo las concentraciones de IgE específica para los alérgenos Bos d 4 y Bos d 5.0102 y para la caseína κ y la caseína α-s1 (Ahrens *et al.,* 2012).

15.2.1.8 Lactoferrina

La lactoferrina se une a los iones de Fe y tiene propiedades bacteriostáticas (aminoácidos 265-284). Se ha señalado que el 50% de los niños alérgicos a la leche de vaca (4-14 meses de edad) presentan anticuerpos específicos frente a la lactoferrina (Natale *et al.,* 2004).

15.2.1.9 Albúmina de suero bovino

La estructura y funcionalidad de la albúmina de suero bovino (BSA) son similares a la humana, encontrándose presente tanto en la leche como en la carne de vacuno y contiene alérgenos con epítopos lineales y conformacionales. Los anticuerpos IgE están orientados contra los epítopos conformacionales, por lo que algunos procesos tecnológicos, como la homogeneización y la liofilización, pueden reducir significativamente las propiedades alergénicas de la BSA. Esta proteína tiene una estructura bien conocida, con tres dominios plegados en nueve giros unidos con 17 puentes disulfuro. La reducción de los puentes disulfuro disminuye la capacidad de unirse a la IgE específica, pero no elimina por completo las propiedades alergénicas, que también dependen de los epítopos lineales (Restani *et al.,* 2004). La alergia a la BSA se transmite por el aire a través de la inhalación de la albúmina presente en los epitelios de animales domésticos, tanto de laboratorio como de granja, que contengan fragmentos de albúminas. Otra ruta es la oral, presentándose los síntomas de alergia después de comer carne cocida, pero también quesos de cabra. Por lo tanto, se considera la BSA como un panalérgeno. Los síntomas de respuesta alérgica generalmente corresponden a la forma de cómo penetran los alérgenos. Se ha descrito el caso de shock anafiláctico después de dar a una persona enferma células multiplicadas en cultivo líquido con BSA. El péptido de albúmina sérica, ABBOS, se ha considerado responsable de la reacción autoinmune contra las células pancreáticas y del desarrollo adicional de diabetes. Esta opinión es discutible ya que algunas vacunas obtenidas de cultivos celulares, suplementados con albúmina, podrían ser peligrosas para las personas alérgicas (Chruszcz *et al.,* 2013).

15.2.1.10 Bos d7 IgG

Bos d7 IgG son anticuerpos activos frente a microorganismos contaminantes de la leche que proporcionan inmunidad cuando se amamanta al ternero. Estos anticuerpos son tetrámeros unidos por puentes disulfuro, siendo, como las albúmina, panalérgenos. La sensibilización a estos anticuerpos comienza por vía oral en los primeros meses de la vida del niño, cuando se introduce en la dieta leche de vaca. Posteriormente se puede agravar la reacción por una mayor inmunización al consumir carnes de vacuno o ternera que contenga Ig por la vía gastrointestinal. Se ha observado que la IgG presente en carne de cerdo o pollo no estimula la producción de IgE, por lo que podría consumirse en la dieta diaria. Aún se está estudiando la posibilidad de reacciones cruzadas entre antígenos similares a las albúminas bovinas presentes en el cabello y en la piel de otros animales tales como gatos, perros y animales de granja. Igualmente se está investigando la similitud química entre la IgG bovina y el alérgeno presente en los ácaros del polvo: Der p1. Se trata de los aminoácidos 81-94 y 101-111 que constituyen el armazón de los giros flexibles que conectan los dos dominios. La alergia a la IgG presente en la leche precede a la alergia a la carne de vacuno (Ayuso *et al.,* 2000).

15.2.2 Productos Hipoalergénicos como Alternativa a la Leche de Vaca

15.2.2.1 Introducción

En Polonia los productos alternativos a la leche de vaca son hipoalergénicos. En EE.UU., Sudáfrica y el sur de Europa a veces se consume leche de cabra o de oveja (el 25% de los niños alérgicos a la leche de vaca no reaccionan a estos tipos de leche). En Asia, África y el sur de Europa (Italia), en ocasiones también se utiliza leche de burra e incluso de camella y yegua. La posición oficial de sociedades europeas como la Sociedad de Gastroenterología, Hepatología y Nutrición Pediátrica y la Sociedad Europea para Alergología Pediátrica e Inmunología Clínica así como la FDA de EE.UU., es que no se aprueben otros tipos de leche distintos a la leche de vaca para la producción de productos hipoalergénicos para niños con alergia a leche de vaca. Se han realizado ensayos con inmunoterapia oral de leche de vaca para la desensibilización de niños alérgicos a leche de vaca, de oveja y de cabra. Si bien no se obtuvieron resultados positivos para otros alérgenos, como los de ovejas y cabras (Rodríguez del Río *et al.,* 2012).

15.2.2.2 Leche de cabra

Debido al mayor consumo de queso de leche de cabra, cada vez son más frecuentes las reacciones alérgicas a la leche de cabra entre los adultos. La fracción más sensibilizante, con similar estructura a la de la leche de vaca, es la caseína que se considera el principal alérgeno en este tipo de leche. Las pequeñas cantidades de α-lactoalbúmina, que se retienen en los quesos, son también causa de alergia alimentaria. A pesar de los beneficios indiscutibles de la leche de cabra, por ejemplo, una mejor digestibilidad y ligeramente mayor contenido de vitaminas, la leche de cabra no puede ser un sustituto en caso de alergia a la leche de vaca y de oveja y tampoco al queso de leche de oveja (Tavares *et al.,* 2007).

15.2.2.3 Leche de burra

Dada la similitud a la leche humana en términos de composición proteica, de contenidos de los ácidos linoleico y linolénico y de bioelementos, de lactosa que estimula la absorción intestinal del Ca y de la relación Ca (calcio):P (fósforo) (1,48:1,0), la leche de burra es mejor que la leche de vaca. La leche de burra contiene un número menor de bacterias debido al alto contenido de lisozima (LYS). El contenido similar de proteínas y de bioelementos a la leche humana protege el aparato renal de los bebés. No se han encontrado alérgenos que provoque reacción cruzada entre la leche de burra y la de vaca y no se ha observado síntomas de alergia en personas alérgicas a la leche de vaca (Monti, 2007). En el 83% de los casos de niños de baja estatura alérgicos a la leche de vaca, fue posible aumentar su altura después de la suplementación de dietas con leche de burra. Las granjas existentes en el centro de Italia, Francia y Suiza hace que sea más fácil obtener la leche de burra que de yegua por lo que es una buena alternativa terapéutica (Monti *et al.,* 2007). En Asia (China) se considera como una bebida que alarga la vida de las personas mayores.

15.2.2.4 Leche de camella

La leche de camella es la más próxima en composición a la leche humana y no contiene reacción cruzada de caseína β y β-lactoglobulina que son los principales alérgenos de la leche de vaca. Las inmunoglobulinas son idénticas a las de la leche humana. La leche de camella contiene un 2% de grasa homogeneizada en forma de PUFA. El contenido de lactosa es del 4,8%, por lo que es más digerible para personas con deficiencia de lactasa, y es una leche rica en Ca, Fe y vitamina C (los camellos no pertenece a los rumiantes sino al suborden Tylopoda) (Shabo *et al.,* 2005). Muy raramente puede causar una reacción alérgica, aunque se ha descrito un caso de shock anafiláctico en un niño de 6 años, no alérgico a la leche de vaca, después de beber leche de camella caliente pero sin haberse cocido (Al-Hammadi *et al.,* 2010).

15.2.2.5 Leche de yegua

La leche de yegua es similar a la leche de camella y burra y se considera como una alternativa en dietas de niños con alergias atópicas. La composición de la leche es similar a la leche humana, aunque la leche de yegua contiene dos veces menos grasa y las proteínas del suero y las caseínas no contienen alérgenos que produzcan reacciones cruzadas con la leche de vaca, de oveja o de cabra. La leche de yegua tiene el doble de nitrógeno caseínico que la leche humana, pero similar el contenido de lactosa y de bioelementos (Potočnik *et al.,* 2011). Se han descrito muy pocas alergias a la leche de yegua, pudiendo, en estos casos, estar originado por la alergia previa en el epitelio de la yegua por otros alérgenos inhalantes, por ejemplo, los procedentes de la piel de hámster.

15.2.3 Alergia a las Proteínas del Huevo

15.2.3.1 Introducción

Es una afección común entre los niños hasta los 5 años de edad, que afecta al 1,8%-2% de niños, especialmente aquellos que viven en países altamente desarrollados (Japón, España, Francia) aunque los síntomas desaparecen durante la pubertad o la adolescencia. Se han registrado veinte alérgenos (Urisu *et al.,* 2015), de los que los asociados a las proteínas de la yema del huevo son más débiles que los de la clara. Puesto que los huevos se agregan a muchas comidas es difícil consumir dietas que no presenten esta alergia. La alergia a los huevos puede ser una enfermedad ocupacional para personas involucradas en el procesado de alimentos que contengan este ingrediente. La alergia a las proteínas del huevo se puede adquirir por ingestión o por exposición a la inhalación cuando el huevo en polvo se agrega a productos de panadería, pastelería o glaseados. Otro problema es la presencia de proteínas del huevo en los cultivos celulares utilizados para la producción de vacunas como, por ejemplo, vacunas contra la gripe o de paperas, sarampión y rubéola, con la posibilidad de que se produzcan reacciones alérgicas más intensas en la piel, con aumento de la hiperreactividad bronquial o shock anafiláctico. Los aminoglucósidos, que aseguran la esterilidad de la vacuna, también pueden causar reacción alérgica. Los cuatro alérgenos principales de la clara de huevo son: ovoalbúmina (OVA; Gal d 2, con el 54% del contenido de proteína total), ovotransferrina (OVT; conalbúmina, Gal d 3, con el 12%), ovomucoide (OVM; Gal d 1, con el 11%) y lisozima (LYS; Gal d 4, con el 3,5%). Se han identificado dos proteínas en la yema de huevo: la α-livetina (albúmina de suero de pollo, Gal d 5) y la lipoproteína YGP42 (Gal d 6) (Martos *et al.*, 2013b). Por la importancia que, desde hace muchos años, tiene la alergia a las proteínas del huevo se han aislado las proteínas implicadas y se han medido los niveles de IgE específicas. Después de someter las proteínas del huevo a diversos procesos tecnológicos se ha observado una disminución tanto de IgE como de IgG (Martos *et al.,* 2013a). También los alérgenos individuales se han utilizado en vacunas desensibilizantes. Dhanapala *et al.* (2015) desarrollaron una vacuna genética a base de los cuatro antígenos recombinantes de las proteínas del huevo, introducidos en plásmidos de *E. coli*, y, a continuación, se aislaron y se compararon con los naturales con respecto a la pureza del producto, a la compatibilidad con proteínas naturales y a la inmunogenicidad in vitro, es decir, a la capacidad de unirse a las IgE específicas. En un futuro próximo, está previsto administrar la vacuna sublingualmente a niños alérgicos y usarla para estudios de laboratorio (Dhanapala *et al.,* 2015). La dieta del niño debe enriquecerse introduciendo la yema de huevo antes que la clara.

La α-livetina, que es una proteína presente en la yema del huevo, se considera un alérgeno débil que puede sensibilizar mediante inhalación y es idéntica a la albúmina sérica de pollo, dando reacción cruzada con los alérgenos de aves que causan el síndrome de huevo-ave. Del mismo modo, las apo-livetinas son alérgenos débiles.

Las proteínas del huevo desencadenan reacciones dependientes de las IgE, reacciones independientes de las IgE o reacciones conjuntas. Las afecciones que se han descrito incluyen: esofagitis eosinofílica, gastroenteritis alergénica eosinofílica y proctocolitis. No está claro cuál es el nivel de umbral de IgE y contra qué alérgenos del huevo, que permite predecir la presentación de síntomas clínicos en los pacientes tales como: erupción, vómitos, dolor abdominal y diarrea. Dicha dificultad estriba en que los niveles de IgE cambian con la edad de los niños. La mayoría de los alérgenos son termolábiles y se digieren por acción de las enzimas. El alérgeno principal y el más fuerte del huevo es el OVM, que no se digiere en el tracto digestivo, que es resistente a altas temperaturas y que puede presentar epítopos lineales. Altos niveles de IgE frente al OVM no permiten, en la mayoría de los casos, «incrementar» la reacción alérgica. En los idiotopos de IgE de niños con alergia persistente se han encontrado fragmentos de OVM parcialmente digeridos por la acción de la pepsina (Urisu *et al.,* 2015). Sin embargo, no se observó reacciones alérgicas durante el consumo de magdalenas ya que dicho alérgeno (OVM), durante la cocción, forma complejos no digeribles con el gluten presente en la harina (Urisu *et al.,* 2015).

15.2.3.2 Ovoalbúmina

La ovoalbúmina contiene cuatro grupos sulfhidrilos con puentes disulfuro simples. Se trata de una glicoproteína perteneciente a la familia serpina cuyo centro activo tiene estructura en hélice α. Generalmente el 100% de los pacientes alérgicos al huevo muestran una reacción alérgica positiva hacia la presencia de la OVA. Se trata de una proteína sensible a las proteasas y a las altas temperaturas, por lo que los huevos cocidos durante mucho tiempo a menudo no causan síntoma alguno en niños alérgicos a los huevos crudos (Verhoeckx *et al.,* 2015). Las propiedades alergénicas disminuyen en un 75% con una cocción durante 10 minutos, que puede ser más después de freírlo u hornearlo (Fu *et al.,* 2010). Este hecho se podría deber al aumento de la digestibilidad de los alérgenos del huevo termolábiles con lo que disminuye la estimulación de linfocitos T y basófilos presentes en la submucosa intestinal (Martos *et al.,* 2013a).

15.2.3.3 Ovotransferrina

La ovotransferrina llamada conalbúmina, Gal d 3, con un peso molecular de 77 kDa y constituida de 686 restos de aminoácidos, es un alérgeno común sensible a los cambios de temperatura en el rango de los 60°C a los 82°C que genera la formación de isoformas (Tong *et al.,* 2012). Presenta propiedades antibacterianas y es capaz de ligar al hierro. Aproximadamente el 50% de las personas alérgicas a las proteínas del huevo tienen IgE específicas. La OVT de los huevos de gallina es compatible con los de pata y los de gansa.

15.2.3.4 Lisozima

La lisozima (Gal d 4) está constituida por 129 aminoácidos (14,3 kDa) y estructurada por una única cadena polipéptidica unida por cuatro enlaces disulfuro. Durante el calentamiento se reducen sus propiedades antigénicas como ocurre con la Gal d 3. Hay una reactividad cruzada entre la lisozima de pollo y la de otras aves. A veces se utiliza como conservante de algunos medicamentos (p. ej., en gotas oculares), causando una reacción alérgica en personas sensibles (Urisu *et al.,* 2015).

15.2.3.5 Alfa-Livetina

La alfa-livetina, Gal d 5, presente en la yema de huevo, tiene un peso molecular de 65-70 kDa, es similar a la albúmina de suero de pollo y puede causar el síndrome del huevo-ave por ingestión o por exposición a la inhalación a través del contacto con carne, suero, albúmina de pollo, plumas o yemas de huevo. La alergia a la alfa-livetina puede ser una enfermedad ocupacional de los colombófilos, de los criadores de aves ornamentales o de los trabajadores agrícolas. Los síntomas de la respuesta alérgica por inhalación son rinitis alérgica y conjuntivitis y asma. Los síntomas de alergia se producen después del consumo de yemas de huevo o de mayonesas caseras. El síndrome de alergia oral (OAS) incluye hinchazón de los labios, picazón e hinchazón de la lengua y de la mucosa de la cavidad bucal. El calentamiento de la albúmina de pollo a 90°C durante 30 minutos reduce sus propiedades alergénicas en un 88% (Quirce *et al.,* 2001).

15.2.4 Alérgenos del Pescado

La tasa de incidencia de alergia al pescado en toda la población se estima entre el 0,1% y el 0,4%. La parvalbúmina es un panalérgeno, estando presente en el tejido muscular del bacalao y también en una gran variedad de especies consumidas comúnmente como salmón, carpa, caballa, atún y sardina.

Para que tenga lugar una reacción alérgica (urticaria facial y angioedema) solo se requieren micro cantidades del alérgeno, como ocurrió en el caso de un beso del abuelo, que comió pescado 2 horas antes, en la mejilla a un niño alérgico a muchos alérgenos (incluido los del pescado) (Monti *et al.,* 2003). También se podrían presentar los síntomas de alergia por la inhalación de alérgenos durante la cocción o fritura de pescado, así como durante la preparación del mismo. Reacciones localizadas en el tracto digestivo, piel y sistema respiratorio causadas por consumo de pescado se deben al efecto del contacto tanto con el pescado crudo como con el procesado térmicamente. La parvalbúmina es térmicamente estable, por lo que, los síntomas pueden presentarse de forma individual o de forma conjunta. Dichos síntomas incluyen: náuseas, vómitos, dolor de estómago, diarrea, urticaria (también llamada urticaria o sarpullido de ortiga), hinchazón debajo de la piel (también llamada angioedema), picazón y enrojecimiento de la piel, empeoramiento del eczema, asma (respiración sibilante, falta de aliento, tos), fiebre del heno (picazón de nariz y ojos, estornudos/secreción nasal), hinchazón de las vías respiratorias y algunas veces fatales episodios de shock alérgico.

En Noruega y Japón es donde la alergia al pescado ocurre con más frecuencia si bien las personas alérgicas en los países de la UE están alcanzando cotas similares. El principal alérgeno es el Cod M, cuyo nombre se cambió en 2001 a Gad c1. Se trata de la parvalbúmina, que tiene un peso molecular de 12,3 kDa, está constituida por 113 aminoácidos y una molécula de glucosa y en su estructura terciaria tiene tres dominios: AB, CD y EF, siendo los dos últimos responsables de la transferencia de iones calcio en la célula. La carne oscura de la caballa o del atún contiene centésimas partes de mg de Gad c1 (un orden de magnitud menor que en la carne de pescado blanco). El alérgeno Gad c1 está presente tanto en el pescado marino como en el de agua dulce y aproximadamente el 50% de la población es alérgica a todas las especies de pescado. Por la elevada tasa de consumo de pescado se ha desarrollado una parvalbúmina de carpa recombinante (Swoboda *et al.,* 2002). La presión y la temperatura a las que se somete al pescado durante el enlatado hacen que se pierda totalmente la actividad alergénica (Elsayed y Jaran, 1983). Además de la parvalbúmina, que está presente en varias docenas de isoformas mostrando reactividad cruzada, también se han aislado varias enzimas de diferentes especies de pescado, encontrándose alérgenos potenciales de identidad conocida en bacalao (fosfato aldehído isomerasa), en salmón (triosa-fosfato isomerasa, fructosa-bis-fosfato isomerasa y albúmina sérica) y en atún (creatina quinasa y beta-enolasa). Los alérgenos que se encuentra más frecuentemente son enolasas, aldolasas y gelatina de pescado, que parece ser un alérgeno débil. Se ha encontrado IgE específica para la parvalbúmina en el 72,6% de las personas examinadas, para la enolasa en el 62,9% de las personas alérgicas a otros alérgenos distintos de la parvalbúmina, para la aldolasa en el 50% y para la gelatina de pescado en el 19,3%. Se ha señalado que la tropomiosina puede provocar en las personas una enfermedad autoagresiva como la colitis ulcerosa. La parvalbúmina tiene dos linajes filogenéticos: linaje alfa y beta. En general, los anticuerpos IgE se observaron solo frente a la forma beta; sin embargo, en la carne de rana el principal alérgeno es la forma alfa (Kuehn *et al.*, 2014).

15.2.5 Alérgenos de Crustáceos

15.2.5.1 Introducción

El consumo de crustáceos en Polonia se limita a ocasiones especiales y no es popular. Sin embargo, en el mundo es un problema grave y los crustáceos se colocan en la lista de los 8 grandes («Big 8») alérgenos alimentarios. En los EE.UU., hay aproximadamente 30 especies de crustáceos comestibles.

15.2.5.2 Alérgenos del marisco

El principal alérgeno del langostino es un dímero en forma de ovillo enrollado con un peso molecular de 45 kDa, constituido por 189 aminoácidos y el 0,5% de carbohidratos, que se aisló por primera vez de langostinos crudos y de extractos de caparazón y después también de *Penaeus aztecus* y *Penaeus indicus* cocidos. La composición en aminoácidos de los alérgenos es similar, de ahí que a la proteína se le ha denominado tropomiosina del langostino. Se trata de una glicoproteína soluble en agua, resistente al calor y a las enzimas digestivas. El consumo de 1-2 unidades de langostinos de tamaño medio puede inducir una reacción anafiláctica.

En personas dedicadas al procesado de la carne de cangrejo se ha observado reacción a los alérgenos de esta especie. Las reacciones dependientes de IgE están relacionadas principalmente con extractos obtenidos durante la cocción de los cangrejos, pero no con el contacto directo con productos crudos.

La tropomiosina también se ha identificado como un alérgeno de la langosta espinosa china (*Panulirus stimpsoni*) y del bogavante americano (*Homarus americanus*). La proteína de ambas especies se ha clonado y analizado sus secuencias, señalándose que son homólogos al alérgeno del langostino Pen a1 y, además, son compatibles con una proteína aislada del nematodo *Anisakis simplex* que infesta peces y a la tropomiosina de ácaros, cucarachas, polillas y otros invertebrados que parasitan los alimentos. Por lo que se llegó a la conclusión que «las tropomiosinas son los principales alérgenos en los invertebrados tales como crustáceos (langostinos, cangrejos, langostas), arácnidos (ácaros del polvo), insectos (cucarachas, mosquitos) y moluscos (calamares, caracoles y ostras)» (Rees *et al.*, 1999).

Durante mucho tiempo no se entendió por qué la tropomiosina de los crustáceos era alérgica, mientras que la que se encuentra en los vertebrados no lo era. Después de someter a la tropomiosina de los crustáceos a la digestión con pepsina A, Mikita y Padlan encontraron fragmentos de tropomiosina no digeridas procedentes de diferentes invertebrados. Al encontrase numerosas IgE específicas se concluyó que estos fragmentos también penetraron en el torrente circulatorio a través de la pared del intestino con lo que dichos fragmentos podrían incluso sensibilizar a las personas que no padecían de alergia. Dichos compuestos no estaban presentes en los músculos esqueléticos de mamíferos (Mikita y Padlan, 2007).

15.2.5.3 Otros trastornos relacionados con los productos obtenidos de crustáceos

Los productos obtenidos de crustáceos se refieren a quitina, quitosano y glucosamina presentes en los cosméticos y en los alimentos. Las opiniones sobre los posibles caracteres alergénicos de estos compuestos no son unánimes. En 2010, Muzzarelli resumió estudios previos sobre sus posibles propiedades alergénicas y señaló todos los errores encontrados. Observó que, independientemente de los orígenes de los productos, no contenían proteínas, ni carbohidratos o grasas. Por lo tanto, deben considerarse como sustancias químicamente puras, no sensibilizantes (debido a la falta de síntomas de alergia observados en los receptores) y no como potenciales alérgenos (Muzzarelli, 2010).

15.2.6 Alérgenos de Plantas

Estos alérgenos están comúnmente presentes en varias especies de plantas. El diagnóstico de la causa de la alergia puede ser difícil ya que incluso dentro de una especie de planta pueden variar sus propiedades alergénicas. Por lo tanto, las pruebas «pinchazo a pinchazo», que consiste en pruebas de punción cutánea con una aguja que contiene extracto de la planta con el posible alérgeno son métodos de diagnóstico fiables. En general, se considera que el diagnóstico puede hacerse después de realizar una prueba doble ciego y, sobre todo, de la denominada prueba de provocación de la alergia que implica la administración directa del alérgeno en la mucosa gástrica. Además, el nivel elevado de IgE específica también puede ser un buen marcador de la enfermedad. Una señal que preceda al desarrollo futuro de una alergia puede ser solo el aumento de los anticuerpos sin los síntomas de la afección.

Este procedimiento permite diferenciar la hipersensibilidad alimentaria de la alergia.

En los últimos años, se han publicado muchos artículos controvertidos sobre el gluten.

15.2.6.1 Gluten

El gluten es una proteína que se encuentra en el trigo y otros granos, que contiene gliadina y gluteína pertenecientes al grupo de las prolaminas. Las prolaminas presentes en el trigo (gliadina), en la cebada (hordeína), en el centeno (secalina) y en la avena (avenina) causan diversas enfermedades que fueron clasificada en 2012 por un panel de 15 expertos como trastornos relacionados con el gluten (Sapone *et al.*, 2012). Entre estos están los trastornos autoinmunes que incluyen la enfermedad celíaca, la enfermedad de Duhring (dermatitis herpetiforme) y la ataxia por el gluten. Las enfermedades no autoinmunes y no alérgicas incluyen la sensibilidad al gluten no celíaca y la enfermedad alérgica: la alergia alimentaria dependiente de IgE y no dependiente de IgE, la anafilaxia inducida por el ejercicio dependiente del trigo, el asma de panadero y la dermatitis de contacto.

La enfermedad celíaca es un trastorno autoinmune que se desarrolla en personas que poseen uno de los dos tipos de alelos MHC de clase II: HLA-DQ2 (DQA1*05 y DQB1*02) y HLA-DQ8 (DQA1*03 y DQB1*0302). Los homocigotos HLA-DQB1*02 tienen un mayor riesgo de desarrollar enfermedades. La tasa de incidencia en Polonia oscila de 1:300 a 1:100. Hasta el 95% de los pacientes celíacos tienen la variante HLA DQ2 en la superficie de sus células inmunocompetentes, mientras que el 5% restante tienen la variante DQ8. Mc Mowat afirma que el gluten se descompone en el tracto digestivo en polipéptidos ricos en prolina y glutamina, que son resistentes a la digestión y que penetran a través de la pared del intestino delgado, posiblemente sin mediar un proceso inflamatorio (p. ej., infección por rotavirus). Los polipéptidos sufren desamidación por la transglutaminasa de la submucosa y se forman péptidos desamidados fuertemente inmunogénicos (aminoácidos p57-73) que contienen ácido glutámico (Mc Mowat, 2003).

La transpeptidasa en sí misma se convierte en autoantígeno (debido a infecciones virales) capaz de formar enlaces cruzados con las actinas. Se ha señalado que el virus de Epstein-Barr (EBV) o las infecciones por Coxsackie originan modificaciones dentro del dominio 8 de la transpeptidasa de forma que los anticuerpos liberados contra la transpeptidasa no solo son marcadores para la enfermedad celíaca sino también para algunas infecciones (Ferrara *et al.*, 2010). Además, los péptidos de gluten p31-43/49 pueden directamente inducir la producción de interlukina IL 15, liberada por células dendríticas y macrófagos después de la fagocitosis del gluten, que activa las células T intraepiteliales intestinales: IELs. La transglutaminasa también produce aumento en el número de linfocitos T CD8+ e induce la sobreproducción del ligando MIC A en las vellosidades intestinales y del receptor NKG2D de la superficie de las células citotóxicas. MIC A es un ligando para el receptor tipo lectina NKG2D encontrado en la superficie de los linfocitos citotóxicos y responsable del reconocimiento de proteínas extrañas (p. ej., péptidos desaminados que contienen ácido glutámico, DPG) presentes en las células.

Los DPG en el contexto de los antígenos HLA clase II DQ2 y DQ8, a los que se unen fuertemente, se presentan en los linfocitos TCD 4, T CD8, TCR$\alpha\beta$+ y TCR$\gamma\delta$+ y en las células naturales asesinas (natural killer, NK). El incremento de la liberación del interferón (IFN)γ y TNFα, desencadenado por IL 15 y la presentación de DPG, aumenta la citotoxicidad de los linfocitos T y las células NK. Esto ocasiona daño tisular, atrofia vellosa gradual y pérdida adicional de la capacidad del intestino de actuar como barrera, lo que origina el llamado «síndrome del intestino permeable».

La estimulación de los linfocitos Th, y luego de los linfocitos B, activa la producción de anticuerpos con actividad frente a: gliadina, transglutaminasa, endomisio y DPG, lo que aumenta el daño causado al intestino por la citotoxicidad mediada por células dependientes de los anticuerpos. Los mejores marcadores para la enfermedad son los antiendomisios p-c Ig A, la IgG frente a la transglutaminasa tisular y también la IgG anti-DPG. Los cambios patológicos de la enfermedad celíaca en el intestino delgado se clasifican como III y IV en una clasificación de Marsh de 4 etapas.

Según Fasano, la causa del «síndrome del intestino permeable» es una actividad directa de los péptidos del gluten con los aminoácidos 110-130 y 151-170 que incrementan la producción de zonulina que es una proteína que modula la permeabilidad de las uniones entre los enterocitos. La posibilidad de que los polipéptidos del gluten penetren de esta manera puede ser la causa de una fuerte respuesta inmune primaria, que se caracteriza por un aumento de los niveles de zonulina (haptoglobina) en la sangre y luego por una respuesta inmunitaria citotóxica secundaria. El gluten en sí, que tiene el polipéptido (aminoácidos 30-43), puede tener un efecto citotóxico cuando no produzca alergia.

Fasano indica que la razón de la penetración de distintos alérgenos se debe al deterioro de la barrera intestinal lo que puede inducir al desarrollo de diabetes tipo I, de asma, de algunos trastornos de autoagresión como la artritis reumatoide y la colangitis autoinmune, y debido a la interrupción de la barrera hematoencefálica, al desarrollo de esquizofrenia y glioma (Fasano, 2011).

Los síntomas de la enfermedad celíaca pueden provenir del tracto gastrointestinal o de otros órganos e incluyen dolor abdominal, diarrea, vómitos, estomatitis aftosa recurrente y erosión dental, síntomas de anemia hipocrómica progresiva, deficiencias en vitaminas y en bioelementos, liberación reducida de disacaridasas (intolerancia a la leche), inhibición del crecimiento en niños y pérdida de peso corporal.

La dermatitis herpetiforme es una enfermedad autoinmune en la que las precipitaciones de IgE e IgA junto con la transglutaminasa de la piel se depositan en forma de ampollas en la piel causando erupciones papulovesiculares con picazón intensa que se producen simétricamente en varias partes del cuerpo. Los lugares más comunes de estas erupciones son la región sacra, nalgas, escápulas, nuca, codos, rodillas, cara y cuero cabelludo. Después del consumo de gluten, los síntomas de la piel continúan con protuberancias rojas muy separadas, a través de pápulas o vesículas. La picazón de la piel es el síntoma dominante, que origina numerosos rasguños y costras. La enfermedad está causada por la desamidación del gluten, siendo un marcador serológico los anticuerpos IgA contra el endomisio. Los daños al intestino delgado son menos graves que en el caso de la enfermedad celíaca, pero a pesar de eso, pueden aparecer deficiencias en hierro, magnesio, calcio, vitaminas del grupo B y vitaminas liposolubles (incluida la vitamina D3). Si los trastornos ocurren durante la infancia, el paciente no puede construir su pico máximo de masa ósea, lo que puede originar el desarrollo de osteopenia u osteoporosis. Al igual que en la enfermedad celíaca se ha observado estomatitis aftosa recurrente. También se diagnosticó atrofia vellosa moderada y, sin embargo, no se produjeron diarreas. Dietas sin gluten introducidas en las primeras etapas conducen a una mejora significativa (Żebrowska y Waszczykowska, 2007).

La ataxia por gluten es la siguiente afección que pertenece a los trastornos autoinmunes y está causada por la reactividad cruzada, después de la desamidación del gluten, entre antígenos de las células de Purkinje, ubicadas en el cerebelo, en el tronco cerebral y en la protuberancia anular, y los epítopos de gluten. Anticuerpos antitransglutaminasa se han detectado en los cúmulos que rodean los vasos cerebrales. Aproximadamente el 10% de los pacientes presentaron cambios en las vellosidades intestinales confirmados mediante biopsia. Los síntomas de la ataxia incluyen dificultades para mantener el equilibrio y para caminar de manera coordinada, extremidades temblorosas, temblor intencional, anomalías en la escritura, incapacidad para realizar movimientos precisos, espasmos musculares, nistagmo y habla lenta y a menudo retrasada (Fasano, 2011).

La sensibilidad al gluten no celíaca es un síndrome clasificado desde 2012 como un trastorno no agresivo, siendo la forma más común de sensibilidad no alérgica al gluten en la que la introducción de una dieta libre de gluten conduce a una regresión completa de los síntomas. La mitad de las personas afectadas poseen los alelos HLA DQ2 y DQ8, mientras que ambos antígenos están presentes en el 30% de las personas sanas. Se observó que las diarreas son más frecuentes en personas que tienen el alelo HLA DQ2 que en aquellas que tienen el DQ8. Otros síntomas incluyen: dolor de cabeza, dolor articular y muscular, calambres musculares, entumecimiento de piernas o brazos, anemia, «mente nublada», depresión, dolor abdominal, fatiga, pero también estreñimiento o pérdida de peso corporal. El examen histopatológico del tracto gastrointestinal no reveló manifestación alguna en el duodeno, excepto una infiltración ligeramente mayor de linfocitos T intraepiteliales. Los daños en el intestino delgado se evaluaron como leves y se categorizaron como categoría I o II en la clasificación de Marsh. En el 50% de los afectados no se encontraron anticuerpos frente a la transglutaminasa y al endomisio. Los anticuerpos antigliadina tampoco son un marcador específico porque también están presentes en la ataxia del gluten, en la enfermedad de Duhring, en el síndrome de Sjögren, en la sarcoidosis y en el lupus eritematoso sistémico. Recientemente se ha señalado que las infiltraciones de eosinófilos en la lámina propia y los síntomas de la enfermedad aparecieron después de varias horas o incluso días después del consumo de gluten (en pruebas de alergia por provocación de la enfermedad celíaca aparecieron después de 2 horas) (Czaja-Bulsa, 2015). Se supone que la sensibilidad al gluten no celíaca está causada por la sobreexpresión de una inmunidad innata. La afección no se acompañó con el «síndrome del intestino permeable», aunque se observó una expresión más alta de TLR 1, 2 y 4, así como la expresión adecuada de claudina-1 y zonulina, pero aumentó la expresión del gen CLDN-4 que codifica la claudina y disminuyó la concentración de TGF-beta 1 y FOXP3 marcador de los linfocitos Treg por debajo del nivel presente en personas sanas. También se ha señalado el aumento temporal en sangre de concentraciones de IFNγ y de T CD3 intraepiteliales.

Las enfermedades alérgicas relacionadas con el consumo de gluten incluyen la alergia alimentaria dependiente de IgE y no dependiente de IgE, la anafilaxia inducida por el ejercicio dependiente del trigo, el asma del panadero y la dermatitis de contacto. Una característica común de estas afecciones, excepto la alergia alimentaria no dependiente de IgE, es que tienen una base atópica. La IgE específica se produce frente a α-, β-, γ- y ω-gliadina y en los pacientes no hay síntomas del «síndrome del intestino permeable» ni anticuerpos frente al endomisio o la transglutaminasa. Sin embargo, el curso de las enfermedades es diferente ya que los trastornos se producen a causa de una hipersensibilidad inmune. Los primeros síntomas de la alergia al gluten es la consecuencia de la actividad de las aminas biógenas y de otros compuestos encontrados en gránulos preformados, o eicosanoides formados a partir de la degradación del ácido araquidónico de los gránulos generados. En caso de la alergia alimentaria, además de los síntomas del tracto gastrointestinal puede presentarse un espasmo bronquial, síntomas de asma o de erupción. Las pruebas adicionales muestran un mayor nivel de IgE, un ligero daño de la mucosa duodenal y un resultado positivo en la prueba de provocación después del contacto del gluten con la mucosa gástrica.

La anafilaxia inducida por el ejercicio dependiente del trigo se caracteriza porque los síntomas de la alergia alimentaria se potencian con la actividad física. La actividad física también puede acelerar e intensificar los síntomas del árbol bronquial hasta incluir el shock anafiláctico. Estos síntomas se acompañan de urticaria difusa y angioedema, siendo el principal alérgeno la ω5-gliadina y también se han encontrado otros epítopos.

El asma de Baker implica broncoespasmos y disnea aguda después del contacto con harinas de trigo, cebada o centeno, que contienen, además de gluten, otros alérgenos como α-amilasa, peroxidasa y proteínas de transferencia de lípidos (LPTs) inespecíficos, albúmina soluble en agua e inhibidor de la α-amilasa. Los síntomas cutáneos pueden incluir urticaria y dermatitis de contacto. Aunque los síntomas respiratorios iniciales ocurren después de varios minutos (asma de panadero) o de varias horas (alergia alimentaria), en el caso de dermatitis de contacto los síntomas aparecen después de un día o dos de haberse producido el contacto de la piel con el gluten. La patogénesis de la dermatitis de contacto es diferente del de la urticaria. Se trata de un mecanismo de alergia tipo IV según la clasificación de Gell y Coomb, que implica la activación de los linfocitos Th y el aumento de los niveles de IL 1, 2, 6, 12, IFNγ y TNF, pero sin la activación de anticuerpos IgE. Los síntomas incluyen picazón intensa, protuberancias y enrojecimiento característico de la piel y vesículas. La piel está engrosada con surcos marcados, secos y que se agrieta fácilmente. Para hacer un diagnóstico, se realizan pruebas de parches y se leen después de 24 a 48 horas. El tratamiento se basa en la eliminación total del gluten de la dieta y del entorno del paciente (Czaja-Bulsa, 2015).

15.2.6.2 Profilinas

Las profilinas son proteínas con un peso molecular de 15-30 kDa que se encuentran en las células animales y vegetales. En los animales están presentes en casi todos los tejidos y están unidas a la actina. Son un grupo de panalérgenos que también se encuentran en el polen, las frutas, las hortalizas y el látex, y sensibilizan por inhalación. El consumo de productos que contienen estos compuestos generalmente causa síntomas de alergia moderados localizados en la cavidad oral (Fernández Rivas, 2003) que incluyen picazón, enrojecimiento, edema y ronchas, que desaparecen después de 30 minutos sin dejar rastro.

Las profilinas se dividen en alérgenos del polen y de la profilina alimentaria. Los alérgenos de profilina del polen se encuentran en abedul (Bet v2), avellano (Cor b2), olivo (Ole e2), plátano (Pla a), fresno europeo (Fra e2) y los de las profilinas de los pastos en hierba timothy (Phl p12), *Ambrosia* (ambrosía) (Amb a), *Artemisia* (Artemisia v4), látex (Hev b8), ballico (Lol p12) y en muchos más. Los alérgenos de las profilinas alimentarias se encuentra en apio (Api g4), zanahoria (Dau c4), soja (Gly m3), tomate (Lyc e1), manzana (Mal d4), pera (Pyr c4), melocotón (Pru p4), cacahuete (Ara h5), avellana (Cor a2), colza (Bra n) y en muchos más. Debido a que tienen alérgenos de acción cruzada entre polen, frutas y hortalizas, pueden ser responsables de hasta el 43% de las alergias en personas afectadas por el polen o por alergia alimentaria (Valenta *et al.*, 1991). Se ha observado que la alergia al polen de abedul suele ir acompañada de alergia a algunas frutas y hortalizas frescas.

15.2.6.3 Alérgeno Bet v-1 del polen de abedul

El alérgeno Bet v-1 del polen de abedul (*Betula verrucosa*) presenta reacción cruzada con alérgenos de muchas frutas, pero no todas las personas alérgicas al Betv-1 desarrollan reacciones alérgicas lo cual puede atribuirse al hecho de que el abedul verrugoso (plateado) es común en Escandinavia. Los abedules que polinizan en Polonia liberan polen que tiene poca expresión diferente de los determinantes y además hay distintas variedades diferentes de manzanas, peras y otras frutas. Los síntomas de alergia a menudo lo desencadenan una variedad de manzanas específica por lo que es necesario realizar pruebas de pinchazo cutáneo.

Los homólogos de polen de Bet v1 son: avellano (Cor a1), roble (Que a1), aliso (Aln g1) y carpe (*Carpinus betulus*) (Car b1). Los alérgenos de reacción cruzada de las hortalizas y frutas son los siguientes: cacahuetes (Ara h8), avellanas (Cor a1), apio (Api g1), zanahorias (Dau c1), soja (Gly m4), pera (Pyr c1), cereza dulce (Pru av1), albaricoque (Pru a1), patata (Sol t1), fresa (Fra a1) y judía mungo (Virg r1).

15.2.6.4 Proteínas resistentes a los agentes patógenos

Las proteínas resistentes a los patógenos forman 14 grupos, aunque no todas son alergénicas. Las alergénicas más comunes son las siguientes.

15.2.6.4.1 Proteínas de transferencia de lípidos

Las proteínas de transferencia de lípidos (LTP) son responsables del transporte de la membrana intracelular, contribuyen a la resistencia de las plantas a las infecciones y se encuentran en las cutículas de las frutas. Son resistentes a la digestión con pepsina en el pH del jugo gástrico y son termoestables. Su concentración aumenta con la maduración de la fruta (Yeats y Rose, 2008).

Las LTP del polen se encuentran en *Artemisia* (Art v3), látex (Hev b3), olivo (Ole e7), *Ambrosia* (ambrosía) (Amb a6) y las presentes en los alimentos están en avellanas (Cor a8), nuez (Jug r3), repollo (Bra o3), tomate (Lyc e3), albaricoque (Pru ar3), naranja (Cit s3) y plantas de la familia de las rosas (*Rosaceae*) y en muchas más (Hauser *et al.*, 2010). Del mismo modo que en el caso de otros alérgenos vegetales, comúnmente inducen síntomas de alergia gastrointestinal y erupciones cutáneas.

15.2.6.4.2 Quitinasas

Las quitinasas son un grupo de alérgenos que se encuentran en muchas frutas. La IgE inducida por quitinasa presenta reacción cruzada con el látex Hev b 11 y Hev b 6 y con los alérgenos de frutas como papaya, aguacate, plátano, castaño, maracuyá, higo, melón, mango, kiwi, piña, melocotón, tomate y judías verdes. También se forman durante la maduración de la fruta con óxido de etileno. Los alérgenos son responsables del síndrome fruta-látex. Son termolábiles, por lo que no se producen reacciones cruzadas entre la IgE específica del látex y las judías verdes cocidas (Sánchez-Monge *et al.*, 2000). Las quitinasas son un grupo de enzimas que hidrolizan la quitina que se encuentra en las paredes celulares de los hongos.

15.2.6.4.3 Proteínas similares a la taumatina

Las proteínas semejantes a la taumatina muestran actividad antifúngica. Pertenecen a proteínas inducidas por estrés biótico y abiótico y son termorresistentes. Se encuentran en fresas, manzanas, cerezas, pimientos, maíz, cacao, papaya e incluso en las plantas de tabaco (osmotina) y de cannabis, causando el síndrome «cannabis-frutas/hortalizas». Las IgE se producen por la reacción cruzada con bebidas alcohólicas derivadas de plantas, tabaco y látex (Decuyper *et al.*, 2015).

15.2.6.4.4 Glucanasas

Las glucanasas son un grupo de enzimas que hidrolizan los β-glucanos, que son los polímeros de 1-3 y 1-6 glucosa, producidas por *Saccharomyces cerevisiae* y que están presentes en muchos productos alimenticios así como en hongos comestibles y algas. Se produce reacción cruzada de la IgE antiglucanasa específica con alérgenos de látex, tomate, patata y plátano (Hoffmann-Sommergruber, 2000). Las plantas panalergénicas también incluyen polcalcina Phl p7 comprometida en el crecimiento de los pastos que se encuentra, por ejemplo, en la hierba timotea o fleo de los prados (*Phleum pratense*) y en los inhibidores de la tripsina presentes en el polen del olivo.

15.2.6.5 Enolasas

Las enolasas son panalérgenos de hongos y mohos parecidos a las levaduras, tales como: *Candida albicans*, *Penicillium citrinum*, *Fusarium solani*, *Aspergillus fumigatus*, *Rhodotorula mucilaginosa* y también *Cladosporium* spp. y *Alternaria alternata*, que pueden crecer en alimentos almacenados durante mucho tiempo o de forma inadecuada. En un 60% son compatibles con los alérgenos del látex (Hev b9) (Ferreira *et al.*, 2004).

15.2.7 Alérgenos de las Nueces

Las nueces (nueces de árbol) a menudo causan reacciones cruzadas con otros antígenos. Este grupo comprende varias especies, no siempre relacionadas, siendo las más consumidas: avellanas, nueces, pistachos, nueces de Brasil, cocos, almendras, anacardos y castañas. Los principales alérgenos de las avellanas incluyen Cor a 1, que pertenece a proteínas relacionadas con la patogénesis (su liberación es inducida por infección viral, viroidal o micótica y por el ácido salicílico) y es homólogo a Bet v 1, Cor a 2, perteneciente a las profilinas, y Cor a 8 que es una LPT. La nuez del nogal contiene: Jug r 1 de la familia de las albúminas 2S, que es una proteína de reserva, vicilina termoestable Jug r 2 y también Jug r 3 termoestable que pertenecen a las LTP. El peligro del consumo accidental de proteínas de nueces por personas alérgicas es alto ya que los frutos secos suelen ser un componente de los dulces, las comidas asiáticas y también pueden contaminar las líneas de producción. Por lo tanto, son considerados como alérgenos ocultos, no siempre divulgado en las etiquetas de productos alimenticios.

15.2.8 Cacahuetes

Los cacahuetes no son una amenaza menor. Se clasifican como leguminosas de grano y contienen tres proteínas termoestables: Ara h1 (vicilina), Ara h2 (conglutinina) y Ara h3 (que es una legumina), que aumentan sus propiedades alergénicas con el tostado. Por otra parte, en los cacahuetes también podemos encontrar: Ara h4, una legumina (un grupo de proteínas presentes en las leguminosas), Ara h5, una profilina, Ara h6, un homólogo de la conglutinina, de manera similar a Ara h7. La Ara h8 es un homólogo termolábil de Bet v1 y Ara h9 es una proteína que pertenece al grupo LTP. Se ha observado una fuerte reactividad cruzada con otras leguminosas. Se subraya que solo el 20% de los niños desarrollan alergia, persistiendo los síntomas de la alergia durante toda la vida.

El Subcomité de Nomenclatura de Alérgenos de la Unión Internacional de las Sociedades Inmunológicas sistematizaron la nomenclatura y determinaron la estructura de varios cientos de alérgenos clonados y secuenciados, que se encuentra en la web (www. allergen.org). Como fue imposible tratar todos ellos solo se han presentado algunos seleccionados (Radauer *et al.*, 2014).

15.3 INFLUENCIA DE ALGUNOS PROCESOS TECNOLÓGICOS EN LOS ALÉRGENOS ALIMENTARIOS

15.3.1 Introducción

Los procesos alimentarios comunes implicados en el tratamiento tecnológico de la materia prima son: procesado térmico (calentamiento), hidrólisis (ácida y enzimática), tratamiento físico (alta presión, extrusión, ultrasonidos, microondas, radiación γ) y bioconversión como resultado de la fermentación bacteriana con el uso de enzimas endógenas. Estos procesos tecnológicos cambian las propiedades estructurales y químicas de las proteínas y activa las interacciones inespecíficas entre proteínas, proteínas-carbohidratos y proteínas-grasas. Las proteínas se desnaturalizan, se agregan, se unen a las estructuras lipídicas y experimenta glicosilación y/o glicación (reacción de Maillard). Estos cambios tienen la capacidad potencial de influir en la alergenicidad de los alimentos (Wróblewska *et al.*, 2007).

La fermentación microbiana y la hidrólisis enzimática o ácida pueden tener el potencial de reducir la integridad alergénica y la alergenicidad hasta tal punto de que no se provoquen las reacciones. La combinación de tratamiento térmico y otro de los procesos anteriormente mencionados puede mejorar esta potencia hipoalergénica de un producto alimenticio. Otros métodos de procesado, como el tratamiento a alta presión, la radiación gamma y la modificación química parecen indicar resultados prometedores. Además, el procesado también puede crear nuevos epítopos que pueden tener el potencial de inducir sensibilización y alergia a los alimentos. También, el procesado puede influir, pero no eliminar, el potencial alergénico de las proteínas. Todos estos procesos ejercen un impacto sobre la alergenicidad potencial de la matriz alimentaria y la unión de los anticuerpos IgE específicos.

El procesado de los alimentos puede afectar la alergenicidad de las proteínas en dos aspectos.

- El impacto sobre la integridad de los epítopos reconocidos por los anticuerpos IgG o IgE, que influye en la capacidad de los anticuerpos para unirse a la proteína modificada, y que durante la unión del anticuerpo IgE puede producirse una capacidad alterada para provocar una reacción alérgica.

- Sigue sin resolverse si el procesado de los alimentos tiene un impacto en la capacidad de una proteína para estimular la producción del anticuerpo IgE (Verhoeckx *et al.*, 2015).

A continuación se resume el impacto del procesado de los alimentos en la alergenicidad de las fuentes más conocidas de alérgenos alimentarios.

15.3.2 Leche

Los procesos térmicos, por ejemplo, la pasteurización, aumentan la alergenicidad de la leche debido posiblemente a la agregación, con mejora de la unión de las proteínas a la IgE, y a la activación de los mastocitos en los organismos por las proteínas desnaturalizadas. La desnaturalización proteíca y la reacción de Maillard producidas después del proceso de esterilización, desencadenan una disminución en la capacidad de unión de los anticuerpos IgE e IgG de los epítopos existentes tanto de β-lg y como de la α-la. La desnaturalización y glicación no enzimática conduce a la destrucción de epítopos ya existentes o los vuelve inaccesibles. Hasta la fecha, no hay suficientes datos sobre la alergenicidad de la leche sometida a los procesos de temperatura ultra alta (UHT), de condensación al vacío y de secado por atomización. La fermentación de la leche con bacterias ácido lácticas conduce a la reducción de la alergenicidad debido a la actividad proteolítica de las enzimas bacterianas (Wróblewska *et al.*, 2011). La hidrólisis, utilizada durante la producción de fórmulas para bebés, generalmente permite obtener productos con bajo contenido antigénico. Sin embargo, también hay algunos datos sobre aumento de la alergenicidad a consecuencia del efecto de la especificidad de las enzimas utilizadas.

15.3.3 Huevo

La cocción y el calentamiento intenso disminuyen la alergenicidad de las proteínas de la clara de huevo. La glicación por reacción de Maillard aumentó la unión de IgE. Los métodos de tratamiento físico, por ejemplo, la irradiación, pueden modular las propiedades alergénicas de los huevos.

15.3.4 Nueces de Árbol (Avellana, Almendra, Anacardo, Nuez de Brasil, Nuez, Pistacho, Nuez de Pecana)

El procesado térmico ejerce principalmente un efecto destructivo sobre la alergenicidad de las proteínas relacionadas con Bet v 1 (PR-10 y profilinas) de las nueces de árbol (avellana, almendra, anacardo, nuez de Brasil, nuez, pistacho, nuez pecana), reduciéndose la unión de IgE. No hay datos sobre la alergenicidad de los homólogos de la proteína de reserva de las semillas y de la familia de las LTP.

El tostado en seco de nueces (*Juglans regia*) a una temperatura de 132°C o de 180°C durante 5, 10 o 20 minutos mostró que las fracciones de proteínas tanto solubles como insolubles seguían siendo inmunorreactiva a IgG e IgE. En consecuencia, se demostró que las proteínas de nuez son relativamente estables bajo ciertas condiciones de procesado térmico (Downs *et al.*, 2016).

15.3.5 Cacahuete

Las propiedades alergénicas de las proteínas de los cacahuetes se pueden ver alteradas por las condiciones de cocción y procesado tales como el nivel de temperatura alcanzado, el tiempo de cocción y la hidratación. La reducción de la alergenicidad del cacahuete durante la ebullición se debe a la desnaturalización de las proteínas alergénicas y a la transferencia de la fracción de proteínas de bajo peso molecular (<30 kDa) hidrosoluble al agua de cocción (Bennett y Lee, 2016). La mejora de la alergenicidad de los cacahuetes tostados en seco se debe a la generación, promovida por la oxidación, de productos finales de la intensa glicación a consecuencia de la reacción de Maillard entre las proteínas con los monosacáridos exógenos o con la glucosa y la fructosa bajo una temperatura alta propia del proceso. El proceso de fritura no redujo la capacidad de unión a IgE.

15.3.6 Soja

Hay algunos estudios sobre la reducción de la alergenicidad de la soja durante el procesado de los alimentos. Hasta la fecha, un solo procesado puede no eliminar completamente la alergenicidad de la soja. Sin embargo, el aceite de soja altamente refinado y algunos productos de soja demuestran la reducción de la alergenicidad por debajo de niveles clínicamente relevantes.

15.3.7 Trigo

Antes del consumo, el trigo se somete a diversos procesos tecnológicos: horneado, extrusión y cocción, que pueden afectar a la digestibilidad de las proteínas del trigo. El calentamiento a alta temperatura en presencia de carbohidratos puede inducir la formación de agregados de proteínas resistente a la digestibilidad y con potencial alergénico. El gluten de trigo hidrolizado con ácido también puede provocar la alergenicidad de los productos tradicionales de trigo. Se ha señalado que las propiedades proteolíticas de las enzimas son útiles para disminuir la alergenicidad del trigo. También se demostró que el pH, la temperatura y el picado provocan cambios conformacionales considerables en la antigenicidad del gluten. A pH 3 y hasta 90°C, la antigenicidad se redujo en un 30% en comparación con la muestra de control mientras que el calentamiento adicional hasta los 100°C reveló nuevos epítopos y una mayor antigenicidad. También aumentó sinérgicamente la antigenicidad con una alta velocidad de corte (1.000 o 1.500/s) durante el picado a alta temperatura (100°C) y pH 7 (Rahaman *et al.*, 2016).

15.3.8 Mostaza

El mejor método para reducir la alergenicidad de la mostaza es aplicar una combinación de tratamiento físico y térmico (p. ej., extrusión). El proceso de extracción de los posibles alérgenos del aceite de mostaza puede suprimir la alergenicidad. Los aceites comestibles blanqueados y desodorizados también carecen de alergenicidad.

Las alergias a los aceites de semillas siguen siendo controvertidas. La fuente de las proteínas alergénicas en el aceite no está clara: pueden ser proteínas nativas o pueden haber sido modificadas por el proceso industrial. La gravedad de las reacciones clínicas inducidas por el péptido DBPCFC utilizando unos pocos mililitros de aceite (que corresponde a unos pocos microgramos de proteína) sugiere que puede estar implicado un efecto coadyuvante (Fremont *et al.*, 2002).

15.4 OBSERVACIONES FINALES

En resumen, los alérgenos alimentarios son proteínas relativamente estables y resistentes a la proteólisis de un estómago artificial que contiene pepsina. Es posible que el procesado, así como la matriz alimentaria, pueda tener un impacto significativo en la digestibilidad de las proteínas al alterar la susceptibilidad a las enzimas gastrointestinales. Por este motivo, en la evaluación de la alergenicidad se debe tener en cuenta la combinación del procesado y del proceso de digestión. Después del procesado la solubilidad de las proteínas puede sufrir cambios y con ellos la alergenicidad, mejorándola, en algunos casos, después del calentamiento pero disminuyéndola en otros.

BIBLIOGRAFÍA

Ahrens, B., L.C. Lopes de Oliveira Grabenhenrich, G. Schulz, B. Niggemann, U. Wahn, and K. Beyer. 2012. Individual cow's milk allergens as prognostic markers for tolerance development? *Clin. Exp. Allergy* 42(11): 1630–1637.

Al-Hammadi, S., T. El-Hassan, and L. Al-Reyam. 2010. Anaphylaxis to camel milk in an atopic child. *Allergy* 65(12): 1623–1625.

Almqvist, C., A.C. Egmar, G. Hedlin, M. Lundqvist, S.L. Nordvall, G. Pershagen, et al. 2003. Direct and indirect exposure to pets—risk of sensitization and asthma at 4 years in a birth cohort. *Clin. Exp. Allergy* 33(9): 1190–1197.

Ayuso, R., S.B. Lehrer, M. Lopez, G. Reese, M.D. Ibañez, M. Esteban, et al. 2000. Identification of bovine IgG as a major cross-reactive vertebrate meat allergen. *Allergy* 55(4): 348–354.

Bennett, L., and A. Lee. 2016. Extractable low mass proteins <30 kDa from peanut display elevated antigenicity (IgG-binding) and allergenicity (IgE-binding) in vitro and are attenuated by thermal reactivity with non-peanut food ingredients. *Food Chem.* 194: 811–819.

Bernard, H., C. Creminon, M. Yvon, and J.M. Wal. 2000. Specificity of the human IgE response to the different purified caseins in allergy to cow's milk proteins. *Int. Arch. Allergy Immunol.* 115(3): 235–244.

Beyer, K., K.M. Jarvinen, L. Bardina, M. Mishoe, K. Turjanmaa, B. Niggemann, et al. 2005. IgE-binding peptides coupled to a commercial matrix as a diagnostic instrument for persistent cow's milk allergy. *J. Allergy Clin. Immunol.* 116(3): 704–705.

Bousquet, J., R. Dahl, and N. Khaltaev. 2007. Global alliance against chronic respiratory diseases. Allergy 62(3): 216–223.

Branum, A.M., and S.L. Lukacs. 2009. Food allergy among children in the United States. *Pediatrics* 124(6): 1549–1555.

Brooks, C., N. Pearce, and J. Douwes. 2013. The hygiene hypothesis in allergy and asthma: An update. *Curr. Opin. Allergy Clin. Immunol.* 13(1): 70–77.

Cantorna, M.T., Y. Zhu, M. Froicu, and A. Wittke. 2008. Vitamin D status, 1,25-dihydroxyvitamin D3, and the immune system. *Am. J. Clin. Nutr.* 80(6): 1717S–1720S.

Chang, J.Y. 2004. Evidence for the underlying cause of diversity of the disulfide folding pathway. *Biochemistry* 43(15): 4522–4529.

Chatchatee, P., K.M. Jarvinen, L. Bardina, L. Vila, K. Beyer, and H.A. Sampson. 2001. Identification of IgE and IgG binding epitopes on beta- and kappa-casein in cow's milk allergic patients. *Clin. Exp. Allergy* 31(8): 1256–1262.

Chen, Y., R. Dales, M. Tang, and D. Krewski. 2002. Obesity may increase the incidence of asthma in women but not in men: Longitudinal observations from the Canadian National Population Health Surveys. *Am. J. Epidemiol.* 155(3): 191–197.

Chruszcz, M., K. Mikolajczak, N. Mank, K.A. Majorek, P.J. Porebski, and W. Minor. 2013. Serum albumins—unusual allergens. *Biochim. Biophys. Acta.* 1830(12): 5375–5381.

Czaja-Bulsa, G. 2015. Non coeliac gluten sensitivity—A new disease with gluten intolerance. *Clin. Nutr.* 34(2): 189–194.

Darewicz, M., and J. Dziuba. 2005. Struktura a właściwości funkcjonalne białek mleka. *Żywność: nauka - technologia - jakośćZNTJ* 2(43): 47–60.

Decuyper, I., H. Ryckebosch, A.L. Van Gasse, V. Sabato, M. Faber, C.H. Bridts, et al. 2015. Cannabis allergy: What do we know Anno 2015. *Arch. Immunol. Ther. Exp. (Warsz)* 63(5): 327–332.

Dhanapala, P., T. Doran, M.L. Tang, and C. Suphioglu. 2015. Production and immunological analysis of IgE reactive recombinant egg white allergens expressed in Escherichia coli. *Mol. Immunol.* 65(1): 104–112.

Dmitrieva-Zdorova, E., O. Voronko, M. Aksenova, and N.V. Bodoev. 2010. Association of interleukin-13 gene polymorphisms with atopic bronchial asthma. *Russ. J. Gen.* 46(1): 99–104.

Douwes, J, R. van Strien, G. Doekes, J. Smit, M. Kerkhof, J. Gerritsen et al. 2006. Does early indoor microbial exposure reduce the risk of asthma? The Prevention and Incidence of Asthma and Mite Allergy birth cohort study. J Allergy Clin Immunol 117: 1067–1073.

Douwes, J., S. Cheng, N. Travier, C. Cohet, A. Niesink, J. McKenzie, et al. 2008. Farm exposure *in utero* may protect against asthma, hay fever and eczema. *Eur. Respir. J.* 32(3): 603–611.

Downs, M.L., A. Simpson, A. Custovic, A. Semic-Jusufagic, J. Bartra, M. Fernandez-Rivas, et al. 2016. Insoluble and soluble roasted walnut proteins retain antibody reactivity. *Food Chem.* 194: 1013–1021.

D'Amato, G., S.T. Holgate, R. Pawankar, D.K. Ledford, L. Cecchi, M. Al-Ahmad, et al. 2015. Meteorological conditions, climate change, new emerging factors, and asthma and related allergic disorders. A statement of the World Allergy Organization. *World Allergy Organ. J.* 8(1): 25.

EAACI-the European Academy of Allergy and Clinical Immunology. 2011. A European Declaration on Immunotherapy. Combating allergy beyond symptoms. Zurich, Switzerland.

Elsayed, S., and A. Jaran. 1983. Immunochemical analysis of cod fish allergen M: Locations of the immunoglobulin binding sites as demonstrated by the native and synthetic peptides. *Allergy* 38(7): 449–459.

Fasano, A. 2011. Zonulin and Iits regulation of intestinal barrier function: The biological door to inflammation, autoimmunity, and cancer. *Physiol. Rev.* 91(1): 151–175.

Fernández Rivas, M. 2003. Cross-reactivity between fruit and vegetables. *Allergol. Immunopathol. (Madr)* 31(3): 141–146.

Ferrara, F., S. Quaglia, I. Caputo, C. Esposito, M. Lepretti, S. Pastore, et al. 2010. Anti-transglutaminase antibodies in non-coeliac children suffering from infectious diseases. *Clin. Exp. Immunol.* 159(2): 217–223.

Ferreira, F., T. Hawranek, P. Gruber, N. Wopfner, and A. Mari. 2004. Allergic cross-reactivity: From gene to the clinic. *Allergy* 59(3): 243–267.

Frischmeyer-Guerrerio, P.A., A.L. Guerrerio, G. Oswald, K. Chichester, L. Myers, M.K. Halushka, et al. 2013. TGFβ receptor mutations impose a strong predisposition for human allergic disease *Sci. Transl. Med.* 5(195): 195ra94.

Frémont, S., Y. Errahali, M. Bignol, I. Montagnon, M. Metche, J.P. Nicolas. 2002. What about the Allergenicity of Vegetable Oils? Internet Symposium on Food Allergens 4(2): 111–118.

Fu, T.J., N. Maks, and K. Banaszewski. 2010. Effect of heat treatment on the quantitative detection of egg protein residues by commercial enzyme-linked immunosorbent assay test kits. *J. Agric. Food Chem.* 58(8): 4831–4838.

Gilliland, F.D., K. Berhane, T. Islam, R. McConnell, W.J. Gauderman, S.S. Gilliland, et al. 2013. Obesity and the risk of newly diagnosed asthma in school-age children. *Am. J. Epidemiol.* 158(5): 406–415.

Hauser, M., A. Roulias, F. Ferreira, and M. Egger. 2010. Panallergens and their impact on the allergic patient. *Allergy Asthma Clin. Immunol.* 6(1): 1.

Hill, D.J., C.S. Hosking, F.M. de Benedictis, A.P. Oranje, T.L. Diepge, V. Bauchau, and EPAAC Study Group. 2008. Confirmation of the association between high levels of immunoglobulin E food sensitization and eczema in infancy: An international study. *Clin. Exp. Allergy* 38(1): 161–168.

Hoffmann-Sommergruber, K. 2000. Plant allergens and pathogenesis-related proteins. What do they have in common? *Int. Arch. Allergy Immunol.* 122(3): 155–166.

Imada, Y., M. Fujimoto, K. Hirata, T. Hirota, Y. Suzuki, H. Saito, et al. 2009. Large scale genotyping study for asthma in the Japanese population. *BMC Res. Notes* 2: 54.

Järvinen, K.M., P. Chatchatee, L. Bardina, K. Beyer, and H.A. Sampson. 2001. IgE and IgG binding epitopes on α-lactalbumin and β-lactoglobulin in cow's milk allergy. *Int. Arch. Allergy Immunol.* 126(2): 111–118.

Johansson, S.G., T. Bieber, R. Dahl, P.S. Friedman, B.Q. Lanier, R.F. Lockey, et al. 2004. Revised nomenclature for allergy for global use: Report of the Nomenclature Review. *J Allergy Clin Immunol.* 113(5): 832–836.

Kim, E.S., S.H. Kim, K.W. Kim, H.S. Park, E.S. Shin, J.E. Lee, et al. 2009. Involvement of FcεR1β gene polymorphisms in susceptibility to atopy in Korean children with asthma. *Eur. J. Pediatr.* 168: 1483–1490.

Kuehn, A., I. Swoboda, K. Arumugam, C. Hilger, and F. Hentges. 2014. Fish allergens at a glance: Variable allergenicity of parvalbumins, the major fish allergens. *Front. Immunol.* 22(5): 179.

Kull, I., A. Bergstrom, G. Lilja, G. Pershagen, and M. Wickman. 2006. Fish consumption during the first year of life and development of allergic diseases during childhood. *Allergy* 61(8): 1009–1015.

Kumosinski, T.F., E.M. Brown, and H.M. Farrell. 1991. Three-dimensional molecular modeling of Bovine Caseins: αs1-Casein. *J. Dairy Sci.* 74(9): 2889–2895.

Kuriyan, J., and D. Eisenberg. 2007. The origin of protein interactions and allostery in colocalization. *Nature* 450(7172): 983–990.

Lack, G. 2008. Epidemiologic risks for food allergy. *J. Allergy Clin. Immunol.* 121(6): 1331–1336.

Li, C.S., S.C. Chae, J.H. Lee, Q. Zhang, and H.T. Chung. 2006. Identification of single nucleotide polymorphism in FOXJ1 and their association with allergic rhinitis. *J. Hum. Genet.* 51(4): 292–297.

Lisson, M., and G. Erhardt. 2016. Mapping of epitopes occurring in bovine α_{s1}-casein variants by peptide microarray immunoassay. *Methods Mol. Biol.* 1352: 279–296.

Marshall, J.B. 2004. European Allergy White Paper. Allergic diseases as a public health problem in Europe. The UCB Institute of Allergy.

Martinez, M., G. Martos, E. Molina, and A.M.R. Pilosof. 2016. Reduced β-lactoglobulin IgE binding upon *in vitro* digestion as a result of the interaction of the protein with casein glycomacropeptide. *Food Chem.* 192(1): 943–949.

Martos, G., I. Lopez-Exposito, R. Bencharitiwong, M.C. Berin, and A. Nowak-Węgrzyn. 2013a. Mechanisms underlying differential food allergy response to heated egg. *J. Allergy Clin. Immunol.* 127(4): 990–997.

Martos, G., R. López-Fandiño, and E. Molina. 2013b. Immunoreactivity of hen egg allergens: Influence on in vitro gastrointestinal digestion of the presence of other egg white proteins and of egg yolk. *Food Chem.* 136(2): 775–781.

Maslova, E., C. Granström, S. Hansen, S.B. Petersen, M. Strøm, W.C. Willett, et al. 2012. Peanut and tree nut consumption during pregnancy and allergic disease in children. *J. Allergy Clin. Immunol.* 130(3): 724–732.

McGowan, E.C., G.R. Bloomberg, P.J. Gergen, C.M. Visness, K.F. Jaffee, M, et al. 2015. Influence of early-life exposures on food sensitization and food allergy in an inner-city birth cohort. *J. Allergy Clin. Immunol.* 135(1): 171–178.

Mc Mowat, A. 2003. Coeliac disease—a meeting point for genetics, immunology, and protein chemistry. *Lancet* 361(9365): 1290–1292.

Mikita, C.P., and E.A. Padlan. 2007. Why is there a greater incidence of allergy to the tropomyosin of certain animals than to that of others? *Med. Hypotheses* 69(5): 1070–1073.

Monti, G., E. Bertino, M.C. Muratore, A. Coscia, F. Cresi, L. Silvestro, et al. 2007. Efficacy of donkey's milk in treating highly problematic cow's milk allergic children: An *in vivo* and *in vitro* study. *Pediatr. Allergy Immunol.* 18(3): 258–264.

Monti, G., G. Bonfante, M.C. Muratore, A. Peltran, R. Oggero, L. Silvestro, et al. 2003. Kiss-induced facial urticaria and angioedema in a child allergic to fish. *Allergy* 58(7): 684–685.

Muzzarelli, R.A.A. 2010. Chitins and chitosans as immunoadjuvants and non-allergenic drug carriers. *Mar. Drugs* 8(2): 292–312.

Nakamura, H., F. Higashikawa, Y. Nobukuni, K. Miyagawa, T. Endo, T. Imai, et al. 2007. Genotypes and haplotypes of CCR2 and CCR3 genes in Japanese cedar pollinosis. *Int. Arch. Allergy Immunol.* 142(4): 329–334.

Nakanishi, K., T. Yoshimoto, H. Tsutsui, and H. Okamura. 2001. Interleukin-18 is a unique cytokine that stimulates both Th1 and Th2 responses depending on its cytokine milieu. *Cytokine Growth Factor Rev.* 12(1): 53–72.

Natale, M., C. Bisson, G. Monti, A. Peltran, L.P. Garoffo, S. Valentini, C, et al. 2004. Cow's milk allergens identification by two-dimensional immunoblotting and mass spectrometry. *Mol. Nutr. Food Res.* 48(5): 363–369.

Netting, M.J., P.F. Middleton, and M. Makrides. 2014. Does maternal diet during pregnancy and lactation affect outcomes in offspring? A systematic review of food-based approaches. *Nutrition* 30(11–12): 1225–1241.

Nwaru, B.I., L. Hickstein, S.S. Panesar, G. Roberts, A. Muraro, A. Sheikh, and EAACI Food Allergy and Anaphylaxis Guidelines Group. 2014. Prevalence of common food allergies in Europe: A systematic review and meta-analysis. *Allergy* 69(8): 992–1007.

Nwaru, B.I., S. Ahonen, M. Kaila, M. Erkkola, A.M. Haapala, C. Kronberg-Kippilä, et al. 2010. Maternal diet during pregnancy and allergic sensitization in the offspring by 5 yrs of age: A prospective cohort study. *Pediatr. Allergy Immunol.* 21(1 Pt. 1): 29–37.

Ober, C., and S. Hoffjan. 2006. Asthma genetics 2006: The long and winding road to gene discovery. *Genes Immun.* 7(2): 95–100.

Ober, C., and T.C. Yao. 2011. The genetics of asthma and allergic disease: A 21st century perspective. *Immunol. Rev.* 242(1): 10–30.

Pawankar, M.R., G.W. Canonica, S.T. Holgate, and R.F. Lockey. 2011. *Allergic Diseases as a Global Public Health Issue in White Book on Allergy*. By World Allergy Organization copyright 2011.

Pawankar, M.R., G.W. Canonica, S.T. Holgate, and R.F. Lockey. 2011–2012. *Biała Księga Alergii Światowej Organizacji Alergii*. Streszczenie wykonawcze. By World Allergy Organization copyright 2011.

Pawankar, M.R., G.W. Canonica, S.T. Holgate, R.F. Lockey, and M.S. Blaiss. 2013. *Allergic Diseases as a Global Public Health Issue In White Book on Allergy*. By World Allergy Organization copyright 2013.

Pearce, N., and J. Douwes. 2013. Lifestyle changes and childhood asthma. Symposium on Chronic Noncommunicable Diseases and Children. *Indian J. Pediatr.* 80(1): 95–99.

Perkin, M.R., and D.P. Strachan. 2006. Which aspects of the farming lifestyle explain the inverse association with childhood allergy? *J. Allergy Clin. Immunol.* 117(6): 1374–1381.

Pinkerton, K.E., and W.N. Rom. 2014. *Global Climate Change and Public Health.*: New York: Springer Science + Business Media.

Polosa, R., J.D. Knoke, C. Russo, G. Piccillo, P. Caponnetto, M. Sarvà, et al. 2008. Cigarette smoking is associated with a greater risk of incident asthma in allergic rhinitis. *J. Allergy. Clin. Immunol.* 121(6): 1428–1434.

Poole, J.A., K. Barriga, D.Y. Leung, M. Hoffman, G.S. Eisenbarth, M. Rewers, et al. 2006. Timing of initial exposure to cereal grains and the risk of wheat allergy. *Pediatrics* 117(6): 2175–2182.

Potočnik, K., V. Gantner, K. Kuterovac, and A. Cividini. 2011. Mare's milk: Composition and protein fraction in comparison with different milk species. *Mljekarstvo* 61(2): 107–113.

Quirce, S., F. Maranon, A. Umpierrez, M. de las Heras, E. Fernandez-Caldas, and J. Sastre. 2001. Chicken serum albumin (Gal d 5*) is a partially heat-labile inhalant and food allergen implicated in the bird-egg syndrome. *Allergy* 56(8): 754–762.

Radauer, C., A. Nandy, F. Ferreira, R.E. Goodman, J.N. Larsen, J. Lidholm, et al. 2014. Update of the WHO/IUIS Allergen Nomenclature Database based on analysis of allergen sequences. *Allergy* 69(4): 413–419.

Rahaman, T., T. Vasiljevic, and L. Ramchandran. 2016. Shear, heat and pH induced conformational changes of wheat gluten—Impact on antigenicity. *Food Chem.* 196: 180–188.

Reese, G., R. Ayuso, and S.B. Lehrer. 1999. Tropomyosin: An invertebrate pan–allergen. *Int. Arch. Allergy Immunol.* 119(4): 247–258.

Restani, P., C. Ballabio, A. Cattaneo, P. Isoardi, L. Terracciano, and A. Fiocchi. 2004. Characterization of bovine serum albumin epitopes and their role in allergic reactions. *Allergy* 59(78): 21–24.

Rodríguez del Río, P., S. Sánchez-García, C. Escudero, C. Pastor-Vargas, J.J. Sánchez Hernández, I. Pérez-Rangel, et al. 2012. Allergy to goat's and sheep's milk in a population of cow's milk-allergic children treated with oral immunotherapy. *Pediatr. Allergy Immunol.* 23(2): 128–132.

Sánchez-Monge, R., C. Blanco, A.D. Perales, C. Collada, T. Carrillo, C. Aragoncillo, et al. 2000. Class I chitinases, the panallergens responsible for the latex-fruit syndrome, are induced by ethylene treatment and inactivated by heating. *J. Allergy Clin. Immunol.* 106(1 Pt. 1): 190–195.

Sapone, A., J.C. Bai, C. Ciacci, J. Dolinsek, P.H. Green, M. Hadjivassiliou, et al. 2012. Spectrum of gluten-related disorders: Consensus on new nomenclature and classification. *BMC Med.* 10: 13.

Shabo, Y., R. Barzel, M. Margoulis, and R. Yagil. 2005. Camel milk for food allergies in children. *Isr. Med. Assoc. J.* 7(12): 796–798.

Sletten, G.B., R. Halvorsen, E. Egaas, and T.S. Halstensen. 2006. Changes in humoral responses to beta-lactoglobulin in tolerant patients suggest a particular role for IgG(4) in delayed, non-IgE-mediated cow's milk allergy. *Pediatr. Allergy Immunol.* 17(6): 435–443.

Strid, J., J. Hourihane, I. Kimber, R. Callard, and S. Strobel. 2004. Disruption of the stratum corneum allows potent epicutaneous immunization with protein antigens resulting in a dominant systemic Th2 response. *Eur. J. Immunol.* 34(8): 2100–2109.

Sudo, N., S. Sawamura, K. Tanaka, Y. Aiba, C. Kubo, and Y. Koga. 1997. The requirement of intestinal bacterial flora for the development of an IgE production system fully susceptible to oral tolerance induction. *J. Immunol.* 159(4): 1739–1745.

Summers, C.W., R.S. Pumphrey, C.N. Woods, G. McDowell, P.W. Pemberton, and P.D. Arkwright. 2008. Factors predicting anaphylaxis to peanuts and tree nuts in patients referred to a specialist center. *J. Allergy Clin. Immunol.* 121(3): 632–638.

Swoboda, I., A. Bugajska-Schretter, R. Valenta, and S. Spitzauer. 2002. Recombinant fish parvalbumins: Candidates for diagnosis and treatment of fish allergy. *Allergy* 57(72): 94–96.

Tavares, B., C. Pereira, F. Rodrigues, G. Loureiro, and C. Chieira. 2007. Goat's milk allergy. *Allergol Immunopathol (Madr)* 35(3): 113–116.

The UCB Institute of Allergy. 2004. *European Allergy White Paper—Summary.*

Tong, P., J. Gao, H. Chen, X.M. Li, Y. Zhang, and S. Jian. 2012. Effect of heat treatment on the potential allergenicity and conformational structure of egg allergen ovotransferrin. *Food Chem.* 132(2): 603–610.

Trasande, L., and G.D. Thurston. 2005. The role of air pollution in asthma and other pediatric morbidities. *J. Allergy Clin. Immunol.* 115(4): 689–699.

Umasunthar, T., J. Leonardi-Bee, M. Hodes, P.J. Turner, C. Gore, P. Habibi, et al. 2013. Incidence of fatal food anaphylaxis in people with food allergy: A systematic review and meta-analysis. *Clin. Exp. Allergy* 43(12): 1333–1341.

Urisu, A., Y. Kondo, and I. Tsuge. 2015. Hen's egg allergy. In: Ebisawa, M., B.K. Ballmer-Weber, S. Vieths, and R.A. Wood (eds): *Food Allergy: Molecular Basis and Clinical Practice.* (*Chem Immunol Allergy*), vol. 101. Basel, Switzerland: Karger, pp. 124–130.

Valenta, R., M. Duchêne, K. Pettenburger, C. Sillaber, P. Valent, P. Bettelheim, et al. 1991. Identification of profilin as a novel pollen allergen: IgE autoreactivity in sensitized individuals. *Science* 253(5019): 557–560.

Verhoeckx, K.C.M., Y.M. Vissersb, J.L. Baumertc, R. Faludid, M. Feyse, S. Flanaganf, et al. 2015. Food processing and allergenicity. *Food Chem. Toxicol.* 80: 223–240.

Williams, A.S., P. Nath, S.Y. Leung, N. Khorasani, A.N. McKenzie, I.M. Adcock, et al. 2008. Modulation of ozone-induced airway hyperresponsiveness and inflammation by interleukin-13. *Eur. Respir. J.* 32(3): 571–578.

Wróblewska, B., A. Kaliszewska, P. Kołakowski, K. Pawlikowska, and A. Troszyńska. 2011. Impact of transglutaminase reaction on the immunoreactive and sensory quality of yoghurt starter. *World J. Microbiol. Biotechnol.* 27: 215–227.

Wróblewska, B., A. Szymkiewicz, and L. Jedrychowski. 2007. Wpływ procesów technologicznych na zmiany alergenności żywności. *Żywność. Nauka. Technologia. Jakość. ZNTJ* 6(55): 7–19.

Yeats, T.H., and J.K.C. Rose. 2008. The biochemistry and biology of extracellular plant lipid-transfer proteins (LTPs). *Protein Sci.* 17(2): 191–198.

Żebrowska, A., and E. Waszczykowska. 2007. Clinical research Osteopenia and osteoporosis in patients with dermatitis herpetiformis: Effect of gluten-free diet. *Arch. Med. Sci.* 3(3): 252–258.

16 Efecto del procesado sobre la inocuidad y el valor nutricional de los alimentos

Zdzisław E. Sikorski y Hanna Staroszczyk

CONTENIDO

16.1 INTRODUCCIÓN

Los cultivos agrícolas y las materias primas de origen animal se procesan, en alguna forma, antes de su utilización por los humanos. El procesado tiende a hacerlos más útiles, aumentando su inocuidad y su valor nutricional, extiende su vida útil y modifica sus propiedades sensoriales. Como subrayó Damazy Jerzy Tilgner, el cofundador de la Unión Internacional de Ciencia y Tecnología, «el hombre no *'toma alimentos'*, más bien pretende comer varios platos sabrosos, porque comer debe proporcionar satisfacción al consumidor. Por lo tanto, el aroma, el color, la forma, la textura y el sabor de los alimentos son tan importantes como su contenido en nutrientes». Sin embargo, la opinión de algunos periodistas y profesionales de la alimentación de que solo los alimentos no procesados son saludables es, al menos, engañosa.

El procesado, dependiendo de sus parámetros y de las propiedades del producto puede mejorar o disminuir el valor nutricional y la inocuidad de los alimentos. Esto puede ser ilustrado por numerosos ejemplos. Así, varias reacciones enzimáticas mejoran el valor funcional y nutritivo de los lípidos. La transesterificación en presencia de lipasas regioespecíficas o selectivas permite producir grasas que contienen residuos de ácidos grasos (AG) nutricionalmente deseables y concentrados de ácidos eicosapentanoicos (AEP) y ácidos docosahexanoicos (ADH). La hidrogenación convierte aceites líquidos en grasas plásticas y las protege frente a la oxidación, si bien, esta transformación puede generar ácidos grasos *trans* nutricionalmente indeseables. El ahumado contribuye a la formación de propiedades deliciosas y a la extensión de la vida útil de productos cárnicos y derivados de la pesca. Sin embargo, en condiciones inadecuadas puede contaminar los productos con hidrocarburos cancerígenos. El nitrato (III) utilizado para el curado de la carne sirve para desarrollar el color rosado estable al calor, deseable del nitrosilhemocromo, e inhibe el crecimiento de *Clostridium botulinum*. Sin embargo, si se aplica en cantidades excesivas conduce a la formación de compuestos *N*-nitroso tóxicos.

Numerosas toxinas y otros componentes nocivos presentes en las materias primas de forma natural o debido a la contaminación, pueden eliminarse por separación física, así como destruirse en reacciones catalizadas por enzimas o mediante calentamiento. Información detallada sobre los tratamientos específicos aplicados en la cadena alimentaria para reducir al mínimo los riesgos para la salud humana se han presentado en varios capítulos de este libro. Sin embargo, los cambios y las interacciones de diversos compuestos en las condiciones de procesado pueden generar productos tóxicos o de otra manera no seguros para el organismo humano. La industria alimentaria se esfuerza por encontrar y aplicar procesos que no afecten negativamente las propiedades deseables de los productos. El objetivo del procesador o cocinero es maximizar el beneficio y minimizar los efectos indeseables. Difundir el conocimiento sobre la aparición y las propiedades del compuesto perjudicial en los alimentos puede ayudar en la consecución de este objetivo.

16.2 AUMENTO DE LA INOCUIDAD ALIMENTARIA

16.2.1 Eliminación Física De Compuestos Nocivos

Conociendo la localización y la forma de distribución de los compuestos indeseables, es posible eliminarlos físicamente de las materias primas. Esto se hace de forma rutinaria tanto en la industria alimentaria y en la cocina.

Algunos ejemplos representativos se presentan a continuación. El primer paso es prevenir la entrada de materias primas, que contengan compuestos nocivos, en la cadena alimentaria. Los medios para lograr esto dependen de la materia prima y son diferentes en las distintas regiones. Estos incluyen:

- Buenas prácticas agrícolas y trazabilidad en la producción de plantas, la ganadería y la pesca.
- Examen visual y de laboratorio de la materia prima.
- Prevención de la utilización de materiales no permitidos para alimentación humana.
- Implementación de legislación adecuada.
- Educación de la población en el reconocimiento de plantas tóxicas y fuentes animales.

Diferentes partes de las plantas de la familia de las solanáceas contienen solanina glicoalcaloide tóxica en diversas concentraciones. En los tubérculos de patata su contenido puede ser lo suficientemente elevado como para causar en los humanos diversas disfunciones gastrointestinales y trastornos neurológicos. Los tubérculos contienen por lo general menos de 0,2 mg/g de solanina, pero las patatas de algunas variedades mucho más. El glicoalcaloide se encuentra principalmente en la piel y en una capa delgada debajo. Su contenido es especialmente alto en tubérculos germinados o aquellos que fueron almacenados sin protección frente a la luz. El color verde de la superficie de dichas patatas puede indicar que contienen incluso cinco veces más solanina que los tubérculos sin cambios. La mejor manera de prevenir el envenenamiento es no consumir patatas verdes. El alcaloide es soluble en agua y, por lo tanto, se extrae durante la cocción. Sin embargo, las patatas verdes sin pelar, especialmente las patatas verdes al horno, pueden causar varios problemas de salud, ya que en algunos círculos también se consume la piel de las patatas horneadas.

Las micotoxinas presentes en granos, maíz, legumbres, nueces y frutas cosechadas y/o almacenadas en condiciones adversas pueden causar graves riesgos para la salud humana (ver Capítulo 6). Lo más eficaz en la prevención de tales riesgos es la aplicación de las condiciones que inhiban la proliferación de los organismos productores de toxinas. Incluyen una baja actividad hídrica en el cultivo y baja humedad del aire durante su almacenamiento, así como un estricto control profesional de los productos básicos que entran en la cadena alimentaria. La limpieza mecánica de cultivos infestados por mohos no elimina los riesgos para la salud, ya que las toxinas se acumulan en los tejidos colonizados por mohos.

En Polonia, donde la recolección de setas silvestres en los bosques es una actividad al aire libre muy popular en verano y otoño, anualmente ocurren hasta cientos de casos de intoxicación por consumo de setas. Las intoxicaciones graves pueden incluso ser fatales. Para minimizar este peligro, se ejecutan varios programas educativos sobre el reconocimiento de especies venenosas. Además, se han establecido normas reguladoras que protegen la entrada en la cadena alimentaria de hongos silvestres venenosos de difícil identificación por personas no capacitadas. Requieren la certificación de inspectores cualificados de todos los hongos que se ofertan en el mercado. Se ha publicado una lista oficial de especies que pueden venderse en Polonia. Además, se han descrito y practicado varias técnicas de puesta en remojo y cocción, muy populares entre la población, destinadas a disminuir la toxicidad. Sin embargo, el único método infalible es abstenerse de consumir hongos desconocidos, posiblemente venenosos. El tema de las toxinas de los hongos se ha descrito en el Capítulo 3 de este volumen.

Los peces de varias especies pueden contener toxinas que causan graves riesgos para la salud, como la como la tetrodotoxina y la ciguatoxina. Comer mariscos puede ser estacionalmente peligroso debido a los venenos paralíticos, diarreicos, amnésicos, neurotóxicos o azaspirácidos (ver Capítulo 4). Las toxinas de los mariscos son generalmente resistentes al calor, por lo que la cocción normal no las inactiva. Para evitar la captura de mariscos contaminados, se llevan a cabo varios estudios microbiológicos y químicos del agua de mar para determinar el estándar sanitario de los caladeros. Dependiendo de los resultados de los estudios, las zonas de producción se clasifican en consecuencia, como aprobadas o prohibidas. Las condiciones detalladas de los estudios y las reglamentaciones resultantes son diferentes en varios países, aunque todas ellas tienen como finalidad prevenir la intoxicación de los consumidores. Las autoridades responsables están publicando información real sobre las áreas de cosecha y las especies de mariscos. Sin embargo, los recolectores recreativos, que no observan las advertencias oficiales, corren un gran riesgo causado por los mariscos tóxicos estacionales. En consecuencia, la decisión más razonable, al igual que con respecto a los hongos silvestres, es abstenerse de consumir mariscos que no sean adquiridos en una fuente que comercializa solo productos probados. En la industria pesquera, existe un procedimiento estándar de depuración de animales vivos parta minimizar los riesgos derivados del consumo de moluscos bivalvos contaminados. Las ostras vivas se mantienen durante unos días en agua esterilizada para eliminar de sus intestinos los microorganismos patógenos fecales de varias especies.

Con respecto al pez globo tóxico, que contiene tetrodotoxina, el método más seguro es no capturarlos. Sin embargo, dado que hay consumidores que valoran las exquisitas propiedades sensoriales de *Tetraodontidae* y la emoción relacionada con tener un pez globo para la cena, hay numerosos chefs capacitados para preparar estos platos de manera segura. Estos, eliminan hábilmente las partes del cuerpo que se sabe que contienen las cantidades más altas de la tetrodotoxina mortal, especialmente los ovarios, el hígado, los intestinos y la piel.

Comer pescado de varias especies ricas en carne oscura, especialmente atún, caballa, dorado común, sardina, anchoa, arenque, pez azul, pez limón y marlín azul puede causar síntomas leves o severos de intolerancia o intoxicación conocidos como envenenamiento por escombroides o histamina. El factor responsable puede ser no solo la histamina sino también un grupo de otras aminas biógenas (Fig. 16.1) (Flick y Granata, 2005; Visciano *et al.*, 2014). La escombroidosis puede causar trastornos gastrointestinales, circulatorios y cutáneos. El efecto depende significativamente de la susceptibilidad individual del consumidor implicado, de los contenidos de varias aminas biógenas en la dieta y la presencia de otros componentes de los alimentos. El tratamiento térmico aplicado normalmente a los alimentos no destruye los compuestos tóxicos.

La histamina y otras aminas en los músculos de los peces son productos de la decarboxilación de aminoácidos por enzimas bacterianas (Fig. 16.2). Su acumulación en el pescado puede inhibirse

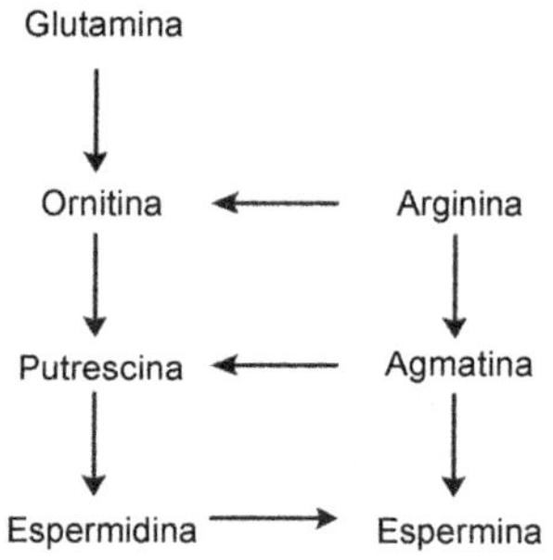

FIGURA 16.1 Aminas biógenas.

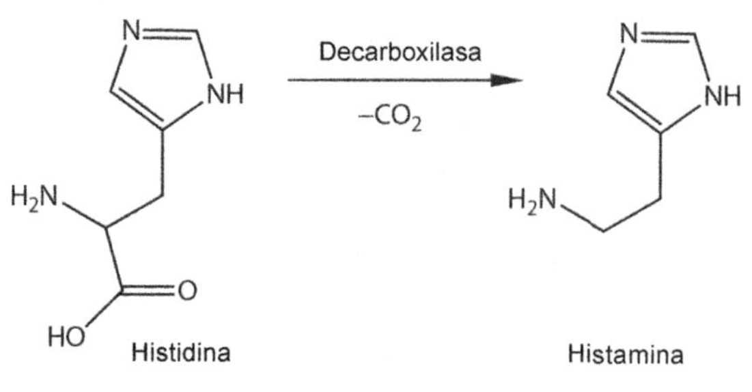

FIGURA 16.2 Decarboxilación de histidina.

mediante un enfriamiento rápido de la captura a bordo del buque y un almacenamiento a temperatura cercana a 0°C o de congelación. La decarboxilasa bacteriana acumulada antes de la congelación se puede activar después de descongelar; por lo tanto, se requiere almacenamiento en frío también para pescado descongelado. Se han establecido límites para el contenido de histamina en el pescado y los productos pesqueros para prevenir la intoxicación por escombroides. En la Unión Europea, el límite es de 400 µg de histamina/g de productos elaborados mediante maduración enzimática en salmuera de peces de las familias *Scombridae*, *Clupeidae*, *Engraulidae*, *Coryferridae*, *Pomatomidae* y *Scombresosidae* (Reglamento (CE) No 2073/2005 de la Comisión, Reglamento (UE) no 1019/2013 de la Comisión).

Las aminas biógenas se encuentran no solo en productos derivados de la pesca, sino también en pequeñas cantidades en diversas verduras y frutas frescas, así como en productos fermentados (Malinowska-Pańczyk, 2015). Los quesos contienen predominantemente triptamina, tiramina, cadaverina, putrescina e histamina en una concentración total de hasta 300 µg/g, dependiendo de las condiciones de maduración. El tema de las aminas biogénas ha sido tratado de manera exhaustiva en el Capítulo 5 de este libro.

De los peces de aguas profundas, el pez reloj anaranjado, muy valorado por las excelentes propiedades sensoriales de sus filetes, el elemento nutricionalmente indeseable es la capa de lípidos debajo de la piel rica en cera de alto peso molecular. Los lípidos de los peces *Hoplostethus atlanticus* y *Pseudocyttus maculatus* pueden contener hasta un 95% de ceras. El pelado profundo de los filetes elimina de forma eficaz la capa de cera.

Para prevenir la intoxicación por mercurio acumulado en grandes especies de peces depredadores de varios caladeros contaminados, los límites superiores de tamaño para desembarcar en la costa son obligatorios, o de lo contrario se prohíbe la pesca en algunos lagos. Los microelementos tóxicos en alimentos se han descrito en el Capítulo 9 de esta obra.

Los peligros causados por residuos de plaguicidas y contaminantes ambientales en los productos de la pesca se ven limitados al restringir la pesca en ciertas aguas o aconsejar la eliminación de algunas partes del cuerpo del pez, por ejemplo, los hígados. Los peligros causados por los residuos de plaguicidas en los alimentos se han discutido en el Capítulo 8.

Desde finales del siglo XX, la industria cárnica tiene que hacer frente a la encefalopatía espongiforme bovina (EEB). Esta enfermedad está causada por priones, proteínas extremadamente resistentes al calor, que no pueden ser desnaturalizadas/destruidas durante la esterilización por calor. Se concentran en ganado infectado por EEB en los tejidos del sistema nervioso central, si bien no han sido detectados en el tejido muscular. Por lo tanto, el material específico de riesgo, es decir, el cráneo, el cerebro, las amígdalas, los ganglios del trigémino, ojos, médula espinal, el íleon distal y los ganglios de la raíz dorsal se deben extraer durante el sacrificio/deshuesado y esquinado de las canales. No está permitido que este material ingrese en la cadena alimentaria y de piensos. Los requisitos con respecto a la edad del ganado sacrificado a tratar de esta forma son diferentes entre países.

El remojo en agua o en soluciones adecuadas se aplica para extraer y eliminar diferentes componentes nocivos de algunos cultivos agrícolas. El remojo disminuye el contenido de ácido fítico (polifosfato de inositol) en legumbres y cereales. El ácido fítico se une a los componentes minerales de la dieta, especialmente Ca, Mg, Fe, Cu y Zn y forma complejos con los grupos básicos de los residuos de aminoácidos en las proteínas, por lo que su absorción en el tracto digestivo de los consumidores humanos se ve afectada. La eficiencia de la eliminación del ácido fítico puede aumentarse disminuyendo el pH del medio de remojo. La fermentación, como en la masa agria en la fabricación de pan de centeno, disminuye el contenido de ácido fítico debido a la actividad hidrolizante de las fitasa endógena y bacteriana (López *et al.*, 2003). En los frijoles, el remojo también reduce el contenido de fitohemaglutininas, proteínas que aglutinan los eritrocitos y los leucocitos.

Son necesarios varios tratamientos para prevenir los efectos tóxicos causados por los cambios de los glucósidos cianogénicos, linamarina y lotaustralina, presentes en las raíces de yuca, uno de los principales alimentos básicos para millones de personas. Las enzimas de las raíces catalizan la hidrólisis de los glucósidos y la liberación del cianuro de hidrógeno tóxico (HCN) (Fig. 16.3). La cantidad de HCN generada en la variedad amarga puede alcanzar 1μg/gL de tubérculo fresco. El cocinado puede eliminar el riesgo de toxicidad de la yuca que contiene mucho menos glucósidos. Los tubérculos ricos en linamarina y lotaustralina deben ser pelados, molidos, remojados en agua, prensados y tostados. Alternativamente, las raíces pueden remojarse durante varios días y fermentarse antes de cocinarlas.

El aceite de semilla de algodón crudo sin refinar es rojo o marrón, ya que contiene varios pigmentos, incluido el gosipol, un aldehído polifenólico, que actúa en la semilla como insecticida natural. El gosipol es tóxico para los animales monogástricos, pero la microflora del rumen es capaz de utilizarla. El aceite de semilla de algodón utilizado ampliamente en la producción de numerosos alimentos procesados y refrigerios está libre de gosipol, ya que el refinado alcalino elimina este pigmento de manera efectiva.

A la categoría de eliminación física de compuestos nocivos pertenece también la desinfección de plantas de procesado para controlar el deterioro y la microflora patógena en el ambiente de procesado (Tabla 16.1).

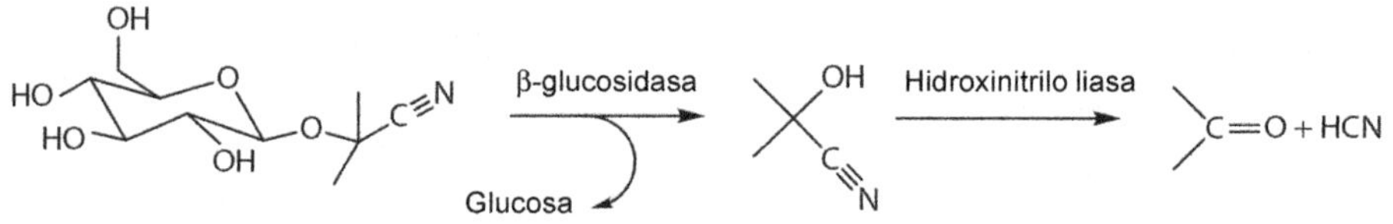

FIGURA 16.3 Liberación de HCN de linamarina.

TABLA 16.1
Requisitos generales de higiene para todos los operadores de empresas alimentarias.

Requisitos generales para locales de alimentos
Requisitos en salas donde se preparan, tratan/procesan alimentos
Requisitos para locales móviles y/o temporales
Transporte
Requisitos del equipo
Desechos alimentarios
Suministro de agua
Higiene personal
Disposiciones aplicables a los productos alimenticios
Disposiciones aplicables al envasado y envasado de productos alimenticios
Tratamiento de aguas
Formación

Fuente: Reglamento (CE) nº 852/2004 del Parlamento Europeo y del Consejo, de 29 de abril de 2004, sobre la higiene de los alimentos. Anexo II.

16.2.2 PREVENCIÓN DE RIESGOS PARA LA SALUD DE PERSONAS NUTRICIONALMENTE COMPROMETIDAS

Algunos componentes alimentarios perfectamente seguros para la mayoría de los consumidores pueden causar graves riesgos para la salud de otras personas. El procesado industrial así como la preparación casera de alimentos pueden en muchos casos evitar estos efectos no deseados para la salud de dichas personas.

Una gran cantidad de plantas y alimentos de origen animal contienen varios alérgenos. Los riesgos para la salud involucrados y los tratamientos aplicados en la industria alimentaria para inactivar los alérgenos se han presentado de manera experta en el Capítulo 15.

El gluten, el componente valioso de la harina de trigo, responsable de la textura deseable del pan, contiene gliadina, la causa de la enteropatía sensible al gluten o la enfermedad celíaca en personas genéticamente susceptibles. Para evitar las peligrosas consecuencias para la salud, los alimentos consumidos por estos individuos deben estar completamente libres de proteínas de gluten. Eso significa que todos los productos y platos que contienen proteínas de gluten de trigo, cebada, centeno y triticale deben excluirse de la dieta de dichas personas. El pan y los pasteles comunes no se pueden producir sin usar harina de trigo o centeno. Sin embargo, el pan y otros productos igualmente sabrosos y nutritivos se pueden hornear utilizando harina a partir de otros granos, por ejemplo, trigo sarraceno, arroz o mijo. La industria alimentaria ayuda a las personas que padecen la enfermedad celíaca mediante la fabricación de una gran variedad de productos sin gluten.

Un gran porcentaje de los humanos adultos en el mundo no tolera la lactosa en la dieta debido a la falta en su tracto digestivo de β-galactosidasa necesaria para hidrolizar este disacárido a galactosa y glucosa. La lactosa no hidrolizada en el intestino delgado no puede ser absorbida allí, pero es metabolizada por la microflora del colon. Los productos gaseosos de la fermentación inducen diversos trastornos gastrointestinales, incluidos calambres abdominales, vómitos y diarrea. La lactosa está presente principalmente en la leche (en la leche de vaca alrededor de un 4,7%) y en productos lácteos no fermentados, pero también se usa como ingrediente en otros productos básicos. La forma más sencilla de evitar los efectos nocivos para la salud es abstenerse de consumir alimentos que contengan lactosa. Se requiere información adecuada en las etiquetas de los productos envasados con respecto al contenido de lactosa. La separación del suero dulce elimina la mayor parte del disacárido de la cuajada de caseína, ya que la lactosa es soluble en agua. En los productos lácteos fermentados, el contenido de lactosa puede disminuir sustancialmente por las bacterias que lo convierten en ácido láctico y/o propiónico. Mediante el uso de β-galactosidasa de origen bacteriano, a menudo inmovilizada, la industria láctea fabrica leche sin lactosa. Las preparaciones comerciales de β-galactosidasa también se ofrecen para uso doméstico.

Las personas con deficiencia de fenilalanina hidroxilasa deben evitar los alimentos ricos en proteínas que contienen mucha fenilalanina. Para tales consumidores, se fabrican varias preparaciones de proteínas modificadas con menos o sin fenilalanina, por ejemplo, el glicomacropéptido separado de la caseína. Los hidrolizados de proteínas pueden modificarse enzimáticamente para eliminar la fenilalanina y producir polipéptidos libres de fenilalanina (plasteínas).

16.2.3 CONTROL DE LA INFESTACIÓN POR PARÁSITOS

Numerosas materias primas alimentarias están infestadas con varios parásitos. Las lombrices intestinales viven en vegetales cultivados en suelos contaminados con aguas residuales, *Trichinella spiralis* en los músculos de los cerdos y especies de caza, principalmente jabalíes,

Toxoplasma gondii en carne, tenias en carne de animales y peces, y *nematodos anisakidos* y protozoos en peces.

En la industria porcina, la primera inspección sanitaria se lleva a cabo antes del sacrificio para evitar que los animales enfermos entren en la línea de procesado. Más tarde, los inspectores veterinarios examinan visualmente el diafragma, el músculo de la mejilla o la lengua de «las canales» en la línea de sacrificio, y las muestras tomadas aquí se analizan en el laboratorio para eliminar los cuerpos parasitados. Las canales y las vísceras son etiquetadas para permitir su posterior identificación. Las canales de cerdo que contienen *Trichinella spiralis* se retiran y se someten a procedimientos adecuados para inactivar los parásitos, por ejemplo, mediante congelación a –35°C o cocinado a una temperatura interna de 70°C.

El número de parásitos que viven en la superficie o en el interior del pescado puede ser mayor que el de los animales para el consumo humano. No es posible examinar individualmente el gran número de peces pequeños desembarcados por los buques de pesca industrial y pequeñas embarcaciones. Algunos parásitos son perjudiciales para el consumidor humano (ver Sobecka y Piasecki, 2011), otros deben evitarse debido a razones estéticas o porque su actividad disminuye las propiedades sensoriales y el valor tecnológico de la carne. El parásito *Capillaria philippinensis* causa graves trastornos intestinales en países en los que el pescado crudo se consume habitualmente. Los músculos de la merluza y bacaladilla que se encuentran fuertemente infestados por la microscópica *Myxosporidia* de la sp. *Kudoa* se vuelven grises, acuosos y gelatinosos debido a la actividad de las proteinasas de los parásitos. La infestación de algunos peces en determinadas zonas y estaciones del año es muy alta, por lo que la flota pesquera se abstiene de la explotación de tales aguas. En el caso de peces de gran formato, por ejemplo, el bacalao de gran tamaño, la eliminación de las aletas de la zona ventral de los filetes, las zonas musculares predominantemente infestadas, seguido de una inspección visual con la finalidad de comprobar si queda *Anisakis* se realiza de forma rutinaria en las líneas de fileteado industrial. Para matar las larvas se requiere al menos un calentamiento a 60ºC durante 1 minuto. En general, el tratamiento efectivo contra los parásitos en productos pesqueros no cocidos es la congelación y almacenamiento durante al menos 3 días a –20°C.

16.2.4 Tratamientos contra la Intoxicación Alimentaria por Microorganismos

Varios métodos de conservación de alimentos se utilizan para inhibir el crecimiento o para destruir los microorganismos patógenos y alterantes. Las bacterias en los alimentos difieren en su sensibilidad frente a la temperatura, el oxígeno, la actividad de agua, el pH, la disponibilidad de nutrientes, la radiación ionizante y los conservantes químicos, así como en su capacidad para producir esporas (Tabla 16.2). Las ecuaciones de microbiología predictiva relacionan la tasa de crecimiento de los microorganismos con la temperatura, con la composición de la atmósfera, con la actividad de agua, el pH y con la concentración de conservantes. Esto permite cuantificar los riesgos causados en cada etapa de la manipulación, procesado y almacenamiento de los alimentos (McMeekin *et al.,* 1993).

La inhibición del crecimiento de la microflora indeseable se puede lograr en condiciones que disminuyan la velocidad o detengan el metabolismo de las células microbianas: baja temperatura, ausencia de agua disponible para los procesos biológicos, acceso restringido de oxígeno, bajo pH o cambios químicos en los sistemas enzimáticos (Tabla 16.3). Por lo tanto, la microflora perjudicial puede inhibirse enfriando, congelando, modificando la atmósfera, desecando/liofilizando, ahumando, salando, curando, o con otros medios para disminuir la actividad de agua, acidificando, fermentando, añadiendo varios conservantes y mediante la acción combinada de varios factores:

TABLA 16.2
Condiciones de crecimiento de *Listeria monocytogenes*.

Temperatura: 0°C-45°C
Tiempo de generación: a 1°C-3 días; a 5°C-1 día
pH: 4,3 a 9,6, dependiendo del medio de crecimiento y la temperatura
NaCl: hasta 10%
Actividad de agua: superior a 0,92
Requerimientos de oxígeno: ambiente aeróbico o suministro restringido de oxígeno
Resistencia térmica: sobrevive a tratamientos de temperaturas elevadas y tiempos cortos (HTST) pasteurización (71,7°C, 15 s) en leche si presenta 1.000 a 10.000 células/cm^3

TABLA 16.3
Actividad de agua mínima (a_w) y temperatura tolerada por bacterias.

Bacteria	a_w	°C
Campylobacter jejuni	0,99	30-45
Clostridium botulinum tipo E	0,97	3,3-45
Escherichia coli O157:H7	0,95	6,5-49
Clostridium perfringens	0,93	10-52
Yersinia enterocolitica	0,95	−1,3-42
Vibrio parahaemolyticus	0,94	5-45
Salmonella spp.	0,94	5-46
Listeria monocytogenes	0,92	−0,4-45
Staphylococcus aureus	0,83	7-50

mediante tecnología de obstáculos. Los parámetros más estrictos, es decir, el secado a un contenido de agua muy bajo, la acidificación a un pH muy bajo o una gran cantidad de sal, aumentan la vida útil de los productos, pero pueden degradar las propiedades sensoriales de los alimentos. El procesado suave, como la salazón de pescado tierno con pequeñas cantidades de sal, conduce a productos de alta calidad, como ha señalado Biegler (1960):

> «En 100 kg de arenque se cuentan de 12 a 15 kg de sal. Especialmente el salado suave ayudó a este producto de arenque a su carácter delicado. Un jamón ligeramente salado, un caviar ligeramente salado o un salmón ligeramente salado bien pueden haberlos probado los dioses».

Sin embargo, para extender efectivamente la vida útil de tales productos, se deben aplicar tratamientos adicionales, principalmente almacenamiento refrigerado y conservantes permitidos.

En la eliminación de los peligros para la salud creados por la microflora patógena, el sistema de gestión de calidad APPCC tiene alta prioridad. Un ejemplo de su aplicación se presenta en la Tabla 16.4. Uno de los puntos cruciales en este sistema es el diagrama de flujo, que visualiza las operaciones unitarias y los procesos en los que pueden ocurrir peligros de inocuidad alimentaria.

La destrucción de la población microbiana se puede lograr mediante pasteurización o esterilización por calor y por radiación ionizante. Los efectos antimicrobianos y la calidad sensorial de

TABLA 16.4
Análisis de riesgos en el ahumado en caliente de espadines bálticos.

Operación unitaria/proceso	Posible peligro	Fuente de peligro	Grado de riesgo	Acción preventiva	Punto de control/ Punto crítico de control
Inspección de materia prima	Baja frescura, signos iniciales de deterioro, alto número de bacterias patógenas	Alto número inicial de bacterias, almacenamiento demasidado largo a temperatura demasiado alta	Alto	Negarse a aceptar, estricto control de frescura en el punto de inspección, cambio de proveedor	PCC
Almacenamiento	Pérdida de frescura, alto crecimiento de microorganismos	Temperatura demasiado alta, demasiado tiempo de almacenamiento	Bajo	Disminuir la temperatura de almacenamiento, aumentar la velocidad de flujo del proceso	PC
Salmuera	Crecimiento de *C. botulinum* y *L. monocytogenes*	Concentración demasiado baja de NaCl en salmuera, diferencias de contacto entre pescado y salmuera	Alto	Aumentar el tiempo de salmuera y/o concentración de NaCl, control de T^{a} de salmuera, mejorar contacto de pescado en salmuera	PCC
Ahumado	Supervivencia de formas vegetativas de patógenos	Temperatura y tiempo de ahumado demasiado bajos	Alto	Aumentar la T^{a} y tiempo de ahumado, controlar el rendimiento del pescado ahumado	PCC
Refrigeración	Crecimiento de bacterias y recontaminación	Velocidad de enfriamiento demasiado baja, aire contaminado	Bajo	Disminuir la temperatura del aire, mejorar la circulación del aire, controlar limpieza del aire	PC
Envasado	Recontaminación con patógenos	Bajo nivel de higiene, mala organización del trabajo	Alto	Cumplir con los requisitos generales de higiene Reglamento (CE) Nº 852/2004	PCC
Almacenamiento	Crecimiento de microorganismos de putrefacción y patógenos	Temperatura y tiempo de almacenamiento demasiado altos	Bajo	Disminuir la temperatura, acortar el tiempo desde productor a minorista	PC

los productos causados por tales tratamientos dependen de las propiedades de los alimentos y de las condiciones de procesado. Los parámetros del tratamiento se seleccionan para lograr el efecto conservante/bactericida más alto o suficiente con una pérdida mínima del valor sensorial y nutricional de los productos. Uno de estos métodos es el tratamiento térmico HTST. Un ejemplo típico de la aplicación de tratamiento térmico para destruir la mayoría de las formas vegetativas de microorganismos alterantes y de bacterias patógenas comunes es la pasteurización que, si se lleva a cabo adecuadamente, elimina el riesgo de enfermedades causadas por la leche contaminada y no tratada. Las consideraciones de riesgo y beneficio muestran que la pérdida de valor nutricional debido a la destrucción térmica de algunas vitaminas es insignificante en comparación con el aumento de la inocuidad del producto.

La muerte de las bacterias en alimentos húmedos calentados ocurre generalmente en orden logarítmico. El tiempo que se requiere para reducir en un 90% el número original de microorganismos a cualquier temperatura dada se conoce como el valor D. Para las esporas de cualquier especie bacteriana dada, el valor D disminuye a medida que aumenta la temperatura. El número de °C para causar una reducción de 10 veces del valor D se llama valor z. El tiempo requerido para destruir una espora en un medio específico a 121°C, el valor F se puede calcular como:

$$F = D\,(\log N_0 - \log N_f) \tag{16.1}$$

donde:

N_0 = número inicial máximo de bacterias por envase.
N_f = número aceptable de bacterias supervivientes por envase.

La inactivación de las formas vegetativas y las esporas de bacterias también se puede lograr mediante radiación ionizante a temperatura ambiente o en estado congelado. La dosis de radiación necesaria para la esterilización es de 25-35 kGy. Depende del número inicial de bacterias, su sensibilidad a la radiación, así como de las condiciones del tratamiento, que incluyen temperatura, tensión de oxígeno, contenido de agua y de compuestos reductores.

Es de esperar que los métodos de conservación aplicados en el procesado de alimentos no solo eviten el deterioro de los productos, sino que también deben proteger al consumidor contra la intoxicación alimentaria por microorganismos. Las enfermedades microbianas transmitidas por los alimentos incluyen:

- Infecciones causadas por bacterias presentes en los alimentos o el agua que se desarrollan en el cuerpo del consumidor.
- Intoxicaciones provocadas por toxinas acumuladas en el alimento ingerido, producto del metabolismo de los microorganismos.

La resistencia de las toxinas microbianas a las condiciones letales de la pasteurización o esterilización por calor difiere sustancialmente. En algunos casos, los regímenes de tiempo-temperatura letales para las células vegetativas no inactivan la toxina, mientras que los microorganismos de otras especies producen esporas que son mucho más estables al calor que sus toxinas. Esto se ilustra a continuación. *Staphylococcus aureus*, una bacteria que no forma esporas, se inactiva por pasteurización por calor, pero sus enterotoxinas pueden resistir la esterilización.

La forma vegetativa de *Clostridium botulinum* puede destruirse en pocos minutos a 60°C, las esporas son resistentes al calor, su valor D a 121,1°C es de 1-2 minutos, dependiendo de las propiedades del medio, pero las toxinas pueden ser inactivadas por pasteurización en aproximadamente 3 minutos a 74°C. Por lo tanto, la resistencia de las toxinas microbianas al calentamiento debe considerarse como un factor crucial para garantizar la inocuidad alimentaria. Los peligros para la salud humana causados por las toxinas bacterianas se han discutido a fondo en el Capítulo 7 de este libro.

16.2.5 Inactivación de Algunos Antinutrientes

Existen diferentes componentes antinutritivos en diversas materias primas alimentarias. Sirven para propósitos fisiológicos especiales en la planta o el animal. Sin embargo, cuando se consumen, afectan negativamente los procesos digestivos o perjudican la utilización de nutrientes en los humanos.

Un grupo de dichos compuestos son los inhibidores proteicos de las enzimas proteolíticas. Forman complejos enzimáticamente inactivos con varias proteinasas. Su papel fisiológico es proteger las plantas contra el ataque de invasores. Sin embargo, cuando se consumen perjudican la digestión en el organismo humano. Los inhibidores de proteínas se encuentran en granos, papas, frijoles, crucíferas y en alta concentración hasta de 20 mg/g en soja. Se pueden extraer en remojo e inactivarse mediante cocinado, por ejemplo, la ebullición durante 5 minutos disminuye en aproximadamente un 80% la actividad inhibitoria de los frijoles comunes. En el procesado de la soja, los inhibidores se desnaturalizan mediante tostado y extrusión.

El valor biológico de las leguminosas puede verse disminuido por la actividad de la lipoxigenasa endógena, que cataliza la oxidación de los ácidos linoleico y linolénico. La oxidación disminuye el valor biológico de la soja y genera productos secundarios, que imparten a algunos productos, por ejemplo, la leche de soja, el desagradable sabor a frijol. El desarrollo del sabor a frijol puede prevenirse mediante la inactivación de la enzima por un tratamiento de blanqueo durante 10 minutos a 100°C.

La soja, habas, guisantes, cacahuetes, cereales, nueces, los tubérculos de patata y muchos otros cultivos agrícolas también contienen varias lectinas en diferentes concentraciones. Las lectinas son predominantemente glicoproteínas, que pueden contener hasta 10% de restos de azúcares. Pueden unirse a diferentes azúcares y, por lo tanto, mostrar actividad hemaglutinante. Al ser bastante resistentes a las enzimas digestivas, pueden causar trastornos gastrointestinales y deficiencias nutricionales. Algunas lectinas son resistentes al calor, por lo que solo la cocción prolongada de algunos alimentos vegetales las inactiva.

Algunas plantas utilizadas como alimentos contienen α-galactooligosacáridos soluble en agua, la semilla de soja incluso hasta 4% en materia seca. Estos oligosacáridos son indigeribles, porque los humanos no sintetizan la α-galactosidasa necesaria para hidrolizarlos en el tracto digestivo. Sin embargo, se metabolizan fácilmente por bacterias en el colon y se convierten en productos de cadena corta como AG, CO_2, CH_4 y H_2. Estos cambios pueden disminuir la absorción de algunos nutrientes y causar flatulencias incómodas. Sin embargo, los α-galactooligosacáridos también pueden considerarse prebióticos, lo que facilita el crecimiento de bifidobacterias beneficiosas. Varios tratamientos pueden disminuir el contenido de estos azúcares en granos de soja destinados al consumo humano, predominantemente mediante remojo, tratamiento enzimático y fermentación tal y como se practica en la elaboración de productos tradicionales de soja asiática: tempeh, salsa de soja y miso (Fig. 16.4). Los aislados de proteína de soja también se encuentran libres de α-galactooligosacáridos, ya que los componentes no proteicos de la soja se eliminan en el proceso de fabricación.

La clara de huevo contiene avidina, una proteína de unión a biotina. Es una glicoproteína compuesta por cuatro subunidades. Cada una de estas subunidades puede formar un complejo

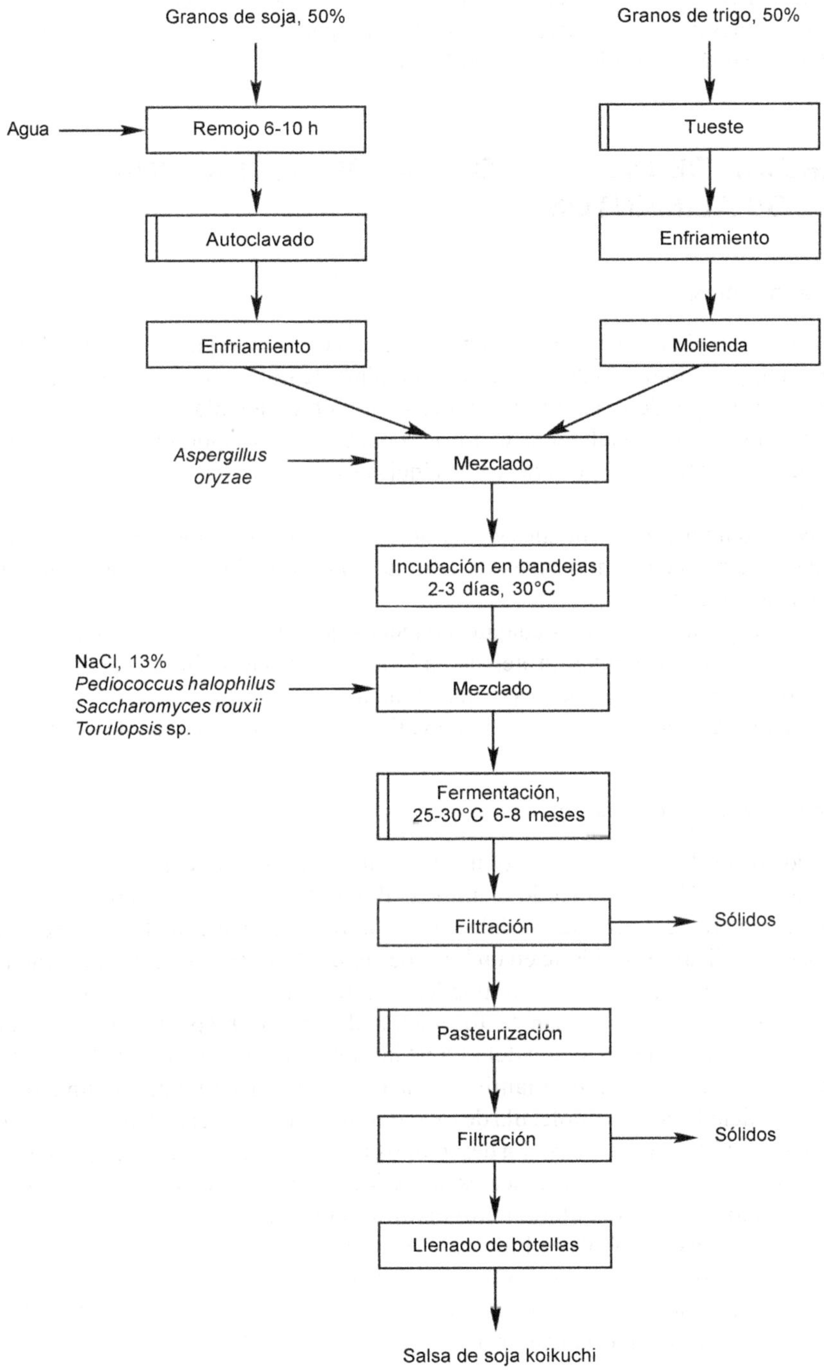

FIGURA 16.4 Diagrama de flujo de fabricación de salsa de soja.

estable con una molécula de biotina, resistente a varias enzimas proteolíticas, lo que hace que la vitamina no esté disponible para el consumidor de huevos crudos. La capacidad de unión de la avidina a la biotina desaparece en diferentes grados al preparar platos con huevo; la inactivación total se produce después de 4 minutos de ebullición.

16.3 PÉRDIDA DE INOCUIDAD Y VALOR NUTRICIONAL DE LOS ALIMENTOS

16.3.1 Introducción

La lixiviación, la separación mecánica, así como varias reacciones bioquímicas y químicas durante el almacenamiento y/o procesado de alimentos generalmente no producen compuestos tóxicos o nocivos. Sin embargo, pueden disminuir el valor biológico de los platos al eliminar o destruir algunos componentes nutricionalmente valiosos o hacerlos no disponibles para el organismo humano. Ejemplos de tales cambios indeseables incluyen:

- Pérdida de componentes minerales y vitaminas debido a lixiviación y goteo de cocción.
- Pérdida de componentes minerales y vitaminas en las fracciones separadas durante la molienda de granos.
- Pérdida de algo de calcio de la cuajada de leche que se transfiere al suero ácido.
- Cambios térmicos de algunas proteínas, lípidos y vitaminas lábiles al calor.
- Oxidación de varios componentes de los alimentos.
- Pérdida de EPA y DHA nutricionalmente valiosos por hidrogenación de aceites.

16.3.2 Efectos de la Oxidación

La autooxidación de los lípidos se inicia por un ataque de cualquier radical libre ($R^\bullet$) en un enlace C–H en la cadena FA (LH), produciendo un radical alquilo ($L^\bullet$), que en la etapa de propagación forma con oxígeno un radical peróxido lipídico ($LOO^\bullet$). Al reaccionar con el siguiente residuo de FA insaturado, este radical se convierte en un hidroperóxido (LOOH) y genera nuevamente un $L^\bullet$ (Fig. 16.5). Además, las lipooxigenasas pueden catalizar la oxidación estereoespecífica y regioespecífica de FA polienoico con la formación de LOOH respectivamente (Bartosz y Kołakowska, 2011). La descomposición del LOOH inestable rinde a $LO^\bullet$ y $HO^\bullet$. La repetición de esta secuencia mantiene en funcionamiento la reacción en cadena. En una oxidación fotosensibilizada iniciada por una molécula de oxígeno singlete ($^1O_2$), el LOOH se forma directamente, omitiéndose el $LOO^\bullet$ (Fig. 16.6). La descomposición de LOOH, acelerada por altas temperaturas, radiación y cationes produce radicales alcoxi y una gran cantidad de diversos productos secundarios de bajo peso molecular, incluyendo aldehídos, cetonas, compuestos epoxi alcoholes e hidroxiácidos. En la tercera etapa, los productos radicales secundarios acumulados de la autooxidación reaccionan para formar diversos polímeros lípido–lípido y lípido–proteína, finalizando así la reacción en cadena (Kołakowska y Bartosz, 2014) (Fig. 16.7).

$$LH + R^\bullet \longrightarrow L^\bullet + RH$$

$$L^\bullet + O_2 \longrightarrow LOO^\bullet$$

$$LOO^\bullet + LH \longrightarrow LOOH + L^\bullet$$

FIGURA 16.5 Formación de hidroperóxidos lipídicos.

La oxidación de los lípidos de los alimentos tiene un efecto nocivo sobre el organismo humano. Destruye el EPA y DHA

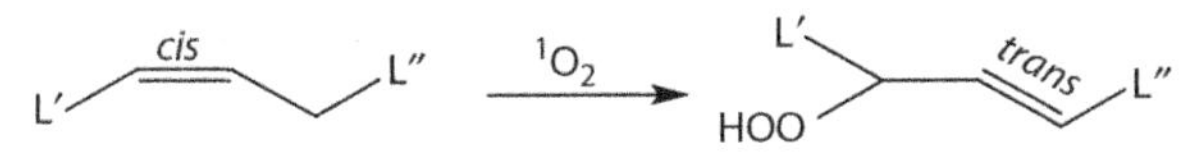

FIGURA 16.6 Oxidación fotosensibilizada.

$$L^{\bullet} + LOO^{\bullet} \longrightarrow LOOL \qquad L^{\bullet} + L^{\bullet} \longrightarrow LL$$
$$L^{\bullet} + P^{\bullet} \longrightarrow LP \qquad LOO^{\bullet} + P^{\bullet} \longrightarrow LOOP$$

FIGURA 16.7 Terminación de la reacción en cadena.

nutricionalmente valiosos, así como los aminoácidos esenciales que reaccionan con los productos de descomposición de LOOH (hidroperóxidos). Entre los productos secundarios se encuentran varios dialdehídos y otros reactivos, compuestos tóxicos que pueden aumentar el estrés oxidativo en el organismo del consumidor y el deterioro de la función vascular. Activan reacciones inflamatorias que pueden afectar el tracto digestivo, el sistema circulatorio y otros órganos, así como posiblemente participar en carcinogénesis. El estrés oxidativo es una de las causas importantes de una veintena de enfermedades humanas. La formación de polímeros en la etapa de terminación disminuye la digestibilidad de las grasas. Para evitar la oxidación de los lípidos en los alimentos, la temperatura de calentamiento debe ser lo más baja posible, deben excluirse los metales de transición, el oxígeno y la luz, pudiendo ser efectivos el uso de antioxidantes seleccionados a propósito para productos específicos. En los alimentos almacenados a largo plazo sin protectores, la oxidación de los lípidos se produce incluso a temperaturas de congelación.

La oxidación de proteínas es causada principalmente por especies reactivas de oxígeno presentes en los alimentos y radicales formados como productos secundarios de la oxidación de lípidos, así como por la actividad de peroxidasa, lipoxigenasa, polifenol oxidasa, oxígeno, iones metálicos, fotosensibilizadores y exposición a la luz y temperatura elevadas. Un ataque de un radical puede sustraer un hidrógeno en el átomo de carbono α de la cadena polipeptídica o involucrar a grupos funcionales de los residuos de aminoácidos: arginina, cisteína, metionina, histidina, lisina y triptófano. La sustración de un hidrógeno del residuo de cisteína genera un radical cisteinilo que participa en la formación de enlaces cruzados –S–S– intra e intermoleculares en proteínas. Los residuos de aminoácidos también pueden reaccionar con productos secundarios de bajo peso molecular de la oxidación lipídica, disminuyendo así el valor biológico de las proteínas (Fig. 16.8). La pérdida de aminoácidos esenciales en los alimentos almacenados y procesados en condiciones controladas, es generalmente baja, pero puede alcanzar aproximadamente el 10% o más en carne y pescado esterilizados y en las capas externas de productos fritos en aceite oxidado. La polifenol oxidasa cataliza la oxidación de la tirosina y la formación de

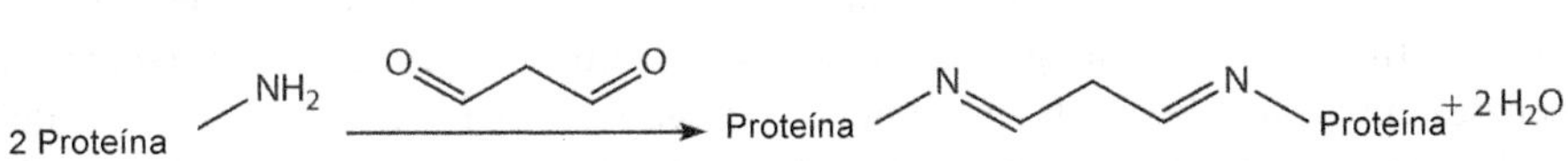

FIGURA 16.8 Entrecruzamiento de proteínas en la reacción de malonaldehído con un residuo de lisina.

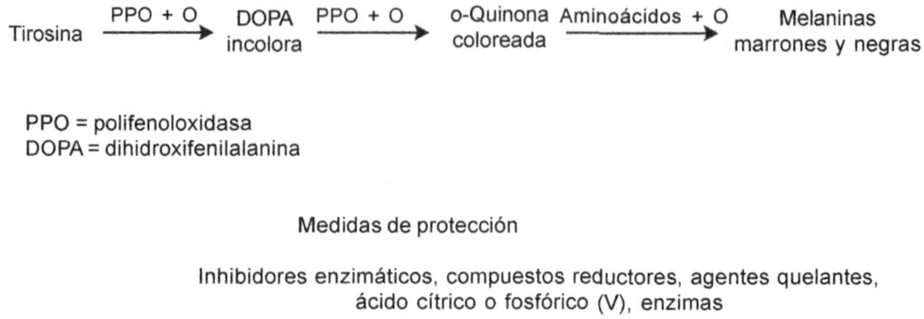

FIGURA 16.9 Pardeamiento enzimático.

polímeros de color marrón, por lo tanto, no solo altera el color de frutas y mariscos, sino que también causa la pérdida de aminoácidos esenciales (Fig. 16.9).

Los polifenoles presentes de forma natural en los alimentos o utilizados como aditivos se oxidan fácilmente y pueden formar enlaces cruzados con proteínas. Estas reacciones disminuyen el valor biológico de las proteínas.

16.3.3 Aspectos de Inocuidad del Ahumado y del Asado

El ahumado se utiliza para desarrollar propiedades sensoriales deseables y aumenta la vida útil de los alimentos. Esto es debido a una gran cantidad de componentes presentes en el humo, a la pérdida parcial de agua, a la sal agregada y a cambios enzimáticos o térmicos que se producen en las proteínas. Sin embargo, el ahumado y el asado a la parrilla en condiciones no controladas pueden contaminar los alimentos con hidrocarburos aromáticos policíclicos (HAPs), hidrocarburos aromáticos nitropolicíclicos (nitro-HAPs), compuestos *N*-nitroso y aminas aromáticas heterocíclicas.

Varios cientos de HAPs se generan naturalmente en incendios forestales y erupciones volcánicas, así como en procesos de combustión y pirólisis que se llevan a cabo en la industria. Por lo tanto, sus mezclas están presentes, generalmente en concentraciones mínimas, en el aire, el agua de mar, el suelo, los cultivos agrícolas y las materias primas alimentarias. La dispersión de HAPs en el medioambiente y sus procesos de degradación natural, así como su concentración en alimentos han sido descritos previamente en Alexander *et al.* (2008). Métodos de procesado como el ahumado, asado a la parrilla, asado y secado pueden aumentar la contaminación de alimentos con niveles de HAPs que pueden constituir un peligro para la salud de los consumidores.

El humo de madera contiene una gran cantidad de HAPs, incluidos los de peso molecular superior a 216 Da, conocidos por ser genotóxicos o cancerígenos. En el organismo humano, estos compuestos son metabolizados por varias enzimas para formar aductos de ADN promutagénico y cancerígeno. Estos cambios se ven afectados por la estructura química de los compuestos. Por lo tanto, la carcinogenicidad de compuestos integrantes de este grupo de 15 HAPs potencialmente dañinos es diferente. En realidad, de acuerdo con el Reglamento de la Comisión (UE) de 2011, un representante típico de la carcinogenicidad de los alimentos es el contenido de benzo(a)pireno (BaP) + benz(a)antraceno + benzo(b)fluoranteno + criseno (conocido como PAH4), o el de PAH4 + benzo(k)fluoranteno + benzo (g,h,i)perileno + dibenzo (a,h)antraceno + indeno(1,2,3-cd) pireno (PAH8). Como se muestra en la Tabla 16.5 se ha establecido el nivel máximo permitido de HAPs en

TABLA 16.5
Contenido máximo permitido de HAPs en alimentos.

Alimento	Contenido máximo de HAPs (ng/g)	
	Benzo (a) pireno (BaP)	Hidrocarburo policíclico aromático (PAH4)
Carne ahumada y productos cárnicos, carne de pescado ahumado y productos pesqueros	2	12
Espadines ahumados y espadines ahumados enlatados	5	30
Bivalvos ahumados	6	35

Fuente: Reglamento (UE) de la Comisión, de 6 de mayo de 2011, que modifica el Reglamento (CE) No 1881/2006.

productos ahumados. En los antiguos hornos tradicionales es casi imposible producir alimentos ahumados con un contenido de HAPs inferior a estos límites. Dichos hornos son calentados y provistos de humo quemando leña y serrín, que genera el humo mientras el pescado o la carne se disponen colocados en mallas o colgando directamente sobre la cama de fuego. En estos productos, la concentración de HAPs puede superar incluso 50 veces los límites aceptables. Sin embargo, aquellos productos ahumados en instalaciones modernas, equipadas con calentadores y alimentadas con humo procedente de un generador independiente mediante combustión de leña, troncos, virutas o serrín de calidad estándar con acceso de aire controlado a una temperatura que no exceda los 400°C, no contiene cantidades excesivas de HAPs (Sikorski, 2016).

Igualmente, los alimentos cocinados a la parrilla contienen algunos HAPs, generados por pirólisis de la grasa a alta temperatura de la llama y como productos de combustión incompleta del combustible. De la misma forma que los productos ahumados, la contaminación de los alimentos a la parrilla depende de las condiciones de procesado, es decir, de la construcción de la parrilla y de la temperatura de la superficie de la carne o el pescado.

Los alimentos ahumados también pueden contaminarse con pequeñas cantidades de nitro-HAPs, incluidos 1-nitropireno, 2-nitronaftaleno y 2-nitrofluoreno, presentes en el aire urbano y en muchos cultivos agrícolas. El contenido total de diferentes nitro-HAPs, en ng/g, es de aproximadamente 1,5 en aceite de oliva, 3 en carnes a la parrilla, 15 en carnes ahumadas, 30 en embutidos ahumados y 35 en granos de café tostado. En 1 g de hojas de té de diferentes marcas se encontraron de 10 a varios cientos de ng de nitro-HAPs.

Algunos componentes del humo de madera, particularmente los aldehídos y el óxido de nitrógeno, pueden reaccionar con los componentes de la carne y el pescado para generar diversos compuestos de *N*-nitroso. Entre los productos de tales reacciones, se han detectado *N*-nitrosotiazolidina, los ácidos *N*-nitrosotiazolidín-4-carboxílico, y 2- (hidroximetil)-*N*-nitrosotiazolidín y 2-(hidroximetil)-*N*-nitrosotiazolidín-4-carboxílico. La concentración de compuestos N-nitroso en diferentes productos cárnicos ahumados y pescado puede alcanzar de unos pocos a cientos ng/g. Un ahumado excesivo provoca la acumulación de grandes cantidades de estos compuestos en comparación con un procesado suave.

Se han detectado aminas aromáticas heterocíclicas en varios alimentos ahumados en concentraciones mínimas, del orden de 1 ng/g o menos. En general, un ahumado suave, a baja temperatura, no favorece la formación de estas aminas en alimentos (ver Sección 16.4.3).

16.3.4 Aspectos de Inocuidad de los Aditivos Alimentarios

Se han utilizado cientos de productos naturales y compuestos sintéticos en alimentos como aditivos para evitar el deterioro, inhibir el crecimiento de la microflora patógena, cambiar o mejorar las propiedades sensoriales, así como para facilitar el procesado y disminuir el costo. En el pasado, la industria alimentaria abusó de forma intencionada de muchos de ellos con la finalidad de obtener un beneficio económico poco ético o aplicarlos aún a sabiendas de desconocer en ese momento sus efectos toxicológicos.

Para evitar los riesgos para la salud de los consumidores, los organismos nacionales e internacionales responsables de la seguridad alimentaria han introducido normas sobre el uso de aditivos. Estas normativas se basan en los resultados de investigaciones científicas imparciales y sólidas. En la actualidad, los aditivos alimentarios tienen números reconocidos internacionalmente. En la Unión Europea, los aditivos permitidos para su uso en alimentos están marcados con la letra E, seguida del número de identificación, por ejemplo, E 320, butilhidroxianisol (BHA) o E 250, nitrato de sodio (III). Los aditivos se pueden agregar en cantidades estrictamente limitadas a ciertas categorías específicas de alimentos o productos alimenticios o, si no existen límites establecidos, solo en la concentración mínima requerida para lograr el efecto deseado (*quantum satis*).

De acuerdo con los requisitos legales de la UE, un aditivo alimentario solo se puede incluir en la lista positiva, si

- No constituye un peligro para la salud humana cuando se usa en la concentración permitida en categorías de productos estrictamente definidos.
- No existe otro tratamiento tecnológicamente o económicamente justificado disponible para lograr el efecto deseado.
- Su uso no induce a error al consumidor.

La lista de aditivos alimentarios permitidos se encuentra en constante revisión a medida que los resultados acumulados de las investigaciones toxicológicas aportan nuevas pruebas sobre la inocuidad o los efectos nocivos de varios compuestos. Por lo tanto, algunos aditivos pueden eliminarse de la lista, mientras que se pueden incluir otros tras pruebas durante un año. Todavía existen opiniones publicadas que plantean la cuestión de algunos posibles efectos tóxicos derivados de las interacciones de varios aditivos. Sin embargo, de acuerdo con el estado actual del conocimiento, el uso de aditivos aprobados de acuerdo con los requisitos de la ley no representa ningún peligro para la salud del consumidor. Por lo tanto, solo la aplicación de aditivos que no respetan los requisitos legales puede ser peligrosa (Dąbrowski y Rutkowski, 2015), pero aquí está involucrada la ética del productor de alimentos. Sin embargo, la falta de conocimiento entre la población con respecto a las reglas presentadas con anterioridad puede aumentar la desconfianza de los consumidores hacia los alimentos que contienen aditivos. Evitar, en general, el consumo de alimentos que contengan aditivos no está justificado.

16.4 GENERACIÓN DE COMPUESTOS NOCIVOS

16.4.1 Introducción

Una gran cantidad de compuestos químicos construyen la estructura de los tejidos vegetales y animales, así como también participan en las reacciones fisiológicas en los organismos vivos.

Estos son predominantemente proteínas, hidratos de carbono, lípidos, numerosos compuestos orgánicos de bajo peso molecular, diversos componentes minerales y agua (Yannai, 2013). Estos aparecen en diferentes estructuras unidas por fuerzas físicas y químicas, como cuerpos proteicos y fibras, gránulos de almidón, cristales y glóbulos grasos, así como micelas y membranas lipídicas y proteicas. Se encuentran en contacto con soluciones verdaderas y coloidales de varios compuestos en células y tejidos deliberadamente organizados. La mayoría de estos compuestos químicos son bioquímicamente y químicamente activos debido a sus grupos reactivos (Tabla 16.6).

En los organismos vivos de origen animal y vegetal, sus interacciones se encuentran controladas por mecanismos bioquímicos. Después de la cosecha, como resultado de efectos catabólicos incontrolados, actividad microbiológica, y procesado, la compartimentación se ve alterada o dañada. En consecuencia, los componentes químicos de los tejidos pueden participar en varias reacciones incontroladas y fortuitas debido a su mayor movilidad. Algunos productos de estas reacciones pueden ser nocivos para el organismo humano. El efecto real dependerá de sus propiedades y concentración y no siempre debe ser considerado como un motivo de alarma.

La cinética de las reacciones de los componentes en las condiciones de almacenamiento y procesado de alimentos depende de:

- Estado de la estructura de los tejidos.
- Temperatura, pH, actividad de agua y presión.
- Actividad de enzimas e inhibidores enzimáticos.
- Radiación ionizante, luz, radicales y especies activas de oxígeno.
- Actividad de sensibilizadores y antioxidantes.
- Composición de la atmósfera circundante.
- Fuerza iónica y disponibilidad de cationes polivalentes.

Uno de los principales factores que afectan los cambios de los componentes de los alimentos durante el procesado es el calentamiento. Su función es provocar cambios en el estado físico y las propiedades reológicas de los alimentos, destrucción de microflora patógena, parásitos y compuestos tóxicos u otros compuestos nocivos, establecimiento de parámetros óptimos para operaciones unitarias y procesos enzimáticos o químicos previstos, aumento de la digestibilidad y disponibilidad de diversos nutrientes y separación de varias fracciones a partir de materias primas. Sirve para acelerar la eliminación de grasas, agua y compuestos volátiles, la extracción de muchos componentes, incluidos el azúcar y los lípidos, así como en el desarrollo de propiedades sensoriales deseables. Sin embargo, unos parámetros severos de calentamiento, es decir, dema-

TABLA 16.6
Grupos reactivos de los componentes de los alimentos.

Grupo reactivo	Componentes típicos de alimentos
$-SH$, $-S-S-$, $-NH_2$, $-MH-C(=NH)NH_2$, $-CONH_2$	Proteínas, aminoácidos
$-OH$, $-CHO$, $R_2C=O$, $-COOH$, $-OSO_3H$, $-O-P_3H_2$	Sacáridos
$^1O_2$, $^{\bullet}O_2-$, $^{\bullet}OH$, H_2O_2, $RO^{\bullet}$, $ROO^{\bullet}$, $ROOH$, $ArO^{\bullet}$, $ArOO^{\bullet}$	Productos de oxidación
$-CH=CH-$, $-CH=CH-CH_2-CH=CH-$	Lípidos
$CH_3-(CH_2)_n-CH_2-$ y otros grupos hidrofóbicos	Lípidos
Aniones y cationes inorgánicos	Proteínas, fluidos tisulares

siado tiempo o una temperatura excesiva, disminuye el valor nutricional y la inocuidad de los alimentos por pérdida parcial de vitaminas (Seidler, 2015), por cambios indeseables en proteínas o lípidos y por generación de productos tóxicos de las reacciones químicas. En general, estos efectos indeseables son insignificantes si se aplican condiciones moderadas de procesado y los parámetros de calentamiento se mantienen bajo control (Sikorski, 2005).

Los compuestos tóxicos o nocivos generados en los alimentos debido al almacenamiento y procesado pueden ser el resultado de la actividad de microorganismos o son causados por oxidación, hidrogenación u otras reacciones químicas, a menudo afectadas por el calentamiento. Los productos nocivos del metabolismo microbiológico se han descrito en el Capítulo 7 de este volumen, mientras que otras categorías se presentan a continuación.

16.4.2 Reacciones de Lípidos

Las grasas y aceites calentados a unos 180°C en ausencia de aire pueden modificarse debido a descomposición térmica. La sensibilidad de los diferentes lípidos al calentamiento depende del número y distribución de dobles enlaces y de la longitud de la cadena de sus residuos de ácidos grasos. La escisión homolítica de los enlaces C–C adyacentes al doble enlace produce diversos radicales, que participan en otras reacciones (Fig. 16.10). Entre los productos de reacción se encuentran ácidos grasos de cadena corta, ácidos dicarboxílicos, dímeros de ácidos grasos y acilgliceroles, compuestos cíclicos y varios AG *trans*. También se encuentra acroleína tóxica irritante (Stevens y Maier, 2008). Aunque la acroleína es omnipresente, ya que es un producto de descomposición térmica de diferentes materiales y ocurre en el aire contaminado, su contenido en alimentos generalmente no es superior a 1 µg/g. Este valor se encuentra muy por debajo de la concentración tolerable provisional para la ingestión (Gomes *et al.*, 2002). Las reacciones térmicas de los acilgliceroles insaturados dan como resultado la formación de diversos compuestos cíclicos, dímeros, oligómeros y polímeros. La ciclación de residuos de AG monoenoicos en acilgliceroles produce grasas saturadas, mientras que en los ácidos polienoicos se pierde un doble enlace en la cadena de hidrocarburos.

Los lípidos insaturados pueden protegerse frente a la oxidación, y el punto de fusión de los aceites puede aumentarse mediante hidrogenación de los dobles enlaces en las cadenas de AG. Esto convierte los aceites líquidos en grasas plásticas a temperatura ambiente y más resistentes frente a la oxidación. El proceso comercial de hidrogenación implica reacciones de hidrógeno

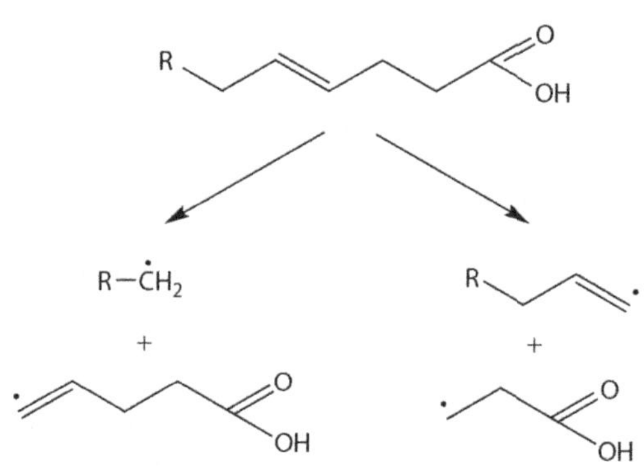

FIGURA 16.10 Escisión homolítica del enlace C–C.

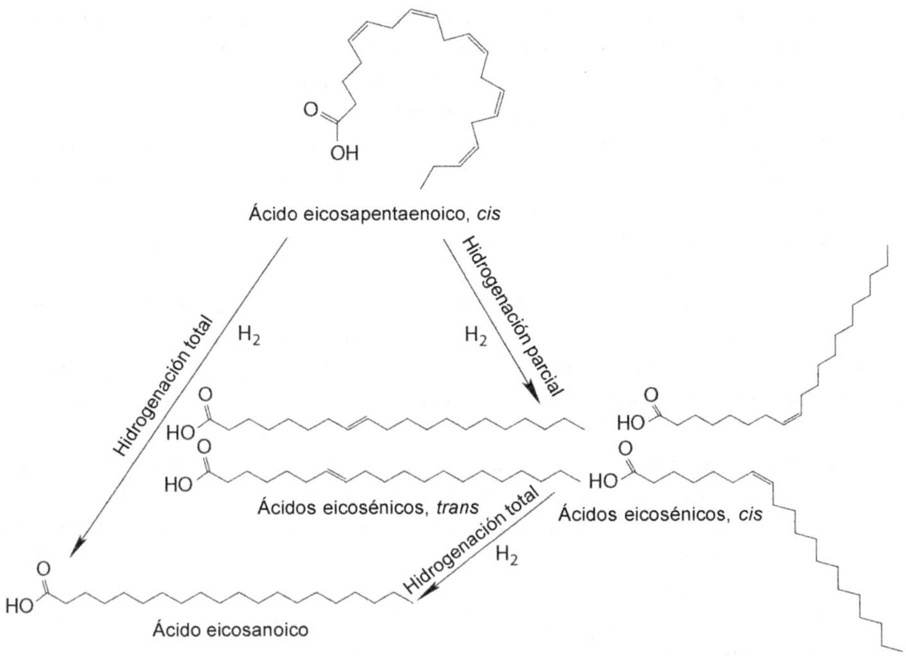

FIGURA 16.11 Hidrogenación y formación de ácidos grasos *trans*.

gaseoso con dobles enlaces a una presión de aproximadamente 10^5 Pa a 120°C-220°C en presencia de catalizadores que contienen Ni, Pt, Pd, Cu o Co. En la primera etapa, el hidrógeno y los acilos insaturados se activan en la superficie del catalizador y se forman intermedios lábiles medio hidrogenados. A concentraciones localmente bajas de hidrógeno, los intermedios pueden descomponerse con regeneración de acilos insaturados. Sin embargo, los dobles enlaces regenerados pueden tener una configuración *cis* o *trans*. Además, se pueden formar isómeros posicionales (Fig. 16.11) (Stołyhwo, 2007).

La hidrogenación destruye en los lípidos de los alimentos los AG polienoicos, incluidos EPA y DHA, y aumenta la proporción de residuos saturados, lo que nutricionalmente es una desventaja. Los AG-*trans* generados durante la hidrogenación parcial presente en los alimentos se considera un grave peligro para la salud de los consumidores. Hay indicios de que pueden contribuir a la obesidad y a una presión arterial alta. También aumentan el riesgo de enfermedad coronaria al modificar desfavorablemente la concentración de varios lípidos en la sangre humana (Forycki, 2011). Como quiera que se encuentra generalmente aceptado por nutricionistas y autoridades sanitarias los riesgos causados por AG-*trans* de la dieta, existe el consenso de que su contenido en los alimentos debe ser lo más bajo posible y, al menos, declarado en el etiquetado. En varios países se están llevando a cabo diferentes acciones para limitar la presencia de «*grasas trans*» en los alimentos. Estas incluyen decisiones tales como establecer un nivel máximo aceptable del 2% de «*grasas trans*» en grasas y aceites o catalogar estas grasas como no reconocidas generalmente como seguras (GRAS) en alimentos para consumo humano.

Los AG-*trans* se encuentran en pequeñas cantidades formando parte como componentes naturales de la carne de vacuno y de la grasa de la leche. Son productos de biohidrogenación en el rumen y difieren de los generados por hidrogenación industrial de aceites. El componente predominante de la fracción *trans* en carne de vacuno, hasta el 80%, es ácido *trans*-vaccénico ($C_{18:1}$ *trans* 11), que por desaturación en el organismo humano se convierte en ácido linoleico conjugado (ALC). Así, se ha alegado que una mezcla de isómeros geométricos y posicionales de ácido linoleico tiene efectos beneficiosos para la salud.

Para evitar las consecuencias nutricionalmente desfavorables de la hidrogenación del aceite, la industria alimentaria se esfuerza por disminuir la generación de AG-*trans* mejorando la distribución de hidrógeno en el reactor, optimizando otros parámetros del proceso e introduciendo nuevos catalizadores selectivos. También existe una tendencia a reemplazar la hidrogenación por la transesterificación química o enzimática.

El calentamiento de alimentos que contienen grasas puede conducir a la formación de 3-monocloropropano-1,2-diol (3-MCPD) posiblemente cancerígeno como resultado de una reacción de triacilgliceroles, fosfolípidos o glicerol y ácido clorhídrico. Durante la producción de proteína vegetal hidrolizada (PVH), se pueden formar cloropropanoles y cloroésteres en una reacción de glicerol con ácido clorhídrico o cloruro de sodio en presencia de otros ácidos, por ejemplo, ácidos cítrico y acético a alta temperatura. Los cloropropanoles que se encuentran en los PVH son 3-MCPD, 1,3-dicloropropan-2-ol (1,3-DCP), 2-cloropropano-1,3-diol (2-MCPD), 2,3-dicloropropan-1- ol (2,3-DCP) y 3-cloropropan-1-ol. Los ésteres de AG de 3-MCPD y 1,3-DCP también se pueden formar en PVH ácido, pero la mayoría de ellos se eliminan durante la filtración de los hidrolizados. Los cloropropanoles también se encuentran en alimentos procesados listos para comer, incluidas las salsas de soja y ostras, ingredientes alimenticios como el ajo procesado y productos alimenticios relacionados como productos a base de cereales, sopas, carne, queso y pescado cocido. En 11 grupos de alimentos, se encontró 3-MCPD en concentraciones desde no detectables hasta varios cientos de ng/g: en hierbas, especias y condimentos 6-12 ng/g, en granos y productos a base de granos 26-39 ng/g, en carne de pescado ahumado 36-37 ng/g, y en margarina 1.480-1.530 ng/g (Autoridad Europea de Seguridad Alimentaria, 2013). Su nivel máximo permitido en PVH se ha establecido en el Reglamento (CE) nº 1881/2006 de la Comisión en 20 ng/g.

Los compuestos 3-MCPD y 1,3-DCP muestran claros efectos cancerígenos en ratas y ratones. Aunque no existen estudios epidemiológicos o clínicos en humanos con respecto al 3-MCPD, se ha establecido una ingesta diaria máxima tolerable provisional de hasta 2 μg/kg de peso corporal sobre la base del nivel de efecto más bajo observado. Con respecto a 1,3-DCP y 2,3-DCP, se ha concluido que sus exposiciones son poco preocupantes para la salud humana. No se puede realizar una evaluación de riesgo adecuada para 2-MCPD debido a datos limitados sobre su toxicología y su presencia en alimentos.

16.4.3 Reacciones de Proteínas

La mayoría de los alimentos se calientan a pH neutro o ligeramente ácido, pero en varios casos también en condiciones alcalinas, por ejemplo, para la extracción y separación de proteínas de diversas materias primas o para la inactivación de inhibidores de proteinasas y micotoxinas. El calentamiento a pH elevado puede causar hidrólisis de amidas y de algunos enlaces peptídicos en proteínas, así como β-eliminación en residuos de aminoácidos. Esto genera carbaniones y residuos de dehidroalanina (Fig. 16.12). Por recombinación de los carbaniones con protones se forman los aminoácidos L y D. La tasa de racemización depende de las propiedades de las proteínas y de los residuos de aminoácidos. El residuo de dehidroalanina participa en el entrecruzamiento intra e intermolecular de proteínas y en la formación de aminoácidos modificados (Fig. 16.13). Estas reacciones disminuyen la utilización biológica de las proteínas debido a los isómeros D de aminoácidos, la baja digestibilidad causada por el entrecruzamiento, la inhibición

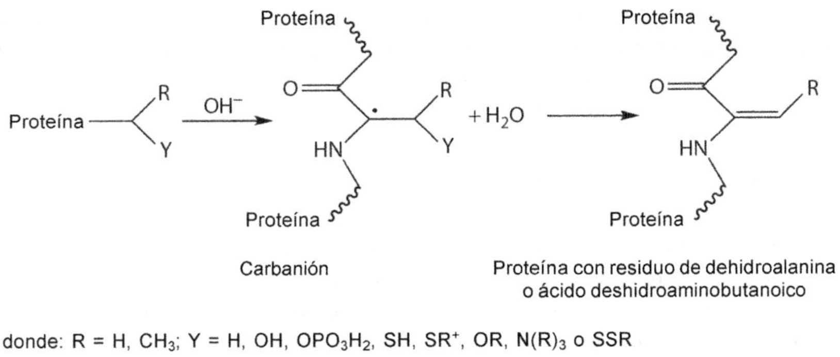

FIGURA 16.12 Formación de carbaniones y dehidroalanina.

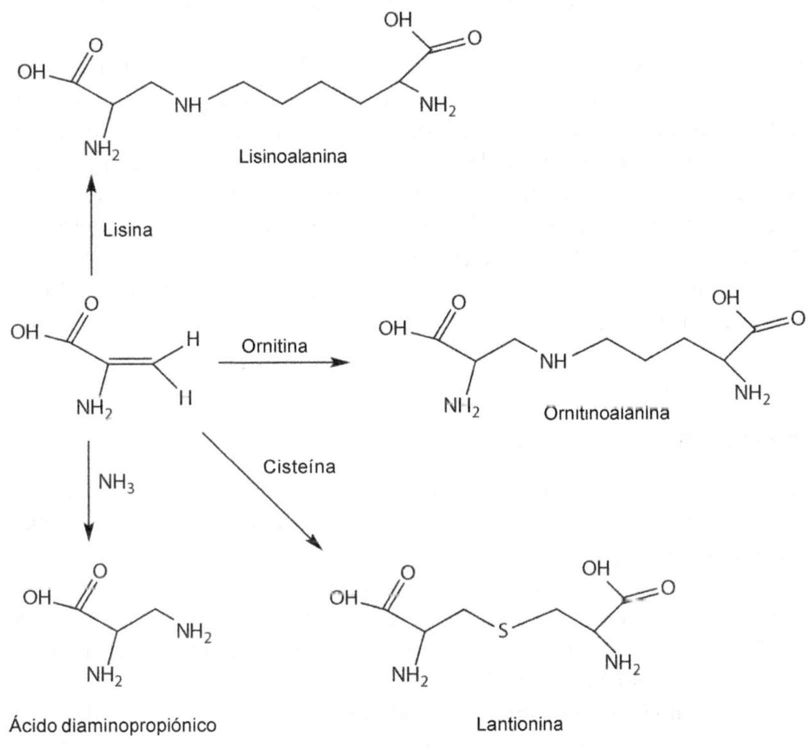

FIGURA 16.13 Generación de aminoácidos modificados por reacción con dehidroalanina.

de enzimas proteolíticas, así como por pérdidas de lisina, treonina, cisteína y arginina. También pueden causar daño renal por lisinoalanina. El alcance de la modificación de los residuos de aminoácidos en los alimentos calentados depende del pH del producto, de las propiedades de las proteínas y de la temperatura. En alimentos calentados a pH neutro y ligeramente ácido, se encuentran cantidades muy pequeñas de los aminoácidos modificados, pero a pH alcalino su concentración puede alcanzar varios μg/g. Los productos proteicos cocidos, horneados o fritos contienen lisinoalanina en cantidades de aproximadamente 50 a 500 μg/g. Según Gilani, Xiao y Cockell (2012), su nivel sin efectos adversos en fórmulas líquidas para lactantes se sugiere en 0,5-1 μg/g.

El calentamiento de alimentos proteicos puede conducir a la formación de pequeñas cantidades de aminas heterocíclicas mutagénicas o cancerígenas. Se generan principalmente en las partes superficiales de productos a la parrilla, asados, horneados o fritos, así como en jugos y residuos de sartenes expuestos a altas temperaturas durante mucho tiempo. La concentración de estos compuestos en dichos alimentos procesados por calor es generalmente de varios ng/g. Una presentación más detallada sobre este tema ha sido publicada anteriormente (Sikorski, 2005).

Los peligros para la salud causados por la presencia de pequeñas cantidades de *N*-nitrosaminas en alimentos también se han descrito con anterioridad (Sikorski, 2005) y se analizaron a fondo en el Capítulo 5 de este libro.

Varios compuestos nutricionalmente objetables se generan también en las reacciones de residuos de aminoácidos con azúcares reductores. Estas reacciones se han presentado en la Sección 16.4.4.

En general, diferentes métodos de calentamiento aplicados en la industria y en la cocina no generan cantidades objetivamente altas de productos de degradación de proteínas nutricionalmente dañinos, simplemente porque la alta calidad sensorial de los alimentos solo puede garantizarse en condiciones no demasiado extremas. La temperatura interna de un pollo o pavo asado a 200°C en el horno o de un filete de pescado frito en aceite a 180°C suele ser de unos 70°C. Una temperatura mucho más alta, superior a 100°C, se encuentra solo en la capa superficial delgada y deshidratada, que es necesaria para desarrollar el color y sabor deseados del producto. Incluso una esterilización a 130°C no genera cantidades significativas de compuestos nocivos en las latas, porque dicha temperatura interna tan alta no dura, aproximadamente, más de 1 minuto.

16.4.4 Reacciones de Azúcares

Cada vez que se procesan con calor alimentos ricos en azúcares, una serie de reacciones químicas, como reacción de Maillard y/o caramelización, se suceden entre sí dando como resultado la formación de compuestos que contribuyen al color y sabor deseados. Sin embargo, estos procesos, por ejemplo, freír, hornear, asar y secar por calentamiento, deben controlarse, ya que también pueden estar implicados en la formación de compuestos con potencial toxicológico, como acrilamida (AA), furano, 5-hidroximetilfurfural (5-hidroximetil-2-furaldehído, HMF) y 4-metilimidazol con su tautómero 5-metilimidazol (4(5)-MEI).

La principal vía para la formación de AA en alimentos durante el calentamiento a temperaturas superiores a 120°C y baja humedad es la reacción de Maillard, que implica azúcares reductores y residuos de aminoácidos, especialmente la L-asparagina libre, como precursores principales (Fig. 16.14). La L-asparagina puede descomponerse térmicamente por desaminación y decarboxilación, pero cuando hay una fuente de carbonilo, la cantidad de AA a partir de L-asparagina es mucho mayor. Se ha postulado que otras rutas de reacción para la formación de AA en alimentos se originan a partir de la acroleína (Stevens y Maier, 2008), que podrían derivarse de lípidos, aminoácidos o azúcares del gluten de trigo (Claus *et al.*, 2006), y por desaminación de 3-aminopropionamida (Zamora *et al.*, 2009), que se forma como un intermediario en la reacción de Maillard.

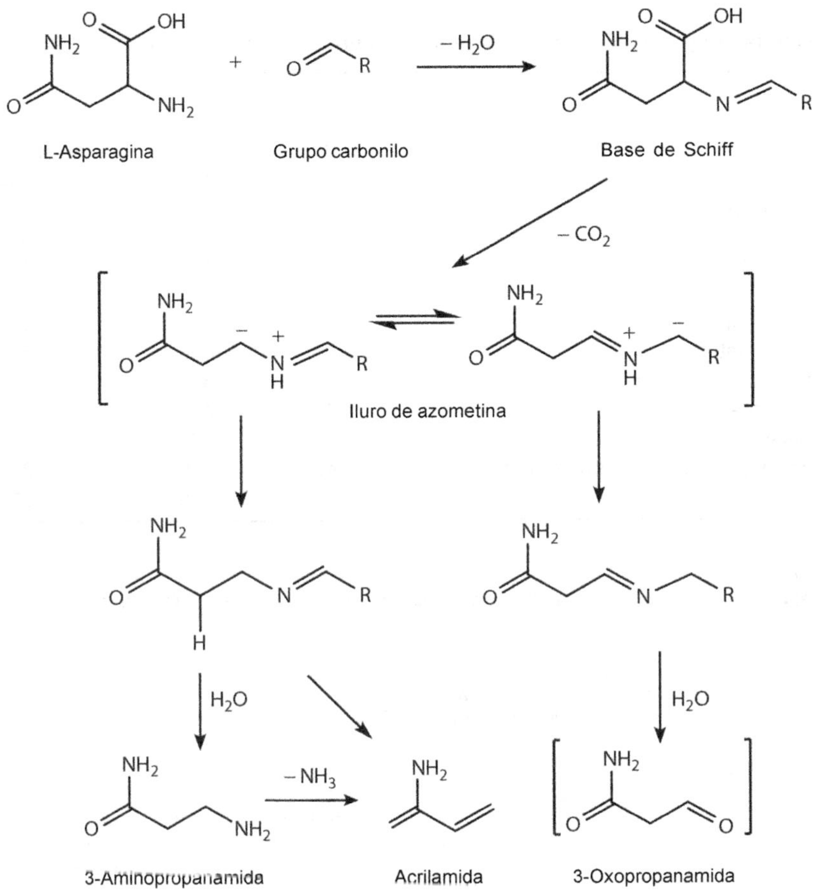

FIGURA 16.14 Formación de acrilamida en alimentos.

La acrilamida está presente en una amplia gama de alimentos cotidianos. Los grupos de alimentos más importantes que contribuyen a la exposición a AA son el café, los productos fritos de patata, especialmente las patatas fritas y también los alimentos elaborados a partir de granos, como galletas, pan crujiente, pan blando y cereales para el desayuno (Tabla 16.7).

En los productos lácteos, carne y productos pesqueros no se forma AA o se forma a niveles muy bajos. Todavía se desconoce cómo reducir el nivel de AA en el café, aunque está claro que ocurre cuando se tuestan los granos de café y no cuando se prepara el café. Para limitar el contenido de AA en patatas y cereales procesados, los factores que afectan la reducción de los niveles de azúcar en el primero y la concentración de asparagina en el último caso deben controlarse, ya que en las patatas los azúcares reductores están presentes en exceso en relación con la asparagina y viceversa. Dado que el nivel de AA en los alimentos depende de la temperatura y del tiempo, los alimentos a base de vegetales crudos o cocinados al vapor, hervidos o cocinados por microondas son más seguros que los fritos, horneados o asados.

A diferencia de la AA, la formación de furano en los alimentos no se conoce bien. Se han propuesto cinco rutas de formación. Además de la reacción de Maillard/degradación térmica de

TABLA 16.7
Nivel de acrilamida (ng/g) en diferentes productos alimenticios *vs.* valor indicativo de acrilamida.

	Acrilamida		
Productos alimenticios	Límite medio	Valor indicativo[a]	Número de muestras
Grano de café tostado	522	450	17
Pan de jengibre	407	1.000	na
Patatas crujientes y aperitivos	389	1.000	47
Productos fritos de patata	308	600	33
Galletas, biscotes, pan crujiente	265	500	73
y artículos similares	161	400	41
Cereales de desayuno	73	50	53
Alimentos infantiles procesados a base de cereales	42	150	31
Pan blando	24	80	32

Fuente: *EFSA J.* 13, 1-321, 2015.
Na: no analizado.
[a] Valores indicativos para AA en productos alimenticios según la Recomendación de la Comisión 2013/647/EU.

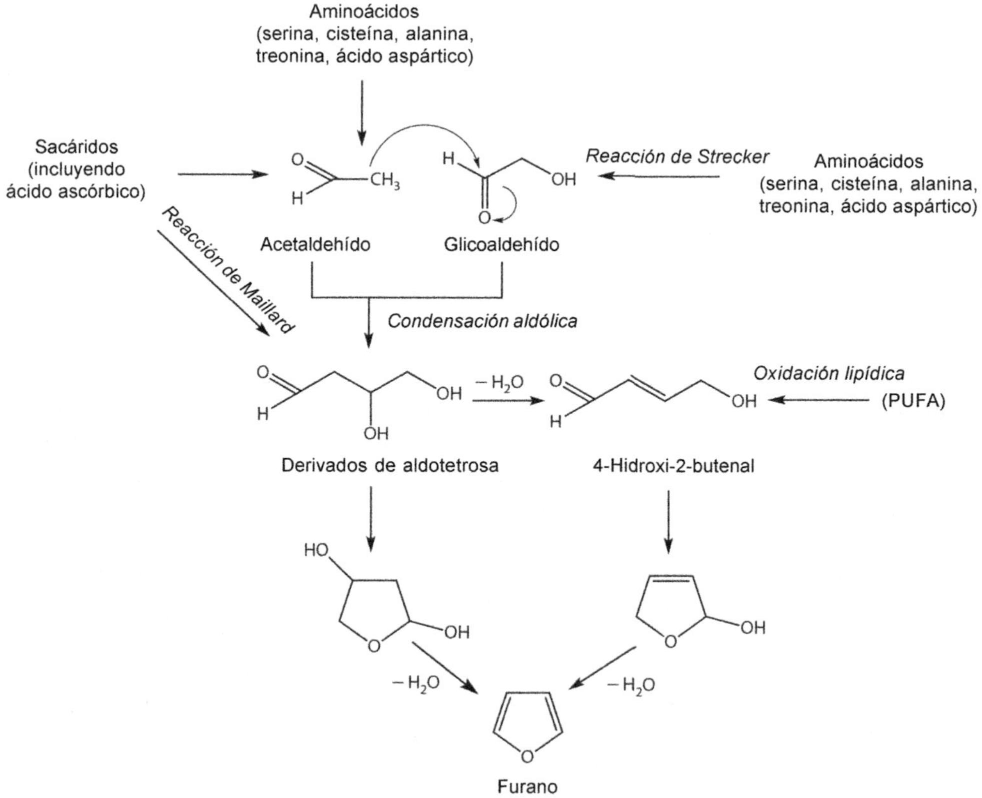

FIGURA 16.15 Rutas propuestas de formación de furano en alimentos.

TABLA 16.8
Nivel de furano (ng/g) en diferentes productos.

Productos alimenticios	Furano	Número de muestras
Grano de café tostado	3.660	30
Bebida de café	42-45	89
Alimentos infantiles distintos de los elaborados a base de cereales	31-32	1.617
Salsa de soja	27	94
Sopas	23-24	270
Productos derivados de cereales	15-18	190
Pescado	17	47
Productos cárnicos	13-17	174
Cacao	9-10	14

Fuente: EFSA *J.* 9, 1–33, 2011.

los azúcares reductores en presencia o ausencia de aminoácidos, hay oxidación térmica de ácidos grasos polienoicos y descomposición térmica de ácido ascórbico y carotenoides (Fig. 16.15) (Pérez y Yaylayan, 2004).

El furano y sus derivados están presentes de forma natural en muchos alimentos. Se encuentran en el café y en varios productos que han sido sometidos durante el procesado a un tratamiento térmico a temperaturas superiores a 200°C (Tabla 16.8). La cantidad de furano formado en los granos de café varía según el nivel de tostado. La molienda puede reducir los niveles de furano hasta en un 60%. Se producen disminuciones adicionales en la producción de café instantáneo en polvo y en el proceso de preparación. Como el furano es altamente volátil, puede evaporarse de los alimentos procesados contenidos en un envase hermético cuando se abre el recipiente. Por lo tanto, la cantidad de furano perdido depende de las condiciones de almacenamiento de los alimentos.

El HMF se forma naturalmente como un intermediario en la reacción de Maillard y por deshidratación directa de hexosas en condiciones ácidas leves (caramelización) (Fig. 16.16). La energía de activación para la formación de HMF es mayor que la de la degradación de HMF, por lo tanto, su concentración aumenta con el aumento de la temperatura. La tasa de formación de HMF en los alimentos también depende del tipo de azúcar, pH y actividad de agua.

El HMF no está presente en alimentos frescos o sin tratar, pero se acumula rápidamente durante el tratamiento térmico y el almacenamiento de productos ricos en azúcares. El HMF se produce en la miel, el café, los jugos de frutas, la pasta de tomate y los productos lácteos tratados térmicamente, donde se genera como resultado de sobrecalentamiento y/o condiciones de almacenamiento inadecuadas, y se reconoce como un indicador de deterioro de la calidad. El HMF también está presente en productos de cereales como pasta, galletas, pan, cereales infantiles extruidos, cereales para desayuno y pan tostado, donde se utiliza para controlar el proceso de calentamiento aplicado. Otra fuente de HMF en los alimentos son las bebidas alcohólicas, en las que la presencia de HMF puede estar relacionada con los ingredientes utilizados en la formulación del producto, por ejemplo, la adición de soluciones de caramelo.

Los imidazoles, incluyendo 4(5)-MEI, también se forman en la reacción de Maillard. Durante el tratamiento térmico de alimentos y bebidas, los azúcares se degradan en alquil dicarbonilos y

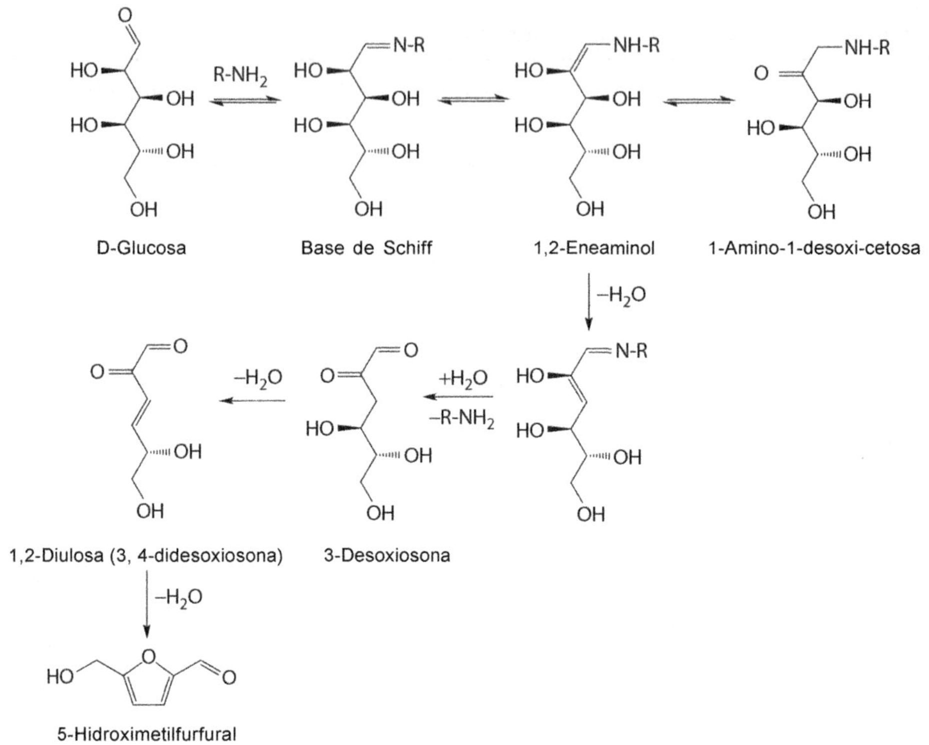

FIGURA 16.16 Formación de 5-hidroximetilfurfural en alimentos.

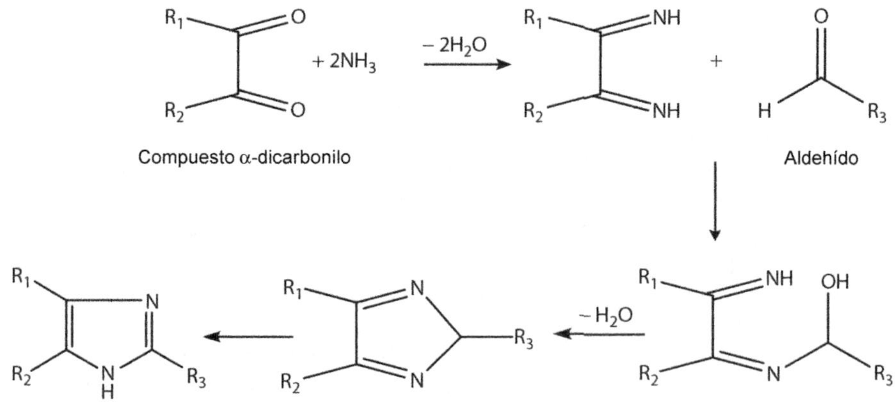

FIGURA 16.17 Formación de imidazol.

alquil cetonas, y los aminoácidos forman amoníaco y alquil carbonilos a través de la degradación de Strecker. 4(5)-MEI se genera como resultado de la interacción entre los productos de estas reacciones (Fig. 16.17).

Concentraciones más altas de azúcar y amoníaco, temperaturas más altas, mayor actividad de agua y tiempos de reacción más largos aumentan la cantidad de 4(5)-MEI.

4(5)-MEI ha sido identificado en alimentos tostados, carnes a la parrilla, café y en varios colorantes comerciales de caramelo utilizados como colorantes alimentarios y de bebidas. En particular, se han encontrado altos niveles de 4(5)-MEI en colorantes de caramelo de clase III y IV, que se forman calentando azúcares con compuesto de amonio, en ausencia y presencia de compuestos que contienen sulfato (IV), respectivamente. Las cantidades de 4(5)- MEI, en cervezas oscuras varía de 0 a 424 mg/dm^3, cantidad aproximadamente mil veces menor que la existente en las marcas habituales de bebidas de cola, y en el café puede alcanzar niveles de hasta 2 mg/dm^3 (Hengel y Shibamoto, 2013).

Aunque existen muchos informes sobre productos tóxicos inducidos por el calor de la reacción de Maillard, estos compuestos generalmente se encuentran solo a niveles traza. El consumo promedio diario de AA para la población general y para los consumidores con alta exposición dietética, se estimó en 1 y 4 µg/kg de peso corporal, respectivamente, y los valores de 1 y 2 µg/kg de peso corporal se tomaron como representativos de la media y alto consumo de furano en la dieta (EFSA, 2015). Por lo tanto, la AA y el furano están presentes en los alimentos a niveles muy inferiores a los que aumentarían significativamente los riesgos para la salud. Sin embargo, ambos compuestos son considerados por la Agencia Internacional de Investigación sobre el Cáncer (IARC) como probables o potencialmente cancerígenos para los humanos, o podrían ser metabolizados por los humanos a compuestos potencialmente cancerígenos. A su vez, la ingesta diaria de HMF se estimó en 1.600 µg/persona (EFSA, 2005). Esto significa que se encuentra a varios órdenes de magnitud mayor que la descrita para AA o furano, y de acuerdo con los criterios de IARC, la evidencia de carcinogenicidad del HMF parece ser inadecuada. El IARC no menciona en absoluto 4(5)-MI, pero en 2011, el Estado de California agregó este compuesto a la lista de carcinógenos probables y estimó 29 µg/día como la ingesta de «Nivel de riesgo no significativo» (Hengel y Shibamoto, 2013). La exposición dietética a largo plazo a los caramelos en niños de 1 a 10 años, estimada con base en datos analíticos en 11 países europeos (EFSA 2010), ha demostrado que la exposición diaria promedio varía de 4,3 a 41 mg/kg de peso corporal para los caramelos con amoníaco-sulfato (IV) (clase IV) y de 32 a 105 mg/kg de peso corporal para caramelos de amoníaco (clase III).

En 2007, el proyecto de la Unión Europea de «Toxicidades alimentarias inducidas por calor, identificación, caracterización y minimización de riesgos» (HEATOX) compiló una base de datos que incluía alrededor de 800 compuestos generados como resultado de la reacción de Maillard y la oxidación de lípidos. Esta base de datos contiene compuestos que pertenecen a diferentes clases químicas, incluyendo alcoholes, aldehídos, hidrocarburos, furanos, cetonas, pirazinas, piridinas, pirrol, tiazoles y tiofenos, así como una variedad de compuestos que contienen S-, N- y O. La información sobre la toxicidad de estos compuestos es escasa; por lo tanto, se ha empleado un enfoque de modelado molecular para evaluar la toxicidad potencial de cada compuesto. A partir de esta evaluación *in silico*, se identificaron 53 compuestos como potencialmente dañinos. Estos incluyen, por ejemplo, 5-propionil-2,3-dihidro-1,4-tiazina y 2-propionil-1,4,5,6-tetrahidropiridina.

16.5 OBSERVACIONES FINALES

La idea de que en el mundo industrializado del siglo XXI los miles de millones de población, especialmente aquellos que viven en áreas urbanizadas, podrían mantenerse sin la preservación y el procesado contemporáneos de los recursos alimenticios se encuentra más allá de la imaginación humana. El procesado de materias primas alimentarias es antiguo y obligatorio. Las opiniones de que solo los alimentos no procesados son saludables engañan a los consumidores y socavan la confianza en la industria alimentaria. El procesado sirve, entre otras cosas, para eliminar componentes nocivos naturales y contaminantes de las materias primas y, si se lleva a cabo en condiciones racionales, debería mejorar las propiedades sensoriales de los alimentos, sin disminuir el valor nutritivo ni generar compuestos tóxicos. Sin embargo, al manipular alimentos, el principio de riesgo y beneficio debe observarse al igual que en casi todas las actividades humanas.

Los organismos internacionales responsables de la inocuidad de los alimentos han establecido reglas y requisitos con respecto a los parámetros de procesado y almacenamiento. Estas normativas tienen como objetivo lograr el beneficio deseado, es decir, una alta calidad sensorial y una vida útil con un riesgo mínimo de perjudicar el valor nutricional y la inocuidad de los productos. Se basan en los resultados de una investigación imparcial que muestra los efectos de las condiciones de producción y manipulación de alimentos sobre el contenido de compuestos nocivos en diversos productos. La observancia de estas reglas reduce al mínimo los riesgos para la salud causados por alimentos inseguros. Un factor muy importante para eliminar estos peligros es la implementación completa del sistema de gestión de calidad APPCC y la trazabilidad en la agricultura, industria pesquera y alimentaria. En el control de la inocuidad de los alimentos, las técnicas analíticas modernas hacen posible determinar cantidades mínimas de compuestos nocivos a nivel de unos pocos pg/g (Plutowska y Jeleń, 2015). Sin embargo, independientemente de todos los controles sistemáticos y un sólido conocimiento profesional, uno de los factores decisivos es la ética del personal en todos los segmentos de la economía alimentaria.

BIBLIOGRAFÍA

Alexander, J., D. Benford, A. Cockburn, J.-P Cravedi, E. Dogliotti, A.D. Domenico 2008. Scientific opinion of the panel on contaminants in the food chain on a request from the European commission on polycyclic aromatic hydrocarbons in food. *EFSA J.* 724: 1–114.

Bartosz, G., and A. Kołakowska. 2011. Lipid oxidation in food systems. In: Sikorski Z.E., and A. Kołakowska (eds) *Chemical, Biological, and Functional Properties of Food Lipids*, 2nd edn. Boca Raton, FL: CRC Press, pp. 163–184.

Biegler, P. 1960. Fischwaren-Technologie. Theorie und Praxis der Fabrikationsmethoden zur Konservierung von Fischen. In: *Der Fisch. Band V.* Verlag Der Fisch. Clara Bader, Lübeck.

Claus, A., G.M. Weisz, A. Schieber, and R. Carle. 2006. Pyrolytic acrylamide formation from purified wheat gluten and gluten-supplemented wheat bread rolls. *Mol. Nutr. Food Res.* 50: 87–93.

Commission Recommendation of 8 November 2013 on investigation into the levels of acrylamide in food. *OJ. L* 301: 15–17.

Commission Regulation (EC) No 2073/2005. Microbiological criteria for foodstuffs *OJ. L* 338 1–26.

Commission Regulation (EU) of 6 May 2011 amending Regulation (EC) No 1881/2006.

Commission Regulation (EU) No 1019/2013 amending Annex I to Regulation (EC) No 2073/2005 as regards histamine in fishery products.

Dąbrowski, K., and A. Rutkowski. 2015. Food additives—Properties, role and rules of application. In: Sikorski, Z.E., and H. Staroszczyk (eds) *Food Chemistry*, vol. 2. Warszawa, MO: Wydawnictwo WNT (in Polish), pp. 215–252.

EFSA. 2005. Opinion of the Scientific Panel on Food Additives, Flavourings, Processing Aids and Materials in contact with Food (AFC) on a request from the Commission related to Flavouring group evaluation 13: Furfuryl and furan derivatives with and without additional side-chain substituents and heteroatoms from chemical group 14. *EFSA J.*, 215: 1–73.

EFSA. 2010. Long-term dietary exposure to different food colours in young children living in different European countries. EXPOCHI Scientific report submitted to EFSA. EFSA-Q-2010–00787 7(5): 1–27.

EFSA. 2011. Update on furan levels in food from monitoring years 2004–2010 and exposure assessment. *EFSA J.* 9(9)2347: 1–33.

European Food Safety Authority. 2013. Analysis of occurrence of 3-monochloropropane-1,2-diol (3-MCPD) in food in Europe in the years 2009–2011 and preliminary exposure assessment. *EFSA J.* 11(9): 3381–3426.

EFSA. 2015. Scientific opinion on acrylamide in food. EFSA panel on contaminants in the food chain (CONTAM). *EFSA J.* 13(6): 4104: 1–321.

Flick, G.J., and L.A. Granata. 2005. Biogenic amines in foods. In: Dąbrowski, W.M., and Z.E. Sikorski (eds) *Toxins in Food*. Boca Raton, FL: CRC Press, pp. 121–154.

Forycki, Z.F. 2011. Dietary lipids and coronary heart disease. In: Sikorski Z.E, and A. Kołakowska, (eds) *Chemical, Biological, and Functional Properties of Food Lipids*, 2nd edn, Boca Raton, FL: CRC Press, pp. 211–226.

Gilani, G.S., Ch. W. Xiao, and K.A. Cockell. 2012. Impact of antinutritional factors in food proteins on the digestibility of protein and the bioavailability of amino acids and on protein quality. *Brit. J. Nutr.* 108: 315–333.

Gomes, R., M.E. Meek, and M. Eggleton. 2002. *Acrolein. Concise International Chemical Assessment Document 43*. Geneva: World Health Organization.

Hengel, M., and T. Shibamoto. 2013. Carcinogenic 4(5)-methylimidazole found in beverages, sauces, and caramel colors: Chemical properties, analysis, and biological activities. *J. Agr. Food Chem.* 61: 780–789.

Kołakowska, A., and G. Bartosz. 2014. Oxidation of food components. An introduction. In: Bartosz, G. (ed) *Food Oxidants and Antooxidants. Chemical, Biological, and Functional Properties*, Boca Raton, FL: CRC Press, pp. 1–20.

Lopez, H.W., F. Leenhardt, C. Coudray, and C. Remesy. 2003. Minerals and phytic acid interactions: Is it a real problem for human nutrition? *Int. J. Food Sci. Tech.* 37: 727–739.

Malinowska-Pańczyk, E. 2015. Nonprotein nitrogenous compounds. In: Sikorski, Z.E., and H. Staroszczyk (eds) *Food Chemistry*, vol. 1, Warszawa: Wydawnictwo WNT (in Polish), pp. 240–262.

McMeekin, T.A., J.N. Olley, T. Ross, and D.A. Ratkovsky. 1993. *Predictive Microbiology. Theory and Practice*. New York: John Wiley & Sons.

Perez, L.C., and V.A. Yaylayan. 2004. Origin and mechanistic pathways of formation of the parent furan—A food toxicant. *J. Agric. Food Chem.* 52: 6830–6836.

Plutowska, B., and H. Jeleń. 2015. Food analysis. In: Sikorski, Z.E., and H. Staroszczyk (eds) *Food Chemistry*, vol. 2. Warszawa: Wydawnictwo WNT (in Polish). pp. 279–316.

Regulation (EC) No 852/2004 of the European Parliament and of the Council of 29 April 2004 on the hygiene of foodstuffs. Annex II.

Seidler, T. 2015. Vitamins. In: Sikorski Z.E., and H. Staroszczyk (eds) *Food Chemistry*, vol. 1. Warszawa: Wydawnictwo WNT (in Polish), pp. 265–294.

Sikorski, Z.E. 2005. The effect of processing on the nutritional value and toxicity of foods. In: Dąbrowski, W.M., and Z.E. Sikorski (eds) *Toxins in Food*. Boca Raton, FL: CRC Press, pp. 285–312.

Sikorski, Z.E. 2016. Smoked foods: Principles and production. In: *The Encyclopedia of Food and Health*, eds. B. Caballero, P. Finglas, and F. Toldrá, vol. 5, 1–5. Oxford: Academic Press.

Sobecka, E., and W. Piasecki. 2011. Fish and shellfish diseases and seafood quality. In: Daczkowska-Kozon, E.g., and B. Sun Pan (eds) *Environmental Effects on Seafood Availability, Safety, and Quality*, 1st edn, Boca Raton, FL: CRC Press, pp. 245–259.

Stevens, J.F., and C.S. Maier. 2008. Acrolein. Sources, metabolism, and biomolecular interactions relevant to human health and disease. *Mol. Nutr. Food Res.* 52: 7–25.

Stołyhwo, A. 2007. Lipids and food quality. In: Sikorski, Z.E. (ed) *Chemical and Functional Properties of Food Components,* 3rd edn, Boca Raton, FL: CRC Press, pp. 177–207.

Visciano, P., M. Schirone, R. Tofalo, and G. Suzzi. 2014. Histamine poisoning and control measures in fish and fishery products. *Front. Microbiol.* 5: 500.

Yannai, S. 2013. *Dictionary of Food Compounds with CD-Rom*, 2nd edn. Boca Raton, FL: CRC Press.

Zamora R., R.M. Delgado, and F.J. Hidalgo. 2009. Conversion of 3-aminopropionamide and 3-alkylaminop, ropionamides into acrylamide in model systems. *Mol. Nutr. Food Res.* 53: 1512–1520.

17 Componentes tóxicos de los materiales de envasado de los alimentos

Lidia Wolska y Maciej Tankiewicz

CONTENIDO

17.1 INTRODUCCIÓN

Al principio, los alimentos se consumían dónde se encontraban, Luego, si era necesario el transporte de los mismos, el hombre comenzó a usar varias formas de envasado de alimentos. Inicialmente, se obtuvieron directamente del medio ambiente, como hojas, corteza de árbol o concha marina. Después, aparecieron las vasijas de barro, y de 1.500 a.C. a 500 d.C. se utilizaron recipientes cerámicos y ánforas. El vidrio se industrializó por primera vez en Egipto en el año 1.500 a.C. En la antigüedad, apareció el papel (Egipto, China) y se descubrió el proceso de producción de metales (plata, oro, bronce, hierro, plomo). El plomo se ha utilizado durante al menos 5.000 años y las primeras aplicaciones incluyeron pigmentos para cerámica de acristalamiento, tuberías para el suministro de agua y edulcorante para vino (acetato de plomo). Se especula que en la antigua Roma el consumo de plomo por algunos romanos estaba a nivel de 1 gramo por día (Järup, 2003).

Nuestros antepasados también usaron para envasar celulosa, algodón y lino de origen natural. Los envases de plástico aparecieron junto con la síntesis de polímeros a principios del siglo XIX (Raheem, 2012).

El envasado de alimentos proporciona beneficios indudables. Permite y aumenta los procesos logísticos y de transporte, la conservación y el almacenamiento de productos alimenticios, la comercialización y la información al consumidor. Esencialmente, el envase protege los alimentos del medio ambiente y de los agentes químicos y físicos, desempeñando un papel crucial en la protección de la calidad y la inocuidad de los productos alimenticios. También proporciona protección biológica contra microorganismos, insectos, roedores y otras plagas. El envasado de alimentos forma parte de la historia humana y sigue evolucionando y desarrollándose (Conti, 2007; EFSA n.d.).

Los materiales de embalaje de uso tradicional incluyen vidrio, metales (láminas y laminados de aluminio, hojalata y acero sin estaño), papel y cartón, cerámica y plásticos. Se aplican porque no influyen en el sabor y aroma de los alimentos envasados. Recientemente, se ha introducido una variedad más amplia de plásticos en formas rígidas y flexibles. Hoy en día, los envases a menudo combinan varios materiales para explotar las propiedades funcionales o estéticas de cada material. A medida que continúa la investigación para mejorar el envasado de alimentos, los avances en este campo pueden afectar al impacto ambiental del envasado. Inicialmente, los materiales y el método de envasado de alimentos no constituían una carga para el medio ambiente y no generaban ninguna amenaza para los humanos. Con el tiempo, se ha observado que los procesos de producción de envases y el destino posterior de la eliminación de esos materiales (almacenamiento, reciclaje, residuos) constituyen un peligro creciente (Montanari, 2015).

En la actualidad, tenemos acceso a una nueva generación de materiales de envasado, como el envasado inteligente (EI), el envasado activo (EA), el envasado en atmósfera modificada (EAM) y el uso de agentes antimicrobianos para extender la vida útil de los alimentos en condiciones de almacenamiento y distribución.

Los envases modernos se controlan en términos de su impacto en la calidad de los alimentos, especialmente aquellos que están en contacto directo con los mismos. Los envases pueden también ser fuente potencial de contaminación química de los alimentos y, a menudo, la relevancia de estas fuentes se subestiman. Algunos de ellos son tóxicos y constituyen una amenaza, cada vez más documentada científicamente, para la salud humana. El proceso de transferencia de productos químicos del envase al alimento se conoce como migración.

17.2 PROCESO DE MIGRACIÓN

El análisis cualitativo y cuantitativo de los componentes que pueden migrar de los materiales de envasado de alimentos se puede lograr por diferentes medios. La regulación de los productos químicos que pueden utilizarse para los materiales de envasado de alimentos se gestionan con un enfoque sustancia por sustancia con umbrales genéricos o específicos para diferentes contaminantes. La cuantificación de la exposición de la población general a sustancias de los materiales de envasado de alimentos se basa en la estimación del consumo de alimentos y la lixiviación en los mismos. El proceso de migración se puede dividir en tres fases (Fig. 17.1; Mattsson y Sonesson, 2003):

(a) Difusión dentro del polímero.
(b) Solvatación en la interfaz polímero-alimento.
(c) Dispersión en el alimento.

En general, cualquier migración de sustancias químicas desde el envase a los alimentos es el resultado de una serie de procesos de difusión sometidos a control termodinámico y cinético. Los

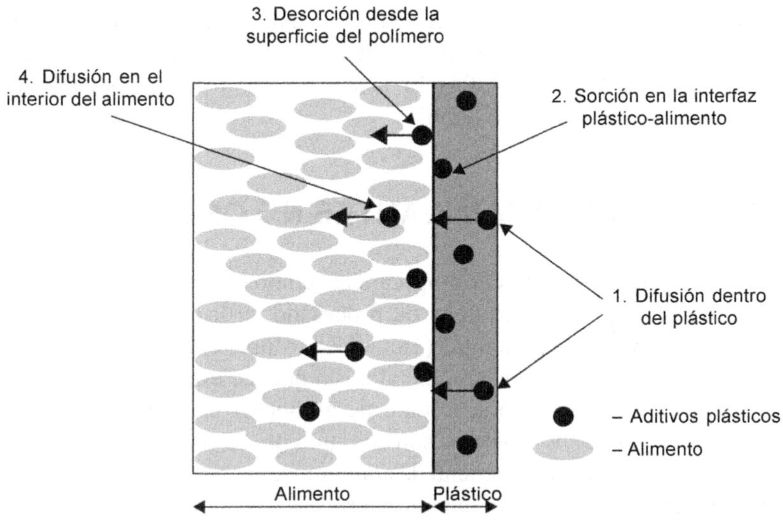

FIGURA 17.1 Fases del proceso de migración.

siguientes factores son cruciales en el proceso: las propiedades fisicoquímicas de la sustancia (tamaño inferior a 1.000 Da), el material de envasado y las matrices alimentarias (p. ej., contenido de grasa y sal, el valor de pH); temperatura; tiempo de almacenamiento; y tamaño del envase en proporción al volumen de alimento (los envases de menor tamaño tienen una relación superficie-volumen mayor). Los tipos de productos químicos que pueden migrar son muy diversos y dependen del tipo de material de envasado.

Diferentes modelos matemáticos derivados de las leyes de Fick pueden describir el proceso de migración (Crank, 1975). Por ejemplo, el modelo matemático de Crank se aplicó para evaluar la migración del hidroxitolueno butilado a partir de la película de polipropileno (Rubino y Xia, 2016).

17.3 CONTROL NORMATIVO

Las reglamentaciones sobre alimentos y materiales en contacto con alimentos están bien desarrolladas y establecidas (ver Capítulo 19). En Europa, la legislación a nivel comunitario y las legislaciones nacionales continúan coexistiendo (Schaefer, 2010), mientras que en los Estados Unidos la Administración de Medicamentos y Alimentos (FDA) ejerce el control sobre la inocuidad alimentaria (Baughan y Attwood, 2010).

La legislación de la UE establece los límites aceptables para la migración de sustancias desde el envase al alimento. Para todas las sustancias que pueden migrar del plástico a los alimentos se designa el Límite de Migración Global (LMG) y para las sustancias individuales el Límite de Migración Específico (LME). En 2011, la Comisión Europea actualizó y consolidó la normativa relacionada con los plásticos en contacto con alimentos. De acuerdo con este reglamento legal, solo las sustancias incluidas en la lista de la UE pueden usarse intencionadamente en la fabricación de películas plásticas en materiales y artículos plásticos (Comisión Europea, 2011a, 2015).

En general, las reglamentaciones se dividen en dos series diferentes: una se refiere a requisitos genéricos en todos los materiales de envasado de alimentos y otra a reglas específicas con relación a materiales individuales, como cerámica, resinas epoxi, película de celulosa regenerada, material plástico reciclado, envasado activo e inteligente y plásticos (Consejo de Europa, 2002; Parlamento Europeo y el Consejo, 2004). En la actualidad, no existen documentos armonizados relacionados con el uso de acero inoxidable.

17.4 METALES Y CONTAMINANTES NO ORGÁNICOS

Los metales y las aleaciones se aplican ampliamente como materiales en contacto con alimentos, por ejemplo, como parte de los equipos de procesado en la industria alimentaria, utensilios domésticos y como envases de alimentos (Tabla 17.1; Muncke, 2014).

Algunos materiales de envasado son metálicos o pueden estar presentes naturalmente en las materias primas utilizadas en la preparación de alimentos en conserva. En otras situaciones (plásticos, vidrio, cerámica), los metales son solo uno de los componentes con un papel específico. Por lo tanto, son una fuente potencial de contaminación de alimentos. La contaminación por metales puede tener lugar durante el manejo y procesado de alimentos, desde la granja hasta el punto de consumo. De la presencia de algunos metales pesados como arsénico, cadmio, plomo, mercurio y zinc en los alimentos se ha informado como resultado de la contaminación ambiental del suelo, el agua y las plantas (frutas y verduras) utilizadas durante la producción (Cederberg *et al.,* 2015) Las principales fuentes de estos elementos en el medio ambiente son naturales o como consecuencia de la actividad humana de los procesos industriales, instalaciones agrícolas y tráfico. Finalmente, los metales pueden ingresar a los alimentos desde el envase mediante una variedad de procesos. La migración no debe ocurrir en cantidades que pongan en peligro la salud humana. La migración (liberación) de metales, tanto de los componentes principales como de las impurezas, es relevante para los materiales en contacto con alimentos fabricados a partir de

TABLA 17.1
Aplicación de metales en la industria moderna de alimentos.
Materiales de envasado.

Funciones generales o usos	Aplicaciones industriales
Material estructural (metales, aleaciones)	Aluminio Hojalata Hojas y laminados Acero sin estaño Acero cromado electrolíticamente
Aditivos y auxiliares tecnológicos (papel, cerámica, vidrio, textil, plástico)	Rellenos Estabilizadores Colorantes (pigmentos y tintes) Esmaltes cerámicos
Materiales de envasado activos e inteligentes	Agentes antimicrobianos Antioxidantes Eliminadores de oxígeno Agentes barrera frente a gas Susceptores de microondas
Nanomateriales	Nanocompuestos (Ti, Ag, Zn)

metales y sus aleaciones. Como conclusión, el estudio de la migración de metales y sus concentraciones en alimentos es importante debido a sus efectos negativos (Mayfield *et al.*, 2015).

Los metales forman fácilmente cationes, óxidos, hidróxidos e hidruros metálicos binarios. Además, pueden reaccionar con los no metales formando compuestos iónicos y con otros metales dando compuestos metálicos. Estos compuestos metálicos formados de varios metales se denominan aleaciones. El acero inoxidable es la aleación más utilizada. Los metaloides se pueden dividir en dos categorías, porque poseen propiedades metálicas y no metálicas. Ejemplos de estos son el antimonio y el arsénico. Además, la especiación de metales es de gran importancia para la toxicología. Por ejemplo, el Cr (III) es el estado más estable y es un elemento esencial para los humanos. El Cr (VI) es altamente tóxico e incluye efectos como genotoxicidad (Marsh y Bugusu, 2007).

Adicionalmente, varios metales que juegan un papel importante en las funciones biológicas (esenciales para la buena salud), en concentraciones apropiadas, pueden ser potencialmente tóxicos. Por ejemplo, el hierro es un fragmento integral de muchas proteínas y enzimas y es crucial para la producción de hemoglobina. Su deficiencia es un problema generalmente reconocido y en algunos países la harina de trigo está fortificada con hierro para proporcionar la cantidad necesaria de hierro en la dieta. El cobalto es un componente necesario de la vitamina B_{12} (cianocobalamina) y se requiere para la producción de glóbulos rojos. Este elemento acumulado en grandes cantidades es tóxico. Aumenta la actividad de la glándula tiroides y la médula ósea. El cobre es un componente importante de varias enzimas y participa en la utilización del hierro. El manganeso es un elemento esencial para los humanos. En caso de exposición ocupacional, se han observado efectos nocivos sobre el sistema nervioso central y efectos neurológicos. El zinc es un cofactor de más de 200 enzimas (Lemos *et al.*, 2008; Saçmacı *et al.*, 2012).

Los metales no esenciales son aquellos que no tienen un papel beneficioso en las funciones biológicas, por ejemplo, berilio, talio y titanio. Especialmente, los metales pesados, como el cadmio, el plomo y el mercurio, han mostrado propiedades nocivas y tóxicas y constituyen un grave problema de salud pública. Estos elementos pueden ser muy perjudiciales incluso a bajos niveles de concentración cuando se ingieren durante un tiempo prolongado. El cadmio y el plomo no tienen funciones fisiológicas conocidas y pueden causar efectos adversos para la salud. El cadmio se acumula en los riñones y puede causar daño renal, incluido el cáncer, mientras que el plomo influye en el sistema nervioso. Especialmente, los niños se ven afectados ya que su sistema nervioso en desarrollo es sensible. Afecta la inteligencia y la capacidad de aprender (Ibrahim *et al.*, 2006).

Los principales ejemplos de aplicación de 14 metales de uso generalizado para materiales de envasado de alimentos con su caracterización del riesgo se presentan en la Tabla 17.2 (Comisión Europea 2007, 2011b, 2011c, 2012, 2014; EFSA, 2009).

El papel y sus derivados se encuentran entre los principales materiales de envasado de alimentos en todo el mundo. Son económicos y tienen altos estándares de calidad y de seguridad de uso. Los envases de papel están compuestos de pulpa de diferentes fuentes vegetales y se usan con mayor frecuencia en contacto con alimentos secos. Los metales utilizados en este tipo de material tienen la función de aditivos, estos incluyen agentes de relleno, almidón y derivados, agentes de sellado resistentes frente a la humedad, coadyuvantes de retención, biocidas, blanqueamiento fluorescente y agentes a prueba de grasa. Para los procesos de producción, se utilizan diferentes compuestos; por ejemplo, óxidos e hidróxidos de aluminio, calcio, magnesio, silicio y silicatos metálicos o silicatos hidratados (Comisión Europea, 2002). La fibra reciclada se considera una fuente importante de sustancias migrantes. El proceso de destintado se usa muy a menudo para mejorar la calidad del papel reciclado. Las tintas pueden contener metales pesados, como cadmio, cromo y plomo (Hauder *et al.*, 2013).

TABLA 17.2
Ejemplos de aplicación y efectos tóxicos generales de metales seleccionados.

Metal	Material de contacto con alimentos	Efectos tóxicos	Ingesta diaria tolerable (mg/kg de peso coporal)	Límites de liberación específicos (mg/kg)	Recomendaciones
Aluminio (Al)	Bandejas de alimentos, latas, extremos y cierres de latas, papel de embalaje, revestimiento o laminación de envases de cartón, polvo de aluminio en pigmentos y pinturas; aleaciones de aluminio para materiales en contacto con alimentos pueden contener magnesio, silicona, hierro, manganeso, cobre y zinc	No se han descrito efectos adversos para la salud causados por aluminio liberado del material de envasado	1,0 (ingesta semanal)	5,0	Se debe evitar el almacenamiento de alimentos ácidos (jugos de frutas), alcalinos o salados, especialmente como líquidos, en aluminio, sin recubrimiento (para minimizar la migración)
Antimonio (Sb)	Utilizado en la producción de plomo, estaño y aleaciones de cobre; pigmento en pintura, agente ignífugo en textiles y plástico, agente *opacificante en vidrio, cerámica* y esmaltes	Provoca aumento de peso corporal reducido; la exposición a largo plazo puede conducir a aumento de colesterol en sangre y a una disminución de azúcar en sangre	0,0060	0,040	La concentración en materiales plásticos en contacto con alimentos (utilizados como catalizador) debe evaluarse y ser inferior al límite
Cromo (Cr)	Componente de aleaciones; ciertas latas, se usa como recubrimiento para proteger otros metales de la corrosión (en latas sirve para pasivar la superficie de la hojalata), usado en tintes	Cáncer de pulmón (Cr^{6}+); efectos respiratorios; dermatitis alérgica	0,30 (Cr^{3}+)	0,25	Alimentos ácidos (p. ej., jugos de frutas) en latas no lacadas puede ser significativamente más alto en cromo que en alimentos frescos

Cadmio (Cd)	Utilizado como pigmentos y estabilizadores en plásticos, pigmentos en ciertos esmaltes; presentes en latas de estaño	Daño en riñón, cáncer de pulmón, trastornos óseos	0,0025 (ingesta semanal)	0,005	El estaño no debe usarse para alimentos ácidos o salados; el cadmio en sulfato de zinc utilizado como suplemento alimenticio o para alimentación puede ser un problema
Cobalto (Co)	Utilizado como color azul en vidrio, esmaltes y cerámica, para neutralizar el tinte amarillo del hierro en el vidrio; utilizado en recubrimientos de esmalte sobre acero para mejorar la adherencia del esmalte al metal	Problemas del corazón; dolor abdominal; dificultades para respirar	0,0014	0,020	El uso correcto en aleaciones, vidrio y vidriado de cerámica solo no plantea ningún problema
Plomo (Pb)	Pigmento en esmaltes cerámicos; utilizados en tintas de imprenta; presente en cristal	Efectos neurológicos y reproductivos; daño del sistema hematopoyético	0,025 (ingesta semanal)	0,010	Debido al bajo factor de seguridad, el uso del plomo en materiales en contacto con alimentos se debe abandonar o evitar; se debe evitar el almacenamiento de alimentos ácidos (p. ej., vino) en cristal (aumenta la liberación de plomo); el esmalte en cerámica puede contener plomo o cadmio, que puede migrar a los alimentos
Manganeso (Mn)	Utilizado en la producción de acero; en fabricación de vidrio para blanquear el color de cualquier hierro presente; utilizados en pigmentos y esmaltes	Efectos sobre el sistema nervioso central	9,0 mg/día (basado en efectos neurológicos)	1,8	La migración específica de manganeso de materiales plásticos en contacto con alimentos debe ser inferior a 0,60 mg/Kg

(continúa)

TABLA 17.2 *(Continuación)*
Ejemplos de aplicación y efectos tóxicos generales de metales seleccionados.

Metal	Material de contacto con alimentos	Efectos tóxicos	Ingesta diaria tolerable (mg/kg de peso coporal)	Límites de liberación específicos (mg/kg)	Recomendaciones
Níquel (Ni)	Utilizado en coloración de cerámicas y en esmaltes; utilizado en la fabricación de vidrio y aleaciones resistentes a la corrosión (utensilios de cocina, materiales para el transporte de alimentos, p. ej., tanques de leche y vino, para equipos de procesado de la industria del chocolate y de frutas como manzanas, uvas, naranjas y tomates)	Dermatitis alérgica; existe evidencia de que el níquel es cancerígeno por inhalación	0,012	0,14	No se deben usar materiales niquelados en contacto con alimentos
Plata (Ag)	Utilizado como colorante para decoración en confitería, en bebidas alcohólicas y como aditivo alimentario (E174); aleado con 7,5% de cobre se conoce como plata esterlina; utilizado en la fabricación de vajillas y cubiertos	La exposición a largo plazo puede provocar anemia, agrandamiento cardíaco, retraso del crecimiento y daño hepático	1,29	0,08	La plata usada en nanomateriales no se ha considerado y debe evaluarse por separado caso por caso
Talio (Tl)	Usado en la fabricación de vidrio	Vómitos, diarrea, pérdida temporal del cabello y efectos sobre el sistema nervioso, pulmones, corazón, hígado y riñones	0,010	0,00010	Su contenido en materiales en contacto con alimentos debe ser inferior a 0,050%

Estaño (Sn)	La hojalata se usa en latas de acero, para alimentos con un color claro, p. ej., espárragos y piña; actúa como antioxidante; usado en latas, extremos de latas y cierres principalmente para botellas de vidrio y frascos; utilizado en aleaciones, p. ej., con cobre para conversión en bronce y con zinc para galvanización	El estaño inorgánico es relativamente no tóxico; los compuestos orgánicos tienen efectos neurológicos, diarrea y vómitos	14 (ingesta semanal)	100	Debe evitarse el contacto de los alimentos con materiales de estaño a pH bajo y altas temperaturas que no sean aquellos alimentos envasados en latas chapadas en estaño; no deben almacenarse alimentos en latas abiertas porque al abrir la lata se romperá el sellado de la laca, lo que permite el contacto directo entre los alimentos y los metales
Titanio (Ti)	Presente hasta en 1% en latas de acero inoxidable; utilizado en pigmentos blancos en, por ejemplo, pinturas, lacas, esmaltes, revestimientos de papel y plásticos; utilizado como aditivo alimentario y catalizadores en la fabricación de plásticos	Prácticamente inerte (atraviesa el cuerpo humano)	0,30-1,0 mg/ persona/día (ingesta dietética)	sin límite	Se estima que se absorben 0,80 mg/día
Vanadio (V)	Utilizado en cerámicas y pigmentos de vidrio con colores azules y verdes	Efecto sobre los riñones, el bazo, los pulmones y la presión arterial	0,010-0,030	0,010	El nivel en materiales en contacto con alimentos no se considera perjudicial
Zinc (Zn)	Utilizado en silos de almacenamiento de alimentos (acero galvanizado); utilizado en pinturas y cerámicas; puede contener pequeñas cantidades de cadmio y plomo como impurezas	Náuseas, vómitos, dolor epigástrico, calambres abdominales y diarrea	25 para adultos, 7,0 para niños de 1-3 años	5,0	No se debe utilizar hierro galvanizado en contacto con alimentos líquidos (húmedos) y ácidos

En un estudio llevado a cabo sobre la migración de metales pesados de cartones para envasado de alimentos (Conti, 1997), se detectaron niveles de Pb y Cd en el rango de 0,41-2,37 µg/g para Pb y 0,08-0,1 µg/g para Cd, respectivamente a partir de envases de pizza fabricados con 100% de fibras de celulosa virgen.

Tanto los aceros inoxidables como el vidrio para la producción de material de envasado de alimentos contienen metales pesados como níquel, cadmio, cromo y plomo. Por lo tanto, todos estos elementos pueden migrar a los alimentos (FSA, 2002). La mayoría de las latas de metal están hechas de hojalata (acero recubierto con estaño), acero sin estaño (acero recubierto con cromo y óxidos de cromo) o aluminio. La hojalata es la más popular para latas de alimentos y el aluminio para latas de bebidas. La mayoría de las latas están recubiertas internamente con una capa polimérica (principalmente una resina polimerizada) y, por lo tanto, la superficie de contacto con los alimentos no es el metal sino laca. En el caso de bebidas ácidas, se deben realizar varias pruebas para evaluar el riesgo de migración de contaminantes (Dionisi y Oldring, 2002). Los metales se solubilizan fácilmente en medio ácido; por lo tanto, pueden migrar fácilmente. Además, las altas temperaturas de almacenamiento y las concentraciones de sal (más del 3,5% de cloruro sódico) también pueden aumentar la migración de metales de los materiales de embalaje. Por lo tanto, las sustancias utilizadas en la producción de latas no son solo metales, sino también componentes que migran de los recubrimientos, así como las materias de partida y sus derivados potenciales (Francisco *et al.*, 2015). Para esmaltes cerámicos, a menudo se han usado pigmentos de plomo y cadmio. El pigmento más utilizado es el plomo blanco. Además, los colorantes utilizados en tintas esmaltadas pueden contener pigmentos con plomo, cadmio, zinc y otros metales pesados (Lu *et al.*, 2014). Hoy en día, la lixiviación de estos elementos a partir de materiales cerámicos está estrictamente regulada debido a su alta toxicidad.

Hay muchas sustancias de interés toxicológico restringidas en materiales plásticos y artículos que pueden entrar en contacto con alimentos. Para la producción de polímeros termoplásticos, como polietileno, poliestireno, tereftalato de polietileno y poliamida se utilizan diferentes catalizadores que pueden contener metales pesados. El plomo y el cadmio a veces se detectan en materiales plásticos de embalaje. Las fuentes de estos elementos son impurezas de pigmentos inorgánicos y estabilizantes. Los aditivos que pueden migrar de los materiales plásticos incluyen antioxidantes, antiestáticos, agentes anti-vaho, aditivos lubricantes, plastificantes, estabilizantes térmicos, colorantes y pigmentos. Los antioxidantes pueden contener níquel, mientras que los estabilizantes térmicos níquel, plomo y antimonio (Montanari, 2015). En el proceso de producción de cloruro de polivinilo, algunos compuestos metálicos que se usan como estabilizantes pueden contener estaño, cadmio y zinc. Los estabilizantes de estearatos y carboxilatos de calcio/zinc se utilizan a menudo para la fabricación de artículos no tóxicos. Además, los compuestos de plomo se pueden aplicar como estabilizantes. Por ejemplo, se examinó la contaminación por antimonio de refrescos y aguas embotelladas en plástico (tereftalato de polietileno-PET) (Shotyk *et al.*, 2006; Shotyk y Krachler, 2007). El Sb_2O_3 se utiliza como catalizador en la fabricación de PET. La concentración de Sb observada en la resina de PET varió de 6,08 mg/kg a 216,49 mg/kg, mientras que el rango de Sb en soluciones embotelladas fue de 0,26 µg/dm^3 a 1,55 µg/dm^3.

Los colorantes, incluidos pigmentos, lacas y tintas utilizadas para la producción de material plástico de embalaje o de recubrimientos superficiales también pueden contener metales como antimonio, arsénico, bario, cadmio, cromo y plomo. Se han prohibido varios tipos de pigmentos inorgánicos que contenían cadmio y plomo debido a restricciones en el uso de metales pesados. Se desaconseja toda la aplicación de pigmentos de cromo (VI) para su uso en envases de alimentos debido a sus propiedades cancerígenas. Por ejemplo, se ha examinado la migración de metales desde envoltorios con cubiertas exteriores impresas en colores utilizados en paquetes de caramelos en Corea del Sur (Kim *et al.*, 2008). Se detectaron Pb y Cr(VI) a altas concentraciones en parte de los paquetes de caramelos. Se detectó Pb aproximadamente desde 110 mg/kg a 6.394 mg/kg en 10 de 92 paquetes de caramelos, mientras que las concentraciones de Cr variaron aproximadamente de 137 mg/kg a 1.429 mg/kg en 7 de los 92 paquetes. La cubierta externa de estos paquetes de caramelos era de color verde o amarillo. Estos resultados indican que los metales pesados podrían migrar de las cubiertas externas impresas a los alimentos.

Recientemente, el desarrollo de envases activos e inteligentes ha dominado el mercado. Los metales también se utilizan en este campo y tienen diversas funciones; arcillas como eliminadores de oxígeno y absorbentes de humedad, dióxido de titanio como agente antimicrobiano o carbonato férrico con metal como emisores de dióxido de carbono. Las sales de los metales de transición, como las de hierro también se utilizan como promotores de la oxi-biodegradación (Martirosyan y Schneider, 2014).

17.5 CONTAMINANTES ORGÁNICOS

17.5.1 Introducción

Las principales fuentes de contaminación de los alimentos con compuestos orgánicos son hoy en día principalmente los envases poliméricos. Existen cientos de plásticos, sin embargo, sólo unos pocos se utilizan para envasar alimentos. Los más comunes son poliolefina, copolímeros de etileno, olefinas sustituidas, poliésteres, policarbonato y poliamida (nylon). Las siliconas, debido a sus propiedades versátiles, también son una clase de polímeros ampliamente utilizados en materiales en contacto con alimentos. El mercado de los envases poliméricos está creciendo rápidamente y está impulsado por nuevos desarrollos en las áreas de plásticos y bioplásticos (entre otros, para reducir el volumen y el peso de los envases de metal y vidrio; Ozen y Floros, 2001; Mattsson y Sonesson, 2003; Raheem, 2012).

Los compuestos químicos de bajo peso molecular se incorporan a los plásticos para mejorar sus propiedades funcionales (principalmente físicas y químicas).

Los aditivos no están unidos químicamente en los plásticos; por lo tanto, pueden lixiviarse a los alimentos. Estudios de investigación muestran que las sustancias químicas con un peso molecular inferior a 600 g/mol tendrán una alta tendencia a migrar del polímero a los alimentos.

Los posibles componentes químicos que pueden migrar a los alimentos incluyen aditivos como plastificantes, antioxidantes, estabilizadores frente a la luz y térmicos, compuestos deslizantes, agentes antiestáticos, lubricantes pero también monómeros, solventes residuales y productos de degradación.

La influencia potencial de estos componentes en la seguridad y calidad del producto sigue estando en entredicho cuando la cantidad de estos compuestos en los alimentos excede los límites especificados.

17.5.2 Fuentes de Compuestos Químicos de Bajo Peso Molecular que Migran del Material de Envasado

Hasta 2004, Piotrowska (Dąbrowski y Sikorski, 2004) resumió el estado de la cuestión en componentes tóxicos de los materiales de envasado de alimentos, y se centró en los plásticos como materiales de envasado y en aditivos como compuestos tóxicos que migran de los envases a los alimentos.

A continuación se ofrece una breve descripción de los componentes utilizados en la producción de plásticos, como aditivos y monómeros.

Plastificantes. Los plastificantes son el grupo de compuestos utilizados para mejorar la flexibilidad, la maleabilidad y la capacidad de estiramiento de las películas poliméricas. Los plastificantes más utilizados en ciertos plásticos se muestran en la Tabla 17.3.

Las cantidades de plastificantes añadidos, por ejemplo, al polímero de PVC varían entre 15% y 60%, con rangos típicos para la mayoría de las aplicaciones flexibles de alrededor del 35-40% (Krupa *et al.*, 2011).

Antioxidantes. Los antioxidantes se agregan a los plásticos para reducir o prevenir la degradación oxidativa de la estructura del polímero causada por la luz UV. Arilaminas (difenilamina), fenólicos (hidroxitolueno butilado (BHT), 2- y 3-*t*-butil-4-hidroxianisol (BHA), tetrakismetileno-(3,5-di-*t*-butil-4-hidroxihidrocinnamato) metano (Irganox 1010), y bisfenolicos como Cyanox 2246 y 425, y bisfenol A, y organofosforados (trisfosfito de nonilfenilo-TNPP, trisfosfito (2,4-di-*tert*-butilfenilo), también conocido como Irgafos 168) son antioxidantes comunes que se usan en los envases plásticos de alimentos. Los procesos de oxidación aumentan significativamente a altas temperaturas o por exposición al calentamiento por infrarrojos, el procesado con autoclave y, potencialmente, el calentamiento por microondas.

Estabilizantes térmicos. Los estabilizantes térmicos evitan la degradación térmica de las resinas. Hay tres tipos principales de estabilizantes térmicos primarios: mezclas de sales metálicas mixtas, compuestos organoestánnicos (se ha encontrado que son efectivos en el control de muchos hongos y bacterias) y compuestos de plomo; y tres estabilizantes térmicos secundarios tales como beta dicetonas, alquil organofosfitos y compuestos epoxídicos (Piver, 1973; Bhunia *et al.*, 2013).

TABLA 17.3
Plastificantes de uso común en ciertos plásticos.

Plastificantes (Utilizados en formulación de plástico)	Plásticos			
	PVC	PE	PVDC	Otros plásticos
Ftalatos de dietilo (DEP),		✓		
Diisobutilftalato (DiBP)		✓		
Ftalato de di-*n*-butilo (DBP)		✓		✓
Dipentil ftalato (DPP),		✓		
Diciclohexil ftalato (DCHP),				✓
Di-2-etilhexil ftalato (DEHP)	✓			✓
Ftalato de butilbencilo (BBP),				✓
Adipato de diheptilo (DHA),				✓
Adipato de heptilo (HAD),				✓
Adipato de heptil octilo (HOA)				✓
Adipato de di-(2-etilhexilo) (DEHA),		✓		
Di-octiladipato (DOA),		✓		
Citrato de acetiltributilo (ATBC)			✓	

Fuente: Bhunia *et al. Compr. Rev. Food Sci. F,* 12, 523–545, 2013.

Compuestos deslizantes. Los compuestos deslizantes tienen muchas funciones en los plásticos (imparten una resistividad superficial más baja, reducen la viscosidad del fundido, mejoran la liberación del molde y tienen propiedades antiadherentes) pero la función principal es reducir el coeficiente de fricción de la superficie de un polímero.

Los compuestos deslizantes comunes son amidas de ácidos grasos (erucamida y oleamida primarias), ésteres de ácidos grasos, estearatos metálicos (p. ej., estearato de zinc) y ceras (Bhunia *et al.,* 2013).

Monómeros y oligómeros. Las moléculas pequeñas como eteno, propeno, cloruro de vinilo, estireno, acrilonitrilo, tetrafluoroetano y otros, que forman bloques de polímeros se llaman monómeros. Durante el proceso de polimerización, no todas las moléculas de los monómeros se unen químicamente con la cadena de polímero. Es por eso que los plásticos pueden ser una fuente de migración de compuestos tóxicos a los alimentos.

El informe preparado por COWI y el Instituto Tecnológico Danés, resume información muy útil sobre los tipos de plástico más utilizados y sus características y usos, así como las sustancias peligrosas utilizadas en los plásticos y presentes en la lista prioritaria de sustancias peligrosas (Hansen *et al.,* 2013).

Las siliconas, debido a sus propiedades versátiles también se usan a menudo como aditivos. Las aplicaciones incluyen lubricantes, adhesivos, películas y barreras, así como aditivos como surfactantes o plastificantes.

Aunque los envases plásticos son las principales fuentes de contaminación de los alimentos por compuestos orgánicos (relativamente bien documentados), otros materiales de envasado como el papel, la madera o la cerámica también pueden ser fuentes de compuestos tóxicos orgánicos en los alimentos.

Los materiales de envasado de alimentos todavía se encuentran en desarrollo. Hoy en día, los nanomateriales (materiales en el rango de tamaño de hasta aproximadamente 100 nm en una o más dimensiones) se incorporan a los materiales de envasado y pueden tener las siguientes funciones (Bradley *et al.,* 2011). Mejoran:

- El rendimiento físico, la durabilidad y las propiedades como barrera (ya sea en la superficie interior o exterior, o intercaladas como una capa en un laminado).
- Las propiedades antimicrobianas que actúan sobre la superficie del envase (los productos químicos como nano plata, óxido de zinc u óxido de magnesio pueden tener un efecto eficaz como biocida superficial en los plásticos, en el caucho o siliconas en contacto con alimentos).
- Propiedades antimicrobianas u otras (p. ej., antioxidante) con liberación intencionada y el consiguiente efecto sobre el alimento envasado.
- Calidad y frescura de los alimentos mediante la monitorización del estado durante el almacenamiento y transporte de alimentos con la nueva generación de nanosensores.

Entre los nanomateriales se encuentran metales (plata, oro, cobre), óxidos metálicos (óxido de nano-zinc, ZnO y titanio), nanotubos de carbono, partículas de carbón y también compuestos orgánicos como celulosa o ácido poliláctico (APL; Jamshidian *et al.,* 2010; Tantra, 2016).

17.5.3 Niveles de Ciertos Contaminantes en Alimentos

El proceso de migración se modifica por tensiones de uso general como la temperatura, el calor húmedo a través de ebullición o lavavajillas, microondas, radiación ultravioleta o autoclave (Alin, 2012). Con el tiempo, la concentración de las sustancias migrantes disminuye en el envase.

Para proteger la calidad y la inocuidad de los alimentos, muchas organizaciones y gobiernos acuerdan que la cantidad de estos compuestos migrantes en los alimentos no debe exceder los límites especificados.

El número de compuestos de bajo peso molecular que podrían migrar desde los polímeros que forman parte del envase, se estima en la actualidad en más de 100 (Iwanowicz *et al.*, 2016). Se puede encontrar información sobre el nivel de migración de estos compuestos a los alimentos en la literatura, pero la mayoría de ellos se centran en el ftalato, el adipato y el bisfenol A (BPA; Fasano *et al.*, 2012). Definitivamente, hay menos datos disponibles para los otros compuestos de bajo peso molecular (Gao *et al.*, 2011) y otros materiales de envasado como papel, madera o cerámica.

El papel y el cartón son materiales laminados hechos de una red entrelazada de fibras de celulosa derivadas de la madera mediante el uso de sulfato (VI) y sulfato (IV). Durante la producción de papel, las fibras son pulpadas y/o blanqueadas y tratadas con productos químicos. Los materiales de envasado de papel a menudo se encuentran recubiertos con ceras, materiales poliméricos o aluminio para mejorar sus pobres propiedades de barrera.

En materiales como papel y madera (p. ej., barriles de madera para vino, envases para frutas y verduras frescas, cajas para té), se pueden encontrar dioxinas cerámicas decoradas y/o impresas que incluyen pentaclorofenol, bifenilo policlorado (proceso de blanqueado; Makuch y Wolska, 2000), trazas de pesticidas (biocidas; Rosero-Moreano *et al.*, 2014), compuestos orgánicos volátiles y benzofenona (componentes de tinta; Huang, 2015).

TABLA 17.4

Nivel de concentración de contaminantes alimentarios, que migraron de los materiales de envasado (principalmente de plásticos).

Alimentos o simulantes alimentarios	Sustancias migrantes	Concentración en alimentos	Referencias
Agua (botella de plástico)	Estireno	0,04–0,73 mg/cm^3	Oi-Wah and Siu-Kay (2000)
Yogur (bote de plástico)	Estireno	0,2–0,5 mg/g	Oi-Wah and Siu-Kay (2000)
Refrescos[a]	DMP	60–760 μg/dm^3	Bośnir *et al.* (2007)
	DEP	0–17 μg/dm^3	
	DBP	12–26 μg/dm^3	
	DEHP	15–37 μg/dm^3	
	BBP	0–5 μg/dm^3	
Agua mineral (botella de plástico)	DMP	ND	Bośnir *et al.* (2007)
	DEP	0,1 μg/dm^3	
	DBP	11 μg/dm^3	
	DEHP	9 μg/dm^3	
	BBP	ND	
Agua mineral (botella de plástico)	DBP	26 μg/dm^3	Czernych (2016)
	DEHP	18 μg/dm^3	
Té (caja de plástico)	DBP	26 μg/g	Czernych (2016)
	DEHP	46 μg/g	
Ciruela seca (recipiente de plástico)	DBP	5 μg/g	Czernych (2016)
	DEHP	2 μg/g	
Brócoli congelado	DBP	9 μg/g	Czernych (2016)
	DEHP	9 μg/g	

(continúa)

TABLA 17.4 ***(Continuación)***
Nivel de concentración de contaminantes alimentarios, que migraron de los materiales de envasado (principalmente de plásticos).

Alimentos o simulantes alimentarios	Sustancias migrantes	Concentración en alimentos	Referencias
Pepino fresco (invernadero)	DBP DEHP	30 µg/g 14 µg/g	Czernych (2016)
Pepino fresco (suelo)	DBP DEHP	ND ND	Czernych (2016)
Queso	DEHP	310 µg/g	Page y Lacroix (1995)
Pan	DEHP DBP	314,0 ng/g ww 101,0 ng/g ww	Cirillo *et al.* (2011)
Pescado	DEHP DBP	136,5 ng/g ww 60,4 ng/g ww	Cirillo *et al.* (2011)
Simulantes alimentarios con agua (cartón)	PCB	0,53 µg/g	Makuch y Wolska (2000)
Simulantes alimentarios con agua (películas de PVC)	Bisfenol A (BPA)	12 µg/dm^3	López-Cervantes y Paseiro-Losada (2003)
Simulantes alimentarios con aceite de oliva (películas de PVC)	Bisfenol A (BPA)	31 µg/dm^3	López-Cervantes y Paseiro-Losada (2003)
Leche (enlatado comercial)	Bisfenol A (BPA)	1,7-15,2 ng/g	Taskeen y Naeem (2009)
Aceite de palma	DBP BBP	0,63 mg/dm^3 0,19 mg/dm^3	Nazarudin *et al.* (2014)
Queso (películas de PVC)	Nonilfenol (NP)	0,2 a 0,8 mg/kg	FSA (2009)
Pastel (películas de PVC)	Nonilfenol (NP)	0,3 a 0,6 mg/kg	FSA (2009)
Agua con gas	Ciclosiloxanos totales	0,05 mg/dm^3	Forrest (2006)
Aceite	Ciclosiloxanos totales	0,43 mg/dm^3	Forrest (2006)
Alimento	Organotina	0,01 mg a 0,24 mg organotina/kg de alimento	Mercer (1990)
Agua mineral (botella de PVC)	Organotina	0,01 mg/dm^3	Piver (1973)
Leche (botella de PVC)		0,126 mg/dm^3	
Zumo de manzana (botella de PVC)		0,126 mg/dm^3	
Aceite vegetal (botella de PVC)		0,063 mg/dm^3	
Simulantes acuosos (PVC irradiado con rayos gamma)	Organotina	73-422 g/dm^3 296-513 g/dm^3	Zygoura *et al.* (2011)
Simulantes acuosos (PVC irradiado con electrones)			
Agua (migración desde tubería de PVC)	Organotina	<100 ng/dm^3 (depende de las condiciones)	Richardson y Edwards (2009)

ND: No detectado.
[a] Según el tipo de conservante y pH de la bebida.

TABLA 17.5
Rango de concentración de aditivos poliméricos que han migrado a simulantes.

Sustancia migrante	Artículos de envasado	Simulante alimentario	Rango de concentración [ng/dm³]
DMP	Tapadera de mermelada	Agua destilada	271-421
	Tapadera de plástico de vino	Etanol 15%	155-375
DBP	Tapadera de plástico de vino	Etanol 15%	1.389-1.948
	Biberón	Agua destilada	96-159
BBP	Tapadera de mermelada	Agua destilada	210-344
	Tapadera de plástico de vino	Etanol 15%	151-355
DEHP	Tapadera de plástico de vino	Etanol 15%	10.999-17.694
	Tapadera de mermelada	Agua destilada	7.141-8.609
	Lata de atún en aceite	Ácido acético 3%	1.986-3.027
OP	Tapadera de plástico de vino	Etanol 15%	25.676-27.956
	Bolsa de pan	Agua destilada	18-512
NP	Lata de atún al natural	Agua destilada	3.382-4.185
	Tapadera de plástico de vino	Etanol 15%	415-1.368
	Bolsa de pan	Agua destilada	123-376
BPA	Lata de atún al natural	Agua destilada	677-973
	Biberón	Agua destilada	345-480
DEHA	Envase de yogur	Ácido acético 3%	1.876-2.902
	Tapadera de plástico de vino	Etanol 15%	780-1.470

Fuente: Fasano *et al.*, *Food Control* 27, 132-138, 2012.

En la Tabla 17.4 se recogen ejemplos de concentración de contaminantes en los alimentos que migraron de los materiales de envasado.

En 2012, Fasano y colaboradores publicaron los resultados de su extensa investigación sobre la migración de ftalatos (DMP, DBP, DEHP, BBP), alquilfenoles (OP, NP), bisfenol A (BPA) y DEHA de los diferentes artículos de envasado de alimentos en simulantes adecuados (Fasano *et al.*, 2012). Los artículos de envasado con la mayor migración de aditivos de polímeros se muestran en la Tabla 17.5.

Los valores obtenidos por Fasano y colaboradores son generalmente más altos que los presentados en la Tabla 17.4. Sin embargo, la migración real del envase a los alimentos difiere del proceso de migración a los simulantes (bajo condiciones controladas) y depende de las condiciones reales de almacenamiento y, a veces, de problemas analíticos (ver Capítulo 18).

17.5.4 Toxicidad de Compuestos que Migran de los Materiales de Envasado a los Alimentos

Los efectos tóxicos de muchos compuestos se conocen desde hace años y están bien documentados. El gran problema es demostrar la existencia de ciertos efectos en la salud con la exposición a largo plazo (crónica) de los humanos a bajas concentraciones de compuestos específicos. Desafortunadamente, la situación se complica por el hecho de que los compuestos como una mezcla compleja a menudo dan interacciones toxicológicas. Es bien sabido que una mezcla puede producir un efecto tóxico que puede ser aditivo, antagónico o sinérgico (Groten *et al.*, 2001; Administración danesa de Veterinaria y Alimentos, 2003).

Los polímeros plásticos generalmente no se consideran tóxicos, pero los aditivos y monómeros de bajo peso molecular pueden conducir a menudo a problemas de salud graves para humanos y animales, tales como problemas neurológicos, función inmune deteriorada, alteración hormonal, cáncer y defectos de nacimiento.

Desde principios de la década de 1980, la disrupción endocrina en humanos, peces y vida silvestre ha sido reconocida como una preocupación ambiental global (Mercer, 1990). Muchos estudios han reportado proporciones de sexo sesgadas y fallos reproductivos en especies de peces residentes (Iwanowicz *et al.,* 2016).

Sustancias con actividad estrogénica también pueden producir muchos problemas relacionados con la salud humana, como pubertad temprana en mujeres, recuento reducido de espermatozoides, funciones alteradas de los órganos reproductivos, obesidad, comportamientos sexuales específicos alterados y aumento de las tasas de algunos senos, ovarios, testículos y cánceres de próstata (Diamanti-Kandarakis *et al.,* 2009; Yang *et al.,* 2011).

Con respecto a la posición de la Sociedad Endocrina, la Sociedad de Pediatría Endocrina, la Sociedad Europea de Pediatría Endocrina y la Sociedad Polaca de Endocrinología señalan los efectos adversos para la salud causados por los disruptores endocrinos (EDCs) comúnmente utilizados en la vida diaria como componentes de plásticos, envases de alimentos, productos farmacéuticos y cosméticos (Rutkowska *et al.,* 2015b).

El grupo de estos compuestos incluye muchas sustancias que migran de los plásticos como monómeros (estireno), plastificantes (ésteres de ftalato, alquilfenoles: APs y adipato de di(2-etilhexilo): DEHA), antioxidantes (2,2-bis(4-hidroxifenil)propano: bisfenol A, BPA), estabilizantes térmicos (compuestos organoestánicos, *organotina*) y sustancias migradas del papel y la madera como pesticidas o dioxinas y bifenilos policlorados similares a las dioxinas (Diamanti-Kandarakis *et al.,* 2009; Fasano *et al.,* 2012).

Estudios epidemiológicos de diferentes países sobre la exposición humana a los ftalatos han demostrado que el aumento de la exposición al ftalato podría tener asociaciones con riesgos potenciales para la salud de los niños que involucran enfermedades alérgicas como el asma y el eczema, el trastorno por déficit de atención/hiperactividad (TDAH), la presión arterial alta y un aumento en el índice de masa corporal (IMC), perímetro de la cintura (WC; Baol *et al.,* 2015) y, lo que es más importante, generan algunos problemas endocrinos de salud.

Los fetos, los recién nacidos y los jóvenes de los mamíferos son especialmente sensibles a dosis muy bajas (incluso de picomolar a nanomolar) de sustancias que tienen actividad estrogénica (Yang *et al.,* 2011).

Las concentraciones séricas más altas de algunos EDCs en mujeres con PCOS y su impacto en el perfil hormonal sugieren su papel potencialmente negativo en esta endocrinopatía (Rachoń *et al.,* 2015; Rutkowska *et al.,* 2015a).

A continuación se dan ejemplos de sustancias bien conocidas cuyos efectos tóxicos en humanos han sido documentados científicamente:

- El cloruro de vinilo (monómero) es cancerígeno para los humanos y está clasificado por la Agencia Internacional para la Investigación del Cáncer (IARC) en el Grupo 1 (IARC, 2011).
- El estireno (monómero) es posiblemente cancerígeno para los humanos y está clasificado por IARC en el Grupo 2B, y adicionalmente se muestra que el estireno causa tumores de glándulas mamarias en estudios con animales (IARC, 2011).
- El di(2-etilhexil)ftalato (plastificantes) causa cáncer de hígado y desarrolla riñones dañados (Rusyn *et al.,* 2006; Myers y Spoolman, 2014).

- El bisfenol A (antioxidantes) altera el sistema endocrino al imitar el estrógeno de la hormona femenina (vom Saal y Hughes, 2005; Rochester, 2013; Acconcia *et al.*, 2015).

Una cuestión relativamente novedosa es la incógnita sobre los efectos de las nanoestructuras en la salud humana. Los científicos inicialmente se esforzaron en el desarrollo de métodos analíticos para la determinación de nanoestructuras. Los alimentos contienen muchas nanoestructuras, algunas de las cuales son naturales como proteínas, azúcares y grasas, pero otras, como nanomateriales de ingeniería (ENM), se producen para un uso concreto. La distinción entre ellas no siempre es clara. Silvestre y colaboradores concluyen que los datos científicos sobre la migración de la mayoría de los tipos de nanopartículas desde el envase a los alimentos son limitados, sin embargo, es razonable suponer que puede ocurrir migración (Silvestre *et al.*, 2011).

En 2007, Handy y Shaw concluyeron que los estudios de toxicología en animales y células *in vitro,* aumentan la posibilidad de efectos adversos sobre el sistema inmunitario, trastornos relacionados con el estrés oxidativo, enfermedad pulmonar e inflamación. Sin embargo, las dosis necesarias para producir estos efectos son generalmente altas (Handy y Shaw, 2007).

La Autoridad Europea de Seguridad Alimentaria (EFSA) publicó un documento de orientación sobre la Evaluación de Riesgos de Nanomateriales de Ingeniería (ENM), que proporciona instrucciones sobre cómo determinar la composición química de un ENM, sus propiedades fisicoquímicas, interacciones *in vitro* e *in vivo* con los tejidos y niveles potenciales de exposición (Sauer, 2011).

Desafortunadamente, hasta ahora todavía hay datos limitados sobre la exposición a ENMs específicos y cualquier toxicidad derivada (Reidy *et al.*, 2013; Smolkova *et al.*, 2015). Las posibles aplicaciones de nanomateriales en el envasado de alimentos deberán evaluarse para determinar sus posibles riesgos y beneficios.

17.6 CONCLUSIONES

Los conceptos de precaución y prevención siempre han estado en el centro de la práctica de salud pública. Es por eso que las sustancias para las cuales no hay suficiente conocimiento toxicológico no deberían permitirse en alimentos. El envasado es una de las posibles fuentes de contaminación de los alimentos con sustancias tóxicas. Hoy en día, se observan tres formas principales de desarrollo de envases. Todas ellas tienen en cuenta el ciclo de vida completo del envase (desde la selección de la materia prima, hasta la producción, el análisis de la interacción con los alimentos, el uso y la eliminación final) para tener en cuenta tanto la salud como el medio ambiente.

La primera forma está relacionada con la continuación y la mejora de los materiales de envasado y las funciones que realizan. Estos materiales pueden incluir el envasado en atmósfera modificada (EAM), envasado activo (EA) y envasado inteligente (EI). El uso de agentes antimicrobianos para extender la vida útil de los alimentos en condiciones de almacenamiento y distribución, y polímeros de base biológica.

La segunda forma es un retorno a los materiales bioderivados (p. ej., almidón, celulosa, quitosano, proteínas y polímeros producidos en monómeros de base biológica como ácido láctico) para fabricar envases «más ecológicos» (materiales reciclables y biodegradables, reutilizables con un peso reducido). El futuro de estos dos tipos de materiales de envasado en las industrias alimentarias están relacionados con la investigación continua sobre la migración y el impacto de los envases en la salud humana y el medio ambiente.

La tercera forma también está relacionada con el uso de la Evaluación del Ciclo de Vida, pero el énfasis está en la reducción de la distancia entre el consumidor y el productor de alimentos.

El transporte de alimentos necesita tiempo, un envasado adecuado y unas condiciones de transporte. En los Estados Unidos, los alimentos viajan un promedio de 1.500 millas desde la granja hasta el consumidor. La literatura académica y de marketing a menudo cita los beneficios ambientales de comprar alimentos locales que incluyen transporte reducido, menos procesado y envasado, así como la preservación de la superficie agrícola. La forma en que dominará en el futuro depende de las decisiones públicas, lo que será una consecuencia del compromiso público y la conciencia, pero, sobre todo, mediante una evidencia científica suficiente.

BIBLIOGRAFÍA

Acconcia, F., V. Pallottini, and M. Marino. 2015. Molecular mechanisms of action of BPA. *Dose-Response: An Int. J.* 13(4): 1–9.

Alin, J. 2012. *Migration from Plastic Food Packaging during Microwave Heating* (TRITA-CHE-Report 2012:25). Stockholm: KTH Royal Institute of Technology.

Baol, J., X.W. Zeng, X.D. Qin, Y.L. Lee, X. Chen, Y.H. Jin, N.J. Tan, and G.H. Dong. 2015. Phthalate metabolites in urine samples from school children in Taipei, Taiwan. *Arch. Environ. Contam. Toxicol.* 69: 202–207.

Baughan, J.S., and D. Attwood. 2010. Food packaging law in the United States. In: *Global Legislation for Food Packaging Materials*, eds. R. Rijk and R. Veraart, pp. 223–239. Weinheim: Wiley-VCH.

Bhunia, K., S.S. Sablani, J. Tang, and B. Rasco. 2013. Migration of chemical compounds from packaging polymers during microwave, conventional heat treatment, and storage. *Compr. Rev. Food Sci. F.* 12: 523–545.

Bośnir, J., D. Puntraić, A. Galić, I. Škes, T. Dijanić, M. Klarić, M. Grgić, M. Čurković, and Z. Šmit. 2007. Migration of phthalates from containers into drinks. *Food Technol. Biotechnol.* 45(1): 91–95.

Bradley, E.L., L. Castle, and Q. Chaudhry. 2011. Applications of nanomaterials in food packaging with a consideration of opportunities for developing countries. *Trends Food Sci. Tech.* 22: 604–610.

Cederberg, D.L., M. Christiansen, S. Ekroth, et al. 2015. *Food Contact Materials—Metals and Alloys. Nordic Guidance for Authorities, Industry and Trade*. Copenhagen: Nordic Council of Ministers. TemaNord 2015:522.

Cirillo, T., E. Fasano, E. Castaldi, P. Montuori, and R.A. Cocchieri. 2011. Children's exposure to di(2-ethylhexyl)phthalate and dibutylphthalate plasticizers from school meals. *J. Agric. Food Chem.* 59: 10532–10538.

Conti, M.E. 1997. The content of heavy metals in food packaging paper boards: An atomic absorption spectroscopy investigation. *Food Res. Int.* 30: 343–348.

Conti, M.E. 2007. Heavy metals in food packagings. In: *Mineral Components in Food*, eds. J. Nriagu and P. Szefer, pp. 339–362. Boca Raton, FL: CRC Press/Taylor & Francis Group.

Council of Europe. 2002. *Guidelines on Metals and Alloys Used As Food Contact Materials.* Strasbourg: Social and Public Health Field, Partial Agreement Department, Council of Europe.

Crank, J. 1975. *The Mathematics of Diffusion,* 2nd ed. Oxford: Oxford University Press.

Czernych, R. 2016. Possibilities of using bioassays for estimating health risks in terms of exposure to environmental chemicals emissions. PhD thesis, Medical University of Gdansk, Poland.

Dąbrowski, W., and Z. Sikorski. 2004. *Toxin in Food.* Boca Raton, FL: CRC Press/Taylor & Francis Group.

Danish Veterinary and Food Administration. 2003. *Combined Actions and Interactions of Chemicals in Mixtures. The Toxicological Effects of Exposure to Mixtures of Industrial and Environmental Chemicals* (Report 2003:12). Glostrup: Danish Veterinary and Food Administration.

Diamanti-Kandarakis, E., J.P. Bourguignon, L.C. Giudice, R. Hauser, G.S. Prins, A.M. Soto, R.T. Zoeller, and A.C. Gore. 2009. Endocrine-disrupting chemicals: An endocrine society scientific statement. *Endocrine Rev.* 30(4): 293–342.

Dionisi, G., and P.K.T. Oldring. 2002. Estimates of per capita exposure to substances migrating from canned foods and beverages. *Food Addit. Contam.* 19: 891–903.

EFSA (European Food Safety Authority, European Union Agency). 2009. Panel on contaminants in the food chain (CONTAM); scientific opinion on arsenic in food. *EFSA J.* 7: 1351: 1–199.

EFSA. n.d. Metals as contaminants in food. http://www.efsa.europa.eu/en/topics/topic/metals (accessed March 22, 2016).

European Commission. 2002. *Resolution AP (2002)1 on Paper and Board Materials and Articles Intended to Come in Contact with Foodstuffs*. Strasbourg: Council of Europe, Committee of Ministers on 18 September 2002.

European Commission. 2007. Commission Regulation No. 333/2007 of 28 March 2007 laying down the methods of sampling and analysis for the official control of the levels of lead, cadmium, mercury, inorganic tin, 3-MCPD and benzo(a)pyrene in foodstuffs. *Off. J. Eur. Union L.* 88: 29–38.

European Commission. 2011a. Commission Regulation (EU) No. 10/2011 of 14 January 2011 on plastic materials and articles intended to come into contact with food. *Off. J. Eur. Union L.* 12: 1–89.

European Commission. 2011b. Commission Regulation No. 420/2011 of 29 April 2011 amending Regulation (EC) No. 1881/2006 setting maximum levels for certain contaminants in foodstuffs. *Off. J. Eur. Union L.* 111: 3–6.

European Commission. 2011c. Commission Regulation No. 836/2011 of 19 August 2011 amending Regulation No. 333/2007 laying down the methods of sampling and analysis for the official control of the levels of lead, cadmium, mercury, inorganic tin, 3-MCPD and benzo(a)pyrene in foodstuffs. *Off. J. Eur. Union L.* 215: 9–16.

European Commission. 2012. Commission Regulation No. 380/2012 of 3 May 2012 amending Annex II to Regulation (EC) No. 1333/2008 of the European Parliament and of the Council as regards the conditions of use and the use levels for aluminium-containing food additives. *Off. J. Eur. Union L.* 119: 14–38.

European Commission. 2014. Commission Regulation No. 488/2014 of 12 May 2014 amending Regulation (EC) No. 1881/2006 as regards maximum levels of cadmium in foodstuffs. *Off. J. Eur. Union L.* 138: 75–79.

European Commission. 2015. Commission Regulation (EU) 2015/174 of 5 February 2015 amending and correcting Regulation (EU) No. 10/2011 on plastic materials and articles intended to come into contact with food. *Off. J. Eur. Union L.* 30: 2–9.

European Parliament and the Council. 2004. Regulation (EU) No. 1935/2004 of 27 October 2004 on materials and articles intended to come into contact with food and repealing Directives 80/590/EEC and 89/109/EEC. *Off. J. Eur. Union L.* 338: 4–17.

Fasano, E., F. Bono-Blay, T. Cirillo, P. Montuori, and S. Lacorte. 2012. Migration of phthalates, alkylphenols, bisphenol A and di(2-ethylhexyl)adipate from food packaging. *Food Control* 27: 132–138.

Forrest, M.J. 2006. *Food Contact Rubbers 2: Products, Migration and Regulation* (Rapra Review Report, Vol. 16, No. 2). Shawbury/Shrewsbury, UK: Rapra Technology Limited.

Francisco, B.B.A., D.M. Brum, and R.J. Cassella. 2015. Determination of metals in soft drinks packed in different materials by ETAAS. *Food Chem.* 185: 488–494.

FSA (Food Standards Agency). 2002. *Investigation of the Significant Factors in Elemental Migration from Glass in Contact with Food*. Final Report Project Code A03029. London: Food Standards Agency.

FSA. 2009. *Nonylphenol in Food Contact Plastics and Migration into Foods*. Report FD 09/05. FSA PROJECT A03057. London: Food Standards Agency.

Gao, Y., Y. Gu, and Y. Wei. 2011. Determination of polymer compounds—antioxidants and ultraviolet (UV) absorbers by high-performance liquid chromatography coupled with UV photodiode array detection in food simulants. *J. Agric. Food Chem.* 59: 12982–12989.

Groten, J.P., V.J. Feron, and J. Sühnel. 2001. Toxicology of simple and complex mixtures. *Trends Pharmacol. Sci.* 22(6): 316–322.

Handy, R.D., and B.J. Shaw. 2007. Toxic effects of nanoparticles and nanomaterials: Implications for public health, risk assessment and the public perception of nanotechnology. *Health Risk Soc.* 9(2): 125–144.

Hansen, E., N.H. Nilsson, D. Lithner, and C. Lassen. 2013. *Hazardous Substances in Plastic Materials* (Report). Vejle: COWI and Danish Technological Institute.

Hauder, J., H. Benz, M. Rűter, and O.G. Piringer. 2013. The specific diffusion behavior in paper and migration modelling from recycled paper and board into dry foodstuffs. *Food Addit. Contam.* 30: 599–611.

Huang, W.W. 2015. Analysis on the industrial design of food package and the component of hazardous substance in the packaging material. *Adv. J. Food Sci. Technol.* 9(1): 44–47.

IARC (International Agency for the Research on Cancer). 2011. *Agents Classified by the IARC Monographs*. Lyon, France: World Health Organization. http://monographs.iarc.fr/ENG/Classification/ClassificationsAlphaOrder.pdf (accessed March 30, 2016).

Ibrahim D., B. Froberg, A. Wolf, and D.E. Rusyniak. 2006. Heavy metal poisoning: Clinical presentations and pathophysiology. *Clin. Lab. Med.* 26: 67–97.

Iwanowicz, L.R., V.S. Blazer, A.E. Pinkney, et al. 2016. Evidence of estrogenic endocrine disruption in small mouth and largemouth bass inhabiting Northeast U.S. national wild life refuge waters: A reconnaissance study. *Ecotox. Environ. Safe.* 124: 50–59.

Jamshidian, M., E.A. Tehrany, M. Imran, M. Jacquot, and S. Desobry. 2010. Poly-lactic acid: Production, applications, nanocomposites, and release studies. *Compr. Rev. Food Sci. F.* 9: 552–571.

Järup, L. 2003. Hazards of heavy metal contamination. *Brit. Med. Bull.* 68: 167–182.

Kim, K.Ch., Y.B. Park, M.J. Lee, J.B. Kim, J.W. Huh, D.H. Kim, J.B. Lee, and J.C. Kim. 2008. Levels of heavy metals in candy packages and candies likely to be consumed by small children. *Food Res. Int.* 41: 411–418.

Krupa, K.H., A. Wolny, and G. Dziubanek. 2011. The health risks associated with exposure to phthalates—how to effectively protect children from phthalates? In: *Health Risks Among Children and Youth*, eds. M. Seń and G. Dębska, pp. 115–122. Kraków: Krakowskie Towarzystwo Edukacyjne - Oficyna Wydawnicza AFM.

Lemos, V.A., M.S. Santos, G.T. David, M.V. Maciel, and M. Almeida Bezerra. 2008. Development of a cloud-point extraction method for copper and nickel determination in food samples. *J. Hazard. Mater.* 159: 245–251.

Lopez-Cervantes, J., and P. Paseiro-Losada. 2003. Determination of bisphenol A in, and its migration from, PVC stretch film used for food packaging. *Food Addit. Contam.* 20(6): 596–606.

Lu, L., Z. Dong, Z. Liu, T. Yali, and J. Wang. 2014. Migration of toxic metals from ceramic food packaging materials into acid food simulants. *Math. Probl. Eng.* 2014: 1–7.

Makuch, B., and L. Wolska. 2000. Modern analytical methods in studies of specific migration and toxic substances in packaging. *Opakowanie* 6: 34–37.

Marsh, K., and B. Bugusu. 2007. Food packaging—roles, materials, and environmental issues. *J. Food Sci.* 72: R39–R55.

Martirosyan, A., and Y.J. Schneider. 2014. Engineered nanomaterials in food: Implications for food safety and consumer health. *Int. J. Environ. Res. Public Health* 11: 5720–5750.

Mattsson, B., and U. Sonesson. 2003. *Environmentally-Friendly Food Processing*. Cambridge, MA: Woodhead.

Mayfield, D.B., A.S. Lewis, L.A. Bailey, and B.D. Beck. 2015. Properties and effects of metals. In: *Principles of Toxicology: Environmental and Industrial Applications,* eds. S.M. Roberts, R.C. James, and P.L. Williams, pp. 283–307. Hoboken, NJ: John Wiley.

Mercer, A. 1990. Migration studies of plasticizers from PVC film into food. PhD thesis, Leicester Polytechnic, Leicester, UK.

Montanari, A. 2015. Inorganic contaminants of food as a function of packaging features. In: *Food Packaging Hygiene*, eds. C. Barone, L. Bolzoni, G. Caruso, et al., pp. 17–41. Basel: Springer.

Muncke, J. 2014. Hazards of food contact material: Food packaging contaminants. In: *Encyclopedia of Food Safety*, eds. Y. Motarjemi, G. Moy, and E. Todd, pp. 430–437. Cambridge, MA: Academic Press.

Myers, N., and S.E. Spoolman. 2014. *Environmental Issues and Solutions: A Modular Approach.* Pacific Grove, CA: Brooks/Cole, Cengage Learning.

Nazarudin, I., O. Rozita, A. Azmui, and S. Norashikin. 2014. Determination of phthalate plasticisers in palm oil using online solid phase extraction-liquid chromatography (SPE-LC). *J. Chem.* ID 682975. doi:10.1155/2014/682975.

Oi-Wah, L., and W. Siu-Kay. 2000. Contamination in food from packaging material. *J. Chromatogr. A*882: 255–270.

Ozen, B., and J.D. Floros. 2001. Effects of emerging food processing techniques on the packaging materials. *Trends Food Sci. Tech.* 12: 60–67.

Page, B.D., and G.M. Lacroix. 1995. The occurrence of phthalate ester and di-2-ethylhexyladipate plasticizers in Canadian packaging and food sampled in 1985–1989: A survey. *Food Addit. Contam.* 12(1): 129–151.

Piver, W.T. 1973. Organotin compounds: Industrial applications and biological investigation. *Environ. Health Persp.* 4: 61–79.

Rachoń, D., A. Rutkowska, R. Czernych, A. Kowalewska-Włas, and L. Wolska. 2015. Serum phthalates concentrations correlate with serum testosterone levels in women with polycystic ovary syndrome (PCOS), paper presented at the 13th Annual Meeting of Androgen Excess and PCOS Society, Siracusa, SR.

Raheem, D. 2012. Application of plastics and paper as food packaging materials—An overview. *Emir. J. Food Agric.* 25(3): 177–188.

Reidy, B., A. Haase, A. Luch, K.A. Dawson, and I. Lynch. 2013. Mechanisms of silver nanoparticle release, transformation and toxicity: A critical review of current knowledge and recommendations for future studies and applications. *Materials* 6: 2295–2350.

Richardson, R., and M. Edwards. 2009. *Vinyl Chloride and Organotin Stabilizers in Water Contacting New and Aged PVC Pipes.* Web Report. Denver, CO: Water Research Foundation.

Rochester, J.R. 2013. Bisphenol A and human health: A review of the literature. *Reprod. Toxicol.* 42: 132–155.

Rosero-Moreano, M., E. Canellas, and C. Nerin. 2014. Three-phase hollow-fiber liquid-phase microextraction combined with HPLC-UV for the determination of isothiazolinone biocides in adhesives used for food packaging materials. *J. Sep. Sci.* 37: 272–280.

Rubino, M., and Y. Xia. 2016. Effect of cut edge area on the migration of BHT from polypropylene film into a food simulant. *Polym. Test.* 51: 190–194.

Rusyn, I., J.M. Peters, and M.L. Cunningham. 2006. Effects of DEHP in the liver: Modes of action and species-specific differences. *Crit. Rev. Toxicol.* 36(5): 459–479.

Rutkowska, A., A. Konieczna, K. Wilczewska, et al. 2015a. The commonly used plasticizers (bisphenols and phtalates) as endocrine disrupting chemicals in healthy women and women with polycystic ovary syndrome (PCOS), in Proceedings of the 17th European Congress of Endocrinology 2015, Dublin, Ireland, 16–20 May 2015, http://www.endocrine-abstracts.org/ea/0037/ECE2015AbstractBook.pdf. (accessed June 8, 2015).

Rutkowska, A., D. Rachoń, A. Milewicz, et al. 2015b. Polish Society of Endocrinology Position statement on endocrine disrupting chemicals (EDCs). *Endokrynologia Polska* 66: 276–280. DOI: 10.5603/EP.2015.0035.

Saçmacı, S., S. Kartal, Y. Yılmaz, M. Saçmacı, and C. Soykan. 2012. A new chelating resin: Synthesis, characterization and application for speciation of chromium (III)/(VI) species. *Chem. Eng. J.* 181–182: 746–753.

Sauer, U.G. 2011. Eating nanomaterials: Cruelty-free and safe? The EFSA guidance on risk assessment of nanomaterials in food and feed. *ATLA-Altern. Lab Anim.* 39: 567–575.

Schaefer, A. 2010. EU legislation. In: *Global Legislation for Food Packaging Materials*, eds. R. Rijk and R. Veraart, pp. 1–25. Weinheim: Wiley-VCH.

Shotyk, W., and M. Krachler. 2007. Contamination of bottled waters with antimony leaching from polyethylene terephthalate (PET) increases upon storage. *Environ. Sci. Technol.* 41: 1560–1563.

Shotyk, W., M. Krachler, and B. Chen. 2006. Contamination of Canadian and European bottled waters with antimony leaching from PET containers. *J. Environ. Monitor.* 8: 288–292.

Silvestre, C., D. Duraccio, and S. Cimmino. 2011. Food packaging based on polymer nanomaterials. *Prog. Polym. Sci.* 36: 1766–1782.

Smolkova, B., N.E. Yamani, A.R. Collins, A.C. Gutleb, and M. Dusinska. 2015. Nanoparticles in food. Epigenetic changes induced by nanomaterials and possible impact on health. *Food Chem. Toxicol.* 77: 64–73.

Tantra, R. 2016. *Nanomaterial Characterization: An Introduction.* Hoboken, NJ: John Wiley.

Taskeen, A., and I. Naeem. 2009. Bisphenol A toxicity in milk: A review. *Nat. Sci.* 7(8): 83–85.

vom Saal, F.S., and C. Hughes. 2005. An extensive new literature concerning low-dose effects of bisphenol A shows the need for a new risk assessment. *Environ. Health Perspect.* 113(8): 926–933.

Yang, Ch. Z., S.I. Yaniger, V.C. Jordan, D.J. Klein, and G.D. Bittner. 2011. Most plastic products release estrogenic chemicals: A potential health problem that can be solved. *Environ. Health Perspect.* 119: 989–996.

Zygoura, P., E. Paleologos, and M. Kontominas. 2011. Effect of ionizing radiation treatment on the specific migration characteristics of packaging-food simulant combinations: Effect of type and dose of radiation. *Food Addit. Contam.* 28(5): 686–694.

18 Detección de compuestos nocivos en alimentos

Grażyna Gałęzowska y Lidia Wolska

CONTENIDO

18.1 INTRODUCCIÓN

Se ha descrito que numerosos compuestos presentes en pequeñas cantidades en productos alimenticios pueden influir de manera sustancial sobre la salud humana. Es por ello que la detección de compuestos nocivos en los alimentos juega un papel importante en la industria alimentaria. La determinación de la toxicidad de estas sustancias permite establecer los posibles efectos adversos sobre la salud y la seguridad del consumidor. Después de muchos años, la industria alimentaria ha sufrido una serie de cambios en el número de sustancias utilizadas para la producción de alimentos, lo cual ha repercutido en la calidad final de los productos. La utilización de aditivos no era frecuente en aquellos alimentos que se producían tiempos atrás por lo que tenían un período de consumo corto. Hoy en día, la comida sin aditivos es prácticamente inexistente debido a que es extremadamente importante aumentar el valor nutricional (vitaminas, compuestos minerales, aminoácidos y sus derivados), las propiedades sensoriales (pigmentos, componentes aromatizantes o potenciadores del sabor) y la vida útil de los alimentos (aditivos antimicrobianos y sustancias tamponantes). Los aditivos o sus productos de degradación generalmente permanecen en los alimentos, y aunque en algunos casos se pueden eliminar durante el procesado, generalmente se supone que las dosis aplicadas no deben producir efectos tóxicos. Esto también se aplica a la toxicidad aguda y crónica siendo extremadamente importante en el caso de compuestos con efectos teratogénicos, mutagénicos o cancerígenos.

En consecuencia, para la detección de estas sustancias nocivas se requieren métodos sensibles y universales, que permitan su determinación a bajos niveles de concentración, con una adecuada repetibilidad y reproducibilidad. Se necesitan pues, nuevos procedimientos que cumplan en cierta medida los requisitos del concepto de desarrollo sostenible expresado por la química verde y la química analítica verde. Actualmente, se pueden determinar muchos parámetros en los alimentos, desde parámetros fisicoquímicos simples, como el pH hasta la concentración de analitos específicos, incluidas las sustancias nocivas. En el caso de los compuestos alimenticios que se presentan a muy bajos niveles de concentración, es necesario el empleo de técnicas analíticas altamente efectivas y selectivas.

Este capítulo establece los criterios de evaluación de los métodos utilizados para la detección de compuestos nocivos, como compuestos orgánicos volátiles y semivolátiles, compuestos polares y metales que pueden estar presentes o que pueden estar asociados con productos alimenticios. Asimismo, se explican los principios de operación y el rango de uso de estas técnicas, prestando especial atención a la indicación de ventajas y desventajas de diversas técnicas utilizadas para la separación y determinación de compuestos nocivos en los alimentos. Debido a la multitud de técnicas utilizadas en el análisis de alimentos, el capítulo se centrará en técnicas cromatográficas, métodos espectroscópicos y análisis de inmunoensayo.

18.2 TÉCNICAS CROMATOGRÁFICAS

18.2.1 Introducción

Las técnicas cromatográficas han sufrido un rápido desarrollo a partir de la década de 1950, orientadas a la identificación y cuantificación de diversas sustancias en los alimentos. Hoy en día, la mayoría de los métodos utilizados para el análisis de alimentos se basan en la cromatografía, e incluyen: cromatografía de gases (GC), cromatografía líquida (LC) y cromatografía en capa fina (TLC). En el caso de todas las técnicas cromatográficas, la determinación de compuestos nocivos en matrices complejas, como los alimentos, a menudo requiere una laboriosa extracción y preparación de muestras antes de proceder al análisis instrumental. La preparación de muestras constituye a menudo la etapa crítica en el análisis por lo que para reducir tanto las fuentes de errores como el tiempo de ejecución del análisis es necesario minimizar el número de operaciones utilizadas. Las tendencias en el análisis de alimentos también se centran en la selección de técnicas más respetuosas con el medio ambiente, que usan solventes menos tóxicos. La preparación óptima de la muestra debería reducir el tiempo de análisis, las fuentes de error, mejorar la sensibilidad y permitir la identificación y cuantificación inequívoca de los analitos. El procedimiento de preparación de muestras incluye al menos tres pasos, los dos primeros siempre se realizan (para muestras sólidas y líquidas), mientras que el tercero es común, aunque no es obligatorio (a menudo se realiza para aislar y pre-concentrar compuestos nocivos o incluso para la limpieza del extracto).

18.2.2 Preparación Preliminar de la Muestra

La preparación preliminar de la muestra incluye la extracción/lixiviación de componentes solubles del material examinado con solventes adecuados o sus mezclas o con un fluido supercrítico, así como la desorción, hidrólisis o saponificación. Cuando se planifica la extracción/lixiviación de los compuestos nocivos, una fracción de estos puede adsorberse a otros componentes presentes en los alimentos. Por ello, durante la preparación de la muestra, cada etapa puede conducir a la pérdida de una fracción de analito. Esto es especialmente importante cuando las cantidades de compuestos a analizar se encuentran en una proporción muy pequeña. Además, algunas muestras (tejidos de animales terrestres o acuáticos y sustancias sólidas similares con cierto contenido en humedad) pueden especialmente causar problemas, por. ej., la reducción de la penetración de partículas a través de los medios de extracción, así como problemas con el secado del volumen total de la muestra. Una solución puede consistir en la distribución de la muestra con una matriz adicional, como arena limpia. Sin embargo, este procedimiento requiere un gran tamaño de muestra.

En consecuencia, para relacionar el contenido de compuestos nocivos en el extracto final con su contenido en la muestra de alimentos, es necesario examinar la recuperación de la técnica. El rango de componentes extraídos depende del tipo de sustancia utilizada para la extracción, así como de las condiciones del proceso. En primer lugar, se deben usar solventes y condiciones que permitan el aislamiento de una amplia gama de compuestos. Los extractos contendrán otras sustancias que pueden interferir con el análisis perteneciente a grupos tales como lípidos, fosfolípidos, glucósidos, sacáridos o péptidos. En muestras homogenizadas, para reducir los errores en la determinación de la recuperación, se utiliza una adición estándar. Sin embargo, incluso siguiendo este procedimiento es posible que no se puedan eliminar por completo los errores analíticos.

Para las muestras de alimentos sólidos se pueden utilizar las siguientes técnicas de extracción: extracción Soxhlet, dispersión de matriz en fase sólida (MSPD), extracción acelerada de disolventes (ASE®), extracción con agua sobrecalentada (SHWE), extracción con fluido supercrítico (SFE), extracción asistida por microondas (MAE) y extracción ultrasónica (USO) (Tabla 18.1). En el estudio publicado por Ridgway *et al.* (2007) se presentan diversos ejemplos de las aplicaciones en alimentos de las técnicas de preparación de muestras.

El enriquecimiento de analitos se practica en el caso de muestras de alimentos sólidos y líquidos con la eliminación simultánea de interferencias mediante técnicas, como la tradicionalmente empleada extracción líquido / líquido, así como a través de técnicas modernas: extracción en fase sólida (SPE), adsorción selectiva y microextracción en fase sólida (SPME) o microextracción con solvente (fase líquida) (LPME; Tabla 18.1).

Los problemas que pueden suceder durante la extracción líquido/líquido incluyen la separación incompleta de las dos fases formadas o la reducción inesperada de la concentración de analitos. La formación de dos fases durante la extracción puede ser especialmente dificultosa. Para evitar la formación de emulsiones se debe añadir sal inorgánica, así como realizando una centrifugación o, alternativamente, MSPD. Por tanto, en lugar de la extracción con cloroformo se podría utilizar la sedimentación con acetato de plomo para separar las proteínas en las muestras de alimentos (Heperkan *et al.*, 2012). La principal desventaja de la extracción líquido/líquido es el uso de volúmenes relativamente grandes de solventes orgánicos, que a menudo son tóxicos. Además, debido a la selectividad limitada, particularmente para el análisis de nivel de trazas, existe la necesidad de realizar los pasos de limpieza del extracto y una concentración del mismo previo al análisis cromatográfico.

TABLA 18.1
Ventajas e inconvenientes de las técnicas de preparación de muestras.

Técnica	Ventajas	Inconvenientes
Extracción Soxhlet	Uso para el aislamiento y enriquecimiento de componentes térmicamente estables y de baja volatilidad; Puede ser automatizada	Requiere de una técnica de extracción preliminar; Necesita frecuentemente procedimientos de limpieza y preconcentración; Tiempo de extracción prolongado; Alto consumo de solventes orgánicos, agua fría, y energía eléctrica
MSPD	Buena penetración del solvente en la matriz del alimento; Bajo consumo de solvente; Eliminación de múltiples extracciones	No se automatiza fácilmente; Consumo de tiempo; Necesidad de etapas de limpieza adicionales para matrices con alta composición grasa
ASE	Extracción rápida a presiones y temperaturas elevadas; Mejora la solubilidad de los analitos; Mejora la cinética de los procesos de disolución y favorece la desorción de los analitos a través de la matriz del alimento; Se puede desarrollar en modo estático y dinámico (flujo continuo)	Se deben optimizar las condiciones de extracción; Para matrices lipídicas se requiere a menudo de un procedimiento de limpieza; Alto coste de equipamiento
SHWE	Solvente «ecológico» (agua); Método respetuoso con el medio ambiente (rápido, barato y limpio); Alta selectividad en el tipo de extracción; Temperaturas y presiones del agua inferiores a las del método SFC;	Se requiere una etapa de concentración de los extractos diluidos; Se requieren etapas adicionales de extracción y limpieza (análisis de trazas); Método adecuado para analitos estables térmicamente; Riesgo de precipitación del analito durante la etapa de enfriamiento
SFE	Solvente económico, no inflamable y respetuoso con el medio ambiente (dióxido de carbono); Extracción más selectiva; Rápida reacción cinética; El poder de solvatación se puede modificar controlando la presión y/o la temperatura, y añadiendo modificadores; Puede ser automatizado	Disminución de la selectividad en caso de adición de otros solventes, p. ej., metanol; La extracción de muestras húmedas o líquidas es bastante dificultosa
MAE	Buena eficiencia de extracción; Bajo consumo de solvente; Tiempo de extracción corto	Los analitos deben ser estables a altas temperaturas; Se requieren etapas adicionales de extracción y limpieza (análisis de trazas); La extracción de solventes no polares a partir de matrices no polares requiere el uso de solventes con momentos dipolares mayores de cero

(continúa)

TABLA 18.1 ***(Continuación)***
Ventajas e inconvenientes de las técnicas de preparación de muestras.

Técnica	Ventajas	Inconvenientes
USE	Se pueden llevar a cabo varias extracciones de forma simultánea; No precisa de un equipamiento de laboratorio especializado; Relativamente económico	Se necesita una separación del extracto a partir de la muestra tras la extracción; Se requieren etapas adicionales de extracción y limpieza (análisis de trazas);
SPE	Implica una partición líquido-sólido; Disponibilidad de un mayor rango de solventes; Limpieza y concentración de analitos traza a partir de muestras líquidas; Sorbentes selectivos específicos disponibles comercialmente; Puede ser automatizado	El embalaje debe ser uniforme para evitar una baja eficiencia; La muestra de la matriz puede afectar la capacidad del sorbente de «extraer» el analito; Baja selectividad e insuficiente retención de compuestos altamente polares
SPME	Método de preparación de la muestra sin utilización de solvente; Eliminación o reducción del consumo de solvente durante la desorción; Buena sensibilidad combinada con LC o GC; Relativamente bajo coste; Posibilidad de extracción de una gran variedad de matrices; Puede ser automatizado	Técnica de equilibrio; Las condiciones de extracción se deben optimizar; El volumen de fase estacionaria es limitado; Variación entre lotes; Robustez débil de las fibras de recubrimiento; Se debe considerar un estándar interno; La inmersión directa puede ser dificultosa (una alternativa es el análisis del espacio de cabeza); Las proteínas se pueden adsorber de forma irreversible a la fibra
SBSE	Área superficial extensa de la fase estacionaria; Mejor recuperación y capacidad de la muestra; Buena sensibilidad combinada con LC o GC; Puede utilizarse para matrices complejas líquidas o semisólidas	Problemas con altas recuperaciones y reproducibilidad; Baja disponibilidad de diferentes tipos de fases sorptivas; Aplicaciones limitadas para matrices no grasas y analitos no polares o semipolares
LPME	Versión miniaturizada del LLE; Consumo muy bajo de solvente orgánico; Respetuoso con el medio ambiente; Análisis estático y dinámico	Aplicaciones limitadas; Problemas con altas recuperaciones y reproducibilidad; No puede ser automatizado

Además, la reducción de la concentración podría estar asociada con la evaporación completa de la muestra (en el evaporador rotativo) o con la alta temperatura de la evaporación del disolvente. El filtrado debe evaporarse en un evaporador rotatorio hasta conseguir aproximadamente un volumen de 2-3 cm^3 para luego continuar con una corriente de aire suave hasta conseguir prácticamente secarlo. Para obtener una alta eficiencia de extracción debe mantenerse una temperatura de entre 25°C y 33°C (Heperkan *et al.,* 2012). Con frecuencia, si la temperatura excede los 35°C, los compuestos volátiles pueden perderse y los compuestos lábiles descomponerse.

Recientemente, se propuso el método QuEChERS («Quick, Easy, Cheap, Effective, Rugged, and Safe») para la extracción segura (también para analistas) y rápida de compuestos nocivos tales como pesticidas (frutas, hortalizas, cereales y muestras de miel; Anastassiades *et al.,* 2003). El extracto a menudo no está muy concentrado y por esa razón, este método no se aplica para la determinación de compuestos nocivos de alimentos con bajos niveles admisibles, pero se ha documentado que proporciona una mejor recuperación en comparación con las técnicas clásicas, como la extracción líquido/líquido (Daba *et al.,* 2011).

El método QuEChERS presenta las siguientes ventajas: alta recuperación, alto rendimiento de la muestra, baja utilización de solventes y material de vidrio (no usan solventes clorados), menor mano de obra y espacio físico a utilizar, disminución de los costes de reactivos, mayor robustez, y disminución de la exposición de los trabajadores (Mekonen *et al.,* 2014). Hoy día, el método de preparación de muestras QuEChERS junto con GC y LC de alta resolución se puede utilizar para la determinación de pesticidas, monómeros y plastificantes, antibióticos, bloqueadores β y muchas otras sustancias.

18.2.2.1 Cromatografía en capa fina

La cromatografía en capa fina (TLC) es una técnica simple de LC capaz no solo de separar compuestos sino también de determinar la pureza de una sustancia. El procedimiento se basa en aplicar una pequeña cantidad concentrada de solución que contiene la muestra a una tira de placa de cromatografía con una fase estacionaria. La separación se consigue debido a que los analitos ascienden a la placa de TLC a diferentes velocidades (en función de la intensidad de las interacciones). La técnica de TLC es sin duda una de las pocas opciones para la separación de muestras en matrices complejas, incluidos los alimentos. No requiere preparación de la muestra y se limita a uno o dos pasos. Siendo un método eficaz, de bajo coste y bastante simple utilizado para el análisis de compuestos orgánicos en los alimentos (Tabla 18.2).

Además de la alta tolerancia de matriz para la técnica TLC, otra gran ventaja es la posibilidad de analizar una gran cantidad de componentes en paralelo en una sola placa. Sin embargo, debido al bajo factor de resolución de las placas de TLC, el número de componentes en la muestra de alimentos que se pueden detectar con un método de detección establecido es limitado. Las sustancias que se encuentran con frecuencia en las muestras poseen el mismo coeficiente de retención o uno muy similar. Teniendo en cuenta el tamaño de las placas utilizadas para el análisis, en el mejor de los casos se puede llevar a cabo la separación de unas 10 manchas.

En el caso de manchas superpuestas, las mezclas de solventes deben usarse para una separación más selectiva o una combinación del sistema de solventes (separación bidimensional). Esto proporciona una separación mucho más selectiva y eficiente de los compuestos presentes en los alimentos. Sin embargo, podría estar asociado con una mayor propagación de las manchas tras una elución bidimensional. Ello supone que las cantidades mínimas detectables de los analitos disminuirían y, por lo tanto, con frecuencia los límites de detección serían demasiado altos para la determinación de sustancias nocivas.

Otra etapa en la que es posible cometer errores es la preparación del sistema cromatográfico para la separación. Es importante que las placas se activen a 105°C durante 20-30 minutos antes de su uso para eliminar el contenido de agua. La actividad de las capas, incluso en el embalaje original, cambia según las condiciones ambientales (humedad o temperatura). Previo al análisis, las placas también se pueden lavar por inmersión en disolventes apropiados y posteriormente secar. Por lo tanto, las capas también deben reactivarse nuevamente.

Tabla 18.2
Ejemplos de aplicación de la técnica de TLC para la determinación de compuestos nocivos en alimentos.

Muestra	Analitos	Fase estacionaria	Fase móvil	Detección	LOQ	Referencias
Helva (alimento tradicional procedente de Turquía)	Aflatoxina B-1	Placa TLC	Separación en dos pasos: A: éter dietílico anhidro; B: cloroformo/acetona/metanol (87/10/3, v/v/v)	– UV 365	1 µg/kg	Var *et al.* (2007)
Pescado	Aminas biógenas: histamina; cadaverina; putrescina; y tiramina	Silica gel G 0,20 nm	Cloroformo/benceno/trietilamina (6/4,5/1)	UV 365 nm; densitometría utilizando longitud de onda 254 nm (derivatización de muestra a densilaminas)	–	Ayesh *et al.* (2012)
Vegetales (coliflor; guisante verde; naranja; tomate; maíz; arroz y trigo)	Pesticidas	Silica gel F 0,25 nm o RP-13		UV 254/365 nm, UV scan	–	Ambrus *et al.* (2005)
Higos secos	Ácido ciclopiazónico	Silica gel 60	Acetato de etilo/2-propanol/hidróxido de amonio (40/30/20, v/v/v)	Reactivo de Erlich; comparación visual con estándares	25 µg/kg	Heperkan *et al.* (2012)
Miel	5-Hidroximetilfurfural	Silica gel 60	Dos pasos HPTLC: A: etanol/metanol 9/1 (v/v) B: acetato de etilo	Densitometría con longitud de onda de 290 nm	–	Hošťálková *et al.* (2013)

Las diferencias en la actividad de la capa y también la saturación de la fase de vapor del tanque de revelado pueden ser las principales fuentes de variación de los coeficientes de retención. La fase de vapor puede equilibrarse insertando papel de filtro en el tanque y esperando al menos 30 minutos. La velocidad de dosificación de las muestras no debe ser ni demasiado lenta ni demasiado rápida. La dosificación lenta puede conllevar problemas de penetración superficial (p. ej., la formación de una capa luminosa). La dosificación a alta velocidad conlleva problemas con la evaporación efectiva del solvente y la formación de manchas borrosas.

Dada la variabilidad de los valores de *Rf* y los procedimientos de detección, para obtener datos analíticos fiables se antoja importante el control de las condiciones de la técnica TLC. Por lo tanto, en cada placa se debe aplicar una mezcla de estándares analíticos. Si los compuestos marcadores se detectan adecuadamente y sus valores de *Rf* están dentro del rango esperado, el analista puede estar seguro de que el método aplicado es correcto. Los compuestos utilizados como marcadores deben ser relativamente estables, sensibles en las condiciones de detección, además de tener valores de *Rf* reproducibles.

Las técnicas de TLC están destinadas a la detección y confirmación de compuestos nocivos en los alimentos para laboratorios en caso de que exista un suministro irregular de electricidad, o haya una falta de servicio o que el presupuesto limitado no permita el uso continuo de técnicas más sensibles, pero más costosas. La técnica de TLC también se puede utilizar como método de preparación de muestras antes del análisis por GC o LC. Dicha técnica tiene una serie de ventajas que incluyen: simplicidad, bajo coste, técnica que ya aparece certificada en diferentes industrias, necesita solo una pequeña cantidad de solvente y se pueden aplicar muchas muestras diferentes en una sola placa. Recientemente, han surgido nuevos compuestos adsorbentes, placas y aplicadores automáticos de muestras para el análisis por TLC. Por el contrario, las desventajas de esta técnica incluyen la falta de resultados precisos y cuantitativos y la imposibilidad de acoplamiento automático a otras técnicas.

La técnica de TLC no se aplica de forma frecuente a pesar de sus reconocidas ventajas. Actualmente están disponibles técnicas cromatográficas más sensibles y selectivas, como GC o LC.

18.2.3 Cromatografía Líquida de Alta Resolución

La cromatografía líquida de alta resolución (HPLC) es una de las técnicas de desarrollo más dinámico para la determinación de compuestos nocivos en los alimentos. El proceso de separación implica interacciones entre la fase estacionaria y la móvil, utilizando la afinidad de los analitos a ambas fases. La técnica de HPLC se usa para determinar multitud de componentes en leche, tejidos animales, alimentos, vinos o aceites (Tabla 18.3).

Las muestras de alimentos deben someterse a un tratamiento previo antes del análisis por HPLC. Los pasos de preparación de la muestra a menudo requieren de mayor tiempo que el análisis cromatográfico en sí. Por lo tanto, es importante evitar errores que puedan conducir a resultados falsos o incorrectos o incluso al bloqueo del sistema cromatográfico. En el caso de los compuestos nocivos para la salud es especialmente importante, debido a que las decisiones administrativas a menudo se basan en los resultados del análisis. El pretratamiento se basa en procedimientos de purificación en varias etapas, como la extracción líquido/líquido (LLE), extracción en fase sólida (SPE), microextracción en fase sólida (SPME) y técnica de TLC. Algunos componentes presentes en los alimentos pueden precipitarse en el vial, lo que dificulta una correcta inyección de la muestra. Por lo tanto, es muy importante proceder a la filtración de muestras antes de la etapa de inyección. En el uso frecuente del HPLC, la muestra debe filtrarse a través de un filtro de 0,45 μm. Sin embargo, en el caso del HPLC de ultra-alta resolución, cuando

Tabla 18.3
Ejemplos de aplicación del análisis por HPLC en ensayos sobre alimentos.

Muestra	Analitos	Columna	Eluyente	Flujo	Detección	Límites de detección	Referencias
Vino	Acesulfamo, aspartamo, ácido benzoico, cafeína, sacarina, ácido salicílico, y ácido sórbico	C18	Isocrático: A: (acetonitrilo, 12%) y solvente; B: (tampón fosfato 10 mM, pH 5,0, 88%)	1,2 mL/min/ 25°C/ 5 μl/25 min	UV-VIS 202 nm (aspartamo, sacarina y salicílico ácido), 206 nm (cafeína), 227 nm (acesulfamo y ácido benzoico) y 256 nm (ácido sórbico)	1,83-3,74 mg/dm^3	Amidžić *et al.* (2015)
Aceite de tofu, corvina amarilla y pimentón	Crisoidina	C18	Isocrático: metanol y acetato de amonio solución (65/35, v/v)	1,0 mL/min/ 35°C/–/ 15 min	UV-VIS, 451 nm	6 ng/dm^3	Fang *et al.* (2014)
Aceite comestible (girasol, canola y mezcla de aceite)	Ácido tereftálico y ácido isoftálico	Columna C18 AQ (250 mm, 5 μm partícula, 4,6 mm diámetro)	Gradiente de elución A: H_2O tamponado con 0,1 TFA/ACN (90/10, v/v); B: H_2O tamponado con 0,1 TFA/ACN (60/40, v/v) con el siguiendo proporciones: A-B 90-10, 83-17,75-25 y 60-40 en 0, 3, 6 y 12 min, respectivamente	1,0 mL/min/ 30°C/10 μl/ 12 min	DAD	6 ng/dm^3	Khaneghah *et al.* (2014)

(continúa)

Tabla 18.3 *(Continuación)*
Ejemplos de aplicación del análisis por HPLC en ensayos sobre alimentos.

Muestra	Analitos	Columna	Eluyente	Flujo	Detección	Límites	Referencias
Vinos (vino tinto, vino blanco y vino de arroz), yogur, patatas fritas, palitos de masa frita, camarones secos, pescado en salmuera, y miel	Formaldehído, acetaldehído, propanal, furaldehído, butanal, pentanal, hexanal, heptanal, octanal, nonaldehído, decanal	Hypersil BDS-C8	A: 5% de acetonitrilo acuoso; B: acetonitrilo (100%); 40-55% (B) a los 10 min; 55%-100% (B) en 15 minutos	1,0 mL/min/ 30°C/10 µl/ 25 min	FLD λ_{ex} = 280 nm y λ_{em} = 510 nm	LOQ: Formaldehído y acetaldehído: 1,95; propanal: 1,76; furaldehído: 0,65; butanal: 1,65; pentanal: 1,15; hexanal: 1,02; heptanal y nonaldehído: 1,56; octanal: 1,35; decanal: 1,50	Wang *et al.* (2014)
Leche	Sulfonamidas	N/A	N/A	N/A	Detección amperométrica	1,2-6,0 ng/cm^3	Bueno *et al.* (2014)
Tejidos animales	Sulfonamidas	SB-AQ C18	Metanol/acetonitrilo/ 1% ácido acético con un sistema de gradiente	N/A	UV y MS/MS	3 µg/kg y 10 µg/kg, respectivamente para los dos UV y detección MS/MS	Yu *et al.* (2011)

el diámetro del capilar es muy pequeño o cuando se usa un espectrómetro de masas, el tamaño del filtro debe ser como máximo de 0,2 µm.

Adicionalmente, los compuestos disueltos de la matriz son los responsables de los desplazamientos en los tiempos de retención y la supresión o captación de iones. La dilución puede minimizar el efecto de la matriz, pero puede dar como resultado una capacidad de detección del analito más reducida. Por lo tanto, los métodos de «diluir y disparar» -LC-MS (DS-LC-MS) están disponibles fundamentalmente para sustancias que requieren unos niveles de detección elevados y que muestran una buena eficiencia de ionización. En otros casos, deben determinarse los denominados efectos matriciales para muestras de alimentos específicos.

Existen muchos tipos de detectores para la detección de compuestos nocivos en los alimentos, como el UV-VIS, DAD, detector de fluorescencia o incluso un refractómetro. En realidad, la espectrometría de masas en tándem o la espectrometría de masas de alta resolución (HRMS) se convirtieron en las herramientas estándar para el análisis de elementos traza. Las ventajas proporcionadas por la técnica HRMS sobre la clásica espectrometría de masas en tándem de unidad de resolución de masa son considerables. Estas incluyen la colección de espectros de exploración completa que proporcionan la capacidad de evaluar con mayor profundidad la composición de una muestra. En consecuencia, el analista no tiene que realizar ningún tipo de ajuste de compuestos específicos con anterioridad al análisis, con lo que permite el análisis de datos retrospectivos y la capacidad de realizar una definición estructural de compuestos desconocidos o sospechosos. Los usuarios deben seleccionar un precursor y masas de iones del producto (en el precursor LC-MS, la masa de iones a menudo corresponde a la masa molecular de la molécula de analito más una ionización positiva de protón o menos una ionización negativa de protón). En los últimos años, la técnica LC-HRMS se ha vuelto cada vez más popular en el campo del análisis de pesticidas. La segunda área de investigación parece ser la determinación de micotoxinas, que deben ser detectadas a bajos niveles. Asimismo, empleo de LC-MS / MS permite eludir el uso de etapas de inmunoensayo altamente específicas pero costosas y que consumen mucho tiempo. Sin embargo, la técnica de HRMS todavía no se usa ampliamente para el análisis de micotoxinas. La disponibilidad limitada de materiales de referencia para muchas micotoxinas y la determinación de las llamadas micotoxinas enmascaradas aumentan el uso de HRMS. A pesar de ello, el uso de un cuadrupolo de una sola etapa basado en instrumentación LC-MS es insuficientemente selectivo y su sensibilidad es baja. Como consecuencia, LC-MS / MS sería útil para la determinación de muchos otros compuestos nocivos en los alimentos (Kaufmann, 2012).

Los ejemplos presentados son solo una pequeña parte de la aplicación de las posibilidades del HPLC, ya que dicha técnica permite la determinación de muchos compuestos diferentes. Generalmente en HPLC, se requiere de un menor pretratamiento de la muestra que en GC siendo por tanto un método muy sensible y selectivo.

18.2.3.1 Cromatografía de gases

La cromatografía de gases (GC) es una técnica que puede usarse para separar compuestos orgánicos volátiles y semivolátiles. El análisis por GC de compuestos polares de baja volatilidad da como resultado una sensibilidad pobre y una asimetría de picos. Por lo tanto, para mejorar la precisión, la reproducibilidad y la sensibilidad de los análisis se ha utilizado ampliamente la derivatización de la muestra. La técnica de GC se usa para determinar una gran variedad de compuestos en productos alimenticios como la leche, tejidos animales, alimentos, vinos o aceites (Tabla 18.4).

En la mayoría de los casos, las muestras de alimentos requieren de un pretratamiento basado en procedimientos de purificación en varias etapas, como LLE, SPE, SPME, purga y trampa (PT)

TABLA 18.4
Ejemplos de aplicación del análisis por GC en ensayos sobre alimentos.

Muestra	Analitos	Columna	Programa de temperatura	Flujo	Detección	Límite de detección	Referencias
Vino	Metanol, etanol, acetato de etilo, propan-1-ol, alcohol amílico y alcohol isoamílico	HP-1 (30 m × 0,32 mm × 0,25 µm)	26°C (7 min)-1°C/min-50°C-15°C/min-200°C (4 min)	1 µl/30 min	FID: 250°C/ nitrógeno gas portador 25 mL/min	0,107% vol. (etanol); 10 mg/dm^3 (prop. amilo, iso); 10 mg/dm^3 (etil acet.); 20 mg/dm^3 (metanol)	Amidžić *et al.* (2015)
Jamón cocido	PAHs	Multirresiduo-1 (30 m × 0,25 mm× 0,25 µm)	50°C (1 min)-15°C/min-320°C (6 min)	1 µl/25 min	MS	0,00030-0,0030 mg/kg benzopireno [a]antraceno	Surma *et al.* (2014)
Envasado de alimentos	Nonilfenoles	ZB-5 MS (60 m × 0,25 mm × 0,25 µm)	65°C (1,1 min)-10°C/min-230°C-6°C/min-270°C-40°C/min-300°C (1 min)	2 µl/22,5 min	MS/MS	0,1 ng/mm^3	Alfirevic *et al.* (2011)
Embutido secado madurado	N-Nitrosaminas	Polietilenglicol (30 m × 0,25 mm × 0,25 µm)	70°C (3 min)-15°C/min-140°C-5°C/min-180°C-20°C/min-250°C (3 min)	1 µl/22 min	MS	0,05-0,2 µg/cm^3	Li *et al.* (2012)
Aceite vegetal (aceite de oliva y aceite de semilla de uva), huevos, leche en polvo, bebidas (leche, té y zumo)	Colesterol, brasicasterol, estigmasterol β-sitosterol, y campesterol	VF-5 MS (30 m × 0,25 mm × 0,25 µm)	–	–/17 min	MS/MS	2 mg/kg	Chen *et al.* (2015)
Alimentos infantiles	Pesticidas	N/A	N/A	N/A	MS/MS	0,003-0,008 mg/kg	Amendola *et al.* (2015)

o espacio de cabeza (HS), y también el HPLC. Las técnicas de PT y HS se utilizan a menudo para determinar compuestos volátiles en muestras de alimentos. Sin embargo, la técnica convencional de HS es lo suficientemente sensible como para determinar solo una parte de ellos como solventes residuales (Uematsu *et al.*, 2002), furano (La Pera *et al.*, 2009), tricloroetileno y/o tetracloroetileno (Boekhold *et al.*, 1989), tiocianato (Song *et al.*, 2012), o benceno, tolueno, etilbenceno, *o*-, *m*- y *p*-xilenos y estireno (Gilbert-López *et al.*, 2010). Los métodos de muestreo dinámico, como el PT acoplado a GC son particularmente adecuados para la determinación de compuestos volátiles a baja concentración. Otras técnicas más sensibles incluyen HS junto con una extracción en gota acuosa o SPE y SPME. Igualmente, para la realización de la técnica de GC acoplada a espectrometría de masas (GC-MS) se deben utilizar varias técnicas de pretratamiento previo al análisis. La elección de una técnica adecuada depende del tipo de sustancia analizada.

Algunos métodos de GC no requieren extracción, sino, por ejemplo, derivatización y limpieza en la columna. En los procesos de derivatización típicos, la reacción requiere desde 30 minutos hasta varias horas a temperatura elevada. Sin embargo, el tiempo requerido puede reducirse a unos pocos minutos en los procedimientos de derivatización asistida por microondas, en consecuencia, acortando de manera muy efectiva el tiempo de análisis general.

El análisis de los residuos persistentes de plaguicidas halogenados en los alimentos se realizó al principio con GC y un detector de captura de electrones (ECD). Sin embargo, la amplia gama de compuestos incluidos en el análisis condujo al uso de detectores específicos de nitrógeno y fósforo y luego a MS de baja resolución de una sola etapa. La ionización electrónica (EI) fue y sigue siendo el tipo de ionización por GC-MS más utilizado. La técnica de GC-HRMS no ha sido utilizada de manera relevante por los analistas de alimentos, aunque se hicieron intentos para introducir la espectrometría de masas de tiempo de vuelo (espectrometría TOF) en GC. Sin embargo, la espectrometría TOF se hizo más popular en el campo de GC debido a la rápida velocidad de análisis, más que la resolución de masa. La situación ha cambiado con la introducción comercial muy reciente de varios modelos de HRMS basados en instrumentación GC-TOF (Kaufman, 2012).

Las principales desventajas del método GC son el largo tiempo de pretratamiento de las muestras de alimentos y múltiples etapas previas al análisis. Esto hace que el método sea bastante costoso debido al uso de grandes cantidades de solventes e instrumentación especializada, por ejemplo, columnas. Sin embargo, la derivatización también permite el análisis de compuestos no volátiles. Una ventaja adicional de este método es un pequeño volumen de muestra para análisis y la posibilidad de identificación de una gran cantidad de compuestos presentes en concentraciones muy bajas en los alimentos.

18.3 MÉTODOS ESPECTROSCÓPICOS

Los métodos espectroscópicos constituyen la herramienta principal de la química moderna para la identificación de estructuras moleculares en muestras de alimentos. En líneas generales, los métodos espectroscópicos se pueden usar para determinar metales o para identificar la estructura de productos químicos orgánicos (Fig. 18.1).

La determinación directa de los compuestos presentes en los alimentos se dificulta si están presentes a nivel de trazas en una muestra que contiene elementos altamente interferentes. El enriquecimiento de los elementos traza permite aumentar la sensibilidad, mejorar la precisión y la exactitud y reducir los límites de detección. Existen muchos métodos de preconcentración y/o aislamiento de componentes traza de muestras de alimentos. Estos incluyen la precipitación, coprecipitación, el uso de una resina quelante, LLE y SPE. La preconcentración de compuestos

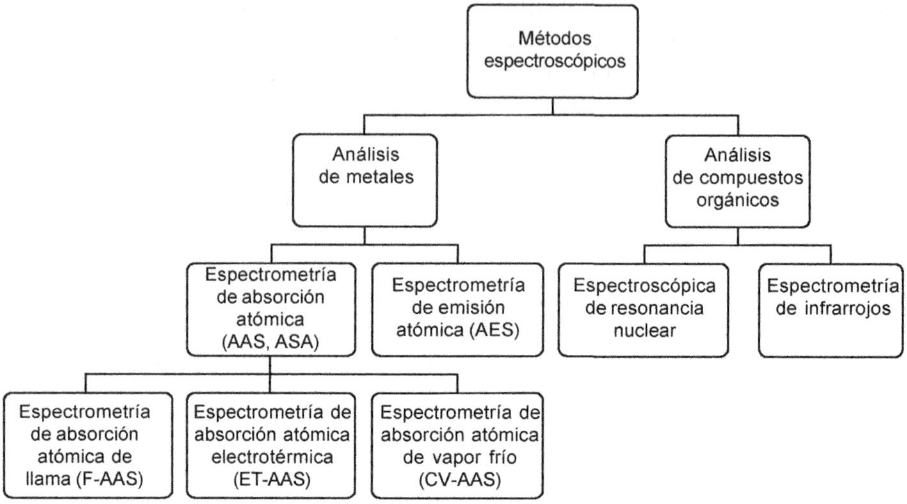

FIGURA 18.1 Clasificación de los métodos espectroscópicos para el análisis de compuestos nocivos en alimentos.

nocivos se puede realizar mediante digestión de muestras de alimentos con microondas o digestión asistida por ultrasonido con oxidantes a temperatura ambiente, de los cuales este último se lleva a cabo en modo desconexión.

La mayoría de los metales se pueden determinar por espectrometría de absorción atómica (AAS). Los componentes de la muestra se atomizan, se mide su absorbancia y se calcula su concentración sobre la base de muestras estándar. Dependiendo del tipo de metal, su cuantificación y límites de detección, se utilizan diferentes tipos de AAS.

La espectrometría de absorción atómica electrotérmica (ET-AAS) es un tipo de AAS en el que se utilizan modificadores de muestra, lo que hace que los componentes de la matriz sean más volátiles y se eliminen fácilmente antes de la atomización o, por el contrario, unen el analito a una forma menos volátil. En caso de que exista un rendimiento de atomización diferente de un analito en una muestra procedente del mismo analito en los patrones de calibración puede resolverse usando un estándar de referencia que tenga una matriz similar a la de la muestra analizada, o comparando las pendientes derivadas de los estándares en estado acuoso con los de materiales de referencia certificados (Marval-León *et al.,* 2012; Junior *et al.,* 2014; Leite *et al.,* 2015).

Para la determinación de mercurio, se ha desarrollado un método extremadamente sensible de espectrometría de absorción atómica de vapor frío (CV-AAS). El CV-AAS se usa ampliamente para el análisis de trazadores de mercurio debido a su simplicidad, robustez y su relativa ausencia de interferencias (Ferreira *et al.,* 2015).

La alternativa para AAS es un espectrómetro de emisión atómica (AES), que permite determinar elementos traza en un pequeño volumen de muestras alimentarias. La técnica AES permite la determinación de algunos elementos nocivos en una sola ejecución como el Se, As, Cr, Zn, Cd, Pb, Ni, Mn y el Cu. Para el análisis AES, las muestras de alimentos a veces necesitan un pretratamiento especial como SPE (Qin *et al.,* 2015) o una concentración previa con la sustancia inmovilizada en gel de sílice y nanómetro SiO_2 (Qun *et al.,* 2008).

Algunos de estos elementos, por ejemplo, Cd, Pb o Cu, pueden determinarse por AAS y AES, pero hay grupos de elementos que pueden determinarse por un solo método:

- Ni, Cd, Cu, Co y Pb por F-AAS
- As, Cd, Cu, Hg y Pb por ET-AAS
- Se, As, Cr, Zn, Cd, Pb, Ni, Mn y Cu por AES

En los métodos utilizados para el análisis de elementos traza en alimentos, es esencial medir distintos elementos de forma simultánea. Por ejemplo, la espectrometría de masas de plasma acoplado inductivamente (ICP-MS) puede determinar una gran variedad de elementos con alta sensibilidad y precisión en un amplio rango dinámico. Sin embargo, en las muestras para el análisis elemental de trazas como los alimentos, las concentraciones de los elementos a analizar son generalmente bajas, mientras que las concentraciones de los principales componentes como metales alcalinos, metales alcalinotérreos, carbono, nitrógeno y cloro son altas. La técnica de ICP-MS, aunque permite obtener mediciones en un tiempo rápido con una elevada sensibilidad, presenta muchos problemas por resolver. Por ejemplo, cuando se analizan muestras que contienen sales a una concentración alta, se suprime la intensidad de la señal de los elementos de interés, y una corrección por el estándar interno puede no ser efectiva dependiendo de la concentración de sal concomitante (Orecchio *et al.,* 2014; Ohki *et al.,* 2016).

18.4 INMUNOENSAYOS

Recientemente, el análisis que incluye compuestos nocivos en los alimentos ha sido realizado mediante HPLC o GC con diferentes sistemas de detección. Alternativamente, para aplicaciones rápidas o de bajo coste los métodos de inmunoensayo pueden ser una estrategia atractiva. Sin embargo, dichos métodos solo se aplican a un número limitado de analitos contaminantes. Los inmunoensayos se basan en la reacción de un antígeno (Ag) con un anticuerpo específico (Ab) para dar un producto en una concentración predeterminada (complejo Ag-Ab), que puede ser medible. Las dos pruebas de inmunoensayo más utilizadas son las pruebas de inmunosorción enzimática (ELISA) basadas en placas y los dispositivos de flujo lateral (LFD). La técnica ELISA se puede usar como un ensayo cualitativo o cuantitativo, pero los LFD están diseñados solo para pruebas cualitativas (sí/no). Los métodos ELISA se utilizan para la determinación de muchos compuestos nocivos como el tianfenicol, el florfenicol y el cloranfenicol (Guo *et al.,* 2015), los residuos de trifloxistrobina (Mercader *et al.,* 2014) o antibióticos (Reig y Toldrá, 2011), alcaloides de pirrolizidina y sus N-óxidos (Oplatowska *et al.,* 2014), toxinas botulínicas (Stanker *et al.,* 2013), o incluso iones de mercurio (Wang *et al.,* 2012). Los dispositivos LFD disponibles comercialmente para la detección rápida se utilizan para la determinación de aflatoxinas (Anfossi *et al.,* 2013) en cacahuetes (*Arachis hypogaea*) y avellanas (*Corylus avellana*; Röder *et al.,* 2009), aflatoxinas (Anfossi *et al.,* 2013), enterotoxina estafilocócica B (Boyle *et al.,* 2010), ocratoxina (Anfossi *et al.,* 2012), y muchas otras toxinas, incluidas las micotoxinas (Anfossi *et al.,* 2013).

Las pruebas ELISA presentan ciertas ventajas como la alta sensibilidad y fuerte especificidad o posibilidad de medición de la cantidad de compuestos nocivos en los alimentos (p. ej., alérgenos) ya que un anticuerpo puede detectar de forma selectiva compuestos nocivos o su marcador en los alimentos con bastante rapidez. Asimismo, las necesidades de equipamiento son menores (lector de placas) y requieren una gran destreza. Sin embargo, también hay limitaciones, como la necesaria capacitación del personal, el cumplimiento de las instrucciones, la importancia de realizar un muestreo y proceso de extracción correctos, la inmunorreactividad de la matriz alimentaria, la presencia de polifenoles o aceites que puedan interferir, el requerimiento de un determinado pH y procesamiento adecuados, etc. Asimismo, también se han observado reacciones adversas como la reactividad cruzada. Es necesario pues conocer el analito que detecta cada kit; por ej.. algunos kits de leche detectan caseína, mientras que otros detectan proteínas de suero. Los problemas residen en los materiales de referencia empleados y la validación de la técnica ELISA.

Los errores en cada etapa del análisis influyen sobre la calidad de los resultados. Estos se pueden especificar de manera similar a parámetros relacionados con otras técnicas que incluyen:

- Toma de muestras (cantidad representativa de muestras, evitar la contaminación cruzada, etiquetar la muestra o registrar la vida útil del producto),
- Preparación de la muestra.
- Realización de inmunoensayo.
- Cálculo e interpretación de los resultados.

La muestra debe constituir una parte representativa del lote total y ser lo más homogénea posible. Se debe considerar el efecto de la matriz, incluido el alto ruido de fondo y el factor de dilución. La muestra que esté turbia debe purificarse o filtrarse. Asimismo, los compuestos que componen el kit no deben usarse después de su fecha de caducidad y también se debe evitar la mezcla de los compuestos del kit con diferentes números de lote. La temperatura durante la realización del análisis debe ser uniforme y el efecto de borde minimizado, por ejemplo, colocando una tira vacía además de la tira que contiene los estándares o muestras.

Es importante que el coeficiente de variabilidad entre los duplicados no sea superior al 10-20%, según la concentración observada en la curva patrón. Cuando la curva se vuelve muy plana (valores OD por debajo de 0,8) la interpretación es difícil y los resultados no son aceptables.

Las muestras de alimentos presentan una composición compleja ya que contienen varios tipos de analitos presentes en diferentes concentraciones. Por ello, la preparación de las muestras para el análisis incluyendo la etapa de limpieza es muy importante antes de la determinación cuantitativa del componente a analizar. Se han realizado numerosas mejoras en los métodos de preparación de muestras la mayoría de los cuales han implicado miniaturizar el proceso para reducir las cantidades de solventes consumidos. Varias técnicas ofrecen factores de enriquecimiento elevados y, en consecuencia, una mayor sensibilidad para la detección de los analitos, junto con una reducción significativa del consumo de solventes orgánicos y del tiempo de extracción.

La suposición fundamental que subyace a cualquier metodología para la determinación de compuestos nocivos es que debe garantizar resultados verdaderos y precisos con unos límites de detección apropiadamente bajos para un amplio espectro de analitos en un corto período de tiempo. La metodología también debe ser respetuosa con el medio ambiente, en la medida de que sea fácil de llevar a cabo y aplicable utilizando una pequeña cantidad de solventes y reactivos económicos. Todo ello limita la cantidad de desechos generados por el proceso analítico. Su utilidad debe referirse tanto a ensayos prospectivos como a la realización de las pruebas específicas orientadas a cumplir con los requisitos legales.

18.5 CONCLUSIÓN

El análisis de compuestos nocivos en muestras de alimentos requiere la validación del método, definida como un proceso mediante el cual un laboratorio confirma mediante la evaluación de parámetros críticos que se cumplen los requisitos particulares para usos específicos proporcionando una evidencia objetiva. Asimismo, sirve para demostrar que el método puede detectar e identificar un analito o analitos en una o más matrices mediante uno o más instrumentos. Cualquier tipo de análisis debe determinar la sensibilidad, especificidad, precisión, veracidad, reproducibilidad, robustez y precisión para garantizar que los resultados sean apropiados.

En general, se debe minimizar el manejo de la muestra con objeto de rentabilizar la investigación. A su vez, es deseable la separación usando columnas LC con placas robustas de cromatografía en capa fina (HPTLC) de larga duración o rendimiento que muestren una alta tolerancia de matriz. La preparación de la muestra puede realizarse a través de etapas simples tales como disolución seguida de precipitación, filtración o un procedimiento SPE de varios pasos. Los procedimientos de preparación de muestras están directamente relacionados con la posterior separación de las mismas. A pesar de que existen nuevas aplicaciones sobre las pruebas de inmunoensayo en la literatura científica, no se han descrito ni discutido aspectos relacionados con la innovación en materiales, procedimientos o señalización. La investigación está impulsada por un componente de aplicación a través de la utilización de dispositivos de respuesta rápida. Por lo tanto, la estrategia se ha centrado en el desarrollo de anticuerpos más sofisticados. La monitorización de los métodos de inmunoensayo debe incluir la evaluación de nuevos kits desarrollados para muestras de alimentos, así como el examen de métodos rápidos sobre nuevas sustancias para la detección de compuestos nocivos.

BIBLIOGRAFÍA

Alfirevic, M.B., E. Krizanec, and D.B. Voncina. 2011. Presence of nonylphenols in plastic films and their migration into food simulants. *Acta Chim. Slovenica* 58: 127–133.

Ambrus, A.M., T. Szathmary, I. Hatfaludi, I. Korsos, and J. Lantos. 2005. Application of TLC for confirmation and screening of pesticide residues in fruits, vegetables, and cereal grains. 2. Repeatability and reproducibility of Rf and MDQ values. *J. Environ. Sci. Health B* 40: 485–511.

Amendola, G., P. Pelosi, and A. Barbini, D. 2015. Determination of pesticide residues in animal origin baby foods by gas chromatography coupled with triple quadrupole mass spectrometry. *J. Environ. Sci. Health B* 50: 109–120.

Amidžić, K.D., I. Klarić, A. Mornar, and B. Nigović. 2015. Evaluation of volatile compound and food additive contents in blackberry wine. *Food Control* 50: 714–721.

Anastassiades, M., S.J. Lehotay, D. Stajnbaher, and F.J. Schenck. 2003. Fast and easy multiresidue method employing acetonitrile extraction/partitioning and "dispersive solid-phase extraction" for the determination of pesticide residues in produce. *J. AOAC Int.* 86: 412–431.

Anfossi, L., C. Baggiani, C. Giovannoli, G. D'Arco, and G. Giraudi. 2013. Lateral-flow immunoassays for mycotoxins and phycotoxins: A review. *Anal. Bioanal. Chem.* 405: 467–480.

Anfossi, L., C. Giovannoli, G. Giraudi, F. Biagioli, C. Passini, and C. Baggiani. 2012. A lateral flow immunoassay for the rapid detection of ochratoxin A in wine and grape must. *J. Agric. Food Chem.* 60: 11491–11497.

Ayesh, A.M., M.N. Ibraheim, A.E. El-Hakim, and E.A.H. Mostafa. 2012. Exploring the contamination level by biogenic amines in fish samples collected from markets in Thuel–Saudi Arabia. *African J. Microbiol. Res.* 6: 1158–1164.

Boekhold, A.J., H.A. van der Schee, and B.H. Kaandorp. 1989. Rapid gas-chromatographic determination of trichloroethylene and/or tetrachloroethylene in lettuce by direct headspace analysis. *Z. Lebensm. Unters. For.* 189: 550–553.

Boyle, T., M. Principato, R.L. Jones, L.J. Robert, and J.M. Njoroge. 2010. Detection of staphylococcal enterotoxin B in milk and milk products using immunodiagnostic lateral FLOW devices. *J. AOAC Intern.* 93: 569–575.

Bueno, A.M., A. Rouos, and A.M. Contento. 2014. Determination of sulfonamides in milk samples by HPLC with amperometric detection using a glassy carbon electrode modified with multiwalled carbon nanotubes. *J. Sep. Sci.* 37: 382–389.

Chen, Y.-Z., S.-Y. Kao, H.-Ch. Jian, Y.-M. Yu, J.-Y. Li, W.-H. Wang, and Ch.-W. Tsai. 2015. Determination of cholesterol and four phytosterols in foods without derivatization by gas chromatography-tandem mass spectrometry. *J. Food Drug Anal.* 23: 636–644.

Daba, D., A. Hymete, A.A. Bekhit, A.M.I. Mohamed, and A.E.D.A. Bekhit. 2011. Multi residue analysis of pesticides in wheat and khat collected from different regions of Ethiopia. *B. Environ. Contam. Tox.* 86: 336–341.

Fang, G., C. Liu, S. Wang, J. Feng, and Y. Yan. 2014. Highly selective determination of chrysoidine in foods through a surface molecularly imprinted sol–gel polymer solid-phase extraction coupled with HPLC. *Food Anal. Meth.* 7: 345–351.

Ferreira, S.L.C., V.A. Lemos, L.O.B. Silva, A.F.S. Queiroz, A.S. Souza, E.G.P. da Silva, W.N.L. dos Santos, and C.F. das Virgens. 2015. Analytical strategies of sample preparation for the determination of mercury in food matrices—a review. *Microchem. J.* 121: 227–236.

Gilbert-López, B., J. Robles-Molina, J.F. García-Reyes, and A. Molina-Díaz. 2010. Rapid determination of BTEXs in olives and olive oil by headspace-gas chromatography/mass spectrometry (HS-GC-MS). *Talanta* 83: 391–399.

Guo, L., S. Song, L. Liu, J. Peng, H. Kuang, and Ch. Xu. 2015. Comparison of an immunochromatographic strip with ELISA for simultaneous detection of thiamphenicol, florfenicol and chloramphenicol in food samples. *Biomed. Chromatogr.* 29: 1432–1439.

Heperkan D., S. Somuncuoglu, F. Karbancioglu-Gűler, and N. Mecik. 2012. Natural contamination of cyclopiazonic acid in dried figs and co-occurrence of aflatoxin. *Food Control.* 23: 82–86.

Hošťálková, A., I. Klingelhöfer, and G. Morlock. 2013. Comparison of an HPTLC method with the Reflectoquant assay for rapid determination of 5-hydroxymethylfurfural in honey. *Anal. Bioanal. Chem.* 405: 9207–9218.

Junior, M.M.S., L.O.B. Silva, D.J. Leao, and S.L.C. Ferreira. 2014. Analytical strategies for determination of cadmium in Brazilian vinegar samples using ET-AAS. *Food Chem.* 160: 209–213.

Kaufmann, A. 2012. The current role of high-resolution mass spectrometry in food analysis. *Anal. Bioanal. Chem.* 403: 1233–1249.

Khaneghah, A.M., S. Mazinani, S. Shoeibi, and S. Limbo. 2014. HPLC study of migration of terephthalic acid and isophthalic acid from PET bottles into edible oils. *J. Sci. Food Agric.* 94: 2205–2209.

La Pera, L., G. Dugo, P. Agozzino, S. Fanara, A. Liberatore, and G. Avellone. 2009. Analysis of furan in coffee of different provenance by head-space solid phase microextraction gas chromatography-mass spectrometry: Effect of brewing procedures. *Food Addit. Contam.* A26: 786–792.

Leite, C.C., A.V. Zmozinski, M.G.R. Vale, and M.M. Silva. 2015. Determination of Fe, Cr and Cu in used lubricating oils by ET-AAS using a microemulsion process for sample preparation. *Anal. Method.* 7: 3363–3371.

Li, L., P. Wang, X.L. Xu, and G.H. Zhou. 2012. Influence of various cooking methods on the concentrations of volatile N-nitrosamines and biogenic amines in dry-cured sausages. *J. Food Sci.* 77: 560–565.

Marval-León, J.R., F. Cámara-Martos, F. Pérez-Rodríguez, M.A. Amaro-López, and R. Moreno-Rojas. 2012. Optimization of selenium determination based on the Hg-ET-AAS method for its application to different food matrices. *Food Anal. Method.* 5: 1054–1061.

Mekonen, S., A. Ambelu, and P. Spanoghe. 2014. Pesticide residue evaluation in major staple food items of Ethiopia using the QuEChERS method: A case study from the Jimma Zone. *Environ. Toxicol. Chem.* 33: 1294–1302.

Mercader, J.V., R. López-Moreno, F.A. Esteve-Turrillas, A. Abad-Somovilla, and A. Abad-Fuentes. 2014. Immunoassays for trifloxystrobin analysis. Part II. Assay development and application to residue determination in food. *Food Chem.* 162: 41–46.

Ohki, A., T. Nakajima, S. Hirakawa, K. Hayashi, and H. Takanashi. 2016. A simple method of the recovery of selenium from food samples for the determination by ICP-MS. *Microchem. J.* 124: 693–698.

Oplatowska, M., C.T. Elliott, A.C. Huet, M. McCarthy, P.P.J. Mulder, C. von Holst, P. Delahaut, H.P. Van Egmond, and K. Campbell. 2014. Development and validation of a rapid multiplex ELISA for pyrrolizidine alkaloids and their N-oxides in honey and feed. *Anal. Bioanal. Chem.* 406: 757–770.

Orecchio, S., D. Amorello, M. Raso, S. Barreca, C. Lino, and F. Di Gaudio. 2014. Determination of trace elements in gluten-free food for celiac people by ICP-MS. *Microchem. J.* 166: 163–172.

Qin, W.X., Q. Gong, M. Li, L.X. Deng, L.S. Mo, and Y.L. Li. 2015. Determination of arsenic in food package aluminum by ultrasound assisted solid phase extraction/ICP-AES. *Spectrosc. Spect. Anal.* 35: 1043–1047.

Qun, H., C. Xijun, H. Xinping, and H. Zheng. 2008. Determination of trace elements in food samples by ICP-AES after preconcentration with p-toluenesulfonylamide immobilized on silica gel and nanometer SiO_2. *Microchim. Acta.* 160: 147–152.

Reig, M., and F. Toldrá. 2011. Patents for ELISA tests to detect antibiotic residues in foods of animal origin. *Recent Pat. Food Nutr. Agric.* 3: 110–114.

Ridgway, K., S.P.D. Lalljie, and R.M. Smith. 2007. Sample preparation techniques for the determination of trace residues and contaminants in foods. *J. Chromatogr.* A1153: 36–53.

Röder, M., S. Vieths, and T. Holzhauser. 2009. Commercial lateral flow devices for rapid detection of peanut (Arachis hypogaea) and hazelnut (Corylus avellana) cross-contamination in the industrial production of cookies. *Anal. Bioanal. Chem.* 395: 103–109.

Song, J., Y. Fu, L. Du, Y. Yao, X. Mu, L. Kang, Y. Zhao, and P. Se. 2012. Determination of thiocyanate in dairy products by headspace gas chromatography. *Chinese J. Chromatogr.* 30: 743–746.

Stanker, L.H., M.C. Scotcher, L. Cheng, K. Ching, J. McGarvey, D. Hodge, and R. Hnasko. 2013. A monoclonal antibody based capture ELISA for botulinum neurotoxin serotype B: Toxin detection in food. *Toxins* 5: 2212–2226.

Surma, M., A. Sadowska-Rociek, and E. Cieślik. 2014. The application of d-SPE in the QuEChERS method for the determination of PAHs in food of animal origin with GC-MS detection. *Europ. Food Res. Technol.* 238: 1029–1036.

Uematsu, Y., K. Hirata, K. Suzuki, K. Iida, and K. Kamata. 2002. Survey of residual solvents in natural food additives by standard addition head-space GC. *Food Addit. Contam.* 19: 335–342.

Var, I., B. Kabak, and F. Go. 2007. Survey of aflatoxin B in helva, a traditional Turkish food, by TLC. *Food Control* 18: 59–62.

Wang, W., G. Li, Z. Ji, N. Hu, and J. You. 2014. A novel method for trace aldehyde determination in foodstuffs based on fluorescence labeling by HPLC with fluorescence detection and mass spectrometric identification. *Food Anal. Method.* 7: 1546–1556.

Wang, Y., H. Yang, M. Pschenitza, R. Niessner, Y. Li, D. Knopp, and A. Deng. 2012. Highly sensitive and specific determination of mercury(II) ion in water, food and cosmetic samples with an ELISA based on a novel monoclonal antibody. *Anal. Bioanal. Chem.* 403: 2519–2528.

Yu, H., Y. Tao, D. Chen, Y. Wang, L. Huang, D. Peng, M. Dai, Z. Liu, X. Wang, and Z. Yuan. 2011. Development of a high performance liquid chromatography method and a liquid chromatography–tandem mass spectrometry method with the pressurized liquid extraction for the quantification and confirmation of sulfonamides in the foods of animal origin. *J. Chromatogr*. B. 879(25): 2653–2662.

19 Legislación establecida para el control de contaminantes nocivos en alimentos

Stefan S. Smoczyński

CONTENIDO

19.1 INTRODUCCIÓN

Las sustancias químicas que suponen un riesgo para la salud no suelen presentarse de forma habitual en los alimentos, pero deben controlarse para garantizar su seguridad. La seguridad alimentaria cubre el cumplimiento de todas las operaciones realizadas en todas las etapas de producción, almacenamiento y venta de los alimentos, con el fin de garantizar la salud y la vida de los consumidores. El objetivo principal reside en satisfacer las condiciones que garanticen la presencia en los alimentos de aquellos componentes que son indispensables para la salud, así como la total ausencia de sustancias químicas peligrosas. Sin embargo, en realidad su presencia en los alimentos es prácticamente inevitable debido a la aparición de contaminaciones de origen ambiental, así como de los procesos tecnológicos aplicados. Tras confirmar la existencia de un riesgo potencial para la salud del consumidor debido a la presencia de sustancias químicas peligrosas a través de resultados analíticos especializados, se iniciaron una serie de medidas de control de estas sustancias en los alimentos. Además, se emprendieron actividades para establecer actos jurídicos relativos a la salubridad de los alimentos, siendo hoy en día de las más importantes en prácticamente todos los países del mundo. La Organización de las Naciones Unidas para la Alimentación y la Agricultura (FAO) y la Unión Europea (UE) han sido particularmente activas a este respecto, operando bajo la Comisión del Codex Alimentarius. Con este objetivo en mente, se han introducido legislaciones para establecer los niveles máximos aceptables de sustancias químicas peligrosas en la mayoría de los tipos de productos alimenticios. El actual Codex Alimentarius (CA) proporciona una base para las legislaciones establecidas para el control de compuestos químicos peligrosos en los alimentos.

En este capítulo, tras la introducción, se presentan las distintas normativas internacionales sobre control de alimentos establecidas en el CA. Además, se describe de forma breve la legislación aplicable en la UE y otros países del mundo con respecto a la higiene alimentaria y al control de compuestos potencialmente peligrosos en los alimentos. Posteriormente, se procede a detallar la legislación aplicable en la UE con respecto al contenido de metales pesados—plomo (Pb), cadmio (Cd) y mercurio (Hg)—nitratos (V) y (III), bifenilos policlorados (PCB), dioxinas, hidrocarburos aromáticos policíclicos (HAP) y micotoxinas. La parte final describe los requisitos establecidos sobre el muestreo dirigido hacia la determinación de compuestos químicos peligrosos en los alimentos, presentándose finalmente un resumen y conclusiones.

19.2 LEGISLACIÓN INTERNACIONAL SOBRE EL CONTROL DE SUSTANCIAS NOCIVAS DE ORIGEN QUÍMICO EN ALIMENTOS: CA

El Codex Alimentarius, establecido en 1963, proporciona un ejemplo de actividad a nivel mundial en materia de seguridad alimentaria y sistemas de control, siendo desarrollado a través de acuerdos internacionales por la Comisión del Codex Alimentarius de la FAO/Organización Mundial de la Salud (OMS) (CAC 2010). El Código es el conjunto de normas aceptadas, recomendaciones y pautas relacionadas con la alimentación y la nutrición basadas en los resultados de la investigación mundial. Los documentos establecidos por el Código son utilizados por las autoridades oficiales de control de alimentos e instituciones de investigación de los Estados miembros. El objetivo principal del Codex Alimentarius es garantizar la producción de alimentos seguros con alto valor nutricional, que satisfaga las expectativas de los consumidores, así como promover prácticas justas en el comercio internacional de alimentos. Por tanto, es la organización intergubernamental internacional más importante relacionada con la seguridad alimentaria y la salud del consumidor. La estructura organizativa de CAC incluye 10 Comités de Asuntos Generales y 11 Comités de Productos Básicos bajo el Comité Ejecutivo. Los Comités de Asuntos Generales incluyen el Comité de Contaminantes en los Alimentos, que se encarga del seguimiento de los compuestos químicos peligrosos en los alimentos. Las decisiones, recomendaciones y directrices incluidas en el CA proporcionan mucha información reconocida internacionalmente para ser utilizada por los distintos actores de la cadena alimentaria. Asimismo, facilitan la organización de sistemas para supervisar la seguridad de los alimentos y para mejorar los métodos internos de control y monitorización de la calidad nutricional y sanitaria de los alimentos. El Codex actualmente incluye documentos que establecen los niveles máximos de restos de pesticidas y contaminantes químicos en los alimentos. Las normas presentadas en el Codex no son obligatorias; se tratan como recomendaciones y buenas prácticas en lo que respecta a la producción segura de alimentos. Mediante la Decisión del Consejo de la UE N° 2003/822/CE de 17 de noviembre de 2003, la Comunidad Europea se unió a la Comisión del Codex Alimentarius de la FAO/OMS y ha estado actuando como miembro (Decisión del Consejo, 2003). El Grupo de trabajo del Codex Alimentarius en el Consejo de la UE funciona como órgano consultivo. El procedimiento para elaborar normas del Codex se basa en ocho etapas diferenciadas. Se inicia por el desarrollo un estándar específico del Codex por un comité designado para preparar el borrador. A continuación, los Estados miembros y las organizaciones internacionales de expertos cooperantes comentan el proyecto a través de la Secretaría de la Comisión. Después de tener en cuenta los comentarios y las enmiendas realizadas, la Secretaría presenta el proyecto de norma a la Comisión para su aprobación como final. Todas las propuestas de enmiendas presentadas por escrito por los Estados miembros y que condicionen la adopción del borrador como norma del Codex se adjuntan al mismo. Los estados interesados pueden sugerir una aprobación final del estándar o aceptar el estándar del Codex con comentarios específicos. Las normas aprobadas y publicadas en el CA, y posteriormente en los documentos de la UE sobre contaminantes químicos, especifican sus niveles máximos en el producto o las cantidades (umbrales) que determinan si se deben tomar ciertas medidas (Recomendación de la Comisión 2013).

19.3 LEGISLACIÓN DE LA UNIÓN EUROPEA Y OTROS PAÍSES SOBRE EL CONTROL DE SUSTANCIAS NOCIVAS DE ORIGEN QUÍMICO EN ALIMENTOS

La cadena mundial de suministro de alimentos, la cual cruza las fronteras de múltiples estados y continentes, requiere una estrecha cooperación entre los gobiernos y los productores en beneficio de la salud del consumidor, especialmente si la cadena alimentaria se hace más larga y compleja. La seguridad de los alimentos está determinada por una gran cantidad de factores, incluidos factores técnicos, geográficos o climáticos, que requieren una legislación específica. La legislación establecida sobre el control de productos químicos peligrosos en los alimentos varía entre los diferentes países, como por ej., el sistema europeo de seguridad alimentaria en comparación con el modelo seguido en Estados Unidos y otros países como los pertenecientes a Sudamérica. La legislación alimentaria está impulsada para garantizar la protección de la salud humana e incluye una serie de normativas relacionadas que rigen la calidad sanitaria de los alimentos, su fabricación y su presencia en el mercado. La legislación alimentaria europea se basa en el Reglamento (CE) N° 178/2002 del Parlamento Europeo y del Consejo, de 28 de enero de 2002, por el que se establecen los principios y los requisitos generales de la legislación alimentaria, se crea la Autoridad Europea de Seguridad Alimentaria (EFSA) y se fijan procedimientos relativos a la seguridad alimentaria. En particular, el citado Reglamento se refiere al control de la seguridad de alimentos y piensos, etiquetado de alimentos, aditivos, alimentos para fines dietéticos especiales y contaminantes alimentarios. Entre las numerosas instituciones que participan en el programa de seguridad de los alimentos, la EFSA desempeña el papel principal. El Reglamento citado supone que no se puede comercializar ningún tipo de alimento que suponga un riesgo para la salud debido, por ejemplo, a la presencia de sustancias químicas peligrosas. Por lo tanto, el mercado debe estar abierto solo a productos alimenticios que cumplan con las normas adoptadas que rigen la seguridad alimentaria.

Según la información disponible, el sistema alimentario de los EE.UU., difiere del modelo aceptado en la UE, tanto en sus aspectos institucionales como en su forma material y legal (Picó, 2007). Esto hace que se requiera la coordinación y cooperación permanente entre agencias especializadas, siendo dos de las más importantes el Servicio de Inocuidad e Inspección de los Alimentos (FSIS) y la Administración de Alimentos y Medicamentos (FDA). La Agencia de Protección Ambiental (EPA, por sus siglas en inglés) es responsable del examen y la redacción de la normativa referente a residuos de pesticidas y contaminantes químicos en alimentos y piensos. La Agencia Federal de Inspección de Granos (FGIS) se ocupa del análisis de las aflatoxinas en cereales y arroz. La legislación aplicable a la producción y venta de alimentos que garantizan su seguridad a nivel federal incluyen alrededor de 30 disposiciones que se refieren tanto a grupos de alimentos individuales como a aditivos químicos y sustancias aplicadas a lo largo de toda la cadena de producción de alimentos. En general, la política de seguridad alimentaria en los Estados Unidos se basa en la evaluación científica de los peligros, el análisis de riesgos y, si es necesario, el principio de precaución (Picó, 2007).

Los estados sudamericanos –Argentina, Brasil, Paraguay, Uruguay y Venezuela– cooperan en asuntos relacionados con la seguridad alimentaria, bajo una alianza conocida como Mercosur, siendo la UE un importante socio comercial. En 2002 se adoptó un documento sobre los principios veterinarios y fitosanitarios mutuos que en la práctica se corresponde con la legislación internacional establecida en EE.UU., y en la UE. A modo de ejemplo, en referencia a las micotoxinas, los estados miembros de Mercosur han establecido principios comunes sobre métodos de muestreo y análisis, así como los niveles aceptables de cuatro aflatoxinas presentes en cacahuete, maíz, así como la aflatoxina M_1 en la leche. Asimismo, se lleva a cabo un control de residuos de pesticidas para la exportación de carne, pescado y productos de la acuicultura a los EE.UU., y la UE.

En la región de Asia y el Pacífico se incluyen más de 20 estados en la Cooperación Económica Asia-Pacífico (APEC), cuyo objetivo es, entre otros, garantizar la seguridad alimentaria. Estos estados llevan a cabo diversas actividades sobre evaluación de riesgos relacionados con contaminantes químicos e intentan proporcionar una armonización con la legislación aplicable en la UE y EE.UU. sobre pescado, productos pesqueros y mariscos. Debe enfatizarse que la legislación de la UE, EE.UU., y muchos otros países del mundo es convergente con respecto al control de sustancias químicas peligrosas en los alimentos, a pesar de ciertas diferencias existentes en aspectos organizativos. La legislación tiene en cuenta la prioridad de preservar la seguridad alimentaria, así como los intereses de los consumidores en el comercio mundial de alimentos.

19.4 LEGISLACIÓN EN MATERIA DE HIGIENE ALIMENTARIA EN LA UNIÓN EUROPEA

La higiene de los alimentos abarca el conocimiento teórico y los principios prácticos destinados a proporcionar a los consumidores alimentos saludables. La higiene de los alimentos, en su período inicial de desarrollo, abarcaba solo cuestiones de naturaleza biológica. Desde la década de 1960, con la aparición de nuevas alertas sanitarias, el campo de la higiene de los alimentos se ha ampliado para incluir la necesidad de examinar los contaminantes de origen químico.

En cuanto a los aspectos químicos sobre higiene de los alimentos, hoy en día se intenta preservar aquellas sustancias presentes en los alimentos que determinan su valor nutricional, así como desarrollar métodos orientados a reducir o prevenir la contaminación por sustancias químicas peligrosas. En 2004 se publicó un paquete de cuatro reglamentos que rigen la higiene de los alimentos para su aplicación en los Estados miembros. El objetivo es garantizar la salud y la vida humana en aquellos aspectos concernientes a los alimentos, incluidos en el Reglamento Nº 852/2004 del Parlamento Europeo y el Consejo de 29 de abril de 2004. Esta disposición establece los requisitos de higiene que deben cumplirse por los operadores de la industria alimentaria en todas las etapas de fabricación, procesado y venta de alimentos. Además, imponen la obligación de implementar y aplicar sistemas de garantía de calidad, Análisis de Peligros y Puntos de Control Crítico (APPCC) y Buenas Prácticas de Higiene (BPH). El Reglamento también especifica los requisitos de higiene a nivel de producción primaria, así como los requisitos para todos los operadores del sector alimentario. Por último, el Reglamento establece el principio de que los alimentos comercializados en la UE deben cumplir todos los requisitos especificados en el mismo (Reglamento (CE) Nº 852/2004 de la Comisión).

El Reglamento Nº 853/2004 especifica los requisitos que rigen la seguridad de los alimentos de origen animal, tanto para las materias primas como para los alimentos procesados y establece las condiciones de comercialización de los alimentos. Una de las principales recomendaciones concierne a la información presente en el etiquetado y, sobre todo, al origen de la producción de los alimentos. El Reglamento presenta una serie de requisitos sobre equipos y supervisión veterinaria en mataderos acerca de los principios de seguridad alimentaria, incluido el estado de la granja que produce la materia prima y los alimentos de origen animal. Además, se establece que la información sobre seguridad alimentaria debe referirse al estado de salud de los animales, los medicamentos administrados, la aparición de enfermedades que pueden afectar a la seguridad de los alimentos y los resultados de los análisis realizados a partir de muestras de origen animal (Reglamento (CE) Nº 853/2004 de la Comisión).

Otro documento importante es el Reglamento (CE) Nº 882/2004, de 29 de abril de 2004, sobre los controles oficiales realizados para garantizar la verificación del cumplimiento de la legislación sobre piensos y alimentos, la salud animal y las normas de bienestar animal. Incluye una serie de disposiciones legales sobre los controles oficiales de alimentos que deben llevarse a cabo regularmente, sin notificación previa, en cada etapa de fabricación, procesado y distribución. El Reglamento define un control físico que abarca entre otros, la toma de muestras para análisis y pruebas de laboratorio, siendo pues relevante para examinar el contenido de sustancias químicas peligrosas en los alimentos. Otros aspectos importantes definidos en el Reglamento son las tareas asignadas a los laboratorios de referencia, los requisitos relacionados con el equipamiento y la cualificación de sus empleados. Por último, se considera también de particular interés los derechos específicos de las autoridades que ejercen la supervisión oficial en lo que respecta, por ej., a los incumplimientos de las reglamentaciones de la legislación alimentaria aplicables, incluida la decisión de suspender o cerrar una determinada industria y de emitir una orden para retirar o destruir alimentos o piensos (Reglamento (CE) Nº 882/2004 de la Comisión).

La legislación relativa a los aspectos químicos en higiene alimentaria abarca los procedimientos que garantizan la seguridad de los alimentos mediante el control, entre otros, del contenido de metales pesados (Pb, Cd y Hg), nitratos (III) y (V), PCB, dioxinas, HAP y micotoxinas, tomando los patrones de consumo de los alimentos, las preferencias de los consumidores, los resultados procedentes de la evaluación de contaminantes químicos de los alimentos, así como los valores establecidos de ingesta diaria y semanal. Los análisis se aplican con mayor frecuencia a la leche y los productos lácteos, fórmulas infantiles y alimentos para niños de corta edad, carne y productos cárnicos, pescado y productos pesqueros, hortalizas y frutas y otros productos alimenticios.

19.5 LEGISLACIÓN ESTABLECIDA PARA EL CONTROL DE SUSTANCIAS NOCIVAS DE ORIGEN QUÍMICO EN ALIMENTOS

19.5.1 Niveles Máximos de Pb en Alimentos

Los niveles máximos de Pb en alimentos establecidos por la UE se presentan en las Tablas 19.1 a 19.5.

El Reglamento de 2015 estableció que, para los productos producidos a partir de la cosecha de frutas de 2016 en adelante, el nivel máximo de contenido de Pb debería reducirse a 0,015 mg/kg de peso húmedo. El mismo Reglamento establece el nivel máximo de Pb en miel en 0,10 mg/kg de peso húmedo (Reglamento (UE) 2015/1005 de la Comisión).

19.5.2 Niveles Máximos de Cd en Alimentos

Los niveles máximos de Cd en leche y productos lácteos no se han establecido en la normativa aplicable de la UE. Algunos Estados miembros de la UE, incluido Polonia, especifican los niveles

TABLA 19.1
Niveles máximos de plomo (Pb) en leche y productos lácteos, fórmulas infantiles y bebidas para niños de corta edad.

Alimento	Descripción detallada	Peso húmedo (mg/kg)
Leche y productos lácteos	Leche cruda, leche tratada térmicamente y leche para la fabricación de productos lácteos	0,020
Fórmulas infantiles	Preparados para lactantes y preparados de continuación	0,050
	Comercializados en polvo	
	Comercializados líquidos	0,10
	Alimentos elaborados a base de cereales y alimentos infantiles para lactantes y niños de corta edad	0,050
Bebidas para niños de corta edad	Bebidas comercializadas líquidas o para ser reconstituidas siguiendo las instrucciones del fabricante, incluidos los zumos de fruta	0,030
	Bebidas destinadas a ser preparadas mediante infusión o decocción	1,50

Fuente: Reglamento (UE) 2015/1005 de la Comisión de 25 de junio de 2015 que modifica el Reglamento (CE) Nº 1881/2006 por lo que respecta al contenido máximo de plomo en determinados productos alimenticios. *Diario Oficial de la Unión Europea* L 161, 26.6.2015.

TABLA 19.2
Niveles máximos de plomo (Pb) en carnes, productos cárnicos, despojos, grasas y aceites.

Alimento	Descripción detallada	Peso húmedo (mg/kg)
Carnes y productos cárnicos	Carne de bovinos, ovinos, cerdos y aves de corral	0,10
Despojos	Despojos de bovinos, ovinos, cerdos y aves de corral	0,50
Grasas y aceites	Grasas y aceites, incluida la grasa láctea	
	Bebidas destinadas a ser preparadas mediante infusión o decocción	0,10

Fuente: Reglamento (UE) 2015/1005 de la Comisión de 25 de junio de 2015 que modifica el Reglamento (CE) Nº 1881/2006 por lo que respecta al contenido máximo de plomo en determinados productos alimenticios. *Diario Oficial de la Unión Europea* L 161, 26.6.2015.

TABLA 19.3
Niveles máximos de plomo (Pb) en pescados, productos derivados de la pesca y mariscos.

Alimento	Descripción detallada	Peso húmedo (mg/kg)
Pescado	Carne de pescado incluyendo productos derivados de la pesca	0,30
Mariscos:	Crustáceos: carne de apéndices y abdomen. En caso de los crustáceos (*Brachyura* y *Anomura*), carne y apéndices	0,50
	Moluscos bivalvos	1,50
	Cefalópodos	0,30

Fuente: Reglamento (UE) 2015/1005 de la Comisión de 25 de junio de 2015 que modifica el Reglamento (CE) Nº 1881/2006 por lo que respecta al contenido máximo de plomo en determinados productos alimenticios. *Diario Oficial de la Unión Europea* L 161, 26.6.2015.

TABLA 19.4
Niveles máximos de plomo (Pb) en hortalizas, hortalizas de fruto y frutas.

Alimento	Descripción detallada	Peso húmedo (mg/kg)
Hortalizas	Hortalizas excluidas las de hoja del género *Brassica*, salsifíes, hortalizas de hoja y hierbas frescas, setas, algas marinas y hortalizas de fruto	0,10
	Hortalizas de hoja del género Brassica, hortalizas de hoja excluidas las hierbas frescas y las setas siguientes: *Agaricus bisporus* (champiñón), *Pleurotus ostreatus* (seta de ostra) y *Lentinula edodes* (seta shiitake)	0,30
Hortalizas de fruto	Maíz dulce	0,10
	Distintas del maíz dulce	0,05
Frutas	Frutas, excluidos los arándanos, las grosellas, las bayas de saúco y los madroños	0,10
	Arándanos, grosellas, bayas de saúco y madroños	0,20

Fuente: Reglamento (UE) 2015/1005 de la Comisión de 25 de junio de 2015 que modifica el Reglamento (CE) Nº 1881/2006 por lo que respecta al contenido máximo de plomo en determinados productos alimenticios. *Diario Oficial de la Unión Europea* L 161, 26.6.2015.

TABLA 19.5
Niveles máximos de plomo (Pb) en zumos, vinos, mieles, cereales y legumbres.

Alimento	Descripción detallada	Peso húmedo (mg/kg)
Zumos de frutas	Zumos de frutas, zumos de frutas concentrados reconstituidos y néctares de frutas	
	Producidos exclusivamente de bayas y otras frutas pequeñas	0,05
	Zumos de frutas distintas de las bayas y otras frutas pequeñas	0,03
	Vino (incluido el vino espumoso y excluido el vino de licor), sidra, perada y vino de frutas, así como el vino aromatizado, bebidas aromatizadas a base de vino y cócteles aromatizados de productos vitivinícolas[a]	0,20
Mieles		0,10
Cereales y legumbres		0,20 CR-EU nº 1881/2006

Fuente: Reglamento (UE) 2015/1005 de la Comisión de 25 de junio de 2015 que modifica el Reglamento (CE) Nº 1881/2006 por lo que respecta al contenido máximo de plomo en determinados productos alimenticios. *Diario Oficial de la Unión Europea* L 161, 26.6.2015.

[a] Según el Reglamento de 2015, se estableció que, en los productos producidos a partir de la cosecha de frutas de 2016 en adelante, el nivel máximo de contenido de Pb debería reducirse a 0,015 mg/kg de peso húmedo.

máximos de Pb y Cd en la leche y los productos lácteos bajo un programa de monitorización del contenido de metales pesados (Wojciechowska-Mazurek *et al.,* 2010, Szkoda *et al.,* 2011). La normativa de la UE establece el nivel máximo de Cd en fórmulas infantiles y alimentos para niños de corta edad, así como en carne y en productos de animales terrestres criados en granjas, pescado y productos pesqueros, así como en mariscos. Los límites máximos para el contenido de Cd también se han establecido para hortalizas y frutas, y para productos derivados, así como para cereales, arroz y soja. En los últimos años, los límites del contenido de Cd también se han aplicado al cacao y productos derivados, incluido el chocolate (Reglamento (UE) Nº 488/2014 de la Comisión). Los niveles máximos de Cd en varios alimentos, establecidos por la UE, se presentan en las Tablas 19.6 a 19.10.

En 2014, se establecieron los niveles máximos de Cd en productos de cacao y chocolate, que se aplicarán a partir de 2019.

19.5.3 Niveles Máximos de Hg en Alimentos

El análisis del contenido de Hg en alimentos es especialmente importante en el ámbito de la seguridad alimentaria para la protección de la salud humana. La evaluación del contenido de Hg en los alimentos se realiza de conformidad con el Reglamento de la Comisión (CE) Nº 1881/2006, y sus posteriores modificaciones, que establece los niveles máximos para ciertos contaminantes en los alimentos. Como resultado de este Reglamento, los límites con respecto al contenido máximo de Hg se establecen actualmente solo para alimentos seleccionados en los estados de la UE, es decir, para el pescado y los productos pesqueros (Tabla 19.11) (Reglamento de la Comisión (UE) Nº 1881/2006, Reglamento de la Comisión (CE) Nº 565/2008, Reglamento (UE) Nº 420/2011 de la Comisión).

TABLA 19.6
Niveles máximos de Cadmio (Cd) en fórmulas infantiles.

Alimento	Descripción detallada	Peso húmedo (mg/kg)
Fórmulas infantiles y de continuación	Preparados en polvo para lactantes elaborados a partir de las proteínas obtenidas de la leche de vaca o de hidrolizados de proteínas	0,010
	Preparados líquidos para lactantes elaborados a partir de las proteínas obtenidas de la leche de vaca o de hidrolizados de proteínas	0,005
	Preparados en polvo para lactantes elaborados a partir de aislados de proteína de soja solos o mezclados con las proteínas de la leche de vaca	0,020
	Preparados líquidos para lactantes elaborados a partir de aislados de proteína de soja solos o mezclados con las proteínas de la leche de vaca	0,010
	Alimentos elaborados a base de cereales y alimentos infantiles para lactantes y niños de corta edad	0,040

Fuente: Reglamento (UE) Nº 488/2014 de la Comisión de 12 de mayo de 2014 y Reglamento (CE) Nº 629/2008 de la Comisión de 2 de julio de 2008 que modifica el Reglamento (CE) Nº 1881/2006 por el que se fija el contenido máximo de Cd en los productos alimenticios. *Diario Oficial de la Unión Europea* L 138, 13.5.2014.

TABLA 19.7
Niveles máximos de cadmio (Cd) en carnes y productos cárnicos.

Alimento	Descripción detallada	Peso húmedo (mg/kg)
Carnes y productos cárnicos	Carne (excluidos los despojos) de bovinos, ovinos, cerdos y aves de corral	0,050
	Carne de caballo, excluidos los despojos	0,20
Despojos	Hígado de bovinos, ovinos, cerdos, aves de corral y caballos	0,50
	Riñones de bovinos, ovinos, cerdos, aves de corral y caballos	1,0

Fuente: Reglamento (UE) Nº 488/2014 de la Comisión de 12 de mayo de 2014 y Reglamento (CE) Nº 629/2008 de la Comisión de 2 de julio de 2008 que modifica el Reglamento (CE) Nº 1881/2006 por el que se fija el contenido máximo de Cd en los productos alimenticios. *Diario Oficial de la Unión Europea* L 138, 13.5.2014.

19.5.4 Niveles Máximos de Nitratos (V) y (III) en Alimentos

Los nitratos (V) y (III) se encuentran entre los compuestos peligrosos cuyo nivel máximo está limitado tanto en alimentos de origen animal como de origen vegetal. Al mismo tiempo, se consideran componentes que se producen de forma natural en materias primas de origen vegetal, incluidas muchas variedades de hortalizas. En la UE, se aplican normas muy estrictas con respec-

TABLA 19.8
Niveles máximos de cadmio (Cd) en pescados, productos derivados de la pesca y mariscos.

Alimento	Descripción detallada	Peso húmedo (mg/kg)
Pescado, productos pesqueros y mariscos	Carne de pescado excluidas las especies:	0,050
	Caballa (*Scomber* species), atún (*Thunnus* spp., *Euthynnus* spp., *Katsuwonus pelamis*), bichique (*Sicyopterus lagocephalus*);	
	Carne del atún	0,15
	Carne de la anchoa (*Engraulis* spp.), pez espada (*Xiphias gladius*), sardina (*Sardina pilchardus*)	0,25
Crustáceos	Carne de los apéndices y del abdomen. En el caso de los cangrejos y crustáceos similares (*Brachyura* y *Anomura*), la carne de los apéndices	0,50
Moluscos bivalvos	Moluscos bivalvos y cefalópodos (sin vísceras)	1,00

Fuente: Reglamento (UE) Nº 488/2014 de la Comisión de 12 de mayo de 2014 y el Reglamento (CE) no 1881/2006 por el que se fija el contenido máximo de Cd en los productos alimenticios. *Diario Oficial de la Unión Europea* L 138, 13.5.2014.

TABLA 19.9
Niveles máximos de cadmio (Cd) en cereales, arroz, soja y hortalizas.

Alimento	Descripción detallada	Peso húmedo (mg/kg)
Cereales, arroz y soja	Cereales, excluidos el trigo y el arroz	0,10
	Granos de trigo, granos de arroz	
	Salvado de trigo y germen de trigo para el consumo directo	
	Habas de soja	0,20
Hortalizas	Hortalizas y frutas, excluidas las hortalizas de raíz y tubérculo, las hortalizas de hoja, las hierbas frescas, las hortalizas de hoja del género *Brassica*, los tallos jóvenes, las setas y las algas marinas	0,050
	Hortalizas de raíz y tubérculo (excluidos los apionabos, las chirivías, los salsifíes y los rábanos rusticanos), tallos jóvenes (excluido el apio). En el caso de las patatas, el contenido máximo se aplica a las patatas peladas	0,10
	Hortalizas de hoja, hierbas frescas, hortalizas de hoja del género *Brassica*, apio, apionabos, chirivías, salsifíes, rábanos rusticanos y las siguientes setas: *Agaricus bisporus* (champiñón), *Pleurotus ostreatus* (seta de ostra) y *Lentinula edodes* (seta shiitake)	0,20
	Otros tipos de setas	1,00

Fuente: Reglamento (UE) Nº 488/2014 de la Comisión de 12 de mayo de 2014 y Reglamento (CE) Nº 629/2008 de la Comisión de 2 de julio de 2008 que modifica el Reglamento (CE) Nº 1881/2006 por el que se fija el contenido máximo de Cd en los productos alimenticios. *Diario Oficial de la Unión Europea* L 138, 13.5.2014.

TABLA 19.10
Niveles máximos de cadmio (Cd) en cacao en polvo y chocolate.

Alimento	Descripción detallada	Peso húmedo (mg/kg)
Cacao en polvo y derivados de chocolate	Chocolate con leche con un contenido de materia seca total de cacao <30%	0,10
	Chocolate con un contenido de materia seca total de cacao <50%; chocolate con leche con un contenido de materia seca total de cacao ≥30%	0,30
	Chocolate con un contenido de materia seca total de cacao ≥50%	0,80
	Cacao en polvo vendido al consumidor final o como ingrediente en cacao en polvo edulcorado vendido al consumidor final (chocolate para beber)	0,60

Fuente: Reglamento (UE) Nº 488/2014 de la Comisión de 12 de mayo de 2014 y Reglamento (CE) Nº 629/2008 de la Comisión de 2 de julio de 2008 que modifica el Reglamento (CE) Nº 1881/2006 por el que se fija el contenido máximo de Cd en los productos alimenticios. *Diario Oficial de la Unión Europea* L 138, 13.5.2014.

TABLA 19.11
Niveles máximos de mercurio (Hg) en pescado y productos pesqueros.

Alimento	Descripción detallada	Peso húmedo (mg/kg)
Pescado y productos pesqueros	Pescado y productos pesqueros	0,50
	Carne de los siguientes pescados: rape (*Lophius* spp.), perro del norte (*Anarhichas lupus*), bonito (*Sarda sarda*), anguila (*Anguilla* spp.), reloj (*Hoplostethus* spp.), granadero (*Coryphaenoides rupestris*), fletán (*Hippoglossus hippoglossus*), marlín (*Makaira* spp.), gall (*Lepidorhombus* spp.), salmonete (*Mullus* spp.), lucio (*Esox lucius*) tasarte (*Orcynopsis unicolor*), mollera (*Tricopterus minutes*), pailona (*Centroscymnus coelolepis*), raya (*Raja* spp.), gallineta nórdica (*Sebastes marinus*, *S. mentella*, *S. viviparus*), pez vela (*Istiophorus platypterus*), espadilla (*Lepidopus caudatus*, *Aphanopus carbo*), besugo o aligote (*Pagellus* spp.), tiburón (todas las especies), sierra (*Lepidocybium flavobrunneum*, *Ruvettus pretiosus*, *Gempylus serpens*), esturión (*Acipenser* spp.), pez espada (*Xiphias gladius*), atún (*Thunnus* spp., *Euthynnus* spp., *Katsuwonus pelamis*)	1,00

Fuente: Reglamento (CE) Nº 1881/2006 de la Comisión de 19 de diciembre de 2006 por el que se fija el contenido máximo de determinados contaminantes en los productos alimenticios. *Diario Oficial de la Unión Europea* L 364, 20.12.2006.

TABLA 19.12
Niveles máximos de nitratos (V) y (III) en productos a base de leche para alimentación infantil y niños menores de tres años, y leche de uso general.

Alimento	Descripción detallada	Nitratos (V) mg/kg de producto	Nitratos (III) mg/kg de producto
Productos a base de leche para alimentación infantil y niños menores de tres años, y leche de uso general	Leche entera en polvo (para la producción de leche, leche y fórmulas modificadas, y en cereales y productos lácteos a base de cereales: papillas y purés)	20,0	1,00
	Leche modificada en polvo y líquida (contenido máximo de nitratos (V) expresado como $NaNO_3$)	50,0	1,00
	Leche y productos vegetales, leche, vegetales y frutas, leche y derivados de fruta con plátano, cereales y productos vegetales, cereales, productos vegetales y frutas con plátanos, productos lácteos de frutas y leche, con cereales y productos de frutas con plátanos, el nivel máximo de nitratos (V) expresado como $NaNO_3$	200,00	1,00

Fuente: Reglamento del Ministerio de Salud de 13 de enero de 2003 sobre los niveles máximos de contaminantes químicos y biológicos que pueden estar presentes en los alimentos, ingredientes alimentarios, sustancias adicionales permitidas, coadyuvantes tecnológicos o alimentarios. Diario de la Ley de la República de Polonia Nº 37, 326, 4.03.2003 (en polaco).

to al contenido de nitrato en los alimentos destinados a lactantes y niños. Según la normativa vigente, el contenido de nitratos (V) no puede exceder los 200 mg por kg de peso húmedo (Reglamento de la Comisión Nº 1881/2006). En los alimentos destinados a lactantes y niños menores de tres años, las reglamentaciones que especifican los niveles de nitrato distinguen entre fórmulas que incluyen o no la leche como ingrediente. Los productos de origen vegetal, incluidas las hortalizas y las patatas están sujetos a un control particular. Con respecto a las hortalizas, se establecen unos límites distintos para la lechuga y las espinacas, diferenciando entre el período de su cosecha y el método de su cultivo (al aire libre o cubierto). En otros tipos de vegetales, los niveles máximos de nitratos (V) y (III) se han establecido con mayor precisión (Smoczyński y Pietrzak-Fiećko, 1999, Zhong *et al.*, 2002, Reglamento del Ministro de Salud, 1993 y 2003).

Los niveles máximos de nitratos (V) y (III) en los alimentos, establecidos por la UE, se presentan en las Tablas 19.12 a 19.14.

Un ciclo intensivo de nitrógeno en el medio ambiente, forzado por una fuerte fertilización nitrogenada, resulta en un crecimiento significativo del contenido de nitrato en algunas hortalizas, incluidas las lechugas y las espinacas. Los niveles máximos de nitratos en hortalizas pueden diferir, por ej., dependiendo de la temporada (lechuga fresca cosechada del 1 de octubre al 31 de marzo y del 1 de abril al 30 de septiembre: Tabla 19.14).

Los productores de hortalizas (en particular de lechuga y espinacas) asumieron una recomendación general para modificar sus métodos de cultivo con objeto de cumplir con los niveles máximos establecidos por las autoridades de la UE.

TABLA 19.13
Niveles máximos de nitratos (V) y (III) en productos sin base de leche para alimentación infantil y niños menores de tres años.

Alimento	Descripción detallada	Nitratos (V) mg/kg de producto	Nitratos (III) mg/kg de producto
Productos sin base de leche para alimentación infantil y niños menores de tres años	Zumos de frutas, excluyendo plátanos, zumos de fruta con calabaza; zumos de manzana y zanahoria sin azúcar, así como productos derivados de la fruta (excluyendo plátanos), expresado como $NaNO_3$	100,0	1,00
	Zumos de frutas y hortalizas y zumos de frutas con plátano, así como productos derivados de la fruta con plátano; el nivel máximo de nitratos (V) expresado como $NaNO_3$	200,0	1,00
	Productos con plátano y derivados del plátano con la adición de otras frutas (manteniendo el plátano en mayor proporción), y alimentos vegetales, así como hortalizas y mezclas de leche y hortalizas; el nivel máximo de nitratos (V) expresado como $NaNO_3$	250,0	1,00
	Carne conservada y carne de ave que contenga no menos del 40% de materia prima cárnica; el nivel máximo de nitratos (V) expresado como $NaNO_3$	50,0	1,00

Fuente: Reglamento del Ministerio de Salud de 13 de enero de 2003 sobre los niveles máximos de contaminantes químicos y biológicos que pueden estar presentes en los alimentos, ingredientes alimentarios, sustancias adicionales permitidas, coadyuvantes tecnológicos o alimentarios. Diario de la Ley de la República de Polonia Nº 37, 326, 4.03.2003 (en polaco).

19.5.5 Niveles Máximos de Bifenilos Policlorados (PCBs) en Alimentos

De los 209 congéneres de PCB, 12 de ellos forman un grupo de compuestos altamente peligroso con una estructura similar a las dioxinas tóxicas. Estos son cuatro congéneres etiquetados como 77, 81, 126 y 169, sin sustitución de cloro en las posiciones orto, definidos como no orto, y ocho etiquetados como 105, 114, 118, 123, 156, 157, 167 y 189, con un solo átomo de cloro como sustituto mono orto, que se conocen como congéneres similares a las dioxinas. Otros congéneres de PCB no presentan una toxicidad similar a las dioxinas, con lo que tienen un perfil toxicológico diferente. Entre esos congéneres de PCB, se distingue un grupo incluido en los llamados congéneres indicadores, que incluye seis etiquetados con los siguientes números: 28, 52, 101, 138, 153 y 180. Cada congénere de bifenilo policlorado con propiedades similares a las dioxinas muestra un nivel de toxicidad ligeramente diferente. La introducción del concepto del llamado factor de equivalencia tóxica (TEF) permite resumir la toxicidad de estos congéneres y facilita la evaluación

TABLA 19.14
Niveles máximos de nitratos (V) y (III) en productos de origen vegetal: lechuga, espinaca y rúcula.

Alimento	Descripción detallada	Nitratos (V) mg/kg de producto	Nitratos (III) mg/kg de producto
Productos de origen vegetal: lechuga, espinaca y rúcula	Espinacas frescas (*Spinacia oleracea*)	3.500	–
	Espinacas en conserva, refrigeradas o congeladas	2.000	
	Lechugas frescas (*Lactuca sativa L.*), lechugas de invernadero, cosechadas entre el 1 de abril y el 30 de septiembre (excepto la lechuga tipo iceberg) expresado como $NaNO_3$	4.000	–
	Lechuga fresca cultivada en invernadero	3.000	
	Lechugas frescas (*Lactuca sativa L.*), lechugas cultivadas al aire libre, cosechadas entre el 1 de octubre y el 31 de marzo (excepto la lechuga tipo iceberg) expresado como $NaNO_3$	5.000	
	Lechugas del tipo iceberg cultivadas en invernadero	5.000	
	Lechuga del tipo iceberg cultivada a cubierto	2.500	
	Lechugas del tipo iceberg cultivadas al aire libre	2.000	
	Rúcula (*Eruca sativa, Diplotaxis* sp., *Brassica tenuifolia*, *Sisymbrium tenuifolium*) recolectadas entre el 1 de octubre y el 31 de marzo	7.000	
	Rúcula (*Eruca sativa, Diplotaxis* sp., *Brassica tenuifolia*, *Sisymbrium tenuifolium*) recolectadas entre el 1 de abril y el 30 de septiembre	6.000	

Fuente: Reglamento (UE) Nº 1258/2011 de la Comisión de 2 de diciembre de 2011 que modifica.

de riesgos y el control reglamentario. Esto significa que los resultados cuantitativos de las pruebas analíticas que se refieren al total de todos los congéneres de PCB con un efecto similar a las dioxinas que presentan un riesgo toxicológico se expresan en unidades cuantificables denominadas cantidades de equivalencia tóxica (EQT) (Reglamento de la Comisión (UE) Nº 1259/2011).

Las disposiciones legales que establecen los límites de los congéneres de PCB se aplican a la leche y los productos lácteos, las fórmulas infantiles y los alimentos destinados a bebés y niños de corta edad.

Los reglamentos también se refieren a los aceites y grasas vegetales, así como a la carne y los productos cárnicos de animales de granja, así como a pescado, productos pesqueros y aceites marinos (Reglamento (UE) Nº 1881/2006, 565/2008, 1259/2011 de la Comisión; Recomendación Nº de la Comisión 2013/711 / UE y Recomendación de la Comisión de 11 de septiembre de 2014).

La Tabla 19.15 presenta datos sobre el nivel máximo de PCB en la leche y los productos lácteos y los alimentos destinados a niños de corta edad.

La Tabla 19.16 presenta datos sobre el nivel máximo de PCB en otros alimentos.

TABLA 19.15
Niveles máximos de bifenilos policlorados (PCBs) en leche y productos derivados, así como en alimentos destinados a niños de corta edad.

Alimento	Descripción detallada	Suma de los PCB con propiedades similares a las dioxinas (WHO-PCB_TEQ)	Suma del indicador PCB
Leche y productos derivados	Leche cruda y productos lácteos, incluida la grasa láctea	3 pg/g grasa	40 ng/g de grasa
Alimentos destinados a niños de corta edad	Alimentos para lactantes y niños de corta edad	0,1 pg/g peso húmedo	1,0 ng/g peso húmedo

Fuente: Reglamento (UE) Nº 1259/2011 de la Comisión de 2 de diciembre de 2011 por el que se modifica el Reglamento (CE) Nº 1881/2006 en lo relativo a los contenidos máximos de dioxinas, PCB similares a las dioxinas y PCB no similares a las dioxinas en los productos alimenticios. *Diario Oficial de la Unión Europea* L 320, 3.12.2011.

19.5.6 Niveles Máximos de Dioxinas en Alimentos

El Reglamento (UE) Nº 1881 de la Comisión, de 19 de diciembre de 2006, especificó los niveles máximos de dioxinas en los alimentos expresados como EQT (Reglamento (UE) Nº 1881/2006 de la Comisión). El término «dioxinas» en el referido Reglamento se entiende como el grupo de 75 congéneres de dibenzo-p-dioxina policlorada (PCDD) y 135 congéneres de dibenzofurano policlorado (PCDF), de los cuales 17 tienen interés toxicológico. Posteriormente, esta normativa se fue complementando y, desde 2011, también ha sido aplicable a Polonia.

La legislación establecida con respecto a los niveles máximos de dioxinas incluye la leche y los productos lácteos, las fórmulas infantiles y los alimentos destinados a bebés y niños de corta edad. Además, la normativa aplicable incluye otros alimentos como aceites y grasas vegetales, aceites marinos y aceites de otros organismos marinos destinados al consumo humano, así como carne y productos cárnicos de animales de granja, pescado, productos pesqueros y aceites marinos (Reglamento de la Comisión (UE) Nº 1881/2006, 565/2008, 1259/2011, y Recomendación de la Comisión Nº 2013/711 / UE).

Los niveles máximos de dioxinas en los alimentos se presentan en las Tablas 19.17 a 19.19.

19.5.7 Niveles Máximos de Hidrocarburos Aromáticos Policíclicos (PAHs) en Alimentos

Durante muchos años, no ha existido una legislación precisa sobre los niveles máximos de PAHs en los productos alimenticios, debido principalmente a la creencia de que no había base para determinar el contenido de PAH que podría tener algún efecto adverso para el organismo.

Se supuso que prácticamente cualquier dosis de PAH tenía un efecto a nivel de ADN. Por ello, se consideró necesario recomendar de forma clara la reducción efectiva del contenido de PAH en los alimentos en un nivel razonablemente alcanzable. Para minimizar el riesgo hacia el consumidor, los estados establecieron niveles máximos de PAH en varios tipos de alimentos a través de la publicación de disposiciones legales. En 2001, de conformidad con el Reglamento (CE) Nº 466/

TABLA 19.16

Niveles máximos de bifenilos policlorados (PCBs) en aceites vegetales y grasas, carne y productos cárnicos, grasa separada del tejido, huevos y ovoproductos, carne del pescado y productos pesqueros.

Alimento	Descripción detallada	Suma de los PCB con propiedades similares a las dioxinas (WHO-PCB-TEQ) pg/g grasa	Suma de PCB28, PCB52, PCB101, PCB138, PCB153 y PCB180 ng/g grasa
Aceites vegetales y grasas	Aceites vegetales y grasas	0,50	40
Carne y productos cárnicos	Carne de cerdo (excluyendo los despojos comestibles)	0,25	40
	Carne de ave	1,25	40
	Carne de bovino y ovino	1,5	40
Hígado	Hígado procedente de especies de bovino, ovino, porcino, ave, y productos derivados	5,5	40
Grasa separada de los tejidos	De especies de porcino	0,25	40
	De carne de ave	1,25	40
	Grasa de bovinos y ovinos	1,5	40
Huevos	Huevos y ovoproductos	2,5	40
Carne del pescado y productos pesqueros	Carne de pescado y productos de la pesca y productos derivados excepto las anguilas capturadas en estado salvaje, el pescado de agua dulce capturado en estado salvaje, excepto las especies de peces diádromos capturadas en agua dulce, el hígado de pescado y productos derivados, y aceites marinos	3,0	75,0 ng/g peso húmedo
	Carne de pescado de agua dulce capturado en estado salvaje, excepto las especies de peces diádromos capturadas en agua dulce, y productos derivados	3,0	125,0 ng/g peso húmedo
	Carne de anguila capturada en estado salvaje (*Anguilla anguilla*) y productos derivados	6,5	300 ng/g peso húmedo
Aceites marinos (aceite de pescado)	Aceite de hígado de pescado y aceites procedentes de otros organismos marinos destinados al consumo humano; hígado de pescado y sus productos derivados	4,25	200

Fuente: Reglamento (UE) Nº 1259/2011 de la Comisión de 2 de diciembre de 2011 por el que se modifica el Reglamento (CE) Nº 1881/2006 en lo relativo a los contenidos máximos de dioxinas, PCB similares a las dioxinas y PCB no similares a las dioxinas en los productos alimenticios. *Diario Oficial de la Unión Europea* L 320, 3.12.2011

TABLA 19.17
Niveles máximos de dioxinas en leche y derivados, grasa láctea, alimentos destinados a niños de corta edad, huevos y grasas vegetales.

Alimento	Descripción detallada	Suma de dioxinas (WHO-PCDD/F-TEQ)	Suma de dioxinas y PCB (WHO-PCDD/F-PCB-TEQ)
Leche y derivados	Leche cruda, productos lácteos, y grasa láctea	2,5 pg/g grasa	5,5 pg/g grasa
Alimentos destinados a lactantes y niños de corta edad	Alimentos destinados a lactantes y niños de corta edad	0,1 pg/g peso húmedo	0,2 pg/g peso húmedo
Huevos	Huevos y ovoproductos	2,5 pg/g grasa	5,0 pg/g grasa
Aceites y grasas vegetales	Aceites y grasas vegetales	0,75 pg/g grasa	1,25 pg/g grasa

Fuente: Reglamento (UE) Nº 1259/2011 de la Comisión de 2 de diciembre de 2011 por el que se modifica el Reglamento (CE) Nº 1881/2006 en lo relativo a los contenidos máximos de dioxinas, PCB similares a las dioxinas y PCB no similares a las dioxinas en los productos alimenticios. *Diario Oficial de la Unión Europea* L 320, 3.12.2011.

TABLA 19.18
Niveles máximos de dioxinas en carne y productos cárnicos.

Alimento	Descripción detallada	Suma de dioxinas (WHO-PCDD/F-TEQ)	Suma de dioxinas y PCB (WHO-PCDD/F-PCB-TEQ) pg/g grasa
Carne y productos cárnicos	Carne de cerdo	1,0	1,25
	Carne de ave	1,75	3,0
	Carne de bovino y ovino	2,50	4,0
Hígados	Hígados de animales terrestres anteriormente mencionados	4,5	10,0
Grasa separada de los tejidos	De cerdo	1,00	1,25
	De aves	1,75	3,0
	De especies de bovino y ovino	2,5	4,0

Fuente: Reglamento (UE) Nº 1259/2011 de la Comisión de 2 de diciembre de 2011 por el que se modifica el Reglamento (CE) Nº 1881/2006 en lo relativo a los contenidos máximos de dioxinas, PCB similares a las dioxinas y PCB no similares a las dioxinas en los productos alimenticios. *Diario Oficial de la Unión Europea* L 320, 3.12.2011.

2001 de la Comisión, de 8 de marzo de 2001, se inició un proceso para establecer niveles máximos para ciertas sustancias extrañas de origen químico en determinados alimentos (OJ UE L 77 de 16 de marzo de 2001). A continuación, en 2005, de conformidad con el Reglamento UE Nº 208/2005 de la Comisión, de 4 de febrero de 2005, se modificó el Reglamento (CE) Nº 466/2001, mediante la introducción de la Sección 7 del Anexo, con la siguiente redacción «Hidrocarburos aromáticos policíclicos», y estableciendo así los niveles más altos (máximos) de benzo (a) pireno (BaP) en determinados tipos de alimentos. En el Reglamento de la UE Nº 1881/2006, de 19 de diciembre de

TABLA 19.19
Niveles máximos de dioxinas en carne de pescado y productos de la pesca.

Alimento	Descripción detallada	Suma de dioxinas (WHO-PCDD/F-TEQ) pg/g peso húmedo	Suma de dioxinas y PCB similares a las dioxinas (WHO-PCDD/F-TEQ) pg/g peso húmedo
Carne de pescado y productos de la pesca	Carne de pescado y productos de la pesca y productos derivados, excepto las anguilas capturadas en estado salvaje, el pescado de agua dulce capturado en estado salvaje, excepto las especies de peces diádromos capturadas en agua dulce, el hígado de pescado y productos derivados, y aceites marinos	3,5	6,5
	Carne de pescado de agua dulce capturado en estado salvaje, excepto las especies de peces diádromos capturadas en agua dulce, y productos derivados	3,5	6,5
	Carne de anguila capturada en estado salvaje (*Anguilla anguilla*) y productos derivados	3,5	10,0
	Hígado de pescado y sus productos derivados, excluidos los aceites marinos	–	20,0
Aceites marinos	Aceites marinos (aceite de pescado, aceite de hígado de pescado y aceites procedentes de otros organismos marinos destinados al consumo humano)	1,75 pg/g grasa	6,0 pg/g grasa

Fuente: Reglamento (UE) Nº 1259/2011 de la Comisión de 2 de diciembre de 2011 por el que se modifica el Reglamento (CE) Nº 1881/2006 en lo relativo a los contenidos máximos de dioxinas, PCB similares a las dioxinas y PCB no similares a las dioxinas en los productos alimenticios. *Diario Oficial de la Unión Europea* L 320, 3.12.2011.

2006, se establecieron los niveles máximos de HAP, y más concretamente de benzoBaP en alimentos seleccionados. Mediante otro Reglamento Nº 835/2011 de 19 de agosto de 2011, se han establecido los niveles máximos para BaP y la suma de cuatro HAP, a saber, BaP, benz(a)antraceno, benzo(b)fluoranteno y criseno, para los grupos de productos alimenticios presentados en las Tablas 19.20 a 19.22.

TABLA 19.20
Niveles máximos de hidrocarburos aromáticos policíclicos (PAHs) en aceites y grasas, aceite de coco, granos de cacao y productos derivados.

Alimento	Descripción detallada	Benzo(a)pireno µg/kg producto	Suma de benzo(a)pireno, benzo(a)antraceno, benzo(b)fluoranteno y criseno µg/kg producto
Aceites y grasas	Excluida la manteca de cacao y el aceite de coco	2,0	10,0
Aceite de coco	Destinados al consumo humano directo o a ser usados como ingrediente de productos alimenticios	2,0	20,0
Granos de cacao	Y productos derivados	5,0	30,0

Fuente: Reglamento (UE) Nº 835/2011 de la Comisión de 19 de agosto de 2011 que modifica el Reglamento (CE) Nº 1881/2006 por lo que respecta al contenido máximo de hidrocarburos aromáticos policíclicos en los productos alimenticios. *Diario Oficial de la Unión Europea* L 215, 20.8.2011.

TABLA 19.21
Niveles máximos de hidrocarburos aromáticos policíclicos (PAHs) en carne de pescado ahumado y productos pesqueros ahumados.

Alimento	Descripción detallada	Benzo(a)pireno µg/kg producto	Suma de benzo(a)pireno, benzo(a)antraceno, benzo(b)fluoranteno y criseno µg/kg producto
Carne	Carnes ahumadas y productos cárnicos ahumados	2,0	12,0
Pescado	Carne de pescado ahumado y productos pesqueros ahumados excluidos los espadines ahumados y los moluscos bivalvos. El contenido máximo para los crustáceos ahumados se aplica a la carne de los apéndices y el abdomen. En el caso de los cangrejos ahumados y crustáceos similares ahumados (*Brachyura* y *Anomura*), se aplica a la carne de los apéndices	2,0	12,0
	Espadines ahumados y espadines ahumados en conserva (*Sprattus sprattus*); moluscos bivalvos (frescos, refrigerados o congelados); carnes y productos cárnicos tratados térmicamente y vendidos al consumidor final	5,0	30,0
	Moluscos bivalvos ahumados	6,0	35,0

Fuente: Reglamento (UE) Nº 835/2011 de la Comisión de 19 de agosto de 2011 que modifica el Reglamento (CE) Nº 1881/2006 por lo que respecta al contenido máximo de hidrocarburos aromáticos policíclicos en los productos alimenticios. *Diario Oficial de la Unión Europea* L 215, 20.8.2011.

TABLA 19.22
Niveles máximos de hidrocarburos aromáticos policíclicos (PAHs) en alimentos elaborados a base de cereales y fórmulas infantiles.

Alimento	Descripción detallada	Benzo(a)pireno µg/kg producto	Suma de benzo(a)pireno, benzo(a)antraceno, benzo(b)fluoranteno y criseno µg/kg producto
Alimentos elaborados a base de cereales	Alimentos elaborados a base de cereales y alimentos infantiles para lactantes y niños de corta edad	1,0	1,0
Fórmulas infantiles	Preparados para lactantes y preparados de continuación, incluidas la leche para lactantes y la leche de continuación	1,0	1,0
	Alimentos dietéticos destinados a usos médicos especiales dirigidos específicamente a los lactantes	1,0	1,0

Fuente: Reglamento (UE) Nº 835/2011 de la Comisión de 19 de agosto de 2011 que modifica el Reglamento (CE) Nº 1881/2006 por lo que respecta al contenido máximo de hidrocarburos aromáticos policíclicos en los productos alimenticios. *Diario Oficial de la Unión Europea* L 215, 20.8.2011.

19.5.8 Niveles Máximos de Aflatoxinas en Alimentos

Las micotoxinas, conocidas como sustancias químicas peligrosas de origen biológico que se producen en los alimentos, incluyen entre otras, las aflatoxinas producidas por algunas especies de *Aspergillus*. El contenido de aflatoxinas, así como de otras micotoxinas se debe controlar en los alimentos y piensos a través de la recomendación de los niveles máximos (idealmente, tan bajos como sea razonablemente posible), dada su toxicidad, la cual está descrita en muchos estudios. Esto concierne particularmente a los productos destinados a los grupos más sensibles de consumidores: recién nacidos y niños pequeños. Las autoridades que supervisan la seguridad alimentaria en la UE, así como en otros estados del mundo, establecieron legislaciones sobre los niveles máximos de aflatoxinas en la leche, los cereales y los frutos secos a principios del presente siglo. En las posteriores reglamentaciones, el grupo de alimentos se amplió a fórmulas infantiles y se modificaron los niveles máximos de aflatoxinas en diversos productos de origen vegetal, incluidos cereales, maíz, arroz, frutos secos y especias. El nivel máximo de aflatoxinas en los alimentos se presenta en las Tablas 19.23 a 19.26.

19.5.9 Niveles Máximos de Ocratoxina A en Alimentos

La EFSA adoptó el 4 de abril de 2006, a solicitud de la Comisión, un dictamen científico actualizado sobre el contenido de ocratoxina A en los alimentos. Sobre la base de esta opinión, se han establecido los niveles máximos de micotoxinas para cereales, productos a base de cereales, frutos secos de vid, café tostado, vino, zumo de uva y alimentos para lactantes y niños pequeños.

TABLA 19.23
Niveles máximos de aflatoxinas en leche cruda y procesada, alimentación infantil y para niños de corta edad.

Alimento	Descripción detallada	B_1 µg/kg	$B_1 + B_2 + G_1 + G_2$ µg/kg	M_1 µg/kg
Leche cruda y procesada	Los productos derivados de la leche deben estar libres de aflatoxinas $B_1 + B_2 + G_1 + G_2$	–	–	0,050
Alimentación infantil y para niños de corta edad	Preparados para lactantes y preparados de continuación, incluidas la leche para lactantes y la leche de continuación, los cuales no pueden contener aflatoxinas $B_1 + B_2 + G_1 + G_2$	–	–	0,025
	Alimentos a base de cereales transformados y alimentos para lactantes y niños de corta edad	0,10	–	0,025
	Alimentos dietéticos destinados a usos médicos especiales dirigidos específicamente a los lactantes	0,10	–	0,025

Fuente: Reglamento (UE) Nº 165/2010 de la Comisión de 26 de febrero de 2010 que modifica, en lo que respecta a las aflatoxinas, el Reglamento (CE) Nº 1881/2006 por el que se fija el contenido máximo de determinados contaminantes en los productos alimenticios. *Diario Oficial de la Unión Europea* L 50, 27.2.2010.

TABLA 19.24
Niveles máximos de aflatoxinas en cereales, maíz, arroz y frutos secos.

Alimento	Descripción detallada	B_1 µg/kg	$B_1 + B_2 + G_1 + G_2$ µg/kg	M_1 µg/kg
Cereales	Todos los cereales y todos los productos a base de cereales, incluidos los productos de cereales transformados, con la excepción del maíz, arroz y alimentos procesados a base de cereales	2,0	4,0	–
Maíz y arroz	Maíz y arroz que vayan a someterse a un proceso de deselección u otro tratamiento físico antes del consumo humano directo o de su utilización como ingredientes de productos alimenticios	5,0	10,0	–
Frutos secos	Cacahuetes y otras semillas oleaginosas que vayan a someterse a un proceso de selección u otro tratamiento físico antes del consumo humano directo o de su utilización como ingredientes de productos alimenticios, con la excepción de los cacahuetes y otras semillas oleaginosas que vayan a molerse para la producción de aceite vegetal refinado	8,0	15,0	–
	Los mismos frutos secos destinados a consumo humano directo o usados como ingrediente alimentario	2,0	4,0	–

Fuente: Reglamento (UE) Nº 165/2010 de la Comisión de 26 de febrero de 2010 que modifica, en lo que respecta a las aflatoxinas, el Reglamento (CE) Nº 1881/2006 por el que se fija el contenido máximo de determinados contaminantes en los productos alimenticios. *Diario Oficial de la Unión Europea L* 50, 27.2.2010.

TABLA 19.25
Niveles máximos de aflatoxinas en almendras, pistachos, huesos de albaricoque y frutas pasas.

Alimento	Descripción detallada	B_1 µg/kg	$B_1 + B_2 + G_1 + G_2$ µg/kg	M_1 µg/kg
Almendras, pistachos y huesos de albaricoque	Tratamiento antes del consumo humano	12,0	15,0	
	Frutos secos destinados a consumo humano directo o usados como ingrediente alimentario	8,0	10,0	
Frutas pasas	Frutas pasas y productos procesados elaborados a partir de frutas pasas destinados a consumo humano directo o usados como ingrediente alimentario	2,0	4,0	
	Frutas pasas sometidas a un tratamiento antes del consumo humano	5,0	10,0	

Fuente: Reglamento (UE) Nº 165/2010 de la Comisión de 26 de febrero de 2010 que modifica, en lo que respecta a las aflatoxinas, el Reglamento (CE) Nº 1881/2006 por el que se fija el contenido máximo de determinados contaminantes en los productos alimenticios. *Diario Oficial de la Unión Europea* L 50, 27.2.2010.

TABLA 19.26
Niveles máximos de aflatoxinas en especias.

Alimento	Descripción detallada	B_1 µg/kg	$B_1 + B_2 + G_1 + G_2$ µg/kg	M_1 µg/kg
Especias	*Capsicum* spp. (frutas pasas de dicho género, enteras o molidas, con inclusión de los chiles, el chile en polvo, la cayena y el pimentón), *Piper* spp. (frutos de dicho género, con inclusión de la pimienta blanca y negra), *Myristica fragrans* (nuez moscada), *Zingiber officinale* (jengibre), *Curcuma longa* (cúrcuma)	5,0	10,0	–
	Mezclas de especias que contengan una o varias de estas especias	5,0	10,0	–

Fuente: Reglamento (UE) Nº 165/2010 de la Comisión de 26 de febrero de 2010 que modifica, en lo que respecta a las aflatoxinas, el Reglamento (CE) Nº 1881/2006 por el que se fija el contenido máximo de determinados contaminantes en los productos alimenticios. *Diario Oficial de la Unión Europea* L 50, 27.2.2010.

De acuerdo con el Reglamento Nº 1881/2006 de la Comisión de la UE, de 19 de diciembre de 2006, se han establecido niveles máximos de ocratoxina A para alimentos seleccionados.

En la Tabla 19.27 se presentan los niveles máximos de ocratoxina A en distintos alimentos (cereales y granos de café, uvas pasas, vino y zumos y especias).

TABLA 19.27
Niveles máximos de ocratoxina A en cereales y granos de café, uvas pasas, vino, zumos (CR-UE Nº 1881/2006) y especias (CR-UE Nº 105/2010 y CR-UE Nº 2015/1137).

Alimento	Descripción detallada	µg/kg
Cereales y granos de café	Cereales no procesados	5,0
	Todos los productos derivados de cereales no procesados y cereales destinados a consumo humano	3,0
	Alimentos a base de cereales procesados y alimentación infantil y para niños de corta edad	0,50
	Granos de café tostado y café molido	5,0
	Café soluble	10,0
Uvas pasas, vino y zumos	Uvas pasas: pasas de Corinto, sultanas y otras variedades de pasas	10,0
	Vino, incluidos los vinos espumosos y afrutados (excluidos los vinos de licor y los vinos con un grado alcohólico mínimo de 15% vol.)	2,0
	El mismo nivel máximo de Ocratoxina A se establece para el zumo de uva, néctar de uva, mosto de uva y concentrado de uva reconstituido, destinados a consumo humano	2,0
Especias	*Capsicum* spp. (frutos de dicho género desecados, enteros o pulverizados, incluidos los chiles, el chile en polvo, la cayena y el pimentón), *Piper* spp. (frutos de dicho género, con inclusión de la pimienta blanca y negra), *Myristica fragrans* (nuez moscada), *Zingiber officinale* (jengibre), *Curcuma longa* (cúrcuma), Mezclas de especias que contengan una de estas especias	15,0

19.5.10 Niveles Máximos de Deoxinivalenol (DON), Zearalenona y Fumonisinas en Alimentos

Sobre la base de opiniones científicas y una evaluación de la ingesta alimentaria, se han establecido los niveles máximos de DON, zearalenona y fumonisinas, los cuales se presentan en las Tablas 19.28 a 19.30.

19.6 REQUERIMIENTOS LEGALES SOBRE LOS MÉTODOS DE MUESTREO Y ANÁLISIS PARA EL CONTROL DE SUSTANCIAS NOCIVAS DE ORIGEN QUÍMICO EN ALIMENTOS

Las normas aprobadas y publicadas en el CA, y posteriormente en los documentos de la UE sobre los niveles máximos establecidos de sustancias químicas peligrosas en alimentos proporcionan información sobre los métodos de muestreo y análisis químico. Las legislaciones de muchos países también determinan y recomiendan métodos considerados necesarios y que cumplen con los principios del Comité de Métodos de Análisis y Muestreo. Se ha asumido que, si dos o más métodos se consideran equivalentes, el estándar debería considerarlos como alternativos (Gertig y Duda, 2004).

TABLA 19.28
Niveles máximos de deoxinivalenol (DON) en cereales y productos a base de cereales.

Alimento	Descripción detallada	µg/kg
Cereales y productos a base de cereales	Trigo duro, avena y maíz no elaborados	1.750
	Otros cereales no procesados	1.250
	Cereales destinados al consumo humano directo, harina de cereales (incluida la harina de maíz, y el maíz triturado y molido), salvado como producto final comercializado para el consumo humano directo y germen; y pasta desecada	750
	Pan (incluidos pequeños productos de panadería), pasteles, galletas, aperitivos de cereales y cereales para desayuno	500
	Alimentos elaborados a base de cereales y alimentos infantiles para lactantes y niños de corta edad	200

Fuente: Reglamento (CE) Nº 1881/2006 de la Comisión de 19 de diciembre de 2006 por el que se fija el contenido máximo de determinados contaminantes en los productos alimenticios. *Diario Oficial de la Unión Europea* L 364, 20.12.2006.

TABLA 19.29
Niveles máximos de zearalenona en cereales y productos a base de cereales.

Alimento	Descripción detallada	µg/kg
Cereales y productos a base de cereales	Cereales destinados al consumo humano directo, harina de cereales, salvado como producto final comercializado para el consumo humano directo y germen	75
	Cereales no procesados distintos del maíz	100
	Maíz no procesado	200
	Maíz destinado al consumo humano directo, harina de maíz, maíz molido, maíz triturado y aceite de maíz refinado	200
	Alimentos elaborados a base de cereales y alimentos infantiles para lactantes y niños de corta edad	20
	Pan, pasteles, galletas, aperitivos de cereales y cereales para desayuno	50
	Alimentos elaborados a base de cereales (excluidos los alimentos elaborados a base de maíz) y alimentos infantiles para lactantes y niños de corta edad	20

Fuente: Reglamento (CE) Nº 1881/2006 de la Comisión de 19 de diciembre de 2006 por el que se fija el contenido máximo de determinados contaminantes en los productos alimenticios. *Diario Oficial de la Unión Europea* L 364, 20.12.2006.

El muestreo y los métodos de análisis para el control oficial de los niveles de Pb, Cd y Hg en productos alimenticios se rigen por las normas establecidas en la Directiva de 2001 (Directiva de la Comisión Nº 2001/22/CE). La normativa se ha visto mejorada por el Reglamento de la Comisión de la UE Nº 333 de 2007 con la especificación de los métodos de muestreo: planificación, envasado y etiquetado. En función de las propiedades químicas que presentan las sustancias peligrosas

TABLA 19.30
Niveles máximos de fumonisinas en cereales y productos a base de cereales.

Alimento	Descripción detallada	$B_1 + B_2$ µg/kg
Cereales y productos a base de cereales	Maíz no procesado	2.000
	Harina de maíz, maíz molido, maíz triturado, germen de maíz y aceite de maíz refinado	1.000
	Alimentos a base de maíz destinados al consumo humano directo	400
	Alimentos elaborados a base de maíz y alimentos infantiles para lactantes y niños de corta edad	200

Fuente: Reglamento (CE) Nº 1881/2006 de la Comisión de 19 de diciembre de 2006 por el que se fija el contenido máximo de determinados contaminantes en los productos alimenticios. *Diario Oficial de la Unión Europea* L 364/5 20.12.2006.

en los alimentos, se describen una serie de procedimientos específicos de preparación de las muestras para análisis. Además, se definen los criterios básicos para la elección de los métodos de análisis del contenido de Pb, Cd y Hg para los alimentos enumerados en el Reglamento de la UE Nº 1881/2006. El Reglamento establece, entre otros, criterios tales como límite de determinación (LOD), límite de cuantificación (LOQ), así como la precisión, recuperación y especificidad del método, por ejemplo, el método debe estar libre de interferencias de la matriz o interferencia espectral (Reglamento (UE) Nº 1883/2006 de la Comisión).

El muestreo y los métodos de análisis para el control oficial de nitratos (V) y (III) en los alimentos se rigen por la disposición especificada en el Reglamento de la UE de 2006 (Reglamento (UE) Nº 1883/2006 de la Comisión).

El muestreo y los métodos de análisis para el control oficial de dioxinas y del PCB en los alimentos se rigen por la disposición especificada en el Reglamento de la UE de 2006 (Reglamento de la Comisión (UE) Nº 1883/2006). Dichas disposiciones fueron ampliadas para los compuestos ndl-PCB en la regulación de 2012, la cual incluye procedimientos acerca del muestreo y análisis del nivel de dioxinas, dl-PCB y ndl-PCB (Reglamento de la Comisión (UE) Nº 252/2012). Posteriormente, se han ido introduciendo sucesivas mejoras en relación con los métodos de muestreo y análisis de muestras para el control de dioxinas, dl-PCB y ndl-PCB (y que al mismo tiempo derogan el Reglamento 252/2012), a través del Reglamento de la Comisión de 2014 (Reglamento de la Comisión (UE) Nº 252/2012).

El Reglamento Nº 333/2007, de 28 de marzo de 2007, se refiere a procedimientos detallados en relación con los metales pesados y el benzo [a] pireno (BaP).

El Reglamento de la UE Nº 333/2007 de 28 de marzo de 2007 y la Directiva de la Comisión Europea Nº 2005/10/CE de 4 de febrero de 2005 especificaron los requisitos y criterios de rendimiento para los métodos analíticos aplicados para la determinación cuantitativa de BaP y otros PAH. Este Reglamento incluye criterios básicos para la elección del método de análisis de PAH para los alimentos enumerados en el Reglamento de la UE Nº 1881/2006. El Reglamento especifica criterios como LOD, LOQ, así como la precisión, recuperación y especificidad del método. En el caso de la determinación de BaP, lo importante es la especificidad del método (el método debe estar libre de interferencias de matriz o interferencia espectral), el LOD, que no debe ser inferior a 0,3 µg/kg, el LOQ, que no debe ser inferior a 0,9 µg/kg, y la recuperación del método que puede oscilar del 50% al 120% (Reglamento (UE) Nº 401/2006 de la Comisión).

El Reglamento Nº 401/2006 de la Comisión de la UE especifica el método para la toma de muestras de cereales y productos derivados, así como los métodos para la determinación de las aflatoxinas B_1, B_2, G_1 y G_2, y M_1. De acuerdo con la normativa citada, para la monitorización del nivel de micotoxinas, debe aplicarse el mismo método de muestreo al mismo producto.

19.7 CONTROL DE LOS PELIGROS DE COMPUESTOS TÓXICOS Y OTROS COMPUESTOS NOCIVOS EN LOS ALIMENTOS

Las autoridades oficiales y la comunidad científica se encargan del control de los peligros en relación con los compuestos nocivos en los alimentos, lo que garantiza una posición integral para garantizar la confianza pública. La naturaleza del enfoque se basa en el análisis de riesgos. La evaluación de los riesgos para la salud relacionados con la exposición de los consumidores a sustancias químicas nocivas tiene como objetivo describir las relaciones entre el nivel de exposición y la frecuencia de los efectos negativos para la salud. Los resultados de la evaluación de riesgos pueden proporcionar una base para establecer límites de exposición seguros para los alimentos, abarcando también factores ocupacionales y ambientales. Hoy en día, el análisis de riesgos se está convirtiendo en la base de todas las estrategias de seguridad alimentaria. Las regulaciones de la UE indican la necesidad de aplicar un procedimiento en tres etapas: evaluación de riesgos, gestión de riesgos y comunicación de riesgos. La evaluación de riesgos debe tratarse como una etapa científica y la base de cada legislación relacionada con la protección de la salud humana. La medida de seguridad más importante para los consumidores consiste en establecer niveles máximos de residuos (MRLs) de sustancias químicas en productos alimenticios específicos (los que componen una ingesta diaria). A nivel mundial, los valores de MRLs para alimentos se establecen mediante un procedimiento científico. El elemento básico en la evaluación de riesgos es la identificación del peligro y la definición de sus características completas. Esta etapa consiste en identificar factores biológicos, químicos, físicos y otros relacionados con la condición de los alimentos que pueden causar efectos negativos en la salud de los consumidores. Las características de riesgo están relacionadas con una evaluación cualitativa y cuantitativa de la naturaleza de los efectos peligrosos para la salud resultantes de los factores mencionados anteriormente, que pueden ocurrir en los alimentos. En el caso de los factores químicos, lo que debe establecerse es la relación entre la dosis y la respuesta.

La segunda etapa, la gestión de riesgos, es una etapa legislativa que se lleva a cabo dentro de las estructuras estatales o internacionales. La protección de la salud del consumidor teniendo en cuenta las medidas sanitarias aplicables es un elemento importante en la gestión de riesgos que realizan organismos gubernamentales especializados. El objetivo es reducir el riesgo y proporcionar protección contra sus efectos. La gestión de riesgos se entiende como la realización de actividades destinadas a la identificación, evaluación y control de riesgos, y la supervisión de las medidas implementadas. El tercer elemento en el análisis de riesgos es la comunicación adecuada sobre los riesgos relacionados con los alimentos que afectan la vida humana. La información obtenida a través del análisis de riesgos debe usarse de manera integral, no solo en lo que respecta a su difusión, sino con su plena inclusión en el proceso de gestión de riesgos mediante la toma de decisiones adecuadas. Por lo tanto, la comunicación de riesgos debe explicar las razones subyacentes a las decisiones tomadas como parte de la gestión de riesgos. Un elemento importante de todo el proceso de evaluación de riesgos es la necesidad de tener en cuenta el principio de precaución resultante de la existencia de múltiples fuentes de incertidumbre y la falta de evidencia científica. Por lo tanto, el grado de incertidumbre y las posibles variables en los datos científicos disponibles deben incluirse explícitamente en el análisis de riesgos.

Cabe destacar que un sistema de alerta temprana del riesgo alimentario es un elemento importante de la política de la UE. En el Reglamento Nº 178/2002, la UE estableció el Sistema Europeo de Alerta Rápida para Alimentos y Piensos (RASFF). El RASFF permite el intercambio rápido de información necesaria entre los participantes del control oficial llevado a cabo por las autoridades respectivas de los Estados miembros de la UE de forma que desempeña un papel clave para garantizar el libre flujo de alimentos seguros y saludables en Europa. La evaluación de riesgos se aplica a alimentos, materiales y productos que entran en contacto con alimentos y piensos. El RASFF también incluye información sobre medidas preventivas tomadas de forma individual en los estados de la UE. Para ello, se designan equipos de expertos para evaluar el riesgo para la salud del consumidor si se demuestra que los parámetros, materiales o productos de productos alimenticios destinados a entrar en contacto con los alimentos no cumplen con la legislación aplicable. Los riesgos para la salud del consumidor que se analizan con mayor frecuencia incluyen el exceder los límites máximos de residuos de sustancias químicas en los alimentos. El RASFF hace posible prevenir los efectos sobre la salud que presentan las sustancias químicas peligrosas, tomando una serie de medidas apropiadas en todas las etapas de la cadena alimentaria. El primer informe sobre el funcionamiento del sistema RASFF para 2002-2003 incluyó 454 notificaciones de alerta, mientras que, en 2008, hubo 528 notificaciones (Ludwicki y Kostka, 2008). En 2013, se entregaron 3.137 notificaciones de alerta en RASFF. Las notificaciones de alerta sobre alimentos y piensos estuvieron referidas a la presencia de microorganismos patógenos en 204 casos, mientras que en 78 casos, las alertas se refirieron a micotoxinas y 73 a metales pesados (Buczkowska *et al.*, 2014). Hoy en día, el sistema RASFF es visto como un elemento de especial relevancia en la supervisión sanitaria y epidemiológica de la producción de alimentos y la estrategia de protección de la salud para la población de la UE. Sin embargo, es necesario realizar de forma constante actividades conducentes a aumentar la responsabilidad y fortalecer la cooperación entre los Estados miembros. Asimismo, debe aumentarse la eficiencia del control mediante, por ej., el desarrollo de la investigación para mejorar los métodos analíticos para la determinación de las sustancias peligrosas y a la búsqueda de métodos rápidos de detección de forma que la legislación de la UE se pueda actualizar a posibles nuevas amenazas. Lo que también se indica es la plausibilidad del procedimiento de evaluación de riesgos previo a la introducción de un producto en el mercado, lo que ayuda a prevenir los efectos sobre la salud mediante la adopción de medidas en una etapa inicial de la cadena alimentaria.

19.8 RESUMEN Y CONCLUSIONES

En resumen, se puede asumir que la legislación de muchos estados en el mundo, así como los estados que forman parte de acuerdos internacionales, tiene como objetivo garantizar las condiciones para la producción de alimentos que garanticen la salud y la vida segura de las personas desde su nacimiento hasta su muerte natural. En la práctica, requiere tomar medidas para la protección del medio ambiente y la seguridad sanitaria de los alimentos. La calidad sanitaria y nutricional de las materias primas de origen vegetal y animal está influida por las condiciones ambientales a partir de las cuales se han obtenido. La progresiva introducción de elementos químicos en el campo de la agricultura, así como las tecnologías de procesado de materias primas aplicadas, han dado como resultado alimentos que pueden presentar contaminación química, así como residuos potencialmente peligrosos para los consumidores. Para su prevención se requiere la aplicación de buenas prácticas de fabricación (BPF) y sistemas adecuados de garantía de calidad en toda la cadena alimentaria. Sin embargo, esto no garantiza que los alimentos estén completamente libres de sustancias químicas potencialmente peligrosas o tóxicas, lo cual precisa de la adopción de estrategias para su control. Como resultado de la investigación realizada, se están tomando medidas para determinar los niveles máximos de sustancias químicas peligrosas en los alimentos. Esos niveles, publicados en distintas normativas relevantes de la UE derivadas del CA se han convertido en la base para el control oficial de los alimentos. Además, se ha establecido un sistema de medidas preventivas y de intervención eficiente en la aparición de sustancias químicas peligrosas en los alimentos. En situaciones extremas, esto puede provocar la interrupción de la producción y la retirada de alimentos inaceptables. Esta situación conduce a las siguientes conclusiones:

- La cooperación internacional ha llevado al desarrollo de un sistema en forma de CA, cuyo cumplimiento ayuda a garantizar alimentos seguros para los consumidores.
- La normativa establecida en la UE, los Estados Unidos y otros países con respecto al control de los niveles máximos de sustancias químicas peligrosas son muy similares, lo que permite el intercambio global de productos alimenticios si se cumplen esas regulaciones.
- La normativa establecida en la UE con respecto a la higiene de los alimentos y el control de los niveles máximos de sustancias químicas potencialmente peligrosas (metales pesados: Pb, Cd y Hg), nitratos (V) y nitratos (III), PCB, dioxinas, HAP y micotoxinas), proporcionan una garantía de que los alimentos presentes en el mercado puedan tener una calidad nutricional y sanitaria adecuadas.

BIBLIOGRAFÍA

Buczkowska, M., T. Sadowski, and J. Gadomska. 2014. Early warning system concerning food and feed. *Problems of Hygiene and Epidemiology* 95(3): 550–555. (in Polish).

Codex Alimentarius Commission. 2010. Procedural manual. FAO/WHO Rome, nineteenth edition. ISBN 978-92-5-106493-1.

Commission Directive 2001/22/EC of 8 March 2001 laying down the sampling methods and the methods of analysis for the official control of the levels of lead, cadmium, mercury and 3-MCPD in foodstuffs. *Official Journal of the European Union* L 77, 16.3.2001.

Commission Directive 2005/10/EC of 4 February 2005 laying down the sampling methods and the methods of analysis for the official control of the levels of benzo [a] pyrene in foodstuffs. *Official Journal of the European Union* L 34, 8.2.2005.

Commission Recommendation of 11 September 2014 amending the Annex to Recommendation 2012/711/EC on the reduction of the presence of dioxins, furans and PCBs in feed and food. *Official Journal of the European Union* L 272, 13.9.2014.

Commission Recommendation of 3 December 2013 on the reduction of the presence of dioxins, furans and PCBs in feed and food. (2013/711/EU). *Official Journal of the European Union* L 323, 4.12.2013.

Commission Regulation (EU) No 466/2001 of 8 March 2001 setting maximum levels for certain contaminants in foodstuffs. *Official Journal of the European Communities* L 77, 16.3.2001.

Commission Regulation (EC) No 208/2005 of 4 February 2005 amending Regulation (EC) No 466/2001 as regards polycyclic aromatic hydrocarbons. *Official Journal of the European Union* L 34, 8.2.2005.

Commission Regulation (EC) No 401/2006 of 23 February 2006 laying down the methods of sampling and analysis for the official control of the levels of mycotoxins in foodstuffs. *Official Journal of the European Union* L 70, 9.3.2006.

Commission Regulation (EC) No 1881/2006 of 19 December 2006 setting maximum levels for certain contaminants in foodstuffs. *Official Journal of the European Union* L 364, 20.12.2006.

Commission Regulation (EC) No 1883/2006 of 19 December 2006 laying down methods of sampling and analysis for the official control of levels of dioxins and dioxin-like PCBs in certain foodstuffs. *Official Journal of the European Union* L 364, 20.12.2006.

Commission Regulation (EC) No 333/2007 of 28 March 2007 laying down the methods of sampling and analysis for the official control of the levels of lead, cadmium, mercury, inorganic tin, 3-MCPD and benzo(a)pyrene in foodstuffs. *Official Journal of the European Union* L 88, 29.3.2007.

Commission Regulation (EC) No 629/2008 of 2 July 2008 amending Regulation (EC) No 1881/2006 setting maximum levels certain contaminants in foodstuffs. *Official Journal of the European Union* L 173, 3.8.2008.

Commission Regulation (EC) No 565/2008 of 18 June 2008 amending Regulation (EC) No 1881/2006 setting maximum levels for certain contaminants in foodstuffs as regards the establishment of a maximum level for dioxins and PCBs in fish liver. *Official Journal of the European Union* L 160, 19.6.2008.

Commission Regulation (EC) No 105/2010 of 5 February 2010 amending Regulation No 1881/2006 setting maximum levels for certain contaminants in foodstuffs as regards ochratoxin A. *Official Journal of the European Union* L 35, 6.2.2010.

Commission Regulation (EU) No 165/2010 of 26 February 2010 amending Regulation (EC) No 1881/2006 setting maximum levels for certain contaminants in foodstuffs as regards aflatoxins. *Official Journal of the European Union* L 50, 27.2.2010.

Commission regulation (EU) No 420/2011 of 29 April 2011 amending Regulation (EC) No 1881/2006 setting maximum levels for certain contaminants in foodstuffs. *Official Journal of the European Union* L 111, 30.4.2011.

Commission Regulation (EU) No 835/2011 of 19 August 2011 amending Regulation (EC) No 1881/2006 as regards maximum levels for polycyclic aromatic hydrocarbons in foodstuffs. *Official Journal of the European Union* L 215, 20.8.2011.

Commission Regulation (EU) No 1258/2011 of 2 December 2011 amending Commission Regulation (EC) No 466/2001 of 8 March 2001 setting maximum levels for certain contaminants in foodstuffs. *Official Journal of the European Union* L 320, 3.12.2011.

Commission Regulation (EU) No 1259/2011 of 2 December 2011 amending Regulation (EC) No 1881/2006 as regards maximum levels for dioxins, dioxin-like PCBs and non-dioxin-like PCBs in foodstuffs. *Official Journal of the European Union* L 320, 3.12.2011.

Commission Regulation (EU) No 252/2012 of 21 March 2012 laying down methods of sampling and analysis for the official control of levels of dioxins, dioxin-like PCBs and non-dioxin-like PCBs in certain foodstuffs and repealing Regulation (EC) No 1883/2006. *Official Journal of the European Union* L 84, 23.3.2012.

Commission Regulation (EU) No 488/2014 of 12 May 2014 amending Commission Regulation (EC) No 1881/2006 as regards the maximum levels of cadmium in foodstuffs. *Official Journal of the European Union* L 138, 13.5.2014.

Commission Regulation (EU) No 2015/1005 of 25 June 2015 amending Regulation (EC) No 1881/2006 as regards the maximum permissible levels of lead in foodstuffs. *Official Journal of the European Union* L 161, 26.6.2015.

Commission Regulation (EU) 2015/1137 of 13 July 2015 amending Regulation (EC) No 1881/2006 as regards the maximum level of Ochratoxin A in *Capsicum* spp. Spices. *Official Journal of the European Union* L 185, 14.7.2015.

Council Decision of 17 November 2003 on the accession of the European Community to the Codex Alimentarius Commission (2003/822/EC). *Official Journal of the European Union* L 309, 26.11.2003.

Gertig, H. and G. Duda. 2004. *Food and Health and Law*. Medical Publishing House PZWL: Warsaw (in Polish).

Ludwicki, J.K. and G. Kostka. 2008. Violations of MRLs for pesticide residues in food reported for risk assessment according to RASFF procedures in Poland. *Annals of the National Institute of Hygiene* 59(4): 389–396 (in Polish).

Picó, Y. 2007. *Food Toxicants Analysis Techniques, Strategies and Developments*. Elsevier Amsterdam, NL.

Regulation (EC) No 178/2002 of 28 January 2002 of the European Parliament and of the Council laying down the general principles and requirements of food law, establishing the European Food Safety Authority and laying down procedures in matters of food safety. *Official Journal of the European Union* L 31, 1.2.2002.

Regulation (EC) No 852/2004 of the European Parliament and of the Council of 29 April 2004 on the hygiene of foodstuffs. *Official Journal of the European Union* L 139, 30.4.2004.

Regulation (EC) No 853/2004 of the European Parliament and of the Council of 29 April 2004 laying down specific hygiene rules for food of origin animal. *Official Journal of the European Union* L 226, 25.6.2004.

Regulation (EC) No 882/2004 of the European Parliament and of the Council of 29 April 2004 on official controls performed to ensure compliance with the feed and food law, animal health and animal welfare rules. *Official Journal of the European Union* L 165, 30.4.2004.

Regulation of the Minister of Health of 13 January 2003 on maximum levels of chemical and biological contaminants that may be present in food, food ingredients, allowed additional substances, substances processing aids or on food. Diary of Law the Republic of Poland No 37, 326, 4.03.2003 (in Polish).

Regulation of the Minister of Health and Social Welfare of 8 October 1993 on maximum residues in foodstuffs of chemicals used in cultivation, preservation, storage and transport of plants. Diary of Law the Republic of Poland No. 104, 476 (in polish).

Smoczyński, S. and R. Pietrzak-Fiećko. 1999. Nitrates and nitrites in selected vegetables. *Natural Sci* 3: 333–339.

Szkoda, J., A. Nawrocka, M. Kmiecik, and J. Żmudzki. 2011. Control tests of toxic elements in foods of animal origin. *Environment and Natural Resources* 48: 475–484.

Wojciechowska-Mazurek, M., M. Mania, K. Starska, and M. Opoka. 2010. Cadmium in foodstuffs—the desirability of lowering limits. *Food Industry* 64(2): 45–48 (in Polish).

Zhong, W., C. Hu, and M. Wang. 2002. Nitrates and nitrites in vegetables from north China: content and intake. *Food Addit Contam* 19(12): 1125–1129.

Índice alfabético